KB064566

다윈의 미완성 교향곡

DARWIN'S UNFINISHED SYMPHONY

일러두기

본문에서 단행본은 『 』, 일간지·잡지 등은 《 》,
논문·보고서 등은 「 」, 기사·영화·방송 프로그램 등은 〈 〉로 구분했다.
미주는 저자가 쓴 것이고, 각주는 옮긴이가 쓴 것이다.

DARWIN'S UNFINISHED SYMPHONY

다윈의 미완성 교향곡

문화는 어떻게 인간의 마음을 만드는가

케빈 랠런드 지음
김준홍 옮김

동아시아

CONTENTS

2부 **마음의 진화**

서문
Foreword

이 책은 집단적 노력의 산물이다. 저자는 나 한 사람이지만, 이 책은 지난 30년간 문화의 진화를 과학적으로 이해하고자 노력한 우리 실험실 구성원들과 다른 공동 연구자들의 노력을 조명한다. 나는 인간의 마음, 지능, 언어, 문화의 진화적 기원과, 우리 종의 비범한 기술적, 예술적 성취에 대한 설득력 있는 과학적 설명을 제공하기를 바란다. 하지만 이 책에서는 과학의 과정도 조명하고자 했다. 우리의 노력, 잘못된 시작, 통찰과 영감의 순간, 과학적 여정에서의 성공과 실패를 솔직하고도 적나라하게 드러내고자 했다. 나는 우리의 이야기를 들려주었다. 랠런드 실험실의 과거와 현재 구성원들을 소개하고, 인간 문화의 진화적 기원에 대한 엄청나게 흥미로운 수수께끼들을 이해하고자 분투하는 모습을 그렸다. 나는 소설가가 아니지만, 이 책을 일반 독자도 이해할 수 있는 스타일로 썼다. 소설만큼 극적인 속도, 재미, 순간이 담겨 있지는 않겠지만, 그럼에도 독자들이 탐정소설과 같은 인상을 조금이라도 가지기를 바라며, 우리의 연구를 추동한 단서들과 그런 단서들을 제공한 우리의 실험적, 이론적 연구들을 읽으며 약간이나마 흥분을 느끼기를 바란다.

이 책에 소개된 연구들을 수행한 연구자들에게 가장 먼저 감사의 인사를 전한다. 나는 비범한 재능을 가진 이들과 함께 일할 수 있는 특권을 누렸으며, 내가 속한 기관이나 다른 기관에 속한 수많은 학부생, 석사과정 학생, 박사과정 학생, 박사후 연구원, 그리고 다른 수많은 협력자들의 노력, 좋은 아이디어, 영리한 실험, 독창적인 이론 작업으로부터 지속적으로 혜택을 받았다. 니컬라 애튼Nicola Atton, 패트릭 베이트슨Patrick Bateson, 닐체 부거트Neeltje Boogert, 로버트 보이드Robert Boyd, 컬럼 브라운Culum Brown, 질리언 브라운Gillian Brown, 해나 케이폰Hannah Capon, 로라 슈나드툴리Laura Chouinard-Thuly, 니키 클레이턴Nicky Clayton, 베키 코Becky Coe, 이자벨 쿨렌Isabelle Coolen, 앨리스 코위Alice Cowie, 대니얼 카운든Daniel Cownden, 루시 크룩스Lucy Crooks, 캐서린 크로스Catharine Cross, 루이스 딘Lewis Dean, 마그누스 엔퀴스트Magnus Enquist, 키모 에릭손Kimmo Eriksson, 카라 에번스Cara Evans, 마커스 펠드먼Marcus Feldman, 로럴 포가티Laurel Fogarty, 제프 갈레프Jeff Galef, 스테파노 기를란다Stephano Ghirlanda, 폴 하트Paul Hart, 윌 호피트Will Hoppitt, 로넌 키어니Ronan Kearney, 제러미 켄들Jeremy Kendal, 레이철 켄들Rachel Kendal, 요헨 쿰Jochen Kumm, 롭 라클런Rob Lachlan, 해나 루이스Hannah Lewis, 팀 릴리크랩Tim Lillicrap, 톰 맥도널드Tom MacDonald, 애나 마쿨라Anna Markula, 알렉스 메수디Alex Mesoudi, 톰 모건Tom Morgan, 숀 마일스Sean Myles, 아나 나바레테Ana Navarrete, 마이크 오브라이언Mike O'Brien, 존 오들링스미John Odling-Smee, 팀 파이크Tom Pike, 헨리 플로킨Henry Plotkin, 사이먼 리더Simon Reader, 루크 렌델Luke Rendell, 스티븐 셔피로Steven Shapiro, 조너스 쇼스트런드Jonas Sjostrand, 에드 스탠리Ed Stanley, 샐리 스트리트Sally Street, 폰투스 스트림링Pontus Strimling, 윌 스와니Will Swaney, 버나드 티에리Bernard Thierry, 알렉스 손턴Alex Thornton, 이그나시오 데 라 토레Ignacio de la Torre, 나탈리 우오미니Natalie Uomini, 이프케 밴 버건Yfke van Bergen, 잭 밴 혼Jack van

Horn, 애슐리 워드Ashley Ward, 마이크 웹스터Mike Webster, 앤드루 웨일런Andrew Whalen, 앤드루 휘튼Andrew Whiten, 클라이브 윌킨스Clive Wilkins, 케리 윌리엄스Kerry Williams에게 감사를 전한다. 이 책에서 논의된 주제들을 과학적으로 이해하는 데 이들은 적어도 나만큼이나 크게 기여했다.

책의 집필에도 많은 이들이 도움을 주었다. 나는 전체 원고 또는 적어도 한 장을 읽고 유용한 피드백이나 통찰을 전해준 이들에게 감사를 전한다. 로버트 보이드, 샤를로트 브랜드Charlotte Brand, 알렉시스 브린Alexis Breen, 질리언 브라운, 니키 클레이턴, 마이클 코어Michael Corr, 대니얼 카운든, 레이철 데일Rachel Dale, 루이스 딘, 네이선 에머리Nathan Emery, 테쿰세 피치Tecumseh Fitch, 엘런 갈런드Ellen Garland, 팀 허버드Tim Hubbard, 힐튼 자피아수Hilton Japyassú, 니컬러스 존스Nicholas Jones, 무리요 파뇨타Murillo Pagnotta, 사이먼 커비Simon Kirby, 클레어 랠런드Claire Laland, 셰이나 루레비Sheina Lew-Levy, 엘레나 미우Elena Miu, 킬린 머레이Keelin Murray, 아나 나바레테, 존 오들링스미, 제임스 오운슬리James Ounsley, 루크 렌델, 피터 리처슨Peter Richerson, 크리스토퍼 리터Christopher Ritter, 크리스천 루츠Christian Rutz, 조지프 스터버스필드Joseph Stubbersfield, 와타루 도요카와Wataru Toyokawa, 카밀 트로이지Camille Troisi, 스튜어트 왓슨Stuart Watson, 앤드루 웨일런, 그리고 익명의 외부 심사자들에게 감사를 전한다. 이들의 도움으로 이 책은 크게 개선되었는데, 과학적으로 더 정확해진 한편 독자들이 접근하기에도 좋아졌다. 엄청난 효율성과 더불어 세부 사항까지 놓치지 않는 주의력으로 서식부터, 주, 참고 문헌까지 편집하고 행정적인 업무를 처리해 준 캐서린 미참에게는 특별히 감사하다는 말을 남기고 싶다.

이 책은 거의 30년 전, 그러니까 내가 유니버시티칼리지 런던의 대학원생일 때부터 집필을 생각해 온 것이다. 나는 존 보너John Bonner의 뛰어난 『동물에서의 문화의 진화The Evolution of Culture in Animals』를 읽고 영감을 얻었다. 나는 그 책의 장대한 흐름과 비전이 마음에 들었고, 책에서 다루는 질문의 크기에 매료되었다. 하지만 동물의 사회적 학습에 관한 일인자이자 맥마스터대학교의 심리학자인 제프 갈레프와의 영감 넘치는 대화 덕분에, 나는 갈레프가 수십 년간 인상적으로 이끌었던 분야의 보다 폭넓은 틀에서 보너의 공헌을 바라볼 수 있게 되었다. 보너의 책은 그 장점에도 불구하고 다른 동물에게서 관찰되는 사회적 학습과 전통으로부터 인간의 문화가 어떻게 진화했는지에 대해 철저하게 설명하지 않았는데, 나는 이를 제프의 도움으로 알게 되었다. 제프와의 대화는 문화적 진화의 기저에 있는 신비를 해결하기까지 상당한 과학적 작업이 필요하다는 것도 깨닫게 해주었다. 보너의 통찰력 있는 착상과 설명의 엄격함에 대한 갈레프의 요구가 내 마음속에 자리 잡았고, 언젠가 그 문제에 도전할 것이라고 다짐했다.

이 책을 의뢰하고 내가 집필 준비가 되었다고 느끼기까지 적어도 10년을 기다려 주고 격려해 준 프린스턴대학교출판사의 앨리슨 칼레트, 출판에 도움을 준 베치 블루먼솔, 제니 볼코위키, 실라 딘에게도 감사드린다. 매우 오랜 시간 소요되는 집필 기간 내내 지원과 격려를 아끼지 않고 인내심을 보여준 프린스턴대학교출판사의 모든 이에게 감사드린다.

나는 영국 케임브리지대학교 실험심리학과 니키 클레이턴의 연구실에서 안식년을 보내는 동안 이 책의 대부분을 썼다. 나는 니키와 그녀의 비교인지 연구실의 구성원들 덕분에 집같이 편안하게 느껴지는, 조용하면서도 자극적인 환경에서 생산적으로 글을 쓸 수 있었다. 특히, 이러한 교류는 나를 이 책의 마지막 장을 쓰도록 이끌었다. 또한 기꺼이 그림을 제공해 준 질리언 브라운, 숀 언쇼Sean Earnshaw, 줄리아 쿤즈Julia Kunz, 로스 오들링스미Ros Odling-Smee, 수전 페리Susan Perry, 아이리나 슐츠Irena Schulz, 캐럴라인 슈플리Caroline Schuppli, 커렐 밴 샤이크Carel van Schaik에게도 감사드린다.

나의 연구에 재정적인 도움을 준 영국 생명공학 및 생명과학 연구재단, 자연환경연구위원회, 왕립학회, 유럽연합 6차 및 7차 프레임워크 프로그램, 휴먼프런티어 과학 프로그램, 유럽연구위원회, 템플턴 재단에도 감사를 전한다. 특히, 수년간 나의 연구를 지원해 준 템플턴 재단의 폴 와손, 케빈 아널드, 헤더 미클라이트에게 많은 도움을 받았다.

마지막으로, 누구보다도 나의 논문 지도교수인 헨리 플로킨에게 감사드린다. 나는 그에게 큰 빚을 지고 있다. 끊임없는 인내, 관대함, 열정으로, 헨리는 나에게 학문을 탐구하며 살아가는 요령을 가르쳐 주었다. 그는 실험을 어떻게 디자인하는지, 비판적인 사고를 어떻게 하는지, 이론과 경험적인 작업 사이에서 어떻게 균형을 잡는지, 어디서 세부 사항에 주의를 기울여야 하는지를 가르쳐 주었다. 금요일 오전마다 정기적으로 토론한 시간은 내 박사과정 시절의 가장 빛나는 순간이었다. 그와 많은 시간을 함께 할 수 있었던 것은 크나큰 영광이다.

케빈 랠런드

영국, 세인트앤드루스

1부

문화의 기초

FOUNDATION OF CULTURE

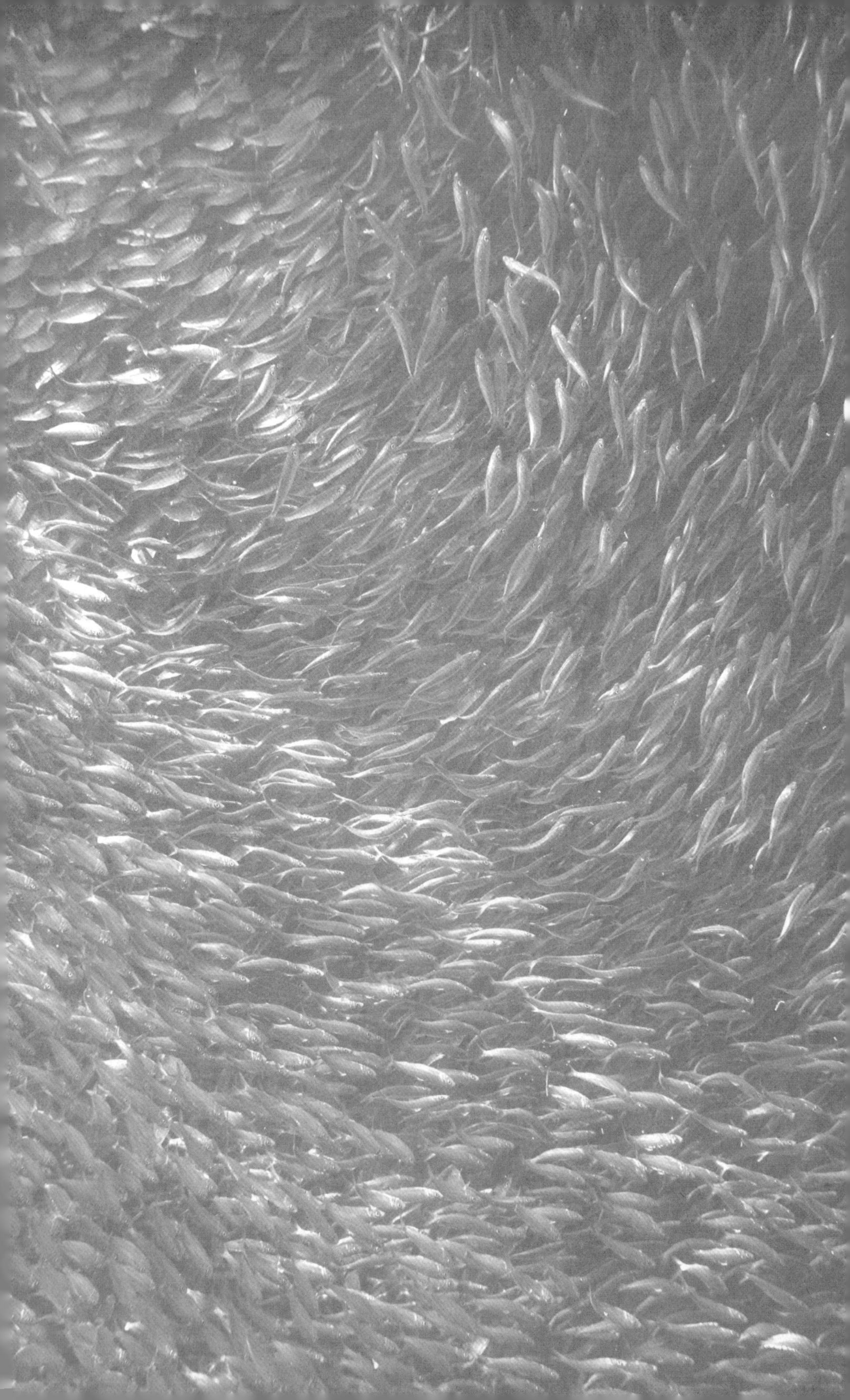

1장

다윈의 미완성 교향곡

Darwin's Unfinished Symphony

수많은 종류의 식물로 뒤덮여서, 덤불에는 새가 지저귀고,
다양한 곤충이 날아다니며, 축축한 땅 위로 지렁이가 기어 다니는 얼기설기
얽힌 강 둔덕을 관찰하다가, 이처럼 서로 다르며 복잡하게 상호 의존하는
정밀하게 구성된 형태들이 모두 우리 주변에서 작용하는 법칙에 의해
발생되었다고 생각해 보면 흥미롭다. … 그리하여 자연의 전쟁 및 기근,
죽음으로부터 우리가 상상할 수 있는 가장 고귀한 대상,
즉 고등동물의 탄생이 직접적으로 이루어졌다.

— 찰스 다윈, 『종의 기원』

다운하우스에서 영국 교외를 바라보며, 찰스 다윈Charles Darwin은 만족감에 차서 비로소 자신이 자연 세계의 복잡한 구조가 존재하게 된 과정에 대한 설득력 있는 이해에 이르렀다고 생각했다. 『종의 기원On the Origin of Species』의 가장 장엄하고 잘 알려진 마지막 구절에서 다윈은 식물과 새, 곤충, 벌레가 가득 차 있으며 그 모두가 복잡하고 체계적으로 상호작용 하는, 얼기

설기 얽힌 강 둔덕에 대한 명상에 잠긴다. 다윈의 거대한 유산은 서로 뒤얽힌 이러한 웅장함의 대부분을 이제는 자연선택natural selection에 의한 진화의 작용으로 설명할 수 있게 되었다는 것이다.

나는 창문 밖으로 스코틀랜드 남동부의 한 작은 마을인 세인트앤드루스를 바라본다. 덤불과 나무 그리고 새들도 보이지만, 석조 건물, 지붕, 굴뚝과 교회의 첨탑이 풍경의 대부분을 차지한다. 전신주와 고압선 철탑도 보인다. 남쪽을 바라보면 멀리 학교가 보이고, 바로 옆 서쪽에서는 병원 주변으로 통근 버스가 부산스럽게 지나간다. 과연 진화론은 자연 세계를 설명하듯이 굴뚝과 자동차, 전기를 설득력 있게 설명할 수 있을까? 종의 기원을 설명하듯이 기도서나 교회 성가대의 기원에 대해 설명할 수 있을까? 내가 지금 쓰는 컴퓨터, 하늘의 인공위성, 중력에 관한 과학적 개념에도 과연 진화적인 설명이 있을까?

언뜻 보기에 이러한 질문은 그리 골치 아파 보이지 않는다. 분명 인간은 진화했고, 과학과 기술에 능숙한 비정상적으로 똑똑한 영장류가 되었다. 다윈은 "가장 고귀한 고등동물"은 "자연의 전쟁"을 통해서 등장했으며,[1] 확실히 지금까지 존재했던 그 어떤 종보다 우리 인간 종이 고귀하고 고등한 종이라고 주장했다. 우리가 지구를 극적으로 변화시키고 지배하게 된 이유가 우리의 지능과 문화, 언어 때문이 아니라면 무엇 때문이겠는가?

하지만 조금만 더 생각해 보면, 이런 식의 설명은 곧바로 보다 대답하기 힘든 질문들을 낳는다. 생존과 번식 능력의 향상으로 지능과 언어, 정교한 인공물을 만드는 능력이 인간 종에서 진화했다면, 왜 다른 종은 이러한 능력을 갖추지 못했을까? 우리의 가장 가까운 친척이자 유전적으로 가장 비슷한 다른 유인원들은 왜 로켓과 우주정거장을 만들거나 달에 가지 못했을까? 동물들은 특정한 먹이를 먹거나, 주변 지역의 지저귐 소리를 내는 전통(연구자들이 '동물의 문화'라고 부르는 것)을 갖고 있지만, 동물의 문화에는 법, 윤리, 제도가 없으며 인간의 문화처럼 상징이 스며들어 있지도 않다. 또한 동물이 도구를 사용하는 전통은 우리의 기술처럼 시간이 지날수록 복잡성과 다양성이 증가하지 않는다. 푸른머리되새 수컷의 노랫소리와 자코모 푸치니의 아리아, 침팬지의 개미 사냥과 고급 레스토랑, 셋까지 셀 수 있는 동물의 능력과 아이작 뉴턴Isaac Newton의 미분 유도 사이에는 어마어마한 차이가 있는 듯하다. 인간과 동물의 인지적 능력과 성취물 사이에는 어떤 간극, 외관상으로는 결코 좁혀지지 않을 듯한 간극이 존재한다.

이 책은 인간 문화의 얼기설기 얽힌 강 둔덕의 기원과 인간 마음mind의 동물적 뿌리에 대해 탐구한다. 인간을 둘러싼 이야기 가운데 가장 어려우면서도 신비한 측면, 즉 진화의 과정을 통해 인간이 어떻게 다른 동물들과 완전히 다른 종이 되었는지에 대한 하나의 설명을 제시할 것이다. 이는 우리 조상이 어떻게 개미와 덩이줄기, 견과류로 연명하던 유인원에서 교향곡을 작곡하고, 시를 낭독하며, 무용을 하고, 입자가속기를 설계하는 현대인으로 진화했는지와 관련 있다. 하지만 라흐마니노프의 피아노협주곡은 자연선택의 법칙에 의해 진화하지 않았으며, 우주정거장은 다윈적인 투쟁의 "기근과 죽음"으로부터 등장하지 않았다. 컴퓨터와 아이폰을 디자인하고 개발한 남성과 여성 들이 다른 직업을 가진 이들보다 더 많은 아이를 낳은 것도 아니다.

그렇다면 어떠한 법칙이 기술의 끊임없는 진보와 다양화, 예술의 유행을 설명할 수 있을까? 문화적 형질들 간의 경쟁으로 인해 행동과 기술의 변화가 발생했다는 문화적 진화 이론cultural evolution은,[2,3] 먼저 복잡한 문화를 발생시키는 마음이 어떻게 진화할 수 있었는지를 밝혀야 비로소 만족스러운 설명이 될 것이다. 하지만 책의 후반부에서 드러나듯이, 인간 종에게 가장 소중하게 여겨지는 지적 능력은 문화가 핵심적인 역할을 하는 공진화적 되먹임coevolutionary feedback이라는 소용돌이로부터 형성된 것이다. 물론 나의 핵심적인 주장 가운데 하나는 인간 마음의 진화에서 단 하나의 주요 원인은 존재하지 않는다는 것이다. 오히려 나는 점점 가속되는 진화적 되먹임의 주기가 중요하며, 그러한 되먹임으로 인해 복잡하게 얽힌 문화적 과정들이 서로 불가피하게 줄달음 역학*을 주고받아 마음의 경이로운 정보처리 능력을 형성한다는 점을 강조한다.

인간의 특이성을 그에 대응하는 다른 동물들의 형질과 비교함으로써 이해하는 것은 이 책의 또 다른 중요한 주제이며, 인간의 인지와 문화를 탐구하는 우리 연구 팀의 장점이다. 그러한 비교는 인간 종의 성취를 보다 넓은 시각에서 바라보도록 할 뿐만 아니라, 인간 종의 화려한 성취에 이르는 진화적 경로를 재구성할 수 있도록 한다. 우리는 기술과 과학, 언어, 예술의 기원에 대한 과학적 설명을 추구할 뿐만 아니라, 동물 행동의 영역에서 이러한 현상의 뿌리를 찾고자 한다.

예를 들어, 내 창문 밖으로 보이는 학교를 한번 생각해 보자. 학교는 어떻게 존재하게 되었을까? 대부분의 사람들에게 이 질문에 대한 답은 뻔하다. 학교는 주 의회에서 계약한 건축 회사의 인부들이 지은 것이다. 하지만 진화생물학자가 보기에는, 건축은 엄청나게 어려운 설명을 요구한다. 현장에서 사용되는 공학적인 설명은 큰 문제가 아니다. 오히려 딜레마는 어떻게 인간이 그러한 일을 할 수 있는지를 이해하는 것이다. 약간의 훈련만 거치면 똑같은 인부들이 쇼핑몰, 다리, 운하, 부두를 건설할 수 있지만, 그 어떤 새도 둥지와 그늘막 외의 것을 짓지 못했으며 그 어떤 흰개미도

* 여러 문화적 과정들이 서로의 진화에 영향을 미치는 것. 이 용어는 성선택에서의 줄달음 선택에서 비롯되었는데, 여기서 '줄달음 선택'이란 암컷이 생존에 별다른 도움이 되지 않는 수컷의 형질에 매력을 느끼게 되고, 이러한 암컷의 선택에 의해 수컷의 형질이 급격히 진화하게 되는 상황을 가리킨다.

개미굴이 아닌 것을 짓지 못했다.

조금 더 깊이 생각해 보면, 학교 건물 하나를 짓기 위해 필요한 협력의 규모는 놀라울 정도다. 건물의 토대를 안전하게 자리 잡게 하고, 적절한 장소에 창문과 문을 내며, 배관과 전기를 적절히 배치하고, 목재에 페인트를 칠하기 위해 각각의 장소와 시간에 맞추어 그들의 행동을 조정하는 모든 인부를 상상해 보라. 그리고 각각의 업자와 계약을 운영하며, 건축 자재를 판매하고, 배송 일정을 맞추고, 연장을 판매하거나 대여하며, 하청 계약을 맺고, 자금을 빌려주는 업체들을 상상해 보라. 연장과 너트, 볼트, 나사, 와셔, 페인트, 창유리를 만드는 기업들을 생각해 보라. 연장을 설계하고, 철을 용해하며, 나무를 벌목하고, 종이와 잉크, 플라스틱을 만드는 사람들을 생각해 보라. 이런 식의 리스트는 다차원적으로 끝없이 확장될 수 있다. 이 모든 상호작용, 즉 끊임없는 교환과 계약, 협력의 망은 대부분 미래의 보상에 대한 약속에 기반해 혈연관계가 없는 사람들에 의해 이루어지며, 학교가 건설되기 위해서는 반드시 정상적으로 작동해야 한다. 이러한 협력적인 계약은 과거뿐만 아니라 지금도 매일매일 매끄럽게 효율적이고 반복적으로 작동하며 세계 각국 여기저기서 새로운 학교, 병원, 쇼핑몰, 레저 센터를 만들어 내고 있다. 이러한 과정이 너무나 일상적으로 자리 잡은 탓에, 우리는 학교가 지어지는 것을 당연하게 여기며 완공이 조금이라도 늦어지면 불평을 쏟아낸다.

나는 밥벌이의 일부로 동물을 공부하며 동물의 사회적 행동이 지닌 복잡성에 푹 빠져 있다. 침팬지, 돌고래, 코끼리, 까마귀를 비롯한 수없이 많은 동물들이 때때로 놀라운 지능으로도 표출되는 풍부하고 복잡한 인지 능력을 지니고 있는데, 이는 자연선택의 작용으로 그들이 살고 있는 세계에 적합하도록 진화한 능력이다. 하지만 건물을 건설하는 것이 창의력, 협력, 의사소통 능력 면에서 어떠한 성취인지 확인하고 싶다면, 건물을 만들기 위해 필요한 자재와 연장, 설비를 한 무리의 동물들에게 주고 어떤 일이 일어나는지를 보면 된다. 예상하건대, 침팬지는 파이프나 돌을 고른 다음 자신의 우위를 과시하기 위해 내던지거나 위협용으로 쓸 것이다. 돌고래는 아마도 물에 뜨는 물체를 가지고 놀 테고, 까마귀나 앵무새는 새롭게 보이는 물건으로 둥지를 꾸밀 것이다. 다른 동물들의 능력을 평가절하하고 싶은 생각은 없다. 그들의 성취도 그들의 영역에서는 충분히 대단하다. 하지만 동물 행동의 진화에 관해서는 설득력 있는 과학적 이해에 이르게 되었지만, 인간 인지의 기원과 우리의 사회, 기술, 문화의 복잡성에 대해서는 아직 그 수준에 닿지 못했다. 산업화된 세계에 자리한 우리 삶의 모든 면면은 우리가 대부분 만난 적도, 알지도, 심지어 존재하는지조차 모르는 수백 개의 국가에 속한 수백만의 사람들과의 수천 개의 상호작용에 완전히 의지하고 있다. 이러한 복잡하고 미묘한 협력이 얼마나 예외적인 것인지를 이해하는 일은 쉽지 않다. 지구상의 500만에서 4,000만에 이르는 다른 종에게서는 이와 아주 조금이라도 근접한 것을 발견할 수 없다.[4]

학교가 운영되고 아이들과 교사가 서로 어울리는 것 또한 나 같은 진화생물학자에게는 놀랍기 그지없다. 다른 유인원 사회에서는 친구나 친족을 가르친다는 강력한 증거가 한 번도 보고된 적이 없으며, 수없이 많은 아이들에게 지식과 기술, 가치를 공장과 같이 효율적으로 전달하는 정교한 기관이 설립된 사례 또한 당연히 없다. 자연에서는 가르침, 즉 의도적으로 다른 개체를 교육하는 행위는 드물다.[5] 인간이 아닌 동물들은 (예를 들어, 먹이를 나누어 준다든지 동맹을 맺는다든지 하는) 다른 방법으로 서로를 돕지만, 그들이 돕는 것은 대부분 자기 자식이나 가까운 혈족이다. 이들은 서로 유전자를 공유하는 사이이며, 따라서 돕고자 하는 성향도 공유한다.[6] 하지만 우리 종은 헌신적인 선생이 어마어마한 시간과 노력을 들여 혈연관계가 전혀 없는 아이들에게 지식을 습득하도록 돕는다. 이러한 노고가 선생의 진화적 적합도를 상승시키지 않는데도 말이다. 선생은 그 결과로 보수를 받는다고 지적할 수도 있지만, 다시 말해 일종의 교환이라고 말할 수도 있지만(즉, 노동에 대한 보상), 이러한 지적은 미스터리를 하찮은 것으로 만들 뿐이다. 파운드 동전이나 달러 지폐는 본질적으로 가치가 없다. 은행 계좌에 있는 돈도 단지 가상적으로 존재할 뿐이며, 은행 시스템은 매우 복잡한 기관이다. 어떻게 돈이나 금융시장이 등장했는지를 설명하는 것은 왜 학교 선생이 혈연관계가 없는 제자들을 가르치려고 하는지를 설명하는 것만큼이나 어려운 일이다.

학교를 바라보며, 나는 책상에 앉아서 똑같은 교복을 입고 모든 아이들(또는 적어도 많은 학생들)이 교사의 가르침을 듣고 있는 모습을 상상한다. 하지만 그들은 왜 듣고 있는가? 왜 오래전 발생한 사건에 대한 사실을 귀찮게 암기하고 추상적인 도형의 각도를 힘들여 계산하는가? 다른 동물들은 자신에게 즉각적으로 필요한 것만을 학습한다. 흰목꼬리감기원숭이capuchin monkey는 수백 년 전에 그들의 조상이 어떻게 견과류를 깨 먹었는지 가르치지 않으며, 어떠한 새도 도로 반대편의 수목에서 불리는 노래에 대해 가르치지 않는다.

생물학자가 또 신기하게 생각하는 것은 학생들이 똑같은 교복을 입는다는 사실이다. 학생들 중 일부는 가정환경이 좋지 않을 것이다. 그들의 부모는 학교에서 입는 특별한 옷에 돈을 쓸 만큼 여유롭지 않다. 그들이 정규 교육과정을 마칠 때 이들 중 다수는 교복을 다른 유니폼(아마도 똑같이 불편할 옷)으로 교환할 것이며, 그 옷은 양복이 될 수도, 저 건너편 병원의 의사나 간호사가 입는 흰색이나 파란색 유니폼이 될 수도 있다. 심지어 내가 재직하는 대학교의 학생들도, 리버럴하며 급진적이고 독립적인 생각으로 가득 찬 학생들인데도 때때로 똑같이 청바지, 티셔츠, 스웨트셔츠를 입고 운동화를 신는다. 이러한 성향은 어디서 온 것일까? 다른 동물들에게는 유행이나 규범이 없다.

다윈은 생물 세계의 오랜 역사에 대한 강력한 설명을 제시했지만, 문화 영역의 기원에 대해서는 살짝 언급만 했을 뿐이다. "지적 능력"의 진화에 대해 논의하면서 다윈은 "저급한 동물부터 인간에 이르기까지 그 능력의 단계적 발달을 추적할 수만 있다면, 의심할 여지 없이 매우 흥미로울 것이다. 하지만 내 능력과 지식의 부족으로 시도할 수 없을 뿐이다"라고 고백했다.[7] 돌이켜 보면, 다윈이 인간이 이룩한 지적 성취의 기원을 이해하려고 분투했다는 것을 알게 되더라도 그리 놀랍지는 않을 것이다. 그것은 기념비적인 도전이다. 만족스러운 설명을 제시하려면, 우리가 지닌 몇몇 놀라운 특성들, 즉 우리의 지능, 언어, 협력, 가르침, 도덕의 진화적 기원에 대한 통찰이 필요하다. 그리고 이 특성들은 그저 독특한 것이 아니라 우리 종에게만 고유한 것이다. 그 때문에 다른 종들과의 비교만으로 인간 정신의 오랜 역사에 대한 단서를 모으기가 어려운 것이다.

이러한 난제의 핵심에는 우리 인간이 놀랍도록 성공적인 종이라는 부인할 수 없는 사실이 놓여 있다. 인간의 거주 영역은 전례 없는 것이다. 다시 말해, 우리는 지구상의 몹시 뜨거운 열대우림부터 꽁꽁 얼어붙은 툰드라까지 사실상 육지의 모든 거주지를 개척했다. 이는 우리와 비슷한 크기의 포유류가 일반적으로 차지하는 거주지의 종류를 훨씬 넘어선다.[8] 우리는 동물 세계에서 대적할 수 없을 정도로 행동의 다양성을 보이며,[9] 다른 동물과는 달리 이러한 변이의 대부분은 유전적 다양성으로 설명되지 않는다. 사실 설명할 수 있는 비율은 비정상적으로 낮다.[10] 우리는 수없이 많은 생태적, 사회적, 기술적 도전을 이겨냈다. 원자를 분열시켰고, 사막에 물을 대고, 게놈 서열을 읽어냈다. 인간은 이 행성을 지나치게 장악해 버려서, 서식지 파괴와 거주지 경쟁을 통해 수없이 많은 다른 동물 종들을 멸종으로 내몰고 있다. 이에 대한 드문 예외로 인간과 비슷한 정도로 번영하는 동물은 소, 개 등의 가축과 생쥐, 쥐, 집파리 등의 공생동물 그리고 이, 진드기, 벌레 등의 기생동물밖에 없다(이들의 번영도 모두 인간이 초래한 것이다). 우리의 생애사, 사회생활, 성적 행동, 식량 획득 양식이 다른 유인원들과 크게 다르다는 것을 생각해 볼 때,[11] 인류의 진화사에는 우리의 과한 자기애를 넘어서는, 설명이 필요한 특이하고 놀랄 만한 특징이 있다는 주장에는 충분한 근거가 있다.[12]

이 책이 논증하다시피, 우리 종의 특별한 성취는 문화에 대한 우리의 특별히 강력한 능력 덕분이다. 여기서 '문화culture'는 공유되고 학습되는 지식의 광범위한 축적과 시간에 따른 기술의 끊임없는 개선을 의미한다.[13] 때로는 인간 종의 성공이 우리가 똑똑하기 때문이라고 설명되지만,[14] 사실 우리를 똑똑하게 만드는 것은 문화다.[15] 물론 지능이 관련 없지는 않지만, 우리 종을 고유하게 만드는 것은 우리의 통찰력과 지식을 한데 모으고 각자의 해결책 위로 새로운 해결책을 누적해 나아가는 능력이다. 어떠한 새로운 기술도 어느 외로운 발명가가 홀로 찾아낸 것이 아니다. 사실상 모든 혁신은 이미 존재하고 있는 기술을 재가공하거나 개선한 것에 지나지 않는다.[16] 이러한 주장을 검증하기 위해서는 가장 간단한 인공물을 예로 들어야 할 텐데, 우주정거장과 같은 것을 한 사람이 발명한다는 것은 누구에게나 불가능해 보이기 때문이다.

한 가지 예로, 종이 클립을 생각해 보자. 당신은 아마도 종이 클립이 그저 상상력이 뛰어난 어떤 사람이 지금의 형태를 고안해 낸, 굽은 철사 한 조각이라고 생각할 것이다. 하지만 그것은 사실과 거리가 멀다.[17] 종이는 중국에서 1세기에 발명했으나, 충분히 많은 종이가 생산되고 사용되던 중세 유럽에 이르러서야 비로소 종이 몇 장을 일시적으로 묶어두는 수단에 대한 수요가 창출되었다. 초기의 해법은 핀을 사용해서 집는 것이었다. 이 핀은 녹이 슬고 보기 흉한 구멍을 남겼는데, 그 때문에 핀으로 집은 모서리는 종종 너덜너덜해지기도 했다. 19세기 중반에 이르러 오늘날의 클립보드와 닮은, 부피가 큰 용수철 도구와 작은 금속 버클이 사용되었으며, 그 후 몇십 년 동안 다양한 클립들이 등장해 치열하게 경쟁했다. 굽은 철사 종이 클립에 대한 특허는 1867년에 부여되었다.[18] 하지만 저렴한 종이 클립을 대량생산하기 위해서는 적절한 가소성을 지닌 철사 그리고 그 철사를 구부릴 수 있는 기계가 개발되어야 했는데, 이 둘은 19세기 후반에 이르러서야 개발되었다. 하지만 당시에도 최초의 종이 클립이 최적의 형태를 갖추고 있지는 않았다. 예컨대 오늘날 흔하게 보이는, 2개의 둥근 루프가 겹쳐진 형태가 아니라 사각형 철사 중 한쪽이 겹쳐진 형태였다. 생산자들이 ('젬Gem' 클립으로도 알려진) 오늘날의 표준적인 디자인으로 통일하기 전까지, 20세기의 수십 년 동안 다양한 형태가 실험되었다. 언뜻 보기에 단순하기 그지없는 인공물도 알고 보면 몇 세기 동안의 재가공과 개선을 거치며 다듬어진 것이다.[19] 심지어 오늘날에도 젬 클립의 성공에도 불구하고, 지난 몇십 년 동안 제조된 조금 더 저렴하고 다양한 플라스틱 제품을 비롯해 새로운 디자인의 종이 클립이 끊임없이 등장하고 있다.

종이 클립의 역사는 기술이 어떻게 변하고 복잡해지는지에 대한 대표적인 사례라고 할 수 있으며, 그러한 변형은 다른 영역에서도 발생한다. 인류의 풍부하고 다양한 문화는 유별나게 복잡한 지식, 인공물 그리고 제도에서 잘 드러난다. 이처럼 문화의 다면적이고 복합적인 측면은 한 걸음만에 만들어지는 경우가 거의 없으며, 기존의 형태에 대한 반복적이고 점진적인 개량을 통해 발생하는 것이다.[20] (이러한 과정을 '누적적 문화cumulative culture'라고 한다.) 다른 동물과 우리를 구분 짓는 것으로는 우리의 지성뿐만 아니라 언어, 협력, 초사회성이 주로 언급된다. 하지만 곧 보게 되겠지만, 이러한 특징들은 우리의 특별한 문화적 능력의 결과일 가능성이 크다.[21]

나는 과학자로서의 경력을 인간 문화의 진화적 기원을 탐구하는 데 바쳤다. 나의 연구 실험실에서는 동물 행동 실험과, 실험이 여의치 않은 문제에 대한 대답을 제시하는 수학적 진화 모델을 사용해 그 기원을 연구한다. 우리는 포유류, 조류, 어류, 심지어 곤충까지 포함한 많은 동물들이 같은 종의 다른 구성원들로부터 지식과 기술을 습득한다는 것을 밝혀낸 연구자 공동체의 일원이다.[22] 모방을 통해서,[23] 동물들은 무엇을 먹을지, 먹을 것을 어디서 구하고 어떻게 가공할지, 포식자는 어떻게 생겼고 어떻게 피할지 등을 학습한다. 초파리나 띠호박벌부터 붉은털원숭이rhesus monkey나 범고래까지, 여러 야생 집단에서 이러한 방식으로 새로운 행동이 확산된다는 수천 개의 보고가 있다. 이러한 행동의 확산은 너무나 빠르게 이루어지기 때문에 자연선택에 의한 적합한 유전자의 확산 때문이라고 할 수 없으며, 그러한 확산에는 의문의 여지 없이 학습이 중요한 역할을 한다. 몇몇 종의 행동 레퍼토리는 지역 내부나 지역들 간의 차이가 존재하는데, 이러한 변이는 생태적 변이나 유전적 변이로 쉽게 설명할 수 없으며 때때로 '문화적' 변이로 기술된다.[24] 어떤 동물들은 특별히 폭넓은 문화 레퍼토리를 지니고 있으며, 다수의 다양한 전통이 있을 뿐만 아니라 각각의 공동체가 독특한 행동 레퍼토리를 지니고 있기도 하다.[25] 몇몇 고래나 조류에게서 풍부한 레퍼토리가 관찰되었지만,[26] 인간을 제외하면 최고의 전통을 자랑하는 동물은 영장류다. 도구 사용과 사회적 관습을 비롯해 사회적으로 전달되는 다양한 행동 패턴이 몇몇 종에서 관찰되었으며, 그중에서도 침팬지, 오랑우탄, 흰목꼬리감기원숭이는 특별하다.[27] 사육 상태에 있는 유인원에 대한 실험 연구에서도 모방,[28] 도구 사용, 그리고 다른 복합적인 인지능력에 대한 강력한 증거가 보고되었다.[29] 적어도 이들은 다른 동물에 비해 복잡하다. 이러한 증거들에도 불구하고, 유인원이나 돌고래의 전통조차도 인간의 기술처럼 시간에 따라 복잡성이 증가하지 않는 듯하며, 동물에게 누적적 문화가 존재하는지에 대해서도 논란이 있다.[30] 아마도 가장 믿을 만한 증거의 후보 가운데 하나는 스위스의 영장류학자 크리스토프 보에시Christophe Boesch가 제시했는데, 그는 견과류를 깨는 침팬지들의 망치돌이 시간이 지날수록 정제되고 개선되었다고 주장한다.[31] 몇몇 침팬지들은 또 다른 돌을 그들이 부수고자 하는 견과류를 놓는 모루로 사용하기 시작했으며, 그중 일부는 모루를 단단히 고정시키기 위해 또 다른 돌을 사용하기도 했다. 보에시의 주장은 그럴듯하며, 사실임이 확인되면 누적적 문화의 일부 정의를 만족한다고 할 수 있지만, 확정적인 증거라고 보기는 어렵다. 견과류를 깨 먹는 가장 복잡한 방식이라고 하더라도 아마도 한 개체가 발명할 수 있는 수준일 것이며, 이는 이러한 도구 사용이 침팬지 조상의 전통을 바탕으로 이루어진 것은 아니라는 것을 암시한다.[32] 침팬지에게 누적적 문화가 있다는 호들갑스러운 다른 주장들에도 비슷한 문제가 있다.[33] 조금 더 복잡한 변형이 더 단순한 것에서 발전한 것이라는 직접적인 증거가 존재하지 않는다. 다른 동물의 누적적 문화에 대한 주변적인 증거도 마찬가지로 이론의 여지가 있다. 그중에서도 가장 잘 알려진 것은 뉴칼레도니아까마귀인데,[34] 이들은 잔가지와 나뭇잎을 사용해 복잡한 사냥도구를 만드는 것으로 유명하다.[35] 동물 집단에서 새롭게 학습된 행동이 확산되는 사례는 제법 있지만, 조금 더 나은 해법으로 개선되는 경우는 거의 없다.

이와는 정반대로, 인간에 의한 혁신의 발명, 개정, 전파에 대한 증거는 대단히 많다.[36] 이는 고고학적인 기록에서 가장 잘 드러난다.[37] 오스트랄로피테쿠스로 알려진, 인간의 직계 조상일 가능성이 높은 아프리카 호미닌hominin의 한 집단이 사용했던 석편 조각은 340만 년 전까지 거슬러 올라간다.[38] 탄자니아의 올두바이 고지에서 처음 발견되어 '올도완Oldowan'이라는 이름으로 알려진 이 기술은 망치돌로 석핵에서 떼어낸 석편으로 구성되며, 도살된 짐승을 분할하거나 고기를 떼내고 골수를 채취하는 데 사용되었다.[39] 180만 년 전에 이르러서는 어슐리언Acheulian이라고 알려진 새로운 석기 기술이 등장했으며, 또 다른 호미닌인 호모 에렉투스*Homo erectus*와 호모 에르가스터*Homo ergaster*가 이를 사용했다. 어슐리언 기술은 주먹도끼hand axe들로 구성되는데, 이 도끼들은 보다 체계적으로 디자인된 것으로, 특히 큰 동물을 도살하는 데 적합하다.[40] 아프리카 바깥에서 호미닌이 발견된 것 그리고 체계적인 사냥과 불의 사용에 대한 증거와 더불어, 어슐리언 기술은 인류의 역사에서 이 시점에 우리의 조상들이 누적적인 문화적 지식의 혜택을 보았을 것이라는 확신을 준다.[41] 약 30만 년 전, 호미닌들은 부싯돌로 만든 얇은 돌조각들과 나무 창을 결합하기 시작했고,[42] 화로가 있는 집을 지었으며,[43] 큰 동물을 사냥하기 위한 불로 단련한 창을 만들었다.[44] 20만 년 전에는, 네안데르탈인과 초기 호모 사피엔스*Homo sapiens*가 하나의 돌덩이에서 완전한 석기 한 세트를 만들었다.[45] 6만 5,000년 전에서 9만 년 전까지 거슬러 올라가는 아프리카 유적지에는 추상적인 미술, 돌날 도구, 뼈로 만든 미늘이 있는 작살,[46] 자루를 달 수 있는 도구나 옷을 바느질하기 위한 송곳과 같은 복합적인 도구 등이 발견된다.[47] 3만 5,000년 전에서 4만 5,000년 전 사이, 또는 그보다 앞선 시기에는,[48] 돌날, 끌, 긁개, 찌르개, 돌칼, 뚜르개, 던지는 막대기, 바늘 등의 새로운 도구가 엄청나게 많이 등장했다.[49] 이 시기에는 동물의 뿔, 상아, 뼈로 만든 도구, 원재료의 장거리 수송, 정교한 오두막의 건축, 예술과 장식품의 제작, 의례화된 매장도 등장했다.[50] 농업의 출현과 함께 기술은 더 복잡해지고, 바퀴, 쟁기, 관개시설, 가축화된 동물, 도시국가를 비롯한 수없이 많은 혁신이 빠르게 이어졌다.[51] 변화의 속도는 산업혁명과 함께 다시 가속화되었다.[52] 인간의 문화는 그 복잡성과 다양성이 끝없이 증가했고, 오늘날의 혁신적인 사회가 보여주는 믿기 어려운 기술적 복잡성에서 그 정점을 이루었다.

침팬지나 오랑우탄, 뉴칼레도니아까마귀가 도구를 사용하는 초보적인 습관에서 약간의 거친 진보를 이루었든 말든, 인간의 기념비적인 발전과 서로 비교해 보면 그 차이는 소름 끼칠 정도로 크다. 일부 제한된 측면에서 동물의 전통이 인간의 문화나 인지와 닮았다고 하더라도,[53] 오직 인간만이 백신을 개발하고, 소설을 쓰며, 〈백조의 호수Swan Lake〉에 따라 춤추며, 〈월광 소나타Moonlight Sonata〉를 작곡한다. 이에 비해, 문화적으로 가장 발달한 비인간 동물조차 여전히 열대우림에서 견과류를 깨 먹고 개미와 꿀을 사냥한다는 사실은 변하지 않는다.

어떤 이들은 '문화'를 인간과 나머지 자연계 사이에 놓인 장벽으로 규정하고 싶겠지만, 분명 인간의 문화 능력도 진화한 것이다. 바로 여기에 과학과 인문학의 중대한 과제가 놓여 있다. 그 과제는 동물 행동과 동물 인지의 오래된 뿌리로부터 어떻게 인간의 특별하고도 고유한 문화적 능력이 진화했는지 밝혀내는 것이다. 문화가 어떻게 발생했는지 이해하는 것은 놀랍도록 어려운 수수께끼이며,[54] 커다란 이유 가운데 하나는 그 과정에서 다른 수많은 진화적 수수께끼도 함께 설명되어야 하기 때문이다. 먼저 우리는 동물들이 왜 서로를 모방하는지 이해해야 하며, 그들의 사회적 정보의 이용에 관한 규칙을 밝혀내야 한다. 그다음에는 누적적 문화를 선호하는 결정적인 조건과 누적적 문화의 표현을 위한 인지적 조건을 알아내야 하고, 혁신하고, 가르치며, 협력하고, 순응하는 능력의 진화를 불러오는 환경이 무엇인지도 밝혀내야 한다. 또 하나 결정적으로 중요한 것은 인간이 언어를 어떻게 그리고 왜 발명했는지, 그로 인해 복잡한 형태의 협력이 어떻게 진화했는지를 이해하는 것이다. 마지막으로 우리는 이 모든 과정들과 능력들이 어떻게 서로 되먹임 과정을 통해 우리의 몸과 마음을 형성했는지를 이해해야 한다. 그러고 나서야 연구자들은 비로소 우리를 번영하게 만든 인지적 기술들의 모음을 어떻게 인간만이 지니게 되었는지를 이해하기 시작할 것이다. 우리 연구 팀도 오랫동안 이 문제들을 풀려고 씨름했으며, 우리와 같은 분야에 있는 다른 연구자들의 연구는 이제 막 그 해답을 제시하기 시작했다.

일부 독자들은 인간의 마음과 문화를 이해하는 것이 이토록 어렵다는 사실에 놀랐을 것이다. 다윈이 인간의 진화에 대한 장문의 글을 남긴 것도 150년 전이다. 두말할 필요 없이 그동안 상당한 진보가 이루어졌다.[55] 사실 마지막 페이지에서 "인간과 인간의 역사의 기원에 대해 빛이 던져질 것"이라고 언급한 것 말고는, 다윈은 『종의 기원』에서 인간의 진화에 대해 전혀 언급하지 않았다.[56] 다윈이 이러한 불가사의한 주장을 상세히 설명한 것은 그로부터 10년이 넘는 한참 뒤였지만, 결국 그 주제에 대해 2개의 대작을 남겼다. 『인간의 유래와 성선택The Descent of Man and Selection in Relation to Sex』(1871)과 『인간과 동물의 감정 표현The Expression of the Emotions in Man and Animals』(1872)이 그것이다. 다윈은 놀랍게도 이 두 책에서 인간의 해부학에 대해 그리 길게 말하지 않았지만, "인간의 정신적 힘"의 진화에 집중했다. 이는 매우 주목할 만하다. 우리처럼 빅토리아시대의 독자들도 인간과 동물이 신체보다도 정신적인 면에서 더 크게 다르다고 여기는 경향이 있었다. 인간이 진화했다는 것을 독자들에게 설득시키기 위해서는 인지의 진화를 이해하는 것이 커다란 도전이라는 점을 다윈은 잘 알고 있었다. 인간의 진화를 둘러싸고 치러질 전쟁에서 인간 마음의 기원은 중요한 전장이었다.

『인간의 유래와 성선택』에 등장하는 설명은 다윈의 전형적인 논리 전개를 보여준다. 다윈은 정신적인 능력에 변이가 있었고, 지적으로 뛰어난 자들은 생존과 번식을 위한 경쟁에서 유리했다고 주장한다.

> 적을 피하거나 성공적으로 공격하고, 야생동물을 잡고, 무기를 개발하거나 만들기 위해서는 관찰, 이성, 발명, 상상 등의 고등한 정신 능력의 도움이 필요하다.[57]

다윈은 동물이 그저 본능을 따르는 기계일 뿐이고 인간만이 이성과 고등한 정신 기능을 지니고 있다는, 프랑스 철학자 르네 데카르트René Descartes로 인해 널리 퍼지게 된 믿음을 반증하려고 노력했다.[58] 지금까지 여겨져 왔던 것과 달리 동물은 더 높은 수준의 인지능력을 지니고 있으며, 반대로 인간은 본능적인 경향을 지니고 있음을 입증하고자 한 것이다. 쥐덫을 피하는 것을 학습하는 쥐, 도구를 사용하는 유인원의 사례 등을 통해, 다윈은 많은 동물들이 어느 정도 지능을 가지고 있으며 아무리 단순한 동물이라도 학습하고 기억할 수 있다는 것을 보여주었다. 오늘날의 관점에서 보면, 그의 이러한 분석에는 대부분 약간의 의인화가 배어 있다. 예를 들어, 새의 노래는 새가 아름다움을 음미하는 것이며, 둥지 주변에서의 행동은 새에게도 사유재산의 개념이 있다는 것을 보여주며, 심지어 그의 개가 초보적인 수준의 영성을 갖고 있다고 주장했다. 하지만 다윈이 제시한 자료들은 인간과 동물의 마음이 극명하게 차이 난다는 그 당시 정설로 여겨지던 데카르트의 주장에 대한 심각한 도전이었다.

다윈은 또한 인간이 동물과 공유하는 행동 특성에 대한 증거를 제시했으며, 놀랍도록 다채로운 얼굴 표정에서도 공통점을 찾아냈다.[59] 예를 들어, 인간과 마찬가지로 원숭이도 "뱀을 본능적으로 두려워하며", 뱀을 만나면 인간과 똑같이 비명을 지르고 두려운 표정을 짓는다고 했다. 이러한 노력을 통해 다윈은 인간과 다른 동물의 정신적 능력이 기존의 믿음보다 그렇게 다르지 않다는 것을 보여주려는, 오늘날에도 지속되는 과학적 전통을 수립했다.

여기서 또 하나 언급해야 할 것은, 다윈이 인간 마음의 진화를 설명하는 방식이 본질적으로 인간 몸의 진화를 설명하는 전략과 동일하다는 것이다. 그는 어떠한 형질에 관해서든 인간이 동물과, 또는 동물이 인간과 비슷하다는 것을 보이고, 그 중간에 해당하는 일련의 형태들이 자연선택에 의해 만들어질 수 있음을 암시함으로써 인간과 다른 동물 사이의 깊이 갈라진 틈을 메우려고 노력했다. 다윈이 제시한 자료는 그러한 연결 고리를 보여주지는 않는데, 사실 그런 연결 고리를 제시할 의도도 없었다. 다만, 그저 마음의 연속성에 관한 논의가 원칙적으로 상당히 개연성 있다는 것을 보여주려고 시도했을 뿐이다.

다윈의 입장은 그와 동년배이자 다윈과 비슷한 시기에 자연선택에 의한 진화라는 개념을 발견했던 앨프리드 윌리스Alfred Russel Wallace의 입장과 명확히 대비된다. 윌리스는 인간의 복합적인 언어와 지능, 음악, 예술 그리고 도덕은 단순히 자연선택만으로 설명할 수 없으며, 신성한 창조자의 개입으로부터 비롯되었음이 분명하다고 결론지었다.[60] 그에 대한 역사적 평가는 아마도 너무 가혹할 텐데, 어떤 이들은 다윈의 용감한 자세와 비교하며 마음의 기원에 대한 과학적 설명을 포기했다는 점이 윌리스의 유약한 성격을 암시한다고 해석한다.[61] 하지만 이러한 결론은 공정하지 않다. 윌리스가 증거를 모으고 내린 결론은 그 당시의 지식 수준을 정직하게 반영할 뿐이다. 다윈이 인정하듯이 마음의 진화를 밝히기 위해 다윈이 제시한 설명은 "불완전하고 단편적이다".[62] 다윈은 미래의 과학이 정신적인 간극을 메울 만한 보다 강력한 증거를 제시할 것이라 믿었고, 지금은 그 전망이 옳았던 것으로 드러나고 있다.

인간 마음의 진화를 이해하는 것은 다윈의 미완성 교향곡이다. 원작자가 남겨놓은 스케치 조각들만을 모아서 유명한 걸작이 된 베토벤이나 슈베르트의 미완성 교향곡과는 달리, 다윈의 후예들은 다윈의 작품을 완결하는 것을 도전으로 받아들였다. 그사이 수십 년간 위대한 진보가 이루어졌으며, 우리의 정신적 능력의 진화를 둘러싼 수수께끼에 대한 기초적인 대답이 등장하기 시작했다. 하지만 진정으로 강력한 설명으로 정제된 것은 최근 몇 년간 일어난 일이다. 다윈은 먹이나 짝에 대한 경쟁이 지능의 진화로 이어졌다고 믿었고, 대략적인 얼개에서 그 주장은 지지받고 있다.[63] 하지만 마음의 기원에서 문화가 핵심적인 역할을 했다는 것은 최근까지도 무시되었다.

인간과 동물의 인지를 엄격하게 갈라놓았던 빅토리아시대의 이분법과 비교해 보면, 다윈과 그의 지적 후손들은 그 간극을 상당히 줄일 수 있는 발견들을 제시했다. 이제 우리는 인간이 가장 가까운 영장류 친척들과 많은 인지 기술을 공유한다는 것을 알고 있다.[64] 도구 사용하기, 가르치기, 모방하기, 신호를 사용해 의미를 전달하기, 과거 사건을 기억하고 앞으로 발생할 일을 예측하기 등을 오직 인간만이 한다는 강력한 주장들은 동물의 인지에 대한 섬세한 연구로 인해 동물의 인지가 예상보다 더 풍부하고 복잡하다는 것이 드러나면서 하나둘씩 무너지고 있다.[65] 그럼에도 동물과 비교해 인간의 정신적 능력이 독특하다는 점은 여전히 두드러지며, 우리는 충분히 성숙한 비교인지 연구에 비추어 이러한 간극이 완전히 사라지지 않을 것이라고 확신할 수 있게 되었다.[66] 수백 년간의 집중적인 연구에 따르면, 모든 사람이 직관적으로 아는 사실, 즉 간극이 실재한다는 것은 이제 의심할 수 없다. 주요한 인지 차원들 가운데 몇몇 차원들, 그중에서 특히 사회적인 영역에서의 인간의 인지는 가장 똑똑한 비인간 영장류의 인지보다 월등히 앞선다.

과거에는 많은 동물행동학자들이 이러한 사실을 인정하기 싫어했던 것으로 보인다. 그러한 사실이 인간의 진화를 통째로 부정했던 사람들의 입장을 강화할 것이라는 두려움이 있었기 때문이다. '좋은 진화론자들'은 지능에 관한 인간과 다른 영장류의 연속성을 강조했다. 우리 정신의 우월성에 대해 생각하는 것은 인간 중심적인 일이라고 여겨졌으며, 나머지 자연으로부터 인간을 떼어놓으려는 사람은 어떤 개인적인 속셈을 갖고 있을 것이라는 의심의 눈초리를 받고는 했다. 인간이 독특할지도 모른다는 주장 뒤에는 다른 종들도 모두 독특하다는 주장이 꼬리표처럼 붙었다. 미디어에서는 '말하는' 유인원과 마키아벨리적인 원숭이에 대한 보고가 넘쳐났으며, 그로 인해 다른 유인원들도 가장 기만적이고 음흉한 인간만큼이나 교활하고 교묘하며 복잡한 의사소통을 할 수 있는 손대지 않은 잠재력을 지니고 있으며, 풍부한 지성을 가질 뿐만 아니라 도덕적인 삶을 살고 있다는 인상까지 주었다.[67] 이러한 견해에 영향을 받아, 정치적 보수주의자들은 우리와 너무나 비슷한 다른 유인원들을 특별하게 보호해야 하며, 그들도 인권을 부여받을 가치가 있다고 주장했다. 심지어는 유인원들도 사람이라는 주장도 있었다.[68] 이러한 관점을 강조하는 것은 독자들에게 그들의 동물적인 면에 대해 사유하도록 하는, 대중 과학서의 상당히 성공적이고도 오래된 장르다. 우리는 작은 집단으로 숲에 적응해 지내다가 갑자기 적응하기 어려운 현대 문명에 던져진 "벌거벗은 유인원"으로 생생하게 묘사되었다.[69] 우리는, 적어도 그중에서 남성들은, 무자비한 공격성을 위해 자연선택에 의해 만들어진 "사냥꾼"으로 불렸다.[70] 어떤 학술서들은 인간이 동물의 유산을 너무 많이 갖고 있어서 곧 멸망하게 될 것이라고 묘사한다.[71] 그런 책들의 저자 중에는 가끔 권위 있는 과학자들도 있는데, 그들은 자신의 주장을 정당화하기 위해 동물의 행동과 진화생물학에 대한 지식을 대놓고 끌어다 쓰기도 한다.

내가 보기에는, 다른 동물들의 지적인 업적이 부풀려 묘사되든지 인간의 야수성이 과장되는 식으로 인간과 다른 동물의 행동이 지닌 표면적인 유사성이 과장되어 왔다. 인간은 침팬지와 가깝겠지만, 우리는 침팬지가 아니고 침팬지도 사람이 아니다. 이제 우리의 정신적인 능력과 다른 동물의 정신적인 능력 사이의 연속성을 보여줌으로써 인간의 진화를 애써 '증명'하려는 시도는 필요 없다. 그것은 시대착오적이다. 우리는 다윈이 의심할 수밖에 없었던 것을 확실히 알고 있다. 침팬지와 인간의 공통 조상 이후로, 멸종한 여러 호미닌 종들이 지금으로부터 500만 년에서 700만 년 사이에 존재했었다는 것 말이다. 고고학적 유적을 보면, 이 호미닌들은 의심의 여지 없이 인간과 침팬지의 중간 정도 되는 지적 능력을 갖고 있다.[72] 유인원과 인간의 간극은 실재하지만, 우리의 멸종한 조상들이 그 인지적 틈을 메워주기 때문에 이는 다윈주의에 문제가 되지 않는다.

그럼에도 정신적인 능력 면에서 인간과 살아 있는 다른 영장류들 간의 차이를 확인하는 것은 이 책에 필요한 기초 작업이다. 겉으로 보기에도 우리 인간은 기술에 상당히 의지하며 언어로 명시된 규칙, 도덕, 규범, 사회적 제도로 조직화된 복합적인 사회에서 살아가지만, 우리와 가장 가까운 영장류 친척은 그렇지 않기 때문이다. 이러한 차이가 단지 환영에 지나지 않는다면, 인간의 인지가 동물 같은 성향에 지배를 받아서 동물의 인지와 똑같은 방식으로 설명되기 때문이든, 다른 동물들이 숨겨진 이성과 사회적 복잡성을 갖고 있기 때문이든, 마음의 기원을 설명하는 문제는 진화학자들이 한 세기 동안 예상했거나 기대했던 것처럼 사라지고 말 것이다. 하지만 앞으로 보겠지만, 그 차이는 환영이 아니며, 이러한 문제도 사라지지 않을 것이다.

유전적 증거를 생각해 보라. 과학에서 가장 오해받는 통계는 아마도 인간과 침팬지가 유전적으로 98.5퍼센트 동일하다는 것이다. 많은 사람들은 이 수치를 보고 침팬지가 98.5퍼센트 인간이라든지, 침팬지 유전자의 98.5퍼센트가 인간과 동일한 방식으로 작동한다든지, 침팬지와 인간의 차이는 고작 1.5퍼센트의 유전자라고 이해할 것이다. 이러한 추론들은 모두 매우 부정확하다. 98.5퍼센트라는 숫자는 전체 게놈 가운데 DNA 염기 서열 수준에서의 유사성과 관계 있다. 인간과 침팬지의 게놈은 일련의 긴 DNA 염기쌍을 아우르며, 각각의 단백질을 부호화하는 유전자에는 수만, 더 길게는 수백만 개의 염기쌍이 있다. 인간의 경우 단백질을 부호화하는 2만 개의 유전자가 담긴 지역에 어떤 특별한 것이 있다. 비록 이것이 우리의 게놈 중에서 아주 작은 부분을 차지할 뿐이지만 말이다. 1.5퍼센트는 두 종의 뉴클레오티드 약 35만 개를 의미한다. 이들 대부분은 유전자의 기능에 어떠한 영향도 주지 않지만, 일부는 커다란 영향을 미친다. 심지어 단 하나의 변화가 유전자의 작동에 영향을 미칠 수 있으며, 이는 인간과 침팬지의 유전자가 사실상 거의 같더라도 서로 다르게 기능할 수 있다는 것을 의미한다. 이에 해당하는 유전자 중 다수가 전사 인자transcription factors(DNA 서열에 결합하는 단백질을 가리키며, 다른 유전자의 전사를 조절한다)를 부호화하며, 그로 인해 종들의 DNA 서열에 약간의 차이만 있어도 그 차이가 증폭될 수 있다.[73]

더군다나 유전적 성분의 삽입과 삭제,[74] 유전자를 켜고 끄는 촉진자promoters와 증강 인자enhancers의 차이,[75] 유전자 복제본의 수에 대한 두 종들 간의 차이로 인해 인간과 침팬지의 유전적 차이가 발생한다. 복제본 수의 변이는 유전자의 소실과 (대개 호미닌 계통에서 발생하는) 중복으로 인해 발생한다. 유전자 중복은 보다 많은 유전자 생산이 필요할 때 적응적일 수 있다.[76] 연구에 따르면, 인간의 전체 유전자 가운데 6.4퍼센트에 상응하는 복제본이 침팬지에게는 존재하지 않는다.[77] 게다가 유전자는 여러 방법으로 읽힌다. 다시 말해, 유전자의 (엑손exon이라는) 다양한 부위가 여러 방법으로 함께 이어지며 다양한 생성물을 만들어 낸다. 이러한 '선택적 이어 맞추기alternative splicing' 현상은 자주 일어난다. 인간 유전자의 90퍼센트 이상에서 선택적 이어 맞추기가 일어나며, 인간과 침팬지가 공유하는 유전자의 6-8퍼센트가 이어 맞추는 방법에 있어서 뚜렷한 차이를 보인다.[78]

하지만 유전자의 차이보다 더 중요한 것은 유전자가 두 종에서 각각 어떻게 사용되는가 하는 것이다. 유전자는 아이들의 블록 놀이에 비유할 수 있다. 즉, 대체로 비슷한 블록들이 다른 종에서는 다른 방식으로 조합된다. 인간과 침팬지의 유전자가 완전히 같더라도, 유전자들이 켜지고 꺼지는 정도가 다르거나 서로 다른 장소 또는 시간에서 활성화되기 때문에 서로 다르게 작동할 수 있다. 침팬지와 인간의 유전적 유사성에 처음 주목한 버클리대학교의 선구적인 과학자들, 앨런 윌슨Allan Wilson과 메리클레어 킹Mary-Claire King은 두 종의 차이가 유전 서열의 차이에서 비롯되기보다는 그 유전자들이 언제 어떻게 켜지고 꺼지는지에서 비롯된다고 예상했다.[79] 후속 연구들은 이들의 가정이 옳았다는 것을 보여준다.[80] 미국 국립인간게놈연구소에서는 2003년에 인간의 게놈에서 기능적인 부분들을 모두 밝히기 위한 거대한 연구 프로젝트, DNA 구성 요소 백과사전The Encyclopedia of DNA Elements, ENCODE을 발족시켰다. 그 프로젝트에서는 최근 약 800만 개의 결합 부위를 찾아냈는데, 그중 대부분이 조절 구성 요소로 이러한 조절 구성 요소의 변이로 인해 수많은 종간 차이가 발생한다는 것을 발견했다.[81]

영어와 독일어를 비교해 보면 이를 이해하기가 쉽다. 문어의 상징적인 형태(즉, 사용되는 글자)에서, 독일어 화자들만 사용하는 (모음 위에 2개의 점으로 표시되어 발음을 바꾸는) 움라우트 기호를 제외하면, 이 두 인도-유럽 언어는 동일하다.[82] 하지만 누군가가 두 언어 사이의 모든 차이가 움라우트 기호 때문이라거나, 독일어를 숙달하려면 영어 화자는 단지 움라우트 부호의 사용법만 숙달하면 된다고 주장한다면, 그토록 우스꽝스러운 주장도 없을 것이다. 두 언어의 차이는 음운의 요소가 지닌 차이보다는, 어떻게 글자가 사용되고 그 글자들이 어떻게 단어와 문장으로 결합되는지와 훨씬 더 관련 있다. 유전자도 마찬가지다. 최근 진화발생생물학evolutionary developmental biology(또는 이보디보evo-devo) 분야에 등장한 중요한 경험적인 발견은 진화가 유전자 제어장치의 변화를 통해("오래된 유전자에 새로운 요령을 가르치는 것"을 통해) 진행되는 경우가 많다는 것이다.[83] 그러한 변화에는 단백질 생성의 타이밍, 유전자가 발현되는 신체 부위, 생성되는 단백질의 양, 유전자 생성물의 형태 등이 포함된다. 인간과 침팬지의 차이는 DNA 서열의 작은 차이보다, 우리의 모든 유전자가 어떻게 켜지고 꺼지는지와 훨씬 더 관련이 깊다.

인간과 침팬지의 상이한 유전자 가운데 상당수는 뇌와 신경조직에서 발현되는 유전자다.[84] 뇌에서 발현되는 유전자는 호미닌 계통에서 강력한 양성 선택positive selection에 노출되었으며, 그러한 유전자 중에서 90퍼센트 이상이 침팬지보다 인간에서 그 발현이 증가한다.[85] 이러한 차이는 뇌의 기능에 커다란 영향을 미칠 가능성이 높다. 다른 조직과는 달리, 침팬지 뇌에서의 유전자 발현의 패턴은 인간보다 일본원숭이Japanese macaque의 것과 훨씬 더 닮았다.[86] 해부학과 생리학의 차원에서도 침팬지의 뇌는 인간보다 원숭이의 뇌를 더 닮았다.[87] 인간의 뇌는 침팬지보다 3배 이상 더 크며, 구조적으로도 재조직되었다. 예를 들어, 인간의 뇌는 신피질의 비율이 더 크며, 신피질로부터 뇌의 다른 영역들까지 보다 직접적으로 연결되어 있다.[88]

이것이 의미하는 바는 인간과 침팬지가 생물학적으로 이토록 서로 다르기에 이 둘의 행동과 인지가 똑같다고 가정해서는 안 된다는 것이다. 침팬지는 우리의 가장 가까운 친척이지만, 그 이유는 단지 우리와 같은 속의 다른 구성원들, 호모 하빌리스*Homo habilis*, 호모 에렉투스*Homo erectus*, 호모 네안데르탈렌시스*Homo neanderthalensis* 등을 비롯해,[89] 모든 오스트랄로피테쿠스*Australopithecines*, 모든 다른 호미닌들(파랜스로퍼스*Paranthropus*, 아르디피테쿠스*Ardipithecus*, 사헬앤스로퍼스*Sahelanthropus*, 케냔트로푸스*Kenyanthropus*)이 이미 멸종했기 때문이다. 만약 그들이 지금도 살아 있다면, 인간의 마음속에서 침팬지의 지위는 분명 낮았을 것이며 침팬지에게 기대하는 것도 지금보다 적었을 것이다.

선입견을 버리고 인간의 정신적 능력이 지닌 특별한 점이 무엇인지 곰

곰이 생각해 보자. 지난 100년 동안, 인간과 다른 동물의 인지능력에 관한 면밀한 실험으로 인해 진정으로 인간 인지의 고유한 특성을 규정할 수 있게 되었다. 이는 결코 사소한 일이 아닌데, 역사적으로 '인간만이 X라는 행동을 하며, 인간만이 Y를 갖고 있다'라는 식의 주장이 등장했다가 다른 동물들에게서 그에 상응하는 것이 밝혀졌을 때 곧 폐기되고는 했기 때문이다. 인간과 다른 유인원들을 비교하는 일도 인간과 다른 동물이 공유하는 행동들을 분리해 냈다. 물론 공통 형질을 밝혀내는 것이 인간의 고유성을 밝혀내는 것만큼이나 많은 통찰을 던져주었는데, 그러한 비교 작업을 통해 과거를 재구성할 수 있었기 때문이다. 이러한 작업은 인간 조상들의 특징에 대해 추측할 수 있게 해주고, 현대인에게서 관찰되는 형질의 진화사를 이해할 수 있게 해준다. 그럼에도 그 둘 사이에는 두드러진 차이점들이 있다.

예를 들어, 인간의 협력에 관한 연구를 생각해 보자. 인간의 협력은 최근 경제학의 게임을 사용해 집중적인 연구가 이루어진 분야다. 그중 하나는 '최후통첩 게임ultimatum game'이라고 불리는데, 두 참가자가 주어진 일정한 돈을 어떻게 나눌지 결정해야 하는 게임이다. 첫 번째 참가자는 둘 사이에 어떻게 돈을 나눌 것인지 제안하고, 두 번째 참가자는 그 제안을 받아들이거나 거절할 수 있다. 만약 두 번째 참가자가 제안을 받아들이면 그 제안에 따라 돈이 나누어지지만, 만약 두 번째 참가자가 거절하면 둘 다 돈을 조금도 받지 못한다. 최후통첩 게임에서 가장 흥미로운 부분은 두 번째 참가자의 입장에서 거절은 결코 이성적인 행동이 아니라는 것이다. 어떤 제안이든 0원보다는 낫기 때문이다. 따라서 첫 번째 참가자가 최소한의 금액을 제안하고 전체 금액의 대부분을 차지할 것이라고 예측할 수 있다. 하지만 사람들은 대개 이런 식으로 행동하지 않는다. 사람들은 훨씬 더 관대한 제안을 건네며(가장 흔한 제안은 금액의 50퍼센트, 즉 '공평한' 분할이다), 완전히 이성적으로 행동했을 때 예상되는 것보다 제안을 더 자주 거절하는 경향이 있었다(금액의 20퍼센트 이하의 제안은 대개 거절당했다). 그뿐만 아니라 제안의 규모와 거절 비율도 사회마다 달랐으며, 이는 각 사회의 문화적 규범과 상관관계를 보였다. 예를 들어, 선물 증여가 활발한 문화에서는 특별히 관대한 제안이 관찰되었다.[90] 인간은 마치 협력하도록 태어난 듯하며, 다른 이들에게도 동일한 것을 기대하는 듯하다. 우리의 행동은 공정함에 대한 동기와 다른 이들의 입장을 고려하고자 하는 동기에 자주 영향을 받는다. 우리는 심지어 다시 만날 가능성이 없어 보이는 완전히 낯선 이에게도 공정함을 지키려는 충동을 느낀다. 이러한 결론은 매우 다양한 맥락과 다양한 정도의 상호작용에서 수행된 수천 개의 실험에서 되풀이되었다.[91]

만약 침팬지가 최후통첩 게임에 참여하면 어떤 일이 벌어질까? 심리학자 키스 젠슨Keith Jensen 및 조셉 콜Josep Call, 마이클 토마셀로Michael Tomasello가 단순화된 버전의 최후통첩 게임을 침팬지에게 제시했다. 그들은 영리하게 실험을 설계했는데, 먼저 '제안자' 침팬지는 두 가지 선택지 중 하나를 선택할 수 있다. 그 선택지 중 하나는 다른 침팬지와 먹이를 동일하게 나누는 것이고, 나머지 하나는 제안자 자신이 더 많이 가지는 것이었다. 실험 결과, 침팬지들은 주로 자신에게 오는 수익을 최대화하는 선택지를 골랐으며, 그 과정에서 선택지가 다른 침팬지에게 공평한지 아닌지는 고려하지 않았다.[92] 인간에 비해 침팬지의 행동이 이기적으로 보일지 모르지만, 그들의 행동은 이성적인 반응이다. 이와 같은 연구들은, 그리고 이와 비슷한 수많은 연구들은, 호미닌들이 다른 개체들을 고려하고 공평함에 관한 규범에 민감하도록 선택되었다는 주장을 지지한다.[93] 이는 다른 유인원이 협력하지 않는다는 것을 의미하지는 않는다. 다른 대부분의 영장류처럼, 침팬지도 제한된 영역에서 협력한다.[94] 하지만 지금까지 쌓인 방대한 실험 자료에 의하면, 다른 유인원들은 인간처럼 광범위하게 협력하지 않는다.

많은 탁월한 영장류학자들은 다른 영장류들이 협력이 필요한 다른 개체의 관점을 이해하지 못하기 때문에 협력이 적어도 부분적으로 제한된다고 믿는다.[95] 이 주제에 관한 연구는 비교심리학자 데이비드 프리맥David Premack과 가이 우드러프Guy Woodruff의 고전적인 연구로부터 시작되었다. 그들은 "침팬지도 마음 이론을 갖고 있는가?"라고 질문했다. 즉, 침팬지도 인간처럼 다른 개체들이 그릇된 믿음false belief*, 의도, 목적을 갖고 있다는 것을 이해하는지 질문한 것이다.[96] 그들의 연구에 자극받아서, 침팬지와 어린이를 비교하는 수많은 실험 연구가 수행되었다. 프리맥과 우드러프의 질문에 대답하는 연구 자료에 의하면, 그 질문에 대한 대답은 대개 부정적이다. 하지만 보다 최근의 연구에 따르면, 침팬지도 기초적인 마음 이론theory of mind을 갖고 있을 가능성이 있다.[97] 예를 들어, 침팬지는 실험자의 의도를 추측할 수 있다는 증거가 있다. 침팬지들은 실험자가 내키지 않아 먹이를 주지 않을 때와 먹이를 줄 수 없어서 주지 않을 때 서로 매우 다르게 행동했으며, 어떤 것을 의도적으로 할 때와 우연히 할 때도 서로 다르게 행동했다.[98] 또 다른 연구에 따르면, 침팬지는 제한적으로나마 다른 개체의 목표, 지각, 지식을 이해한다. 하지만 이러한 결론들은 아직 이론의 여지가 있으며,[99] 결정적으로 침팬지가 다른 개체의 그릇된 믿음을 이해한다는 증거는 존재하지 않는다.[100] 반면 아이들은 보통 4세 또는 그 이전부터 다른 이들이 그릇된 믿음을 지닐 수 있다는 것을 이해하며,[101] 이는 이러한 능력이 호미닌 계통에서 진화했음을 암시한다. 게다가 인간은 손쉽

* 어떤 현상에 대해 사실과 다른 믿음. 인간은 다른 이들이 틀린 믿음을 지닌 것을 이해할 수 있지만, 지금까지의 비교심리학 연구에 의하면, 침팬지와 아주 어린 아이들은 다른 개체가 지닌 믿음도 자신이 보거나 경험하는 내용과 동일할 것이라고 생각한다.

게 여러 층위의 믿음과 이해를 파악한다. 예를 들어, 나의 아내는 딸이 엄마의 머리가 가장 잘 자른 단발이라고 말하는 것을 믿는데, 사실 내 딸이 그렇게 말하는 것은 단지 엄마를 행복하게 만들기 위함이라고 내가 주장하는 것을 당신은 이해할 수 있다. 믿음에 대한 믿음, 그리고 그 믿음에 대한 믿음은 인간의 인지에서 자연스럽고 흔한 것이다. 우리 종은 여섯 층위까지 이해할 수 있지만, 다른 유인원들은 1차원의 의도성first order intentionality을 이해하는 데도 쩔쩔맨다.[102]

비교심리학 연구에 익숙하지 않은 독자들은 그 분야의 인지능력 실험들이 모든 연령의 침팬지의 수행 능력을 왜 어린이의 수행 능력과 비교해야 하는지 합리적으로 의심할 만하다.[103] 겉보기에는, 비슷한 나이의 두 종을 비교하는 것이 더 공정해 보인다. 어른보다 어린이, 주로 유치원에 다니는 어린이를 침팬지와 비교하는 것이 일반적으로 합리적인 이유는, 어른들은 이미 사회 안에서 너무 문화화되었기 때문이다. 따라서 어린이를 실험 대상으로 삼는 것은 문화가 너무나 커다란 오염 변인이 되기 전에 두 종의 본질적인 차이를 구별해 내기 위한 시도라고 볼 수 있다. 하지만 이러한 논점이 타당한 논점인지에 대해서는 이견이 있다. 4세나 5세 아동도 문화에 상당히 노출되었을 테니까 말이다. 그렇게 비교하는 것이 보다 실용적이라는 것이 더 맞는 말일지도 모르겠다. 즉, 대부분의 인지 테스트에서 성인과 다 자란 침팬지를 비교하는 것은 아무 의미도 없을 것이다. 인간이 침팬지를 훨씬 능가할 것이기 때문이다. 심지어 젖을 먹는 어린아이도 정신 능력 테스트에서 다른 유인원 성체를 능가한다. 예를 들어, 발달심리학자 에스터 헤르만Esther Herrmann과 그녀의 동료들은 일련의 인지 테스트를 두 살 반의 어린이 그리고 3세부터 21세의 침팬지들과 오랑우탄들에게 실시했다. 이 연구자들은 그렇게 어린 나이에도 어린이들이 물리적 세계(예를 들어, 공간 기억력, 사물의 회전, 도구 사용)를 다루는 데 다 자란 침팬지나 오랑우탄과 비슷한 인지 기술을 보이며, 사회적 영역(사회적 학습, 몸짓으로 의사소통하기, 의도 이해하기)을 다루는 데 있어서는 두 종보다 훨씬 더 정교한 인지 기술을 보인다는 것을 발견했다. 특히 아이들은 사회적 인지 테스트에서 일반적으로 비인간 유인원보다 2배 더 잘해냈다.[104] 침팬지가 사회적 학습과 사회적 인지에서 놀라울 정도로 뛰어나다는 실험 결과도 많지만,[105] 직접적으로 서로 비교한 연구들은 인간과 다른 유인원 간에 강력한 차이가 있다는 것을 일관되게 보여준다.[106] 특히 사회적 지능이 우리의 호미닌 조상에서 꽃피웠다는 가설은 이제 광범위하게 받아들여진다.[107]

인간과 다른 영장류의 정신 능력에서 질적으로 중요한 차이가 있는 가장 명백한 부분은 아마도 의사소통일 것이다. 동물의 의사소통에는 생존(예를 들어, 포식자에 대한 경고음), 구애와 짝짓기(예를 들어, 일부 원숭이의 빨갛게 부푼 성기), 사회적 신호(예를 들어, 지배력 과시) 등 다양한 종류가 있다.[108] 이러한 신호들은 특정한 의미가 있으며, 보통 그 동물이 당면한 상황과 관련 있다. 반면 인간은 시공간적으로 멀리 떨어진 일에 대해서도 언어로 의견을 교환할 수 있다. (예를 들어, 나는 당신에게 잉글랜드 중부지방에서의 내 성장기에 대해 이야기해 줄 수 있으며, 당신은 나에게 이웃 마을에 새로 문을 연 커피숍을 알려줄 수도 있다.) 꿀이 풍부한 꽃의 위치에 대한 추상적 정보를 전달하기 위해 꿀벌이 8자 춤을 추는 것처럼 드문 예외가 있지만, 동물들은 지금 당장 일어나지 않는 현상에 대해서는 의사소통하지 않는다. 침팬지는 어제 찾아낸 개미굴에 대해 서로 이야기하지 않으며, 고릴라는 숲의 반대편에 있는 쐐기풀 밭에 대해 토론하지 않는다. 일부 영장류의 발성음은 주변의 대상을 나타내기 위해 사용되는 듯하다. 남아프리카 전역에 거주하는 버빗원숭이가 유명한데, 이들은 각각 새 포식자, 포유류 포식자, 뱀 포식자를 의미하는 것으로 보이는 세 가지 다른 소리를 낸다.[109] 다른 여러 영장류에도 이와 비슷한 사례가 많다. 하지만 영장류의 발성음은 대체로 서로 관련이 없는 단일 신호일 뿐이며, 보다 복잡한 메시지를 전달하기 위해 결합되는 경우가 거의 없다. 이례적으로 복합 메시지를 내는 경우에도 매우 한정적으로만 그럴 뿐이다. 예를 들어, 몇몇 원숭이들은 다른 개체들에게 포식자의 존재와 그 포식자의 위치를 한꺼번에 알린다.[110] 반면 인간의 언어에는 제한이 전혀 없어서 문장이 끊임없이 이어질 수 있으며, 상징에 익숙해지면 완전히 새로운 문장도 만들 수 있다.

침팬지나 돌고래 같은 동물이 우리가 아직 가늠하지 못하는 복잡하고 자연적인 의사소통 체계를 은밀하게 지니고 있을지도 모른다는 낭만이 존재한다. 많은 이들은 동물의 비밀스럽고 복잡한 외침과 지저귐을 독해할 수 없을 때 '거만한' 과학자들이 다른 동물들은 서로 이야기하지 않는다고 성급하게 결론 내린다고 믿기를 좋아한다. 슬프게도 모든 증거에 따르면, 이것은 그저 환상에 불과하다. 한 세기가 넘도록 동물의 의사소통에 대한 집중적인 과학 연구가 이루어졌지만, 그 정도로 복잡성이 있다는 단서는 거의 발견되지 않았다. 오히려 침팬지와 돌고래의 신호에 지시성 referential quality이 있다는 증거를 제시하기가 상당히 어렵다는 것이 밝혀졌다.[111] 침팬지가 여러 면에서 의심할 바 없이 똑똑하기는 하지만, 그들의 의사소통도 다른 많은 동물들의 의사소통 방식보다 더 풍부하지는 않으며, 심지어 덜 언어적이기까지 하다.[112] 이는 의사소통 체계들을 연속적으로 배열할 수 없다는 것을 뜻한다. 인간의 언어는 스펙트럼의 어느 한쪽 끝에 위치하고, 그 옆에는 매우 복합적인 동물의 원시언어가 있으며, 그 옆으로 이동할수록 점점 덜 복잡한 의사소통 체계가 위치하고, 반대편 끝에는 단순한 후각 메시지가 위치하는 식으로 말이다. 오히려 언어는 질적으로 다른 듯하다. 인간의 언어와 다른 동물의 언어 사이의 간극이 무시되고 동물의 의사소통 체계가 단순한 것부터 복잡한 것까지 하나의 연속체로 배열되더라도, 최근까지의 증거에 따르면 인간과 가장 가까운 종들 중에서 복

합적인 자연적 의사소통 체계를 지닌 동물은 하나도 없다.[113]

유인원들은 그들이 자연환경에서 보여주는 것보다 더 복잡한 의사소통 능력을 가질 수 있을지도 모른다. 만약 유인원이 훈련을 통해 말을 할 수 있게 되면 단순한 연속체에 관한 주장이 다시 살아날 수도 있고, 실제로도 몇몇 유명한 연구는 이러한 이상을 좇기도 했다.[114] 물론 다른 유인원들은 해부학적으로 복합적인 발성음을 낼 수 없고, 생리학 및 발성 조절의 한계 때문에 발화를 할 수 없다. 이러한 사실은 미국의 심리학자인 키스 헤이스Keith Hayes와 캐시 헤이스Cathy Hayes의 시도로 인해 1940년대에 확립되었다. 그들은 '비키Viki'로 불리는 암컷 침팬지를 태어날 때부터 자신의 집에서 기르며 자신의 아이들과 동일하게 대하고자 했다. 비키는 단지 4개의 단어, 즉 '엄마', '아빠', '컵', '위쪽'밖에 학습하지 못했으며 어떤 면으로 보더라도 발음이 그리 좋지 않았다. 이것이 실망스럽게 들린다면, 적어도 이들의 실험은 하나뿐인 그 전의 시도보다는 나았다. 이는 또 다른 부부 심리학자 윈스럽 켈로그Winthrop Kellogg와 루엘라 켈로그Luella Kellogg가 수행한 것으로, 그들은 '구아Gua'라고 불리는 암컷 침팬지와 그들의 아들 도널드를 같이 길렀는데, 처음 그들이 실험을 시작했을 때 구아는 생후 7개월이었고 그 당시 도널드의 나이도 비슷했다. 켈로그 부부는 실험을 시작한 지 2년 정도 지났을 때 그 실험을 그만둘 수밖에 없었는데, 그 이유는 한 단어도 말하지 못하는 구아를 보고 도널드가 침팬지의 발성음을 흉내 냈기 때문이다. 진정한 진보는 1960년대에 이르러서야 이루어졌다. 세 번째 부부인 앨런 가드너Allen Gardner와 비어트리스 가드너Beatrice Gardner는 미국의 표준 수화를 '워쇼Washoe'라는 어린 침팬지에게 가르치려는 독창적인 시도를 했다. 그들의 보고에 따르면, 워쇼는 300개 이상의 수화 단어를 배웠으며, 그중 대부분은 모방을 통해 습득했다. 심지어 자신이 배운 단어를 더 어린 침팬지인 로울리스에게 가르쳐주기도 했다. 또한 워쇼는 기호를 스스로 결합했다. 예를 들어, 백조를 처음 보고 '물'과 '새'라는 수화를 했다는 사실은 유명하다. 이 연구는 다른 연구에 상당한 자극이 되었으며, 그 뒤로 침팬지 님 침스키Nim Chimpsky*, 고릴라 코코Koko, 보노보 칸지Kanzi 등 수화나 단어 기호를 학습했던 '말하는 유인원'에 관한 일련의 연구가 이어졌다.

하지만 유인원이 언어를 사용했다는 성급한 결론은 엄밀한 검증을 견뎌낼 수 없으며, 이에 대해서는 사실상 모든 언어학자가 동의한다.[115] 동물들이 성공적으로 신호의 의미를 학습하고 두세 단어를 단순히 결합할 수 있었지만, 문법구조나 구문론을 숙달했다는 증거는 전혀 없다. 인간의 언어는 극도로 복잡한 의미를 전달하기 위해 현재, 과거, 미래 시제의 동사, 명사, 형용사, 접속사 등 문법적이고 의미론적인 범주를 사용한다는 점에서 동물의 의사소통 체계와 다르다. 워쇼, 코코, 칸지는 (비록 3세 아이의 평균에는 미치지 못했음에도) 많은 단어와 신호의 의미를 이해했지만, 더 중요한 점은 이들 중 누구도 인간 언어의 복잡한 문법과 비슷한 어떠한 것도 습득하지 못했다는 것이다. 심지어 유인원 의사소통의 복잡성을 열성적으로 연구하는 학자들조차 그 차이를 인정한다.[116] 침팬지의 의사소통과 셰익스피어의 희극 사이에는 크나큰 장벽이 있다.

과학이 동물의 도덕적 삶이 지닌 복잡성을 아직 이해하지 못한다는 또 다른 낭만이 존재하며, 대중 과학서나 할리우드 영화제작자들은 그러한 바람을 이용해 많은 수익을 올린다. 텔레비전 쇼와 이야기 책에는, 복잡한 상황을 이해하고, 때로는 그 능력이 인간보다 뛰어나며, 동감이나 죄책감 같은 인간적인 도덕적 감정을 드러내는 라씨, 플리퍼, 챔피언 원더 호스 등의 동물들이 넘쳐난다. 하지만 실망스럽게도, 이 또한 과학적 증거

* 인간만이 언어를 갖는다는 노엄 촘스키의 주장에 반박하기 위해, 행동심리학자 허버트 테라스가 연구실의 침팬지에게 (일종의 언어유희로) '님 침스키'라는 이름을 붙였다.

는 거의 없다. 많은 대중서들은 동물이 옳고 그름의 차이를 이해한다고 주장하지만, 이를 보여주는 과학 논문은 거의 없다. 오히려 동물의 도덕성에 대한 주장은 대부분 일화에 의존하는데, 이를테면 유인원이나 돌고래, 코끼리나 원숭이가 공감 능력을 지니고 있거나 다른 동물에 대한 연민을 느끼는 것처럼 행동했다는 식이다. 예를 들어, 동물들이 아프거나 죽어가는 개체를 위로하거나, 다투고 난 뒤 '화해'하는 것처럼 행동했다는 식이다.[117] 하지만 그런 보고는 주의 깊게 해석해야 한다.

의심할 필요 없이, 동물은 풍부한 감성을 지니고 있다. 그들이 애착을 형성하고 고통을 경험하며, 다른 개체의 감정 상태에 반응한다는 강력한 과학적 증거가 있다.[118] 하지만 이는 그들이 도덕을 가지고 있다는 것을 의미하지는 않는다. 동물이 옳고 그름을 구분하는 것처럼 행동할 때가 있지만, 그 경우는 대개 다른 식으로 해석할 수 있다. 깊은 숙고나 다른 개체에 대한 고려 없이, 그저 단순한 규칙을 따를 수도 있는 것이다. 예를 들어, 새로운 협력 관계를 만들 수 있는 커다란 기회라면, 공격받은 개체에게 털 고르기 해주는 것이 이득일 수 있다. 영장류들이 탐나는 자원에 접근하는 것, 또는 갈등으로 인해 손상된 소중한 관계를 지속하는 것과 같은 단기적인 목적을 성취하기 위해 화해할 수도 있다.[119] 당신의 개는 혼나고 나서 죄책감을 느끼기보다 '눈망울'을 보여주는 것이 주인에게 빠르게 용서받는 길이라는 것을 학습했을 수도 있다. 비명을 지르는 다른 개체에게 동정심을 느끼는 것이 아니라, 자신이 두려움을 느끼고 감정적으로 응답했을 수도 있다(이런 현상을 감정 전염emotional contagion이라고 한다).[120] 원숭이가 싸우고 나서 화해하는 것을 두고, 어떤 저자들은 원숭이가 인간과 가까운 친척이고 그들도 인간과 똑같은 감정과 인지를 지닌다고 보는 것이 진화적으로 가장 간결한 설명이기 때문에, 그들도 "죄책감"을 느끼고 "용서"를 한다고 해석한다.[121] 하지만 물고기도 동일한 방식으로 행동하는 것을 보면,

이러한 추론은 의심스럽다.[122] 물고기도 관용을 느낀다고 가정할 수 있을까? 또 다른 문제는 어떤 동물이 도덕적 성향을 보인다는 일화보다 같은 종이라도 이기적이고 착취하는 행동을 보인다는 일화가 일반적으로 더 많다는 것이다.[123] 과학 문헌들에는 다른 개체의 고통에 무관심하거나 약자를 이용하는 동물의 행동에 대한 보고가 넘쳐난다. 다른 종이 '도덕적' 성향을 드러내는 것은 기껏해야 드문 일이다.

인간도 분명 동물 가운데 하나이고, 수많은 분야의 과학자들의 한 세기가 넘는 주의 깊은 연구에 따르면, 우리의 행동과 다른 동물의 행동 사이에는 많은 연속성이 존재한다. 하지만 그럼에도 인지능력과 성취 면에서 인간과 우리의 가장 가까운 동물 친척들 사이에 중요한 차이가 있다는 것은 실험으로 확인되었다. 그 차이는 진화적으로 설명해야 한다. 찰스 다윈이 150년 전에 처음으로 인간 진화에 대한 신뢰할 만한 설명을 제시했지만, 부족한 화석 자료로 인해 이는 불가피하게 인류 기원에 대한 실제 이야기보다는 인간이 진화한 것으로 여겨지는 여러 과정들을 바탕으로 진행되었다. 그 후로 고생물학자들이 문자 그대로 수천 개의 호미닌 화석을 발굴한 덕분에, 우리는 우리의 진화적 혈통에 대한 상세한 역사를 쓸 수 있게 되었다.[124] 하지만 그 역사는 대부분 이빨과 뼈를 기반으로, 식습관과 생애사life history에 대한 영리한 추측 그리고 석기와 고고학적 유적을 통해 보완되어 쓰인 것이다. 인간 마음의 역사에 대한 지식은 아직 드물고, 사변적이며, 정황적이다.

다윈은 인간의 진화에 대한 정말로 설득력 있는 설명을 제시하기 위해서는 우리의 문화, 언어, 도덕을 비롯해 인간의 정신 능력을 설명해야 한다는 것을 잘 알고 있었다. 지난 100여 년 동안 방대하고 생산적인 과학 연구가 이루어졌지만, 이 문제는 기념비적인 도전으로 남아 있다. 이 작업이 순전히 어느 정도 규모인지조차 일반적으로 인지되지 않았다. 과학 공동체는 인류의 진화를 설명하고자 분투하면서, 그리고 훼손하지 않고자 노력하면서, 인간이 다른 유인원들과 인지적으로 매우 다르다는 것을 인정하기 싫어했던 듯하다. 과학자로서의 경력을 시작했을 때, 나의 사고방식도 그러했다는 것을 고백한다. 하지만 비교인지 실험들의 자료가 축적되고, 인간과 다른 유인원의 정신 능력 사이에 놀라운 차이가 있다는 것이 뚜렷해지면서, 나 같은 진화생물학자들은 지금의 인간에 이르는 호미닌 계통에서 무언가 특별한 사건이 발생했다는 것을 받아들일 수밖에 없었다. 이 가정은 지난 300만 년 동안 호미닌의 두뇌 크기가 거의 4배가 되었다는 해부학 자료,[125] 인간의 뇌에서 유전자의 발현이 엄청나게 크게 증가했다는 유전자 자료,[126] 기술과 지식 기반의 복잡성과 다양성이 기하급수적으로 증가했다는 고고학적 자료에 의해 지지된다.[127] 인간이 다른 종보다 뛰어난 모든 부분이 달가운 것은 아니다. 우리는 전쟁, 범죄, 파괴, 서식지 황폐화에 대해서도 전례 없는 능력을 지니고 있다. 하지만 이러한 부정적 속성 또한 우리의 진화적 과정이 지닌 독특함을 부각시킨다. 이 모든 것을 어떻게 이해할 수 있을까?

이 책은 인간의 특별한 문화적 능력이 어떻게 진화했는지 설명하고자 하며, 그 과정에서 인간의 마음이 어떻게 등장했는지 그 수수께끼에 답하고자 한다. 이 책에서는 명백히 인간만이 지닌 가장 고유한 능력들이 어떻게 함께 작동하며 우리 종의 집단적 생존을 가능하게 했는지 설명할 것이다. 인간의 마음과 문화의 기원에 대한 설명이 설명의 전부일 수는 없다. 인간의 뇌와 같이 복잡한 조직과 매우 다면적인 인지능력이 형성되기 위해 의심의 여지 없이 다양하고 복잡한 수많은 선택압selective pressure*이 작용했을 것이기 때문이다. 하지만 인간의 마음과 문화의 기원에 대한 그러한

* 자연선택 압력을 말한다. 선택압이 높다는 것은 생존과 번식에 유리한 형질을 가진 개체가 더 많은 자손을 낳는다는 것을 의미한다.

이야기는 단지 추측에 기반한 이야기가 아니다. 처음부터 끝까지 모두 과학적 발견에 의해 지지되기 때문이다.

그렇다고 이 책이 문화의 진화만 다루는 것은 아니다. 이 책은 문화의 수수께끼를 풀려는 과학적 연구 프로그램에 대한 설명이다. 이 책은 나의 연구 업적과 지난 25년간 이 주제를 하나의 팀으로 함께 연구해 온 나의 학생들, 연구 보조원, 공동 연구자의 연구 업적을 종합한다. 이 책은 현대의 과학 연구가 어떻게 진행되는지를 묘사한다. 예를 들어, 과학적 질문을 어떻게 제시하는지, 의도하지 않은 연구 결과를 어떻게 이용하는지, 데이터가 어떻게 연구자들을 새로운 연구로 이끄는지, 여러 과학적 방법론들(실험, 관찰, 통계적 분석, 수학적 모델)이 어떻게 서로 조화를 이루며 문제에 대한 깊은 이해를 구성하는지를 묘사한다. 나는 우리의 어려움, 잘못 시작된 연구들, 통찰과 절망의 순간들을 묘사할 것이다. 진정 이 책은 하나의 수수께끼가 어떻게 다른 수수께끼로 이어지는지, 단서의 흔적을 우리가 어떻게 따라갔는지, 우리의 노력이 어떻게 여느 추리소설의 미스터리처럼 서서히 다채롭고 복잡한 클라이맥스로 보상받게 되었는지를 보여주는 탐정소설이다. 책의 후반부로 갈수록 분명해지는 '해답'은 아마도 마음과 지능의 진화에 대한 새로운 이론으로 여겨질 수 있을 것이다.

우리의 이야기는 수없이 많은 동물들이, 이를테면 아주 자그마한 초파리부터 거대한 고래까지, 다른 개체들을 모방함으로써 살아가는 데 필요한 기술과 중요한 지식을 습득한다는, 겉보기에는 평범한 관찰로부터 시작할 것이다. 놀랍게도, 그들이 왜 그래야만 하는지, 즉 왜 모방이 자연계에서 그토록 광범위하게 이루어지는지에 대한 이해는 비교적 최근까지도 과학으로부터 외면받아 왔다. 물론 그 수수께끼는 충분히 어렵기 때문에, 그것을 풀기 위해서는 과학적으로 경쟁할 수밖에 없었다. 그러한 경쟁을 통해 수수께끼가 풀렸는데, 그 결론은 개체들이 어떤 행동을 여과한 적응적 해법들을 남들로 하여금 모방할 수 있도록 제공하기 때문에 모방이 유리하다는 것이다. 우리는 이로부터 결정적인 교훈을 얻었다. 자연선택은 보다 효율적이고 보다 정확한 모방 수단을 끊임없이 선호할 것이라는 점말이다.

동물이 서로를 왜 모방하는지 이해하고 나자, 우리는 동물들의 영리한 모방 방법을 이해할 수 있었다. 동물의 모방은 결코 분별없이, 한 가지 방식으로 이루어지지 않았다. 그들의 사회적 학습은 상당히 전략적이다. 동물들은 '시행착오를 통한 학습의 비용이 클 때 모방하라' 또는 '다수의 행동을 모방하라' 등의 영리한 법칙을 따랐는데, 이러한 법칙들은 가용한 정보를 다루는 상당히 효율적인 방법이라는 것이 증명되었다. 우리는 진화론의 법칙을 이용해 모방 행동의 패턴을 예측할 수 있다는 것도 발견했다. 곧이어, 우리의 실험과 이론 분석 결과, 보다 효율적이고 정확한 모방에 대한 자연선택은 몇몇 영장류로 하여금 사회적으로 전달된 정보에 더욱 의존하게 만들었다는 것이 드러났다. 이러한 과정으로 인해 가치 있는 지식의 데이터뱅크를 구성하는 문화와 전통이 유지되었고, 이러한 문화와 전통으로 인해 개체군은 문제에 유연하게 대처하고 자신의 새로운 기회를 개척해 나가는 적응적 가소성을 얻었다. 사회적 학습에 크게 의존하면서 생기는, 비교적 덜 명백한 다른 결과도 있다. 예를 들어, 자연선택이 진화하는 영장류의 뇌에 작용하는 방식이 변했으며, 이는 결과적으로 영장류의 인지에도 영향을 미쳤다. 몇몇 영장류 계통에서, 사회적 학습 능력은 향상된 혁신 성향과 복합적인 도구 사용과 공진화하며 생존을 도왔다. (이와 동일한 되먹임 기제가 몇몇 조류나 고래를 비롯한 다른 계통에서도 발생했을 가능성이 있지만, 그러한 계통에서는 영장류에게 없는 제약이 존재했을 것이다.) 그 결과 인지의 구성 요소들이 서로를 강화하고 활성화하는 줄달음 과정이 발생했으며, 이로 인해 몇몇 영장류 계통에서 뇌의 크기가 보기 드물게 커지고 고도의 지능이 진화할 수 있었다.

수학적 모델의 엄격한 제약 속에서 발견한 통찰 가운데 하나는 이러한 줄달음 과정이 가르침을 선호한다는 것이다. 여기서 '가르침teaching'이라는 것은 다른 개체의 학습을 돕기 위한 값비싼 행동으로 정의된다. 이처럼 고도로 정확한 정보 전달로 인해, 호미닌의 문화는 다양성을 증가시키고 복잡성을 축적할 수 있었다. 실험 연구를 비롯한 몇몇 자료에 따르면 보다 효율적인 가르침에 대한 자연선택은 왜 우리 조상이 언어를 진화시켰는지를 설명하는 결정적인 요소인지도 모른다. 결국 언어와 결합되어 널리 퍼진 가르침은 대규모의 협력이 광범위하게 등장하는 데 핵심적인 요소로 작용했을 것이다. 연구를 지속할수록 우리의 설명을 지지하는 증거가 쌓여갔고, 인간의 계통에서 어떤 일이 발생했는지 그 전반적인 그림이 모습을 드러내기 시작했다. 예를 들어, 인간의 유전자 자료에 따르면, 인류가 진화하는 동안 문화와 유전자 사이에 전례 없는 상호작용이 이루어졌으며, 이것이 인간 뇌의 정보처리 능력을 급속도로 향상시켰다. 데이터에 따르면 동일한 자가촉매작용autocatalytic process이 지금까지도 지속되고 있으며, 이는 기술적 진보나 예술의 다양화를 비롯한 문화적인 변화를 가속하며, 직접적으로 오늘날의 인구 폭발 그리고 그로 인한 전 지구적 변화들을 낳고 있다.

하지만 우리가 연구하며 가장 놀란 것은, 마침내 인간의 문화적 능력의 진화적 기원에 대해 합리적인 이해에 가까워지고 있다고 느낄 때, 우리가 그보다 더 많은 것을 덩달아 발견했다는 것을 깨달았다는 점이다. 무심코 지성, 협력, 기술의 기원에 대한 이해를 모으고 있었는데, 복잡한 사회의 기원에 대한 새로운 종류의 설명과, 왜 인간만이 언어를 지니고 있는지에 대한 새로운 이론을 갖게 되었다. 우리는 왜 우리 종이 1만 개가량의 다양한 종교를 갖게 되었는지,[128] 수천만 개의 특허를 발생시킨 기술이 왜 폭발적으로 늘어났는지도 설명할 수 있게 되었다.[129] 우리는 또한 어떻게 인간이 저녁노을을 묘사하고, 축구를 하며, 사교춤을 추고, 미분방정식을 풀게 되었는지도 설명할 수 있게 되었다.

인간에 이르는 계통에서 무언가 놀라운 일이 일어났다. 현존하는 그 어떠한 동물의 조상에게서도 그처럼 극적이고 독특한 정신 능력의 향상이 관찰된 바가 없다. 인간은 단순한 고성능 유인원이 아니다. 인간은 진화하며 다른 종류의 진화적 역학을 겪었다. 모든 종이 저마다 독특하지만, 인간은 그중에서도 특히 독특하다. 우리 종의 기원을 설명하기 위해서는, 우리가 진정 특별한 것이 무엇인지 알아야 하며 이를 진화적 원리로 설명해야만 한다. 그러려면 문화의 진화를 분석해야 하는데, 이는 문화가 단지 인간 정신 능력의 한 가지 구성 요소나 곁가지가 아니기 때문이다. 인간의 문화는 단지 장엄한 진화 과정의 훌륭한 산물, 또는 수컷 공작새의 꼬리나 난초 꽃처럼 다윈의 법칙이 만들어 낸 멋진 결과물이 아니다. 인간에게 문화는 설명이 필요한 커다란 부분이다. 우리 종에게 정말로 고유한 특징, 이를테면 우리의 지능, 언어, 협력, 기술 등의 진화는 이해하기가 어려운 것으로 드러났는데, 그 이유는 진화한 다른 형질들과는 달리 이 특징들은 외부 조건에 대한 적응적인 반응이 아니기 때문이다. 오히려 인간은 스스로 진화해 온 존재다. 기후, 포식자, 질병보다도 우리 조상들이 사회적으로 전달하고 학습한 활동들이 우리의 지성이 진화하는 조건을 형성했다. 인간의 마음은 문화를 위해 만들어진 것이 아니라 문화에 의해 만들어졌다. 인지의 진화를 이해하려면, 우리는 문화의 진화부터 이해해야 한다. 우리 조상들의 경우, 아마도 우리 조상들의 경우에만, 문화가 진화적 과정을 변화시켰기 때문이다.

2장

아주 흔한 모방

Ubiquitous Copying

동물을 같은 장소에서 같은 덫을 이용해 잡거나,
같은 독을 이용해 죽이기란 불가능에 가깝다. 하지만 그들에게 독을
맛보거나 덫에 걸린 경험이 있을 리는 거의 없다. 그들은 그들의 동종이
잡히거나 독에 감염되는 것을 보고 경계심을 학습했음에 틀림없다.

— 찰스 다윈, 『인간의 유래』

시궁쥐brown rat는 그의 라틴어 이름*Rattus norvegicus*이 잘못 암시하는 것처럼 노르웨이가 아니라 중국에서 기원했으며, 지난 수백 년간 남극을 제외한 전 대륙으로 확산되었다. 사람들은 흔히 시궁쥐를 "인간이 아닌 포유류 가운데 지구상에서 가장 성공한 포유류"라고 말한다.[1] 시궁쥐의 거주 범위와 적응성은 놀랍다. 시궁쥐 집단은 알래스카에서 인간이 내다버린 쓰레기에 의존해 살고, 미국 남부 조지아주에서 딱정벌레나 땅에 둥지를 트는 새들을 잡아먹고 살며, 그 사이에 위치한 대부분의 농촌과 도시에서 번성한다.[2]

시궁쥐의 성공은 그들이 인간에게 의존해 온 역사가 상당히 길다는 것

을 부분적으로 반영한다. 인간은 반갑지 않은 무자비한 파트너로서 수 세기 동안 그들에게 덫, 독약, 훈증을 사용했으나, 그 누구도 가장 끈덕진 이 해로운 동물을 몰살하는 데 성공하지 못했다. 그 이유는, 다윈이 직감으로 알았듯이, 쥐들이 서로를 모방함으로써 모든 종류의 구제법을 노련하게 피하기 때문이다.

다윈이 살던 시대의 지배적인 믿음은 아이들과 원숭이는 모방하지만 대부분의 동물들은 단지 본능에 따라 행동한다는 것이었다.[3] '원숭이는 본 대로 행동한다monkey see, monkey do'라는 금언이나, '흉내 내다to ape'라는 표현은 영장류, 아마도 오직 영장류만이 서로의 행동을 모방할 것이라는 광범위한 믿음을 반영한다. 과학의 수많은 다른 주제들에서 그랬던 것처럼, 자연에 모방이 광범위하게 퍼져 있다는 것을 인지하는 것에서도 다윈은 시대를 앞섰다. 오늘날에는 매우 다양한 동물들이 사회적 학습을 한다는, 논쟁의 여지가 없는 방대한 실험적 증거가 존재한다.[4]

다윈은 해로운 포유류들을 퇴치하려는 오랜 역사로 인해 그 동물들이 "기민하며, 조심스럽고, 교활해졌다"라고 생각했다.[5] 분명 쥐들에게는 이런 특성이 있다. 수십 년간의 방제 노력이 실패한 이유 가운데 하나는, 서식지에 조금이라도 변화가 생기면 쥐들이 극단적으로 조심하기 때문이다.[6] 지난 수년간 나는 쥐의 행동을 연구했다. 쥐들은 새로운 먹이나 물건을 발견할 때마다 그것에 천천히 그리고 은밀하게 접근했는데, 그럴 때마다 배가 거의 바닥에 닿을 정도로 몸을 낮추고 조금이라도 이상한 기미가 있으면 달아날 준비를 했다. 아무 일도 생기지 않으면 호기심 많은 쥐는 시음을 시도하는데, 이때 쥐는 아주 적은 양을 매우 긴 간격을 두고 섭취한다.

지난 세기 중반까지, 인간의 독극물로 쥐를 죽이려면 쥐가 상당량의 독극물을 섭취해야만 했다. 조금만 먹으면 비록 자주 먹더라도 독극물은 쥐를 아프게 만들 뿐이고, 이는 의도하지 않게 새로운 먹이를 피하도록 쥐를 훈련시킬 뿐이다. 비록 새로운 독극물을 시험할 때마다 잠깐이나마 개체 수 줄이기에 성공할지라도, 먹이 섭취율은 갈수록 감소하고, 집단도 신속하게 본래의 크기를 회복할 것이다.

1950년대, 느리게 활성화되는 독극물인 와파린Warfarin의 개발은 쥐와의 전쟁에서 획기적인 성공이었다. 독극물을 먹고 충분히 오랜 시간이 지난 다음에야 몸에 이상을 느끼기 때문에, 쥐는 먹이에 대한 두려움을 키울 수가 없었다. 하지만 와파린류의 독극물은 전 세계에서 쥐와 설치류를 퇴치하는 데 사용되었지만 항상 부분적인 성공밖에 거두지 못했으며, 결국에는 생존자들이 유전적인 내성을 갖게 되었다.

쥐를 박멸하기가 그토록 어렵다는 좌절감은 지난 세기 중반부터 학자들이 쥐의 행동을 엄밀하게 연구하도록 자극했다. 독일의 응용생태학자이자 쥐를 없애는 방법을 개선하고자 오랜 시간 연구한 프리츠 스타이닝어Fritz Steininger는 쥐가 독극물을 피하는 방법을 사회적으로 학습한다는 다윈의 믿음을 지지하는 데이터를 처음으로 제시했다.[7] 수십 년간의 관찰과 실험을 통해, 스타이닝어는 경험이 부족한 쥐들이 미끼가 독극물이라는 것을 경험적으로 학습한 쥐들로부터 미끼를 먹지 않도록 설득당한다는 결론에 이르렀다. 이는 중요한 통찰이었지만, 스타이닝어의 해석에는 세부적인 오류가 있었다. 정보가 전달되는 기제는 사실 그보다 더 복잡하고, 다양하며, 섬세하다. 수십 년 후, 그 수수께끼는 캐나다 출신의 심리학자 (그리고 동물의 사회적 학습에 관한 세계적인 전문가인) 제프 갈레프Jeff Galef에 의해 마침내 완전히 풀렸다.

갈레프와 그의 학생들은 훌륭하게 설계된 일련의 실험을 30년 넘도록 끈질기게 수행한 끝에, 성체 쥐의 먹이 섭취 패턴이 다른 쥐들, 특히 어린 쥐들이 먹이를 선택하는 데 영향을 주는 다양한 경로들을 알아냈다. 갈레프는 쥐들이 다른 쥐들을 아프게 만드는 먹이를 능동적으로 피하기보다는 건강한 쥐들이 먹은 먹이에 대한 강한 선호를 갖는다는 것을 발견했다. 이러한 기제는 매우 효과적이어서, 독성이 포함된 먹이는 거의 건드리지 않으면서도 안전하고 맛있으며 영양이 풍부한 먹이를 먹는 전통이 집단적인 수준에서 유지될 수 있었다.

놀라운 점은 이러한 전달 메커니즘이 출생하기 전부터 작동하기 시작한다는 것이다. 어미의 자궁 안에서 특정한 냄새에 노출된 태아 쥐는 태어난 뒤에도 그 냄새가 나는 먹이에 대한 선호를 드러냈다. 임신한 쥐에게 마늘을 먹이면, 먹이의 마늘향에 대한 새끼 쥐의 선호도가 상승했다.[8] 어미의 젖을 통해 어미가 먹은 먹이의 향이 새끼 쥐에게 전달되며, 그로 인해 새끼 쥐는 같은 먹이에 대한 선호를 갖게 된다.[9] 성장한 새끼 쥐는 처음으로 고형식을 먹을 때 다른 성인 쥐가 있는 곳에서만 먹이를 먹는데,[10] 그 이유는 어린 쥐가 어른 쥐들을 따라다니면서 먹이와 관련된 단서들을 학습하기 때문이다.[11] 심지어 어린 쥐를 무리로부터 고립시켜 여러 가지 먹이를 접하게 만들어도, 그들은 오직 그들 앞에서 어른 쥐가 먹었던 먹이만을 먹는다.[12]

심지어 신체적 접촉 없이도, 어린 쥐의 섭식 습관이 형성되기도 한다. 어른 쥐가 섭식 장소를 떠날 때 냄새의 흔적을 남겨놓기 때문에, 어린 쥐는 그 흔적을 따라 어른 쥐가 먹이를 섭취한 장소를 찾을 수 있다.[13] 그뿐만 아니라 어른 쥐는 소변과 대변으로 음식물 근처나 음식물에 흔적을 남기기도 한다.[14] 런던대학교 대학원생일 때 나는 이러한 단서가 먹이 선호의 전달 기제로 어떤 역할을 하는지를 연구했다. 나는 쥐들이 섭식 장소 근처에 대소변을 고농도로 남겨놓고,[15] 그 신호가 '이것은 먹기에 안전한 먹이다'라는 메시지를 담고 있다는 것을 발견했다. 그 신호에 훼방을 놓으면, 예를 들어 소변 자국을 닦고 대변을 남겨두거나, 대변을 제거하고 소변 자국을 남겨두거나, 먹이를 다른 것으로 교체하면, '메시지'는 즉시 그 효능이 사라졌으며 다른 쥐들은 더 이상 그 장소를 선호하지 않았다. 쥐들은 수상한 낌새가 있으면 재빠르게 경계 태세로 돌아서고 수상한 낌새가 없으면 서로를 충실히 모방하도록 설계된 듯하다.

나는 서로 만난 적 없는 쥐의 무리들 간에 특정 먹이를 먹는 전통을 전달시키는 것도 가능하다는 것을 발견했다.[16] 먼저 깨끗한 우리 한쪽에 향이 가미된 먹이가 담긴 접시를 놓고 며칠 동안 쥐들에게 먹게 한다. 그동안 쥐들은 먹이 주변에 자국을 남긴다. 며칠이 지난 뒤에는 쥐들을 다른 곳으로 옮기고, 동일한 접시에 향이 다르지만 똑같이 영양이 풍부한 먹이를 담아 우리의 반대쪽에 놓는다. 그 후 매일 새로운 쥐를 우리에 집어넣고 쥐의 섭식과 흔적 남기기 행동을 관찰하고는, 다시 다른 곳으로 옮긴다. 나는 쥐들이 적어도 거주자가 여러 번 바뀌는 며칠 동안은 흔적이 남아 있는 원래 접시에 담긴 먹이를 먹는다는 것을 발견했다. 쥐가 남긴 후각적 신호의 효능은 48시간 안에 사라지기 때문에, 며칠간 그 전통이 유지된다는 것은 쥐들이 신호가 남겨진 접시에서 먹기를 선택할 뿐만 아니라 다른 쥐들의 흔적을 강화한다는 것을 뜻한다.

하지만 앞서 언급한 기제들이 쥐들이 먹이 선호를 전달하는 주된 방법은 아니다. 쥐들은 다른 쥐가 무언가를 먹은 뒤에 그 쥐의 날숨에 밴 먹이 관련 냄새에 주목하거나, 털이나 수염에 밴 냄새를 맡으며 그 쥐가 먹은 먹이를 알아맞히려고 한다.[17] 방금 무언가를 먹은 쥐에 노출되는 것은 쥐들의 먹이 선택에 놀라울 정도로 강력한 영향력을 미치는데, 이는 기존의 선호도와 혐오도를 완전히 뒤집기에 충분하다.[18] (전달을 강화하는 냄새 남기기와 같은) 먹이 선호를 전달하는 다른 기제들과 함께,[19] 이 신호들은 특정한 먹이에 대한 집단 규모의 전통을 발생시킬 수 있다.[20] 이런 방식으로 쥐들의 무리는 그때그때 달라지는 갖가지 먹이들이 먹을 만한지, 독을 갖고 있는지를 효율적으로 추적한다. 이는 위험하고 예측 불가능한 환경에서 끊임없이 변하는 다양한 먹이들에 의존하는 기회주의적인 잡식성 청소부에게 핵심적인 적응이다.

이 장은 동물의 사회적 학습을 지지하는 증거에 대한 짧은 개요다. 나의 목적은 자연에서 모방이 광범위하게 이루어진다는 것을 보여주는 것이다. 다른 개체로부터 학습하는 것은 매우 광범위하게 퍼진 능력으로, 동물들이 거칠고 가혹한 환경에서 생존하는 데 필요한 기술과 지식을 습득하는 데 사용된다. 코끼리, 고래, 개미, 나무귀뚜라미를 비롯한 모든 종류의 유기체가 다른 개체들이 축적한 지혜에 기대고 있다. 그 지혜가 어떤 것이든, 다시 말해 먹이나 포식자에 관한 것이든 짝짓기에 관한 것이든, 동물의 생존에 반드시 필요한 것이다. 이 책의 후반부에서는, 수많은 사회적 동물의 삶에서 사회적 학습이 수행한 다양한 역할들이 복잡한 인지를 진화시킨 토대가 되었다는 것을 보여줄 것이다.

다른 개체의 숨에서 먹이에 대한 단서를 알아내는 쥐의 능력은 다른 설치류뿐만 아니라 개나 박쥐도 지니고 있다.[21] 다른 동물들은 비슷한 기능을 하는 다른 기제들을 가지고 있다. 예를 들어, 물고기들은 미끈미끈하기로 유명한데, 이는 물고기들이 자신의 몸을 뒤덮는 점액을 분비하기 때문이다. 그 점액 덕분에 물고기는 물속에서의 저항을 줄여 효율적으로 수영하며, 외부 기생충을 씻어내 그들로부터 자신을 보호할 수 있다. 나의 박사후 학생 니컬라 애튼Nicola Atton은 어떤 물고기의 점액이 부가적인 기능을 하도록 진화했다는 것을 발견했다. 그 물고기는 점액과 오줌으로 먹이에 대한 신호를 분비하고, 다른 물고기들은 이 단서에 주목한다. 방금 무언가를 먹은 물고기가 먹이에 대한 신호와 함께 스트레스를 받았다는 화학적 신호를 분비하면, 다른 물고기들이 새로운 먹이는 피해야 하는 것이라고 받아들이는 듯하다. 반대로 물속에 아무런 스트레스 화합물도 없다면, 이를 지켜보던 물고기는 그 단서를 해석해 새로운 먹이에 대한 선호를 빠르게 발전시킨다.[22] 호박벌 또한 비슷한 기제를 갖고 있다. 채집자가 꿀을 성공적으로 벌집으로 가져오면 이들은 꿀단지에 향기 나는 분비물을 뿌려놓는데, 벌집의 다른 구성원들은 그 분비물을 맛보고서 꽃의 향기에 대한 선호도를 가지게 된다.[23] '나쁜' 정보가 퍼지지 않도록 막는 효과적인 기제가 있는 한, 다른 이들이 먹는 것을 먹는 것은 상당히 적응적인 전략이다.

동물 사회에서 사회적 학습이 널리 퍼져 있다는 사실은 과학 공동체를 놀라게 한 최근의 발견이다.[24] 내가 처음 동물의 사회적 학습과 전통을 공부하기 시작한 30년 전만 하더라도, 연구자들은 오직 뇌가 큰 동물들만이 사회적 학습을 한다고 굳게 믿었다. 물론 나를 포함한 모든 연구자가 유럽 등지의 박새great tit와 푸른박새blue tit를 비롯한 약 12종의 조류 무리 안에서, 우유 배달부가 문 앞에 배달해 놓고 간 우유를 마시기 위해 알루미늄 뚜껑을 쪼아 먹는 행위가 확산된 사례를 알고 있었다.[25] 그뿐만 아니라 수많은 명금류가 앞선 세대로부터 노래를 학습하며, 그러한 학습 과정에서 서로 다른 지리적 위치에 따라 노래 방언들이 발생한다는 사실도 알고 있었다.[26] 여러 새들의 노래에서 발생한 지역적 변이가 알려졌으며(그중에서도 흰관참새white-crowned sparrow와 푸른머리되새chaffinch의 사례는 유명하다), 그 변이는 때때로 '문화적' 변이로 일컬어지기도 한다.[27] 하지만 우유병을 여는 행위나 노래 방언은 대개 그 행위자가 다른 개체로부터 행동 습관을 학습하기 때문이 아니라, 특수한 다른 기제 때문이라고 여겨졌다. 연구자들은 자연선택이 이 동물들에서 일반적인 모방 능력보다는 특정한 종류의 정보만을 사회적으로 습득하는, 특수한 목적의 기제를 형성시켰다고 가정하고는 했다. 먹이의 위치에 대한 정보를 전달하는 꿀벌의 유명한 8자 춤도,[28] 마찬가지로 제한된 종 특이적인 맥락에서만 적합한 특수한 적응으로 여겨졌다. 다시 말해, 동물의 이러한 능력들은 인간의 문화와 상동형질homology이 아니라 상사형질analogy로 여겨졌다.*

동물의 사회적 학습에 대한 연구 패러다임을 바꾼 사례는 일본원숭이의 고구마 씻어 먹기다. 1953년, 일본 고지마의 작은 섬에 사는, '이모Imo'라고 불리는 한 일본원숭이 암컷이 고구마를 먹기 전에 민물가에서 씻기 시작했다.[29] 일본 영장류학자들이 이모의 무리에게 고구마라는 생소한 음식을 공급해 오던 터였다. 고구마 씻기는 먹기 전에 먼지와 모래를 제거하기 위한 행동처럼 보이는데, 그러한 원숭이의 위생적인 행동은 상당히 문명화되고 인간적으로 보였으며, 그래서 많은 주목을 받았다.

습관은 확산되었고, 곧 그 무리의 다른 원숭이들도 공급된 먹이를 바다나 민물에서 씻기 시작했다. 첫 번째 발명이 있고 3년이 지나 이모가 두 번째 새로운 채집 방법을 고안했을 때, 그녀는 곧 유명해질 운명이었다. 그 방법은 모래로부터 밀을 분리하는 것이었는데, 모래와 밀이 섞인 덩어리 한 줌을 물에 던지고는 물 위로 떠오르는 곡물을 떠내는 방식이었다.[30] 하버드대학교의 저명한 생물학자 에드워드 윌슨Edward Wilson은 이모를 "천재 원숭이"라고 불렀으며,[31] 침팬지 행동 연구의 권위자인 제인 구달Jane Goodall도 이모에게 "천부적인 재능이 있다"라고 묘사했다.[32] 이 책의 후반부에서 과연 이것이 이토록 칭찬할 만한 것인지에 대해 논할 것이다. 하지만 의심의 여지가 없는 것은 이모의 발명이 무리 전체에 확산되었다는 것이다. 더구나 이러한 사건은 단지 우연이 아닌데, 원숭이 무리에는 그 밖에도 수많은 행동 전통들이 존재하기 때문이다.[33]

1970년대 그리고 1980년대에는, 영장류학자 빌 맥그루Bill McGrew가 아

* 서로 다른 종이 같은 형질을 지니게 되는 데는 두 가지 이유가 있다. 하나는 같은 조상을 공유하기 때문인데, 이 경우를 '상동형질'이라고 한다. 다른 하나는 비슷한 환경에 거주하며 비슷한 선택압을 받았기 때문인데, 이 경우를 '상사형질'이라고 한다.

프리카의 침팬지 무리들에서 발견되는 다양한 행동 전통들을 수집했다.[34] 다른 영장류와 원숭이 들에게도 행동 전통이 있다는 증거가 등장하기 시작했으며, 사회적 학습이 영장류의 독특한 특성들 가운데 하나라는 생각이 널리 퍼지기 시작했다.[35] 우리 인간들이 똑똑할 뿐만 아니라 사회적 학습에 상당히 의존적이라는 이유로, 연구자들은 무의식적으로 이러한 두 특성을 서로 연관 짓고는 효과적인 모방이 우리와 아주 가까운 종들에게만 발견될 것이라고 추정했다. 하지만 이러한 직관은 완전히 틀린 것으로 판명 났다.

분명 사회적 학습은 원숭이와 유인원 집단에 광범위하게 존재한다. 가장 잘 알려진 사례는 아프리카 전역에서 침팬지가 도구를 사용하는 전통인데, 이 전통은 발달심리학자인 앤드루 휘튼Andrew Whiten과 그의 동료들이 《네이처Nature》에 출간한 탁월한 논문으로 유명해졌다.[36] 어떤 침팬지 무리는 나무줄기를 사용해 흰개미를 사냥하며, 다른 무리는 같은 방식으로 개미나 꿀을 먹는다. 또 다른 무리는 돌망치를 이용해 견과류를 깨 먹는다. 각 지역의 침팬지들은 자기 나름의 습관 목록을 가지고 있는데,[37] 이는 먹이를 찾는 일에만 한정되지 않는다. 그보다 덜 알려진 학습된 전통들도 많다. 예를 들어, 특정한 자세로 하는 털 고르기, 빗속에서 춤추기, 식물을 약품으로 사용하기가 이에 해당한다.[38] 이들의 발달 패턴을 보건대, 이러한 행동 패턴들은 사회적 학습을 통해 습득되는 것이다.[39] 예를 들어, 탄자니아 곰베국립공원의 침팬지들은 흰개미굴에 나뭇가지나 다른 도구를 집어넣어 흰개미를 먹는다. 영장류학자 엘리자베스 론스도르프Elizabeth Lonsdorf는 어미가 흰개미 사냥에 소비한 시간과, 어미의 여러 사냥 방법들이 지닌 속성들과 어린 침팬지가 습득한 속성들이 서로 겹치는 정도가 높은 상관관계에 있다는 것을 발견했다.[40] 어린 암컷들은 어미의 행동을 관찰하는데 오랜 시간을 보냈기에 같은 기술을 습득한 반면, 어린 수컷은 관찰하는

데 훨씬 적은 시간만을 소비했기에 그들의 사냥 기술은 어미의 기술과 상관관계에 있지 않았다.[41]

인간의 또 다른 가까운 친척인 오랑우탄도,[42] 무리마다 먹이와 보금자리, 의사소통과 관련된 고유한 전통을 가지고 있다.[43] 침팬지처럼 오랑우탄의 문화적 행동도 먹이를 찾기 위한 도구 사용이 많은 부분을 차지한다. 예를 들어, 나뭇잎을 가시가 있는 과일을 다루는 데 쓰든지 나무의 갈라진 틈으로 물을 떠먹는 데 사용한다. 그 밖에는 악천후를 피하기 위한 우산 같은 덮개를 만들어 내는 건축 행위, 입술을 부딪쳐 '쪽쪽' 하는 소리kiss-squeak와 같은 의사소통 신호도 있다. 키스 소리를 낼 때 어떤 오랑우탄은 두 손을 울림통처럼 사용해 더 저음을 만들고, 그렇게 함으로써 소리를 더 크게 만들어 포식자를 쫓아내기도 한다. 오랑우탄의 일부 습관은 무엇을 위한 것인지 아직 미스터리다. 예를 들어, 적어도 세 오랑우탄 무리는 잠들기 전 입술로, 또는 입술과 혓바닥으로 떨리는 소리를 낸다.[44] 오랑우탄의 어떤 전통은 기이하게도 인간의 행동을 연상하게 한다. 오랑우탄들이 빗물을 마시려고 나뭇잎으로 '컵'을 만들거나 잠을 자려고 '침대'를 만든다고 해도 아마 그렇게 놀랍지는 않을 것이다. 하지만 보르네오섬에서는, 나뭇잎 꾸러미를 만들어 잠들기 전 인형처럼 포옹하는 오랑우탄 무리들도 관찰되었다.[45]

코스타리카의 흰목꼬리감기원숭이의 기이한 사회적 관습 또한 놀랍다. 이는 캘리포니아대학교 로스앤젤레스의 수전 페리Susan Perry와 그녀의 동료들이 수년간 조심스럽게 연구해서 밝힌 것이다.[46] 이 연구자들은 일부 원숭이 개체군이 국지적으로 기이한 행동을 한다는 것을 발견했는데, 그들은 이를테면 서로의 손 냄새를 맡는다든지, 서로의 몸을 핥거나, 상대편의 입이나 눈에 손가락을 넣는다.[47] 예를 들어, 로마스바부달 보호구역의 한 무리의 경우 원숭이들은 상대편 콧구멍에 서로 손가락을 넣고 몇 분간 가만히 있거나 때로는 최면 상태에 있는 것처럼 흔들거린다. 다른 두 무리(쿠아지니퀼Cuajiniquil과 스테이션Station 집단)에서는 손 냄새 맡기와 손가락 빨기가 같이 이루어지며, 펠론Pelon 집단의 원숭이들은 상대편 원숭이의 눈꺼풀과 눈동자 사이에 손가락 관절까지 집어넣는 눈동자 찌르기를 한다(그림 1). 아마도 이러한 집단 또는 파벌 특이적인 사회적 관습을 통해서, 원숭이들은 그들의 사회적 관계의 친밀도를 시험하려는 듯하다. 일본원숭이가 먹이를 씻어 먹는 행위는 그 기능을 짐작할 수 있지만, 이와 마찬가지로 몇 시간 동안 함께 바위 치기를 하는 것이 도대체 무슨 기능을 하는지 알기는 어렵다.[48] 이는 음악적 성향의 발현일 수도 있고, 사회적 신호일 수도, 또는 그저 지겹거나 시간이 남아도는 것에 따른 비적응적인 부산물일 수도 있다.

그림 1. 코스타리카의 흰목꼬리감기원숭이 무리에는 집단마다 다른 기이한 사회적 관습이 존재한다. 이 사진에서는 펠론 집단의 암컷 두 마리(루머와 세도니아)가 기이한 지역적 전통인 손 냄새 맡기와 눈동자 찌르기를 하고 있다. 여러 관습을 발명한 루머가 아마도 눈동자 찌르기도 개발했을 것이다. 수전 페리의 사용 허락을 받은 사진.

영장류의 전통이 광범위하고 다양하다는 것을 고려할 때, 그들에게 사회적 학습이 중요하다는 것은 의심의 여지가 없다. 하지만 이것이 다른 동물에게도 모방이 똑같이 중요할 수도 있다는 가능성을 배제하지는 못한다. 늘 그랬듯이, 다윈은 그 누구보다도 날카로운 직관력을 과시했다. 1841년에 《정원사의 연대기The Gardeners' Chronicle》라는 정기간행물에 보낸 편지에서, 다윈은 몇몇 꿀벌들이 꽃에 구멍을 뚫어 꿀을 추출하는 습관을 호박벌로부터 습득할 뿐만 아니라, 이러한 요령을 두 종 사이의 모방으로 얻었을 것이라고 예측했다. 그는 다음과 같이 썼다.

> 만약 이것이 증명된다면, 곤충의 지식 획득에 대한 교훈적인 사례가 될 것이라고 생각한다. 만약 한 원숭이 속이 다른 속의 원숭이로부터 단단한 껍질이 있는 과일을 먹는 방법을 습득했다는 것이 드러난다면 이는 대단히 놀라운 일일 것이다. 하물며 일군의 곤충들에게도 그처럼 뛰어난 본능적인 능력이 있다면 우리는 얼마나 더 놀라야 할까.[49]

과연 다윈이 예측한 대로 꿀벌이 호박벌을 모방했는지 하지 않았는지를 지금 시점에서 판단하기는 어렵지만,[50] 우리는 견과류를 깨 먹는 원숭이의 도구 사용과 마찬가지로, 꿀을 추출하는 호박벌의 습관이 사회적으로 전달된 전통이라는 것을 알고 있다.

동물들은 무엇을 먹을 것인지에 대한 지식뿐만 아니라, 먹을 것을 어디서 찾고 그것을 어떻게 가공해야 하는지도 종종 사회적으로 전달한다. 다양한 분류군에 속한 셀 수 없이 많은 종이 다른 동물과 상호작용 하거나 관찰함으로써 먹이에 관한 지식을 습득한다. 이에 대한 가장 매력적인 연구 중 하나는 노르웨이 국적의 동물행동학자 토레 슬락스볼드Tore Slagsvold와 캐나다 국적의 캐런 위브Karen Wiebe 팀의 연구다. 이 팀은 푸른박새의 알을 박새의 둥지로,[51] 박새의 알을 푸른박새의 둥지로 옮겨서,[52] 야생에서 사회적 학습을 연구한다. (이러한 실험 방법은 '교차 입양cross-fostering'으로도 알려져 있다.) 이 두 종의 새는 서로 가까운 곳에서 살며 여러 종이 섞여 있는 무리에서 먹이를 구하지만, 먹이와 관련된 적소는 상당히 다르다. 먹이와 관련된 차이는 최근까지도 학습과 관련 없는 진화된 선호 때문이라고 여겨졌다. 푸른박새는 주로 나무의 높은 가지에서 싹이나 유충, 나방을 먹지만, 박새는 주로 지면이나 나무의 몸통이나 굵은 줄기에서 조금 더 큰 무척추동물을 잡아먹는다. 다른 많은 동물들처럼 이 두 새들도 여러 종이 섞인 무리에서 함께 먹이를 구하는데, 그 이유는 작은 집단보다 큰 집단에 속해 먹이를 구하는 것이 포식자로부터 자신을 보다 효율적으로 보호할 수 있기 때문이다. 함께 먹이를 구하며 서로 먹이를 두고 경쟁하지 않아도 되는 부가적인 이점도 있다.

슬락스볼드와 위브는 동일한 자연환경에서 다른 종의 양육 부모에게 자라는 교차 양육의 결과를 수량화할 수 있었다. 그 결과, 여러 종류의 행동에서 초기 학습의 효과가 확연히 드러났다.[53] 박새가 기른 푸른박새는 박새의 먹이 획득 습관을 받아들였으며, 그 반대의 경우도 마찬가지였다. 이러한 사회적 학습 경험의 결과로, 이들은 먹이를 획득하는 나무의 높이, 잡아먹는 먹이의 유형과 크기 면에서 길러준 부모를 닮아갔다. 어떤 박새들은 그들의 푸른박새 양부모처럼 거꾸로 매달려 먹이를 찾으려고 하다가 자꾸 떨어지기까지 했다! 짝에 대한 선호,[54] 노래의 변형,[55] 경고음뿐만 아니라,[56] 둥지의 위치 선택까지 양육 부모의 성향에 가까워진 것으로 드러났다.[57] 새들은 그들의 종 특이적인 행동 레퍼토리들 가운데 막대한 부분을 사회적으로 습득했던 것이다.

다양한 행동 패턴이 사회적으로 학습된다는 연구는 수없이 많다. 몇몇 돌고래 무리들에게는 심해에 숨어 있는 물고기들을 몰아내기 위한 탐침 도구로 스펀지를 사용하는 전통이 있다.[58] 범고래들은 바다표범 무리를 향해 함께 맹렬히 돌진해 커다란 파도를 발생시킴으로써 그들을 부빙에서 떨어뜨리고 사냥한다.[59] 물방울을 쏘아서 날벌레를 극적으로 격추시키는 물총고기들은 이 습관을 다른 개체들을 관찰함으로써 습득한다.[60] 미어캣과 꿀벌처럼 서로 별개의 동물들도 개체군 특유의 잠을 자는 습관을 공유하기도 한다. 이때 어떤 무리들은 일찍 일어나며 다른 무리들은 늦게 일어나는데, 이러한 전통의 차이는 생태적인 차이로 설명이 불가능하다.[61] 심지어 닭들도 사회적 학습을 통해 잔인한 동족 살해의 습관을 습득할 수 있다.[62] 실험에 따르면, 다른 새들이 피를 먹는 것을 보는 것만으로도 동종을 잡아먹는 성향이 나타난다. 동종을 잡아먹는 행위는 동물계에서 흔하다. 야생 개체군뿐만 아니라 공장식 축산 농장에서도 흔하다. 공장식 축산에서 동종을 잡아먹는 행위는 심각한 동물 복지 문제이며, 그 원인을 이해하는 것은 경제적으로도 상당한 도움이 된다.[63]

자연계에서의 광범위한 사회적 학습의 영향은 짝선택 모방mate-choice copying의 사례를 보면 잘 알 수 있다. 동물들의 짝선택은 같은 성의 다른 개체들의 짝짓기 결정에 영향을 받는다. 이런 종류의 모방은 매우 널리 퍼져 있으며, 곤충류를 비롯해,[64] 어류,[65] 조류,[66] 인간을 포함한 포유류에서 관찰되었다.[67,68] 자그마한 암컷 초파리가 다른 암컷 초파리가 짝으로 고른 수컷을 다시 선택하는 경향을 볼 때, 모방에 반드시 커다란 뇌가 필요한 것은 아니라는 것을 알 수 있다.[69]

짝선택 모방은 다른 개체들의 구애 행동이나 짝짓기를 직접 관찰하는 것에 국한되지 않는다. 쥐들이 배설물을 통해 메시지를 전달하듯이, 짝선택에 대한 간접적인 단서도 동일한 효과를 낼 수 있다. 수많은 어류 종에서, 수컷은 둥지를 짓고 암컷은 여러 둥지들 가운데 자신이 알을 낳을 곳을 선택한다. 보통 이러한 결정은 암컷이 수컷의 자질을 어떻게 평가하는지에 달려 있지만, 일부 종에서는 수컷이 지은 둥지의 특성이 더 중요하게 작용한다. 또 어떤 종에서는 암컷의 짝선택이 둥지 안에 있는 알의 개수에 영향을 받기 때문에, 이미 인기 있는 둥지가 인기가 더 올라가는 경향이 있다.[70] 아마도 암컷 물고기들은 많은 알이 담겨 있다는 것을 수많은 다른 암컷들도 둥지의 주인을 짝으로 선택한 것으로 해석할 것이며, 그 수컷은 분명 높은 가치를 지닌 수컷이라고 추론할 것이다. 암컷을 유혹하는 데 둥지에 있는 알의 개수가 역치를 넘기는 것이 너무나 중요하기에, 일부 종의 수컷들이 미래의 성공률을 높이기 위해 다른 둥지에서 알을 훔치는 것이 관찰되기도 했다.[71] 진화생물학자들은 수컷 동물들이 '아내의 바람'을 막고 다른 수컷의 자식을 기르지 않기 위해서라면 무슨 짓이든 한다고 가정하는 경향이 있다. 하지만 이 수컷 물고기들은 '오쟁이 지는 것'을 감수하고서라도 이를 통해 암컷들을 속이고 자신의 번식 성공률을 높인다.

짝선택 모방에 관해 가장 잘 연구된 사례는 아마도 구피guppy일 것이다.[72] 구피는 수족관 애호가들에게 유명한 작은 남미 열대어다. 루이빌대학교의 생물학자 리 듀가킨*Lee Dugatkin*은 수조의 양끝에 투명한 칸막이를 설치한 다음, 각각의 칸막이 뒤에 수컷 구피를 한 마리씩 넣고, 한쪽 수컷 쪽에만 '모델' 암컷 한 마리를 넣는 일련의 실험을 진행했다. 여기서 모델 암컷은 마치 수컷을 선택한 듯한 인상을 준다.[73] 그다음 '실험' 암컷을 어항 중앙에 넣고 실험 암컷이 수컷을 관찰하게 했다. 이어서 모델 암컷을 밖으로 빼내고 실험 암컷이 수조 전부를 마음껏 헤엄치도록 두었는데, 그로 인해 두 수컷들도 이제 암컷에게 구애할 수 있었다. 실험에 따르면, 실험 암컷은 모델 암컷과 가까이 있던 수컷 근처에서 훨씬 더 많은 시간을 보냈다. 즉, 실험 암컷의 짝선택 결정은 모델 암컷의 표면상의 선택에 영향을 받은 것으로 보인다. 다른 쥐들의 숨에서 단서를 얻는 쥐들과 마찬가지로, 기존의 선호를 뒤집을 만큼 짝선택 모방의 효과는 강력했다.[74] 지금까지 매력 없는 것으로 여겨지던 수컷들도, 다른 암컷들이 그들을 선택하는 것처럼 보이자 암컷의 관심 대상이 되었다.

또 다른 작은 열대어인 대서양 몰리Atlantic molly도 짝선택 모방을 한다.[75,76] 하지만 이들의 경우, 수컷도 모방을 하며 다른 수컷들이 짝으로 선택한 암컷을 선호한다. 흥미롭게도, 수컷들 사이의 경쟁을 감소시키는 수단으로 자연선택은 남을 속이는 행동을 선호한다. 경쟁자가 구애 행동을 지켜보고 있을 때, 수컷 몰리들은 경쟁자를 덜 매력적인 암컷으로 인도하기 위해 일부러 암컷들 중에서 덜 매력적인 쪽에게 구애한다![77] 놀랍게도, 인간을 제외하고, 대서양 몰리는 동물 세계에서 사회적 학습을 방해하기 위해 의도적으로 기만을 사용하는 유일한 사례다. 이론적으로 보면, 모방 전략의 주요한 문제 중 하나는 모델의 입장에서는 모방하는 개체가 정확한 정보를 받아들였는지가 중요하지 않다는 것이다. 그럼에도 동물의 사회적 학습은 대부분 정직한데, 그 이유에 대해서는 다른 장들에서 살펴볼 것이다.

사회적 학습은 먹이 습득과 짝선택이 아닌 다른 영역들에서도 중요하다. 앞서 많은 수컷 명금이 아버지나 다른 어른 수컷으로부터 노래를 학습한다는 방대한 실험적 증거에 대해 언급했다. 이때 학습은 아버지보다는 주로 다른 어른 수컷들을 통해 이루어지는데, 이로 인해 노래 방언으로 알려진 지역적 전통이 빈번히 발생한다.[78] 최근 연구에 따르면, 많은 포유류, 그중에서도 고래나 돌고래 무리들에도 노래 전통이 존재한다.[79] 그중에서도 청백돌고래bottlenose dolphins,[80] 범고래,[81] 혹등고래가 많이 연구되었다.[82] 예를 들어, 혹등고래 집단에서 모든 수컷은 노래하는 시기 내내 점진적으로 변화하는 노래를 공유하며, 그러한 변동은 유전자의 변화로 설명하기에는 너무 빠르게 일어난다.[83] 오히려 혹등고래는 그들의 노래를 사회적으로 학습하는 것으로 보이며, 바다 전역에서 한 고래에서 다른 고래로 변화가 점진적으로 도입되며 확산되는 듯하다. 하지만 태평양, 대서양, 인도양의 혹등고래가 부르는 노래는 저마다 다른데, 이러한 노래들은 때때로 갑자기 크게 변하기도 한다. 놀랍게도, 1996년 오스트레일리아 동쪽 해안의 태평양에서는 두 마리의 혹등고래가 그 주변의 다른 혹등고래 80마리가 흔히 부르는 노래와는 완전히 다른 노래를 부르는 것이 관찰되었다. 1년 후, 다른 고래들이 새로운 노래를 부르는 것이 관찰되었고, 그 노래가 도입된 지 겨우 2년째인 1998년이 되어서는 태평양에서 관찰된 모든 고래가 새로운 노래를 부르고 있었다.[84] 이 새로운 변형은 오스트레일리아 대륙 반대편에 있는 인도양의 고래가 부르는 노래를 닮았는데, 이를 통해 작은 무리의 혹등고래들이 귀를 사로잡는 노래를 가지고 대양을 헤엄쳐 갔다고 가설을 세울 수 있다. 보다 최근의 연구에 따르면, 그러한 노래 혁신이 정기적으로 일어났을 가능성이 있으며, 남태평양의 서부 및 중부의 개체군에서 동쪽으로 문화가 퍼져나가는 것처럼, 흥미롭게도 항상 같은 방향으로만 확산된다.[85]

많은 동물들은 중요한 지리적 위치, 이를테면 수확량이 높은 먹이 지대, 포식으로부터 안전한 지역, 휴식 장소, 짝을 찾고 번식하기에 적합한 장소, 그리고 이러한 장소들을 잇는 안전한 통로들을 학습해야만 한다. 이러한 형태의 사회적 학습에 대한 최고의 증거는 어류에서 찾을 수 있다.[86] 많은 어류 종에서 짝짓기 장소, 떼 지어 모이는 장소, 쉬는 장소, 먹는 장소, 그들의 자연환경을 잇는 경로에 대한 학습된 전통이 보고되었는데, 그들은 각 활동을 위해 매일, 또는 계절마다, 또는 매년 정기적으로 같은 장소를 방문했다.[87] 예를 들어, 무지개양놀래기bluehead wrasse 무리에게는 짝짓기 장소에 관한 사회적으로 학습된 전통이 있으며,[88] 그중에서도 카리브해 산호초 군집에 있는 짝짓기 장소는 수 세대 동안 지속되었다. 이론적으로, 그러한 전통이 반드시 사회적 학습이 있다는 것을 의미하지는 않는다. 유전적 차이나 지역 생태계의 변이가 집단 간 행동의 차이를 낳을 수도 있다. 사회적 학습의 역할을 알아내기 위해서 캘리포니아대학교 샌타바버라의 진화생태학자 로버트 워너Robert Warner는 한 집단의 놀래기들을 몰아내고 그곳에 다른 집단의 놀래기들을 옮겨놓았다. 그러고는 만약 짝짓기 장소를 결정짓는 것이 환경이나 생태의 속성이라면, 이 새로운 집단이 기존 집단과 똑같은 장소를 선택할 것이라고 예측했다. 반대로 짝짓기 장소가 학습된 전통을 따른 것이라면, 새로운 집단이 기존 거주자의 짝짓기 장소와 동일한 짝짓기 장소를 선택하지 않을 것이라고 예측했다.

워너는 놀래기가 완전히 새로운 짝짓기 장소를 확립했으며, 그 장소가 12년의 연구 기간 내내 변하지 않았다는 것을 발견했다.[89] 하지만 후속 연구에서 새로운 집단을 옮겨 넣고 한 달이 지났을 때, 워너는 새 집단이 바로 그 전의 전임자들이 사용하던 동일한 장소를 사용한다는 것을 발견했다.[90] 분명히, 물고기들은 처음에 자신들이 처한 환경에서 어떻게 하면 자원을 효율적으로 사용할 수 있는지를 고민하며 짝짓기 장소와 경로를 선택했고, 이러한 행동 패턴들은 학습된 전통으로 확립되었다. 그 후 환경이 변하더라도 그 전통은 보존되었기 때문에, 물고기들은 생태만을 고려하며 예상했던 것과는 다른 방식으로 행동했다. 이러한 현상은 '문화적 관성'이라고 알려져 있는데,[91] 이는 새로운 환경에 적합하게 문화를 변형하는 데 실패해 결국 멸망에 이르렀던 그린란드의 바이킹 정착자들에게서 유래한 것이다.[92] 생애사 초기의 높은 수준의 혼합을 고려하건대, 산호초의 개체군들이 지닌 유전적 차이가 유의미하게 크지는 않다. 다시 말해, 이미 관찰된 다른 문화적 전통들과 함께, 이 연구는 문화적 변이에 대한 강력한 증거를 제공한다.

이와 같은 어류의 학습된 이주 경로 전통에 대한 현장 연구는 실험실에서 나와 나의 학생들이 수행하는 몇몇 실험들에 영감을 주었다. 우리는 단지 똑똑한 개체를 따르는 것만으로도 물고기들이 중요한 자원의 위치에 관한 지식을 습득할 수 있다는 가설을 시험하고자 했다. 케임브리지대학교의 학부생인 케리 윌리엄스Kerry Williams는 기저의 기제를 탐구하기 위해 어류 이주에 대한 작은 규모의 실험을 수행했다.[93] 몇 번의 시도 끝에, 케리는 실험 수조에서 먹이로 가는 두 가지 경로 중에서 어느 한쪽을 선택하도록 '시범자' 구피를 훈련시켰다. 이어서 그녀는 훈련받지 않은 구피를 수조에 넣었는데, 새 구피는 주로 시범자 구피와 함께 다녔으며, 따라서 먹이로 가는 경로도 동일하게 선택했다. 5일 후, 새 구피는 홀로 테스트를 받았다. 다른 대체 경로가 길이도 같고 복잡도도 같았으나, 새 구피는 유의미하게 시범자 구피와 동일한 경로를 선택하는 경향을 보였다. 케리는 물고기가 경험이 많은 개체와 떼를 지어 다니는 것만으로도 먹이로 가는 경로를 학습할 수 있다는 것을 보여주었다. 그뿐만 아니라, 같은 경로를 헤엄치는 모델 물고기가 더 많을수록 새 물고기는 더 효과적으로 학습했다. 다수의 모델 물고기들은 서로의 행동을 강화하며 신뢰도를 높이고, 어떤 경로를 선택해야 하는지 매우 강력하고 명백한 신호를 보낸다.[94]

이어서, 우리는 연쇄적 전달 디자인transmission chain design을 이용한 실험을 수행했다. 다시 말해, 물고기 떼를 교체하더라도 경로에 대한 선호가 유지되는지 보기 위해, 우리는 먼저 작은 물고기 떼를 훈련시켜 두 경로 가운데 하나를 선택하도록 하고, 이 훈련받은 '창시자들'을 훈련받지 않는 개체들로 연쇄적으로 교체하는 방식을 따랐다.[95] 아니나 다를까, 최초의 창시자들이 제거된 지 며칠이 지나고 나서도 경로에 대한 집단의 선호는 그대로 유지되었다. 심지어 선택된 경로가 다른 경로에 비해 상당히 길고 헤엄치는 데 에너지가 많이 들더라도, 창시자들이 그 경로로 헤엄치도록 훈련받으면 이후에도 널리 사용되었다.

우리는 그 이후 세인트앤드루스대학교의 실험실에서 경로뿐만 아니라 먹이 획득 기술도 실험실의 물고기 집단을 통해 전통으로 유지될 수 있다는 것을 발견했다.[96] 우리는 시범자 물고기가 꼭대기 부분이 닫힌 좁은 수직 튜브 위쪽으로 헤엄쳐서 먹이를 먹도록 훈련시켰다. 이런 식으로 헤엄치는 것은 보통 이 물고기가 헤엄치는 방식이 아니기 때문에, 그들에게는 일종의 도전이었다. 단순하기는 하지만, 이는 훈련 없이 물고기 스스로 풀어낼 수 없는 먹이 획득 과제였다. 훈련받은 개체들은 이 튜브에서 먹이를 안정적으로 먹었지만, 그렇지 않은 물고기들은 수직 튜브에서 먹이를 먹는 방법을 스스로 알아내지 못했다. 하지만 숙련된 모델 물고기와 같은 집단에 있을 때는, 훈련되지 않은 물고기도 곧바로 수직 튜브에서 먹이를 먹는 방법을 학습했으며, 이 새로운 먹이 획득 행동은 사회적 학습을 통해 전통으로 확립되었다.

실험실에서 확립된 전통은 몇 년도 아니고 며칠 또는 몇 주 동안만 지속되었지만, 이는 자연에서 관찰되는 보다 안정적인 전통의 기저에 있는 기제를 암시한다.[97] 우리 실험에 따르면, 물고기들은 작은 물고기 떼보다는 큰 물고기 떼에 합류하는 것을 선호하며,[98] 다수의 행동을 따르는 경향을 보인다.[99] 떼 지어 다니기, 불확실할 때 다른 개체의 행동을 모방하기, 집단의 행동에 더 주목하기 등 단순한 과정들의 결합이 매우 안정적인 전통을 발생시킨다. 그러나 때로는 이로 인해 임의적인 행동이나, 심지어 부적응적인 행동이 유지되기도 한다.[100] 야생 집단에서 관찰되는 문화적 관성을 발생시키는 것은 이처럼 단순한 기제들이다. 진화생물학자들은 동물들이 환경에 최적화된 행동을 할 것이라고 기대하는 경향이 있으며, 실제로 보통 그렇게 보이기도 하다. 하지만 로버트 워너의 놀래기 연구와 같은 현장 실험들은 환경의 속성만으로 야생 개체군의 짝짓기하는 장소나 떼 지어 모이는 장소를 항상 예측할 수는 없으며, 통제된 실험으로 왜 그러한지를 보여준다.[101]

철새의 장거리 이주도 비슷한 기제에서 비롯할 가능성이 있다. 메릴랜드대학교의 생태학자 토마스 뮬러Thomas Mueller의 최근 연구에 의하면, 이주하는 미국흰두루미whooping crane 가운데, 경험이 많은 새들이 그렇지 않은 새들에게 경로에 대한 지식을 전달한다는 강력한 증거가 있다.[102] 뮬러와 그 동료들은 초경량 비행기를 이용해, 야생으로 돌아갈 예정인 이주성 미국흰두루미를 위한 혁신적인 훈련법을 개발했다. 인간이 기른 새들은 평생 처음 하는 이주에서 비행기를 따라가도록 훈련되었다. 혼자 날아가거나 집단을 이루어 날아가는 그다음 이주부터, 연구자들은 이동 행위에서 사회적 학습의 막대한 영향력을 발견할 수 있었다. 데이터에 따르면, 어린 새들은 일반적으로 경험이 더 많은 새들과 함께 날면서 경로에 대한 지식을 배운다. 똑같은 패턴이 심지어 곤충에서도 관찰된다. 예를 들어, 먹이 잡기 초보인 꿀벌의 경우 독자적으로 먹이 획득 장소를 찾기보다는 춤에 부호화된 지시를 따르는 경향이 있는 반면, 경험이 많은 꿀벌들은 대개 바로 이전의 비행에서 실패했을 경우에만 춤을 따라 했다.[103]

야생에서의 사회적 학습에 대한 이 짧은 개요에서 지금까지 언급하지 않은 또 다른 중요한 영역이 있다. 이를 언급하지 않는다면 이 개요는 불완전할 수밖에 없는데, 그 영역이란 바로 포식자를 인지하고 피하는 것이다. 잡아먹히지 않는 것은 분명 어떤 동물이든 최우선 순위의 문제이지만, 포식자에 대한 정확한 지식을 얻는 것이 쉽지는 않다. 많은 동물들이 진화된 형태의 포식자 방어 기제를 갖고 있다. 하지만 만약 새로운 전략을 지닌 새로운 포식자가 나타나면, 이미 확립된 포식자 도피 전략에만 의존하는 것은 비참한 결과로 이어질 수 있다. 세계는 변화하기 때문에, 동물은 끊임없이 학습을 통해 포식자 방어 행동을 업데이트해야 한다. 하지만 이 영역은 시행착오를 통한 학습만으로는 배우기가 매우 어려운 영역이다. 단 한 번의 실수만으로도 포식자의 배 속으로 들어가게 되기 때문이다. 그렇기 때문에 포식자에 대한 두려움과 방어 행동의 사회적 학습이 야생에서 가장 광범위하게 퍼진 모방이라는 것은 전혀 놀랍지 않다.

붉은털원숭이,[104] 즉 아시아의 초원이나 숲에 사는 원숭이는 대형 고양잇과 동물, 개, 맹금류, 그리고 특히 뱀을 비롯한 포식자들의 먹잇감이다. 하지만 사육된 붉은털원숭이는 뱀을 두려워하지 않는데, 이는 야생 집단에서 발견되는 포식자 방어 행동이 학습된 것이라는 뜻이다. 사실, 어린 원숭이들은 경험 많은 원숭이들이 겁에 질려 뱀을 향해 소리지르고 공포에 사로잡힌 표정을 짓거나 필사적으로 뱀을 피하려고 시도하는 것을 보고 난 다음에야, 뱀이 위협적인 대상이라는 것을 학습한다. 연구자들은 면밀한 실험으로 어린 붉은털원숭이가 이러한 관찰 경험을 통해 뱀이라는 자극과 다른 원숭이들의 공포 반응을 연관 짓고는 감정적인 반응을 촉발시킴으로써 포식자라는 존재를 학습한다는 것을 밝혀냈다.[105] 실험자들은 원숭이들에게 다른 원숭이들이 뱀에게 겁을 먹으며 반응하거나 (영리한 실험 조작을 통해) 일반적으로 두려움을 유발하지 않는 꽃과 같은 물체에 반응하는 모습을 실제 상황으로 또는 비디오 영상으로 보여주고, 동일한 자극에 대한 그들의 반응을 테스트했다.[106] 이때 뱀과 같이 생태적으로 적절한 대상이 사용되었을 때는 관찰자의 두려움 학습이 빠르고 강력했고,[107] 뱀을 두려워하는 원숭이를 한 번 교류하는 것만으로도 관찰자는 몇 달 동안 일정하게 지속되는 공포 반응을 보였다.[108] 하지만 두려움과 관계 없는 자극에는 그러한 조건화conditioning가 나타나지 않았다. 이와 같은 연구는 자연선택이 관찰을 통해 공포를 학습하는 기제가 진정한 위협만을 편향적으로 인식하도록 선택했다는 것을 강력하게 암시한다. 이런 방식으로 포식자를 학습하는 것은 원숭이가 색깔이나 크기에 관계없이 어떤 종류의 뱀에 대해서도 두려움을 습득하고, 또한 매우 빠르게 그 두려움을 습득하면서도, 꽃과 같이 그들의 환경에서 안전한 대상에 대해서는 미신적인 두려움을 습득하지 않도록 한다.

원숭이가 특정 대상에 대한 두려움을 학습하는 것은 비슷한 연구를 통해 발견된 유럽찌르레기European blackbird의 포식자 학습 방법과 대조를 이룬다.[109] 이 새들은 종종 올빼미나 매를 비롯한 포식자를 위협하기 위해 다 같이 달려드는데, 어린 새들은 종종 이러한 집단 공격 행동을 관찰하면서 위험을 인지하는 법을 학습한다. 독일 보훔에 위치한 루르대학교의 에른스트 큐리오Ernst Curio와 그의 동료들은 영리한 실험 설계를 통해, 어른 새들이 올빼미 인형, 해롭지 않은 꿀빨이새, 심지어는 플라스틱 병을 집단 공격한다고 어린 유럽찌르레기들을 속일 수 있었다. 이후 어린 새들은 이 모든 자극물을 집단 공격했으며, 그 자극물들이 위험하다고 확신하는 듯했다.[110] 분명, 원숭이와는 달리 이 조류 계통에서는 자연선택이 선택적으로 두려움을 학습하는 것을 효과적으로 가다듬지 못한 것 같다.

다른 개체를 관찰하며 비교적 안전하게 두려움을 습득하는 것의 분명한 적응적 가치를 고려해 볼 때, 곤충류, 어류, 쥐, 고양이, 소, 영장류를 비롯한 많은 동물들이 그런 식으로 학습한다는 것은 그다지 놀랍지 않다.[111] 현재 연구자들은 보존과 개체 수 회복을 위해 생물이 관찰을 통해 학습하는 능력을 활용하고 있다.[112] 예를 들어, 케임브리지대학교의 우리 실험실에서 박사후 연구원으로 일하던 호주 생물학자 컬럼 브라운Culum Brown은 어린 연어에게 강꼬치고기가 다른 연어를 잡아먹는 '공포 영화'를 보여주는 것조차도 커다란 포식자를 피하도록 훈련시키는 효과가 있다는 것을 발견했다. 이는 어린 물고기들에게 핵심적인 생존 기술이다. 그는 또한 어린 연어에게 보다 경험이 많은 물고기를 관찰하게 함으로써, 그들에게 적절한 새 먹이를 먹도록 '가르치기'도 했다.[113] 그 이후 퀸즐랜드에 있는 어떤 부화장에서는, 강의 개체 수 회복을 위해 투입된 연어와 다른 물고기의 귀화율을 높이는 데 우리의 사회적 학습 프로토콜이 이용되었다. 부화장의 물고기는 대개 비정상적으로 밀도가 높은 큰 수조에서 알갱이 먹이를 먹고 사는데, 따라서 수백만 마리를 함께 풀어주었을 때 이들은 먹을 수 있는 것이 무엇인지 그리고 포식자가 무엇인지를 재빠르게 학습해야만 생존할 수 있다. 역사적으로, 생존율은 불과 몇 퍼센트에 불과하다. 다만, 풀어주기 전에 그들이 약간의 훈련만 받으면 생존율과 귀화율에 커다란 차이가 발생한다.

자연계에 광범위하게 퍼져 있는 모방에 대한 이 짧은 개요는, 동물들이 다른 개체로부터 정보를 얻는 수없이 많은 방식들 가운데 아주 일부만을 다룰 뿐이다. 동물 행동에 대한 연구 분야는 사회적 학습 실험, 동물 개체군에 퍼진 새로운 행동에 대한 보고, 집단들 간의 전통적 차이에 관한 수천 편의 논문들로 가득 차 있다. 나는 이 가운데 가장 집중적으로 연구된 것들, 그중에서도 특히 잘 연구된 기능의 영역들에서 사례를 골라 제시했다. 그러나 사회적 학습은 너무나 유용하기 때문에, 전혀 직관적이지 않은 맥락에서도 나타난다. 그중에서는 과학자들이 전달되는 행동의 기능을 가늠하지 못하는 사례들도 있다. 모방은 똑똑하고, 큰 뇌를 지니며, 인지적으로 발달된 동물들, 또는 우리의 가까운 친척 동물들에게만 존재하는 것이 아니라, 자연 어디에나 존재한다. 적어도 연합 학습associative learning 능력이 있는 동물들은 모두 모방을 한다. 동물들은 때때로 새로운 해결책을 발명해 내고, 이러한 혁신들은 종종 개체군에 확산되며, 이는 종종 '문화'에 비견할 만한 행동의 차이를 낳는다. 다윈이 올바르게 믿은 것처럼, 동물의 행동은 완전히 '본능'과 '타고난 성향'에 의해 지배받는 것이 아니라,[114] 사회적으로 전달되고 학습되는 지혜에도 영향을 받는다. 모방이 광범위하게 이루어진다는 것, 벌, 쥐, 오랑우탄처럼 다양한 동물들에게 성공을 가져다준다는 것은 모방의 유용성을 증언한다.

우리 인간 또한 광범위한 사회적 학습을 보여준다. 원숭이와 마찬가지로, 아이들이 그들의 어머니가 두려워할 만한 물건(장난감 뱀도 포함된다)을 보고 두려워하는 것을 목격하고 나면, 그 물건에 대한 강력하고도 오래 지속되는 거부반응을 습득한다.[115] 동물 공포증이나 어둠과 같은 특정 상황에 대한 극단적인 두려움이 있는 아이들을 연구해 보면, 많은 경우 그들에게는 부모가 똑같거나 비슷한 상황에서 두려워하는 것을 관찰한 경험이 있다.[116] 이러한 공포증이 문제 있는 것처럼 보이겠지만, 이는 매우 적응적인 과정의 결과물이기도 하다. 일반적인 전략으로, 다른 사람들이 두려워하는 것에 대해서 두려워하는 것은 완전히 이치에 맞는다. 다른 이들을 모방하는 것은 매우 적응적인 전략이며, 이 책에서 앞으로 보여주다시피, 이는 인간이 특히 잘하는 것이다.

이 장에서 소개된 연구들은 뻔하지만 흥미로운 질문을 낳는다. 모방의 이점이 무엇이기에, 자연에서 그토록 널리 사용되는가? 이는 단순한 질문처럼 보이지만, 그 안에는 숨겨진 복잡한 문제들로 가득 차 있다. 언뜻 답은 뻔해 보인다. 모방이 귀중한 지식과 기술을 재빠르게 습득하도록 한다는 것이다. 하지만 진화생물학자들은 몇십 년간 이 문제를 두고 씨름해 왔는데, 수학적 모델에 따르면 우리의 직관이 그다지 옳지 않기 때문이다. 이론적 분석에 의하면, 모방은 좋은 아이디어뿐만 아니라 부적절하거나 시대착오적인 아이디어들을 확산시킬 수 있으며, 따라서 반드시 성공으로 이어지지 않는다. 이에 따르면, 개체군은 비사회적 학습 덕분에 변화하는 환경을 따라잡는다. 왜 모방이 이익인가 하는 질문은, 이 수수께끼를 처음 주목한 유타대학교의 인류학자 앨런 로저스Alan Rogers의 이름을 따서 '로저스의 역설Rogers' paradox'로 알려져 있다.[117] 그 답은 몇 년 전에 이르러서야 비로소 명확해졌다. 전 세계적인 경쟁을 통해 마침내 문제가 풀렸는데, 다음 장에서는 이러한 경쟁과 그것이 남긴 통찰에 대해 다룰 것이다.

3장

왜 모방하는가

Why Copy

학자로서의 경력 가운데 가장 자랑스러운 순간은 세 살짜리 우리 아들의 사진이 《사이언스Science》에 실렸을 때다. 정원을 손질하는 내 뒤에서 풀 베는 장난감 기계를 즐겁게 밀고 있는 작은 아이의 사진은, 같은 판에 실린 내 과학 논문에 딸린 논평에 실린 것이다(그림 2).[1] 그 논문은 모방에 관한 것이었기에, 사진은 논문 주제와도 아주 잘 어울렸다. (이 논문은 왜 자연에서 모방이 광범위하게 이루어지는지, 그리고 왜 인간이 우연히 모방을 잘하게 되었는지에 대한 발견들을 제시했다.) 이처럼 부모로서의 자부심과 과학적 성취가 완벽하게 일치하는 경우는 흔하지 않다.

어떤 독자는 논문에 싣기 위해 일부러 사진을 찍었다고 생각하겠지만, 사실 사진은 그로부터 몇 년 전에 찍은 것이다. 그 사진은 우리의 예전 집에서 찍었으며, 그 집에서 풀 베는 장난감 기계는 수백 번도 넘게 가동되었다. 내가 정원을 손질할 때마다 아들은 집 밖으로 뛰어나와서 장난감 기계를 들고 나를 따라오고는 했다. 아들은 몇 년 동안 그렇게 했고, 열 살 정도 되어서야 완전히 그만두었다. 이성적으로 생각해 보면 아버지를 모방하는 것을 왜 그토록 즐거워했는지 이해하기 힘들지만, 아들은 행복해했다.

독자들 가운데 부모가 있다면, 자신의 아이들이 이와 비슷한 모방 성향을 보인 순간을 회상할 수 있을 것이다. 대체로 어린아이들은 자신이 일체감을 느끼거나 감정적으로 애착을 느끼는 사람을 모방하는 시기를 갖는다. 우리 아들은 두 살에서 네 살까지 내가 하는 모든 것을 끊임없이 모방하려고 했다. 내가 면도를 할 때마다 아들이 신이 난 채로 플라스틱 칼날과 가짜 면도 크림이 들어 있는 장난감 면도 세트를 열었던 기억도 난다. 여동생이 태어나자, 그 모방자도 모방을 당하기 시작했다. 어린 딸은 큰 오빠에게 바짝 붙어 다니면서 오빠가 말하고 행동하는 것을 모방했다.

그림 **2.** 그 아버지에 그 아들. 아들은 수년간 저자의 정원 가꾸는 행동을 열렬히 모방했다. 유아의 모방 성향은 발달에 중요할 뿐만 아니라, 인간 마음의 진화에서도 중추적인 역할을 했을 것이다. 질리언 브라운의 사용 허락을 받은 사진.

어느 날 아들이 장난스럽게 전등 스위치를 끄려고 하다가 손을 다쳤는데, 오빠가 아파서 비명을 지르며 울어도 여동생은 곧장 똑같은 장난을 쳤다.

몇십 년 동안 발달심리학자들은 아이들이 모방에 심취하는 현상을 과학적으로 이해하려고 노력했다.[2] 스탠퍼드대학교의 심리학자 앨버트 밴듀라Albert Bandura가 1960년대에 진행한 고전적인 실험에 따르면, 아이들은 어른들이 (그 안에 공기가 들어가 있는) '보보 인형'에게 공격적으로 행동하는 것을 관찰하는 것만으로도 공격적인 행동을 습득할 수 있다.[3] 현대심리학의 면모를 바꾼 것으로 널리 인정받는 밴듀라의 실험은 인간이 직접적인 보상이나 처벌보다는 관찰을 통해 학습하는 경우가 많다는 것을 보여준다. 분명 어린이들은 사회적 학습으로 공격적인 성향만 획득하는 것이 아니라, 유용한 기술과 지식도 습득한다. 하지만 모방 성향이 어린 나이에 강해지다 약해지다 하다가 네 살 정도에 정점에 다다르지만, 결코 완전히 사라지지 않는다는 사실은 아이들의 모방이 사회적 기능을 한다는 것을 암시한다. 모방은 인간관계를 강화할 가능성이 있다.[4]

인간의 사회적 학습에는 모방만 있는 것은 아니다. 직접적인 지시, 보다 미묘한 동기나 주의 과정을 통해 정보를 습득하기도 하지만, 모방이 인간의 사회적 학습에서 중요한 방식이라는 것은 의심의 여지가 없다. 앞선 사례에서처럼, 사회적으로 학습하는 것이 비이성적이고 아양을 떠는 것처럼 보이는 순간에도, 모방은 차등적으로 이루어진다. 아이들은 그들이 보고 들은 모든 것을 모방하지 않으며, 일련의 법칙을 따라 전략적으로 모방한다. 이 법칙들은 이상하고 심지어는 기이하게 보이기도 하지만, 사회적 학습 연구자들은 진화론에서 유도한 원리에 기반해 그 법칙들을 설명할 수 있게 되었다.

전혀 학구적이지 않은 사람들을 포함해, 대다수 사람들은 끊임없이 지식을 갈구한다. 태어나서 죽을 때까지 우리는 문화적 정보로 가득 찬 가상의 바다를 헤엄친다. 다른 사람으로부터 습득하는 지식이 너무나 많기 때문에, 우리는 무엇을 어떻게 배우는지에 관해 스스로 얼마나 선택적인지 잊기 쉽다. 공교육을 차치하더라도, 우리는 성장하는 동안 부모와 다른 중요한 사람들로부터 지식과 기술을 끊임없이 습득한다. 우리는 어떻게 걷고, 말하고, 노는지, 무엇이 좋은 행동이고 무엇이 나쁜 행동인지, 어떻게 공을 던지고, 요리하고, 청소하며, 운전하고, 쇼핑하며, 기도하는지, 돈, 종교, 정치, 약을 비롯해 수없이 많은 것들에 대해 어떻게 생각해야 하는지를 배운다. 하지만 아이들이 진화론적으로 다른 이들이 말하는 것을 흡수하도록 특별히 준비되어 있다고 하더라도, 지구상의 그 어떠한 종보다도 문화에 더 의존한다는 사실에도 불구하고,[5] 우리는 아무것이나 모방하지 않으며 매우 선별적으로만 그럴 뿐이다.

만약 우리가 가리지 않고 사회적으로 학습한다면, 뮤지컬을 볼 때마다 노래를 따라 부를 것이다. 만약 우리가 정말로 모방 대상에 대해 선별적이지 않다면, 폭력적인 영화를 볼 때마다 잔인한 사람으로 변할 것이다. 물론 텔레비전, 영화, 컴퓨터게임의 폭력성이 공격성으로 이어질 가능성은 중요하고, 정당한 우려이기도 하다. 폭력적인 비디오게임과 공격적인 행동 사이의 상관관계를 보여주는 연구도 많다.[6] 하지만 이러한 연구 결과를 해석하는 것은 결코 간단한 일이 아니다. 〈그랜드 테프트 오토Grand Theft Auto〉*에 중독된 이들이 상당한 수준의 폭력성을 보인다고 하더라도, 그 게임에 의해 폭력적으로 변한 것이 아니라 폭력적인 성향의 사람들이 그러한 비디오게임에 끌릴 가능성이 있기 때문이다. 그러한 연구들을 통해 확실하게 말할 수 있는 것은 대중매체의 폭력성과 실제 폭력성 사이에 인과관계가 있다면 이러한 인과관계의 영향은 비교적 미미하다는 것이다. 미

* 록스타게임스 사의 비디오게임. '그랜드 테프트 오토'는 자동차 절도 범죄를 일컫는 속어이며, 폭력성과 선정성으로 논란이 된 적 있다.

디어의 폭력성은 아주 적은 수의 시청자에게 엄청난 영향을 미치거나 광범위한 사용자에게 약하거나 짧게 지속되는 효과만을 미칠 것이다. 하지만 대부분의 사람들은 〈람보Rambo〉나 〈올리버 스톤의 킬러Natural Born Killers〉 같은 영화를 보고 살인자가 되지는 않는다. 모방 범죄가 발생하기도 하지만, 매체상의 범죄를 모방하는 이들은 대부분 정신적인 문제가 있거나 폭력 전과가 있는 사람들이다.

모방 자살 또한 발생하고 그 가능성도 충분히 높기 때문에, 많은 국가들에서는 예방 차원에서 경찰과 대중매체가 자세히 보도하는 것을 금지하기도 한다. 가끔 모방 자살이 학교나 지역사회에 전염병처럼 확산되거나, 유명인이 자살하고 난 다음 통계적으로 자살률이 급격하게 상승하기도 한다. 예를 들어, 마릴린 먼로가 바르비투르산염 과다 복용으로 사망하자 그해 8월 평균보다 200건의 자살이 더 발생했다.[7] 그러나 개인에게는 비극일지라도 이러한 사례는 예외적이다. 마릴린 먼로의 죽음을 알게 된 수억 명의 사람들은 그녀를 따라 죽지 않았다.

여기서 아이들의 사회적 학습, 그중에서도 '과대 모방overimitation'이라고 불리는 성향에 관한 어느 실험적 연구를 언급할 필요가 있다. 이 연구에 따르면, 모델이 행하는 '부적절한' 행동을 침팬지는 따라 하지 않는 반면 아이들은 모방한다.[8] 이 간단한 발견으로 일련의 후속 연구들도 이어졌다. 하지만 그러한 모방을 "무차별적"이라거나,[9] "비효율적"이라고,[10] 부적절하게 규정짓는 것은 크게 오도하는 것이다. 이러한 성향에는 분명히 사회적 기능이 존재하며,[11] 무차별적인 모방 성향이 관찰되는 경우는 대체로 잘못된 실험 설계에 따른 부작용에 의한 것이다. 보다 최근의 실험 연구에 따르면, 모델들 일부가 부적절한 행동을 하고 다른 일부는 그렇게 행동하지 않을 때, 아이들은 부적절한 행동이 불필요한 것이라고 재빠르게 추론해 냈다. 따라서 과대 모방의 비율도 급격히 떨어졌다.[12] 이와 마찬가지로,

아이들이 퍼즐 상자를 푸는 해답이 차례대로 전달되는 연쇄적 전달 연구에 참여했을 때, 모델이 소개한 부적절한 행동들은 순식간에 사라지고, 전달된 지식이 필요한 행동들로 수렴되었다.[13] 인간은 모방하고, 그것도 엄청나게 많이 모방한다. 하지만 아무거나 모방하지는 않는다. 무차별적 모방은 적응적이지 않다.

물론 모방 또는 사회적 학습만이 새로운 지식을 습득하는 유일한 수단은 아니다. 우리뿐만 아니라 다른 동물들도 시행착오 등을 통해 스스로 학습하는데, 이러한 학습 방법은 비사회적 학습asocial learning이라고 한다. 진화적 모델을 이용한 수많은 이론적 분석에 따르면, 가변적이고 변덕스러운 환경에서 번성하기 위해서는 사회적 학습과 비사회적 학습을 적당히 번갈아 가며 사용하는 것이 필요하다.[14] 이는 비유를 들어 설명하는 것이 직관적으로 이해하기에 좋을 것이다. 어떤 동물이 먹이를 찾거나 생산할 때마다, 주변에서 다른 동물들이 나타나 그 먹이를 훔치려고 시도할 것이다. 적어도 몸집이 더 크거나 위계가 더 높은 개체들은 직접 생산하는 것보다 다른 동물이 생산한 먹이를 훔치는 것이 더 쉬울 것이다. 그 결과, 예를 들어, 함께 먹이를 구하는 찌르레기나 핀치 들의 무리에는 먹이 생산자와 먹이 탈취자가 적절하게 섞여 있다.[15] 그러한 무리에서는 대개 생산자들과 탈취자들의 먹이 섭취량이 비슷하다.[16] 이는 우연이 아닌데, 동물은 다른 대안적인 전략이 더 생산적일 경우 전략을 바꾸기 때문이다. 탈취에서 생산으로, 또는 그 반대도 가능하다. 먹이 생산자가 많으면, 먹이를 탈취하는 것이 용이하며 비용도 적게 든다. 하지만 생산자가 드물 때는 그러한 탈취 전략의 수익성이 낮아지기 때문에, 스스로 먹이를 찾아 움직일 수밖에 없다. 최종적인 결과는 생산자와 탈취자가 섞여 있는 빈도 의존적인 균형 상태가 된다.

똑같은 원리가 학습에도 적용된다. 어떤 개체들은 다른 개체들을 관찰하기보다 환경과 직접 상호작용 하면서 시행착오를 통해 새로운 문제를 풀어내며, 그 과정에서 문제를 해결하는 지식을 생산한다. 예를 들어, 물이나 은신처를 찾기 위해 오랜 시간을 투자하거나, 새로운 먹이를 찾기 위해 위험할지도 모르는 물질을 먹어보아야 하며, 포식자가 누구인지 학습하기 위해 거의 잡아먹힐 뻔하는 위험도 감수해야 한다. 따라서 '비사회적 학습자'라고 불리는 이러한 개체들은 학습 과정에서 상당한 비용을 지불한다.

비사회적 학습의 비용이 클지는 몰라도, 다른 대안적 전략인 사회적 학습에 비해 정확하고, 믿을 만하며, 최신의 정보를 얻을 수 있다. 반면 사회적 학습은 정보를 탈취하는 것이다. 개체는 관찰을 통해 다른 이들로부터 정보를 저렴하게 획득할 수 있다. 예를 들어, 어디에 머무를 것인지, 어떻게 포식자를 피할 것인지에 대한 정보를 얻을 수 있다. 하지만 사회적 학습자는 자칫 더 이상 유효하지 않은 정보, 또는 모델 개체에게만 적합하며 자신에게는 그렇지 않은 지식을 얻을 수도 있다. 특히 변덕스럽거나 공간적으로 가변적인 환경에서 그렇다. 신뢰할 만한 정보를 얻으려면, 비사회적 학습자를 포함해 개체들은 환경과 직접 상호작용 하는 개체들을 모방할 필요가 있다.[17] 결론적으로, 이론적 연구들은 개체군에서 사회적 학습과 비사회적 학습이 적절히 섞여 있는 상태를 예측한다. 먹이 생산자와 먹이 탈취자의 섭취량이 서로 비슷한 것처럼, 수학적 모델은 개체군이 사회적 학습 전략과 비사회적 학습 전략에 대한 보상이 동일해지는 균형 상태에 이를 것이라고 예측한다. 논리는 동일하다. 즉, 어떤 전략이 수익성이 더 좋으면, 개체들은 전략을 바꾼다. 진화생물학의 언어로 풀어 쓰자면, 평형상태에서 사회적 학습 전략과 비사회적 학습 전략은 동일한 적합도fitness를 지닐 것으로 예측된다. 다시 말해, 두 전략은 개체들이 생존하고 번식하는 확률에 동일한 정도의 영향을 미칠 것이다.[18]

평형상태에서 사회적 학습자의 적합도가 비사회적 학습자의 적합도에 비해 크지 않다는 이러한 발견에 '역설'이 있다는 것을 처음 지적한 사람이 인류학자 앨런 로저스다. 이전 장에서 언급한 것처럼, 그는 수학적 분석을 통해 이러한 결론에 이르렀다.[19] 어떤 면에서 이 발견은 이치에 맞는다. 사회적 학습이 드물 때는 사회적 학습의 보상이 비사회적 학습의 보상을 뛰어넘는다. 다수의 비사회적 학습자들이 생산하는 신뢰할 만한 정보가 개체군 안에 흔하기 때문이다. 사회적 학습자의 적합도가 더 높기 때문에, 당장은 자연선택을 통해 사회적 학습자의 빈도가 증가한다. 하지만 사회적 학습자의 빈도가 증가하면, 신뢰할 만한 정보를 생산하는 비사회적 학습자의 수가 줄어드는 반면, 사회적 학습자가 틀린 정보를 터득할 가능성은 높아진다. 그렇기에 사회적 학습으로 인한 보상도 줄어들기 시작한다. 극단적인 상황, 즉 비사회적 학습자가 존재하지 않는 상황에서는 모든 개체가 서로를 모방할 뿐이고, 그 누구도 최선의 행동이 무엇인지 결정하기 위해 직접적으로 환경과 상호작용 하지 않을 것이다. 이때 환경이 변한다면, 예를 들어 새로운 포식자라도 나타난다면, 그 결과는 끔찍할 것이다. 아무도 새로운 위협을 알아보거나 피하는 것을 학습하지 않았기 때문이다. 이러한 상황에서는 비사회적 학습의 적합도가 사회적 학습의 적합도를 앞지르게 되면서, 비사회적 학습자가 더 많아지기 시작할 것이다. 따라서 개체군이 사회적 학습과 비사회적 학습의 균형에 이르는 방향으로 진화할 것이라고 예측할 수 있다. 혼합된 진화적으로 안정된 전략mixed evolutionarily stable strategy, ESS으로 알려진 이 상태에서는,[20] 정의에 따라, 사회적 학습의 적합도와 비사회적 학습의 적합도가 같다.[21]

앞서 언급한 것처럼, 이 발견은 '로저스의 역설' 로 알려져 있다.[22] '역설'이라고 불리는 이유는 표면적으로 이 발견이 문화가 생물학적 적합도를 향상시킬 것이라는 보통의 믿음과 배치되기 때문이다. 기본적으로, 진화론에서 적합도는 얼마나 많은 자손을 남기는지에 달려 있다. 높은 적합도를 지닌 형질은 유기체가 생존하고 번식하게 도와서, 많은 자손들을 남기도록 하는 형질이다. 인간의 문화는 적합도를 향상시키는 것처럼 보인다. 기술 혁신의 확산은 거듭해서 인구의 증가로 이어졌으며, 이는 더 많은 사람들이 생존하고 번식했다는 것을 암시하기 때문이다. 사실 인간의 문화가 우리 종의 성공에 기여했다고 보는 핵심적인 이유도, 그것이 인구의 증가와 상관관계에 있기 때문이다. 1만 년 전에 100만 명에 지나지 않았던 세계 인구가 오늘날에는 70억 명이 넘는다.[23] 농업혁명과 산업혁명으로 출생률과 기대 수명은 기록적으로 증가했다.[24] 이러한 자료는 기술의 진보가 확산되면 생존하는 자식의 평균적인 수가 증가한다는 것을 암시한다. 이를 염두에 두면, 로저스의 결론은 역설적으로 보인다. 우리 종의 성공에 사회적 학습이 기여하는 바가 크다는 생각과 배치되어 보이기 때문이다.

수학적 모델은 과학자들에게 유용한데, 이것이 '만약에what if' 시나리오를 진행해 볼 수 있게 하기 때문이다. 예를 들어, 우리가 인류 진화의 비디오테이프를 다시 돌려볼 수는 없지만, 우리 조상이 특정한 속성을 가졌다면, 또는 특정한 종류의 자연선택에 노출되었다면 우리 조상이 어떻게 진화했을지를 수학적 모델을 사용해 탐구할 수 있다. 모델은 그러한 질문에 답한다. 이론과 데이터가 일치하지 않더라도, 모델 작업이 실패했다는 것을 의미하지는 않는다. 오히려 그러한 사례들이 더 많은 정보를 주기도 한다. 로저스의 모델은 사회적 학습자가 닥치는 대로 모방한다고 가정한다. 그의 발견은 무차별적인 모방이 비사회적 학습으로 성취할 수 있는 수준 이상으로 절대적인 적합도를 향상시키지 않는다는 것을 분명히 보여준다. 이로부터 우리는 중요한 통찰을 하나 얻을 수 있다. 인간의 성공 스토리에 사회적 학습이 정말로 기여한 바가 있다면, 인간의 모방은 무차별적

일 수 없다는 것이다.[25]

다시 말해, 전략적으로 모방하는 것은 이익이지만, 분별없이 모방하는 것은 그렇지 않다. 이 장의 시작 부분에서 언급한 상식적인 관찰처럼, 모델에 따르면 학습이 적응적이기 위해서는 개체들이 언제 사회적 학습에 의존해야 하고, 누구로부터 학습해야 하는지에 대해 선택적이어야 한다.[26] 오랜 시간 자연선택이 작용하면서, 인간과 다른 동물들에게 특정한 의사결정 규칙을 사용하는 성향이 진화했을 것이다.[27] 우리는 이러한 규칙들을 '사회적 학습 전략social learning strategy'이라고 부르는데,[28] 이는 어떤 상황에서 다른 이들로부터 정보를 얻어야 하는지, 또는 얻지 말아야 하는지에 관한 것이다.

그러한 규칙 가운데 하나는 '비사회적 학습의 비용이 클 때 모방하라'는 것이다. 이 규칙에 따르면, 스스로 시행착오를 통해 문제를 쉽고 저렴하게 해결할 수 있는 한 그렇게 해야 한다. 하지만 여러 단계를 거치며 복잡한 음식을 조리하는 과제와 같이 엄청난 에너지나 위험을 필요로 하는 도전적인 과제에 직면해 있다면, 다른 이들이 무엇을 하는지를 보고 흉내내야 한다.

또 다른 전략은 '불확실할 때 모방하라'는 것이다. 이는 개체들이 자신에게 익숙한 지역에 있고, 문제를 이해하고 어떻게 해결해야 하는지도 알고 있을 때, 자신의 경험에 기대야 한다는 것을 의미한다. 반대로 새로운 환경이나 새로운 포식자를 마주치는 것과 같은 새로운 상황에 놓여서 어떻게 하는 것이 최선인지 불확실할 때는, 다른 이들이 하는 것을 모방해야 한다.

세 번째 규칙은 '불만족스러울 때 모방하라'는 것이다. 즉, 현재의 행동으로 인해 돌아오는 몫이 크면, 그 행동을 계속하라. 하지만 그 행동으로 인해 낮은 보상을 얻게 된다면, 더 나은 보상을 얻기 위해 다른 이들이 하는 것을 모방하라. 이 전략들은 모두 '시기와 관련된 전략들'의 사례인데, 모두 사회적 정보를 언제 사용해야 하는지와 관련된 전략이기 때문이다.[29]

'누구와 관련된 전략'도 있는데, 이는 지식을 누구로부터 얻어야 하는지와 관련된 전략이다.[30] 예를 들어, 다수의 행동을 모방하거나, 가장 유명한 개체를 모방하거나, 가장 성공적인 행동을 하는 인물을 모방할 수 있다. 이러한 규칙들은 모두 경험적으로 그리고 이론적으로 연구되었으며, 모두 어느 정도 근거 있는 것으로 밝혀졌다.[31]

문제는 연구자들이 겉으로 보기에 그럴듯한 사회적 학습 전략을 아주 많이 그리고 쉽게 상상해 낼 수 있다는 것이다. 개체들은 혈족, 친근한 개체들, 지위가 높은 개체들에게 끌릴 수 있다. 나이가 많고 경험이 더 많으며 보다 성공적인 개체를 본보기로 삼을 수도 있다. 추세를 관찰하고, 다른 개체들이 얻는 보상을 관찰하거나, 갑자기 확산되는 변형들을 찾아낼 수도 있다. 또는 상황에 따라 모방할 수도 있다. 예를 들어, 임신했거나 아프거나 나이가 어릴 때, 다른 이들을 모방할 수도 있다. 그뿐만 아니라 그들은 이러한 선택지들을 조합해 다음과 같은 복잡한 조건부 전략을 만들 수도 있다. '불확실한 상황에서 모델이 일관적으로 행동할 때 모방하라' 또는 '보상에 만족스럽지 않은 상황에서 지위가 높은 자를 모방하라'.[32]

이를 곰곰이 생각하다 보면, 곧 무엇이 최선의 사회적 학습 전략인가 하는 질문에 이르게 된다. 또는 보다 현실적으로, 주어진 상황에서의 최선의 전략이 무엇인지 묻게 된다. 전통적으로 이러한 질문을 탐구하는 방법은 진화적 게임이론evolutionary game theory 또는 집단유전학population genetics의 방법론을 이용한 수학적 모델을 구축하는 것이다. 이 모델에서는 적합도가 가장 높거나 진화적으로 안정적일 것으로 기대되는 전략을 계산한다. 이러한 방법론에 내재된 논리는 오랫동안 작용한 자연선택이 최적의 의사 결정 규칙의 사용을 선호하는 동물의 마음을 빚어냈다는 것이다. 무엇이 최적의 전략인지에 대한 수학을 풀다 보면, 자연에서 무엇을 찾아낼 수 있는지에 대한 명확한 예측에 이르게 된다. 이러한 접근법은 진화생물학 및 행동생태학과 같은 진화론 분야에서 광범위하게 사용되며, 대개 매우 효과적이다. 하지만 최적의 사회적 학습 전략을 결정하는 문제에 적용되었을 때는 부분적으로밖에 성공하지 못했다.[33] 그 이유는 이러한 방법론이 한꺼번에 분석할 수 있는 전략들의 수가 적기 때문이다. 가능한 사회적 학습 전략들이 너무 많기 때문에, 가상적인 전략 공간의 크기도 거대하다. 게다가 그런 방법론은 분명 수학에 능숙한 연구자가 분석하기로 선택한 전략에 한정된다. 원칙적으로, 지금까지 누구도 고려하지 못했던 훨씬 더 뛰어난 사회적 학습 전략이 현실 세계에 존재할 수도 있다.

이 문제는 오랫동안 나를 괴롭혔다. 나의 실험실 연구원들은 동물들이 전략적으로 모방하는 것을 강력하게 함축하는 실험들을 수행했다. 실험 결과는 동물들이 사용할지 모르는 전략들에 대한 암시를 주었지만, 그 전략들을 명확하게 정의할 수 있는 경우는 드물었다. 우리는 어떤 전략을 실행해야 하는지 탐구하기 위해 수학적 모델도 구축했지만, 우리가 생각해낸 최상의 전략이 사실 우리가 생각해 내지 못한 방법보다 못한 것은 아닌가 하는 의구심을 늘 떨칠 수가 없었다. 가장 뛰어나 보이는 전략들 가운데 2, 3개 정도에 집중할 뿐이라면, 우리가 어떻게 엄청나게 많은 대안들 가운데 최적의 전략을 찾아냈다고 확신할 수 있겠는가?

내가 걱정한 다른 문제도 있었다. 실험들로 얻은 데이터에 따르면, 조건부 사회적 학습 전략(예를 들어, 개체의 상태, 모방한 개체에 대한 보상, 각각의 전략을 수행하는 개체의 수 등을 고려한 전략)이 고정되고 경직된 모방 전략보다 더 나은 보상을 가져다준다. 하지만 또한 실험 결과에 따르면, 만약 우리가 '최적'의 사회적 학습 전략을 찾아냈다면,[34] 어떤 사회적 정보를 이용하거나 이용하지 말아야 하는지 판단하려면 그 동물들이 꽤나 복잡한 계산을 해야만 한다는 것을 의미했다. 과연 동물들이 그렇게 복합한 계산을 할 수 있을 정도로 영리할까? 침팬지나 일본원숭이라면 그렇다고 믿겠다. 하지만 초파리와 귀뚜라미도 서로 모방한다는 연구 결과들이 있다. 과연 무척추동물이 다른 개체가 얻는 보상을 계산하고, 빈도 의존성을 추적할 수 있을까? 우리는 사회적 학습이 적응적이려면 반드시 선별적으로 사용되어야 한다는 것을 알고 있었으며, 자연선택이 동물의 의사 결정을 매우 효율적인 방향으로 가다듬었다고 믿을 만한 충분한 이유가 있다. 그러나 그것은 모방하는 자가 똑똑해야 한다는 것을 암시하는 듯했고, 지능이 떨어지는 것으로 알려진 동물들도 사회적 학습을 한다는 것이 알려져 있다. 모든 것이 조금은 수수께끼 같았다.

보다 진척을 이루기 위해 우리에게 필요한 것은, 우리가 지금껏 상상하지 못했던 전략들을 포함해, 매우 많은 수의 사회적 학습 전략들 각각에 의존하는 것의 상대적 이점을 한꺼번에 비교하는 방법이었다. 나는 해답을 찾기까지 오랜 시간 이 수수께끼와 씨름했다. 얄궂게도, 대답은 줄곧 우리의 코앞에 있었다. 우리는 그저 그것을 모방하기만 하면 되었다.

사회적 학습 분야의 학자들이 맞닥뜨린 난제가 1970년대에 협력의 진화를 탐구하던 학자들이 직면했던 난제와 비슷하다는 생각이 나에게 문득 떠올랐다. 우리는 모방할 수 있는 최선의 방법이 무엇인지 알고 싶었고, 협력 연구자들은 협력으로 이어지는 최선의 행동 전략이 무엇인지 알고 싶어 했다. 미시간대학교의 정치학 및 공공정책학 교수인 경제학자 로버트 액설로드Robert Axelrod가 '죄수의 딜레마prisoner's dilemma'라는 게임에 바탕을 둔 2개의 토너먼트를 조직함으로써 협력의 문제에 큰 진척을 이루었다. 이 게임은 협력과 관련 있는 수많은 현실적인 상황에 대한 유용한 모델이다.

죄수의 딜레마 게임은 다음과 같다. 경찰에 붙잡힌 두 범죄자가 같은 혐의로 독방에 감금되었다고 상상해 보자. 경찰은 범죄자를 기소할 만큼 충분한 증거를 갖고 있지 않으며, 범죄자들이 서로가 죄가 있다고 증언해야만 처벌할 수 있다. 범죄자들은 서로 함구함으로써 서로 협력할 수 있으며, 이 경우 둘은 경미한 처벌만 받고 풀려난다. 상대에게 죄가 있다고 증언함으로써 서로를 배신할 수도 있는데, 둘 다 서로를 배신하면 둘 모두 중형을 받는다. 그러나 둘 중 한 사람만 배신한다면, 배신자는 석방되지만 다른 범죄자는 중형을 받게 된다. 게임이 이런 방식으로 구성되었기 때문에, 상대를 배신하는 것이 협력하는 것보다 더 나은 보상을 얻을 수 있다. 순전히 이성적이고 이기적인 죄수는 동료를 배신할 텐데, 그러면 결국 두 범죄자는 서로에게 죄를 씌우게 된다. 이 게임이 '죄수의 딜레마'로 불리는 이유는 두 죄수가 서로 협력할 수만 있다면 서로를 배신하는 것보다 더 나은 보상을 받을 수 있지만, 각각의 죄수에게는 상대에게 죄가 있다고 비난하며 배신하는 것이 더 유리하기 때문이다.

두 참가자가 연속해서 한 번 이상 죄수의 딜레마 게임을 진행하며 상대의 과거 행동을 기억해 자신의 전략을 그에 맞춰 조정할 수 있다면, 이 게임은 '반복되는 죄수의 딜레마iterated prisoner's dilemma'라고 불린다. 액설로드는 전 세계 학자들에게 초청장을 보내 협력 전략을 고안하게 한 다음, 반복되는 죄수의 딜레마 게임에서 서로 경쟁하게 만들었다.[35] 참여한 전략들은 그 복잡성이나 최초 협력의 여부, 과거의 배신에 대한 용서 등에서 매우 달랐는데, 어떤 전략이 가장 효과적인지 결정하기 위해 서로 맞붙었다. 팃포탯Tit-for-Tat이라는 우승한 전략은 캐나다 토론토대학교의 심리학자 아나톨 라포포트Anatol Rapoport가 제출한 것이다. 팃포탯 전략을 하는 참가자는 첫 번째 라운드에서 협력하며, 그 이후에는 상대편의 바로 이전 행동을 모방한다. 액설로드의 연구는 20세기 행동 연구들 중에서 가장 혁신적인 연구로 여겨지며, 협력 연구의 진정한 발전을 불러왔다. 협력 연구는 진화생물학의 주요 분야가 되었으며, 여기에는 토너먼트에 대한 관심이 기여한 바가 크다.

나도 반복되는 죄수의 딜레마에 영감을 받아, 가장 좋은 학습법을 알아내기 위해 토너먼트를 조직해서 이 연구 분야에 비슷한 자극을 줄 수 있지 않을까 하고 생각했다. 우리는 우리가 고안한 게임에 기반해서 경쟁을 조직할 수 있었다. 이 토너먼트는 누구나 자유롭게 참여할 수 있고 누구에게나 열려 있었다. 우리는 최적의 모방 방법에 관한 아이디어를 내도록 사람들을 초대했다. 이어서 우리는 이러한 아이디어들이 얼마나 효과적인지 알아보기 위해 컴퓨터 시뮬레이션에서 서로서로 맞붙였으며, 상대적인 성취도를 비교했다. 우리가 많은 참가자를 유치한다면, 최적의 모방 방법에 대한 새로운 아이들이 넘쳐났을 것이다. 심지어 흥미를 북돋우기 위해 상금을 제안할 수도 있었다. 이러한 토너먼트를 통해 뭔가 쓸 만한 것이 나타날지 예측하기는 어렵다. 우리는 경쟁을 통해 왜 모방하는 것이 이득인지, 어떻게 모방하는 것이 최선의 방법인지에 대한 진정으로 보편적인 통찰을 얻을 것이라고 기대했지만, 장담할 수는 없었다. 엄청난 노동력을 투자해야 했기 때문에, 그러한 경쟁은 거대한 도박이었다. 운이 좋게도, 우리가 조직한 토너먼트는 큰 성공을 거두었으며, 왜 모방이 자연에서 그토록 흔한지 그 수수께끼를 풀었을 뿐만 아니라, 문화가 인간 인지의 진화를 이끄는 메커니즘에 대해 핵심적인 통찰을 주었다.

나는 이 프로젝트를 수행하기 위해 유럽연합에서 스웨덴 및 이탈리아 동료들과 나에게 지원한 연구비를 확보했다. 이 프로젝트는 문화의 진화를 연구하는 '문화 적응cultaptation'이라는 더 큰 연구 프로그램의 일부였다.[36] 이 프로그램은 다양한 경험적, 이론적 접근으로 사회적 학습과 진화를 연구하며, 나의 역할 중 하나는 토너먼트를 운영하는 것이었다. 연구비 덕분에 박사후 연구원을 고용할 수 있었으며, 그 연구원은 그 경쟁을 조직하고 참가자들을 분석하는 대부분의 일을 진행할 예정이었다. 나의 선택은 컴퓨터생물학 전문가이자 고래의 사회적 학습에 관한 연구를 진행한, 흔치 않은 배경을 지닌 루크 렌델Luke Rendell이었는데, 이는 매우 탁월한 결정이었다. 루크가 그 역할을 완벽하게 해냈기 때문이다.

초기의 가장 어려운 결정은 토너먼트 게임을 고안하는 것이었다. 액설로드는 이 점에서 우리보다 크게 유리했는데, 죄수의 딜레마 게임이라는 이미 잘 확립된 연구 도구가 있었기 때문이다. 그 게임은 이미 모두가 아는 유명한 게임이었다. 그러나 그에 필적하는 잘 알려진 사회적 학습 게임은 존재하지 않았다. 나와 루크가 계획을 세우면서, 전체 프로젝트의 성패가 적절한 게임을 설계하는 데 달려 있다는 것이 자명해졌다. 더 깊이 생각할수록 까딱하면 망치기 십상이라는 것이 명확해졌다. 다시 말해, 아무도 참여하고 싶지 않은 지루한 게임이 되거나, 현실의 문제와 하나도 닮지 않은 잠재적으로 쓸모없는 게임이 되거나, 그리고 아마도 가장 당황스러운 경우일 텐데, 몇몇 참가자들이 달려들어 금방 해결 방법을 찾아내는 시시한 게임이 될 가능성이 너무 컸다.

이러한 걱정을 덜기 위해, 우리는 사회적 학습, 문화적 진화, 게임이론 분야의 전문가들로 구성된 자문위원회를 만들기로 결심했다. 이들은 우리가 가장 현명하고 생산적인 토너먼트 게임을 만드는 데 도움을 줄 수 있었다. 자문위원들은 UCLA의 로버트 보이드Robert Boyd, 스톡홀름대학교의 마그누스 엔퀴스트Magnus Enquist와 키모 에릭손Kimmo Eriksson, 스탠퍼드대학교의 마커스 펠드먼Marcus Feldman이었다. 이들은 문화적 진화와 게임이론의 세계 최고 전문가들이다. 그뿐만 아니라 세인트앤드루스대학교의 로버트 액설로드, 로럴 포가티Laurel Fogarty, 볼로냐대학교의 스테파노 기를란다Stefano Ghirlanda로부터도 조언과 도움을 받았다. 우리는 권위 있는 위원회를 구성한 것에 흥분을 감추지 못했다.

이후 18개월 동안 우리는 토너먼트의 구조에 대해 집중적으로 논의했으며, 컴퓨터로 시뮬레이션을 돌려보거나 우리끼리 경쟁하면서 여러 선택지들을 시험해 보았다. 게임은 세 차례 반복 시행되었으며, 그 과정에서 문제점을 발견하고 원래의 설계를 두 차례 포기했다. 거기에 우리가 상당한 노력을 들였더라도 어쩔 수 없었다. 키모와 마그누스가 우리의 토너먼트 구조가 지닌 결함을 지적하며 그런 일이 한 번 더 생기자 루크와 나는 커다란 타격을 받았지만, 다행히 그로 인해 더 깔끔하고 단순하게 디자인된 새로운 틀을 고안할 수 있었다.

우리가 마침내 안착한 틀은 손잡이가 여러 개 달린 '다중 슬롯머신multi-armed bandit'이었다. 아마도 슬롯머신에 대해서는 모두가 잘 알 것이다. 슬롯머신은 도박장에 설치되어 있으며, 옆에 달린 레버 또는 손잡이를 당겨서 작동되는 기계다. 도박꾼이 동전 구멍에 돈을 넣고 레버를 당기면 현금 보상을 받을 가능성이 있다(물론 도박장 주인이 많은 수익을 얻을 일정한 확률이 있다). 이제 100개의 독립적인 레버가 달린 슬롯머신을 상상해 보라. 이때 각각의 레버에서 상금을 얻을 확률은 다르다. 충분히 연습할 시간이 있다면, 헌신적인 참가자는 보상이 큰 레버와 낮은 레버를 알아낼 수 있다. 우리 게임의 문제는 어떤 레버를 당겨야 할지 알아내는 문제와 비슷하다.

우리는 새롭고, 도전적이며, 변화무쌍한 세계에서 살아남아야 하는 가설적인 유기체들, 말하자면 행위자들이 모인 개체군을 상상했다. 예를 들어, 행위자들은 열대 지역 어느 섬의 조난자로서 자신의 도구를 가지고 먹이를 찾으며 생존해야만 하는 사람들일 수도 있다. 행위자들은 토끼를 사냥하거나, 강에서 고기를 잡거나, 덩이줄기를 얻기 위해 땅을 파거나, 과일을 수집하거나, 농작물의 씨앗을 뿌릴 수 있다. 우리는 행위자들이 할 수 있는, 보상도 저마다 다른 100가지 행동 패턴들을 고안했다. 이 가상 세계에서 몇몇 행동 패턴들의 보상은 매우 높았지만, 대다수의 보상은 낮았다.[37] 따라서 여러 개의 손잡이가 있는 슬롯머신 앞에 있는 도박꾼과 마찬가지로, 성공적인 행위자는 어떤 행동 패턴이 진정으로 수익성이 좋은지 알아내야만 했다. 진화론의 용어로 말하자면, 어떤 행위자가 평생 더 많은 보상을 축적할수록 그 행위자의 적합도는 높아진다.

예를 들어, 보리를 기르거나 버펄로를 사냥하는 것은 시간에 따른 날씨, 계절, 먹이 동물의 개체 수 변동에 의해 그 수익성이 달라진다. 우리의 게임에서도 마찬가지였다. 즉, 시뮬레이션 속 환경은 주기적으로 변했고, 그로 인해 각 행동의 보상도 변했다. '항상 변하는' 슬롯머신으로 알려진 이 틀은 분석을 통해 최적화하기가 매우 어려울 뿐만 아니라, 어쩌면 이것이 불가능하다는 장점이 있다.[38] 이는 우리가 토너먼트 게임이 참가자들에게 어려운 도전이 될 것이라는 확신을 주었다. 또한 우리는 무작위로 행위자를 선택해서 죽게 만들고, 높은 보상을 지닌 행동으로 높은 적합도를 획득한 다른 행위자의 자손으로 그들을 대체하는 방식으로 진화를 시뮬레이션했다. 행위자의 자손은 부모의 사회적 학습 전략을 물려받았으며, 그 결과 개체군 안에서 효율적인 전략의 빈도가 자연선택을 통해서 증가했다.

토너먼트는 몇 번의 라운드로 구성되었으며, 각 라운드에서 각 행위자는 가능한 세 가지 행동들, 즉 '혁신Innovate', '관찰Observe', '이용Exploit' 가운데 한 가지를 수행해야 한다. 이때 '혁신'은 비사회적 학습을 말한다. 행위자가 '혁신'을 선택하면 새로운 행동을 학습하고,[39] 그 행동에 따르는 보상을 오차 없이 학습한다. 행위자는 레퍼토리에 아무런 행동 목록도 없는 상태로 태어나기 때문에, 새로운 행동을 학습해야만 하며, 높은 수익을 얻는 행동을 찾으려면 행동 목록을 갖추어야 한다. 두 번째 행동인 '관찰'은 어떤 형태든 사회적으로 학습하는 것을 말한다. 행위자가 '관찰'을 선택하면, 이전 라운드의 행위자들 가운데 하나 또는 그 이상을 무작위로 선택해 그들의 행동을 모방하며, 그러한 행동 패턴과 관련된 보상을 학습한다. 하지만 관찰을 통한 학습으로는 두 종류의 오류가 발생할 여지가 있다. 관찰하는 행위자는 진행 중인 행동을 오판할 수 있으며(즉, 그것과 다른 행동을 학습한다), 그 행동에 따르는 보상을 틀리게 추정할 수도 있다. '혁신'과는 달리 '관찰'의 경우 새로운 행동이 행위자의 행동 목록에 추가되지 않을 수도 있다. 만약 관찰 대상이 관찰자가 이미 알고 있는 행동을 하고 있다면 학습되는 것은 아무것도 없을 것이며, '관찰'을 선택한 것은 그 라운드에서 비생산적인 것이 된다. 우리가 토너먼트에서 체계적으로 변화를 주었던 변수는 사회적 학습의 오차 확률, 관찰한 행위자의 수, 환경 변화의 속도를 비롯한 몇 가지의 요소들이다. 마지막으로 세 번째 행동은 '이용'인데, 행위자의 레퍼토리에서 어느 한 행동을 실행하는 것을 뜻하며, 이는 레버를 당겨서 현금을 얻는 행동이라고 할 수 있다. 말할 것도 없이, 행위자는 이전에 학습한 행동 패턴만 이용할 수 있다. 우리는 또한 행위자가 지난 라운드에서 학습한 행동과 그에 따른 보상을 기억한다고 가정했다.

따라서 참가자가 게임을 잘하기 위해서는 탐구와 이용 사이에서 좋은 균형을 찾아야 한다.[40] 행위자는 높은 보상의 행동 레퍼토리를 갖추기 위해 '혁신' 또는 '관찰'을 통해 학습해야 하지만, 실제로 보상을 얻기 위해서는, 즉 적합도를 획득하기 위해서는 '이용'을 실행해야 한다. 토너먼트 참여자들은 반드시 그들이 조종하는 행위자, 즉 그들의 전략에 따라 행동하는 행위자가 세 가지의 가능한 행동을 어떻게 사용할 것인지에 대한 규칙들을 반드시 명시해야 한다.[41] '혁신', '관찰', '이용'을 가장 효율적으로 결합한 전략이 승리할 것이며, (때에 따라 환경을 재빠르거나 느리게 변하게 하고, '관찰'의 오류 비율을 조정하는 것처럼) 조건을 체계적으로 변화시킴으로써 우리는 언제 다른 이들을 모방하는 것이 이로운지, 언제 스스로 학습하는 것이 이로운지 알아낼 수 있을 것이다.

토너먼트는 두 단계에 걸쳐 평가가 이루어졌다. 첫 번째 단계에서는 액설로드의 토너먼트처럼 리그전으로 각각의 전략이 서로 반복적으로 맞붙었다.[42] 모든 일대일 대결에서 가장 좋은 성과를 보인 10개의 전략들이 '난투melee'라는 두 번째 단계로 넘어간다. 난투 단계에서는 10개의 전략이 일대일 대결보다 훨씬 더 다양한 시뮬레이션 조건에서 다 같이 경쟁한다. 모든 난투 대결에서 평균 승리 빈도가 가장 높은 전략이 승자가 된다.

규칙을 정한 다음, 우리는 포스터, 콘퍼런스 발표, 이메일 리스트, 홈페이지를 이용해 잠재적인 참여자가 속한 연구 집단을 겨냥해 토너먼트를 널리 홍보했다. 관심을 최대한 끌어올리기 위해 우리는 우승 전략을 제출하는 사람에게 1만 유로, 당시 환율로 1만 3,650달러를 제시했다.[43] 루크와 나는 아무도 참여하지 않을까 계속 걱정하며, 우리의 노력이 무시당하지는 않을까 몇 날 밤을 까맣게 지새웠다. 그런데 그러한 걱정은 기우에 불과했다. 반응은 뜨거웠다.

우리의 토너먼트에 제출된 전략은 (액설로드의 토너먼트 각각에 참여한 전략들의 수보다도 훨씬 더 많은) 104개였으며, 이는 (생물학, 컴퓨터과학, 공학, 수학, 심리학, 통계학 등) 15개의 연구 분야,[44] (벨기에, 캐나다, 체코, 덴마크, 핀란드, 일본, 네덜란드, 포르투갈, 스페인, 스웨덴, 스위스, 영국, 미국 등) 16개국에서 제출한 것이다. 토너먼트는 진정한 의미에서 여러 전문 분야에 걸친, 국제적인 경쟁이 되었다.

전부는 아니지만, 대부분의 전략들은 전문 연구자들이 제출한 것이었다. 그중에서도 대학교수, 박사후 연구원, 대학원생이 대부분이었다. 하지만 일반인들 중에서도 흥미를 갖는 사람들이 적은 수의 전략들을 제출했으며, 어린 학생들이 제출한 전략도 있었다. 최상의 전략들 가운데 하나는 영국의 독립적인 중등 교육기관인 윈체스터대학교의 두 학생인 랠프 바턴Ralph Barton과 조슈아 브롤린Joshua Brolin이 제출했다. 이 학생들의 전략은 첫 번째 단계에서 9위를 차지했는데, 이는 놀랄 만한 성과다. 이 두 어린 학생들이 어떻게 이 경쟁에 흥미를 갖게 되었는지, 자신들의 아이디어와 노력, 결단력으로 통계학 교수들과 전문 수학자들이 제출한 전략들과 경쟁해 승리까지 한 전략을 고안해 냈다는 것을 생각해 보면 매우 즐겁다. 이들의 성취를 축하하기 위해 우리는 랠프와 조슈아에게 보너스로 1,000 파운드의 상금을 주었다.

제출한 전략들의 우수성과 복잡성을 고려해 볼 때, 참가자들이 이 경쟁을 진지하게 생각했다는 것을 알 수 있다. 팀을 이루어 참가한 이들도 많았다. 어떤 참가자들은 스스로 컴퓨터 프로그램을 만들어서 자신들의 아이디어를 테스트했으며, 손잡이가 여러 개 달린 슬롯머신 게임을 모방한 시뮬레이션을 수행하기도 했다. 심지어 어떤 사람들은 어떤 전략이 최선의 전략인지 알아보기 위해 소규모로 예비 토너먼트를 돌려보기도 했다. 매우 복잡한 전략도 있었는데, 그 전략들은 신경망부터 유전자 알고리즘에 이르기까지 온갖 특징을 갖고 있었다. 루크와 나는 일부 참가자들이 전략에 쏟은 노력에 놀라지 않을 수 없었다. 이는 분명 지금까지 실행한 과학 연구들 중에서 비용 대비 효율 면에서 가장 높은 축에 속할 것이다. 1만 유로의 상금만 갖고서, 우리는 전 세계에서 사실상 수백 명의 연구 보조원을 고용한 셈이다. 그들은 놀라울 만큼 영리하고 창의성이 풍부한 사람들이었으며, 최선의 학습 방법이 무엇인가 하는 수수께끼를 풀기 위해서 몇 주, 때로는 몇 달의 시간을 쏟아부었다.

다음 단계는 전략들을 분석하는 것이었으며, 어떤 전략이 뛰어나고 왜 뛰어났는지를 이해하는 작업이었다. 원칙적으로 토너먼트의 첫 번째 단계, 즉 리그전의 점수는 0부터 1까지 가능하다. 모든 일대일 시합에서 질 경우에는 점수가 0점이며, 모두 승리하게 되면 1점이다. 실제 점수의 분포는 0.02점에서 0.89점까지였으며, 이는 전략의 효율성에서 상당한 변이가 있다는 것을 의미한다. 우리는 수행도에서 이 같은 변이가 나타나는 것을 보고 커다란 안도감을 느꼈다. 이는 토너먼트가 너무 어려워서 모든 전략이 고전하거나(이를 '바닥 효과'라고 한다), 과제를 너무 쉽게 만들어서 다수의 전략들이 똑같이 잘하거나(이를 '천장 효과'라고 한다) 하는 상황이 발생하지 않았다는 것을 암시한다. 수행도의 관찰된 변이가 크다는 것은 토너먼트의 구조가 적절하게 잘 설계되었다는 결론을 시사했다. 보다 중요한 것은 변이가 있기 때문에 어떤 특성이 성공적이었는지 통계적으로 분석할 수 있었다는 점이다. 다시 말해, 고정된 방식으로 전개되는지 또는 상황에 따라 변화하는지, 모방을 얼마나 많이 하는지, 환경의 변화 속도를 체크하며 그에 따라 행동을 조정하는지 등에 따라 전략을 분류하고, 그 가운데 어떤 속성으로 인해 전략이 성공했는지를 통계적으로 분석할 수 있었다.

우리에게 처음으로 금방 발견된 사실은 지나칠 정도로 많이 학습하는 것이 가능하다는 것이었다! 토너먼트에서 학습에 많은 시간을 투자하는 것은 전혀 유리하지 않았다. 사실 각 전략에서 '이용'을 제외한 '혁신' 또는 '관찰' 행동의 비율은 그 전략이 임무를 얼마나 잘 수행했는지와 강력한 음의 상관관계에 있었다. 성공적인 전략들은 학습에 적은 시간만을 할애했으며(5-10퍼센트), 대부분의 시간을 그들이 학습한 것을 '이용'을 통해 이익을 챙기는 데 썼다. 전략은 '이용'을 실행할 때만 직접적으로 적합도를 축적할 수 있기 때문에, '혁신'이나 '관찰'을 통해 새로운 행동을 학습하려고 선택할 때마다 전략은 '이용'을 선택했을 때 받을 수 있는 보상에 해당하는 비용을 치르는 셈이다. 이는 아주 빠르게 조금만 학습한 다음 죽을 때까지 '이용'만을 계속하는 것이 성공적이라는 것을 암시한다. 이는 평생 학교나 대학교에서 보낸 나 같은 사람에게는 정신이 번쩍 드는 교훈이었다.

한편, 전략들이 학습을 하는 최선의 수단이 모방이라는 것도 확인할 수 있었다. 전략 행동들 중에서 '혁신'을 제외한 '관찰'의 비율은 그 토너먼트에서의 수행도와 강한 상관관계에 있었다. 가장 성공적인 전략은 학습 행동을 자주 하지는 않았지만, 학습 행동을 했을 때는 항상 '관찰'을 했다. 하지만 이와 같은 모방과 성공 간의 단순한 관계 이면에는 자세히 관찰해야만 드러나는 어떤 복잡성이 있었다. 난투 단계에 진입한 수행도 높은 전략들은 대체로 '혁신'보다는 '관찰'을 통해 학습할수록 수행도가 더 높았다. 하지만 수행도가 낮은 전략들에서는 반대의 상관관계가 드러났다. 즉, 모방을 하면 할수록 수행도가 더 낮았던 것이다. 이는 매우 흥미로운 사실을 암시한다. 바로 모방이 보편적으로 이로운 것은 아니라는 것이다! 효율적인 모방만 이익이 된다.

수행도가 낮은 전략들은 모방에 대한 비용을 치렀다. '이용'으로 이익을 얻을 기회를 놓쳤을 뿐만 아니라, '관찰'을 통해 행위자의 레퍼토리에 새로운 행동이 추가된 것도 아니었다. 사실 사회적 학습에 따르는 비용은 매우 컸는데, 토너먼트의 첫 단계에서 '관찰'을 시행할 때 행위자의 레퍼토리에 새로운 행동을 추가하지 못할 확률이 53퍼센트나 되었기 때문이다. 이는 대개 행위자가 이미 알고 있던 행동을 관찰했기 때문이다. 반면, '혁신'은 항상 새로운 행동을 추가할 수 있었다. 토너먼트의 결과는 이 장을 시작했을 때 우리가 가지고 있었던 직감을 확증한다. 서투른 모방으로는 성공할 수 없다는 것이다. 모방이 이익이 되기 위해서는, 즉 모방이 개체의 적합도를 상승시키기 위해서는 효율적으로 모방해야 한다.

다음으로 우리는 수행도가 가장 높은 전략들의 성공 요인들을 분석하는 작업에 착수했는데, 학습의 타이밍이야말로 결정적인 요인으로 드러났다. 성공적인 전략들의 학습 시기는 환경이 변하는 시기와 일치했다. 성공적인 전략들이 대부분의 라운드에서 '이용'을 실행하며, 그들의 레퍼토리에서 가장 큰 보상을 가져다주는 행동을 반복적으로 실행했다는 점을 상기해 보라. 하지만 환경이 변할 때 그 행동에 대한 보상은 변할 것이며, 보통 안 좋은 쪽으로 변하기 마련이다. 이전까지 이익을 가져다주던 행동 패턴도 더 이상 그러지 않을 것이다. 이때가 바로 '관찰'을 할 때인데, 이로 인해 더 큰 보상을 가져다주는 행동을 수집할 가능성이 높아진다. 결국 새로운 조건에 맞는 행동을 자신의 레퍼토리에 포함한 행위자는 '이용'을 지속할 수 있으며, 따라서 큰 보상을 얻는 이들의 행동을 모방하는 것이 가능해진다. 반대로, 수익이 최근 급격하게 줄어든 행위자는 대개 학습 모드로 전환되기 때문에, 낮은 수익을 가져다주는 행동은 더 이상 모방 대상이 되지 않는다. 이런 방식으로 학습 시기를 조절하면서, 성공적인 전략들은 새로운 상황에 적합한 행동을 습득할 가능성을 높인다.

반면, 수행도가 낮은 전략들은 너무 많이 학습할 뿐만 아니라, 배울 필요가 없을 때도 학습했다. 환경의 변화가 없을 때 모방하는 것은 일반적으로 행위자의 기존 목록에 포함된 행동을 모방하게 될 뿐이다. 어떤 전략이 필요하지 않은 시기에 학습을 시도하고자 한다면, 차라리 '혁신'을 하는 것이 낫다. 적어도 새로운 행동을 찾아내기 때문이다. 그 결과, 성공적이지 못한 제안들에서는 모방과 적합도 간의 음의 상관관계가 발견되었다.

〈차감기계Discountmachine〉라는 우승 전략은 온타리오주의 퀸스대학교의 대학원생들인,[45] 댄 카운든Dan Cownden과 팀 릴리크랩Tim Lillicrap이 제출한 것이다. 댄은 수학자이고 팀은 컴퓨터 신경과학자로, 이 둘은 아주 우수한 팀이었다. 댄과 팀은 최적의 결과물을 고안하기 위해 몇 달 동안 엄청난 노력을 기울였다. 그들의 수상은 그럴 만한 자격이 있고, 충분히 납득할 만하다. 〈차감기계〉는 리그전과 난투전 모두에서 최고의 수행도를 보였으며, 리그전에서의 승률은 89퍼센트에 다다랐다.[46] 팀과 댄이 그들의 전략에 '차감기계'라는 이름을 붙인 이유는 오래된 정보보다 최근 습득한 정보

에 더 가중치를 둠으로써, 학습 시기에 따라 차감을 했기 때문이다.[47]

수행도가 매우 높은 전략들은 높은 보상을 유지하기 위해 학습량에 한계를 두었다. 〈차감기계〉는 다른 전략과는 달리 행위자의 전체 수명에 걸쳐서 보다 고르게 학습했다. 〈차감기계〉가 성공한 부분적인 이유는 다른 어떠한 전략보다도 학습에 적은 시간을 쓰고 '이용'에 더 많은 시간을 쓸 수 있었다는 사실 때문인데, 그것이 가능했던 이유는 경쟁자들보다 효과적으로 학습할 수 있었기 때문이다. 〈차감기계〉는 '관찰'을 통한 학습을 통해서든 '이용' 행위를 통해서든, 미래의 기대 보상을 추정함으로써 효과적으로 학습했다.[48] 다시 말해, 최고의 전략들은 일종의 정신적 시간 여행을 했다. 〈차감기계〉는 과거를 복기하고, 미래를 예측했으며, 수집한 정보를 사용해 각각의 라운드에서 어떤 것이 최적의 행동인지 찾아냈다.

놀랍게도, 〈차감기계〉와 준우승 전략인 〈세대사이Intergeneration〉는 학습할 때 '관찰'에 전적으로 의존했으며, 두 번째 단계에서도 학습이 이루어질 때 적어도 50퍼센트는 '관찰'에 의존했다. 우리는 토너먼트에서 〈차감기계〉가 보여준 성공에서 모방의 지분이 얼마인지 궁금했고, 루크는 이를 탐구할 수 있는 기발한 아이디어를 떠올렸다. 그는 〈차감기계〉의 컴퓨터 코드를 편집해, 그 밖의 것들은 원본과 같지만 예전의 코드라면 '관찰'을 했을 순간에 '혁신'을 선택하는 일종의 돌연변이 버전을 만들어 냈다. 우리는 〈차감기계〉를 제외한 다른 9개의 전략들과 〈차감기계〉의 돌연변이 버전을 참여시켜 토너먼트의 전체 난투 단계를 다시 돌려보았다. 만약 〈차감기계〉의 성공이 모두 모방에 의존하는 성향 때문이라면, 처음의 난투전보다 두 번째 난투전에서 더 낮은 수행도를 보일 것이다. 반대로, 만약 〈차감기계〉의 성공이 그것의 다른 특징들 때문이라면, 똑같이 잘해낼 것이다. 놀랍게도, 돌연변이 〈차감기계〉의 수행도는 곤두박질쳤다. 단지 '관찰'을 '혁신'으로만 바꾼 돌연변이 버전은 그저 못한 것이 아니라 꼴등을 했다. 분명 승리한 전략의 성공에는 사회적 학습에 대한 의존이 상당한 지분을 차지했다.

루크와 나는 이후 〈차감기계〉의 두 가지 버전을 가지고 있었다. 하나는 전적으로 사회적 학습만 하는 것이고, 다른 하나는 비사회적 학습에만 의존하는 것이다. 우리는 두 가지 형태의 학습이 지닌 상대적인 이점을 탐구하기 위해 다양한 시뮬레이션 조건에서 서로를 붙여볼 수 있겠다고 생각했다. 예전에도 이와 비슷한 분석을 진행한 적이 있었지만, 그때는 지금과 같이 영리한 알고리즘을 이용하거나 다양한 시뮬레이션 환경에서 진행한 것이 아니었다. 그러므로 우리는 우리의 분석이 이전 연구보다 더 실제에 가까울 것이라 보았다. 우리는 이 분석이 어떤 발견을 가져다줄지 전혀 감을 잡지 못했는데, 그 발견은 정말 놀라웠다. 사실상 모든 가능한 조건에서 모방은 비사회적 학습을 수월하게 따돌렸다. 예를 들어, 환경이 변하는 속도를 조절했을 때 〈차감기계〉의 '혁신' 돌연변이 버전이 기반을 다지기 위해서는, 각각의 라운드에서 각각의 행동에 대한 보상이 50퍼센트 이상의 확률로 변해야만 했다. 다시 말해, 스스로 학습하는 것은 이례적으로 빠른 속도로 변하는 극단적인 환경에서만 다른 이들로부터 학습하는 것보다 효율적이다. 아마도 이렇게 빠른 변화 속도는 자연에서 드물 것이다.

우리의 발견은 우리가 가지고 있었던 지식과 직관에 상당히 배치된다. 예를 들어, 대부분의 심리학자들이 지지하는 견해에 따르면, 모방을 함으로써 많은 이들의 행동을 동시에 검토할 수 있기 때문에 모방은 수지에 맞다.[49] 이때 학습자는 여러 행동들을 빠르게 샘플링함으로써 (인간의 많은 학습에도 내재되어 있을 것이라고 여겨지는) 다수에 순응하기와 같은 전략들을 실행할 수 있다.[50] 하지만 우리는 모방을 당하는 개체의 수를 하나로 줄여도 전략이 '관찰'을 할 때 모방하는 것이 이득이라는 것을 발견했다. 즉,

〈차감기계〉는 비사회적인 버전들을 압도했으며, 더 일반적으로 말하자면, '미친 듯이 모방만 하는' 전략들도 난투전에서 승리할 수 있었다.

경제학에서 사회적 학습이 유리한 이유는, 그것이 개인들로 하여금 다른 이들에게 돌아가는 보상을 추적하고 그로 인해 더 큰 보상을 낳는 행동을 채택하도록 만들기 때문이다. 하지만 우리가 시뮬레이션에서 발견한 바는, 모방하는 자가 관찰되는 행동의 보상을 추정할 때 그 오류율이 상승하고 노이즈가 너무 많아서 보상에 대한 믿을 만한 정보를 거의 얻을 수 없을 때조차도 대부분을 '관찰'에 의존하는 전략들이 승리했다는 것이다.

게다가 나를 포함한 많은 사회적 학습 연구자들은 사회적 학습이 불리한 주요한 이유가 모방 중에 반드시 발생하는 오류, 예를 들어 적절하지 않은 행동을 수집하거나 행동 수집 자체를 하지 못하게 만드는 오류 때문이라고 생각했었다. 하지만 우리가 발견한 바에 따르면, 오류율이 비정상적으로 높아서, 예를 들어 '관찰'을 시행할 때마다 50퍼센트, 60퍼센트, 70퍼센트의 확률로 보상이 더 큰 새로운 행동을 행위자의 레퍼토리에 추가하는 데 실패하더라도, 놀랍게도 모방하는 것이 수지가 맞았다.

모방은 왜 이토록 강력한 것일까? 사회적 학습은 무엇 때문에 비사회적 학습에 비해 광범위한 조건에서 이처럼 유리한 것일까? 토너먼트가 남긴 통찰은 다음과 같다. 즉, 모방이 유리한 이유는 다른 이들이 행동을 걸러내 보다 적응적인 정보를 제공하기 때문이다. 토너먼트 참가자들은 행위자들이 반드시 행동 레퍼토리를 쌓은 다음에야 학습된 행동들 가운데 가장 높은 보상을 가져다줄 것으로 기대되는 행동을 실행하도록 프로그래밍 했다. 이는 행위자들이 '이용'을 시행했을 때 무작위로 선택한 행동을 시행한 것이 아니라 엄선되고 충분히 증명된, 높은 보상의 행동을 시행했다는 뜻이다. 따라서 시행된 행동들이 이미 보상이 큰 것들이기 때문에,

'관찰'을 시행한 행위자는 이와 같은 높은 보상의 선택지들 중에서 선택하게 된다. '관찰'은 '혁신'에 비해 아주 높은 확률로 매우 큰 보상의 행동을 선택하도록 한다. '혁신'은 행동을 무작위로 습득하는 것인데, 대부분의 행동들이 수익성이 높지 않기 때문이다. 이에 대한 검증으로, 테스트 시뮬레이션을 통해 행위자가 그들이 지닌 최상의 행동을 시행하는 대신 그들의 레퍼토리에서 무작위로 뽑은 행동을 '이용' 하도록 하자, 〈차감기계〉의 '혁신' 돌연변이 버전은 원본을 이겼다. 모방자의 선택적인 행위가 사회적 학습을 모방자에게 유리하게 만든 것이다.

이것이 바로 모방이 지닌 이점이다. 이것이 인간, 침팬지, 일본원숭이처럼 머리가 큰 동물들뿐만 아니라 초파리나 나무귀뚜라미가 모방하는 이유다. 동물은 모방으로 이익을 얻기 위해 똑똑할 필요가 없다. 수많은 영리한 의사 결정들이 자신의 행동을 미리 필터링한 모방된 개체들에 의해 이미 이루어졌기 때문이다. 사회적 학습을 연구하는 우리는 모방하는 개체가 적응적인 정보를 얻기 위해 무엇을 해야 하는지에 너무 집중한 나머지 모방을 당하는 개체가 어떻게 모방자의 일을 더 용이하게 만드는지를 간과했다. 비교적 단순한 모방 규칙조차도 다양한 환경에서 시행착오를 통한 학습보다 더 큰 보상의 행동으로 이어질 가능성이 높다. 이것은 모방이 자연에 널리 퍼져 있는 이유를 설명한다.

우리의 토너먼트가 기존 이론에 제기한 또 한 가지 이의가 있었다. 로저스의 모델과 같은 기존의 분석들은 사회적 학습과 비사회적 학습이 안정적인 균형 상태로 진화할 것이라고 예측했다.[51] 하지만 〈차감기계〉의 두 버전이 경쟁했을 때, 대부분의 조건 아래에서 원본이 비사회적 학습 버전을 완전히 이겼다. 기존의 분석에서는 사회적 학습자를 유연성이 없는 행위자로 가정했기 때문에 이 학습자들은 환경이 변할 때도 지속적으로 동일하게 행동했다. 이러한 가정은 사회적 학습의 적합도의 이해에 이중으로 충격을 준다. 이러한 가정에 따르면, 주변의 사회적 학습자들이 이들을 모방할 때 그 학습자들도 차선책을 습득하게 되기 때문이다. 반면, 우리 토너먼트의 행위자들은 유연하게 이용되는 행동들의 레퍼토리를 지녔다. 환경에 변화가 있을 때, 〈차감기계〉와 같이 성공적인 전략들은 구식의 행동에 집착하지 않고 그들의 레퍼토리에서 그다음으로 높은 보상을 주는 행동으로 전환했다. 결국 행위자들이 돌아가며 '이용'을 시행할 때, '관찰'을 시행하는 다른 행위자들도 합당한 수익을 주는 행동을 습득한다. 로저스의 모델과는 달리, 사회적 학습자는 환경의 변화를 추적하기 위해 비사회적 학습자들에게 의존했으며, 그들과 빈도 의존적인 관계에 갇혀 있지 않았다. 모방 과정에서 약간의 오류가 있다는 것을 고려해 보면, '관찰'을 시행하는 것만으로도 충분히 다양한 행동들이 생성되기에 사회적 학습자는 환경의 변화에 적응적으로 반응할 수 있다.

기존의 이론적 작업들에 따르면, 사회적 학습에 의존할 경우 개체군에 속한 개인들의 평균 적합도가 상승하지 않으며,[52] 심지어 적합도가 감소할 수도 있다.[53] 이를 '로저스의 역설'이라고 한다. 우리의 토너먼트는 이러한 발견과 우리 종의 인구 증가 사이에 놓인 명백한 역설을 어떻게 해결할 수 있는지를 보여준다.* 즉, 단순하고 형편없이 이루어지며 유연하지 않은 사회적 학습은 생물학적 적합도를 증가시키지 않지만, 똑똑하고 세련되며 유연한 사회적 학습은 적합도를 증가시킨다.

하지만 다른 전략들과의 경쟁에서 승리한 전략들은 행위자들의 이익을 최대화하는 것들이 아니었다. 오히려 오직 한 가지 전략만을 포함한 개체군에서의 개체들의 평균 적합도와, 그 전략이 토너먼트에서 보이는 수행도 사이에는 강력한 음의 상관관계가 있었다.[54] 이러한 발견은 '관찰'에

* 로저스의 수학적 모델에 따르면 사회적 학습에 대단히 의존적인 현대 인류의 적합도는 낮아야 하는데, 이와는 반대로 인류 진화사에서 최근 인구 증가의 속도는 매우 가파르다.

과도하게 의존하는 전략들의 기생적인 효과를 보여준다. (최고의 전략들 중에서 1, 2, 4, 6위를 차지한 〈차감기계〉, 〈세대사이〉, 〈웨프레이클랜〉, 〈다이내믹애스퍼레이션레벨〉은 적어도 학습 행동의 95퍼센트 이상이 '관찰'로 이루어져 있다.) 사회적 학습과 비사회적 학습을 번갈아 가며 사용하는 전략들은 사회적 학습만을 사용하는 전략들에게 취약했는데, 사회적 학습만을 사용하는 전략은 개체군 전체의 평균 수익을 낮추기도 한다. 이러한 발견은 생태학에서 확립된 법칙을 떠올리게 하는데, 이 법칙에 따르면 자원을 두고 경쟁하는 개체들 가운데 우위를 점하는 개체는 가장 낮은 자원을 가지고도 버틸 수 있는 종이다.[55] 서로 다른 사회적 학습 전략이 경쟁할 때도 이와 비슷한 법칙이 적용되는 듯하다. 즉, 최종적으로 우위에 서는 전략은 가장 낮은 빈도의 비사회적 학습만으로도 버틸 수 있는 전략일 것이다.[56]

토너먼트에서 나타나는, 모방에 전략적으로 의존하는 것으로 인한 개체군 수준에서의 결과들도 놀랍다. 개체군의 다양성, 즉 전체 개체군에서 관찰되는 행동 패턴의 수(다시 말해, 모든 행위자의 레퍼토리를 조합한 것)를 고려해 보자. 학습할 때 '혁신'에 비해 '관찰'에 의존하는 정도에 따라 전략을 배열해 보면, 모방의 비율과 행동의 다양성 간에 양의 상관관계가 있다는 것을 발견할 수 있다. 이는 우리의 직관과 완전히 반대되는 발견이다. 어차피 행위자가 '관찰'을 시행할 때는 개체군에서 행동 패턴의 수를 전혀 증가시키지 않는데, 이미 개체군에 존재하는 행동을 자신의 레퍼토리에 추가할 뿐이기 때문이다. 반면, '혁신'을 시행하는 것은 행위자에게 반드시 새로운 행동을 가져다주며, 따라서 개체군에게도 새로운 행동 변형을 도입시킬 가능성이 크다. 그렇다면 사회적 학습에 의존하는 것은 왜 행동 다양성의 증가로 이어지는 것일까?

모방 중에 발생하는 오류로 인해 새로운 행동이 도입되는 매우 드문 예외를 제외하고는, 모방으로 인해 새로운 변형이 도입되는 경우는 거의 없다. 하지만 모방이 하는 일은 행동 변형이 사라지는 비율을 줄이는 것이다. 사회적 학습으로 인해 지식이나 행동의 수많은 복사본이 생기고, 이것들이 수많은 개체들의 저장소에 보관되기 때문에, 개체들이 죽어도 그들의 지식은 사라지지 않을 수 있다. 이 경우에는 모방으로 인해 행동의 변형이 소실되는 비율을 줄어들게 만드는 긍정적인 효과가 새로운 행동을 도입시키는 비율을 낮추는 부정적인 효과를 앞선다. 결과적으로 '혁신'보다 '관찰'에 더 의존할 때 개체군에서의 다양성이 순수하게 증가하는 것이다. 물론, 모방이 일정 수준 이상으로 이루어지면 개체군의 지식 기반이 완전히 포화되고, 모든 가능한 행동에 대한 지식도 고정된다.

하지만 모방의 비율이 상승한다고 실제 행동의 수가 늘어나는 것은 아니다. 오히려 그 반대다. 비사회적 학습에 비해 사회적 학습에 의존하는 정도가 상승할수록 눈에 띄는 행동 패턴들의 수가 감소하게 되는데, 그 이유는 개체군의 행동이 높은 보상을 가져다주는 적은 수의 변형들로 수렴되기 때문이다. 극단적으로 모든 행위자가 모방으로만 학습한다면, 개체군은 겉보기에 매우 동질적으로 행동할 것이다. 모두 다수를 따라 행동할 뿐이다.

다음으로는, 개체군에서의 지식의 수명에 대해 생각해 보자. 다시 말해, 어떤 행동이 개체군에 한 번 도입되고 나서 그것이 얼마나 지속되는지를 살펴보자. 사회적 학습에 의존하는 정도가 높으면, 자연적으로 문화적 지식이 매우 안정적으로 보존된다. 개체군들이 사회적 학습에 의존하는 정도가 어떤 역치를 넘어선 것으로 보일 때, 문화적 지식은 매우 안정적으로 보존되며 사실상 무한히 지속된다. 토너먼트에서 행동 패턴들은 수천 라운드 동안 지속되었는데, 이는 인류가 고대 그리스나 이집트에서 처음 획득한 지식들을 오늘날까지 보존하는 것에 비견된다.[57] 동시에, 사회적 학습이 증가함에 따라 실제로 행해지는 행동 패턴들이 빠르게 바뀌며, 유

행이나 풍습을 비롯한 문화적 전통에 급격한 변화가 발생하기도 한다.[58]

사회적 학습 전략 토너먼트는 크게 성공했다.[59] 이 토너먼트는 모방과 관련된 수많은 수수께끼들을 풀었다. 효율적으로 이루어지기만 한다면, 즉 전략적으로, 매우 정확하게 이루어진다면, 모방이 적합도 면에서 진정한 이익을 가져다준다는 것이 토너먼트로 확실해졌다.[60] 이러한 발견과 더불어, 승리한 전략이 가장 효율적으로 학습한 전략이기도 하다는 것은 자연선택이 최적의 전략적인 모방 규칙을 선호할 것이라는 점을 암시한다. 이는 이 책의 핵심적인 주제이기도 하다.

모방은 시행착오를 통한 학습보다 유리하다. 심지어 '맹목적인' 모방조차도 그렇다. 모방하는 개체를 위해 다른 개체들이 미리 행동을 적응적으로 필터링하기 때문이다. 이 결론을 바탕으로, 우리는 사회적 학습이 왜 이토록 자연에 널리 퍼져 있으며 똑똑하지 않다고 여겨지는 동물들도 사회적 학습을 하는지 이해할 수 있다. 호박벌, 초파리, 나무귀뚜라미가 다른 개체를 모방하는 것이 유리한 이유는 수많은 꽃밭과 암컷 초파리들 그리고 위험한 포식자들 앞에서 시행착오를 통해 꽃가루가 풍부한 곳, 배란기의 암컷, 포식자를 피하는 수단을 알아내는 것이 어렵기 때문이다. 사회적 학습은 대부분의 경우 높은 보상을 지닌 행동에 이를 수 있는 빠르고 효율적인 지름길을 제공한다. 이와 같은 통찰은 인지적 복잡성의 면에서 호박벌, 초파리, 나무귀뚜라미와 정반대에 위치해 있는 인간 아이들이 극단적으로 모방에 의존하는 것을 설명하는 데도 도움을 준다. 아이들은 심지어 시연된 과제에서 쓸데없어 보이는 행동들도 정확하게 모방한다.[61] 스스로 의도하지 않았더라도, 어른을 모방할 때 아이들은 수십 년간의 정보 필터링을 이용하는 것이다. 어른을 신뢰하는 것은 매우 효율적인 경험적 법칙이다.

토너먼트는 개체들이 '명민하게' 모방할 수만 있다면, 예를 들어 언제 그리고 얼마나 자주 모방할 것인지 선택할 수 있다면, 적합도 면에서 커다란 이득을 얻을 수 있다는 것도 보여준다. 성공적인 전략들은 보상이 줄어들 때 때맞추어 모방을 하며, 얼마나 오래된 정보인지에 기반해 현재의 정보를 평가하고, 앞으로 그 정보가 얼마나 유용할지를 판단하며, 이러한 모든 지식을 모방의 효율을 최대한 끌어올리는 데 사용한다. 어떤 동물들이 습득한 지 오래된 정보일수록 가치를 낮게 판단한다는 경험적 증거도 있다.[62] 토너먼트에서 승리한 전략들도 현재의 조건을 미래에 투영하는 능력을 지니고 있으며, 이는 인간이 아닌 동물에게는 흔치 않은 능력이다.[63] 〈차감기계〉와 같은 복잡한 전략을 수행할 수 있는 동물은 거의 없지만, 인간이 수행할 수 있다는 것에는 의심의 여지가 없다. 이러한 인지 능력이 인간의 문화와 그에 상응하는 다른 동물들의 문화 사이에 놓인 심연을 발생시키는 한 가지 요인일지도 모른다. 토너먼트에 따르면, 사회적 학습을 얼마나 적응적으로 사용하는지는 이러한 '정신적 시간 여행' 아래 깔려 있는 인지 능력과 관련 있을 수 있다. (이 주제는 다음 장에서 다룰 것이다.)

게다가 효율적인 모방이 적응적이라면, 자연선택은 비사회적 학습에 비해 사회적 학습에 의존하는 것을 더더욱 선호할 것이며, 토너먼트에서도 인간의 문화와 매우 닮은 몇 가지 특성들이 자동적으로 나타날 것이다. 모방의 빈도가 증가하면, 필연적으로 행동의 다양성이 증가하고, 문화적 지식이 오랫동안 보존되며, 유행, 풍습, 기술의 변화와 같은 행동의 급격한 전환이 발생하게 된다. 모방 중에 발생하는 오류 그리고 혁신이 새로운 행동 변형들을 도입하는 한, 모방은 개체군의 지식 기반을 확대할 뿐만 아니라 이용되는 행동의 범위를 수행도가 높은 주요한 행동 변형들로 한정할 수도 있다. 비슷한 논리로, 모방으로 인해 지식이 오랜 시간 보존되면서도 때때로 행동의 급격한 전환이 발생하는 현상도 설명할 수 있다. 적합도가 낮은 행동이 잘 행해지지 않는 것만으로도, 사회적 학습을 하는 개체군에서는 많은 양의 문화적 지식이 오랫동안 보존될 수 있다. 높은 수준의 모방은 문화적 지식의 보존도를 몇 배나 더 향상시킨다.

이러한 관찰들에 따르면, 사회적 학습은 문화적 집단에게 적응적인 유연성을 가져다준다. 사회적 학습은 개체군으로 하여금 폭넓은 지식들을 바탕으로 환경의 변화에 맞서 재빠르게 반응하도록 한다. 생물학적 진화에서 변화의 속도는 유전적 다양성에 달려 있는데,[64] 이론적인 분석에 따르면 문화적 진화의 속도와 문화적 변이의 양 사이에도 이와 비슷한 관계가 존재한다.[65] 따라서 문화에 크게 의존하는 개체군들이 자신의 풍부한 변형들을 이용하며 재빠르게 행동을 변환할 것이라고 예상할 수 있다. 사회적 학습 전략 토너먼트에 따르면, 우리 종의 생태학적 성공과 인구학적 성공, 행동의 빠른 전환 능력, 문화의 다양성, 광범위한 지식 기반, 엄청난 양의 문화적 지식은 모두 우리 종이 사회적 학습에 상당히 그리고 똑똑하게 의존하는 것에 따른 직접적인 부산물일 것이다.

4장

두 물고기 이야기

A Tale of Two Fishes

문화의 진화적 기원을 이해하고자 하는 대부분의 연구자들은 인간과 비교할 만한 동물로 분명 원숭이와 유인원을 꼽을 것이다. 하지만 나는 어류를 연구하며 이 주제에 대해 많은 것들을 배웠다. 물고기가 3초짜리 기억력을 가진, 본능에만 이끌리는 우둔한 생물이라고 오해하며 과학적 증거에 무관심한 이들에게는 이 말이 틀림없이 이상하게 들릴 것이다(이런 오해는 할리우드와 대중매체가 끊임없이 퍼뜨리는 고정관념일 뿐이다). 하지만 2장에서 이야기한 것처럼, 수많은 실험적 증거들에 따르면 사회적 학습과 전통은 (대부분이 대단히 사회적인) 수많은 어류의 행동 발달에 주요한 역할을 한다. 물고기의 행동은 '유전적 프로그램'에 의해 엄격하게 통제되기보다,[1] 다른 개체들을 포함한 주변 환경으로부터 정보를 얻고 자원을 활용하도록 끊임없이 그리고 유연하게 변화한다.

물고기가 모방에 능숙할 뿐만 아니라 그것에 크게 의존한다는 것을 알고 있음에도, 대부분의 인류학자들은 물고기를 연구함으로써 문화를 이해할 수 있다는 의견에 대해서는 확신하지 못할 것이다. 하지만 어류는 수많은 다른 척추동물에 비해 주요한 실용적 이점을 지니며, 따라서 유익한 통찰을 줄 수 있기에 사회적 학습 과정을 연구하는 데 적합한 모델 생물임이 증명되었다. 여기서 핵심적인 요소는, 동물의 전통과 새로운 혁신의 확산이 집단 수준의 현상이라는 것을 확실하게 연구하려면 과학자들이 실험 동물뿐만 아니라 실험 동물들의 개체군까지도 복제해야 한다는 점이다. 결코 사소하지 않은 윤리적인 판단을 차치한다면, 나와 같은 연구자가 행동 실험을 하기 위해 수많은 개체들로 구성된 침팬지나 일본원숭이 집단을 갖추려면 엄청난 비용뿐만이 아니라 악몽과 같은 행정적인 절차들이 요구될 것이다. 하지만 수많은 작은 물고기들로 이루어진 큰 개체군을 갖추어 실험실에서 그들의 행동을 연구하는 것은 매우 손쉽고 저렴하다. 어류 실험자들은 두 가지 점에서 호사를 누리는데, 하나는 좋은 실험 디자인이 흔히 요구하는 수많은 조건들을 충족시킬 수 있다는 점이고, 다른 하나는 통계적 검증을 위해 충분한 표본을 구할 수 있다는 점이다. 이 두 요인으로 인해, 어떤 종류의 사회적 학습 연구를 하든지 엄밀한 실험이 가능하다.[2] 동물의 문화에 관심 있는 연구자가 물고기를 연구 대상으로 삼는 것은 충분히 타당한 일이다.

사회적 학습 전략 토너먼트가 시행되기 전, 나는 큰가시고기stickleback에 대한 일련의 경이로운 실험들을 통해 동물의 모방이 전략적일 수 있다는 생각을 제시했다. 큰가시고기는 16종이 있으며, 강, 하천, 북반구 온대 연안에 매우 흔하다.[3] 이들은 실고기pipefish 그리고 해마와 가까운 친척이다. 큰가시고기의 두드러진 특징은 척추의 모양새와 비늘의 부재인데, 큰가시고기는 비늘 대신 딱딱한 골질로 덮여 있다. 만약 유럽, 북미, 일본에 거주하는 독자라면 주위의 호수, 강, 하천에서 큰가시고기를 발견할 수 있을 것이다. 이들은 단순한 뜰채로도 쉽게 잡을 수 있고, 실험실에서도 잘 크기 때문에 동물의 행동을 연구하는 데 매우 효과적이다. 어느 정도는 이러한 이유 때문에 나를 비롯한 많은 동물행동학자들과 진화생물학자들이 오랫동안 큰가시고기를 실험 동물로 선호해 왔다. 20여 년간 우리 연구 팀은 쥐, 닭, 찌르레기, 잉꼬, 리머lemur*, 흰목꼬리감기원숭이, 침팬지를 비롯한 31종의 동물들을 통해 사회적 학습과 전통을 연구했지만,[4] 이 연구 주제에 대한 통찰들 가운데 가장 가치 있는 것은 큰가시고기를 포함한 작은 물고기들의 실험을 통해 얻은 것이다.[5]

이 장에서는 두 큰가시고기 근연종이 보여주는 사회적 학습의 흥미로운 차이를 이해하기 위해 우리가 20년 넘도록 수행한 실험 연구에 대해 설명할 것이다. 나는 이것을 자세하게 설명할 것인데, 그렇게 자세히 설명하는 이유는 유연한 실험이 가능한 모델 동물을 이용한 헌신적인 연구가 어떻게 문화의 진화와 관련된 일반적인 문제에 귀중한 통찰을 가져다줄 수 있는지를 보여주기 때문이다. 또한 그러한 설명은 이 분야의 과학이 어떻게 진행되는지를 보여준다.[6] 이 분야의 과학적 질문들은 단 한 번의 실험만으로 답할 수 있는 경우가 드물며, 저마다 문제를 조금씩 해결해 가는 방대한 연구들을 필요로 한다. 처음에는 호기심으로 접근했던 이례적인 연구에서 시작했지만, 질문에 답하기 위한 지속적인 실험으로 사회적 학습이 어떻게 진화하는지에 대한 큰 그림을 어렴풋하게 볼 수 있었다. 이 책의 후반부에서는 물고기를 연구하며 배운 것들이 영장류 인지의 진화를 이해하는 데 큰 도움이 된다는 것을 보여줄 것이다.

이러한 종류의 실험은 나의 동료이자 프랑스 출신의 행동생태학자인 이자벨 쿨렌Isabelle Coolen이 1990년대 후반에 케임브리지대학교에서 처음 시작했다. 이자벨은 조류의 '공공 정보 사용public-information use'에 관한 박사

* 'lemur'는 종종 '여우원숭이'로 번역되지만, 분류학과 계통수상으로 이들은 원숭이가 진화하기 이전의 원시적인 영장류의 자손(전문용어로는 '원원류prosimian')에 속한다. 따라서 이 단어를 번역할 때 '원숭이'라는 단어를 붙이는 것은 적절하지 않으므로, 발음 그대로 '리머'로 번역했다. 종종 '긴팔원숭이'로 번역되는 'gibbon'도 잘못된 번역의 사례다.

논문을 막 끝마친 상태였다. '공공 정보 사용'은 단어가 암시하는 것보다 더 특정한 의미를 갖고 있다. 이는 동물이 다른 개체들의 성공과 실패를 관찰함으로써 (먹이 구역의 생산량과 같은) 자원의 질을 간접적으로 평가하는 능력으로 정의된다.[7] 따라서 공공 정보 사용은 (포식자에 더 자주 노출되는 위험, 또는 비교를 위해 먹이 구역들 사이를 이동하는 데 쓰이는 에너지와 같이) 개인적인 탐사와 표본 추출의 비용을 부담하지 않으면서도, 멀리서 관찰하며 정보를 수집하는 사회적 학습의 한 형태다. 당시 많은 연구자들은 공공 정보를 사용하기 위해서는 어느 정도 높은 지능이나 복잡한 인지능력이 필요하다고 생각했다. 이러한 생각에 의문을 품었던 이자벨은 물고기가 공공 정보 사용을 할 수 있을 것이라고 추측했고, 우리는 세가시큰가시고기threespine stickleback를 이용해 이 문제를 탐구하기로 결심했다.[8]

이자벨은 주변 하천에서 세가시큰가시고기를 채집해 실험실로 가져왔다. 하지만 조류를 다루는 훈련만 받은 이자벨은 세가시큰가시고기와 함께 떼 지어 다니는 근연종인 아홉가시큰가시고기ninespine stickleback와 세가시큰가시고기의 형태상의 미묘한 차이를 몰랐다.[9] 이자벨은 의도치 않게 두 물고기들을 충분히 채집했기에, 우리는 두 종을 같이 분석하는 것이 낫겠다고 판단했다. 이는 뜻밖의 발견이 과학에서 중요한 역할을 한다는 것을 보여주는 아름다운 사례다. 만약 숙련된 물고기 연구자가 채집을 했다면, 우리는 아마도 세가시큰가시고기만 분석했을 것이며, 흥미로운 것을 전혀 발견하지 못하고 결국 연구를 그만두게 되었을 것이다. 그러나 그렇지 않았기에 이자벨은 두 종을 모두 분석할 수 있었고, 실험으로 드러난 행동의 차이가 너무나 흥미로웠기 때문에 수십 년간의 결실 있는 연구로 이어질 수 있었다.

이자벨의 실험 기구는 매우 간단했다. 90센티미터 길이의 표준 규격의 수조를 2개의 투명한 칸막이를 이용해 3개의 동일한 크기(30제곱센티미터)의 구역들로 나눈 것이었다. 이자벨은 수조의 양쪽 끝에 자연적인 먹이 영역을 흉내 낸 인공적인 먹이 공급 장치를 설치했으며, 수조의 바닥에 놓인 튜브로 붉은지렁이들을 공급했다. 그녀는 '관찰자' 물고기(실험 대상)를 한 마리씩 가운데 칸에 놓았고, 그 안에서 그 물고기는 투명한 칸막이 너머로 세 마리의 '시범자' 물고기 두 집단이 인공적인 먹이 공급 장치를 통해 먹이를 먹는 것을 관찰할 수 있었다.

이자벨은 하나의 먹이 공급 장치에서 다른 공급 장치보다 먹이가 3배 더 빠르게 나오도록 했다. 많이 나오는 먹이 공급 장치는 풍요로운 먹이 영역을 흉내 낸 것이며, 적게 나오는 장치는 빈약한 먹이 영역을 흉내 낸 것이었다. 적절하게 위치한 투명한 장벽과 불투명한 장벽으로 인해, 시범자는 먹이가 공급 장치에서 나와서 바닥에 닿는 것을 볼 수 있었지만 관찰자는 그렇지 않았다. 시범자는 가라앉는 벌레에 다가가 신나게 입으로 쪼다가, 결국에는 튜브의 아래쪽에서 먹이를 꺼내 먹는다. 따라서 관찰자는 각각 세 물고기로 이루어진 두 집단이 수조의 양쪽 먹이 영역에서 먹이를 먹고, 한 집단이 다른 집단보다 더 빠른 속도로 먹이를 섭취하는 것을 관찰할 수 있다. 그렇게 10분 동안 관찰하게 한 다음, 모든 시범자와 남아 있는 먹이를 수조에서 제거하고, 관찰자를 칸막이 너머로 자유롭게 움직이도록 한다.

이자벨은 큰가시고기가 공공 정보 사용이 가능하다면, 오직 먹이에 대한 시범자의 반응에만 의존해 풍요로운 먹이 영역과 빈약한 먹이 영역을 구분할 수 있을 것이라고 가정했다. 이것이 참이라면, 실험 물고기는 자유롭게 움직일 수 있게 되자마자 풍요로운 먹이 영역으로 헤엄쳐 그곳에서 더 오랜 시간을 보낼 것이다. 아니나 다를까, 이자벨은 대부분의 아홉가시큰가시고기가 수조의 풍요로운 영역 쪽으로 헤엄치고 그곳에서 더 많은 시간을 보낸다는 것을 발견했다. 반면, 세가시큰가시고기는 특정 영역에 대한 선호도를 드러내지 않았으며, 수조의 양쪽 끝으로 무작위로 헤엄치는 듯 보였다.

이자벨의 실험에 따르면, 아홉가시큰가시고기는 시범 물고기의 행동에 기반해 두 먹이 영역들 가운데 어느 곳이 더 이로운지 알아낼 수 있었기에, 그들은 공공 정보 사용이 가능한지도 모른다. 또한 이 연구에 따르면, 세가시큰가시고기는 이 능력을 가지고 있지 않을 가능성이 높았다. 하지만 당시 이 단계에서 곧바로 결론을 내리는 것은 성급한 것이었는데, 대안적인 몇몇 설명들을 모두 배제하지는 못했기 때문이다.

이자벨은 실험에서 실험 대상과 시범 대상으로 동일한 종을 썼다. 즉, 아홉가시 관찰자에게는 아홉가시 시범자를, 세가시 관찰자에게는 세가시 시범자를 보여주었다. 아홉가시 시범자에 비해 세가시 시범자가 정보를 전달하는 데 효율적이지 않았을 수도 있고, 공공 정보 사용에 따른 차이보다는 시범의 질에 따른 종간 차이가 발생했을 수도 있었다. 이자벨은 다른 종의 시범자를 사용해 첫 번째 실험을 반복했다. 즉, 세가시 관찰자에게는 아홉가시 시범자를, 아홉가시 관찰자에게는 세가시 시범자를 사용했다. 하지만 이러한 조작으로 결과가 바뀌지는 않았다. 아홉가시 관찰자들은 풍요로운 영역 쪽으로 더 많이 헤엄친 반면, 세가시 관찰자는 풍요로운 영역과 빈약한 영역 쪽으로 헤엄치는 정도에서 별다른 차이를 보이지 않았다.

우리는 지각 능력의 차이로 실험 결과를 설명할 수도 있겠다고 생각했다. 세가시 관찰자는 수조의 끝을 정확하게 볼 수 없기에 시범자가 먹이를 먹고 있는지 분간하지 못했을 수도 있다. 이자벨은 세 번째 반복 실험을 진행했는데, 이번에는 수조의 한쪽에서만 먹이가 공급되었다. 만약 세가시 관찰자가 그 정도 거리에서 먹이를 먹는 물고기와 먹지 않는 물고기를 구분하지 못한다면, 서로 다른 속도로 먹이를 섭취하는 보다 미묘한 차이를 분명히 구분하지 못했을 것이다. 하지만 이 대안적인 설명도 기각되었는데, 아홉가시큰가시고기처럼 세가시큰가시고기도 이전에 먹이를 섭취한 물고기가 있는 쪽으로 헤엄쳐 갔기 때문이다.

우리가 배제해야 하는 또 다른 대안적 설명은, 우리가 실험 중 모든 먹이를 다 제거했더라도 수조에 냄새가 남았을 수도 있다는 것이었다. 예를 들어, 아홉가시 관찰자가 민감하게 반응하는 강력한 붉은지렁이 냄새가 풍요로운 영역에 남아 있었을 수도 있다. 그래서 이자벨은 내가 가장 좋아하는 실험이자 기이한 실험으로 기억될 만한 실험을 수행했는데, 내가 아는 한 그것은 관찰자가 시범자를 실제로 보지 못하는 유일한 관찰 학습 연구였다! 네 번째 반복 실험에서 이자벨은 관찰자와 시범자 사이에 불투명한 칸막이를 놓았다. 칸막이를 통해서는 아무것도 볼 수 없었다. 놀랍지 않을지도 모르겠지만, 실험 결과에 따르면 두 종 모두가 풍요로운 영역을 선호하지 않았다.[10] 따라서 시각이나 후각 면에서 두 종의 지각 능력이 다르다는 증거는 없었고, 이러한 형태의 학습에서 시각적 단서가 분명 결정적인 역할을 했다. 우리는 우리가 발견한 것이 사회적 학습의 적응적인 전문화, 즉 아홉가시큰가시고기는 공공 정보를 활용할 수 있지만 근연종인 세가시큰가시고기에게는 그런 능력이 없을지도 모른다고 믿기 시작했다.

하지만 두 물고기 종의 인지능력에 대해 권위 있는 주장을 하기에 앞서, 우리는 다른 장소에서 채집한 개체군도 분석할 필요가 있었다. 우리에게는 이 두 물고기가 보인 행동의 차이가 모든 분포 지역에서 일관되게 나타난다는 확신이 필요했다. 그렇지 않다면, 행동의 변이를 설명할 수 있는 다른 요인을 찾아야만 했다. 우리는 그 뒤로 15년 동안, 조금씩 이 두 종들의 차이가 견고하다는 것을 보일 수 있었다. 세인트앤드루스대학교의 우리 실험실 박사후 연구원인 마이크 웹스터Mike Webster는 영국의 각 지역에서 채집한 아홉가시큰가시고기와 세가시큰가시고기를 분석했으며, 이어서 세계 각 지역의 큰가시고기들로 실험을 진행했다. 그의 연구를 통해, 우리는 종간 차이가 매우 견고하며 전 세계적으로 나타나는 현상이라는 것을 증명했다.

케임브리지, 스코틀랜드, 발트해 지역, 캐나다, 일본에서 큰가시고기를 분석할 때마다, 우리는 동일한 패턴을 발견했다. 즉, 아홉가시큰가시고기는 언제나 공공 정보 사용이 가능했던 반면, 세가시큰가고기도 동일한 능력을 가지고 있다는 실마리는 조금도 발견할 수 없었다. 마이크는 민물 개체군, 해양 개체군, 단단한 골질로 덮인 물고기, 가시가 없는 물고기를 분석했고, 포식자가 자주 출몰하는 지역의 물고기와 포식자가 드물게 출몰하는 지역의 물고기도 분석했다. 그중 어떠한 변이도 결과를 바꾸지는 못했다. 아홉가시큰가시고기의 알을 포획하고 직접 길러서 그것이 성체가 되었을 때 분석을 하더라도, 마이크는 실험실에서 기른 성체와 야생에서 포획한 성체 사이에서 아무런 차이도 발견할 수 없었다. 물고기의 양육 조건을 조작한 연구들도 공공 정보 사용에 별다른 영향을 주지 못했다. 이러한 형태의 학습은 양육 밀도나 환경의 복잡성을 바꾸어도 거의 영향을 받지 않는 듯했다. 또한 형태적, 생태적, 사회적, 발달적 요소들 가운데 어떠한 것도 공공 정보 사용의 변이를 설명하지 못했다. 한 종은 그저 그 능력을 가지고 있었고, 다른 종은 그렇지 않았다. 모든 증거에 따르면, 공공 정보 사용은 아홉가시큰가시고기의 학습받지 않은, 종 특이적인 능력이다.

나는 점점 이 사례 연구에 이끌리며, 사회적 학습의 적응적 전문화 adaptive specialization를 발견했다고 서서히 확신하게 되었다. 이러한 적응적 전문화는 이미 발견된 것이었지만(예를 들어, 2장에서 붉은털원숭이가 뱀을 두려워하는 것을 떠올려 보라), 큰가시고기의 사회적 학습의 전문화는 연구 조건을 바꾸는 것이 매우 수월했기에 굉장히 흥분되는 발견이었다. 우리는 실험실에서 이 능력의 발달을 연구할 수 있었으며, 다른 큰가시고기 종을 분석함으로써 그 형질의 진화적 역사도 탐구할 수 있었다. 실험으로 공공 정보 사용의 기능을 규명할 수 있었으며, 유전적, 신경적, 내분비적, 행동적 수준에서 그 기저에 놓인 메커니즘을 탐구할 수도 있었다. 이자벨의 발견은 '신들이 준 선물' 같았다.

하지만 이 야심 찬 연구 프로그램을 진행하기에 전에, 우리는 우리의 발견들을 조금 더 명확히 해야 했다. 아홉가시와 세가시는 정말로 지적인 부분에서 세부적으로만 서로 다른 것인가, 아니면 우리의 발견은 그저 그들의 일반적인 인지적 차이를 보여주는 것인가? 극단적으로는 아홉가시가 세가시보다 모든 종류의 학습에서 뛰어날 수도 있었다. 마이크는 큰가시고기 두 종으로 일련의 학습 테스트를 수행했다. 그는 T 모양의 미로를 헤엄치는 법을 학습하는 능력을 측정했다. 이때 먹이는 미로 끝에만 놓여 있었다. 그는 물고기가 색깔을 분별하는지도 테스트했다. 이때 물고기들은 특정한 색깔이 먹이와 관련 있다는 것을 배워야 했다. 그는 또한 다른 개체의 행동에 주목함으로써(이를 지역 강화local enhancement라고 한다) 자원의 위치를 학습하는 능력과, 사회적으로 먹이를 구하는 법을 학습하는 능력을 테스트했다. 이 모든 테스트에서 마이크는 두 큰가시고기의 수행도가 유의미하게 다르지 않다는 것을 발견했다. 박사과정 학생인 니컬라 애튼은 다른 맥락에서 공공 정보 사용 능력을 테스트했다. 물고기들은 먹이 영역의 질에 대한 정보를 모으는 대신, 포식자로부터 자신을 여러 방법으로 보호할 수 있는 은신처로서 바위가 지닌 유용성에 대한 지식을 얻을 수도 있었다. 하지만 니컬라는 이 경우에도 종간 차이를 발견하지 못했다. 두 종 모두에서 공공 정보 사용에 대한 증거를 찾을 수 없었다. 게다가 다른 연구실에서 출간된 연구에 따르면, 세가시큰가시고기는 먹이를 찾거나, 혈족을 알아보거나, 포식자에 대해 학습하는 것과 같은 다른 형태의 사회적 학습은 완벽하게 수행할 수 있지만,[11] 공공 정보 사용은 하지 못했다.

전반적으로, 이러한 발견들은 정말이지 흥미롭다. 매우 가까운 두 근연종 물고기가 있는데, 이들은 종종 똑같은 강이나 하천에서 채집되며, 넓은 분포 범위에서 함께 떼 지어 다니며, 비슷한 삶을 살고, 매우 비슷한 먹이를 섭취하며, 그 밖의 모든 측정 범위에서 인지능력이 비슷한 것으로 드러났다. 하지만 아홉가시큰가시고기는 매우 특정한 유형의 사회적 학습 능력, 즉 공공 정보 사용 능력을 가진 반면, 세가시큰가시고기는 그렇지 않다. 이것을 어떻게 설명할 수 있을까?

이상하게도, 이 수수께께에 대한 해답은 진화심리학이나 행동생태학, 심지어 비교심리학이 아니라 인류학에서 나왔다. 두 물고기를 둘러싼 이 수수께끼는 생물인류학자이자 문화적 진화 분야의 이론가이자 선도적인 권위자인 로버트 보이드와 피터 리처슨Peter Richerson이 해결했다.[12] 보이드와 리처슨은 인간을 염두에 두고 진행한 이론적 분석을 통해 '비싼 정보 가설costly information hypothesis'을 제안했다. 이 가설은 풍부하고 다면적이지만, 여기서는 다음과 같이 단순화해 표현할 수 있다. 즉, 사람들은 비사회적 학습이 비쌀 때만 모방한다는 것이다. 두 큰가시고기에는 형태의 차이, 특히 신체적 방어 능력의 차이로 인해 시행착오를 통한 비사회적 학습의 비용이 서로 달라지는데, 이 때문에 비싼 정보 가설은 큰가시고기에게도 적용할 수 있다.

세가시큰가시고기는 그 이름이 암시하는 것처럼 보통 등쪽에 3개의 큰 가시를 지니고 있으며, 강력한 갑옷처럼 옆에 단단한 껍질들이 있어서 새나 큰 물고기와 같은 포식자로부터 자신을 보호할 수 있다(그림 3a). 놀랍게도, 이러한 형태로 인한 방어가 매우 효과적이기 때문에, 세가시큰가시고기가 잡아먹히고 나서도 살아남았다는 보고도 적지 않다! 가시가 포식자의 목에 걸려 포식자가 세가시큰가시고기를 토해내면, 세가시큰가시고기는 다치지 않고 유유히 달아나는 것이다. 이와 같은 효과적인 방어 능력 때문에 세가시큰가시고기는 비교적 안전하게 그들의 환경을 탐험하며, 직접 여러 먹이 영역에서 시식하고, 주변에서 가장 풍부한 먹이 영역을 스스로 찾아낼 수 있다. 세가시큰가시고기의 경우, 스스로 학습하는 것의 비용이 특별히 비싸지 않기 때문에 모방이 필요하지 않다.

그림 3. 세가시큰가시고기(a)는 큰 가시들과 방대한 보호 껍질을 가지고 있지만, 근연종인 아홉가시큰가시고기(b)는 그렇지 않다. 이러한 형태적 차이는 분명 자연선택이 두 종의 사회적 학습을 미세하게 조정하는 데 영향을 미쳤을 것이다. 숀 언쇼에게 사용 허락을 받은 사진.

반면 아홉가시 큰가시고기는 등에 약 9개의 가시를 지니고 있지만,[13] 그 가시가 작아서 보호받는 데 별다른 도움이 되지 않는다. 아홉가시는 보통 세가시에 비해 얇고 적은 수의 옆 껍질들을 갖고 있다(그림 3b). 그로 인해 아홉가시는 친척에 비해 포식자에 상당히 취약하다. 실제로도 포식자 물고기가 세가시보다 아홉가시를 더 선호한다는 연구들이 있다.[14] 포식에 더 취약하기에, 아홉가시는 위험 징조가 나타났을 때 대개 숨는다. 이자벨은 물고기를 채집하면서, 세가시보다 아홉가시가 갈대나 잡초 속으로 훨씬 더 자주 숨는다는 것을 주목했다. 반면 세가시는 자신을 더 잘 방어할 수 있기 때문에 사방이 뚫린 곳에서 잡아먹힐 위험을 더 잘 감당할 수 있고, 따라서 먹이 섭취 기회를 극대화하는 것이 대개 더 큰 이득으로 이어진다.

아홉가시큰가시고기는 스스로 환경을 탐구하고 시행착오를 통해 먹이 영역을 탐색하는 것이 충분히 위험하기에, 이는 실제 적합도의 감소로 이어질 수 있다. 비싼 정보 가설에 따르면, 이러한 비용 때문에 아홉가시큰가시고기는 사회적 학습에 대한 의존을 선호해야 한다. 자연선택은 안전하고 전망 좋은 위치에서 관찰을 통해 먹이 습득과 관련된 유익한 정보를 얻는 아홉가시큰가시고기의 능력을 빚어낸 것으로 보인다. 이로 인해 아홉가시는 바다가 맑을 때 가장 풍부한 영역으로 헤엄쳐 갈 수 있을 것이다. 만약 이 가설이 옳다면, 공공 정보 사용은 사회적 학습의 적응적 전문화임이 분명하다. 역시나 이자벨이 가리개가 달린 울타리를 설치하고 실험을 반복해 보니, 관찰 단계에서 아홉가시만 숨어 있는 데 더 많은 시간을 보냈다. 아홉가시는 작은 머리를 바깥으로 쭉 내밀고는 시범자의 행위를 조심스럽게 관측했다.

독자들은 왜 아홉가시가 다른 물고기의 보상에 대한 정보를 수집해야 하는지 궁금할 것이다. 왜 그들은 다른 물고기가 얼마나 자주 먹는지 관찰해야 하는가? 분명 이 문제를 푸는 쉬운 방법이 있다. 아홉가시는 그저 가장 많은 물고기들이 헤엄쳐 가는 영역으로 헤엄쳐 갈 수도 있다는 것이다. 그 영역이 수익성이 가장 좋은 영역일 것이기 때문이다. 하지만 이러한 추론에는 적어도 두 가지 문제점이 있다. 첫째, 그 먹이 영역이 많은 방문객을 맞았을지는 몰라도, 그 방문객들이 이미 먹이의 일부를 먹어치워 수익성이 감소했을 수도 있다. 둘째, 떼 지어 다니는 물고기들은 안전을 위해 서로 모이는 다른 동물들과 마찬가지로, 서로 완전히 독립적으로 움직이거나 홀로 먹이 영역에 대해 결정을 내리지 않는다. 물고기 떼는 우연히 어떤 먹이 영역을 찾아내고는, 더 수익성이 좋을지도 모르는 다른 영역을 내버려 두고 우연히 발견한 먹이 영역으로 다른 물고기들을 유인할 수도 있다. 어떤 행동을 보이는 다른 개체의 수만으로 결정을 내릴 경우, '정보 연쇄효과information cascades'에 빠질 수 있다.[15] 극단적일 경우, 이는 비적응적일 수 있다.[16] 이러한 이유로 물고기의 수가 먹이 영역의 질에 대한 단서일 수도 있지만, 그러한 단서가 오도할 가능성도 있다.

이자벨이 진행한 또 다른 실험은 이를 명쾌하게 보여준다.[17] 이자벨은 원래의 실험과 달리 수조 양쪽 끝에 있는 물고기의 수를 바꾸었는데, 한쪽 영역에는 여섯 마리를, 다른 쪽에는 두 마리를 배치했다. 그녀는 만약 관찰 단계에서 관찰자들이 시범자가 먹는 것을 보지 못하면(이는 아홉가시 관찰자가 각 영역에서 오직 물고기의 수에만 기반해 영역을 선택해야 한다는 것을 뜻한다), 시범자들이 제거된 후 관찰자들이 예상대로 물고기가 더 많이 있던 쪽으로 헤엄쳐 간다는 것을 발견했다. 동료 물고기 떼가 가운데 칸에 있었다는 사실은 그들의 결정이 단순히 누구와 무리를 지을지에 대한 것이 아니라, 어떻게 먹이를 구할 것인지에 대한 것이라는 점을 보여준다. 관찰자들이 먹이 영역을 선택하기 위해서는 물고기 떼의 안전지대에서 벗어나 헤엄쳐야 했기 때문이다.[18] 하지만 이자벨이 시범자의 수와 영역의 질을 반비례 관계로 바꾸자, 즉 아홉가시 관찰자로 하여금 한쪽에서는 물고기 여섯 마리가 느린 속도로 배식받고 다른 쪽에서는 물고기 두 마리가 빠른 속도로 배식받는 것을 관찰하게 하자, 관찰자는 이후 조금 더 풍부한 영역 쪽으로 헤엄쳐 갔다. 이는 각 영역의 물고기 수가 주어진 유일한 정보일 때 아홉가시는 그 사회적 단서를 이용하지만, 그 사회적 단서와 상충되는 공공 정보가 있을 때는 그 정보를 우선적으로 이용한다는 것을 보여준다. 이것이 공공 정보를 사용하는 것이 유익한 이유다. 공공 정보는 사회적 단서보다 더 믿을 만하며, 결과적으로 동물들이 허위 정보를 습득하거나 퍼뜨리지 않도록 조심하게 한다.

이자벨이 큰가시고기의 공공 정보 사용을 연구하기 위해 고안한 실험 절차는 매우 융통성 있는 것으로 드러났다. 우리는 기본 실험을 다양하게 변형해 실험을 진행할 수 있었다. 예를 들어, 풍부하거나 빈약한 먹이 영역을 흉내 내기 위해 먹이 공급 장치에서 먹이가 배급되는 비율을 조정하거나, 시범자의 수나 특징 또는 종을 바꾸거나, 먹이 영역에 대한 사전 경험을 관찰자에게 한쪽 또는 양쪽에서 제공할 수 있었다. 따라서 우리는 상충되는 정보가 있을 때 동물들이 여러 출처의 정보를 어떻게 평가하는지를 탐구할 수 있었다. 그리고 이러한 연구들로 큰가시고기가 정보를 얻을 때 사회적 출처 또는 비사회적 출처 가운데 어느 쪽에 의존할 것인지를 적응적으로 조정한다는 것이 밝혀졌다. 그들은 먹이 영역의 질에 대한 자신의 사전 지식에 다른 개체를 관찰하며 획득한 정보를 놀랍도록 복잡한 방식으로 혼합했다.

케임브리지대학교의 박사과정 재학생인 이프케 밴 버건Yfke van Bergen은 사회적 정보와 비사회적 정보에 의존하는 것 사이에 놓인 이러한 트레이드오프 관계를 연구했다. 그녀는 특정한 먹이 영역에서 평균적으로 더 많은 수의 먹이가 공급되도록 한 다음, 반복적으로 직접 먹이 영역을 경험하도록 함으로써 학습 기회를 제공했다. 그녀는 모든 시행 중에서 어떤 영역이 풍부한 먹이 영역이 되는 시행의 횟수를 조절함으로써, 훈련 체계의 신뢰도를 조정했다. 예를 들어, 18번의 시행 중 17번의 시행에서 먹이 공급기 A가 먹이 공급기 B보다 더 많은 먹이를 공급한 훈련 체계는, 18번의 시행 중 12번의 시행에서 더 풍부한 먹이를 공급한 대안적인 체계보다 A가 더 풍부한 먹이 영역이라는 확신을 줄 것이다.

그러고 나서 이프케는 이자벨의 원본 실험과 동일한 절차로 이러한 개별 훈련을 시행했다. 즉, 물고기로 하여금 시범자 세 마리가 풍부한 영역에서 먹는 것과 다른 시범자 세 마리가 빈약한 영역에서 먹는 것을 관찰하게 한 다음, 어떤 영역을 선호하는지 테스트했다. 하지만 이프케는 약간 변화를 주었다. 그녀는 개별 훈련 단계에서 수확률이 낮았던 영역을 공공 시범 단계에서는 풍부한 영역으로 바꾸었고, 수확률이 높았던 영역을 낮은 영역으로 바꾸었다.[19] 이러한 실험 설계에서는 비사회적 정보와 사회적 정보가 충돌하는데, 이를 통해 우리는 물고기가 어떤 상황에서 다른 개체가 제공하는 정보를 사용하고 어떤 상황에서 자신의 사전 지식에 의존하는지를 탐구할 수 있다.

실험에 따르면, 신뢰할 수 있고 명확한 개별 훈련을 받은 물고기들은 대부분 공공 정보를 완전히 무시했으며, 테스트 단계에서 시범자가 가리키는 더 풍부한 영역보다 자신이 이전에 더 비옥한 것으로 경험한 영역을 선택했다. 하지만 신뢰할 수 없고 혼란스러운 개별 훈련을 경험한 물고기들은 다른 물고기들을 모방하는 경향이 더 짙었으며, 시범자가 가리키는 것에 따라 영역을 선택했다. 개별 훈련의 혼란 정도가 올라갈수록 모방 비율이 증가했다. 즉, 아홉가시가 자신의 경험을 신뢰하기 어려울수록 모방하는 경향이 증가했다.

두 번째 실험에서, 이프케는 한 영역이 다른 영역보다 더 풍부한 개별 훈련 체계를 다시 사용하면서도, 개별 훈련에서와 상반되는 공공 정보를 접한 뒤부터 테스트받기까지의 시간에 각각 1일, 3일, 5일, 7일로 변화를 주었다. 이프케는 훈련 이후 하루가 지날 때까지만 물고기가 자신의 정보에 의존해 영역을 선택하고, 자신의 정보가 점점 낡은 것이 되어갈수록 시범자를 모방하는 정도가 상승한다는 것을 발견했다. 자신의 정보를 마지막으로 업데이트한 지 7일이 지났을 때, 물고기는 공공 정보에 완전히 의존했고, 영역들에서 먹이를 먹은 적이 없는 개체들과 동일한 비율로 모방했다.[20]

우리의 큰가시고기 연구는 동물들이 사회적 정보를 이용하는 전략에 대해 알려준다. 보이드와 리처슨의 비싼 정보 가설의 예측에 따르면, 이자벨의 실험은 큰가시고기가 '비사회적 학습의 비용이 클 때 모방하라'는 규칙을 활용했다는 것을 의미한다. 이프케의 연구는 아홉가시가 보다 섬세하게 모방한다는 것을 보여주었다. 아홉가시는 이전의 경험만으로 최선의 방안이 무엇인지 알 수 없을 때 사회적 정보를 사용했다. 이 물고기들은 공공 정보를 항상 사용하거나 무작위적으로 사용한 것이 아니라, 매우 영리한 방식으로 자신이 의존하는 정보의 원천을 바꾸어 갔다.

그 뒤로, 우리는 이 물고기가 그저 효율적으로 모방하는 것이 아니라 최적으로 모방한다는 것을 알 수 있었다.[21] 당시 박사후 연구원으로 일했던 더럼대학교의 제러미 켄들Jeremy Kendal은 아홉가시가 공공 정보를 사용할 때 아주 인상적인 '언덕 오르기' 전략을 사용한다는 것을 실험으로 밝혔다.[22] 우리는 특정 영역에서 먹이를 찾은 경험이 있는 물고기들이 자신이 선호하던 영역보다 다른 물고기들의 영역에서 먹이 포획률이 더 높을 때 선호도를 바꾼다는 것을 발견했다. 이러한 전략으로 개체군 전체에서 활용되는 가장 수익성 높은 먹이나 먹이 영역으로 점차적으로 다가감으로써, 개체는 먹이 획득의 효율을 꾸준히 증가시킨다. 이러한 경향 때문에 이 전략을 '언덕 오르기' 전략이라고 부르는 것이다. 이후 추가적인 실험으로, 물고기가 시범 먹이 영역을 선택할 확률이 오직 먹이를 획득하는 시범자의 수익에 달려 있다는 것이 밝혀졌다.[23] 관찰하는 물고기가 모방하는 정도는 관찰당하는 물고기의 먹는 속도의 절댓값을 따라 증가했다. 이러한 발견 중 특히 흥미로운 것은 아홉가시의 행동이 인간의 행동을 이해하기 위해 경제학자들이 수행하는 복잡한 진화적 게임이론에서 예측하는 것과 정확히 일치한다는 것이다.[24] 다시 말해, 인간과 아홉가시큰가시고기처럼 서로 다른 두 종도 모방할 때는 최적화된 보상에 기반한 똑같은 학습 규칙을 따른다.[25] 예를 들어, 아홉가시가 새로운 지역으로 이주할 때 이 전략을 사용하면 그들의 자연적인 환경에서 다양한 종류의 먹이를 활용하는 것의 효율성을 점진적으로 향상시킬 수 있다. 우리는 이 발견에 매우 흥분했다. 이 발견에 따르면, 물고기가 비교적 간단한 규칙(자신의 보상과 비례해 다른 이들을 모방하라)으로 누적적인 지식을 얻는 놀랍도록 복잡한 결과를 성취할 수 있다는 것을 의미했기 때문이다. 분명 인간의 누적적 문화에는 한참 모자라지만,[26] 그럼에도 이 규칙은 '한쪽으로만 돌아가는 톱니바퀴'와 같은 역할을 하며, 내가 아는 한 지금까지 다른 동물이 이 능력을 지녔다는 증거는 없었다.

아홉가시큰가시고기와 세가시큰가시고기는 근연종이지만, 약간의 형태적인 차이로 인해 비싼 정보 가설이 예측하는 비용 및 이익 분석에서는 양극단에 위치한다. 이러한 특정 형태의 사회적 학습은 아홉가시에게 충분이 이득이 되었기 때문에 자연선택을 통해 진화할 수 있었다. 공공 정보의 비용 및 이득의 비율은 각 물고기의 개별적인 상황에 의해서도 변할 수 있을 것이다. 예를 들어, 번식 상태에 있는 아홉가시 암컷을 생각해 보라. 난자가 부푼 임신한 암컷은 비번식 상태에 있는 물고기보다 눈에 더 잘 띄고 포식자에게 더 매력적으로 보일 것이다. 큰 배를 가지고 있어 물속에서 속력이 느려지기 때문에, 다른 암컷들보다 포식자에 대한 반응도 느릴 것이다. 암컷에게 나타나는 이러한 조건의 변화는 시행착오를 통한 학습의 비용을 사실상 더 증가시키기 때문에, 번식기에 있는 암컷은 번식기에 있지 않은 암컷보다 사회적 정보에 더 의존할 것이다. 반대로 번식 상태에 있는 수컷들은 암컷들 그리고 영토를 두고 다른 수컷들과 치열하게 경쟁하며 양육에 투자해야만 한다. 그들은 수정란과 치어를 돌보는 동안 둥지 근처에 있어야 하며, 그동안은 대개 먹지도 못한다. 이러한 상황에서 자연선택은 직접적으로 먹이를 얻을 수 있는 영역을 탐색하며 위험을 무릅쓰고 더 높은 보상을 찾는 수컷을 선호하는데, 이는 구애를 시작할 때 수컷이 충분한 에너지를 비축하고 있다면 잠재적으로 추가적인 적합도를 갖기 때문이다. 따라서 수컷 큰가시고기가 번식 조건에 있다면, 그렇지 않은 수컷보다 공공 정보에 덜 의존하는 쪽으로 균형을 옮겨 갈 것이다.

이러한 예측은 실험으로 입증되었다.[27] 마이크 웹스터의 실험에 따르면, 임신한 암컷들은 거의 전적으로 공공 정보에 의존하며, 번식 상태에 있지 않은 암컷들보다 훨씬 더 많이 모방하고, 한번 자리 잡은 영역에서 잘 벗어나지 않으며, 피난처의 가리개 아래에서 더 많은 시간을 보냈다. 임신한 암컷들은 자신의 조건에 따라 위험에 더 민감하게 반응하며, 사회적 학습에 크게 의존하게 되었다. 반면, 번식기에 있는 수컷들이 공공 정보를 사용한다는 증거는 하나도 없었다. 이 수컷들은 먹이 영역을 선택하는 시간이 가장 짧았으며, 영역을 바꾸는 비율도 가장 높았다. 은신처에 있는 시간도 우리가 실험한 물고기들 가운데 가장 적었다. 그들은 또한 떼 지어 다니는 일이 드물었는데, 우리는 번식기의 수컷들로 하여금 떼 지어 다니는 것을 멈추게 만드는 생리학적 변화가 또한 먹이를 얻는 동종의 행위를 주목하지 않도록 하며, 공공 정보를 사용하지 않도록 할 가능성이 있다고 보았다. 떼 지어 다니는 성향이 감소하는 것, 가리개 아래나 근처에서 시간을 적게 보내는 것은 모두 매우 위험한데, 혼자 다니거나 개방된 지역에서 헤엄치는 개체는 포식자에게 취약하기 때문이다.[28] 다른 동물들에게서 얻은 증거에 따르면, 번식기에 들어서며 순환하는 테스토스테론이 늘어나면 수컷은 위험에 둔감해진다.[29]

우리가 특히 주목한 발견은 번식기의 수컷이 비번식기의 물고기보다 혼자서 먹이를 획득하는 과제에서 실제로 문제를 더 빠르게 해결했다는 것이었다. 이는 번식기에 있는 수컷 큰가시고기의 행동 변화가 단순히 신체 조직에서 급증하고 학습을 방해하는 테스토스테론 때문이라고 볼 수 없다는 것을 의미한다. 오히려 번식기의 수컷은 혼자서 먹이를 더 자주 탐색하며 양육을 시작하기 전 먹이 섭취량을 극대화하는 대안적인 적응 전략을 추구하는 것처럼 보인다. 수컷 큰가시고기의 입장에서는 암컷을 유혹하거나 수정란과 치어를 돌보는 데 유리하다면, 풍요로운 먹이를 얻으려는 노력이 충분히 적응적인 전략일 것이다.[30] 번식 상태에 따라 비사회적 학습의 비용이 변하기 때문에, 먹이 획득 전략에도 변화가 생기는 것이다.[31] 번식기에 있는 아홉가시는 사실 세가시와 거의 비슷하게 행동하기에, 두 종의 행동 차이는 호르몬 수준에서의 변화에 따른 것일 수 있다.

물론 아홉가시큰가시고기와 세가시큰가시고기가 큰가시고기 종의 전부는 아니며, 두 종이 서로 아주 가깝지도 않다. 아홉가시와 자매 관계에 있는 종은 개울큰가시고기brook stickleback인데,[32] 이들은 보통 5, 6개의 가시를 지니고 있으며 옆면에 골판이 없는 것을 제외하고는 아홉가시와 매우 닮았다. 아홉가시와 신체적으로 비슷하고 근연종이라는 것을 고려한다면, 개울큰가시고기도 공공 정보를 사용할 수 있을 것이라고 기대해 볼 수 있다. 세가시보다 아홉가시에 더 가까운 종은 네가시큰가시고기와 열다섯가시큰가시고기다.[33] 우리는 이 물고기 종들도 공공 정보를 사용할 수 있는지 궁금했다. 그 답을 알아내면, 큰가시고기의 족보에 그들의 사회적 학습 능력이 어떻게 진화했는지 그려 넣을 수 있을 것이다. 마이크 웹스터는 몇 년 동안 전 세계 여러 지역을 누비며 다양한 큰가시고기 종을 수집했으며, 그들에게 공공 정보 사용 능력이 있는지를 연구했다. 그는 5개의 다른 속genus 그리고 8개의 종에 속한 50개 이상의 개체군을 실험해 보았다. 그중에서 아홉가시, 그리고 그들의 가장 가까운 혈족인 개울큰가시고기만 공공 정보 사용이 가능했으며, 다른 3개의 속에 속한 개체군에게는 그 능력이 없는 듯 보였다. 이는 네가시와 열다섯가시로부터 아홉가시와 개울큰가시고기의 조상이 분기한 이후에 공공 정보 사용 능력이 진화했음을 암시한다. 그 분기 시점은 약 1,000만 년 전이다.

이러한 발견은 지능의 진화에 대한 일반적인 패턴을 보여준다. 즉, 동물의 정신적 능력은 인간과 얼마나 가까운 관계에 있는지로 설명되지는 않는다. 지능의 서로 다른 특성들은 다양한 분류군에서 여러 차례의 수렴 진화를 거쳐 진화했다.[34] 공공 정보 사용은 인간, 몇몇 조류, 약간의 어류를 포함한, 서로 가까운 관계에 있지 않은 동물 집단들에서 독립적으로 진화했다. 이 집단들은 이러한 형태의 학습을 선호하도록 이끄는 손익의 균형을 제외하고는 공통점이 거의 없다. 이어지는 장들에서는 문화의 토대라고 여겨지는 이러한 인지능력들이 몇몇 영장류 계통에서 비슷하게 수렴 선택을 통해 진화했다는 증거들을 제시할 것이다.

이제 큰가시고기의 공공 정보 사용에 대한 우리의 연구에서 배운 것을 요약해 보자. 우리는 사회적 학습의 적응적 전문화를 발견했다. 다시 말해, 아홉가시큰가시고기는 다른 물고기가 먹이 영역에서 성공하거나 실패하는 것을 관찰함으로써 그 영역의 풍부함에 대한 정보를 이용할 수 있었던 반면, 세가시는 그렇지 않았다. 이러한 종간 차이는 전 세계에서 두루 발견되었으며, 양육 조건이나 다른 실험적 요인들에 영향을 받지 않았다. 이 능력은 매우 특정한 상황에서만 발현되는 것처럼 보인다. 즉, 아홉가시는 먹이 영역의 질에 대한 공공 정보는 얻을 수 있었지만 피난처에 대해서는 그렇지 않았다. 두 종의 학습 능력에 대한 다른 차이점은 발견하지 못했다. 아홉가시는 개울큰가시고기처럼 신체적 방어 능력이 떨어지며, 이들은 공공 정보를 이용하는 유일한 두 종이었다. 이는 어떤 동물이 먹이 영역의 질에 대한 정보를 안전하고, 저렴하며, 확실하게 얻을 수만 있다면, 공공 정보 사용이 그 동물에게 이득이 된다는 것을 암시한다. 큰가시고기 실험에 따르면, 공공 정보 사용은 이러한 종들에서 고도로 효과적으로 진화했으며, 물고기들로 하여금 자신의 환경에 있는 자원을 거의 최적의 효율로 이용하도록 했다. 그럼에도 이 종들의 모방은 진화적 모델이 예측하는 범위 안에 있으며, 몇 개의 독립적인, 그러나 서로 보완적인 사회적 학습 전략들과 일치한다. 반면, 신체적으로 조금 더 강한 세가시큰가시고기는 낮은 비용을 지불하고도 먹이 영역을 직접 탐색할 수 있으며, 그래서 공공 정보 사용에 대한 필요를 거의 느끼지 않는다. 물론 다른 물고기들이 먹이를 먹는 동안 숨어서 기다리는 것은 세가시가 스스로 먹이 섭취 기회를 놓치는 것이지만, 이는 왜 이 두 물고기가 같은 개울이나 강에서 함께 발견되는지를 부분적으로 설명한다. 아홉가시와 세가시는 서로의 존재에서 이득을 보는 상부상조의 관계다. 세가시로부터 공공 정보를 습득할 수 있다는 점은 아마도 아홉가시가 여러 종과 함께 섞여 다니는 것을 선호하는 이유 가운데 하나일 것이다. 반대로, 많은 포식자들이 세가시보다는 아홉가시를 표적으로 삼기 때문에, 세가시는 더 많은 개체들 사이에서 안전을 꾀할 수 있다.

이러한 일련의 연구로부터 사회적 학습에 대한 몇 가지 귀중한 발견들을 얻을 수 있었다. 다른 무엇보다도, 우리는 동물들이 다른 개체가 제공하는 정보를 전략적으로 활용한다는 것을 배웠다. 아홉가시는 단지 기회가 올 때마다 모방하지 않고 매우 선택적으로 모방했다. 예를 들어, 그들은 의존할 만한 적절한 경험이 없을 때나, 그렇게 경험으로 얻은 지식이 (오래된 정보처럼) 신뢰할 만하지 않을 때만 사회적 정보를 이용하는 경향이 있었고, 먹이 수익을 최대화하고 위험을 최소화하기 위해 이렇게 두 공급원에서 얻은 정보들을 효율적으로 통합했다. 토너먼트가 열리기 전, 이것은 우리에게 중요하고도 충격적인 발견이었다. 큰가시고기의 모방이 지닌 전략적인 특성에 주목하고 나서, 우리는 다른 동물들도 매우 선택적으로 모방한다는 것을 발견했다. 우리 연구 팀은 다른 여러 동물들의 행동을 연구했고, 우리가 연구한 동물들은 하나도 빠짐없이 매우 전략적인 사회적 학습을 했다. 전 세계의 다른 사회적 학습 연구자들도 모두 동일한 결론에 이르렀다.

그 후, 나는 실험 연구에서 발견한 동물의 모방 규칙과 진화적 게임이론에서 분석한 전략들을 동일하게 만들기 위해서 '사회적 학습 전략'이라는 용어를 심사숙고해 만들어 냈다.[35] 이미 인류학 분야에는 적어도 인간이 모방을 전략적으로 한다는 생각이 존재했으며,[36] 이를 지지하는 중요한 이론적 발견들도 있다.[37] 하지만 이러한 이론적 기반을 더욱 발전시킬 수 있는 분명한 기회가 있었고, 사회적 학습 전략이라는 개념이 생물학 공동체에게 울림을 주는 직관적인 매력을 가지고 있었기에, 사회적 학습 분야는 더 성장할 수 있었다.

전략으로 접근하는 방법이 생산적일 수 있었던 이유 가운데 하나는 이것이 이론적 발견과 경험적 연구를 통합할 수 있는 풍부한 가능성을 제공했기 때문이다. 특정한 전략을 적용하는 문제와 관련된 수학적 진화 모델의 예측을 동물의 사회적 학습에 대한 실험을 통해 검증할 수 있었다. 이는 나아가 이론의 기반이 되는 데이터를 제공하고, 가설이 적절하다는 것을 확인할 수 있었다. 우리의 경우, 큰가시고기의 모방 패턴이 진화론으로부터 이끌어 낸 가설들(예를 들어, 비사회적 학습의 비용이 클 때 모방하라,[38] 불확실할 때 모방하라,[39] 다수의 행동을 모방하라[40])과 맞아떨어지는 것을 확인할 수 있었다. 이러한 방식으로, 전략으로 접근하는 방법은 사회적 학습 분야가 일반적인 진화론의 그림에 더욱 깊숙이 자리 잡도록 했다.

지난 10년 동안 이 분야에서 막대한 양의 연구가 이어졌고, 이 분야의 학자들은 동물의 사회적 학습이 대체로 또는 보편적으로 전략적이라고 믿게 되었다.[41] 꿀벌은 자신의 먹이 채집이 성공적이지 않을수록 다른 벌의 8자 춤을 더 자주 따라 한다.[42] 피라미들은 포식자 위험이 높아질수록 다른 개체의 취식 장소를 더 많이 모방한다.[43] 붉은어깨검정새redwing blackbird는 시범자가 건강한 상태인지 그렇지 않은지에 따라, 사회적 학습으로 먹이에 대한 선호도를 모방할 것인지 모방하지 않을 것인지를 결정한다.[44] 침팬지는 열등한 지위의 개체보다 우위에 있는 개체를 모방할 가능성이 더 높다.[45] 그 밖에도 증거는 많다. 전략적인 모방은 예외가 아닌 법칙이 되었다. 이는 야생에서 살아가는 집단을 포함한 다양한 동물들을 통해 실험으로 증명되었다. 전략적인 모방은 보통 이들의 생물학적 적합도를 상승시켰다.[46]

이 패턴에서 인간도 예외가 아니었다. 예를 들어, 세인트앤드루스대학교의 박사과정 학생인 톰 모건Tom Morgan은 성인 피험자에게 몇 가지 실험 과제를 제시했다. 그 실험은 문화적 진화 분야에서 예측하는 9개의 서로 다른 사회적 학습 전략, 이를테면 순응 편향, 보상에 기반한 모방, 비사회적 학습의 비용이 클 때 모방하는 것, 불확실할 때 모방하는 것을 인간도 사용한다는 조건부적 증거 또는 강력한 증거를 제시한다.[47] 이러한 다양한 영향은 동시에 작용하며, 상호작용 하며 효과적인 의사 결정과 보다 높은 보상을 가져다주는 행동을 하게 한다.[48] 사실, '모방'이라는 단어는 인간의 사회적 학습이 지닌 전략적인 특성을 보여준다. 이 책에서 나는 이 단어를 매우 일반적인 의미에서 사회적 학습의 모든 형태를 가리키는 용어로 사용한다. 하지만 일반적인 발화에서 '모방copying'이 사용될 때는 대개 부정적인 함의를 지닌다. 우리는 시험 중 다른 학생의 시험지를 베끼는 불량한 학생을 떠올리고는 한다. 그러나 이런 이미지는 사회적 학습의 전략적인 특성을 훌륭하게 보여준다. 답을 이미 알고 있을 때는 아무도 부정행위를 하지 않기 때문이다! 시험은 본래 학생이 무엇을 알고 있는지 측정하기 위해 실시하는 것이므로 부정행위를 하는 학생은 규범을 위반한 것이지만, 불확실할 때 모방하라는 전략은 인류 역사에서 줄곧 유용하게 쓰인 영리한 법칙이었다.

이론적인 예측이 성공적으로 입증되면서 새로운 도전도 나타났다. 몇 년간의 짧은 기간 우리 실험실에서는 아홉가시큰가시고기가 적어도 6개의 사회적 학습 전략을 사용했다는 실험 증거를 발견했다. 테스트한 모든 전략이 입증된 것은 아니었지만,[49] 입증된 규칙의 다양성만 보더라도 아홉가시는 처음 우리가 예상했던 것보다는 훨씬 더 복잡하고 전략적으로 모방했다. 예를 들어, 어떤 동물 종이 어떤 전략을 사용하는지를 밝히는 지금까지의 연구들만으로는 충분하지 않았다. 오히려 동물들은 일반적으로 다수의 사회적 학습 전략들을 사용했고, 상황에 따라 전략을 변경하기도 했다. 이는 안팎에서 주어지는 단서를 유연하고도 적응적인 방식으로 활용하기 위한 것인데, 이로 인해 사회적 학습 연구자들의 과제는 더 어려워졌다. 어떤 학습 규칙이 사용되는지 알아내는 것만으로는 충분하지 않기 때문이다. 우리는 어떤 규칙을 사용해야 하는지를 명시하는 규칙도 알아내야만 한다. 현재 연구자들은 맥락에 따라 어떤 사회적 학습 전략을 사용할지를 결정하는 전략에 대한 전략, 즉 메타 전략을 상상하거나,[50] 전략을 사회적 정보에 얼마나 의존할 것인지에 영향을 주는 편향이라고 이해한다.[51]

우리의 큰가시고기 실험은 어떻게 여러 전략들이 통합되는지에 대한 단서를 제공한다. 물고기는 자신에게 확실한 정보가 있거나 최신 정보가 있는 한 그 정보들에 의존했지만, 적절한 경험이 없거나 자신들의 지식이 구식이 되었거나 상황이 불명확할 때는 사회적 정보에 의존했다.[52] 물고기는 의사 결정할 때 시범자에게 돌아가는 보상이 얼마인지에 대한 정보를 얻으려고 노력하지만,[53] 이러한 정보를 얻을 수 없을 때 차선으로 믿을 만한 정보를 사용하는 쪽으로 행동을 전환한다. 이때 물고기는 각각의 행동을 선택하는 개체의 수를 고려한다.[54] 그리고 이 정보는 순응 편향 학습 전략을 통해 퍼져나간다.[55] 이러한 전략 또한 매우 적응적이라고 증명되었다.[56] 관찰 결과들은 동물들이 위계적으로 구성된 의사 결정 나무decision trees와 비슷한 심리적 과정을 통해 학습 전략에 대해 판단할 가능성을 암

시한다.[57]

사회적 학습 전략 연구의 두 번째 도전은 동물들로 하여금 전략적으로 모방하도록 하는 메커니즘을 이해하는 것이다. 예를 들어, 다수에 순응하는 경향이나 가장 높은 보상의 행동을 모방하는 경향은 그 동물의 사회적 학습 수행도를 상승시키기 위해 진화한 생물학적 적응인가? 아니면 그 동물들이 기존의 경험을 통해 다수에 주목하거나 다른 개체가 얻는 보상에 주목하는 것이 생산적인 학습법이라는 것을 학습한 것인가?[58] 전략적 관점은 이 문제에 대해 언급할 것이 거의 없으며, 본질적으로 메커니즘에 대해 중립적이다.[59] 따라서 전략적 관점은 두 가지 가능성과 모두 양립한다. 하지만 행동과학자에게 사회적 학습을 가능하게 하는 메커니즘에 대한 연구는, 동물의 의사 결정의 밑바탕이 되는 기능적 규칙을 연구하는 것만큼이나 중요하다. 우리의 큰가시고기 실험은 이 문제에도 시사점을 던진다. 마이크 웹스터는 이어지는 실험에서 시범자 물고기의 행동을 분석했는데, 먹이 습격(물고기가 갑자기 먹이로 돌진해 쪼아 먹는 것)이 아홉가시관찰자가 학습 중에 주목하는 특정한 단서라는 것을 발견했다. 분석에 따르면, 아홉가시큰가시고기의 공공 정보 사용 능력은 다른 물고기의 먹이 습격에 주목하고 수량화하는 경향에서 비롯된다는 것을 암시한다. 세가시에 비해 아홉가시의 학습에서 일반적인 향상이 일어난다는 증거가 없다는 것과 더불어, 이러한 연구 결과는 자연선택이 아홉가시의 학습 능력을 직접적으로 향상시켰다기보다 이러한 형태의 사회적 학습과 관련이 있는 지각, 동기, 정보처리 능력을 미세 조정함으로써 아홉가시의 공공 정보 사용을 향상시켰다는 것을 암시한다. 이는 동물이 '무엇'을 학습하는지는 생태에 따라 전문화되고, 따라서 종간 변이가 존재하지만, (적어도 학습의 바탕이 되는 연상 학습 과정의 수준에서) 동물이 '어떻게' 학습하는지는 다양한 분류군에 걸쳐 대체로 비슷해 보인다는 관점과도 일맥상통한다.[60]

우리의 큰가시고기 실험은 동물들이 때때로 놀랍도록 복잡한 사회적 학습 능력을 지닌다는 것도 보여준다. 어느 누가 작은 민물고기가 최적의 효율성을 지닌 언덕 오르기 학습 규칙을 인간과 공유할 것이라고 상상하거나, 순응 편향 전달을 보여줄 것이라고 상상했겠는가? 하지만 동물과 인간의 인지능력이 지닌 유사성에 대한 증거가 제법 축적되었음에도, 이 둘을 성실히 비교해 보면 그 둘의 차이 또한 동등한 관심을 필요로 한다는 것을 알 수 있다. 아홉가시큰가시고기는 관찰을 통해 영역의 질에 대한 지식을 얻는 일에는 능숙하지만, 공공 정보를 사용해 한 피난처가 다른 피난처에 비해 더 낫다는 것을 학습하지는 못했다. 이러한 경직된 성향은 인간과 대비된다. 의심의 여지 없이, 인간은 다른 이에게 돌아가는 수익을 관찰함으로써 먹이 영역의 질을 가늠할 수 있을 뿐만 아니라, 상황에 따라 이를 일반화해 짝, 피난처, 그 밖의 어떠한 자원에 대해서든 공공 정보를 사용할 수 있다. 세가시큰가시고기도 다른 형태의 사회적 학습에는 능숙하지만, 공공 정보 사용에 관한 과제를 해결하지는 못한다.

나는 일반적인 패턴을 다음과 같이 기술하고자 한다. 동물들은 보통 한정적인 사회적 학습 능력을 가지고 있는데, 이는 그 종과 관련 있는 자연환경에서의 특수한 적응적 문제를 해결하기 위해 자연선택에 의해 다듬어진 것이다. 이 능력은 작동 범위 바깥에서는 작동하지 않거나 훨씬 비효율적으로 작동한다. 일본원숭이는 뱀 또는 뱀과 닮은 대상에 대한 두려움을 다른 원숭이의 공포 반응과 대상의 특성을 연관 지어 습득할 수 있지만, 같은 방식으로 전혀 다른 대상에 대한 두려움을 습득하지는 못하는 듯하다.[61] 어린 수컷 명금은 본능적으로 자신과 동일한 종의 노래는 습득하지만 다른 종의 노래는 좀처럼 습득하지 않는 듯 보이는데, 이는 어떤 소리를 다른 소리보다 더 쉽게 습득하도록 진화된 성향이 있음을 암시한다.[62] 더 일반적으로 말해, 대다수 동물들은 특수화된 사회적 학습자다. 즉,

그들의 능력은 특정한 기능을 성취하기 위해 특정한 계통에서 진화한 특수화된 해결 방법이며, 비교적 좁은 범위에서만 사용된다. 반면 인간은 일반화된 사회적 학습자다. 즉, 우리는 분명 전략적으로 모방하지만, 그 모방이 우리의 지식에 의해 심각하게 제한되는 경우는 거의 없다. 우리는 음식, 짝, 포식자에 대해서 사회적으로 학습할 수 있을 뿐만 아니라, 대수학, 무용 동작, 자동차 정비도 배울 수 있다. 이것은 우리의 진화사에 존재하지 않았던 현상들이며, 우리의 마음이 자연선택을 통해 해결해야 했던 적응적 도전도 아니었다.

문화의 진화와 관련 있는 인지의 다른 측면도 동일한 패턴을 보인다. 꿀벌은 먹이의 원천과 보금자리를 지을 장소에 대한 정보를 전달하기 위해 8자 춤을 추지만, 인간의 언어와는 달리 8자 춤으로 다른 형태의 지식을 전달하지 못한다.[63] 미어캣 도우미는 어린 미어캣에게 먹이를 어떻게 다루는지를 적극적으로 가르치지만, 인간의 가르침과는 달리 다른 종류의 지혜를 가르치지 않는다.[64] 뉴칼레도니아까마귀는 도구를 제작해 갈라진 틈 속 깊이 있는 먹이를 파 먹을 수 있지만,[65] 인간과는 달리 다른 방식으로는 도구를 거의 사용하지 않는다. 이 모든 사례에서 동물의 인지능력은 같은 생태적인 문제를 공유하는 특정한 분류군에 한정되며, 인간과는 달리 이 능력은 주로 그들이 진화한 영역에서 제한적으로만 기능한다.

사회적 학습 전략 토너먼트는 전략적으로 모방하는 것이 이득이라는 것을 가르쳐 주었고, 이 장은 동물들이 전략적으로 모방한다는 것을 확실히 보여준다. 토너먼트에 따르면, 자연선택은 모방의 효율성을 증가시키는 학습 규칙을 선호했을 것이다. 아니나 다를까, 우리는 우리의 물고기가 최적의 효율성을 가지고 학습한다는 것을 발견했다. 물론 이러한 기능적인 규칙을 이용하려면 동물들은 적절한 지각과 인지능력을 갖고 있어야만 한다. 자연선택은 무엇이 다수의 행동인지 지각하지 못하는 동물이 다수의 행동을 모방하는 성향들을 지니도록 선호할 수 없다. 또한 다른 개체의 수익을 계산하지 못하는 종이 보상에 기반한 모방을 선호할 수도 없다. 어떤 동물이 먼 거리를 볼 수 없다면 먼 거리에 있는 것을 모방할 수 없으며, 다른 동물들이 근거리에서 관찰하도록 내버려 두지 않으면 그 동물들의 세밀한 움직임을 모방할 수 없을 것이다.[66] 이런 숙고를 이어가다 보면, 더 정확하고 보다 효율적인 모방을 선호하는 자연선택이 동물의 인지적, 지각적, 사회적 특성에 어떤 영향을 미치는지 생각해 볼 수 있다. 더 효과적인 모방에 대한 자연선택은 뇌와 인지의 진화에 연쇄적인 효과를 일으킬 것이다. 증거에 따르면, 이러한 종류의 파급효과가 인간에 이르는 영장류 계통에서 발생했으며, 이로 인해 우리 조상에게서 다른 개체를 모방하는 더 일반적인 능력이 진화했고, 이는 마음의 진화에도 커다란 영향을 주었다. 그것이 어떻게 일어났는지 알아내기 위한 우리의 연구는 이어지는 두 장에서 소개할 것이다.

5장

창의성의 기원

The Roots of Creativity

1921년, 잉글랜드 남쪽 해안 사우샘프턴 근교의 한 작은 마을에서 푸른박새 한 마리가 가정집 현관에 배달된 우유병의 알루미늄포일 마개를 쪼아서 고열량의 크림을 마시는 것이 관찰되었다.[1] 그 새가 맨 처음으로 우유병에서 크림을 훔쳐 먹은 새인지는 확실하지 않다. 오히려 발각된 새는 아침 식사를 몰래 훔쳐 먹던 다른 은밀한 개체를 모방했을 가능성이 크다. 그럼에도 조류 관찰자들이 많은 영국 같은 나라에서, 도둑 새들은 그들의 도둑질이 오랫동안 발각되지 않기를 기대할 수 없었다. 전문적인 동물생물학자들에 이어서, 아마추어 조류학자들도 새의 도둑질이 주변 지역으로 퍼지는 동안 이러한 행동을 반복적으로 목격했다고 진술했다. 곧 수십 종의 다른 새들도 동일한 습관을 습득했고, 이는 영국 대중들의 관심 대상이 되었다. 조류 애호가들은 토스트를 다 먹고 나서 삶은 계란을 창문에 붙이고는 깃털 달린 도둑들이 나타나기를 기다렸다. 이후 30여 년간 우유병 마개를 여는 새들의 모습이 '희귀 조류 애호가들twitchers'에게 관찰되었는데, 그들은 특유의 집요함으로 이 매력적인 습성이 영국 전역에, 심지어

는 유럽 대륙까지 퍼지며 여러 마을과 동네로 확산되는 것을 주의 깊게 관찰했다.[2]

아마도 이 사건은 동물 집단에서 새로운 학습 행동이 확산된 사례들 가운데 가장 잘 알려진 사례일 것이다. 그 후 동물행동학자들은 새장에 갇힌 새들에게 우유병 열기 실험을 진행했으며,[3] 수학적, 통계적 모델을 이용해 이러한 습관의 확산을 분석했다.[4] 연구에 따르면, 수많은 개체들이 알루미늄포일 마개를 어떻게 쪼아야 하는지 수수께끼를 풀었으며, 심지어 다른 개체를 모방할 기회가 없었는데도 문제를 해결할 수 있었다. 병마개 열기는 새에게 꽤 직관적인 행동으로 보인다. 또한 연구자들은 새들이 모방을 통해 습성을 습득할 뿐만 아니라, 다른 새들이 열어놓은 우유병을 보는 것만으로도 습성을 습득할 수 있기 때문에 행동이 쉽게 확산된다는 것도 알아냈다. (이것만으로도 새들에게는 아이디어를 머릿속에 저장할 수 있는 충분한 능력이 있는 것으로 보인다.) 이 특정한 습성은 분명 우유병이 있는 곳에서 독립적으로 몇 차례 발명되어 그들 사이의 사회적 전달을 통해 확산되었을 것이다.[5]

'혁신innovation'을 어떤 문제에 대한 새로운 해결 방법을 고안하거나 새로운 방식으로 환경을 활용하는 것이라고 정의할 때, 우유병 열기는 혁신의 한 가지 사례다. 이 습성은 우리에게 단지 익숙하다는 이유로 특별해 보일 뿐이다. 사실 수천 개의 혁신들이 다양한 동물에 의해 고안되었다. 조류와 포유류가 그들의 행동 목록에 새로운 먹이 종류나 기술을 추가한다는 것은 잘 알려져 있다. 예를 들어, 고래, 돌고래, 새는 자신의 노래에 새로운 음성을 포함시키며, 유인원과 원숭이는 새로운 기만 행동을 만들어 낸다. 영장류와 조류는 새로운 도구를 발명하며, 다른 수많은 동물들이 새로운 구애 과시 행동과 사회적 행동을 만들어 낸다.[6]

동물의 혁신은 매우 다양하다. 영리한 것(오랑우탄은 날카로운 가시와 예리한 날이 있는 잎자루와 같은 지독한 방어 기제를 가진 야자나무로부터 순을 추출하기 위해 영리한 수단을 고안한다[7])부터, 소름 끼치는 것(재갈매기는 토끼를 잡아채서 높은 곳에서 바위를 향해 떨어뜨리거나 바다에 빠뜨려 익사시키는 방법을 발명했다[8]), 매혹적인 것(일본원숭이 집단은 눈덩이를 굴리며 가지고 논다(그림 4)[9]), 정말 역겨운 것(떼까마귀는 얼어붙은 인간의 구토를 먹는다[10])까지 다양하다.

그림 4. 일본원숭이들은 눈과 함께 노는 것을 즐기는 듯하다. 원숭이들은 눈덩이를 자주 굴리며 어린 원숭이들은 심지어 눈싸움을 하기도 한다. 주나의 사용 허락을 받은 사진.

내가 가장 좋아하는 사례는 마이크Mike라는 어린 침팬지에 관한 것이다. 영장류학자 제인 구달이 목격한 바에 따르면, 마이크는 빈 석유통 2개를 함께 두드리는 매우 위협적이고 시끄러운 우월 과시 행동dominance display을 고안함으로써 사회적 지위가 급격히 상승했을 뿐만 아니라, 지금까지 기록된 가장 짧은 시간 만에 우두머리 수컷이 되었다.[11] 놀랍게도 마이크는 단 한 번도 싸우지 않고 이를 성취했다. 호랑이꼬리리머ring-tailed lemur 무리가 늘어진 나뭇가지에 매달려 손이 닿지 않는 물웅덩이에 자신들의 푹신한 꼬리를 적신 다음, 털에 흡수된 물을 입에 짜 넣어 목을 축이는 것 또한 인상적이다.[12] 어느 개코원숭이 무리도 독립적으로 똑같은 습성을 발명했다.[13] 게다가 카리브큰검은찌르레기Carib grackles라는 쿠바 트리니다드의 새들이 먹이를 물에 빠뜨려 먹는다는 것을 알면,[14] 어릴 때 과자를 커피에 적셔 먹는다고 야단을 맞은 적 있는 이들은 깜짝 놀랄 것이다.

나의 실험실은 20여 년간 동물의 창의성과 발명에 대해 연구했으며, 이 장에서 우리의 발견들 가운데 일부를 요약할 것이다. 우리는 실험을 거치며 동물들도 합리적 관점에서 '혁신'이라고 할 수 있는 행동을 보여준다는 확신을 갖게 되었다.[15] 비록 인간이 아닌 동물의 혁신과 인간의 혁신을 같은 선상에 놓을 수 있는지가 논쟁의 대상이 되더라도 그렇다. 우리와 다른 동물 혁신 연구가들의 연구는 인간만이 독점적으로 창의성을 발휘하는 것이 아니라는 강력한 증거들을 제시한다. 많은 동물들이 새로운 행동 패턴을 발명하거나, 기존의 행동을 새로운 맥락에 맞게 변형하거나, 사회적 또는 생태적 스트레스에 대해 새롭고 적절한 방식으로 대응한다.[16] 물론, 음식을 물에 담그는 것과 전자레인지를 발명하는 것에는 엄청난 차이가 있으며, 메시지를 전달하기 위해 깡통을 두드리는 것과 이메일을 전송하는 것은 서로 전혀 다르다. 왜 인간만이 진정 놀라운 이러한 혁신들을 만들 수 있는지가 이 책의 주안점이다. 의심의 여지 없이 우리 종은 뚜렷이 구분되는 창의성을 지니고 있으며, 어떻게 그것이 발생했는지의 문제는 이어지는 장들에서 다룰 것이다. 그럼에도 나는 동물의 혁신을 공부하는 것이 인간 인지의 진화를 이해하는 데 필수적이라고 믿는다. 곧 살펴보겠지만, 이 분야의 연구는 매우 시사하는 바가 많은 자료들을 만들어 냈는데, 이는 인간을 둘러싼 이야기 중에서도 특히 우리 두뇌 크기의 진화와 관련된 부분을 재구성하는 데 중요한 단서를 제공한다. 인간의 성취와 나란히 비교할 때 다른 동물들의 혁신이 인상적이지는 않을지라도, 인간 문화의 근원을 이해하는 데 동물의 혁신을 연구하는 것은 필수적이다.

최근 몇 년 동안, 연구자들은 동물의 혁신을 엄밀하고 체계적으로 연구할 수 있게 되었다. 탐구와 학습과 같은 관련 작용과 혁신을 서로 구분할 수 있게 되었고, 혁신이 동물의 자연적인 행동에서 중요한 역할을 한다는 것을 밝혀냈다. 물론 혁신의 능력은 변화된 환경에서 동물이 생존하는 데 필수적인 능력이다.[17] 예를 들어, 조류 가운데 혁신적인 종은 인간 때문에 새로운 장소로 이주해야 할 때 다른 종에 비해 훨씬 더 잘 생존하고 더 잘 자리 잡는다.[18] 인간의 서식지 파괴가 지속되는 이 시대에, 불모의 환경에 적응해야만 하는 멸종위기 동물에게 혁신은 매우 중요할 것이다.[19] 동물의 생태(예를 들어, 혁신은 분포 범위를 확장하는 동물의 능력을 돕는다)와 진화(예를 들어, 혁신은 개체군 간의 분화를 만들어 내는, 행동 변이의 중요한 원천이다)에서 혁신이 중요한 역할을 한다는 증거들이 점점 늘어나고 있다.[20]

사실을 말하자면, 많은 동물들이 굉장히 창의적이지만 최근까지도 단순하고도 확실한 한 가지 이유 때문에 동물 혁신의 범위는 잘 인지되지 않았었다. 그 이유는 동물 종의 '정상' 행동이 무엇인지에 대한 충분한 이해가 있어야 비로소 새로운 행동도 인지할 수 있다는 것이다. 야생의 흰목꼬리감기원숭이를 수년간 연구한 다음에야, 뱀을 공격하기 위해 곤봉을 사용하는 것을 확실히 혁신이라고 간주할 수 있었다.[21] 마찬가지로 침팬지 영장류 연구자들이 수십 년간 부지런히 관찰한 다음에야, '섀도Shadow'라는 이름을 지닌 성체 수컷이 암컷을 유혹하기 위해 윗입술을 콧구멍 위로 덮는 이례적인 구애 과시 행위를 보였을 때 이것이 새로운 행동이라고 인지할 수 있었다.[22] 그가 구애한 성체 암컷은 그보다 우위에 있었기에 그 전의 구애 행위에 대해서는 공격적으로 대응했지만, 새로운 과시 행위로 섀도는 공격적인 뉘앙스 없이 성적인 관심을 전달할 수 있었다.

적어도 집중적으로 연구된 동물들 가운데, 예를 들어 쥐, 고양이, 개, 비둘기에 대해서는 창의성이 학습 과정의 자연스러운 일부라는 것이 사실로 확립되었다. 19세기 후반, 미국 컬럼비아대학교의 탁월한 심리학자인 에드워드 손다이크Edward Thorndike가 동물의 문제 해결 능력에 대한 고전적인 실험을 수행했다. 이 실험들로 동물 학습에서 가장 유명한 법칙 가운데 하나인 '효과의 법칙law of effect'이 확립되었다.[23] 유명한 연구에서, 손다이크는 고양이를 작은 박스에 넣고 그 고양이가 어떤 단추를 누르거나 어떤 끈을 잡아당기는 것과 같은 탈출 방법을 알아냈을 때 박스에서 벗어날 수 있도록 했다. 고양이들은 갇혀 있는 것을 좋아하지 않았으며, 빗장을 물어뜯거나, 구멍으로 발을 내밀거나, 발이 닿는 모든 곳을 할퀴며 끊임없이 거칠게 발버둥 쳤고, 탈출하기 위해 모든 방법을 시도했다. 결국 고양이들은 탈출 방법을 알아내 박스에서 빠져나갔다. 손다이크는 감금 실험을 반복했고, 몇 번의 시도 동안 동물의 수행에서 성공적이지 않은 행동이 점진적으로 누락되고 성공적인 행동이, 그의 표현에 따르면, 경험에 의해 '각인'되는 것을 관찰했다. 수많은 시도 끝에, 고양이는 상자에 들어가서도 차분하고도 확실한 방법으로 즉각적으로 탈출할 수 있었다.

손다이크의 실험은 동물들이 긍정적인 결과가 따르는 행동을 반복하고 부정적인 결과가 따르는 행동을 제거하는 방식으로 학습한다는 사실을 밝힌 것으로 유명하다. 하지만 그의 실험은 보통 이러한 학습 과정이 새로운 행위의 즉각적인 생성과 함께 시작되며,[24] 이 새로운 행동은 성공적인 요소를 유지하기 위해 경험을 통해서 점차 다듬어진다는 것을 보여준다. 아마도 가장 위대한 학습 이론가이자 오늘날에도 동물 학습 연구자들이 자주 사용하는 '스키너 상자Skinner box'를 고안한, 하버드대학교의 저명한 심리학자인 B. F. 스키너Burrhus Fredrick Skinner도 이와 비슷한 결론에 이르렀다. 스키너는 동물들이 본능적으로 활동적이고, 끊임없이 행동하며, 대개 상황과 개체의 욕구에 따라 새로운 행동이 발생한다는 것을 강조했다.

하지만 모든 동물이 동일하게 혁신을 잘하는 것은 아니다. 1912년으로 거슬러 올라가, 브리스톨의 심리학자 콘위 로이드 모건Conwy Lloyd Morgan은 행동이 이전에 수없이 행해진 반복적인 요소와 일상적인 것에서 벗어난 소수의 창의적인 새로운 행동 요소로 구성되어 있을지도 모른다고 생각했다. 덧붙여, 이러한 새로운 행동 요소는 이른바 "고등동물"에서 더욱 두드러질 것이라고 보았다.[25] 그럼에도 동물 학습의 규칙에 대한 연구에 따르면, 동물이 학습할 때 새로운 행동은 자주 발생하는 것으로 보인다. 오늘날의 동물 행동 연구는 이러한 초기 학습 이론가들의 결론을 입증해 주었다. 앞으로 살펴볼 것처럼, 혁신은 정말이지 광범위하게 이루어지며, 혁신의 성향은 종마다 차이를 보인다.[26]

그런데도 동물행동학자들은 혁신 연구에 도전하기까지 놀라울 정도로 오랜 시간이 걸렸다. 어찌 되었든 개체들이 새롭게 학습된 행동을 서로 학습하며 그 행동이 집단으로 퍼져나가는 경우, 보통 그 과정은 어느 한 개체로부터 시작된다. 이러한 확산은 서로 다른 2개의 과정을 필요로 한다. 즉, 행동적 변이가 처음 개시되는 '혁신'과 새로운 습성이 개체 간에 확산되는 '사회적 학습'이 그것이다. 하지만 동물의 사회적 학습을 연구한 과학 책, 회의, 논문은 넘쳐나지만,[27] 21세기에 이르기까지 동물의 혁신에 관한 주제는 그에 비해 별다른 주목을 받지 못했다. 비록 이와 관련된 동물의 새로운 물건을 좋아하는 성향, 탐구, 통찰 학습과 같은 주제들이 기존의 연구 전통과 함께 지속되고, 인간의 혁신에 관한 연구도 제법 이루어졌지만, 동물의 혁신은 대개 무시되었다.

한 가지 예외는 영장류학의 선구자인 한스 쿠머Hans Kummer와 제인 구달이 1985년에 발표한 중요한 논문이다.[28] 쿠머와 구달은 영장류의 행동에 관한 과학 논문을 리뷰했으며, 비록 "관찰된 혁신들 가운데 일부만이 다른 개체에게 전달되었으며, 그 혁신이 무리 전체로 확산되는 경우는 더욱 드물었다고 하더라도" 영장류의 혁신에 대한 방대한 양의 보고가 있음을 언급했다.[29] 이 혁신들 중 일부는 우연한 사건으로부터 이익을 얻는 원숭이나 유인원의 능력에서 비롯된 것이며, 다른 일부는 기존의 행동 패턴을 새로운 목적을 위해 사용하는 능력에서 비롯된 것이었다. 쿠머와 구달은 때로는 자원이 넘쳐나서 혁신이 촉발되기도 한다고 말했다. 예를 들어, 그러한 혁신은 동물들이 식량을 공급받거나 사육될 때 발생한다. 한 연구에서는 취리히 동물원과 에티오피아 야생 집단의 망토개코원숭이들hamadryas baboon의 행동을 비교했다.[30] 야생에서 관찰된 모든 움직임 그리고 모든 음성 신호는 동물원 집단에서도 관찰되었지만, 동물원 집단에서 관찰된 의사소통 신호 68개 가운데 9개는 야생에서 관찰되지 않았다. 이는 동물원 집단의 신호들 중 일부가 혁신이라는 것을 암시했고, 이것들은 대개 기존의 신호를 정교하게 만든 것이었다. 보다 일반적으로, 혁신은 가뭄이나 사회적인 도전과 같이 필요를 발생시키는 조건에서 나타났다. 후속 연구들에 따르면, '필요는 발명의 어머니'라는 오래된 속담에는 일말의 진실이 있다.[31]

하지만 쿠머와 구달의 논문이 특별히 중요한 이유는 동물의 혁신을 어떻게 실험으로 연구할 수 있는지를 제시하기 때문이다. 그 당시 많은 행동 연구자들은 혁신이 너무나 드물게 발생하기 때문에, 실험으로는 쉽게 연구할 수 없다고 믿었다. 어떻게 1년에 몇 번밖에 일어나지 않는 행동을 연구할 수 있겠는가? 쿠머와 구달은 단순하고도 실용적인 해법을 제시했다. 즉, "자유롭게 살아가는 집단과 감금된 집단 모두에게 체계적인 실험(예를 들어, 세심하게 디자인한 여러 생태적, 기술적 '문제'를 도입하는 것)을 한다면, 새로운 방식으로 혁신적인 행동과 그 혁신이 사회적 집단 내부에서, 그리고 집단 간에 확산되는 것을 연구할 수 있을 것이다".[32] 이 제안은 중요한 것으로 드러났고, 지난 20년간 쿠머와 구달의 접근법은 동물 연구에서 광범위하게 적용되었다. 사육 상태에 있거나 야생에 있는 동물 집단에게 먹이 획득 퍼즐 박스와 같은 새로운 난제가 제시되거나(이상적인 조건은 통제 조건이다), 혁신자의 나이 또는 생태적인 맥락과 같이 그들에게 영향을 주는 요소들이 변화함에 따라 혁신이 발생할 수 있다.

우리 연구 팀이 1990년대에 동물의 혁신을 연구하기 시작했을 때, 쿠머와 구달의 논문이 동물의 혁신을 다룬 유일한 논문은 아니었다. 그럼에도 이 주제에 관한 과학 문헌들은 빈약했다. 동물의 혁신에 대한 만족스러운 정의가 존재하지 않았으며, 그때까지 출간된 몇몇 논문들은 서로 모순되었다. 이러한 문제를 해결하기 위한 하나의 조치로, 나는 2001년 국제비교행동학회International Ethology Congress에서 그 주제에 관한 심포지엄을 구성했으며, 참가자들에게 『동물의 혁신Animal Innovation』이라는 책의 장들을 써달라고 부탁했고,[33] 책은 2년 후 출간되었다. 도입 장에서 공동 편집자인 사이먼 리더Simon Reader와 나는 동물의 혁신을 어떻게 정의해야 하는지에 관한 까다로운 문제들을 논의했다.[34] 매우 도전적인 작업이었지만 여기서는 그 어려운 문제들을 설명하지 않고 지나가겠다.[35] 이어지는 논의를 위해 동물의 혁신을 간략히 정의하자면, 새로운 행동 또는 학습된 행동의 새로운 형태 또는 집단에서 발견된 적 없는 제조된 자원으로 간주할 수 있다.

인간의 혁신이 무엇인지 말해보라고 하면 우리는 알렉산더 플레밍 Alexander Fleming의 페니실린 발명이나 팀 버너스리Tim Berners-Lee의 월드와이드웹 구축을 떠올릴 것이다. 이에 상응하는 동물의 혁신은 아마도 훨씬 덜 인상적일 것이다. 일례로 자동차를 이용해 견과류를 깨 먹는 일본의 까마귀를 들 수 있는데, 이 까마귀는 교통신호가 파란불일 때 자동차 바퀴 쪽으로 호두를 내려놓고 빨간불로 바뀌었을 때 호두를 회수해 갔다.[36] 다른 귀여운 사례로는 찌르레기가 새로운 방식으로 둥지를 꾸미는 것이 있다. 찌르레기는 반짝거리는 물건을 좋아하기로 유명한데, 버지니아주 프레더릭스버그에서는 자동 세차기의 동전 기계를 습격해 25센트 동전으로만 말 그대로 수천 달러를 갖고 달아났다.[37] 공통적으로 이러한 혁신들은 새롭게 도입된 행동이나 물건이다.[38] 우유병 뚜껑을 여는 것이 보여주듯, 동물의 혁신은 사회적 학습으로 확산될 수 있지만, 모방에 의해 새로운 행동이 집단에 등장하는 것은 그 자체로 혁신은 아니다.[39] 사이먼과 내가 강력하게 강조했다시피, 마찬가지로 기이하고 변칙적이기나 특이한 행동을 모두 동물의 혁신으로 규정할 수도 없다. 과학자들이 혁신이라고 부르는 것은 완전히 새로운 것이어야 하며 학습된 행동이어야 한다. 연구자들은 어떠한 기능을 수행하며 특정한 방식으로 반복적으로 행해질 때만 그 행동이 학습된 행동이라는 것을 알 수 있다.[40] 몇몇 연구자들은 용어를 보다 좁은 의미로 사용해야 한다고 주장한다. 예를 들어, 인지적인 능력이 요구되는 과제에만 '혁신'이라는 용어를 제한적으로 사용해야 한다고 주장하는 것이다. 하지만 이 주제에 대해 아직 지식이 일천한 것을 고려할 때, 전체 학문 분야의 차원에서는 보다 포괄적인 정의가 더 유리하다. 자료의 축적은 신생 과학 분야의 가장 중요한 목표인데, 지나치게 엄격한 정의 때문에 새로운 자료를 수집하지 않게 될 수도 있기 때문이다. 이 분야가 그 뒤로 성장한 것과 현재 우리의 정의가 광범위하게 사용되는 것을 볼 때, 우리의 입장이 옳았다는 것을 알 수 있다.[41]

동물 혁신 연구자가 처음 대답해야 하는 질문은 특정한 동물들을 '혁신적'이라고 생각하는 것이 과연 적절한가 하는 것이다. 동물의 혁신은 단지 상황에 의해 유도된 것이며, 우리가 혁신가라고 부르는 동물들은 단지 우연히 가뭄이나 공급된 식량처럼 스트레스가 많거나 변화된 환경 조건에 처한 동물일 가능성도 있다. 반대로 만약 혁신이 정말로 개별적인 동물의 특징이라면, 우리는 과연 모든 개체가 혁신을 행하는지, 또는 대부분의 혁신을 실행하는 일군의 개체들이나 성격 유형이 있는지를 확립할 필요가 있다.

케임브리지대학교의 박사과정 재학생인 레이철 켄들Rachel Kendal은,[42] 동물원에 있는 캘리트리치드callitrichid*(마모셋marmosets, 타마린tamarins, 사자타마린lion tamarins)의 혁신을 연구해 이 질문에 답하고자 했다. 동물행동학 논문들에서 흔하게 사용된 가정 가운데 하나는 어린 영장류 또는 아동기의 영장류가 성체 영장류보다 더 혁신적이라는 것이다. 하지만 이를 지지하는 데이터는 많지 않았다. 연구자들은 고구마 씻기를 발명한 것으로 유명한, 아동기의 일본원숭이 이모와 같은 몇몇 혁신적인 동물들에게 아마도 지나치게 영향을 받은 것일지도 모른다. 어린 개체의 혁신 경향은 어린 동물이 탐구하거나 놀이하는 시간이 많기 때문에 발생하는 연쇄효과로 추정되었는데, 이는 그럴듯한 설명이다. 물론 놀이가 창의성을 발생시키고 혁신을 자극한다는 설득력 있는 주장도 내세울 수 있을 것이다. 놀이는 관습에서 벗어나 삶의 과제에 대해 조금 더 나은 해결 방법을 탐구하도록 만드는 적응일 수도 있었다.[43] 하지만 새로운 대상, 먹이, 먹이 획득 과제에 대한 반

* 신세계원숭이new world monkey의 한 과family.

응에서, 캘리트리치드 원숭이들은 나이와의 상관관계에 대한 정반대의 증거를 보여주었다.

이 문제를 해결하기 위해 레이철은 쿠머와 구달의 권고에 따라 원숭이들에게 먹이 획득에 대한 새로운 과제를 제시했는데, 이 과제에서 원숭이들은 간단한 퍼즐 박스를 여는 데 성공하면 그들이 매우 선호하는 먹이를 획득할 수 있었다. 그녀는 영국의 동물원에 있는 캘리트리치드 원숭이 무리들에게 이 퍼즐 박스를 제시했다. 레이철은 먼저 원숭이의 나이에 따라 새것에 대한 반응(예를 들어, 새것에 대한 선호), 탐구, 혁신의 정도가 달라지는지 알아보았다. 26개 동물원에서 100종 이상의 캘리트리치드 원숭이에게 반복적으로 퍼즐 박스 과제가 주어졌다. 원숭이가 먹이에 접근하기 위해서는, 예를 들어 경첩이 달린 구멍을 밀어서 열고 구멍에 손을 넣어 박스의 덮개를 들어 올려야만 한다. 레이철은 각각의 집단에서 처음으로 접근하고, 만져보고, 각각의 과제를 해결하는 개체를 기록했으며, 그 해결 방법이 확산되는 것과 관련 있는 여러 변수들을 기록했다.[44]

연구에 따르면, 나이에 따라 캘리트리치드 원숭이의 혁신 정도에 차이가 있기는 했지만, 나이 많은 원숭이가 어린 원숭이보다 과제를 훨씬 더 자주 먼저 해결했다. 처음으로 접근하고 만지는 개체들 중에는 어린 원숭이가 많았지만, 대개 성체 원숭이가 처음으로 과제를 해결한 것이다. 나이 든 개체들이 장치를 만져서 먹이를 추출하는 데 더 뛰어난 능력을 지닌 것으로 보인다.[45]

혁신이 동물 집단으로 확산될 때 우리는 보통 그 동물들이 서로로부터 학습할 것이라고 가정하는데, 이는 대부분의 경우 사실이다. 하지만 연구자들은 사회적 전달만을 가정할 수는 없는데, 이론적으로 그러한 혁신을 숙달하기가 그리 어렵지 않다면 개체들이 그것을 각각 독립적으로 학습했을 수도 있기 때문이다. 물론 사회적 전달을 연구하는 몇 년 동안 나는 새로운 행동 패턴이 동물 집단으로 확산되는 꽤 많은 사례들을 접할 수 있었으며, 이 사례들은 정말 사회적으로 전달되는 행동을 닮았다. 하지만 이후 분석에 따르면, 그 동물들은 그 과제를 독립적으로 학습한 것으로 드러났다.[46] 야생동물들의 사회적 학습과 비사회적 학습을 구분하는 것은 더 큰 문제다. 연구 대상인 동물들의 개인사를 아는 경우가 거의 없기 때문이다. 이 문제에 관한 주요한 논쟁은 아직 진행 중이다. 예를 들어, 침팬지나 돌고래 같은 동물에게 '문화'가 있다는 주장은 견과류 깨기, 흰개미 사냥, 나뭇잎 스펀지 사용하기와 같은 습관들이 사회적으로 학습되었다는 명백한 증거가 존재하지 않아 심각한 위협을 받고 있다.[47]

이러한 이유로, 우리 실험실은 야생동물 집단에서 사회적 학습으로 인해 혁신이 확산되는 것을 진단할 수 있는 새로운 수학적, 통계적 방법을 고안하는 데 많은 노력을 기울였다. '선택지 편향option bias' 방법이 그 도구 가운데 하나인데,[48] 이 방법은 단순한 원리에 근거한다. 그 원리는 과제를 해결하는 방법이 하나 이상인 경우(다시 말해, 여러 '선택지'가 존재할 경우), 개체들이 서로의 방법을 모방하기 때문에 사회적 전달이 선택지 사용 패턴에 '편향'을 발생시킬 것이라는 점이다. 만약 어느 원숭이 집단이 동일하게 쉬운 대안이 존재하는데도 어떤 문제를 모두 한 가지 방식으로만 해결한다면, 연구자들은 이러한 선택지 선정의 편향으로부터 원숭이들이 서로 모방했을 것이라고 추정할 수 있다. 이는 선택지 사용의 편향이 우연이나 비사회적 학습에서 비롯되었을 가능성을 계산하는 통계적인 방법도 필요로 한다. 만약 관찰된 선택지 편향이 충분히 크다면, 그 동물들이 독립적으로 학습했다는 대안적인 가설은 기각되며, 그들의 행동이 사회적 전달에 의한 것이라고 안전하게 결론 내릴 수 있다. 레이철의 원숭이 실험에서도, 우리는 혁신가가 고안한 해법들 가운데 일부가 사회적 학습으로 확산되었다고 결론 내릴 수 있었다.

모든 것을 고려할 때, 레이철의 실험 결과는 나이 든 원숭이들이 더 많은 경험과 더 뛰어난 신체적 역량으로 어린 원숭이들보다 더 자주 혁신하고 새로운 문제를 더 효율적으로 해결한다는 것을 암시한다. 또한, 어린 원숭이들이 그러한 새로운 먹이 획득 습관을 사회적 학습으로 습득했다는 것을 암시한다.[49] 나이 든 원숭이들은 삶의 경험이 더 많은 덕분에 어린 개체들을 능가하는 것으로 보이며, 여기에는 더 나은 조작 기술, 더 센 힘, 성숙함과 같이 발달과 관계된 요소들도 작용했을 가능성이 있다. 발달상에는 분기점이 존재하는 것처럼 보이는데(캘리트리치드 원숭이들의 경우, 약 4세에 해당한다), 캘리트리치드의 개체들은 이 시기부터 기존의 조작 경험으로 먹이를 추출하는 데 충분한 능력을 발휘하며, 다른 개체의 도움 없이도 먹이를 성공적이고 효율적으로 추출하기 시작한다. 적어도 이 원숭이들이 혁신을 하기 위해서는 그들에게 어느 정도의 지식과 기술이 필요한 듯하다.[50]

혁신적인 행동의 변이를 설명하는 것은 나이만이 아니다. 실험에 따르면, 문제 해결 능력 면에서 종간 차이가 일관되게 드러났다. 사자타마린은 타마린과 마모셋보다 퍼즐 박스에 더 빠르게 반응했으며, 과제 성공률도 더 높았고, 퍼즐 박스를 더 많이 조작했으며, 과제에 대한 집중력과 다른 개체의 성공에 대한 주목도도 더 뛰어났다.[51] 이 발견은 더 많은 조작과 탐구를 요구하는 먹이 획득 방법에 의존하는 종일수록 새로운 것을 덜 싫어하고 더 혁신적이라는 기존 연구와 일치한다.[52] 먹이를 추출해 획득하는 것은 땅속의 뿌리나 곤충, 딱딱한 껍데기가 있는 견과류나 과일처럼 표층이나 외피 아래에 있는 먹이를 찾아내고 가공하는 행위다.[53] 사자타마린은 광범위하게 먹이를 추출하며, 갈고리 손발톱을 사용해 나무껍질 안쪽을 파서 다양한 곤충과 먹이를 찾는다.[54] 마모셋도 먹이를 추출하지만 사자타마린보다는 몇몇 특정한 먹이만을 추출하며, 대부분은 나무의 수액에서 영양을 얻는다.[55] 반면, 레이철이 연구한 모든 타마린 종은 먹이를 추출하지 않았다.[56] 따라서 타마린에서 마모셋, 사자타마린으로 갈수록 혁신의 정도가 증가한다는 레이철의 실험 결과는, 먹이를 추출해 얻는 방법이 먹이 획득 과제에 유연하게 반응하는 능력의 형태로 지능의 진화를 촉진했을 수도 있다는 가설과 부합한다.[57]

조류에 관한 연구들은 발명과 혁신의 확산에 영향을 주는 요소가 무엇인지에 대한 또 다른 통찰들을 제공한다. 세인트앤드루스대학교의 석사과정 재학생 닐체 부거트Neeltje Boogert는 혁신이 확산되는 패턴을 설명하는 개인적 수준과 사회집단적 수준의 변수들을 사육된 찌르레기 무리들에서 찾으려고 노력했다.[58] 예컨대, 교제 패턴(누가 누구와 시간을 보내는가), 서열(누가 누구에 비해 우위에 있는가), 새것을 싫어하는 정도(예를 들어, 누가 새로운 지역이나 물건을 재빠르게 탐구하는가), 비사회적 학습의 수행 등을 고려했다.[59] 이번에도 쿠머와 구달의 제안에 따라서, 각각의 작은 찌르레기 무리들에게는 일련의 새로운 먹이 추출 과제가 제시되었으며, 닐체는 각각의 새가 각각의 과제를 시도하기까지의 시간과 해결한 시간을 기록했으며, 시도하고 해결한 순서도 기록했다. 그다음 우리는 어떤 변수가 관찰된 행동을 가장 잘 설명하는지를 탐구했다.

닐체의 발견 가운데 놀라운 것은, 각 개체가 고립되었을 때 측정한 비사회적 학습 수행 능력이 사회적 집단에서 어떤 새가 가장 먼저 새로운 먹이 획득 과제를 풀 것인지를 예측한다는 것이다. 다시 말해, 기존에 측정한 학습 수행도만으로 찌르레기가 얼마나 혁신적일지를 예측할 수 있다는 뜻이다. 혁신적인 개체가 좋은 학습자라는 것은 물론 매우 직관적인 것이지만, 실험 결과도 이런 식으로 나올 필요는 없다. 예를 들어, 우위에 있는 개체가 과제를 독점하거나, 새것을 싫어하는 정도가 학습 능력보다 결과를 더 잘 예측한다는 결과가 나오더라도 우리는 놀라지 않았을 것이다.

소심한 개체는 퍼즐 박스에 접근하지 않을 것이기 때문이다. 직관적인 예측이 맞아떨어지지 않는 경우도 제법 있다. 예를 들어, 닐체가 초기에 발견한 바에 따르면, 서로 어울리는 정도는 해법이 확산되는 정도와 아무런 상관이 없었다. 이는 새들이 학습 대상으로 가까운 동료, 자신과 거의 시간을 보내지 않은 개체, 이 둘을 차별하지 않았다는 것을 의미한다. 우리는 이 결과에 놀랐는데, 상당한 모방이 이루어진다는 연구도 있었기 때문이다.[60] 우리는 새들이 가까운 동료로부터 학습하지 않을지도 모른다는 결론을 내렸다. 감금된 환경에서 울타리의 크기가 비교적 작기 때문에, 새들은 거의 언제나 집단의 모든 구성원을 쉽게 볼 수 있으며, 따라서 서로에게 쉽게 배울 수 있었다. 야생에 더 가까운 환경에서 살아가는 조류들의 더 큰 무리에서는, 혁신이 동료들의 네트워크를 따라 확산될지도 모른다. 이 가설은 최근에 야생 조류에서 입증되었다.[61] 하지만 우리는 동물들의 네트워크에서 사회적 전달이 발생했을 때 이를 감지해 내는 보다 강력한 통계적인 도구인 네트워트 기반 전파 분석법network-based diffusion analysis을 개발했고,[62] 이 분석법으로 닐체의 찌르레기 자료를 다시 분석한 결과 새들이 가까운 동료로부터 학습한다는 증거를 찾았다. 그 후, 이 도구는 조류, 고래류, 큰가시고기류, 영장류에서의 네트워크 기반 전파를 증명하는 데 사용되었다.[63]

나의 경험에 비추어 볼 때, 어류가 문제 해결 능력을 지녔다는 주장보다는 영장류와 조류가 혁신할 수 있다는 주장을 받아들이기가 더 쉬울 것이다. 하지만 이미 살펴본 것처럼, 물고기들은 좋은 학습자이며 사회적 행동의 많은 면들을 연구할 수 있는 편리한 모델 동물이다. 게다가 물고기에게 시행할 수 있는 실험을 영장류처럼 보다 똑똑한 동물들에게 시행하는 것은 실질적으로 불가능하다. 혁신을 실험으로 연구하는 것도 마찬가지다. 만약 혁신가를 집단에서 어떤 문제를 처음으로 해결하는 개체라고 정의한다면, 연구자는 혁신의 일관된 패턴을 보기 위해 커다란 규모의 개체군을 연구해야 한다. 연구자가 개코원숭이 무리에게 새로운 먹이 획득 과제를 부여했을 때, 열위에 있던 두 살짜리 수컷이 그 과제를 처음으로 해결하는 상황을 상상해 보라. 어떤 결론을 내릴 수 있을까? 그 연구자가 대부분의 혁신자들이 수컷이고, 나이가 어리며, 열위에 있는 개체라고 결론 내릴 수는 없을 텐데, 처음 해결한 그 수컷의 성공 이유가 그러한 특징들 때문은 아닐 것이기 때문이다. 혁신의 실제 패턴을 관찰하려면, 다른 수많은 개코원숭이 집단에게 동일한 과제가 주어져야 한다. 예를 들어, 우위 개체 바로 아래의 개코원숭이들이 과제를 해결하는 것이 일관되게 관찰된다면, 연구자는 사회적 지위와 혁신이 서로 관련 있으며, 다른 요소들은 인과적으로 유의미하지 않다는 것을 암시한다고 결론 내릴 수 있을 것이다. 하지만 문제는 많은 수의 포획된 개코원숭이 개체군을 마련해 연구할 정도로 충분한 자원을 가진 전문적인 동물행동학자가 없다는 것이다. 따라서 이런 종류의 실험은 개코원숭이, 또는 다른 어떠한 영장류 종을 통해서든 시행하는 것이 불가능하다. 반면 수조에 작은 물고기 개체군을 여러 개 마련하는 것은 그리 어려운 일이 아니며, 바로 이것이 물고기가 진가를 발휘하는 부분이다.

나는 지금은 맥길대학교에 있는, 케임브리지대학교의 박사과정 학생 사이먼 리더와 함께 작은 열대어인 구피 무리들을 여러 실험실 수조에 마련하고,[64] 그들에게 숨겨진 먹이를 찾아야 하는 새로운 미로 과제를 제시했다. 미로는 작은 구멍이 있는 칸막이나 여러 구획으로 구성되었으며, 물고기는 이 안을 헤엄쳐 빠져나가 먹이를 찾아야 했다.[65] 우리는 각 개체군에서 처음으로 미로를 빠져나와 먹이를 먹는 개체를 '혁신자'라고 불렀다.[66] 개체군은 모두 69개였으며 각각 16마리로 구성되었는데, 개체군들은 성비, 배고픔의 정도, 몸의 크기 면에서 서로 달랐다. 이 실험은 이 가운데 어떤 특성들이 혁신자들에게 일관되게 나타나는지 확인하기 위해 설계되었다.

우리는 일관된 패턴을 찾을 수 있었다. 혁신자 중에는 암컷이 수컷보다, 배가 고픈 개체가 그렇지 않은 개체보다, 몸집이 작은 물고기가 큰 물고기보다 유의미하게 많았다.[67] 이러한 패턴은 물고기 간의 활동성이나 헤엄치는 속도의 차이에서 비롯된 것이 아니었다. 혁신자들은 가장 활동적인 물고기도 아니었고(수컷이 암컷보다 더 활동적이다), 헤엄치는 속도가 가장 빠른 물고기도 아니었다(큰 물고기가 작은 물고기보다 더 빠르게 헤엄친다).[68] 오히려 물고기들이 지닌 동기의 차이가 관찰된 패턴을 가장 잘 설명한다. 미로를 처음으로 해결한 개체는 배고픈 개체이거나, 성장기 또는 임신으로 인한 신진대사 비용 때문에 새로운 먹이 획득 해법을 찾고자 한 개체였다. 작은 물고기는 성장 속도가 빠르기 때문에 신진대사 비용이 더 크다. 따라서 큰 물고기에 비해 먹이를 더 자주 획득할 필요가 있다.[69] 구피는 태생어live-bearing fish이기 때문에 암컷 성체는 성인기의 대부분을 임신한 채로 보내는데, 이는 에너지 섭취에 큰 부담을 지운다. 우리가 수행한 다른 실험에 따르면, 성별에 따른 이러한 먹이 획득 수행도의 차이는 성적으로 미성숙한 물고기를 테스트할 때 사라진다.[70] 여기서 영리함이나 능력보다는 동기가 혁신의 패턴을 설명한다. 물고기들은 대개 가본 적 없는 구멍이나 어두운 칸으로 헤엄치기를 꺼려한다. 포식자가 그 뒤에 숨어 있을 수도 있기 때문이다. 배고픔을 더 느낄수록 먹이를 얻기 위해 위험을 감수하거나 새로운 해법을 시도할 가능성이 커진다.

동기가 어떻게 혁신에 영향을 주는지 더 알아보기 위해, 우리는 구피로 또 다른 실험을 진행했다. 새로운 실험에서는 과거의 먹이 획득 성공률과 먹이 획득 방법의 혁신 사이의 관계를 탐구했다.[71] 우리는 2주 동안 매일 물고기에게 먹이를 주었고, 먹이를 줄 때마다 한 번에 1개씩 주어서 특정한 개체들로 하여금 먹이를 독점하도록 했다. 그 결과, 먹이 획득 성공률 면에서 물고기들 간에 상당한 변이를 만들어 낼 수 있었다.[72] 우리는 각 개체가 2주 동안 섭취한 먹이의 양을 정확히 기록했으며, 실험 전후로 각 물고기들의 몸무게를 측정했다. 그다음에는 각 개체군에게 3개의 새로운 미로 과제를 제시했으며, 각 물고기가 각각의 미로를 탈출하는 데 걸린 시간을 기록했다. 우리는 새로운 먹이 획득 과제가 주어졌을 때, 불쌍한 경쟁자(몸무게가 가장 조금 늘고, 먹이를 가장 적게 먹은 물고기)가 풍요한 경쟁자보다 혁신 가능성이 더 높을 것이라 예측했다. 수컷 물고기의 행동은 우리의 예측에 정확히 부합했다. 먹이 획득 과제를 완수한 시간은 늘어난 몸무게, 섭취한 먹이의 수와 양의 상관관계에 있었다. 하지만 암컷 물고기에서는 그러한 상관관계를 관찰할 수 없었다. 그럼에도 암컷의 수행도는 높았는데, 과거의 먹이 획득 성공률과 관계없이, 암컷 구피는 수컷보다 먹이 획득 과제를 해결하고자 하는 동기가 훨씬 큰 것처럼 보였다.

진화론은 이러한 발견들을 해명한다. 동물들은 많은 경우 암컷이 수컷보다 자식의 발달에 더 많이 투자한다. 자식에 대한 투자에서 나타나는 이러한 차이 때문에 수컷은 난잡한 짝짓기를 해도 잃을 것이 비교적 적으며, 따라서 최대한 많은 씨를 뿌리고자 한다. 반면 암컷은 짝을 고르는 데 더 조심스럽고 까다롭다. 성별에 따른 이러한 차이는 이를 발견한 앵거스 베이트먼Angus Bateman의 이름을 따서 '베이트먼 원리Bateman's principle'라고 한다.[73] 사실 상황은 이보다 조금 더 복잡하며, 다양한 요인들이 두 성별의 난잡함과 까다로움에 영향을 준다.[74] 인간의 경우는 특히 더 그렇다.[75] 그럼에도 많은 동물들의 경우, 암컷의 번식 성공은 주로 먹이 자원에의 접근에 달려 있으며, 수컷의 번식 성공은 짝의 수에 달려 있다.[76] 구피도 이 패턴에서 예외가 아니다. 암컷이 태생으로 자식을 낳으며, 자식의 발달에 엄청난 에너지와 자원을 쏟아붓기 때문이다. 그 결과, 높은 질의 먹이를 찾는 것은 수컷보다 암컷의 적합도에 훨씬 더 큰 영향을 미친다.[77] 암컷 구피가 더 많이 먹을수록 더 많은 수정란이 만들어지며, 따라서 더 많은 자식이 태어난다.[78] 암컷은 이전 짝짓기에서 얻은 정자를 여러 주 동안 보관할 수 있기 때문에, 암컷에게 짝짓기는 대부분 우선순위가 아니다. 보통 암컷은 짝보다는 먹이를 필요로 한다. 이것이 바로 에너지를 얼마나 보유하고 있는지와 관계없이 암컷 구피가 문제 풀이 과제를 잘 수행한 이유다. 암컷들은 끊임없이 먹이를 찾고자 한다. 반면, 수컷 구피는 대부분의 시간을 암컷을 찾고, 암컷에게 과시하며, 암컷을 유혹해 짝짓기를 시도하고, 암컷에게 어필하지 못했더라도 은밀하게 짝짓기를 시도한다. 실험실에서의 연구에 따르면 수컷 구피는 5분마다 평균 7회씩 암컷에게 자신을 과시했으며,[79] 야생에서의 현장 연구에 따르면 암컷은 은밀한 짝짓기 시도를 1분마다 당했다.[80] 암컷을 쫓아다닐 수 있을 만큼만 먹이를 구하는 수컷 구피가 가장 많은 자손을 남겼다. 잘 먹은 수컷에게는 먹이 획득 과제를 해결하는 것보다 더 중요한 우선순위가 있는데, 우리의 실험에서 먹이 획득 성공률과 문제 해결 수행도 간에 트레이드오프가 관찰되는 것도 이러한 이유 때문이다.

지금까지 언급한 실험들, 그리고 이와 비슷한 종류의 실험들은 동물 혁신에 관해 근간이 되는 연구다. 그 실험들은 현상에 대한 기본적인 이해를 얻기 위해 수행되었다. 하지만 내 생각에는, 동물 혁신에 관한 오늘날의 이해는 동물의 문제 해결 능력에 대한 실험을 통한 관찰보다는 이론적인 접근에서 비롯된다. 그러한 실험들은 분명 가치 있지만, 동물 혁신에 대한 연구는 조류의 먹이 획득 혁신 사례를 2,000건 넘게 조사한 연구 덕분에 한 걸음을 더 내딛을 수 있었다.[81] 이 연구는 지금까지 수행된 동물 혁신에 대한 개관 연구들 중에서 가장 철저하게 진행된 연구다. 이 연구는 창의적인 연구로 유명한, 캐나다 맥길대학교의 생물학자 루이스 르페브르Louis Lefebvre에 의해 수행된 것이다. 르페브르는 조류의 행동에 대한 과학 학술지들에 실린 짧은 메모들에 주목했는데, 이는 특정 종의 조류가 보인 특이하거나 새로운 행동을 적어놓은 것이었다. 르페브르는 이를 흥미로운 기회라고 여기고 연구 팀을 꾸려 '새로운' 또는 '이전에 관찰된 적 없는' 등의 키워드를 사용해 혁신의 사례들을 수집했고, 새의 두뇌 크기가 혁신의 정도와 어떤 관계가 있는지 알아보기 시작했다.

이러한 상관관계를 기대할 만한 이유가 있었는데, 바로 버클리대학교의 생화학자 앨런 윌슨이 예전에 제시한 '문화적 추동 가설cultural drive hypothesis'이었다.[82] (윌슨에 대해서는 다음 장에서 더 이야기할 것이다). 윌슨은 문화적 전달로 행동의 혁신이 확산됨에 따라 동물들이 새로운 방식으로 환경을 활용하게 되며, 그 결과로 유전자의 진화 속도가 증가한다고 주장했다.[83] 그는 개체들에게 삶의 과제를 해결하는 새로운 방법을 고안하는 능력이나 다른 동물들의 좋은 아이디어를 모방하는 능력이 있을 때, 그들이 생존과 번식 투쟁에서 이점을 가진다고 보았다. 이러한 능력들이 뇌세포에 기반한다고 가정하면, 혁신성과 사회적 학습 능력에 대한 자연선택은 더욱더 큰 뇌를 선호할 것이며, 이는 다시 혁신과 사회적 학습 능력을 더욱 향상시킬 것이다. 윌슨에 따르면, 이러한 문화적 추동은 인류에서 정점을 찍었으며, 결국 인간을 가장 혁신적인 종이자 문화에 가장 의존하는 종으로 만들었으며, 뇌의 크기도 극단적으로 증가시켰다. 윌슨이 옳다면, 문화적 추동은 인간 뇌의 진화에서 핵심적인 역할을 했을 것이다.

르페브르와 그의 동료들은 예측한 상관관계를 정말로 발견했다.[84] 서로 다른 조류 종들이 혁신을 만들어 내는 비율은 그들의 측정된 두뇌 크기와 양의 상관관계에 있었다. 혁신에 대한 보고가 가장 많은 종은 두뇌 크기가 가장 큰 축에 속했으며, 작은 뇌를 지닌 새는 혁신과 거의 관련이 없었다. 물론 이와 같은 상관관계에 대한 연구는 보고 편향reporting bias에 취약하지만,[85] 르페브르와 그의 동료들은 그 편향의 정도를 평가하고 상쇄할 수 있는 통계적인 방법을 고안했다. 이 연구와 후속 연구들은 혁신에 관한 데이터가 행동 유연성의 한 측면에 대한 유용하고, 강력하며, 자연스러운 측정값이라고 믿을 만한 근거를 제공했다.[86]

르페브르 연구진의 선도적인 연구로 인해, 조류와 영장류의 혁신, 생태, 인지 사이의 관계에 대한 추가적인 연구가 촉발되었다. 혁신이 낯선 환경에서 생존하는 데 도움이 된다는 가설을 검증하기 위해, 생물학자 대니얼 솔Daniel Sol과 그의 동료들은 인간이 조류 종들을 새로운 서식지로 강제로 이주시켰던 일련의 야생 실험들을 활용했다. 첫 번째 연구는 주로 뉴질랜드에서 이루어졌으나, 이후에는 전 지구적인 차원에서 분석을 이어 나갔다.[87] 혁신적인 조류 종은 혁신적이지 않은 종보다 새로운 지역으로 강제로 이주당했을 때 더 잘 자리 잡고 더 잘 생존했다.[88] 이 연구는 혁신적인 것이 생존에 도움이 된다는 것을 보여주는데, 특히 변화된 환경에서 더 그렇다. 또 다른 흥미로운 실험 결과는 철새들이 철새가 아닌 다른 새들보다 혁신성이 떨어지며, 철새가 아닌 새들은 혹독한 겨울철에 가장 많은 혁신을 한다는 것이었다.[89] 이는 철새가 이동해야 하는 이유가 힘든 겨울철에 행동적으로 적응할 수 없기 때문이라는 점을 암시한다. 후속 연구에 따르면, 혁신적인 조류 종은 그렇지 않은 종보다 새로운 종으로 분화할 가능성이 더 높다는 것이 밝혀졌다.[90]

나는 르페브르의 논문을 읽었을 때 느낀 벅찬 흥분을 기억한다. 나에게 그의 연구는 획기적인 개념을 제시했다. 그의 연구는 뇌의 부피로 동물이 얼마나 혁신적인지 예측할 수 있다는 것을 보여줄 뿐만 아니라, 혁신성의 향상이 생존과 번식에도 이득일 수 있다는 강력한 증거를 처음으로 제시한다. 자연선택은 융통성에 기반한 생존 전략의 일부로 혁신성을 선호했을 것이다. 여기서 융통성이란, 예상하기 어렵거나 변화하는 환경에 대처하고, 다른 개체와의 경쟁에서 이기기 위해 행동을 수정하는 능력을 말한다. 혁신성을 향한 자연선택이 진화적 시간 동안 두뇌 크기의 증가를 추동했을 수도 있다.

르페브르의 연구는 새로운 방법론까지 제시한다. 우리를 비롯한 연구자들이 수행한 실험 연구가 혁신적인 행동의 패턴을 보여주기 시작했지만, 그러한 연구는 필연적으로 적은 수의 종의 행동을 연구할 수 있었을 뿐이다. 연구 결과가 얼마나 일반적인지는 불분명하다. 예를 들어, 우리의 실험에 따르면 어린 개체보다 성숙한 개체가 혁신을 더 잘하며, 부모의 투자 패턴으로 혁신에서의 성차를 예측할 수 있다. 하지만 르페브르는 진정 일반적인 방법으로, 몇십 종, 심지어 몇백 종에 걸쳐서 그러한 가설을 검증하는 방법을 제시했다.

르페브르와 그의 동료들에게 영감을 얻은 사이먼 리더와 나는 그들의 방법론을 영장류에 적용해 보았다. 불행하게도, 영장류학자들은 조류학자들처럼 혁신의 사례를 독립적인 짧은 메모로 출간하는 전통이 없었다. 할 수 없이 사이먼은 영장류 혁신의 사례들을 점검하기 위해 유명 과학 학술지에 출간된, 말 그대로 수천 개의 과학 논문을 체계적으로 훑어보았다. 또한, 사회적 학습의 비율에 대한 자료도 수집했다. 데이터를 모으는 데 수년간의 엄청난 노력이 필요했지만, 사이먼은 끈질겼다. 결국 그는 영장류 42종에 대한, 500개가 넘는 혁신 사례들 그리고 약간의 사회적 학습 사례들로 이루어진 방대한 데이터베이스를 구축했다.[91]

우리는 열렬한 기대를 받으며, 영장류 데이터에서 패턴을 찾기 위해 통계분석을 수행했다.[92] 결과는 고무적이었다. 우리의 캘리트리치드 원숭이 실험과 마찬가지로, 전체 데이터베이스에서 어린 영장류보다 성숙한 영장류에게서 혁신의 사례가 더 많이 관찰되었다. 필요가 일반적으로 동물 혁신의 어머니라는 우리의 가설처럼(이는 우리의 물고기 실험에서 기인한 가설이다), 모든 영장류에 대해 개체군에서의 수를 고려한 결과 사이먼은 낮은 지위의 개체들이 높은 지위의 개체들보다 더 많이 혁신하는 것을 발견했다. 높은 지위의 개체들은 대개 먹이나 짝을 비롯한 자원에 접근할 수 있는 특권이 있기 때문에, 낮은 지위의 개체들과는 달리 자신들이 원하는 것을 얻기 위해 혁신할 필요가 없을 것이다. 반면 낮은 지위에 있는 영장류들은 생존하기 위해 창의성을 발휘해야 한다. 예를 들어, 새로운 먹이 획득 기술을 고안하거나, 새로운 먹이를 활용하거나, 혁신적인 방법으로 짝짓기를 시도해야 하는데, 이와 같은 것들을 성취하기 위해 낮은 지위의 개체들은 전략적인 동맹을 형성하기도 한다.[93] 또한, 우리는 암컷 영장류보다 수컷 영장류에게서 더 많은 혁신의 사례를 발견했다.[94] 이러한 성차는 성적 행위와 공격적 행위에서 특히 두드러졌다. 이 발견은 구피의 혁신에서 나타나는 성차와 비슷한 방식으로 설명할 수 있지만, 영장류의 경우에는 한계 이익이 더 큰 것이 수컷이라는 점만 다르다. 수컷의 경우, 혁신을 이용해 짝에 접근할 수 있기 때문이다. 게다가 사이먼은 영장류의 혁신 사례들 가운데 절반 정도가 일정 기간의 먹이 부족 또는 건기나 서식지 악화 등의 생태적인 문제 이후에 발생했다는 것을 발견했다. 다시 한번, 이 패턴은 필요 가설과 맞아떨어진다. 영장류 데이터베이스는 우리 실험의 결과에 신뢰성을 부여했다.

하지만 내가 가장 검증하고 싶었던 것은 영장류의 혁신 비율과 두뇌 크기의 상관관계였다. 르페브르의 강력한 연구가 있었지만, 그 연구로 인해 갈증이 더 생겼다. 르페브르가 조류에서 찾은 상관관계가 영장류에서 발견될 때만, 윌슨의 문화적 추동 가설이 비로소 인류의 진화에서 의미를 갖게 될 것이었다. 우리는 윌슨이 예측한 것처럼 사회적 학습의 비율이 혁신의 비율과 두뇌 크기와 상관관계에 있는지도 확인할 필요가 있었다. 통계적 비교분석은 수월한 경우가 거의 없다. 종들은 때때로 가까운 친척 관계여서 분석할 때 독립적인 데이터로만 취급할 수 없기에, 이를 복잡한 통계적 방법으로 보정할 필요가 있다. 우리 연구에서는 다른 복잡한 문제도 있었다. 어떤 영장류 종들이 단순히 더 많이 연구되었기 때문에 혁신에 대한 보고도 많을 수 있었다. 예를 들어, 분명히 아이아이aye-aye나 갈라고원숭이bushbaby를 비롯한 잘 알려지지 않은 야행성 원원류보다는 침팬지를 연구하는 연구자들이 훨씬 더 많다.[95] 우리는 우리의 데이터에서 이러한 '연구 노력'을 보정할 필요가 있었다. 게다가 가장 적절한 두뇌 크기의 측정 방식이 무엇인지에 대해 학자들 간에 의견이 일치하지 않았다. 뇌의 절대적인 크기를 써야 하는가, 몸집에 대한 상대적인 뇌의 크기를 써야 하는가? 뇌 전체에 주안점을 두어야 하는가, 신피질처럼 혁신에 중요한 것으로 여겨지는 뇌 영역에만 주안점을 두어야 하는가? 어떤 잠재적인 편향들을 보정해야 하는가? 사이먼과 나는 강력한 연구 결과를 만들기 위해, 결국 여러 다양한 방식으로 데이터를 분석했다.

하지만 분석의 세부 사항들은 차치하더라도, 결과 자체는 매우 명백했다. 혁신율은 다양한 방식으로 측정한 상대적이거나 절대적인 두뇌 크기와 양의 상관관계에 있었다. 이는 계통수에서의 종들의 관계도, 연구 노력도, 그리고 여러가지 편향들을 보정한 결과였다. 사회적 학습의 보고 사례들도 두뇌 크기의 측정값과 강력한 상관관계에 있었다.[96] 그뿐만 아니라, 혁신율과 사회적 학습률은 서로 밀접한 상관관계에 있었다. 윌슨이 예측한 것처럼, 뇌가 큰 영장류 종은 새로운 행동을 더 많이 발명할 뿐만 아니라 더 많이 모방했다.[97]

이는 중요한 발견이다. 수십 년 동안 지능의 진화에 대해 많은 과학자들이 관심을 가져왔지만, 놀랍게도 뇌의 부피와 지능이 서로 연관되어 있다는 직관적으로 매력적인 개념을 검증한 적이 없었다. 분명 신경중추의 부피와 인지적 능력, 또는 신경중추의 부피와 행동의 복잡도 사이의 상관관계에 대한 주요한 연구들이 수행된 적은 있었지만, 이 연구들은 특수한 행동 영역이나 뇌 영역에 주목하는 경향이 있었다. 이를테면, 새의 노래 레퍼토리의 크기와 노래에 관련된 뇌 핵,[98] 또는 먹이 저장과 같은 새의 공간적 능력과 (뇌에서 공간 정보가 저장되는 영역으로 여겨지는) 해마의 크기에 주목했다.[99] 유일한 예외는 앞서 언급한 르페브르와 그의 동료들이 진행한 조류 연구였다. 우리가 아는 한, 포유류의 신경중추 측정값과 행동 및 생애사의 다양한 측면 간의 관계에 대한 충분히 많은 증거에도 불구하고,[100] 두뇌 크기와 일반적인 행동의 유연성 사이의 관계에 대한 직접적이고도 분명한 증거가 제시된 적은 없었다. 하지만 우리는 생태학적으로 적절한 인지능력의 측정값, 그리고 행동적 혁신과 사회적 학습에 대한 보고 사례들을 수집했으며,[101] 그에 따라 두뇌 크기와 인지능력이 양의 상관관계에 있다는 것을 발견했다.

나를 더욱 흥분시킨 것은 사이먼의 분석 결과가 문화적 추동 가설의 주요한 부분을 강력하게 지지한다는 것이었다. 조류와 영장류에서 뇌의 크기와 혁신율이 상관관계에 있다는 사실,[102] 모든 영장류에서 사회적 학습의 비율과 혁신율이 상관관계에 있다는 우리의 발견은 모두 윌슨의 가설에 대한 신뢰도를 크게 상승시킨다.[103] 인간 인지의 진화에 대한 설명이 안개를 뚫고 서서히 등장하기 시작한 것이다. 혁신과 사회적 학습을 선호하는 자연선택이 영장류 뇌의 진화를 추동했으며, 그 과정에서 인지적으로 비용이 드는 다른 능력들(이를테면, 도구 사용이나 추출 식량 획득 기술)이 줄달음 선택되었고, 그 줄달음 선택이 인류에서 정점을 찍었을 수 있다. 우리는 실험을 통해 어류, 조류, 영장류 개체군에서 개체마다 혁신성과 사회적 학습 능력에 차이가 있다는 것을 보여주었으며, 따라서 나는 자연선택이 그것에 작용했을 만한 변이가 있었다고 확신한다. 마모셋이나 타마린에 비해 사자타마린이 수행도가 높은 것처럼 우리는 종간 차이도 발견했는데, 이는 어려운 환경에 거주하는 종이 향상된 문제 해결 능력을 진화시킬 것이라는 관점과도 부합한다.

문화적 추동은 흥미로운 아이디어이지만, 적어도 두 가지 문제가 해결되어야 비로소 진정으로 신뢰할 만한 설명이 될 것이다. 첫 번째 문제는 무척추동물이 모방한다는 실험적 결과가 증가함에 따라 부각되었다.[104] 만약 초파리나 실잠자리 유충이 엄청나게 작은 뇌로도 사회적 학습을 할 수 있다면,[105] 영장류는 왜 모방하기 위해 큰 뇌를 필요로 할까? 혁신과 관련해서도 똑같은 문제가 제기된다. 작은 물고기들도 혁신하기 때문이다. 자연선택이 왜 혁신과 사회적 학습을 위해 영장류의 큰 뇌를 선호했는지에 대한 설명이 필요하다. 혁신과 모방을 위해서 반드시 방대한 뇌의 신경 회로가 필요하지는 않기 때문이다. 두 번째 문제는 뇌 진화의 비교계통수 분석을 할 때마다 발생하는 것이다. 다시 말해, 두뇌 크기와 상관관계에 있는 요소가 많기에, 어떤 관계가 실제로 인과관계에 있는지 확인하기가 어렵다. 우리는 영장류 뇌의 진화를 선호한 결정적인 요소가 혁신과 사회적 학습이라는 것을 확인하고 싶었다. 하지만 복잡한 사회문제를 해결하기 위한 자연선택과 같은 다른 변수로 인해,[106] 영장류에서 큰 뇌가 진화했을 수도 있다. 그리고 그로 인해 향상된 연산 능력이 우연찮게 문제 해결이나 사회적 학습 능력으로 발현되어 우리가 발견한 패턴을 형성했을 수도 있다. 이 문제들을 해결하고 문화적 추동 가설을 입증하기 위해서는, 영장류 뇌의 진화에 대해 더 많은 연구가 필요하다.

2부

마음의 진화

THE EVOLUTION OF
THE MIND

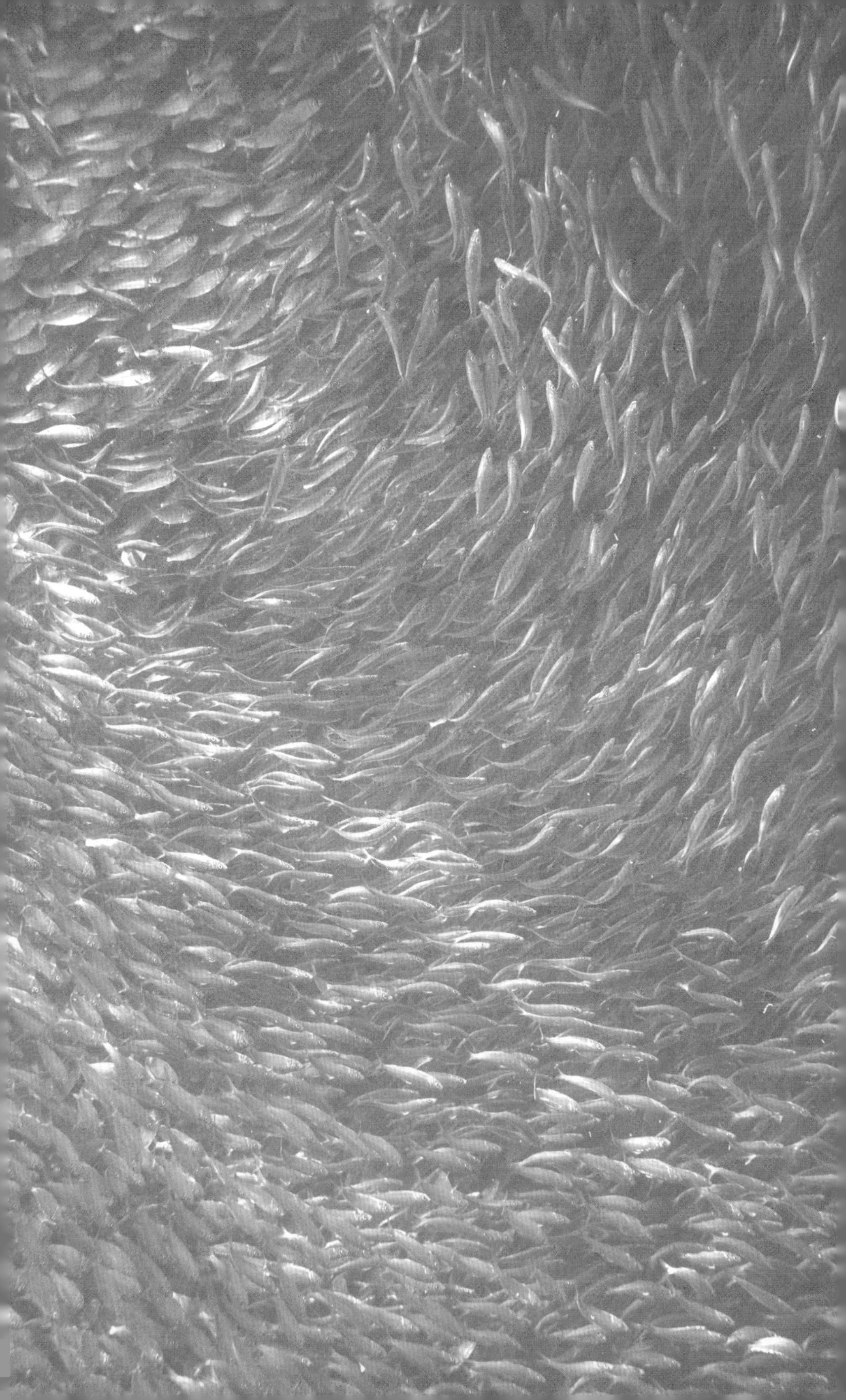

6장

지능의 진화

The Evolution of Intelligence

나의 학문적 경력에서 가장 실망스러운 것은 앨런 윌슨과 일해보지 않았다는 것이다. 윌슨은 명석하고 통찰력 있는 뉴질랜드인으로, 캘리포니아 대학교 버클리에 재직했으며 분자진화론molecular evolution 분야의 선도자였다. 또한 서로 다른 종들이 지닌 분자 수준에서의 유사성을 이용해 종들 간의 관계도를 측정함으로써, 공통 조상 이후의 시간을 추정하는 방법론의 개척자이기도 했다. 윌슨은 미토콘드리아 이브 가설의 창시자로 가장 유명하다. 이 가설에 따르면, 모든 현대인의 미토콘드리아 DNA의 조상은 20만 년 전의 아프리카에서 살았던 한 여성에게서 비롯된 것이다.[1] 이는 오늘날 널리 받아들여지는 인간 진화의 '아프리카 기원Out of Africa' 모델의 기반을 마련했다.[2] 하지만 윌슨은 놀라울 정도로 창조적이고 유연한 생각을 지닌 과학자였으며, 그가 '문화적 추동'이라고 명명한 다른 아이디어 때문에 나는 그와 함께 일하고자 했다. 1991년 9월, 그의 실험실에 합류하기 위해 나는 박사후 과정 장학금을 땄지만,[3] 비통하게도 윌슨은 내가 그 실험실에 가기 한 달 전에 백혈병으로 사망했다. 당시 그는 고작 56세였다.

죽기 몇 년 전, 윌슨은 동물이 진화하는 속도와 두뇌 크기 사이의 흥미로운 상관관계에 주목했다.[4] 초기 양서류에서 인간에 이르는 계통에서, 윌슨은 어떤 동물의 두뇌 크기와, 그 동물과 인간의 공통 조상까지의 시간 사이의 관계를 살펴보았다. 그는 지난 4억 년간 동물 뇌의 상대적 크기가 100배 증가했다는 것을 발견했다. 게다가 뇌의 크기가 증가하는 속도는 시간이 지날수록 빨라졌는데, 이에 대해 윌슨은 여기에 어떤 종류의 되먹임 기제가 개입되었을 것이라고 추측했다. 그는 포유류의 뇌가 스스로 진화를 추동했다고 생각했으며, 이것이 어떻게 발생했는지에 대해 세 단계의 가설을 제시했다.[5] 첫째, 한 개체에게 새로운 유익한 습관이 발생한다(예를 들어, 혁신이 발생한다). 둘째, 사회적 학습을 통해 개체군에 새로운 습관이 확산된다. 여기서 다른 개체를 가장 잘 모방하는 개체들은 이점을 지니는데, 유익한 형질을 습득할 가능성이 높기 때문이다. 셋째, 자연선택은 혁신을 잘하게 만들거나 사회적 학습 능력을 뛰어나게 만드는 '뇌 돌연변이'를 지닌 개체들을 선호한다. 윌슨은 다음과 같이 설명한다.

> 뇌가 혁신하고 따라잡는 능력(즉, 모방 능력)을 향상시킬 수 있는 수많은 종류의 돌연변이들 중에서 어떤 돌연변이는 뉴런이나 수상돌기를 더 많이 생산함으로써 뇌의 상대적인 크기를 더 커지게 만들 것이다. 이 모델은 뇌의 상대적 크기가 시간이 지남에 따라 기하급수적으로 증가할 수 있다는 것을 이론적으로 이해하도록 돕는다.[6]

윌슨의 주장에 따르면, 새로운 습관이 개체군에 확산될 때마다 자연선택은 다른 개체의 발견을 모방하는 능력이 개선되는 것을 선호하며, 그 결과로 큰 두뇌가 진화한다. 또한 새로운 습관은 그 동물의 신체가 그 행동에 맞게 변하도록 선택할 것이며, 이로 인해 새로운 돌연변이는 고정된다. 윌슨은 두뇌 크기가 조금씩 증가할 때마다 생물 종에게서 새로운 습관을 만들어 내고 확산시키는 능력이 향상되며, 그로 인해 더 나은 혁신이 확산되고 추가적인 돌연변이의 고정 가능성도 높아질 것이라고 예상했다. 그는 이러한 되먹임 작용이 다수의 동물, 특히 영장류에서 두뇌의 진화를 추동했으며, 인간은 그중에서도 그 작용이 정점에 이른 동물이라고 믿었다. 그 결과로 인간이 모든 생물 종 가운데 뇌가 가장 발달했으며, 가장 창조적이고, 가장 문화 의존적인 종이 되었다는 설명이다.

윌슨은 큰 두뇌를 가진 종이 끊임없이 혁신을 발명하고 확신시킴으로써 새로운 자연선택에 빈번하게 노출될 것이라고 보았다. 그리고 이는 결국 유전적 돌연변이의 고정 비율을 높일 것이며, 그 돌연변이들은 그 동물의 몸이나 뇌에서 발현될 것이라고 보았다. 따라서 문화적 추동 가설이 맞다면, 한 동물의 상대적인 두뇌 크기(몸무게에 비례한 뇌의 무게[7])와 몸의 진화 속도 사이에서 어떤 상관관계가 발견되어야 한다. 이러한 예측은 옳은 것으로 드러났다.[8] 척추동물에서 몸 구조의 진화 속도와 뇌의 상대적인 크기는 강력한 상관관계에 있는 것으로 드러났다. 동물의 몸을 구성하는 분자의 진화 속도는 주로 돌연변이의 비율에 달려 있지만(돌연변이 비율과 두뇌 크기는 서로 독립적이다), 몸의 진화 속도는 돌연변이가 고정되는 비율에도 달려 있다. 결과적으로, 윌슨은 이 고정 비율이 결국에는 새로운 습관이 확산되는 비율에 달려 있다고 보고 다음과 같이 결론지었다.

> 척추동물에서 개체의 진화는 아마도 두뇌에 의해 매개된 자가촉매작용의 한 사례일 것이다. 두뇌가 더 클수록 그 종이 생체적으로 진화하는 힘이 더 크다.[9]

현대적인 용어로 이는 다음과 같이 기술할 수 있다. 뇌가 큰 종에서의 향상된 혁신과 사회적 학습 능력은 '적소 구축niche construction', 즉 유기체가 주변의 환경을 변화시킴으로써 자연선택에 영향을 주는 막대한 능력을 발생시킨다.[10]

문화적 추동이라는 아이디어는 매력적이기는 하지만, 과연 옳은 생각일까? 이에 대해 회의적으로 생각하는 연구자들이 많았고, 어떤 진화생물학자들은 뇌가 큰 포유류에서 진화의 속도가 빨라졌다는 주장에 이의를 제기하기도 했다.[11] 그뿐만 아니라 윌슨이 처음 그 논의를 제시했을 때 그의 주장에는 수많은 빈틈이 존재했다. 우선, 결정적인 증거인 뇌의 크기와 사회적 학습의 상관관계를 데이터로 보여주기보다는 과학 문헌에서 나타나는 인과관계에 기반해 추측하는 데 그쳤다. 윌슨은 그저 사회적 학습의 사례 보고가 양서류와 파충류를 비롯한 뇌가 작은 척추동물들보다 명금류와 영장류에서 더 흔하다고 언급했을 뿐이다. 또 다른 빈틈은 윌슨의 논의가 신뢰를 얻을 만큼 동물들이 충분한 정도의 혁신을 만들었는지, 그리고 모든 동물 종에서 혁신의 정도와 사회적 학습의 정도가 서로 관련 있는지 불분명하다는 점이었다. 세 번째 우려는 두뇌 크기와 지능 사이의 상관관계에 논란이 있다는 것이었다. 지능은 여러 방식으로 정의되지만, 넓은 의미에서는 동물이 문제를 해결하는 능력, 복잡한 아이디어를 이해하는 능력, 빠르게 학습하는 능력을 의미한다.[12] 많은 학자들이 높은 지능에는 큰 두뇌가 필요하다고 믿었지만, 정신적 능력이 포괄적으로 연구된 생물종이 너무 적었다. 연구자들이 인간과 근연 관계에 있는 동물이 더 명석할 것이라고 편향적으로 기대하는 것은 당연해 보였다. 이러한 이의는 태연하게 무시될 수 없다. 소수의 의견이기는 하지만, 몇몇 탁월한 연구자들은 인간을 차치하더라도 모든 척추동물이 똑같이 똑똑하다고 주장했다.[13]

동물의 혁신에 관한 연구가 이 모든 것을 바꾸었다. 새에 대한 연구를 시작으로,[14] 영장류에서도 혁신과 두뇌 크기 사이의 강력한 상관관계가 발견되었으며,[15] 실험 연구에도 많은 동물들에게 광범위한 혁신이 존재한다는 것이 입증되었다.[16] 사이먼 리더와 나는 뇌가 작은 영장류들보다 뇌가 큰 영장류들이 더 많은 사회적 학습을 한다는 것을 발견하고, 전체 영장류 종에서 사회적 학습 정도와 혁신 정도가 상관관계에 있으며, 영장류에서 생태학적으로 적절하게 측정한 인지능력과 두뇌 크기가 서로 상관관계에 있다는 것을 알게 되었을 때, 문화적 추동을 타당한 가설로 여기기 시작했다.

그럼에도 문화적 추동 가설을 완전히 지지하기 위해서는 세부적인 내용이 보강되어야 했고, 그 밖의 결코 사소하지 않은 문제들을 해결해야 했다. 첫째, 일부 동물들이 어떻게든 작은 뇌로 모방했을 당시에, 사회적 학습이 정확히 어떻게 뇌의 진화를 추동했는지를 밝힐 필요가 있었다. 조금 더 강력한 주장이 되려면, 문화적 작용이 인지의 진화를 증진시키는 되먹임 기제를 보다 구체화할 필요가 있었다. 둘째, 영장류의 경우에는 뇌의 크기와 상관관계에 있는 변수(먹이, 사회적 복잡성, 위도 등)가 많다. 인간 마음의 진화에서 문화적 작용이 특히 중요한 역할을 했다고 평가하려면, 사회적 학습이 뇌의 진화를 일으키는 진정한 원인이라고 확신할 필요가 있다. 이는 대안적인 설명의 배제를 필요로 한다. 예를 들어, 어떤 다른 이유로 커다란 뇌가 진화하게 되었고, 그로 인해 향상된 연산 능력이 사회적 학습과 혁신에 쓰일 수도 있었다. 셋째, '두뇌 크기'가 증가했다고 이야기하는 것은 다소 거친 설명이다. 뇌는 방대한 하부 영역으로 나뉜 복잡한 기관이며, 특정한 생물학적 기능에는 뇌의 특정 부위나 신경 회로가 핵심적이라고 알려져 있다. 우리는 진화의 시간 동안 뇌가 어떻게 변했는지 연구할 필요가 있었고, 관찰된 두뇌 크기와 구조의 변화가 문화적 추동 가설이 예측하는 바와 일치하는지 확인할 필요도 있었다. 혁신과 사회적 학습과 관련 있는 두뇌 영역이 인간에게서 지난 수백만 년 동안 커지지 않았다면, 문화적 추동은 인간의 조건에 대한 설득력 있는 설명이라고 할 수 없었다. 이 장에서는 이 문제들을 하나씩 다룰 것이다.

먼저 무척추동물의 모방 연구가 제기하는 난제를 생각해 보자. 윌슨은 초파리나 나무귀뚜라미 같은 동물들도 사회적 학습을 할 수 있으리라고는 전혀 상상하지 못했을 것이다. 인간 뇌의 크기는 1.25킬로그램과 1.5킬로그램 사이이며, 약 850억 개의 신경세포를 포함한다. 반면 꿀벌의 뇌는 고작 1밀리그램이고 100만 개보다도 적은 신경세포를 포함할 뿐이다.[17] 꿀벌이 그토록 작은 뇌로 모방할 수 있다면, 자연선택이 왜 더 많은 모방을 위해 척추동물의 더욱 큰 뇌를 선호해야 하는지 이해하기 어려워진다.

이 수수께끼는 사회적 학습 전략 토너먼트에서 밝혀진 또 다른 문제이기도 하다.[18] 적어도 내 입장에서는 그렇다. 제출된 전략들의 수행도를 비교했을 때, 가장 수행도가 높은 전략은 사회적 학습에 가장 많이 의존하는 전략이었다. 전반적으로, 상위 전략들은 비사회적 학습보다 사회적 학습에 더 크게 의존할수록 수행도도 더 높았다. 반면, 하위 전략들에서는 정반대의 상관관계가 나타났다. 그 전략들은 더 많이 모방할수록 수행도가 낮았다. 이 발견에 따르면, 적응적인 전략은 모방 그 자체가 아니라 효율적인 모방임을 보여준다. 달리 말하면, 모방은 잘할 때만 비로소 이익이 된다. 사회적 학습 전략 토너먼트의 승자는 가장 효율적으로 모방했으며, 학습할 수 있는 최적의 시간을 섬세하게 계산했고, 오래된 정보보다 최근 습득한 정보에 더 많은 가중치를 두었으며, 모방에 더 투자하는 것이 유용할지를 전망했다.

토너먼트는 영장류에서의 사회적 학습과 두뇌 크기의 상관관계를 어떻게 올바르게 해석할 수 있는지를 가르쳐 준다. 그 상관관계는 더 많은 사회적 학습에 대한 자연선택을 의미할 가능성이 크지 않다. 사회적 학습이 그 자체만으로는 유익하지 않기 때문이다. 더군다나 벌, 개미, 파리에 대한 연구가 잘 보여주는 것처럼, 사회적 학습을 하기 위해 동물에게 반드시 큰 두뇌가 필요한 것은 아니다. 오히려 영장류에서는 사회적 학습이 두뇌 크기의 증가에 부분적인 기여를 했다면, 이는 자연선택이 보다 효율적인 사회적 학습을 선호했기 때문이다. 윌슨의 가설이 타당하려면, 핵심적인 견인차는 더 많은 모방에 대한 자연선택보다는 더 전략적이고, 정확하며, 경제적인 모방에 대한 자연선택과 개체 간 지식 전달의 효율을 향상시키는 인지적, 사회적, 생애사적 변수에 대한 자연선택이 되어야 했다. 뇌가 작은 영장류에 비해 뇌가 큰 영장류가 더 자주 모방하는 것처럼 보이는 이유는, 뇌가 큰 영장류가 사회적 학습을 더 능숙하게 하기 때문에 발생하는 부수적인 효과임이 거의 확실했다. 모방의 빈도보다는 모방 능력이야말로 인과적으로 관련 있는 실질적인 변수였다.

토너먼트에서 행위자들이 다른 행위자의 행동을 모방할 때 때때로 오류가 발생했다. 이러한 오류로 인해 모방자는 보통 낮은 수익을 얻는다. 수행되는 행동이 대개 높은 보상의 행동들임에도, 오류로 인해 무작위로 선택된 행동을 하게 되기 때문이다. 이 발견은 직관적으로 이해하기 쉽다. 실제 세계에서 행위자들은 과거에 이익을 가져다준 행동 패턴을 고수하는 경향이 있으며, 다른 행위자들도 부정확한 모방이 아닌 정확한 모방을 통해 그러한 행동을 획득할 가능성이 높다. 토너먼트에서 모방 오류가 일어날 확률은 주최자 측에서 설정했다. 오류율이 상승하면 사회적 학습에 의존한 모든 전략(즉, '관찰'을 시행한 전략들)의 보상이 낮아졌으며, 오류율이 하락하면 받는 보상이 커졌다. 현실에서의 모방 오류율은 환경적인 맥락뿐만 아니라 모방자의 특성에도 의존한다. 예를 들어, 지각기관이 얼마나 뛰어난지, 시범자가 하고자 하는 것을 얼마나 잘 이해하는지, 시범자의 행위를 얼마나 정확하게 재현하는지에 달려 있다. 만약 개인마다 서로 다른 모방의 정확성을 토너먼트에 반영했다면, 자연선택은 의심의 여지 없이 정확한 모방(즉, 높은 충실성)을 선호했을 것이다.

이러한 통찰에 비추어 윌슨의 가설을 다시 생각해 보자. 또한, 추정되는 문화적 추동의 되먹임 기제를 조금 더 자세하게 설명해 보자(그림 5 참고).

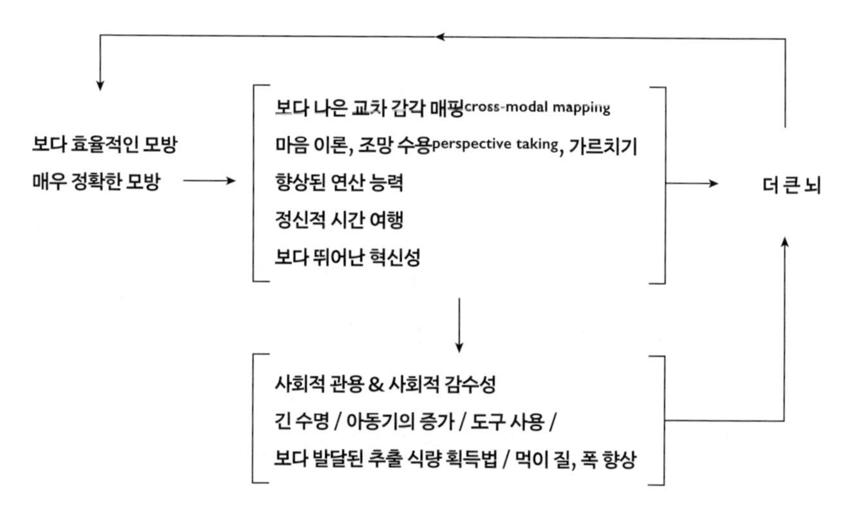

그림 5. 문화적 추동 가설. 더 효율적이고 더 정확한 사회적 학습을 위한 자연선택은 영장류의 뇌와 행동에 영향을 준다. 이는 다양한 인지능력을 선호하고, 두뇌 크기를 증가하게 만들며, 사회적 학습의 효율성과 충실도를 더욱 향상시키는 되먹임 작용을 생성한다.

토너먼트에 따르면, 자연선택은 비효율적이고 부정확하게 모방하거나 비사회적 학습에 의존하는 행위자보다는 효율적이고, 전략적이며, 충실하고 정확하게 모방하는 행위자를 선호한다. 따라서 뇌의 기능과 그와 관련된 뇌의 구조는 모방의 효율성과 충실도를 향상시키거나, 그 대안으로 혁신을 북돋우는 쪽으로 진화하게 될 것이라고 예측할 수 있다. 결국 그러한 뇌 구조의 진화는 두뇌 크기가 전반적으로 커지는 결과로 이어질 것이며, 혁신과 사회적 학습 능력의 향상으로 윌슨이 예견한 되먹임이 발생했을 것이다. 그렇다면 뇌의 정확히 어떤 기능이 혁신과 사회적 학습을 향상시켰는가 하는 질문이 제기된다.

명백한 후보는 지각기관의 발달이다. 더 정확한 모방에 대한 자연선택은 보다 나은 시력을 선호할 것으로 기대할 수 있다. 예를 들어, 보다 나은 시력으로는 먹이를 처리하는 기술이나 도구를 제작하는 세밀한 움직임을 더 정확하게 모방할 수 있게 되거나, 조금 더 먼 거리에서도 모방할 수 있게 될 것이다. 벌과 같은 무척추동물은 분명 사회적 학습을 할 수 있지만, 가시거리에 한계가 있기에 보통 대상이 가까이 있어야 모방할 수 있다. 멀리서 모방이 가능하다는 것에는 많은 이점이 있다. 예를 들어, 더 나은 시범자를 선택할 수 있고, 안전한 장소에서 모방할 수 있으며, 가까이 지켜보는 것을 허용하지 않는 경쟁자나 라이벌을 모방할 수도 있다. 멀리서 높은 해상도로 보고 듣는 능력은 모방의 정확성을 높일 뿐만 아니라, 다른 이들로부터 배울 수 있는 새로운 기회도 창출한다. 따라서 시각 피질과 청각 피질처럼 시각과 청각 정보를 처리하는 영장류의 뇌 영역이 확장될 것이라고 예상할 수 있다.

하지만 모방은 다양한 감각기관의 통합을 필요로 하며, 감각으로 입력된 것을 행동으로 출력하기도 해야 한다. 심리학자들과 인지신경과학자들은 모방에 관심이 많은데, 그 이유는 관찰된 행동에 대한 지각을 뇌가 어떻게 몸의 움직임이라는 복제물로 전환하는지를 설명해야 하는 난제, 즉 '대응 문제the correspondence problem' 때문이다.[19] 예를 들어, 낚시 기술을 모방하려면, 관찰자의 뇌는 다른 이들이 손과 팔을 어떻게 움직이는지에 관한 일련의 시각 정보의 흐름을, 그에 대응해 자신의 근육과 관절을 어떻게 움직일지를 명시하는 출력으로 전환해야 한다. 이러한 어려움은 우리가 스스로 볼 수 없는 자기 얼굴의 표정과 같은 '지각적으로 불명료한' 행동들을 모방할 때 가장 두드러진다. 이러한 이유로, 모방에 숙달하기 위한 자연선택은 시각 및 청각 피질과 뇌의 체지각 및 운동 피질 영역을 서로 연결하는 신경 회로의 진화를 선호할 것이다.

인지심리학의 전통적인 관점에 따르면, 효율적으로 모방하기 위해서는 행위자들이 모방하고자 하는 행위자의 행동과 목적을 이해해야 한다.[20] 이해하는 것은 외부 대상에 대한 대안적인 해석이나 관점을 고려하는 능력, 그리고 외부 대상과 어떻게 상호작용 해야 하는지에 관한 대안적인 시나리오를 짜는 능력을 필요로 한다. 또한, 여기에는 다른 개체의 관점을 고려하는 것도 포함된다. 다른 이들에게 믿음, 욕구, 지식과 같은 정신 상태가 있다고 여기고, 그러한 상태가 자신의 믿음, 욕구, 지식과 다를 수도 있음을 인지하는 능력을 '마음 이론'이라고 한다. 효과적인 모방에 대한 자연선택은 마음 이론과 보다 향상된 조망 수용 능력, 그리고 이와 관련된 신경적 토대에 대한 진화로 이어질 것이다. 이러한 능력을 통해 관찰자는 시범자의 목적과 방법을 보다 효과적으로 이해할 수 있으며, '선생'은 '학생'의 정신 상태와 능력을 이해할 수 있다.

다른 개체가 얻는 보상을 계산할 수 없다면, 동물들은 성취도가 높은 개체를 중점적으로 모방할 수 없다. 또한 어떤 행동이 과반수가 행하는지 알지 못한다면, 다수에 순응할 수도 없다.[21] 전략적인 모방의 이점을 고려해 보면, 전략을 시행하는 데 필요한 연산 능력에 대한 자연선택이 이루어졌을 것이다. 전략적인 모방으로 인해 다른 이들이 어떤 행동을 함으로써 얻는 보상, 표본들에서 그러한 행동이 나타나는 빈도, 시범자들 간의 일관성에 대해 집중하거나 민감한 성향이 진화했을 것이며, 이러한 정보를 효율적인 알고리즘으로 처리하는 연산 능력도 진화했을 것이다. 예를 들어, 진화의 관점에서 볼 때, 여섯 마리의 개체들이 각각 동일한 행동을 행하는 것은 한 개체가 똑같은 행동을 6회 행하는 것보다 더 주목할 만한 사건인데, 이는 전자를 통해 어떤 행동이 개체군에서 확산되었는지를 더 잘 알 수 있기 때문이다.[22] 따라서 자연선택은 각각의 행동이 수행되는 빈도보다는, 그 행동을 하는 개체의 빈도에 더 주목하고 연산하는 것을 선호해야 한다.[23] 더 일반적으로, 전략적인 모방을 위해서는 효율적인 의사 결정이 이루어져야 하며, 효율적인 의사 결정은 '경험에 의거한 법칙들rules of thumb'로 사회적, 비사회적 정보의 흐름을 통합한 다음 가장 유익한 답을 연산해내야 한다. 그렇다면 효율적인 사회적 학습에 대한 자연선택은 비사회적 학습 능력을 비롯한 모든 종류의 학습 효율과 능력을 향상시킬 것이라고 기대할 수 있다.

사회적 학습 전략 토너먼트에 따르면, 효과적인 사회적 학습자들은 '정신적 시간 여행'의 능력을 지닐 것이라고 기대할 수 있다. 〈차감기계〉와 같은 승리한 전략처럼, 최적의 모방자는 과거를 복기해 각각의 해법이 적절한지를 평가하고 더 최신의 선택지에 가중치를 둠으로써 과거에 효과적이었던 해법을 선택할 수 있을 것이다. 또한, 최적의 모방자는 미래를 예측하고, 다른 이들의 행동을 채택했을 때 얼마만큼의 보상과 위험 등이 예상되는지 그 결과를 정신적으로 시뮬레이션할 수 있을 것이다. 그렇다면 문화적 추동은 연산, 의사 결정, 작동 기억과 장기 기억, 정신적 시뮬레이션과 관련 있는 두뇌 영역(이른바 '집행executive' 영역)과 신경 회로의 확장을 선호해야 한다. 인간의 경우, 이러한 특성들은 뇌의 앞쪽 부분, 즉 전두엽과 측두엽, 특히 전전두피질과 관련 있다.

윌슨의 가설은 혁신의 능력도 강조한다. 만약 새로운 행동이 발명되지 않거나 모방할 만한 기술이 전혀 없다면, 사회적 학습 능력의 향상은 아무런 쓸모도 없을 것이다. 연산, 기억, 시뮬레이션에 필요한 뇌의 영역들은 창의성과 혁신에도 관여하는데, 특히 전두엽, 그중에서도 전전두피질이 이와 관련 있다.

뇌뿐만 아니라, 사회적 학습에 대한 자연선택은 사회적 행동이나 생애사의 다른 측면에도 영향을 줄 것이다. 사회적 학습에 크게 의존하는 것은 사회성의 증가로 이어질 텐데, 집단이 커지고 다른 개체들과 많은 시간을 함께 보낼수록 효율적인 모방의 기회도 증가하기 때문이다. 그러한 사회성에 대한 자연선택은 사회적 신호에 대한 흥미나 민감성도 선호할 것이며, 사회적 관용, 특히 혈족 간의 관용을 선호할 것이다.[24] 손재주가 좋은 개체와 오랜 시간 가까이 지내다 보면, 모방을 통해 복합적인 기술을 습득할 기회가 생기기도 한다. 선도적인 영장류학자 커렐 밴 샤이크Carel van Schaik는 도구 사용의 사회적 전달에서 다른 개체의 관용이 결정적이라고 설득력 있게 주장했다(그림 6).[25] 동물들은 혈족들, 그중에서도 어린 개체들에게 곁을 허용하고,[26] 자신의 지식과 기술을 모방할 수 있는 기회를 부여하며, 먹고 남은 먹이를 먹게 해주고, 버려진 도구들을 갖고 놀게 해줌으로써 진화적 이득을 얻는다.[27] 이렇게 남고 버려진 것들은 영장류의 사회적 학습을 촉진한다.

그림 6. 가까이 다가가는 것은 새로운 먹이 획득 기술을 습득하는 데 매우 중요하다. 수마트라섬의 수아크 발림빙에서 어린 오랑우탄 로이스가 엄마 오랑우탄 리사가 먹는 모습을 관찰하고 있다. 줄리아 쿤즈의 사용 허락을 받은 사진.

다음 장에서 보겠지만, 동물들은 한정된 환경에서 혈족의 학습에 적극적으로 투자하거나 가르침을 통해 이득을 얻는다. 보다 일반적으로 말하자면, 혈족 사이의 적은 사회적 관용만으로도 어린 개체들은 필요한 기술을 배울 기회를 얻는다. 침팬지 연구에 따르면, 견과류 깨 먹기나 흰개미 사냥과 같이 복잡한 도구를 사용하는 행동을 학습하는 데 수년이 걸리기도 한다.[28] 어린 침팬지는 7세 정도까지 어미와 같이 지내는데, 이는 아마도 그동안 복잡한 먹이 획득 기술과 사회성을 습득하기 때문일 것이다. 영장류의 사회적 학습은 대부분 어린 시절에 어미에게 배우는 것이며,[29] 따라서 더 효율적인 사회적 학습에 대한 자연선택이 부모에게 더 오랜 시간 의존하는 것을 선호하리라고 예측할 수 있다. 그뿐만 아니라 윌슨이 예측한 바에 따르면, 혁신과 사회적 학습에 대한 자연선택은 여러 이유로 더 긴 수명으로 이어질 것이다. 행동 혁신은 성인기에 자주 일어나며, 그와 관련된 기존 경험에서 비롯되는 듯하다.[30] 복합적인 기술을 학습하는 데는 시간이 걸리며,[31] 나이 든 개체들은 어렵게 얻은 지식을 후손들에게 전달함으로써 이익을 얻는다.[32] 긴 수명은 결국 지식으로부터 그러한 이익을 챙길 수 있는 기회를 더 제공하는 셈이다.[33]

마지막으로, 사회적 학습에 관한 향상된 능력은 현실에서 구현되어야 한다. 2장에서 살펴보았다시피, 영장류들은 무엇을 두려워해야 하는지, 어떤 신호를 보내야 하는지, 여러 가지 사회적 관습을 비롯한 다양한 형태의 지식을 관찰로 습득한다. 하지만 먹이 획득에 관한 정보는 사회적으로 전달되는 지식의 대다수를 차지한다. 나무껍질에서 유충을 파내는 것과 같은 추출 식량 획득 방법부터 견과류 깨 먹기나 막대기로 흰개미 사냥하기와 같은 복잡한 도구를 사용하는 기술까지, 원숭이와 영장류는 모방을 통해 모든 종류의 먹이 획득 기술과 지식을 습득한다. 영장류들이 사회적 학습을 통해 배우기는 어렵지만 생산적인 먹이 획득 방법을 습득한다면,

사회적 학습에 능숙한 종일수록 높은 수준의 추출 식량 획득 방법과 복잡한 도구를 사용하며 더 다양하고 더 양질인 먹이를 섭취할 것이다.

요약하면, 윌슨의 가설이 사회적 학습의 빈도보다는 사회적 학습 '숙련도'의 변이에 대한 자연선택으로 작동한다는 것을 고려하면, 그리고 동물의 혁신과 전략적인 모방에 대한 기존 연구를 고려하면, 문화적 추동에 대한 설득력 있는 되먹임 기제가 드러난다. 그러한 기제를 이용하면 영장류의 뇌에서 어떤 능력들이 진화할 것인지,[34] 어떤 기능적, 사회적, 생애사적 특징들(예를 들어, 더 긴 수명, 더 풍부한 먹이, 더 향상된 도구 사용 능력)이 진화할 것인지를 특정할 수 있으며, 이러한 특징들이 혁신과 효과적인 사회적 학습을 선호하는 자연선택의 결과로 진화할 것이라고 기대할 수 있다. 큰 뇌는 아마도 이러한 작용의 부산물일 텐데, 각각의 능력이 진화하는 데는 분명 더 정교한 신경 구조나 회로가 필요했을 것이기 때문이다. 만약 이 예측이 맞다면, 혁신과 사회적 학습에 대한 자연선택은 두뇌 크기의 진화를 촉진할 뿐만 아니라 되먹임 작용으로 모방의 효율을 향상시킬 것이며, 그 결과 끊임없이 되풀이되고 가속되는 줄달음 작용으로 인해 뇌가 더욱 커질 것이다.

이러한 추론은 핵심적인 통찰을 낳는다. 만약 사회적 학습에 작용하는 자연선택이 영장류에서 지능의 진화를 추동했다면, 사회적 학습의 비율은 뇌의 크기뿐만 아니라 수많은 인지 수행도에도 비례할 것이다. 영장류에게서 사회적 학습의 소질을 비롯한 서로 다른 인지능력 척도들이 비슷한 경향을 보여야 했고, 우리는 이러한 가설을 검증해 보기로 했다.

다른 한편으로, 우리는 영장류의 마음에 관한 다른 논쟁들도 해결하고 싶었다. 한 가지는 사회적 인지와 사회적 학습이 자연선택에 의해 직접적으로 선택된 전문화된 적응인지, 아니면 다른 인지능력에 대한 선택의 부차적인 결과인지 하는 것이었다.[35] 다른 한 가지는 영장류의 인지가 서로 상당히 독립적인 정신적 적응들이 한데 모여 모듈식으로 구성되었는지 하는 문제였다. 이러한 정신적 적응들이 각각 특정한 문제를 풀기 위해 진화했다는 것인데, 많은 진화심리학자들은 인간의 인지가 그런 식으로 조직되었다고 믿는다.[36] 다른 가능성은 영장류의 모든 인지 척도가 서로 높은 상관관계에 있다는 것인데, 이는 일반적인 지능을 암시한다. 이에 덧붙여, 인간과 다른 영장류의 지능을 서로 비교할 수 있는지도 커다란 논쟁의 대상이다.[37] 사회적, 생태적, 기술적 수행에 대한 다양한 척도들이 서로 어떤 상관관계에 있는지 알게 되면, 이러한 논쟁들이 해결될 것이다.[38]

독자들은 실험 연구가 여러 영장류들의 심리적인 능력을 연구하기에 좋은 도구라는 것을 떠올리며,[39] 이러한 문제들이 실험 연구로 해결될 수 있다고 생각할지도 모르겠다. 윌슨의 가설을 지지하는 적절한 실험 자료들이 조금 있기는 하다.[40] 하지만 이러한 방식으로 성취하는 것에는 분명히 한계가 있다. 학습과 인지에 대한 비교실험은 쉬운 일이 아니다. 지금까지 연구된 모든 생물 종에게 공평한 실험 과제를 설계하기는 무척이나 까다로우며, 과제의 선택과 같은 임의적인 결정에 따라 실험 결과가 좌우되었다는 우려가 제기되기도 한다. 실험들은 대개 실험실에서 수행되기 때문에, 그 생물 종이 살아가는 환경에서의 실제 행동을 반영하는지 문제가 제기되기도 한다. 그러나 우리의 진정한 난관은, 수많은 종이나 폭넓은 범위의 인지능력에 대한 데이터를 실험으로 모으기가 현실적으로 불가능하다는 점이었다.[41] 대부분의 영장류 비교실험은 단지 두 종으로만 실험하거나, 그보다 많다고 하더라도 네 종이나 다섯 종을 포함할 뿐이며, 대부분은 하나의 수행도를 놓고 서로 비교할 뿐이다. 하지만 영장류가 200종이 넘는다는 것을 고려하면, 영장류 지능의 진화를 합리적으로 이해하기 위해서는 실질적으로 다양한 인지능력 척도를 놓고 50종이나 60종의 영장류를 비교해야 했다.

그 대신, 우리는 르페브르와 그의 동료들이 그들의 선구적인 조류 혁신 연구에서 고안한 접근 방법을 취했다.[42] 우리는 출간된 과학 논문에서 데이터를 수집해 분석했고, 행동의 유연성과 관련된 형질의 발현을 야생의 영장류 개체군에서 수치적으로 측정하는 방법을 만들었다.[43] 이 방법은 앞서 언급한 실험 연구의 문제점을 피해 가며, 다양한 영역에 걸쳐서 여러 종의 양적인 수행도 측정값을 제공한다.

사이먼과 나는 이프케 밴 버건을 채용해, 그녀의 도움으로 윌슨의 가설을 검증해 나갔다. 우리는 다양한 영장류 종에게 적용할 수 있는, 인지 능력에 관한 다양한 측정값을 모아야 했는데, 여기에는 엄청난 노력이 필요했다. 사이먼과 이프케는 학술지를 검토해서, 영장류 100여 종의 도구 사용 비율, 추출 식량의 비율, 먹이의 다양성이나 질에 관한 정량적인 측정값을 끈질기게 수집했다. 우리는 기존의 측정값을 참고하기도 했다. 예를 들어, 실험 연구에 따르면 대형 유인원들 사이에서는 의도적인 속임수가 종종 나타난다.[44] '전략적인 속임수tactical deception'는 다른 개체로 하여금 실제로 일어나는 일에 대해 잘못 해석하게 만듦으로써 스스로 이득을 취하는 기만적인 행동을 말한다. 많은 영장류 종들에게서 전략적인 속임수의 비율을 수집한 자료가 있으며,[45] 이는 두뇌 크기와 상관관계에 있었다.[46] 남을 잘 속이는 영장류는 '마키아벨리적인 지능Machiavellian intelligence'을 드러낸다고 간주되는데,[47] 이는 니콜로 마키아벨리가 『군주론The Prince』에서 묘사한 교활하고 파렴치한 정치적 조작에서 따온 명칭이다.

영장류의 집단 크기에 관한 여러 측정값도 구할 수 있었다.[48] 인지능력의 직접적인 측정값은 아니지만, 이 값들은 영장류의 사회적 지능과 상관관계에 있다고 오래전부터 알려져 있었다. 영장류는 때때로 동맹을 만들며, 형제자매들과 모계 집단의 구성원들은 분쟁이 일어날 때 자주 서로를 돕는다. 어린 개체로부터 먹이를 훔치는 행위도 그 대상이 알파 암컷의 자식이라면 위험하다. 따라서 사회적 관계에 대한 지식은 중요하다. 이러한 다수의 사회적 관계를 감시할 수 있는 정보처리 능력은 아마도 두뇌 크기에 의해 제한될 것이다.[49] 큰 집단에서 살아가는 영장류는 작은 집단에서 살아가는 영장류에 비해 더 많은 사회적 관계를 추적해야 하며, 이는 더 큰 두뇌와 보다 강력한 연산 능력을 요구할 것이다. 집단의 크기에 대한 측정값은 사회적 복잡성을 대신할 수 있는 변수로 여겨지며, 확실히 집단의 크기는 영장류의 두뇌 크기를 잘 예측할 수 있는 변수다.[50] 우리가 당면한 과제는 집단의 크기, 전략적인 속임수의 비율, 먹이의 다양성, 그리고 그 밖의 다른 측정값들이 사회적 학습의 비율과 상관관계에 있는지를 알아보는 것이었다.

결국, 우리는 다양한 영장류들의 인지능력을 간접적이거나 직접적으로 측정한 8개의 서로 독립적인 수치들을 수집했다. 그 측정값들은 다음과 같다. (1) 환경적 문제 또는 사회적 문제에 대해 새로운 해결책을 찾아내는 성향('혁신성'), (2) 다른 개체로부터 기술을 학습하고 정보를 받아들이는 성향('사회적 학습'), (3) 도구 사용 성향, (4) 감추어진 또는 땅속의 먹이를 추출하는 성향('추출 식량 획득'), (5) 다른 개체를 속이는 성향('전략적인 속임수'), 이 다섯 가지는 행동적 유연성에 관한 생태적으로 적절한 측정값들이다. 한편 (6) 먹이 항목의 종류('먹이의 폭'),[51] (7) 먹이 중 과일의 비율, (8) 사회적 집단의 크기, 이것들은 먹이를 얻고, 먹이의 위치를 찾으며, 사회적 관계를 추적하는 데 필요한 인지적 요구를 반영한다.[52]

우리는 통계를 사용해 이 측정값들 사이의 관계를 알아보았다. 가능성의 한쪽 끝은 모든 측정값이 서로 밀접하게 관련 있어서 하나의 요소만으로도 영장류의 지적 능력 차이를 설명할 수 있는 상황이며, 반대편 끝은 모든 측정값이 서로 완전히 독립적인 상황이다. 만약 후자라면 영장류의 지능은 영역 독립적인 모듈로 구성이 되어 있으며, 각각의 모듈은 종 특이적인 생태적, 사회적 요구를 반영한다. 주성분 분석principal components analysis, PCA으로 알려진 방법으로,[53] 우리는 데이터를 기술하기 위해 서로 독립적인 차원이 얼마나 필요한지를 분석했다. 놀랍게도, 하나뿐이었다.

우리는 먼저 62종의 영장류들에게서 그 값을 구할 수 있는 인지 측정값 5개(혁신, 사회적 학습, 도구 사용, 추출 식량 획득, 전략적인 속임수[54])를 고려했다. 그 결과, 단 하나의 우세한 구성 요소가,[55] 인지적 측정값 분산의 65퍼센트 이상을 설명했고 모든 개별적인 측정값과 밀접하게 연관되었다.[56] 다시 말해, 우리의 다섯 가지 측정값들에서 나타나는 수행도 차이의 65퍼센트는 이 하나의 요소에서 기인한다고 볼 수 있었다. 우리의 모든 측정값은 서로 강력한 상관관계에 있었으며,[57] 하나의 인지 분야에서 뛰어난 종은 대개 다른 모든 분야에서 뛰어났다. 먹이의 폭, 먹이 중 과일의 비율, 집단의 크기를 포함한 분석에서도 그 결과는 대체로 비슷했으며, 마찬가지로 우세한 구성 요소가 드러났다.[58] 이후의 분석에 따르면, 이러한 인지능력들은 현시점에서만 상관관계를 보이는 것이 아니라 함께 진화한 것으로 드러났다.[59]

우리의 분석으로 영장류 인지능력의 독특한 측면이 드러난 셈인데,[60] 이는 인간의 '일반 지능general intelligence'이라는 것을 환기시킨다. 인간의 지능은 "추론하고, 계획하며, 문제를 해결하고, 추상적으로 사고하며, 복잡한 개념들을 이해하고, 빠르게 학습하며, 경험으로부터 배우는 것을 포괄하는 매우 일반적인 정신 능력"으로 정의된다.[61] 우리의 분석에서 고려한 변수들(즉, 문제 해결, 학습, 창의성, 도구 사용, 속임수에 관한 측정값들)은 그러한 정의에서 강조하는 능력에 필적한다. 영장류 인지능력의 변이들 가운데 대부분을 설명하는 하나의 요소는 '일반 지능'로 규정되기에 충분해 보였고, 따라서 우리는 이를 '영장류 g'라고 명명했다.[62] 각각의 영장류 종은 이 척도 위 어딘가에 위치하며,[63] 따라서 어떤 종의 '영장류 g' 점수는 그 종의 일반 지능의 측정값을 말한다. 도구 사용, 혁신, 사회적 학습, 먹이의 폭 등에서 높은 점수를 기록하는 침팬지와 같은 종은 영장류 g 점수가 높지만, 도구를 사용하거나 새로운 행동을 개발하는 것이 관찰된 적 없는 남아메리카 대머리우아카리South American bald-headed uakari와 같은 종은 점수가 낮다.[64] 더 일반적으로, 점수가 높은 종들은 새로운 해법을 고안하거나, 사회적 문제나 생태적 문제를 해결하거나, 빠르게 학습하고 경험으로부터 배우며, 도구를 만들고 조작하며, 다른 개체로부터 배우고, 다른 개체를 속이는 행동을 보일 때가 더 많다. 이는 똑똑한 인간이 하는 행동이기도 하다. 평균적으로는, 유인원들의 점수가 가장 높고 원원류가 가장 낮은 점수를 얻는다. 대부분의 영장류학자들도 이렇게 예측할 것이다. 그렇다면 우리의 통계적 측정값은 어떤 한 종의 지능을 평가하는 간편한 방법에 해당한다.[65]

최근의 두 연구 결과들에 따르면, 이러한 해석은 정당하다. 영장류 g 점수가 동물의 인지적 능력을 실제로 반영한다면, 이 점수는 두뇌 크기와 상관관계에 있을 것이다. 우리는 이러한 상관관계를 발견했는데, 영장류 뇌의 절대적 크기를 사용하든, 몸의 크기에 대한 상대적인 뇌 크기를 사용하든, 그 밖의 어떠한 두뇌 측정값을 사용하든,[66] 영장류 g 점수와 두뇌 부피 사이에서 강력한 상관관계가 발견되었다.[67] 이 패턴은 인간에게도 발견되었는데, (간단히 'g' 점수라고 알려진) 일반 지능은 뇌 전체와 회백질의 부피와 약한 상관관계에 있었다.[68] 이러한 발견은 뇌 연구자들의 '용적 중심적 관점volumetric stance'이 정당하며, 뇌의 용적이 기능적으로 중요한 인지능력과 관련 있다는 것을 강력하게 시사한다.

이어서 우리는 우리의 측정값이 타당하다는 더 강력한 증거를 찾아냈다. 영장류 g 점수는 실험실의 인지 테스트에서 받은 점수와 강력한 상관관계에 있었다. 몇 년 전 듀크대학교의 신경생물학자 롭 디너Rob Deaner와 그의 동료들은 영장류의 인지에 관한 막대한 양의 실험 연구들을 비교한 인상적인 논문을 발표했다.[69] 실험 연구마다 서로 다른 실험 과제를 제시했으며 탐구한 종들도 달랐기에, 기존의 방식으로는 이 실험들을 서로 비교하는 것이 쉽지 않았다. 하지만 각각의 연구에서 특정한 종이 주어진 과제에서 몇 등을 했는지는 수집할 수 있었다. 복잡한 통계적 방법으로 이 순위들을 수집함으로써 여러 실험들에서 공통적인 패턴을 찾을 수 있었다. 이런 방식으로, 디너와 그의 동료들은 영장류 속 24개에 대해 학습과 인지능력에 관한 다양한 테스트에서의 종합 수행도 순위를 산출할 수 있었다.[70] 물론 이 경우에도 결과는 타당했다. 디너의 기준에 따르면, 오랑우탄과 침팬지가 가장 높은 점수를 기록했고, 마모셋과 탈라푸인talapoin이 가장 낮은 점수를 기록했다. 우리가 특히 고무된 것은, 우리의 영장류 g 점수가 디너와 그의 동료들이 산출한 실험 테스트에서의 수행도 순위뿐만 아니라,[71] 지능 비교를 위한 두 가지 서로 다른 테스트의 결과와도 강력하고 유의미한 상관관계가 관찰되었다는 것이다.[72] 즉, 우리의 영장류 지능에 관한 통계적 측정값에서 '영리하다'고 나타난 종은 학습과 인지에 관한 실험실 테스트에서 잘해낸 종이라는 것을 뜻했다. 이는 영장류 g 점수가 영장류의 지능을 비교하는 진정한 척도라는 우리의 관점을 지지했다.

앞서 이야기한 것처럼, 영장류 뇌의 진화를 추동한 주요 원인이 무엇인지에 대한 수많은 가설들이 제기되었다. 이 가설들은 서로 경쟁적인 설명처럼 보였기 때문에, 연구자들은 서로 상충되는 것처럼 보이는 발견들을 중재할 수 없을지도 모른다고 걱정했다.[73] 우리의 연구는 자연선택이 하나의 특수한 능력보다는 일반적인 지능을 선호한다고 시사했기 때문에, 이러한 불안을 완화할 수 있었다. 우리의 영장류 g 점수는 지능의 사회적 요소(사회적 학습, 전략적인 속임수), 기술적 요소(도구 사용, 혁신), 생태적 요소(추출 식량 획득, 먹이의 폭)를 포괄하기 때문에 뇌의 진화를 추동하는 요소에 관한 여러 가설들을 지지할 뿐,[74] 그중 하나가 유일한 원인이라고 지지하지는 않았다. 당시에는 사회적 지능 가설이 지배적인 견해였지만, 우리의 연구는 사회적 복잡성이 유일한 추동 원인이 아니라는 것을 함축한다. 예를 들어, 영장류 g 점수와는 달리, 집단의 크기는 실험실에서의 인지 테스트 수행도 점수를 예측하지 못했다.[75] 우리는 사회적 지능에 대한 선택뿐만 아니라 다른 것들도 영장류 인지의 진화를 이끈 힘으로 작용했을 것이라 믿기 시작했다.

우리는 영장류 계통수 전반에 걸쳐 영장류 g의 변이 패턴도 살펴보았다. 향상된 인지능력이 여러 번에 걸쳐 독립적으로 진화했는지, 또는 '똑똑한' 영장류들이 인간과 가까운 종에 한정되어 있는지를 알아보기 위해서였다.[76] 분석 결과, 영장류 계통에서 높은 일반 지능을 선호하는 독립적인 수렴 진화가 네 차례 발생했다는 것이 드러났는데, 그 계통은 각각 꼬리감기원숭이,[77] 개코원숭이,[78] 일본원숭이,[79] 대형 유인원이었다.[80] 놀랍게도, 이들은 이미 사회적 학습과 전통으로 유명한 영장류 집단들이다. 이러한 패턴은 사회적 학습이 영장류에서 두뇌와 인지의 진화를 추동하는 주요 요인이라면 기대할 수 있는 것이다. 높은 영장류 g 점수를 얻은 영장류들은 복합적인 인지와 풍부한 문화적 행동으로 유명한 종들이다.[81]

윌슨의 문화적 추동 가설의 주요 예측들은 입증되었다. 연구에 따르면, 영장류에서 여러 인지 영역에 관여하는 다양한 정신 능력들이 공진화하며 일반 지능에서의 종간 차이를 발생시킨 듯하다. 핵심적인 문화 능력, 특히 사회적 학습, 혁신성, 도구 사용은, 인지적 수행의 여러 영역들과 긴밀하게 연결된 문화적 지능의 구성 요소들과 함께, 서로 고도로 상관관계에 있는 인지 형질의 복합체 일부를 형성한 것처럼 보인다. 이 결론은 진화심리학에서 널리 퍼진 견해, 즉 인지능력이 서로 분리된 모듈로 독립적으로 진화했다는 견해와 상반되며,[82] 일반 지능이 있음을 강력하게 함축한다. 물론 최근 연구에 따르면, 영장류 g는 영장류의 지능이 진화하는 핵심 차원이라는 것을 시사한다.[83]

우리는 사회적 학습이 두뇌와 지능의 진화를 추동했을 것이라는 증거를 제시함으로써, 이 장의 초입부에서 제시했던 세 가지의 문제들 가운데 첫 번째를 해결했다. 하지만 아직 두 가지 문제점이 남아 있다. 첫째, 사회적 학습이 뇌의 진화를 추동했을 수 있지만, 우리의 연구 결과는 영장류의 큰 뇌가 다른 요인으로 인해 진화했으며 향상된 사회적 학습과 혁신성은 단지 그 부산물이라는 설명과도 부합한다. 둘째, 우리는 영장류의 뇌가 진화의 시간 동안 어떻게 변해왔는지 정확히 이해해야 하며, 관찰된 이러한 변화가 문화적 추동 가설이 예측하는 바와 부합하는지도 확인해야 한다.

영장류의 두뇌 크기는 3그램짜리 살찐꼬리난쟁이리머fat-tailed dwarf lemurs의 뇌부터,[84] 1.5킬로그램짜리 인간의 뇌까지 분포한다. 유인원을 포함한 다양한 영장류 계통에서 뇌의 절대적인 크기와 상대적인 크기가 모두 증가했다.[85] 이것의 대부분은 전체 두뇌 부피의 80퍼센트를 차지하는 신피질의 증가에 따른 것이다.[86] 인간의 신피질은 문제 해결, 학습, 계획, 추론, 언어와 관련 있는 영역이기 때문에, 지능의 신경생물학적 기반을 고려할 때 가장 먼저 떠올리게 되는 두뇌 구조이기도 하다. 전체 영장류에서 신피질의 크기는 전체 뇌의 크기에 비례하며,[87] 이는 두뇌 크기의 변화를 알면 신피질의 증가분도 예측할 수 있다는 뜻이다. 하지만 이는 신피질이 모든 영장류에게 동일한 정도로 중요하다는 뜻은 아니다. 신피질의 크기와 전체 두뇌 크기가 서로 일대일로 대응되지는 않기 때문이다. 뇌가 작은 영장류에 비해 뇌가 큰 영장류에서 신피질의 비율이 더 크다.[88] 뇌가 큰 영장류의 신피질은 절대적으로 큰 편이며, 다른 두뇌 영역과도 더 잘 연결되어 있다.[89] 모든 영장류를 통틀어, 인간의 신피질은 절대적으로나 상대적으로 가장 크며, 가장 잘 연결되어 있다. 따라서 두뇌 크기의 증가를 절대적인 크기로 평가하든, 몸의 크기에 대한 상대적인 크기로 평가하든, 신피질의 상대적인 크기를 통해 비교하든,[90] 의심의 여지 없이 두뇌 크기의 증가는 인간 진화의 고유한 특성 가운데 하나다.[91] 하지만 앞서 살펴보았듯이, 방대한 연구에도 불구하고, 두뇌 크기의 증가에 대한 진화적 설명에 관해서, 그리고 이러한 증가와 인지의 진화 사이의 관계에 대한 진화적 설명을 둘러싸고 아직까지도 논쟁이 지속되고 있다.

두뇌와 지능의 진화에 대한 문제가 오랫동안 해결되지 않은 데는 몇 가지 이유가 있다. 가장 큰 이유 중 하나는 영장류의 뇌에 대한 데이터가 많이 쌓이지 않았기 때문이었다. 비교 통계분석을 수행하는 연구자들은 뇌 데이터를 구하는 것이 가능한 일부 영장류 종들에만 지나치게 의존해왔다.[92] 일반적으로는, 종마다 소수의 두개골 표본과 때때로 단 하나의 뇌만을 측정할 뿐이며, 그렇게 측정한 표본마저도 대체로 연대가 불분명하다. 종종 어떤 성별의 두개골인지 모르는 경우도 있으며, 성적 이형성sexual dimorphism이 큰 종일 경우에는 커다란 오차가 발생하기도 한다. 이러한 문제점이 해결되려면, 더욱 양질인 데이터가 필요하다. 두 번째 이유는 여러 영장류 종에게 적용할 수 있는, 인지 수행도에 관한 정량적인 척도가 없다는 것이었다. 연구자들은 보통 뇌의 전체 크기나 신피질의 크기가 그 영장류 종의 인지능력을 나타내는 수치라고 가정하지만, 실제로는 그 둘의 관계는 검증된 바가 없다. 다행히도, 영장류의 지능에 대한 우리의 연구는 그러한 측정값을 제시했고, 이는 이 문제점이 이제 해결되기 시작했다는 것을 뜻한다. 세 번째 이유는 먹이나 집단의 크기처럼 하나의 변수가 뇌의 크기를 예측할 수 있다는 연구에 과다하게 의존해 왔다는 것이었다. 이는 연구자들이 자신이 선호하는 변수의 진화적 중요성을 주장하는 일로 이어지기도 했는데,[93] 가장 강력한 예측 변수가 무엇인지 알아보기 위해 여러 개의 변수를 동시에 고려한 연구는 거의 없다시피 했다. 이러한 문제점들은 비교적 최근까지도 뇌의 크기, 지능, 문화에의 의존이 영장류에서 실제로 공진화했는지 알 수 없음을 의미했다.

정말로 필요한 연구는 양질의 데이터를 사용하고, 잠재적으로 서로 관련 있는 모든 변수들을 포함하며, 전체 영장류에서 두뇌 크기의 변이와 인지 수행도의 차이를 한꺼번에 예측할 수 있는 적절하게 통제된 진화 연구였다. 이를 목표로, 세인트앤드루스대학교의 박사후 연구원 아나 나바레테Ana Navarette와 박사과정 학생 샐리 스트리트Sally Street는,[94] 두뇌 데이터를 수집하고 진화적 분석을 수행해 나갔다.[95] 우리는 영장류의 큰 뇌, 인지능력, 문화에의 의존에 대한 결정적인 연구에 착수했다. 위트레흐트 뇌영상센터에서는 네덜란드 신경과학연구소의 영장류두뇌은행Primate Brain Bank에서 입수한 두개골을 자기공명영상(MRI 스캔)을 사용해 분석했다.[96] 아나는 이 스캔을 이용해 다양한 두개골 구조의 크기를 측정했고, 이를 통해 기존의 영장류 두뇌에 관한 자료들을 보충할 수 있었다. 우리는 데이터베이스에 포함된 종의 수, 그리고 종마다 표본의 수를 늘리려고 노력했을 뿐만 아니라 연대가 알려진 두개골을 사용하려고 애썼고, 이로 인해 영장류 두뇌 데이터의 폭과 신뢰도를 크게 늘리고 올릴 수 있었다.

그다음에는 새롭게 확장된 영장류 두개골 데이터베이스, 그리고 최근 그 타당성을 인정받은 일반적인 인지능력 척도(영장류 g)를 사용해, 샐리와 아나는 서로 연관된 모든 사회생태적, 환경적, 생애사적 예측 변수들을 포함시켜 분석을 수행했는데, 이는 어떤 요인이 절대적인지, 그리고 어떤 요인이 상대적인 두뇌 크기와 인지 수행도의 변이를 설명하는지 알아보기 위해서였다.[97] 영장류 지능의 근본 원인이 되는 요인은 무엇일까?[98] 우리는 모든 잠재적인 예측 변수를 통계적 모델에 포함시킨 다음, 좋은 설명을 제공하는 가장 단순한 모델에 이를 때까지 종속변수를 설명하는 데 유용한 변수들을 유지하는 한편, 그렇지 않은 변수들을 제거해 나갔다. 분석 결과가 나오자, 우리는 엄청나게 흥분했다.

샐리와 아나의 다변수 분석에 따르면, 느린 생애사(예를 들어, 긴 수명 또는 부모에게 의존하는 긴 청소년기 및 아동기)와 큰 집단 크기가 두개골 크기에 관한 모든 측정값과 인지 수행도를 가장 잘 예측하는 변수였다.[99] 가장 적합한 모델에서는 집단의 크기와 일부 생애사 수치가 증가할 때마다, 다양한 두뇌 크기 측정값(뇌의 절대적인 크기와 상대적인 크기, 신피질의 상대적인 크기, 소뇌의 상대적인 크기)과 인지 수행도 측정값(영장류 g 점수, 사회적 학습, 혁신성)이 항상 증가했다. 대개 생애사 수치가 사회적 집단 크기보다 두뇌 크기에 관한 측정값을 예측하는 더 강력한 변수였다. 사회적 복잡성의 측정값과 함께 얼마나 오래 사는지가 먹이나 위도, 또는 다른 어떠한 변수보다도 그 종의 두뇌 크기와 영리함을 제대로 예측했다. 이는 문화적 추동이 성체로 자란 이후의 수명과 성장기의 길이를 연장시키는 자연선택을 발생시킨다는 가설과 들어맞는다.

우리 연구는 뉴멕시코대학교의 인류학자 힐러드 캐플런Hillard Kaplan과 그의 동료들이 2000년에 출간한 논문을 떠올리게 한다. 이 연구자들은 인간의 지능과 긴 수명이 사냥으로 잡아야 하는 동물들이나 추출하기 어려운 식물들(야자나무 나뭇잎의 섬유 등)처럼 영양분이 풍부하지만 쉽게 접근하기는 어려운 먹이들을 활용할 수 있도록 하기에 진화했다고 주장했다.[100] 캐플런은 뇌가 상당한 양의 에너지를 필요로 하는 기관임에도 획득하기 어려운 먹이에서 취득한 에너지와 영양분을 통해 성장할 수 있었다고 주장했다. 이 관점에서 보면 자연선택은 긴 수명을 선호하는데, 긴 수명은 이미 습득한 복잡한 먹이 획득 기술이 제공하는 에너지 노다지로부터 개체들이 더 많은 이익을 챙길 수 있도록 생애 후반의 시간을 늘리기 때문이다.

우리 연구는 인간을 포함하지 않았기 때문에 캐플런의 가설을 직접적으로 평가할 수는 없었다. 하지만 영장류의 혁신과 사회적 학습에 관한 사례들 가운데 먹이 획득 행동이 절반 정도를 차지한다는 점을 생각해 보면, 우리의 연구는 뇌가 크고, 오래 살며, 똑똑한 다른 영장류들에게도 동일한 논리를 적용할 수 있음을 강력하게 암시한다. 이 영장류들의 목록에는 대형 유인원들과 흰목꼬리감기원숭이는 반드시 포함되며, 일본원숭이와 개코원숭이도 포함될 가능성이 있다. 앞서 살펴본 것처럼, 이 영장류 무리들은 사회적 학습과 전통으로 유명하며, 특히 대형 유인원들과 흰목꼬리감기원숭이는 도구 사용과 추출 식량 획득으로 유명하다.[101] 여러 경험적 연구들에 따르면, 견과류, 흰개미, 꿀처럼 영양이 풍부한 먹이를 획득하는 영장류들의 방법은 대부분 사회적 학습을 통해 습득한 것이다. 물론 인간은 말할 것도 없다.[102] 성장기가 길어진다는 것은 이러한 세대 간 지식 전달의 기회가 잠재적으로 증가한다는 것을 의미한다. 효과적인 사회적 학습과 혁신에 대한 자연선택이 먹이를 통한 에너지 획득의 증가로 이어지며, 이것이 다시 뇌를 더 크게 만들고 더 긴 수명을 위한 선택압을 발생시킨다는 윌슨의 문화적 추동 가설과 우리의 발견은 서로 잘 맞아떨어진다.[103]

인간과 다른 유인원들이 소비하는 높은 질의 먹이 자원을 얻기 위해서는 높은 수준의 지식, 기술, 협력, 힘이 필요하다. 복합적인 도구를 사용하는 능력과 추출 식량 획득 기술을 습득하는 데는 시간이 걸리지만, 나이 든 세대에서 어린 세대로 이어지는 먹이와 지식의 흐름이 존재한다고 가정했을 때, 똑똑한 동물들은 확장된 학습 기간의 낮은 생산성을 성인기 동안의 높은 생산성으로 보상받을 수 있었다. 수학적 분석에 따르면, 나이가 들수록 대체로 생산성도 상승하기 때문에 기술과 지식을 습득하기 위해 투자한 시간은 낮은 사망률과 긴 수명에 대한 자연선택으로 이어진다.[104]

오늘날의 지배적인 관점에 따르면, 영장류의 뇌는 복잡다단한 사회생활의 요구에 대처하기 위해 커졌다. 이를테면, 앞서 소개한 다른 개체를 속이고 조종하는 마키아벨리적인 기술, 동맹을 유지하고 제삼자들의 관계를 추적하는 데 필요한 인지 기술이 그러한 요구에 해당한다. 이 가설을 지지하는 가장 중요한 데이터는 집단 크기와 상대적인 두뇌 크기 사이의 양의 상관관계다.[105] 우리의 연구 결과에서 집단 크기는 여전히 상대적인 두뇌 크기를 예측하는 중요한 변수였지만, 영장류의 지능과 사회적 학습을 유의미하게 예측하는 중요한 2차 변수이기도 했다. 하지만 우리의 연구에서 집단 크기는 두뇌 크기나 지능을 예측할 수 있는 유일한 변수가 아니었으며, 가장 중요한 변수도 아니었다. 사회적 집단 크기가 실험실 인지 능력 테스트에서의 수행도를 예측하지 못한다는 우리의 기존 연구와 함께,[106] 이 연구는 영장류 뇌의 진화에는 사회적 지능에 대한 자연선택 이상의 것이 있었다는 우리의 견해를 지지한다.

이러한 발견들을 가장 깔끔하게 해석하는 방법은, 자연선택의 여러 파도들이 영장류의 더 큰 뇌와 더 나은 지능 모두에 작용했으며, 이 선택압들이 모두 다른 강도로 작용했음을 인정하는 것이다. 우리의 분석은 사회생활의 복잡성에 따라 요구되는 사회적 지능에 대한 자연선택이 중요하다고 강조하는 기존 연구와도 일치한다. 아마도 이러한 자연선택은 원숭이와 유인원 계통에서 광범위하게 나타났을 것이다.[107] 하지만 우리가 예측하는 바에 따르면, 사회적 지능에 대한 자연선택은 그 후로 커다란 뇌를 지닌 몇몇 사회적 영장류(대표적으로 대형 유인원들)에서 제한적이라고 하더라도 주요한 문화적 지능에 대한 자연선택으로 이어졌다.[108] 최근 연구에서 우리는 커다란 사회적 집단을 이루고 살아가는 영장류 종들의 사회적 학습 정도가 높다는 것을 발견했으며, 이는 문화적 변이를 유지하는 데 서로 잘 연결된 큰 집단이 중요하다는 이론적 연구들의 결과와도 부합한다.[109]

샐리와 아나의 연구는 영장류 뇌의 중요한 구조들, 즉 신피질과 소뇌의 상대적인 크기가 영장류의 지능과 상관관계에 있다는 것도 보여준다.

신피질은 뇌에서 '생각'을 담당하는 부분이며, 모방(예를 들어, 두정엽, 측두엽) 및 혁신(예를 들어, 외측 전전두피질)과 관련 있는 두뇌 부위를 포함하며, 인류가 진화하며 확대된 부분이기도 하다. 시각 피질도 커졌으며, 시각 및 청각 피질을 체지각 및 운동 피질과 연결하는 신경 회로 또한 우리가 예상한 대로 확장되었다.[110] 소뇌는 운동을 제어하는 데 핵심적인 역할을 하며, 추출 식량 획득과 도구 사용에 필요한 팔다리의 정확한 운동을 가능하게 한다.[111]

뇌는 큰 동물일수록 큰 편이다. 예를 들어, 어떤 고래의 뇌는 인간 뇌의 부피보다 6배가 더 크며, 일반적인 코끼리의 뇌는 인간 뇌의 크기에 3배에 달한다. 비록 미덥지 않더라도,[112] 역사적으로 연구자들은 이러한 비교를 통해 뇌의 절대적 크기가 동물의 지능과 크게 상관없다는 견해를 갖게 되었다. 큰 동물들은 단지 처리하고 제어해야 하는 세포가 더 많기 때문에 더 큰 뇌를 갖게 되었을 수도 있다. 팔다리가 커지면 움직이는 데 더 거대한 신경조직이 필요하듯이 말이다. 이런 이유로 동물의 지능에 관한 연구는 상대적인 두뇌 크기에 주목하는 경향이 있다.

하지만 최근의 연구들은 지금까지의 생각과는 달리, 전체 뇌의 절대적인 크기 또는 뇌의 주요 조직의 크기가,[113] 동물의 지능을 이해하는 데 더 적합할지도 모른다는 것을 암시한다.[114] 캘리포니아대학교 어바인의 뇌 진화에 관한 권위자, 조지 스트리터Georg Striedter는 두뇌 크기가 커질수록 내부 구조도 변하는 경향이 있다는 것을 보였다. 이를테면, 새로운 구획이 발생하거나 커다란 부분이 비교적 더 많이 연결되고 더 큰 영향력을 갖게 된다.[115] 인류의 진화사에서 신피질부터 뇌간과 척수로의 연결망이 더 커지고,[116] 턱 근육, 얼굴, 혀, 성대, 손 근육에 신경을 분포시키는 운동뉴런에 대한 직접적인 연결이 이례적으로 상승한 것도 이 경향에 부합한다. 캘리포니아대학교 버클리의 심리학자 테렌스 디컨Terrence Deacon은 이러한 두뇌의 해부학적 변화를 예측했다.[117] 디컨은 뇌가 진화하며 뇌의 영역들이 상대적으로 더 커질수록, 과거에 신경이 분포되지 않았던 영역으로 '침투해' 연결된다는 법칙을 제안했다. 따라서 확대된 영역은 뇌의 다른 영역에 더 큰 영향을 주게 되며, 뇌의 작동에서도 더욱 중요한 영역이 된다. 디컨의 법칙은 두뇌 발달의 두 가지 근본적인 법칙에 기반한다. 첫째는 발달 중에 있는 축삭들(신경세포에서 길고 가는 부분, 여기를 따라서 신경 신호가 세포체로부터 다른 세포로 전달된다)끼리 표적 세포에 연결되기 위해 자주 경쟁한다는 것이다. 둘째는 표적 세포를 '발화'시키는 데 참여하는 축삭들이 경쟁에서 일반적으로 승리한다는 것이다.[118] 뇌의 한 영역이 상대적으로 커질 때, 그 영역의 축삭들은 다른 영역의 축삭들보다 경쟁에서 유리하다. 한 영역에서 더 많은 축삭들이 표적 세포에 신호를 보낼 수 있을 때 표적 세포는 더 큰 자극을 받으며 연결을 강화할 것이다. 이 새로운 연결들은 오래된 연결들을 '대체'하기도 한다. 오래된 연결의 공급원에 해당하는 부분이 상대적으로 크기가 줄어들면, 다른 연결로 대체될 가능성이 크다.[119] 인간의 뇌에서 가장 큰 부위들은 신피질과 소뇌인데, 이 논리에 따르면 뇌가 커지면서 이 두 부위가 신경 회로망에서 중요한 위치를 차지하게 되었고 그 회로망에서 상당한 영향력을 행사하게 되었을 것이라고 예측할 수 있다.

이는 보다 큰 신피질과 소뇌에 대한 자연선택이 자동적으로 유연성과 정밀한 움직임을 향상시킨다는 것을 의미한다. 이 뇌 영역들은 팔, 다리, 얼굴, 손을 정밀하게 제어한다. 인간의 특징인 뛰어난 손재주도 커다란 신피질 덕분일 것이다.[120] 도구를 만들고 사용하는 것을 가능하게 만드는 뇌의 처리 능력은 손을 매우 정밀하게 움직일 수 있는 손재주를 향상시켰으며, 마찬가지로 언어를 학습하는 인지능력은 입과 혀를 유연하게 사용하는 능력을 향상시켰다.[121]

뇌의 크기가 증가함에 따라 전체 두뇌에서 신피질이 차지하는 비율이 증가하는데, 아마도 신피질의 기능을 향상시킨 자연선택은 신피질의 크기만을 향상시키기 위한 것이 아니라 전체 두뇌에 대해 작용한 자연선택이었을 것이다.[122] 이는 영장류에서 인지의 진화가 상당 수준 일반 지능에 대한 자연선택에 의해 이루어진다는 발견과 부합한다.[123] 마찬가지로 소뇌는 운동을 제어하는 데 중요한 역할을 한다고 알려져 있으며, 소뇌의 확대는 도구 사용과 추출 식량 획득(그중에서도 연속적인 복잡한 행동을 수행하는 것)에 필요한 정확한 움직임의 기능적 향상으로 이어진다는 것을 뜻하기에, 자연선택은 소뇌의 확대를 선호할 것이다. 이전과 마찬가지로, 신경해부학적 데이터들은 이를 지지한다.[124] 아나가 수행한 비교연구에서도 '기술적 혁신'의 정도(예를 들어, 영장류의 도구 사용을 통한 혁신)는 기술과 관련 없는 혁신보다 두뇌 크기의 측정값에 직접적으로 크게 비례한다는 것을 보여준다.[125]

연구 결과를 하나만 더 소개하자. 기존 연구에 따르면, 포유류에서 성체의 두뇌 크기는 어미의 투자 정도(이를테면, 임신 기간이나 수유 기간)와 상관관계에 있었다.[126] 해당 연구에 따르면, 긴 수명과 두뇌 크기 간의 상관관계는 (큰 뇌를 성장시키는 것을 포함한) 자식의 발달에 시간과 자원을 투자하기 위해 수명이 늘어난 것에서 기인한다. 하지만 샐리는 영장류의 경우 이러한 상관관계가 다른 이유에서 기인한다는 것을 발견했다. 그녀의 분석에서는 임신 기간과 수유 기간이 독립변수로 추가되어도 최대 수명과 두뇌 크기 간의 상관관계가 그대로 유지되었다. 또 하나 흥미로운 점은 양육 투자와 관련된 변수가 분석에 추가되었을 때 수명과 사회적 학습 간의 상관관계는 유지되는 반면, 수명과 영장류 g 점수와의 상관관계는 그렇지 않았다는 것이다. 일반적인 포유류와는 달리, 영장류의 두뇌 크기와 수명 간의 상관관계는 오롯이 발달 기제에 기반하는 것이 아니라 인지 기제와 깊이 관련 있는 듯하다. 큰 뇌를 지닐 뿐만 아니라 다른 구성원들로부터 온갖 유용한 생존 기술을 습득할 수 있었기에, 몇몇 똑똑한 영장류들은 분명 수명을 연장하고 보다 오래 살 수 있었을 것이다. 다시 말해, 오직 영장류의 경우에만 문화적 지능이 생존을 촉진한다.

샐리와 아나의 연구가 방대한 비교생물학적, 통계적, 신경해부학적 자료를 설명할 가능성이 있었기에, 우리는 기대에 들떴다. 그들의 연구는 뇌가 크고 복잡한 사회집단을 이루고 사는 몇몇 영장류 계통이 사회적으로 학습된 행동에 의존하는 결정적인 임계점에 도달했었다는 것을 암시한다. 이 임계점을 넘어선 다음에는 더 큰 뇌, 다양한 인지능력, 사회적 학습, 혁신에의 의존이 서로서로 강화하는 자연선택이 이어지는데, 이는 수명의 증가와 먹이 질의 상승에 의해 매개된다. 커다란 뇌가 반드시 사회적 학습의 필요조건인 것은 아니지만, 더 커진 뇌는 보다 효율적이고 정확한 형태의 사회적 학습을 돕는다. 따라서 먼 거리에서 모방하기, 매우 정확한 사회적 학습, 지각 정보와 운동 정보라는 두 가지 감각 정보의 통합, 복잡한 사회적 학습을 위한 계산 능력 등이 가능해진다. 신피질과 소뇌의 확대는 아마도 학습된 움직임을 향상시켰을 것이며,[127] 그에 따라 운동의 정밀한 동기화를 필요로 하는 (침팬지의 견과류 깨기나 고릴라의 쐐기풀 가공처럼) 연속적인 움직임을 학습하는 능력을 가능하게 했을 것이다.[128] 오직 큰 두뇌를 지닌 영장류만이 그러한 연속적인 움직임을 학습하고 동기화된 행동을 할 수 있는 듯한데,[129] 인류가 진화하며 확장된 뇌 영역들 가운데 사회적 학습, 모방, 혁신, 도구 사용과 관련된 부위들이 있다는 것은 이러한 추측에 부합한다.

지금까지는 영장류에 초점을 맞추었지만, 두뇌 크기의 증가, 일반적인 인지능력, 문화에의 의존은 몇몇 조류(예를 들어, 까마귓과나 앵무새), 고래목(예를 들어, 고래나 돌고래)을 비롯한 다른 동물들에서도 공진화했을 것이다.[130] 떼까마귀와 같은 까마귓과 동물은 복잡한 사회적 인지뿐만 아니라, 도구 사용, 인과 추론, 기억력,[131] 조망 수용, 혁신, 문화적 전달로도 유명하다.[132] 그들은 유인원과 마찬가지로 몸의 크기에 대한 상대적인 두뇌 크기가 크며, 상대적인 크기로는 침팬지와 그 크기가 동일하다.[133] 까마귓과의 상대적인 전뇌 크기는 앵무새(앵무새는 복잡한 사회적 인지, 혁신, 도구 사용, 모방 능력으로 유명하다[134])를 제외한 다른 어떤 조류 종보다 크다.[135] 혹등고래, 범고래, 돌고래는 영장류에서 관찰된 것과 놀라울 정도로 비슷한 패턴을 보여주며, 현격하게 큰 두뇌와 복잡한 사회적 학습 능력을 지닌 동물들이 대개 가지고 있는 복잡한 사회적 인지, 도구 사용, 혁신 능력을 지니고 있다.[136] 물론 뛰어난 사회적 학습자가 아닌 '똑똑한' 동물을 상상하기는 어렵다.

현재 동물의 인지를 연구하는 학자들은 유인원, 까마귓과, 고래목에서 지능의 수렴 진화가 나타났으며, 문화적 추동이 이것의 가장 유력한 메커니즘이라고 생각한다. 하지만 앨런 윌슨이 생각한 메커니즘은 자가촉매 작용 같은 것이었다.[137] 즉, 보다 효과적인 사회적 학습에 대한 자연선택은 인지능력과 기교를 향상시키는 뇌의 구조와 능력을 선호하며, 이러한 능력은 다시금 뇌와 행동에 대한 자연선택을 발생시키는 것이다. 나는 조류와 고래목에서는 영장류에게 작용하지 않았던 어떤 중요한 제약이 있었을 것으로 추측한다. 이는 아마도 도구 사용과 추출 식량 획득 기술의 발전을 방해했을 것이고, 기술적 지능에 대한 자연선택이 뇌의 진화에 되먹임되는 정도를 제한했을 것이다. 고래류가 효율적으로 수영하려면 지느러미발이 필요한데, 이는 사실상 부리나 입으로만 도구를 사용할 수 있음을 뜻한다. 고래와 돌고래는 한 팔로 물체를 쥐고 다른 팔로 그 물체를 조작할 수 없기 때문에, 복잡한 도구 사용이 불가능하고 먹이 획득 기술도 제한된다. 커다란 새들은 나는 데 어려움을 겪기 때문에, 대다수 조류들도 마찬가지로 큰 신체와 뇌를 진화시킬 수 없었을 것이다. 이론적으로는 모아새moas나 에피오르니스elephant birds와 같이 날지 못하는 큰 조류들이 큰 뇌를 진화시키는 것이 가능하지만,[138] 그들의 퇴화된 날개는 물체를 다루는 능력으로 진화하지 못했고 그들의 발은 이미 달리도록 진화했기에, 추출 식량 획득이 진화하는 데는 한계가 있었을 것이다. 아마도 이러한 제약들로 인해 도구를 가장 능숙하게 사용하는 조류들조차 행동의 유연성에서 한계를 지니게 되었을 것이다.[139] 반면, 영장류에서는 줄달음 과정을 통해 사회적, 기술적, 문화적 지능에 대한 자연선택이 서로를 강화했을 것이다. 이러한 기제는 유인원을 비롯해 여러 영장류 계통에서 작동했을 가능성이 있지만, 인간에서 그 절정에 도달했음이 틀림없다. 상대적인 두뇌 크기, 지능, 도구 사용, 문화에 관한 한 인류는 정점에 있다.[140] 윌슨은 옳은 길을 간 듯하다. 나는 문화적 추동이야말로 인간 마음의 진화를 설명하는 데 정말로 핵심적이라고 믿기 시작했다.

7장

높은 충실도

High Fidelity

학문적 삶에서 가장 매력적인 부분 중 하나는 과학적 문제에 대한 해답을 찾아내면 끊임없이 또 다른 질문들이 생긴다는 점이다. 지금의 경우도 마찬가지다. 문화적 추동이 모든 대형 유인원과 일부 원숭이들에게 작용했다면, 왜 고릴라는 입자가속기를 발명하지 못했을까? 왜 흰목꼬리감기원숭이는 달에 가지 못했으며, 그들만의 페이스북을 고안하지 못했을까? 많은 통찰을 제공했음에도, 문화적 추동은 인간이 왜 다른 영장류보다 훨씬 더 성공적이었는지 설명하지 않는다. 우리 성공의 비밀은 무엇일까?[1]

이 질문에 대한 한 가지 대답은 우리 종의 성공이 우연이라는 것이다. 문화적 추동뿐만 아니라 지능의 진화를 불러오는 어떤 메커니즘이 폭넓게 작용했다면, 모든 종이 동일한 영향을 받지는 않았을 것이다. 무슨 이유에서인지 순전히 우연적으로 어떤 종의 두뇌 크기와 지능이 다른 종들보다 증가했을 것이고, 이러한 작용이 자가촉매적임을 고려하면 한 종의 지능이 다른 종보다 쉽게 '줄달음' 진화에 의해 월등해질 수 있다는 것이다. 필연적으로, 가장 똑똑한 종은 뒤를 돌아보며 '왜 우리만 이렇지?' 하고

물을 것이다. 하지만 이 대답은 만족스럽지 않다. 우연적인 요소를 제거하기는 어렵지만, 우리 조상들만 고유하게 지니고 있으며 그들에게 이점을 가져다주었던 하나의 형질 또는 여러 형질의 조합을 알아내는 것이 훨씬 더 흥미로울 것이다.

또 다른 대답은 우리 종의 성공이 인구통계적 요인 때문이라는 것이다. 인구가 중요한 역치에 도달하면, 수렵 채집인 무리들이 서로 마주치고 물품과 지식을 교환할 가능성이 높아지며, 따라서 문화적 정보가 소실될 가능성이 줄어드는 한편 지식과 기술은 축적되기 시작한다.[2] 이러한 주장은 설득력 있고, 인구의 규모와 연결망은 의심의 여지 없이 중요한 요소다. 하지만 인구통계적 요소가 유일한 요인일 수는 없다. 큰 집단을 이루고 사는 다른 수많은 동물들이 있으며, 그중 어떠한 동물도 백신을 발명하거나 개인의 권리에 대한 입법을 추진하지 않았기 때문이다. 먼저 복잡한 문화를 만드는 능력을 가지고 있어야, 동물들은 커다란 사회적 네트워크를 통해 복잡한 문화를 유지시킬 수 있다.

그렇다면 우리 조상의 뛰어난 기술과 문화를 가능하게 만든 행동, 신체 형태, 환경은 어떤 점에서 다른지에 대한 질문이 제기된다. 수학적 모델링이 이에 대한 막대한 통찰을 제공했는데, 이 장에서는 이 문제에 대한 실마리를 던지는 세 가지 이론적 연구를 소개할 것이다. 또한, 이 장의 뒷부분에서는 이러한 이론적 연구 결과들을 지지하는 어린이, 침팬지, 흰목꼬리감기원숭이에 대한 실험 연구를 소개할 것이다.

인간의 성공 스토리를 이해하는 초기 단서는 스톡홀름대학교의 마그누스 엔퀴스트Magnus Enquist와 그의 동료들이 수행한 수학적 모델링 분석에서 나왔다.[3] 마그누스는 이론생물학자로 훈련받았지만 문화의 진화에 커다란 흥미를 가지게 되었고, 문화가 안정적으로 전달되기 위해서는 '문화적 부모'가 얼마나 많이 필요한지를 수학적 모델로 탐구하는 프로젝트에

나를 초대했다.[4] 마그누스의 연구 결과 중 상당수가 호기심을 불러일으키는 놀라운 것들이었지만,[5] 그의 발견 가운데 가장 지속적인 영향을 미친 것은 비교적 평범한 것이었다. 그의 연구 팀은 문화적 전달의 충실도(즉, 개체들 간에 학습된 정보가 전달되는 것의 정확도)가 특정 문화적 형질이 개체군 안에서 머무는 시간에 어떤 영향을 주는지를 수학적으로 모델링했다. 물론 그들은 양의 상관관계를 기대했는데, 충실하게 모방되는 지식이 부정확하게 전달되는 지식보다 개체군에서 더 오래 머무를 것으로 보였기 때문이다. 발레의 스텝이나 악보는 몇 세기 동안이나 지속되었는데, 이는 정확한 정보의 전달을 위해 세심한 설명과 복사본의 제작과 같은 오랜 노력을 기울였기 때문이다. 이후 매우 중요한 것으로 드러났지만, 내가 미처 예상하지 못한 부분은 형질의 충실도와 그것의 수명이 서로 가속적인, 또는 기하급수적인 형태의 관계에 있다는 점이었다(그림 7).

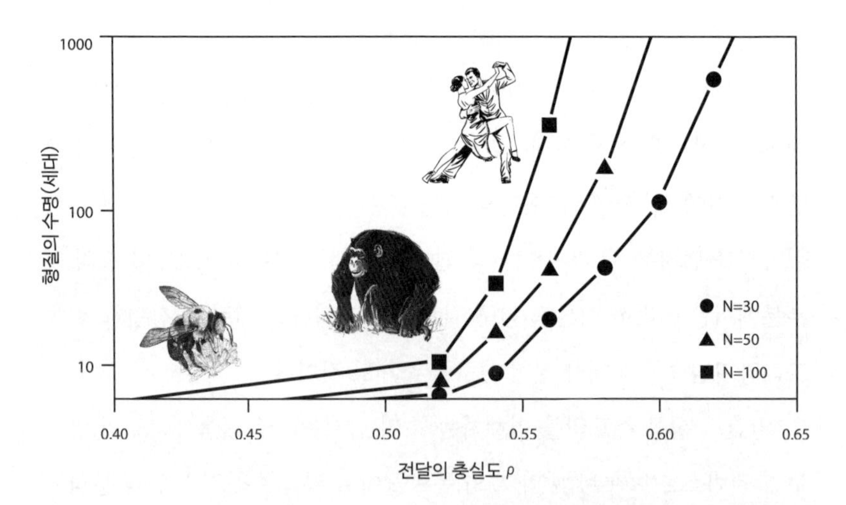

그림 7. 문화적 형질의 수명(개체군에 얼마나 오래 남아 있는지)은 형질의 충실도(지식과 행동이 개체들 사이에서 얼마나 정확하게 전달되는지)가 개선되는 정도에 따라 기하급수적으로 늘어난다. 이는 충실도가 조금만 개선되어도, 문화적 지식의 총량과 지속성에 커다란 차이가 발생한다는 것을 의미한다. 이러한 관계는 매우 높은 충실도의 문화적 전달 매커니즘을 지닌 인간이 정확하게 상속되는 문화적 지식을 왜 그토록 많이 가지고 있는지를 설명한다. Enquist et al. (2010), 그림 3c.

곡선의 형태는 중요하다. 주어진 집단의 크기에 따라 역치 효과가 있는데, 그 역치에서는 사회적 학습의 충실도가 조금만 증가해도 짧게 머물다 사라지던 문화적 형질의 수명도 사실상 불멸로 변하기 때문이다. 이는 인간 사회와 다른 동물 사회에서 관찰되는 문화의 양적 차이를 설명하는 데 도움이 될 것이 분명하다. 이러한 이론적 연구는 독일 라이프치히의 막스플랑크 진화인류학연구소의 심리학자 마이클 토마셀로가 수식 없이 주장한 내용을 뒷받침한다. 토마셀로는 우리 종이 언어, 가르침, 효율적인 모방 능력 때문에 다른 동물들보다 지식을 더욱 충실하게 전달할 수 있었으며, 이러한 전달의 충실도가 다른 동물들에게 없는 누적적 문화(그의 용어로는 '문화의 단계적 축적ratcheting'*)를 설명한다고 주장했다.[6]

고백하자면, 처음에는 토마셀로의 주장이 설득력 있다고 생각하지 않았다. 높은 충실도가 왜 필연적으로 문화의 단계적 축적에 대한 선호로 이어지는지 나에게 전혀 분명해 보이지 않았기 때문이다.[7] 모든 사람이 언제나 모방을 완벽하게 한다면 문화에 변화가 있을 수 없다고 여긴 것이다. 마그누스의 연구는 나의 의문을 해소해 주었는데, 문화적 형질이 높은 충실도의 문화적 전달에 따라 매우 오랜 기간 존속할 수 있다는 것을 보여주었기 때문이다. 그래프의 수직에 가까운 부분에서는, 전달의 충실도가 조금만 증가해도 문화적 형질이 개체군에서 존속하는 기간이 급격하게 늘어난다. 존속 기간이 길어지면, 기술이 개선될 기회도 더 많아진다. 정제하거나 개선하기 위해서라도 이전 버전의 형질이 먼저 존재해야 하기 때문이다. 형질이 오래 존속되면, 그 결과로 또한 더 많은 문화가 보존된다. 높은 충실도의 전달 기제는 낮은 충실도의 기제보다 잠재적으로 훨씬 더 많은 문화적 지식과 행동을 가능하게 한다.

* 'ratchet'의 원래 뜻은 톱니를 물리면 다른 방향으로는 돌지 않고 한 방향으로만 돌아가는 톱니바퀴다. 이는 한 방향으로만 계속 단계적으로 축적되는 문화를 비유한 말이다.

마그누스의 연구는 토마셀로의 추론이 왜 옳았는지를 드러낸다. 형질의 충실도와 수명 사이의 관계가 기하급수적이라는 것은 동물의 사회적 학습과 전통을 이해하는 데 중요한 통찰을 제공했다. 예를 들어, 조류, 어류, 곤충을 포함한 동물들에게서 사회적 학습이 광범위하게 이루어지지만, 그들 대부분은 낮은 충실도의 기제에 기반한다. 셀 수 없이 많은 동물들이 다른 동물들이 만지작거리는 것을 목격했던 대상에 다가가거나, 자극과 상호작용 함으로써 학습한다. '지역 강화'나 '자극 강화stimulus enhancement'로 알려진 비교적 단순한 형태의 사회적 학습으로 학습하는 것이다.[8] 예상대로, 마그누스의 이론이 예측하는 것처럼, 사회적 학습이 가능한 대다수 동물들에게는 전통이 아예 없거나 '가벼운 전통'으로 불리는,[9] 짧게 지속되고 매우 빠르게 사라지는 행동 패턴들만 있을 뿐이다.

보다 정확하거나 더 높은 충실도의 사회적 학습이 가능한 동물들은 많지 않다. 예를 들어, 실험에 따르면 침팬지들은 다른 침팬지의 운동 패턴을 모방하거나 다른 침팬지의 행동에 따른 대상의 움직임을 재현함으로써 학습한다. 이는 '모방imitation'이나 '흉내emulation'라고 불린다.[10] 침팬지들의 먹이 획득이나 도구 사용 전통이 몇십 년간 지속되는 것이 우연은 아닐 것이다.[11] 찰스 다윈은 『인간의 유래』에서 침팬지가 견과류를 깨 먹는 습관을 묘사했는데,[12] 이는 이 전통이 적어도 한 세기 이상 지속되었음을 의미한다. 게다가 인간을 제외한 동물들 중에서 가장 많은 수의 기록된 전통을 가지고 있는 것도 침팬지다. 39가지 행동들이 몇몇 집단들에서는 습관적으로 행해졌지만 다른 집단들에서는 그렇지 않았다.[13] 마지막으로, 인간은 가르침, 언어, 기록, 모방과 함께 충실도가 가장 높은 사회적 전달 기제를 지니고 있으며, 확실히 아주 오랜 시간 지속되는 문화를 엄청나게 많이 가지고 있다. 마그누스의 연구는 다른 동물들에게 없는 인간의 방대한 문화가, 사회적 학습의 충실도를 크게 향상시키는 인간 특유의 전달 기제에서 직접적으로 기인한다는 것을 암시한다.

우리는 토마셀로가 기대한 것처럼 동일한 이론으로 인간 문화의 고유한 누적적 특성을 설명할 수 있다고 보았다. 더 많은 문화가 있다는 것은 다른 영역에서 아이디어를 얻고 그것들을 조합해 (잠재적으로 더 많은 혁신과 개량으로 이어지는) 새로운 기술을 만들 수 있는 기회가 더 많다는 것을 뜻하며, 따라서 누적적 문화를 발생시킬 기회도 더 많다는 것을 의미한다. 우리는 작은 집단에 비해 큰 집단에서 곡선의 기울기가 더욱 가팔라진다는 것을 발견했는데, 이는 인구가 더 많은 집단에서 문화적 형질이 더 오래 유지된다는 것이다.[14] 따라서 문화적 전달의 충실도가 조금만 증가해도 인간 문화의 특징은 질적으로 크게 달라지며, 이러한 질적 차이는 인구가 증가함에 따라 더욱 커진다.

이미 보았듯이, 침팬지와 뉴칼레도니아까마귀와 같은 동물들에게 누적적 문화가 존재한다는 주장이 있다.[15] 하지만 그 증거는 제한적이고, 정황적이며, 이론의 여지가 있다.[16] 반면, 인간은 의심의 여지 없이 어떠한 개인도 혼자 발명할 수 없는 복잡한 기술을 지니고 있다. 이러한 차이가 단지 전달의 충실도 때문일까? 이런 의문은 오래전부터 제기되어 왔다. 토마셀로뿐만 아니라, 제프 갈레프, 세실리아 헤이스Cecilia Heyes, 앤드루 휘튼을 비롯한 동료 심리학자들과 진화생물학자 리처드 도킨스Richard Dawkins가 모두 이와 관련된 주장을 제기했다.[17] 하지만 인간이 분명 높은 충실도의 정보 전달을 할 수 있는 인지능력과 매우 복합적이고 누적적인 문화를 형성하는 능력을 모두 가지고 있더라도, 이 둘이 어떻게, 그리고 왜 서로 연관되는지를 보여주는 공식적인 이론적 연구가 없었다. 그럴듯해 보이기는 하지만, 이러한 가설적인 관계는 증명될 필요가 있었다.

확실히 마그누스의 이론적 분석 덕분에, 우리는 정확하게 전달된 문화적 형질의 존속 기간이 늘어나면 그것들의 수정이나 조합이 발생할 여지도 더 늘어나게 되며, 따라서 문화의 단계적 축적이 일어날 수 있다는 보다 설득력 있는 주장을 할 수 있게 되었다. 동물들에게 짧게 나타났다가 사라지는 형질을 개선할 기회가 없다는 주장은 그럴듯해 보인다. 마찬가지로, 인간 사회에서 오래 지속되는 문화는 정제될 가능성이 크며, 많은 문화적 형질이 존재하기에 교배와 조합의 기회 역시 증가하게 된다는 주장은 그럴듯하다. 하지만 추측하는 것과 그 주장의 엄밀성을 수학적 모델로 확립하는 것은 별개의 문제다.

수학을 전공한 세인트앤드루스대학교의 박사후 연구원, 해나 루이스Hannah Lewis가 그 과제를 받아들였다.[18] 해나는 시뮬레이션 모델에서 형질의 수명을 조작함으로써 높은 충실도의 문화적 전달이 누적적 문화에 미치는 영향을 탐구했다.[19] 개체군에서 형질이 사라지는 빈도를 체계적으로 변화시킴으로써, 우리는 높은 충실도의 전달을 가능하게 하는 인지적 변화가 인간에게서 관찰되는 누적적 문화를 발생시킬 것이라는 가설을 평가할 수 있었다.[20]

형질의 손실이 아닌 다른 과정들도 분명 누적적 문화의 출현에 영향을 준다. 새로운 형질이 발명되는 속도(우리는 이를 '새로운 발명novel invention'이라고 불렀다),[21] 기존의 형질들이 복잡한 합성물로 조합되는 비율('조합combination'),[22] 확립된 형질이 정제되거나 개선되는 비율('수정modification') 등이 그에 해당할 것이다. 새로운 형질의 발명, 조합, 수정은 모두 혁신의 다른 형태로 생각할 수 있다. 이러한 작용들은 문화적 형질의 수가 증가하는 모델이나,[23] 형질의 복합성이 증가하는 모델에서 독립적으로 고려되었지만,[24] 이 과정들이 어떻게 누적적 문화에 영향을 주는지는 거의 연구된 바가 없었다. 나아가 이러한 혁신 형태들이 어떻게 상호작용 하고, 어떤 것이 가장 중요한 작용인지도 연구된 바가 없었다.

해나의 접근은 아름다울 정도로 단순하다. 그녀는 새로운 발명, 조합,

수정, 문화적 형질의 소실이 나타나는 빈도를 조절해, 이러한 과정들이 누적적 문화의 발생에 어떤 영향을 미치는지를 탐구할 수 있는 수학적 모델을 구축했다.[25] 우리는 전체 개체군에서 형질들이 어떻게 발생하고 소실되는지를 지켜보았다.[26] 우리는 연구를 시작하며, 집단 안의 다른 형질들과 독립적이며 새로운 발명을 통해 집단에 나타날 수 있는 형질의 수가 한정적이라고 가정했다. 우리는 이러한 새로운 발명을 '문화적 종자 형질cultural seed trait'이라고 불렀다.[27] 그러면 다음과 같은 네 가지 사건들 가운데 한 가지가 일어날 수 있다. 먼저, 집단에서 새로운 종자 형질이 새로운 발명을 통해 등장할 수 있다(이것이 발생할 확률은 $\rho1$이다). 또는 집단에 존재하는 2개의 형질이 조합되어 새로운 문화적 형질이 생성될 수도 있다(이것이 일어날 확률은 $\rho2$다). 세 번째 가능성은 집단에 존재하는 형질들 중 하나가 수정되거나 어떤 식으로든 개선되어 새로운 변형으로 바뀌는 경우다(이것이 일어날 확률은 $\rho3$이다). 마지막은 집단에 존재하는 형질들 중 하나가 소실되는 것이다(이것이 일어날 확률은 $\rho4$다). 하나의 사건이 발생한 다음, 집단의 문화는 업데이트되고(형질이 새롭게 생기거나 사라진다), 다음 사건이 발생하는 식으로 이 과정이 반복된다. 보통 5,000개의 사건이 일어날 때까지 반복되는데,[28] 그에 따라 개체군 내 형질의 면면은 시간이 지나면서 변한다. 단계적 수정을 거치거나, 기존의 형질이 사라지거나, 분화를 거치는 것이다. (분화란 하나의 형질이 하나 이상의 새로운 요소를 발생시키는 경우를 말한다). 해나는 매개변수 4개($\rho1$, $\rho2$, $\rho3$, $\rho4$)를 체계적으로 바꾸면서 시뮬레이션을 여러 차례 진행했고, 각각의 과정이 누적적 문화의 발전에 어떠한 영향을 주는지를 탐구했다.[29]

해나의 연구는 누적적 문화의 발전에서 사회적 전달의 충실도가 중요한 역할을 한다는 것을 종합적으로 확립했다. 형질의 소실률($\rho4$, 충실도의 반대)이 누적적 문화의 발전에 영향을 미치는 가장 중요한 요소였다. 해나의 모델은 전달 충실도가 문화의 단계적 축적이 등장하는 데 핵심적이라는 것을 강력하게 시사한다. 전달 충실도가 너무 낮으면(즉, $\rho4$가 크고, 따라서 소실률이 높을 때), 새로운 발명, 조합, 수정이 아무리 많이 발생해도 누적적 문화가 발생하지 않았다. 형질 소실률이 전달 충실도의 역치 수준에 있거나 그보다 작은 경우에만, 누적적 지식이 발생하기 시작한다.[30] 여기서 줄어드는 소실률, 즉 높아지는 전달의 정확도는 문화의 누적에서 큰 도약으로 이어진다(이는 형질과 계통의 수, 유용성, 복잡성 등으로 나타난다).[31] 소실률이 더 감소하면 어떤 역치에 도달하는데, 그 역치를 넘어선 범위에서는 약간의 조합과 수정만 일어나더라도 누적적 문화가 반드시 발생하는 듯하다. 서로 다른 매개변수 값으로 수천 번 시뮬레이션을 돌리는 동안, 전달 충실도($\rho4$)는 새로운 발명, 수정, 조합을 합친 것보다 누적적 문화의 발전에서 나타나는 변이를 더 잘 설명했다.[32]

인간이 아닌 다른 종에게 누적적 문화가 명백하게 존재하지 않는 이유가 그들이 (높은 충실도의 기제와 달리) 지역적 강화와 같은 낮은 충실도의 모방 기제에 의존하기 때문이라는 토마셀로의 주장은 해나의 연구에 의해 강력하게 뒷받침된다.[33] 예를 들어, 다른 동물에게 가르침은 드문 일이며,[34] 전달 충실도를 향상시키는 의사소통의 사례(예를 들어, 지시적 의사소통referential communication)도 드물다.[35] 침팬지와 일부 조류의 경우 모방의 사례가 있기는 하지만,[36] 종간 비교연구에 따르면 인간의 모방은 더 빠르고, 더 정확하며, 더 철저하다.[37] 정말로 다른 모든 동물이 낮은 충실도의 모방에 의존한다면, 해나의 연구는 그들의 학습 기제로는 누적적 문화에 이를 수 없다는 것을 입증한 셈이다.

높은 충실도의 전달을 가정하면, 문화의 정확한 형태는 새로운 발명, 형질 수정, 형질 조합의 혼합에 달려 있다. 여러 조합에 따라 안정적이고 천천히 변하는 문화가 한 극단에 위치하고, 풍부하고 다양하며 기하급수적으로 성장하는 문화가 다른 극단에 위치한다. 창조적인 과정의 측면에서는, 형질 조합의 비율이 누적적 문화의 증진에 가장 커다란 영향을 미쳤고 새로운 발명의 비율은 가장 작은 영향을 미쳤다. 따라서 우리의 연구는 형질의 조합이 인간의 혁신과 누적적 문화의 발달에 주요한 요인으로 작용한다는 주장을 지지한다.[38] 새로운 발명은 상대적으로 중요하지 않은 것으로 드러나 많은 사람들을 놀라게 했다. 하지만 인간의 혁신에 대한 최근 연구들에 따르면, 혁신이나 발견이라고 하는 것은 대개 '천재성'의 결과라기보다는 우연이나 형질의 조합, 점차적인 개선의 결과다.[39] 인간의 혁신 가운데 거의 대부분이 이미 존재하던 기술의 재가공과 발전을 필요로 한다.[40] 물론 기술사학자들은, 우리의 용어로 표현하면, 새로운 발명 덕분에 누적적 문화에서 진보가 일어난다는 이야기인 "영웅적인 발명가 신화"를 비판한다.[41,42]

사회적 학습 전략 토너먼트를 통해, 우리는 사회적 학습에 크게 의존하면 개체군 안에서 문화적 지식의 수명도 크게 늘어난다는 것을 배웠다. 이제 마그누스와 해나의 연구를 통해, 우리는 높은 충실도의 전달 메커니즘이 자동적으로 오래 지속되고 누적적 문화를 다량 생성한다는 것을 배웠다. 이러한 두 가지 이론적 연구들은 모두 우리 조상들이 전략적이고 정확한 모방에 깊이 의존하게 되자마자 필연적으로 오늘날의 우리 문화와 매우 비슷한 문화를 발전시켰을 것이라고 예측한다. 이제 우리는 인간의 문화같이 어마어마하게 복잡한 것들이 어떻게 등장했는지를 마음속에 그릴 수 있게 되었다.

하지만 우리 조상들이 어떤 기제로 높은 충실도를 가지고 정보를 전달했는가 하는 문제가 남아 있다. 하나의 명백한 답은 언어이며, 언어가 어떻게 진화했는지 그 미스터리를 푸는 시도는 다음 장에서 소개할 것이다. 하지만 인간이 높은 충실도로 정보를 전달하는 데 기여하는 메커니즘의 두 번째 후보는 가르침이다. 물론 가르침은 선생과 학생 사이에 정보 전달의 충실도를 향상시키는 기능을 지닌 행동으로 정의할 수도 있다.[43] 나는 이 용어를 기술을 가르치는 데만 한정하지 않고 지식을 전달하는 것도 포함할 것이다. 나는 학생에게 먹을 것을 어떻게 가공하는지를 보여주는 것과 필요한 원료가 무엇이고 그것을 어디서 찾을 수 있는지 이야기하는 것 모두 가르침의 사례들로 간주할 것이다. 예상대로, 우리 연구 팀은 마그누스와 해나의 연구에서 영감을 받아 동물들의 가르침이 진화하는 조건을 탐구해 나갔다.

가르침의 진화는 그 자체로 도전적이고 불가사의하며 매력적인 주제다. 언어는 차치하더라도, 가르침은 모방과 함께 인간 사회에서 개인들과 세대들 간에 지식, 솜씨, 기술이 전달되는 주요한 기제로 여겨진다. 가르침은 인간 사회에서 광범위하게 이루어지며, 인간 심리의 주요한 적응들 가운데 하나다.[44] 이어지는 장들에서 살펴보겠지만, 가르침은 한 사회의 구성원들이 그 사회의 규범, 법률, 제도를 이해하는 데 주요한 수단으로 쓰이며, 이러한 이해는 여러 형태의 협력에 필수적이다.[45] 하지만 우리 종에게 가르침이 이토록 중요한데도, 왜 다른 모든 동물에게는 가르침이 부재하거나 매우 드물게 나타나는지 수수께끼로 남아 있다.

2장에서 보았다시피, 수많은 동물들이 다른 구성원들로부터 기술과 지식을 습득하기는 하지만, 일반적으로 정보를 '전달하는' 숙련된 개체들이 적극적으로 다른 이들의 학습을 촉진하지는 않는다.[46] 다른 개체들에게 모방되기도 하지만, 보통 시범자들은 그저 자신이 할 일을 할 뿐 다른 개체의 학습을 직접적으로 도와주지는 않는다. 사실, 흔히 쓰이는 '시범자'라는 용어는 동물의 사회적 학습에 적용될 때 약간의 오해를 살 수 있다. 전달자의 역할이 능동적인 것이라고 잘못된 암시를 주기 때문이다.[47]

오랫동안 오직 인간만이 능동적으로 가르친다고 여겨졌다. 인간 중심적인 관점 때문에 동물 가르침에 대한 초기 연구는 지체되었다. 선생의 이미지는 전통적인 학교 교사였으며, 가르침의 정의는 선생의 가르치고자 하는 의도를 강조했다.[48] 이러한 관점으로 인해 가르침은 우리 종에 한정되었는데, 그런 의도를 인간이 아닌 동물에게서 추론하기란 매우 어렵기 때문이다. 1992년에 비로소 진전이 이루어졌는데, 동물의 행동을 연구하던 팀 캐로Tim Caro와 마크 하우저Marc Hauser는 이를 기능적인 관점에서 바라보았다.[49] 다시 말해, 그들은 가르침이란 가르치는 기능이 있고 특별히 그 목적을 위해 진화한 행동이라고 정의했다. 이러한 접근의 장점은 동물들에게 적용할 수 있는 관찰 가능한 기준이 사용되었다는 점이다.

> 행위자 A(선생)와 경험이 없는 관찰자 B(학생)가 함께 있는 상황에서 약간의 비용을 들여, 또는 적어도 자신에게 즉각적인 이득 없이 B의 행동을 바꾸게 했을 때 가르침이 이루어졌다고 할 수 있다. A의 행동은 B의 행동을 장려하거나 처벌하거나 경험을 제공하거나 본보기를 제공하며, 결과적으로 B는 A를 만나지 않거나 아무것도 배우지 않았을 때보다 조금 더 이른 시기에, 또는 더 빠르게, 또는 더 효율적으로 지식을 습득하고 기술을 학습한다.[50]

1990년대 초반, 캐로와 하우저는 동물의 가르침으로 추정되는 두 가지 사례로,[51] 치타와 길들여진 고양이를 제시했다.[52] 하지만 하나씩 살펴보면, 둘 다 그들의 기준을 만족하지 못한다. 새끼와 함께 있는 어미 고양이와 어미 치타는 다른 고양이나 치타와 달리 먹이를 죽여서 먹이지 않는다. 그 대신 어미들은 먹이를 새끼의 나이에 따라 이미 죽은 상태, 무력한 상태, 온전한 상태로 새끼에게 가져다주는데, 아마도 새끼가 사냥을 연습할 수 있도록 돕는 듯하다. 초기 연구 이후에 캐로와 하우저는 가르침의 정의에 부가적인 기준을 추가했다. 이를테면, 학생이 선생에게 피드백해야 된다는 것, 또는 가르침이 기술, 개념, 규칙의 전달에 국한된다는 것이다.[53] 연구자들이 이 정의에 부합하는, 동물의 가르침에 대한 몇 가지 설득력 있는 예시들을 찾아냈는데, 우리가 미처 기대하지 못한 종들이었다.

한 가지 흥미로운 사례가 미어캣이다.[54] 미어캣은 아프리카의 혹독한 사막에서 조직적인 협동을 통해 살아남아야 하는 작은 육식성 사향고양잇과 종이다. 미어캣의 새끼들은 '도우미'라고 불리는 나이 많은 구성원들이 주는 먹이에 전적으로 의지하는데, 이때 부모와 다른 구성원이 그 역할을 한다.[55] 하지만 세 살이 되면, 새끼 미어캣은 혼자만의 힘으로 먹이를 섭취하고, 도마뱀, 거미, 심지어 치명적인 침을 가진 전갈과 같이 다루기 까다롭고 위험한 먹이를 감당할 수 있게 된다. 최근 연구에 의하면, 도우미들이 단계적으로 살아 있는 것에 가까운 먹이를 새끼들에게 줌으로써, 영양상의 독립을 하도록 도움을 준다.[56] 케임브리지대학교의 알렉스 손턴Alex Thornton과 캐서린 메콜리프Katherine McAuliffe는 이러한 현상이 캐로와 하우저가 정의한 가르침의 기준에 부합하는지 알아보기로 했다.[57] 그러기 위해 그들은 미어캣이 살아 있는 먹이를 새끼에게 전해줄 때 주변에 오직 새끼만 있었는지, 성체가 가르침의 비용을 치렀는지, 그리고 그러한 행위로 인해 새끼들이 먹이에 대해 학습했는지를 확인해야 했다.

다 자란 미어켓은 보통 먹이를 즉각적으로 먹어치우지만, 새끼가 곁에 있고 먹이를 달라고 조를 때는 활발한 먹이 동물을 죽이거나 무력하게 만들어 새끼에게 준다. 전갈은 대개 침이 제거되면 무력해지는데, 새끼도 이렇게 무력해진 먹이는 안전하게 다룰 수 있다. 새끼가 더 성장하면, 미어캣은 침뿐만 아니라 다른 곳도 온전한 먹이를 건넨다. 손턴과 메콜리프는 도우미들이 먹이를 주기 전에 전갈의 침을 제거할지 말지는 새끼가 먹이를 조르는 소리에 달려 있으며, 먹이 조르는 소리는 새끼가 성장함에 따라 변한다는 것을 발견했다. 두 연구자는 성장한 새끼의 먹이 조르는 소리를 녹음해 어린 새끼들 사이에서 재생했는데, 다 자란 미어캣들은 이 소리를 듣고 새끼들에게 살아 있는 먹이를 주었다. 한편, 어린 새끼의 소리를 성장한 새끼들 사이에서 재생하자 주어지는 먹이들 가운데 죽은 먹이의 비율이 상승했다. 다 자란 미어캣이 그들의 실험에 속기는 했지만, 실험은 도우미들이 일반적으로 새끼의 나이에 따라 행동하며, 그로 인해 새끼의 능력을 키운다는 것을 보여준다. 사실 다 자란 미어캣들은 새끼의 수행도에 상당히 민감했다. 새끼들이 먹이를 무시하면 새끼들 앞까지 가져다주었고, 먹이가 도망갔을 때는 다시 잡아주었으며, 새끼가 어려움을 겪을 때는 먹이를 (예를 들어, 더 무력하게 만드는 방법으로) 조정했다. 이러한 먹이 주기 전략은 비용이 든다. 살아 있는 먹이를 새끼들이 다루는 것을 관찰하는 데는 상당한 시간이 소요되며, 새끼가 먹이를 분실하는 경우에도 상당한 위험이 존재하기 때문이다. 하지만 이 전략 덕분에 새끼들은 사냥 기술을 습득할 수 있다.

손턴과 메콜리프는 도우미의 행동이 기술을 습득하는 데 일조했다는 실험적인 증거도 제공했다. 인위적으로 침이 제거된 전갈을 더 자주 다루어 본 새끼들은 죽은 전갈만 다루어 본 다른 새끼들보다 전갈을 다루는 데 능숙했으며, 이는 독이 없지만 살아 있는 전갈로 연습하는 기회를 갖는 것이 기술의 습득을 촉진한다는 것을 보여준다.[58] 손턴과 메콜리프는 도우미 미어캣의 행동이 캐로와 하우저의 기준을 모두 만족하는, 동물의 가르침에 대한 진정한 사례임을 보여주었다. 도우미들이 새끼들을 가르치는 이유는 새끼들이 스스로 살아 있는 먹이를 찾는 경우가 거의 없다는 점을 통해 짐작할 수 있다. 도우미들은 그런 새끼들에게 혼자서는 얻을 수 없는 기회를 제공함으로써 새끼들의 먹이 다루는 기술을 적극적으로 촉진할 수 있다. 긴 안목으로 보면, 가르침은 새끼들의 독립을 앞당기고 새끼들의 생존율을 높임으로써 양육 비용을 줄일 수 있기에 도우미들에게 이득이다.[59] 스스로 사냥하도록 새끼들을 가르치는 것이 장기적으로는 더 적은 시간과 노력이 들기에 다 자란 미어캣에게 유리한 것이다.

동물의 가르침에 대한 또 다른 강력한 사례는 '병렬 주행tandem running' 하는 개미들이다.[60] 병렬 주행은 서식지를 공유하는 동료들을 새로운 서식지나 먹이가 있는 장소로 조심스럽게 안내하는 행동을 말한다.[61] 다른 대다수 개미 종들의 경우, 개체들은 페로몬 냄새를 따라가며 먹이가 있는 곳을 찾는다.[62] 하지만 병렬 주행은 서식지를 공유하는 동료들에게 먹이의 위치를 가르쳐 주는 기능이 있다. 병렬 주행을 하는 개미 종에서 지식을 가진 개체들은 뒤따르는 개체들이 경로를 배울 수 있도록 자신의 행동을 조정한다. 브리스톨대학교의 생물학자 나이절 프랭크스Nigel Franks와 톰 리처드슨Tom Richardson이 발견한 것처럼, 병렬 주행을 하는 한 쌍의 개미들 중에서 앞서가는 개미는 뒤따르는 개미가 더듬이로 가볍게 칠 경우 먹이를 향해 몇 발짝만 앞서 나아가며, 이로 인해 둘은 긴밀한 접촉을 유지할 수 있다.[63] 그러나 이로 인해 앞서가는 개미는 속도를 상당히 늦추게 되며, 그 결과 먹이까지 가는 시간이 4배 더 늘어난다. 하지만 뒤따르는 개미는 혼자 먹이를 찾을 때보다 병렬 주행을 할 때 먹이를 훨씬 빨리 찾으며, 더 중요하게는 이 과정에서 먹이의 위치도 학습한다. 병렬 주행이 특히 가르침을 촉진하기 위해 진화했다는 강력한 증거가 있다. 첫째, 지식을 가진 개미가 단지 먹이를 서식지로 가져오는 것을 도와주고자 할 뿐이라면, 실제로도 가끔 그러는 것처럼, 지식이 없는 개미를 직접 먹이가 있는 곳으로 운반하는 것이 훨씬 더 효율적일 것이다. 하지만 결정적으로 그런 식의 행동으로는 경로 학습이 이루어지지 않는다. 운반되는 개미는 대개 뒤집혀 있고 뒤를 보기 때문이다![64] 운반하는 것보다는 병렬 주행이 느릴지는 몰라도, 뒤따르는 개미가 어디로 가야 하는지를 학습하는 이점이 있다.[65]

캐로와 하우저의 기능적 기준, 또는 거기서 파생된 정의를 사용함으로써 동물행동학자들은 기이한 분포를 보이는 몇몇 종에서 가르침에 대한 증거를 수집했다. 미어캣, 개미, 벌, 그리고 흑백꼬리치레pied babbler와 요정굴뚝새superb fairywren 조류 두 종이 이에 해당한다. 그리고 고양이, 치타, 타마린에게서 결정적이지는 않지만 유효한 증거가 발견되었다.[66] 개미와 인간의 가르침이 기능적으로 서로 닮았다고 해도, 인간의 가르침과 다른 동물의 가르침이 서로 완전히 다른 메커니즘을 따르며, 전혀 다른 심리적, 신경적 과정에 기반한다는 사실을 숨겨지 말아야 한다.[67] 사실, 최근에는 가르침이 동물에게 이미 존재하는 사회적 학습의 적응적인 개선을 통해 정보 전달의 충실도를 향상시키는 기능을 한다는 견해가 우세하다.[68] 이는 각각의 종에 독특한 가르침의 기제가 있다는 생각으로 이어진다. 또 하나 간과하지 말아야 할 것은 동물의 가르침이 과학자들에게 크게 관심 있는 주제가 아니었으며, 따라서 이 형질의 계통적 분포 또한 불분명하다는 점이다. 동물의 가르침 사례를 두고 논쟁이 있으며, 일부 연구자들은 어떤 행동을 가르침으로 분류하기 전에 엄격한 기준부터 도입하기를 바란다.[69] 그럼에도 나는 동물의 가르침 사례가 점점 증가하는데도 인간을 제외한 유인원, 돌고래, 코끼리와 같이 높은 지능으로 유명한 큰 두뇌의 포유류에게서 왜 강력한 가르침의 사례가 발견되지 않는지가 궁금했다.

동물의 가르침에 대한 연구는 도전적인 문제들을 제기한다. 첫째, 그 이로움에도 불구하고 가르침은 왜 동물들 사이에서 광범위하게 퍼져 있지 않은지를 이해해야 했다. 둘째, 자연에서 가르침이 이루어진 종들의 기이한 계통적 분포도 이해해야 했다. 개미와 벌이 가르친다면, 침팬지와 같이 똑똑한 동물은 왜 가르치지 않는가? 셋째, 인간과 비교해 다른 동물의 가르침은 고립된 형질들에 한정된 것처럼 보이며, 그렇다면 일반적인 가르침에 대한 능력은 인류 조상에서 어떻게 그리고 왜 진화했는지를 이해할 필요가 있었다. 이 문제에 대해서는 진화생물학, 행동생물학, 심리학, 인류학 같은 여러 분야에서 관심을 가져왔다. 하지만 사회적 학습의 진화,[70] 학습된 의사소통,[71] 학습된 협동 등,[72] 이와 관련 주제들이 포괄적으로 연구되었지만 최근까지도 가르침의 진화에 대한 공식적인 이론은 없었다.

진화생물학에서 가장 뜨거운 연구 주제 중 하나는 협력의 진화다. 다른 개체('수혜자recipient')에게 이익을 제공하고, 이것의 긍정적인 효과로 인해 선택된 행동을 협력이라고 정의한다.[73] 자연에서 일어나는 협력 중 다수는 '증여자donor'가 수혜자에게 먹이나 도움과 같은 물질적 자원을 주는 행동이지만, 증여자가 유용한 정보를 제공하는 경우에도 동일한 정의를 사용할 수 있다. 따라서 인간 사회에서 이루어지는 대부분의 가르침과 다른 동물에서의 모든 가르침 사례는 협력의 정의를 만족한다. 즉, 선생의 행동은 적합도를 높이는 정보를 학생이 습득하도록 돕기 때문에 선택된다. 이론적으로 개체는 생존과 번식에 해가 되는 기술이나 지식을 배울 수도 있지만(예를 들어, 'A급' 마약을 먹는 것), 그러한 경우는 매우 드물다. 일반적으로 가르침은 협력의 한 형태다. 그럼에도 현재 자연에서 나타나는 가르침의 패턴은 협력의 진화 이론으로는 잘 설명되지 않는다.[74] 오히려 가르침에 고유한 몇몇 특성들을 고려하면, 가르침의 진화를 이해하는 데는 특별한 접근이 필요해 보인다. 예를 들어, 가르침으로 습득한 정보는 다른 방식으로도 습득할 수 있으며(예를 들어, 시행착오나 사회적 학습을 통해 습득할 수 있다) 정보 전달의 역학이 물리적 자원의 확산 및 축적의 역학과 상당히 다르다는 사실을 고려해야 한다. 이는 가르침의 진화를 이해하기 위해서는 우리의 이론을 만들어야 한다는 것을 의미했다.

다시 한번 우리는 수학적 모델의 도움을 얻기로 했다. 수학적 모델링에 정통한 우리 팀의 박사과정 학생 로럴 포가티Laurel Fogarty와 박사후 연구원 폰투스 스트림링Pontus Strimling은 어떤 조건에서 가르침이 진화하는지를 탐구할 수 있는 모델을 고안하기 위해 협업했다.[75] 그들의 연구는 통찰력으로 가득하며, 가르침이 보이는 기이한 분포(즉, 뇌가 큰 수많은 포유류에게서 가르침이 관찰되지 않는 것과 인간 사회에서 가르침이 광범위하게 사용되는 것)를 설명할 수 있었다. 로럴과 폰투스는 전갈을 안전하게 다루는 미어캣의 지식, 땅을 잘 파헤칠 수 있는 도구를 제작하는 우리 조상들의 지식처럼, 가치 있는 지식이나 기술을 보유하고 있는지에 따라 개체들의 진화적 적합도가 결정되는 모델을 만들었다. 로럴과 폰투스가 구축한 가상의 수학적 모델에서 이러한 지식을 보유한 개체들은 그 기술이 없는 개체들보다 생존과 번식 확률이 더 높았다. 우리는 어린 개체들(이하 '학생들')이 이러한 정보를 세 가지 방법으로 습득한다고 가정했다. 기술은 (1) A의 확률로 시행착오를 통해서(비사회적 학습), 또는 (2) S의 확률로 다른 개체를 모방함으로써(사회적 학습), 또는 (3) T의 확률로 혈족(이하 '선생')에게 가르침을 얻음으로써(이때 선생은 어느 정도의 비용을 감수한다) 학습할 수 있었다. 가르칠 수 있는 진화된 능력을 지닌 개체들만이 선생이 될 수 있었다. 이어서 로럴과 폰투스는 초기에는 드물게만 존재하던, 가르치는 능력을 부여하는 유전적 돌연변이를 지닌 개체들이 어떤 상황에서 가르치지 못하는 개체들보다 적합도 면에서 이익을 얻는지 탐구했다. 이때 적합도 면에서의 이익이란 선생들이 평균적으로 더 많은 자식을 남기는 경우를 말한다. 이러한 경우 돌연변이 형질의 빈도는 개체군의 대부분을 가르칠 수 있는 개체들이 차지할 때까지 증가할 것이다. 이러한 접근법으로 가르치는 능력이 어떤 상황에서 자연선택을 통해 진화하는지를 탐구할 수 있다.

로럴과 폰투스의 몇 가지 결과는 매우 직관적이다. 누구나 예상하는 것처럼, 학생이 가까운 혈족일수록 더 많은 가르침이 이루어진다. '혈족 선택kin selection'으로 알려진 이 논리에 따르면, 어떤 행동으로 인해 한 행위자가 자신의 생존과 번식에서 손해를 보더라도 가까운 혈족들의 생존과 번식에 이득을 제공하는 경우(즉, 포괄적 적합도inclusive fitness가 상승하는 경우)에는 확산될 수 있다.[76] 로럴과 폰투스는 가르침의 비용보다 포괄적 적합도의 이익이 더 높을 경우 가르침이 진화할 수 있다는 것을 알아냈다. 여기서 포괄적 적합도의 이익이 큰 경우는 다른 개체들보다 선생의 혈족들이 귀중한 정보를 습득할 가능성이 더 높을 때다. 당연히 이것은 가르침이 자연선택에 의해 선호될 확률이 가르침의 비용이 증가할수록 감소한다는 뜻이다.

하지만 나머지 연구 결과는 덜 직관적이다. 특히, 선생과 비선생 간의 적합도 차이(Wd), 가르침이 아닌 다른 방식으로 기술을 습득할 확률(즉, 비사회적 학습이나 우발적인 사회적 학습, A+S), 이 둘의 관계가 그렇다. 후자의 경우, A+S의 값이 높다는 것은 배우기 쉬운 기술(즉, 시행착오나 직접적인 모방으로 습득할 수 있는 행동)이라는 것이며, 그 값이 낮다는 것은 어려운 기술이라는 것을 의미한다. 이 두 변수를 좌표평면에 그래프로 그리면, 두 변수 간의 함수는 전형적인 'n' 모양의 곡선을 그린다. 동물의 가르침은 배우기 쉽거나 어려운 기술보다는 그 중간 정도에 해당하는 과업에 대해 진화할 가능성이 더 크다.

학습하기 쉬운 기술의 경우를 먼저 생각해 보자. 이 경우에 가르침은 자연선택에 의해 선호되지 않는데, 혈족(예를 들어, 그들의 자식)이 어떻게든 얻게 될 가능성이 큰 기술을 비싼 수단을 동원해 가며 가르쳐서 얻을 만한 이득이 없기 때문이다. 이러한 연구 결과는 똑똑한 동물들 사이에서 왜 가르침이 반드시 더 흔하지만은 않은지를 깔끔하게 설명한다. 예를 들어, 침팬지는 적어도 다른 동물들보다 시행착오 학습에, 그리고 특히 사회적 학습에 뛰어나다. 견과류 깨기나 개미 낚기와 같은 먹이 획득 기술은 어린 침팬지가 시행착오나 모방을 통해 습득할 가능성이 높기 때문에, 어른 침팬지가 비용을 투자해 가르칠 가능성을 상당히 낮춘다. 새끼가 어른의 도움 없이도 학습할 수 있는 기술을 힘들여 가르치는 것은 경제적이지 않다. 따라서 학습에 뛰어난 새끼들은 기준을 높이며 그 종에서 가르침이 진화하기 어렵도록 만든다. 이것이 바로 동물의 지능과 가르침 사이의 상관관계가 단순하지 않는 이유다.

이제 학습하기 어려운 형질의 경우를 생각해 보자. 이 경우에도 자연선택은 가르침을 선호하지 않지만, 그 이유는 다르다. 이런 형질들은 학습하기가 어렵기 때문에 이를 습득한 개체들은 집단에서 단지 소수일 뿐이며, 따라서 대부분의 선생들은 학생들을 가르치는 데 필요한 지식을 갖고 있지 않다. 적어도 다른 개체의 입장에서 전달할 만한 유용한 기술이나 지식을 갖고 있지 않다면, 정보 전달에 들어가는 비싼 비용에 투자할 만한 이점이 없다. 따라서 인간이 아닌 동물들에게는 중간 수준의 과업이 가르침으로 전달될 가능성이 가장 높다. 가르침이 자연선택에 의해 선호되려면 기술이 가르침 없이도 배울 수 있을 정도로 단순해서도 안 되지만, 그 기술을 가지거나 전달하기가 거의 불가능할 정도로 어려워서도 안 된다. 생존에 커다란 영향을 주는 유익한 기술은 적합도를 높이지 않는 기술에 비해 가르침이 진화할 수 있는 까다로운 조건들에 부합할 가능성이 더 크다. 하지만 로럴과 폰투스는 가르침이 수지가 맞으려면, 기술을 보유하는 경우가 그렇지 않은 경우보다 적합도가 현저히 높아야 한다는 것을 발견했다. 다시 말해, 가르침으로 전달된 지식이 학생의 생존율과 번식률에 상당한 차이를 만들어야 한다는 뜻이다. 이러한 제약을 만족하는 형질은 그다지 많지 않으며, 이는 자연에서 가르침이 왜 (아마도) 흔하지 않은지를 설명한다.

이러한 연구 결과들에 기반하면, 우리는 왜 가르침이 동물들에게서 기이한 분포로 발견되는지를 이해할 수 있다. 우리의 잘못된 직관 때문에 그

동안 가르침의 사례들에 당혹감을 느꼈을 뿐이다. 우리는 사회적 학습에 뛰어난 명석한 동물들만 가르칠 것이라고 기대했다. 뒤에서 언급할 몇 가지 주의 사항을 염두에 두고 말하자면, 똑똑한 동물들은 가르칠 필요가 거의 없다. 그들이 지닌 대다수 기술들은 모방이나 시행착오로도 습득할 수 있기 때문이다. 동물의 가르침 사례에서 나타나는 공통점은 선생과 학생 사이의 높은 관계도, 가르침의 비용을 줄이는 요소들, 적합도 면에서의 상당한 이익을 제공하는, 다른 방식으로는 학습하기 어려운 기술들이다. 동물들이 거의 가르치지 않는 것처럼 보인다면, 이는 이러한 조건들을 만족시키기가 어렵기 때문이다.

인간이 왜 광범위하게 가르치는가 하는 수수께끼는 아직 해결되지 않았다. 인간은 특이하고 고립된 높은 적합도의 기술을 그저 가까운 혈족에게만 가르치지 않는다. 오히려 때때로 혈연관계가 전혀 없는 사람들에게도 온갖 종류의 지식과 기술을 가르친다. 탱고춤부터 미분법까지, 대부분의 지식은 학생의 생존에 거의 아무런 영향도 미치지 않는다. 로럴과 폰투스는 가르침이 진화하는 조건들을 발견했지만, 우리 종은 이러한 규칙을 위반하는 것처럼 보였다.

다시 한번 우리는 칠판에 동물의 가르침과 인간의 가르침 간의 차이를 쓰기 시작했다. 우리는 다른 동물과 달리 인간이 자동차 정비, 컴퓨터 사용법, 고급 수학과 같은 매우 복잡한 지식을 전달할 수 있다는 사실에 놀랐다. 우리는 오직 인간만이 누적적 문화의 진화를 겪어왔기 때문에 그렇다는 것을 알고 있다. 누적적 문화는 홀로 시행착오로 습득하는 정보에 대한 의존도를 줄여왔으며, 사회적인 지도와 직접적인 교육을 통해 학습된 지식과 기술의 축적이 가능하도록 만들었다. 개인들은 노동의 숙련도나 기술의 제조 등에 관련된 귀중한 정보들을 과거의 수많은 사람들이 축적한 노력에 힘입어 가르칠 수 있다. 이렇게 생각해 보면, 아무래도 누적적 문화가 차이를 만드는 핵심적인 요소인 듯하다. 관련 지식을 가진 개체가 너무 적어서 학습하기 어려운 과업을 다른 개체에게 가르칠 수 없는 다른 동물들과 달리 인간은 매우 복잡한 기술을 가르칠 수 있는데, 이는 오랜 시간 축적된 지식이 집단 안에 널리 공유되어 있기 때문이다. 이는 인간의 일반적인 가르침 능력이 누적적 문화의 기반이 되는 인지적 형질과 공진화했을 것이라는 우리의 가설로 이어졌다.

로럴과 폰투스는 누적적인 지식이 가능하도록 그들의 모델을 확장했다. 이를 구현하기 위해, 모델에서 개체들이 초기 정보를 획득한 다음 지식을 더 쌓게 만들어 초기 정보를 개선하거나 다듬도록 했다. 지식이 쌓여갈수록 습득된 기술은 더 유익해지는 한편 학습하기가 더욱 어려워졌다.[77] 연구 결과는 모호하지 않았다. 누적적인 지식은 확실히 가르침을 더 유리한 것으로 만들었으며, 그에 따라 가르침이 진화할 가능성을 높였다.[78] 누적적인 지식이 가능한 상황에서는 그렇지 않은 상황에서보다 선생의 상대적 적합도가 비선생에 비해 언제나 더 높았다.[79] 게다가 누적적 문화는 정확히 우리가 예상한 이유 때문에 가르침을 선호했다. 즉, 기존의 축적으로 인해 집단에는 학습하기 어려운 정보가 더 많이 존재하게 되었고, 선생은 이 정보를 그들의 학생들에게 전달할 수 있었다.[80]

가르침에 대한 수수께끼는 해결되었다. 선생의 혈족이 귀중한 정보를 습득할 가능성이 높아지고 그에 따라 비용을 넘어서는 포괄적 적합도의 이익이 발생할 때, 가르침은 진화한다. 학생이 혼자서 또는 다른 이들을 모방해서 정보를 쉽게 습득할 수 있을 때는 자연선택이 가르침을 선호하지 않는다. 학습하기 어려운 형질을 전달하는 경우에는 일반적으로 선생들도 혈족에게 전달할 만한 정보를 가지고 있지 않기에, 자연선택이 가르침을 선호하지 않는다. 이러한 제한 조건에 따라 가르침이 효용을 가지는 상황은 그리 많지 않게 된다. 하지만 누적적인 문화적 지식을 허용하는 모델에 따르면, 우리의 강력한 모방 능력 덕분이 아니라 그 능력이 있는데도 불구하고 가르침이 진화한 것이다. 그리고 무엇보다도 누적적 문화로 인해 혼자 습득하기는 어렵지만 가르치는 것이 가능한 귀중한 정보가 집단에 존재하게 되기에, 인간에게서 가르침이 진화했다. 인간의 가르침과 누적적 문화는 함께 진화했으며, 서로를 강화한 것이다.

인간이 아닌 동물들 가운데 소수만이 가르침이 진화하기 위한 까다로운 조건을 만족하는 것으로 보이며, 우리 연구는 이러한 동물들의 공통점이 무엇인지를 설명한다. 사회적인 곤충의 암컷 일꾼들 사이의 높은 관계도는 왜 병렬 주행을 하는 일부 개미들과 일부 사회적인 벌에서는 가르침이 이루어지는 반면,[81] 척추동물에서는 가르침이 비교적 드문지를 설명한다.[82] 하지만 가르치는 많은 동물들의 공통점이 더 있을지 모른다. 그것은 바로 협동 양육cooperative breeding이다. 협동 양육이란 번식을 하는 다른 집단 구성원의 자식에게 도우미가 돌봄을 제공하는 사회적 체계를 말한다.[83] 놀랍게도, 동물의 가르침에 관한 가장 강력한 사례들은 개미, 벌, 미어캣, 흑백꼬리치레를 비롯한 협동 양육을 하는 종에서 발견된다. 인간도 협동 양육 동물로 분류되는데, 아이들이 때때로 더 먼 혈족이나 혈족이 아닌 사람들로부터 돌봄이나 자원을 제공받기 때문이다.[84] 여기서 협동 양육의 중요성은 도우미들이 새끼들의 양육을 도우면서 장기간,[85] 비싼,[86] 먹이를 제공한다는 것이다. 식량을 공급하는 데 드는 과중한 비용을 완화할 뿐만 아니라 가르치는 데 드는 비용을 여러 선생이 분담하기에, 협동 양육은 한 선생이 지는 비용을 상당히 낮출 것이라고 예측할 수 있다. 즉, 이 둘은 모두 가르침을 경제적으로 만드는 데 기여한다.[87] 자연선택은 선생이 치르는 비용이 상당히 낮을 때만 가르침을 선호할 것이며,[88] 이러한 상황은 협동 양육을 하는 종에서 빈번하게 만족될 것이다. 가르침의 비용이 식량을 공급하는 비용에 의해 상쇄되기 때문이다.[89] 이 연구는 인간의 가르침을 이해하는 것과도 관련 있다. 아이는 오랜 시간 어른에게 의존하며, 어른들은 오랜 기간 아이들에게 식량을 공급해야 한다. 오랜 의존 기간은 아이들의 자립을 돕는 것에 따른 경제적인 이득을 제공하기 때문에, 높은 가능성으로 바로 이러한 오랜 의존 기간이 우리 종에서 폭넓은 가르침을 진화하도록 만들었을 것이다.

동물 가르침의 범위는 아직 저평가되었을 수 있으며 미래에는 새로운 사례가 등장할 수도 있다.[90] 그럼에도 인간의 가르침이 지닌 일반성과 광범위함은 다른 동물의 가르침과 현저히 대비된다. 이는 누적적 문화를 이루는 우리 종의 능력 때문이기도 하지만, 우리 종의 또 다른 고유한 특성 때문이기도 하다. 바로 가르침의 충실도가 다른 동물의 가르침이 지닌 충실도에 비해 월등하다는 점이다.[91] 여기에는 몇 가지 이유가 있는데, 한 가지 명백한 이유는 인간이 언어를 사용한다는 것이다. 하지만 학생이 선생을 모방함으로써, 또는 선생이 손으로 학생의 몸의 형태를 잡아줌으로써, 또는 섬세한 신호를 전달함으로써 가르침이 이루어질 수도 있다. 이 가운데 후자를 '교육적 단서 주기pedagogical cueing'라고 하는데, 이는 시선 마주치기, 함께 주의하기joint attention, 언어적 단서(예를 들어, '이것 좀 봐')와 같은 요인들로 학생들의 주의를 끄는 것을 말한다. 게다가 인간은 다른 이의 정신 상태를 짐작하는 능력mental state attribution이 뛰어나며, 그 덕분에 선생은 학생의 지식 수준에 따라서 가르칠 수 있다.[92] 아마도 윌슨이 제시한 문화적 추동 메커니즘을 통해 진화한 인지적 형질일 이 모든 능력은, 인간 사이에서 이루어지는 정보 전달의 충실도를 향상시킨다.

아직 가르침에 관한 모든 쟁점이 명쾌하게 규명된 것은 아니다. 현대 사회에서 가르침은 혈족이 아닌 이들을 교육하고 지도해 임금을 받는 전문 직업인들에 의해 이루어지며, 로럴과 폰투스의 모델은 이러한 제도화된 가르침이 어떻게 발생했는지까지 설명하지는 않는다. 우리는 아직 언어의 기원도 설명하지 않았는데, 내가 생각하기에 언어는 가르침의 진화와 밀접한 관계가 있다. 이는 이 책에서 곧 다룰 것이다. 또 다른 복잡한 문제는 몇몇 수렵 채집 사회에서는 가르침이 흔하지 않다는 보고다.[93] 하지만 직접적인 설명이 거의 이루어지지 않는다고 주장하는 이러한 보고들은 주의를 끄는 언어 단서, 또는 학생의 시선이 어떤 대상을 향하도록 하는 것과 같은 보다 미묘한 형태의 가르침이 널리 퍼져 있다는 점을 간과한다.[94] 최근 들어 인류학자들은 인간 사회에서 가르침이 널리 퍼져 있다는 주장,[95] 그리고 초기의 주장들과는 달리 인간의 가르침이 언어를 통한 직접적인 설명부터 미묘한 비계 설정scaffolding이나 단서 주기까지 다양한 형태를 취한다는 주장을 지지하고 있다. 우리 모두가 어린 시절에 귀중한 지식과 기술, 교훈을 가르침을 통해 배웠을 뿐만 아니라, 회계사 교육부터 IT 기술 전수까지 사실상 거의 모든 전문 직종에서 지식의 전달과 개인적인 계발에 있어서 가르침이 핵심적인 역할을 한다는 것도 틀림없는 사실이다. 모든 사람은 법률, 규제, 복합적인 제도로 구조화된 세계에서 살아가며, 이들 대다수는 가르침 없이 이해하는 것이 불가능하다.

나는 이 장을 높은 충실도의 전달 기제와 누적적 문화 사이의 관계를 지지하는 강력한 실험을 소개하며 끝맺고자 한다. 실험은 세인트앤드루스대학교의 대학원생 루이스 딘Lewis Dean이 수행한 것이다.[96] 《사이언스》에 실린 그의 연구는,[97] 누적적인 문화적 학습cumulative cultural learning에 필요한 인지적 과정뿐만 아니라 가르침, 언어, 누적적 문화 간의 관계를 탐구한다.

앞서 말했듯이, 다른 동물들에게 누적적 문화가 있다는 증거는 정황 증거일 뿐이며, 그에 대한 반론이 존재한다.[98] 과학적인 논쟁이 이어졌고, 사회적인 학습이 가능한 다른 동물들의 전통과 달리 왜 인간의 문화에서만 복잡성과 다양성이 단계적으로 축적되는지에 대한 논의도 지속되었다. 논쟁이 이어지며 누적적 문화가 발생하기에 필요조건으로 여겨지는 인지능력이나 사회적 조건과 관련된 수많은 가설들이 쏟아졌는데, 그중에는 누적적 문화가 결정적으로 가르침, 언어, 모방, 친사회성(다른 이들을 돕는 것)과 같이 인간에게 특화되어 있거나 인간에게서 대폭 향상된 것으로 여겨지는 사회적 인지에 의존한다는 가설들이 있었다.[99] 그리고 그 밖에는 더 나은 해법의 확산을 막는, 비인간 동물들의 사회적 구조가 지닌 특성들을 강조하는 가설들도 있다.[100] (그러한 특성들에는 사회적 학습을 방해하고 자원 생산의 동기를 사라지게 하는 먹이 훔치기나 다른 개체가 남긴 먹이 가져오기scrounging,[101] 높은 지위의 개체가 자원을 독점해 낮은 지위의 개체의 학습 기회가 사라지는 경향,[102] 낮은 지위에 있는 동물의 발명에 주의를 기울이지 않는 것 등이 있다.[103]) 그 밖에도 만족하기나 보수적인 성향이 비인간 동물들에게서 문화의 단계적 축적을 방해하는 비효율적인 해법으로 기능한다는 가설이 제기되었다.[104]

누적적인 문화적 학습 능력에 관한 광범위하고도 엄밀한 실험적 연구가 수행된 적이 없었기에,[105] 우리가 그런 연구에 착수했다.[106] 우리는 누적적인 문화적 학습이 가능한 개체의 능력을 테스트하기 위해 퍼즐 상자를 설계했다. 퍼즐 상자는 3단계의 난이도로 구성된 먹이 획득 과제를 흉내 낸 것인데, 2단계를 성공하려면 1단계를 넘어서야 하고 3단계를 성공하려면 2단계를 넘어서야 하는 식으로 구성되었다. 한 단계를 넘어서면 더욱 더 매력적인 보상을 받을 수 있었다. 1단계를 해결하기 위해서는 참가자가 그저 뚜껑을 한쪽으로 밀면 그만이었고, 그에 따라 미끄럼틀에서 실험자가 전해주는 낮은 등급의 보상을 받을 수 있었다(어린아이는 작은 스티커를 받고, 비인간 영장류는 당근을 받는다). 2단계에서는 어떤 단추를 눌러야 하는데, 단추를 누르면 뚜껑이 옆으로 더 미끄러지고 두 번째 미끄럼틀이 나타난다. 그 미끄럼틀에서는 더 나은 보상이 나타난다(중간 크기의 스티커 또는 사과). 3단계를 해결하려면 다이얼을 돌려야 하며, 다이얼을 돌리면 뚜껑이 옆으로 더 밀리면서 세 번째 미끄럼틀로 더 나은 보상이 주어진다(큰 스티커 또는 포도). 모든 단계는 두 가지 병렬적인 방법들로 넘어설 수 있었으며, 이를 통해 참가자들의 협력, 인내, 사회적 학습을 알아볼 수 있었다. 한편, 사회적 집단을 대상으로 이 실험을 진행했을 때는 각 단계의 해결 방법이 개체들 사이에서 확산될 수 있다.

우리는 다양한 조건에서 아이들, 침팬지, 흰목꼬리감기원숭이의 작은 집단들에게 각각 적당한 크기의 퍼즐 상자를 제시했다.[107] 구체적으로 말하자면, 참가자들은 스코틀랜드 세 보육원의 3, 4세 아이들로 이루어진 8개 집단, 텍사스 연구 시설의 다양한 나이로 이루어진 침팬지 8개 집단,[108] 프랑스 스트라스부르 연구 시설의 흰목꼬리감기원숭이 2개 집단이었다.[109] 우리 연구에는 두 가지 목적이 있었다. 첫째, 우리는 아이들, 침팬지, 흰목꼬리감기원숭이가 누적적인 문화적 학습을 할 수 있는지(즉, 보다 고차원적인 해결책이 발생하고 집단에서 확산되는지) 입증하고자 했다.[110] 둘째, 만약 그렇지 않다면, 왜 할 수 없는지 이해하고자 했다. 즉, 우리는 왜 인간만이 누적적인 문화적 능력을 지니고 있는지를 설명하고자 하는 여러 가설들 가운데 어느 것이 옳은지 선별하고 싶었다.

루이스의 실험 결과는 매우 명백했다. 네 집단의 침팬지들에게 과제를 제시했으나 30시간 동안 33마리 가운데 오직 한 마리만 3단계까지 도달했다.[111] 후속 실험에서 가장 높은 단계의 과제를 해결하도록 미리 훈련받은 침팬지 시범자를 도입해도 수행도는 크게 향상되지 않았다. 훈련받은 침팬지는 반복적으로 매우 능숙하게 해결 방법을 보여주었지만, 이 해결 방법이 집단의 다른 개체들에게 확산되지는 않았다. 흰목꼬리감기원숭이도 비슷한 패턴을 보여주었다. 53시간이 지나도 3단계에 다다른 개체는 없었으며, 2단계에 도달한 개체도 둘뿐이었다. 이는 아이들을 관찰한 결과와 아주 대조적이다. 퍼즐 박스에 훨씬 짧게 노출되었음에도 불구하고 (고작 2시간 30분), 여덟 집단 중 다섯 집단에서 적어도 2명 이상이 3단계에 도달했으며, 두 집단을 제외하고는 2단계, 3단계까지 해결한 아이들이 여럿 있었다. 침팬지와 흰목꼬리감기원숭이는 그러지 못했지만, 아이들은 누적적인 문화적 학습에 대한 명백한 증거를 제공했다.

아이들이 다른 두 종과 다르게 행동한 점은 무엇이었을까? 그들은 과제를 어떻게 해결할 수 있는지 서로에게 알려주었고, 오직 아이들에게서만 (퍼즐 상자의 일부를 지시하는) 이러한 직접적인 설명에 의한 가르침이 관찰되었다. 이러한 명백한 사례는 총 23건에 다다랐는데, 이 모든 사례에서 과제와 관련된 의사소통(예를 들어, '그 단추를 눌러')이 관찰되었으며, 사례들 가운데 약 3분의 1에서는 관련된 몸짓(즉, 퍼즐 상자에서 관련 부분을 가리키기)이 관찰되었다. 물론 동물의 가르침이 흔하지 않다는 것을 이미 알고 있기에 이러한 관찰 결과가 그리 놀랍지 않을지 모르겠다. 이런 이유에서 우리는 가르침의 전조나 "비계 설정"과 같은 가르침과 유사한 미묘한 과정들을 살펴보기 시작했다.[112] 이 과정들은 가르침의 정의를 만족하지 못하지만, 그럼에도 의도치 않게 다른 영장류의 학습을 돕는다. 예를 들어, 다 자란 침팬지나 흰목꼬리감기원숭이가 자신이 추출한 식량을 새끼들이 훔치도록 허용해 그들의 학습을 촉진하는 경우가 이에 해당한다. 또 다른 사례는 먹이에 관한 신호를 보냄으로써 자식들이 과제에 흥미를 갖도록 하는 경우다. 하지만 우리가 실제 먹이 공급의 사례들을 조사했을 때는, 흰목꼬리감기원숭이 어미와 새끼 쌍에게서 마지못해 허용하는 도둑질tolerated theft의 사례를 관찰할 수 없었다. 심지어 침팬지에게서는 반대로 어미가 자식의 추출 식량을 훔치는 사례가 발견되었다! 게다가 먹이 신호를 보내는 패턴을 조사했을 때, 신호가 발생하기 이전과 이후를 비교하더라도 인간이 아닌 두 종의 경우에는 다른 개체를 퍼즐 상자에 끌어들이는 비율에서 어떠한 차이도 발견되지 않았다. 사실, 먹이 신호조차 드물게 나타났다. 반면, 구두로 설명을 들은 아이들은 그렇지 않은 아이들보다 훨씬 더 과제를 잘 해결했다.

우리는 또한, 각 종마다 상자를 만지다 떠난 개체가 조작하던 방식으로 다음번 개체도 동일하게 만지는 비율을 비교했다. 예를 들어, 이전의 개체가 마지막으로 상자 왼쪽에 있는 단추를 누르려고 했다면, 상자에 접근하는 그다음 관찰자도 그 단추를 누르는지 살펴보았다. 이러한 유사성은 다른 개체의 행동을 복제하기(즉, 모방) 때문일 수도 있고, 동일한 대상을 같은 방식으로 움직이기(즉, 흉내) 때문일 수도 있다. 아이들의 경우 동일하지 않은 조작보다 동일한 조작이 더 많았으며, 동일한 조작의 빈도가 침팬지와 흰목꼬리감기원숭이의 그것보다 훨씬 더 높았다. 또 다른 분석에 따르면, 침팬지가 1단계에서는 사회적 학습을 했지만 그보다 높은 단계에서는 그러지 않았다.

더군다나 우리는 아이들이 서로서로 과제 해결을 돕는다는 인상적인 증거를 발견했다. 아이들 사이에서는 자신이 받은 스티커를 자발적으로 다른 아이에게 주는 이타적 행위가 215건이나 목격되었지만(모든 아이들 중 절반 정도가 이러한 이타적 행위를 보였다), 침팬지나 흰목꼬리감기원숭이의 경우에는 자발적으로 먹이를 주는 사례가 단 한 건도 발견되지 않았다. 이러한 이타주의는 다른 두 종과 달리 아이들이 서로의 동기와 목적을 공유한다는 것을 의미할 수 있다. 아이들이 과제에 협력적으로 접근했다는 다른 징후들도 있었다. 침팬지나 흰목꼬리감기원숭이와 비교해 두 아이가 함께 과제를 수행한 비율은 훨씬 더 높았는데, 이는 다른 아이에게 더 관용적이며 더 협력적이라는 것을 의미한다.

한편, 누적적인 문화적 능력이 그 종의 사회적 구조나 비사회적 인지에 영향을 받는다는 증거는 발견되지 않았다.[113] 우리는 침팬지나 흰목꼬리감기원숭이에게 누적적 문화가 존재하지 않는다는 다섯 가지 가설들에 대한 증거는 발견하지 못했다. 이 두 종들은 (1) 먹이를 훔치거나 남이 남긴 먹이를 가져오는 성향으로 인해 더 나은 해결 방법이 사회적으로 전달되지 않았고, (2) 높은 지위의 개체가 주요한 자원을 독점했으며, (3) 낮은 지위의 혁신가에 주목하지 않았고, (4) 자신의 해결 방법에 만족했으며, (5) 양질의 보상과 저급 보상을 구별하지 못했기 때문이다. 이러한 결과는 단순히 감금된 동물들을 대상으로 진행된 인공적인 실험에 따른 것이라는 이유로 무시될 수 없는데, 오랜 시간 연구된 야생의 침팬지나 흰목꼬리감기원숭이 무리에서도 누적적 문화에 대한 명백한 사례가 없기 때문이다.[114] 마찬가지로, 사회적 학습과 비누적적인 과제 해결에 대한 연구에서는 이 동물들이 과제를 효과적으로 수행해 냈기 때문에, 우리의 연구 결과를 두고 "기능 장애"라고 명명할 수도 있을 것이다.[115] 그러나 아이들이 가르치고, 모방하며, 언어를 사용한다는 점은 이러한 종간 수행도의 차이를 설명한다.

높은 충실도의 전달 기제와 누적적인 문화적 학습 간의 연관성은 우리의 연구로 분명해졌다. 즉, 퍼즐 상자 실험에서 아이의 수행도는 그 아이가 얼마나 많은 가르침과 구두 설명을 받았는지, 얼마나 많은 모방을 했는지, 얼마나 많은 친사회적 행동의 혜택을 받았는지와 통계적으로 유의미한, 강력한 양의 상관관계에 있었다. 3단계를 성공적으로 해결한 모든 아이들은 이들 가운데 적어도 한 가지 사회적 지원을 받았으며, 적어도 두 가지 지원을 받은 아이들도 86퍼센트에 달한다. 반면, 사회적 지원의 혜택을 받지 못한 아이들은 수행도가 낮았다.

이 연구는 아이들의 누적적인 문화적 능력에 대한 명백하고 강력한 증거를 제공할 뿐만 아니라, 그들의 높은 수행도와 사회적 인지 사이의 강력한 상관성을 보여준다. (보통 구두로 전달된) 가르침, 모방, 친사회성을 아우르는 사회적 인지능력은 높은 수행도에 필수적이었다. 이 연구는 가르침, 모방, 친사회성이 문화적 전달을 단계적으로 축적하는 데 중요한 역할을 한다는 것을 암시한다. 아이들은 퍼즐 상자 풀이를 사회적 과제로 인지하고, 상자를 함께 조작하며, 다른 아이들의 행동을 따라 하고, 구두 설명이나 몸짓으로 다른 아이들의 학습을 촉진하며, 자신이 획득한 보상을 자발적으로 건네는 친사회적 행동을 반복적으로 보여주었다. 반면, 침팬지와 흰목꼬리감기원숭이는 단지 자신만을 위해 자원을 획득하고자 상자와 상호작용 하는 듯했으며, 대개 다른 개체의 수행도에는 신경 쓰지 않으며, 비사회적인 형태의 제한된 학습만을 보여주었다. 우리의 연구는 누적적 문화가 이루어지려면 인간은 가지고 있지만 침팬지와 흰목꼬리감기원숭이는 그렇지 않은 심리적 과정들이 필요하다는 관점을 강력히 지지한다.[116]

인간의 문화적 전통은 시간에 따라 개선되며, 이를 통해 다른 동물에게는 전무한 복잡하고 다양한 기술과 문화적 성취를 이루었다. 이에 대해서는 그동안 여러 가설만 제기되었을 뿐 정확한 설명이 없었다. 루이스의 실험은 이 수수께끼에 대한 분명한 답을 제시했으며, 마이클 토마셀로가 제시한 견해도 강력하게 지지한다.[117] 토마셀로의 주장을 다시 한번 설명하자면, 인간의 문화가 지닌 경이로운 복잡성은 결정적으로 우리의 가르침, 언어, 모방 능력 덕분이라는 것이다. 우리의 연구가 토마셀로의 주장에 덧붙인 것은 그러한 능력이 어떻게 그리고 왜 진화했는지에 대한 설명이다.

이 장에서 제시된 이론과 실험은 모두 정확한 정보 전달이 문화의 기원에 얼마나 중요하게 작용했는지를 보여준다. 오직 인간만이 모방, 가르침, 언어와 더불어 높은 충실도의 정보 전달 기제를 갖고 있었기에 누적적 문화를 지닐 수 있었다. 가르침이야말로 인간의 문화가 지닌 복잡성의 한 가지 원인일 뿐만 아니라 그 복잡성에 따른 결과이기도 하다는 것이 다소 역설적으로 들리겠지만, 만약 윌슨의 문화적 추동과 같은 되먹임 기제가 작용했다면 정확히 이러한 방식으로 작동했을 것이다. 사실, 진화적 되먹임 메커니즘은 지금까지 소개한 것보다 더 많은 인간의 속성들을 설명하는데, 우리의 언어도 예외가 아니다.

8장

왜 우리만 언어를 쓰는가

Why We Alone Have Language

내가 죽거든 싸늘하고 음산한 종소리를 듣고
종소리보다 오래 애도하지 마세요
가장 지저분한 구더기와 살려고 내가 이 더러운 세상을 떠났다고,
세상에 경고하세요.
이 시구를 읽어도 시를 쓴 손을 기억하지 마세요
당신을 너무 사랑하기 때문에,
차라리 그대의 향기로운 생각에서 잊히길 바라니까요.
나를 생각하면 그대는 슬픔에 잠길 테니.
내가 아마도 진흙과 섞인 뒤에,
오, 그대가 행여 이 시를 보더라도,
내 가엾은 이름을 부르지 마세요.
당신의 사랑도 나의 목숨과 함께 썩어 없어지게 두세요.
영악한 세상이 그대의 슬픔을 들여다보며,
내가 사라진 뒤에 그대와 나를 조롱하지 않도록.

— 윌리엄 셰익스피어, 「소네트 71」

셰익스피어의 소네트처럼 감정과 자기 희생을 강렬하게 표현하는 시구는 우리를 감동시킨다. 대다수 사람들이 유명해지거나 유산을 남기려고 발버둥 치는 이 세상에서, 처절하게 사랑하는 이가 사랑의 기억 때문에 고통과 괴로움을 갖기보다 차라리 자신이 망각되기를 바란다는 것은 매우 감동적이다. 이러한 셰익스피어의 시구들은 서로 모순되는 감정에 따른 비탄 섞인 울부짖음을 완벽하게 포착해 낸다. 하지만 소네트는 그 어떤 동물의 비탄 섞인 포효보다도 훨씬 더 구체적인 정보를 전달한다. 그 어떤 영장류도 이처럼 진심 어린 감정을 명쾌하게 표현하지 못하며, 그 어떤 종도 죽은 뒤에 일어날 일을 생각하거나 예상되는 사회적 판단을 표현하지 않는다. 과연 "인간이란 참으로 걸작이 아닌가!"

인간이 언어를 진화시키지 못했다면, 셰익스피어가 인간을 무한한 능력의 존재라고 묘사하지도 않았을 것이다.[1] 언어가 없었다면, 소네트도, 연극도, 극장도, 문학도, 역사도, 물론 에이븐의 시인*도 없을 것이다. 구소련의 저명한 심리학자 레프 비고츠키Lev Vygotsky가 옳다면(물론 그는 옳을 것이다), 언어가 없었다면 인간의 사고가 이토록 복잡하지 않았을 것이다. 비고츠키는 인간의 이성이 신호와 상징의 도움을 받아 발달하며, 따라서 언어에 크게 의존한다고 설득력 있게 주장했다.[2] 그는 발화, 정신적 개념, 인지적 자각의 발달 사이의 관계를 확립했으며, 이는 지금까지도 심리학에서 광범위하게 통용되는 생각이다. 미국의 위대한 언어학자 노엄 촘스키 Noam Chompsky도 비슷한 견해를 옹호했는데, 그는 언어가 의사소통의 매개이면서도 세상에 대한 우리의 관점을 구조화하는 체계이기도 하는 점을 강조했다.[3] 우리는 생각할 때 보통 언어를 사용하며 생각한다.

인간의 인지와 문화의 진화를 이야기하면서 언어의 기원을 언급하지

* '에이븐'은 셰익스피어의 별칭 중 하나다. 에이븐은 그의 출생지이자 활동 무대였다.

않을 수 없다. 하지만 의심의 여지가 없는 그 중요도에도 불구하고, 인간의 언어가 왜 진화했는지는 수수께끼로 남아 있다. 확실히 그에 대한 가설은 부족하지 않다. 자연 언어의 등장에 대한 자연선택 시나리오는 이미 풍부하다.[4] 예를 들어, 언어가 사냥을 위한 협력을 원활하게 하기 위해서,[5] 여성이 남성의 자질을 평가하는 하나의 비싼 장식품으로 기능하기 위해서,[6] 집단이 너무 커지며 다른 영장류들의 털 고르기에 대한 대체재가 필요해짐에 따라,[7] 암수를 원활하게 짝짓기 위해서,[8] 어미와 자식의 의사소통을 돕기 위해서,[9] 다른 이들을 뒷담화하기 위해서,[10] 도구를 신속하게 만들기 위해서,[11] 생각의 도구로 쓰이기 위해서,[12] 또는 수없이 많은 다른 기능이나 목적을 성취하기 위해서 언어가 진화했다는 것이다.

문제는 언어의 진화에 대한 가설이 너무 많다는 것이다. 언어의 진화는 추측이 난무하는 영역이며, 우리가 가장 소중히 여기는 능력의 기원에 대한 그럴듯한 이야기로 가득한 영역이다. 그리고 대다수 가설에 대한 근거는 다소 빈약하다. 여러 역사적 서술로 가득하다는 것만으로도 몇몇 연구자들은 이러한 이론적 연구의 가치에 대해 회의적이다.[13] 무엇보다도 언어의 탄생이 단 한 번 발생한 사건이며, 고립된 계통에서 발생한 고유한 적응적 반응이라는 점에 어려움이 있다. 물론 진화생물학자들은 기린의 목이나 코끼리의 코처럼 고유한 형질의 발생을 연구한다. 하지만 기린 목이나 코끼리 코의 경우에는 그 형질을 선호하게 만든 요인이 무엇인지를 밝히는 데 도움을 주는, 목이 길거나 코가 긴 다른 생물들이 있다. 반면 언어와 조금이라도 비슷한 것은 다른 동물에게 존재하지 않는다. 사람들은 '꿀벌의 언어'나 '돌고래의 재잘거림'에 대해 이야기하지만, 집중적인 연구에도 불구하고 과학자들은 인간과 다른 동물의 의사소통에서 커다란 유사성을 발견하지 못했다. 이는 종간 비교가 유용하지 않다는 것을 의미하지는 않는다. 오히려 동물의 의사소통에 대한 연구를 통해 언어의 기원에 대해 많은 것을 배울 수 있었다. 예를 들어, 인간의 의사소통이 지닌 고유한 특성이 무엇이며, 언어를 가능하게 하는 신경과 발성기관이 어떻게 변해왔는지를 배울 수 있었다.[14] 그럼에도 언어를 지닌 종이 세상에 단 한 종뿐이라는 사실은 그 기원을 알아내는 것이 훨씬 더 어렵다는 것을 뜻한다.

예를 들어, 영장류의 자연적인 의사소통 체계에 대한 연구에 따르면 원숭이, 유인원, 인간으로 갈수록 복잡성이 직선적으로 증가하지 않는다는 것을 알 수 있다. 여러 연구자들은 대형 유인원의 의사소통 체계가 원숭이의 의사소통 체계보다 범위가 좁다는 데 동의한다.[15] 예를 들어, 원숭이들 중에는 서로 다른 기능을 가진 지시적 경고음referential alarm call*을 사용하는 종이 있지만,[16] 유인원에는 그런 종이 없다. (원숭이의 경고음이 인간의 언어처럼 정말로 지시적인지는 논란이 있다.[17]) 이러한 유인원과 원숭이의 차이는 생물학적으로 설명이 가능하다. 유인원은 원숭이보다 크고 힘이 세기 때문에 포식의 위험에 적게 노출된다. 대형 유인원들이 경고를 울릴 만한 상황은 비교적 드물기 때문에, 그들에게서 지시적 경고음이 진화하지 않았을 것이다. 물론 유인원의 경우, 발성을 사용한 의사소통 가운데 학습된 것은 거의 없다.[18] 놀기 위해 보내는 몸짓이나 업히고 싶을 때 어린 개체들이 보내는 몸짓 따위가 있고 이러한 몸짓들 중 다수는 학습된 것이지만,[19] 유인원의 몸짓에는 지시하는 대상 또는 상징적이거나 관습화된 요소가 없다.[20] 따라서 우리의 가장 가까운 살아 있는 친척들의 의사소통은 대개 상당히 기능적이고도 제한된 상황에서만 사용되는, 서로 관련 없는 개별적인 신호들로 이루어져 있다. 이 신호들이 더 복잡한 메시지로 결합되는 경우는 거의 없으며, 바로 여기 또는 지금과 관련된 정보만 전달할 수 있다.[21]

널리 인정되는 것처럼, 일부 유인원들에게 유의미한 수화를 사용하도

* 지시적 경고음이란 서로 다른 포식자마다 각각 다른 경고음을 내는 것이다. 예를 들어, 뱀에 대한 경고음과 독수리에 대한 경고음이 다르며, 각각의 경고음에 대한 반응 또한 다르다.

록 가르치는 데 성공한 바가 있으며, 이에 대해 많은 연구가 이루어지기도 했다. 하지만 거의 대다수 언어 전문가들이 동의하는 것처럼, 침팬지 워쇼나 고릴라 코코 등이 문법적으로 완벽한 언어를 학습했다는 강한 주장을 지지하는 데이터는 없다.[22] 이 연구들이 보여주는 것은 유인원들이 여러 신호들의 의미를 학습할 수 있으며 이 신호들로 의사소통할 수 있다는 것이다. 하지만 비인간 유인원이 문법구조의 법칙을 습득했다는 주장에 대해서는 의견이 분분하다.[23] 쥐나 비둘기를 훈련시켜 어떤 단서에 따라 행동하도록 만들 수 있는데, 이와 같은 (아마도 약간의 모방과 더불어) 연합 학습이라는 단순한 규칙만으로도 거의 모든 유인원의 신호 언어를 설명할 수 있다.

흥미롭게도, 상징 언어를 학습한 모든 유인원의 발화는 압도적으로 자기중심적이다. 유인원이 신호를 배우고 말할 수 있는 수단을 가지면 먹을 것을 달라고 표현하거나 자신의 다른 욕구를 표현할 것이다. 예를 들어, 컬럼비아대학교의 허버트 테라스Herbert Terrace가 신호 언어를 가르친 침팬지 님 침스키의 가장 긴 발화는 '나한테 오렌지를 줘, 줘, 오렌지 먹다, 나한테, 오렌지 먹다, 나한테 줘, 오렌지 먹다, 나한테 줘, 당신'이었다.[24] 침팬지, 보노보, 고릴라는 형편없는 대화 상대로 보인다. 반면, 첫 단어를 말한 지 몇 달이 채 지나지 않은 두 살배기 아이는 동사, 명사, 전치사, 한정사로 구성된 다양하고도 복잡한 문장들을 정확한 문법으로 그리고 다양한 주제에 관해 쏟아내며, 매우 어린 아이들도 과거와 미래뿐만 아니라 멀리 있는 물체와 장소에 대해 의사소통한다.

언어가 진화하려면, 현재의 구체적인 사건과 관련되는 학습되지 않은 특정하고 단발적인 신호에서, 학습되고 사회적으로 전달되며 무한한 조합이 가능한 기능적으로도 제한되지 않은 형태의 일반적이고도 유연한 의사소통 방식으로의 전환, 즉 지시적 의사소통에서의 거대한 전환이 필요한 듯하다. 물론 후자의 의사소통은 다른 동물들에게는 전혀 존재하지 않는다. 언어학자 데릭 비커턴Derek Bickerton은 언어 진화의 역설을 다음과 같이 요약했다. "언어는 기존의 어떤 체계로부터 진화했음이 분명하지만, 언어가 진화해 나올 수 있었던 그러한 체계를 아직 발견하지 못했다."[25]

더 골치 아픈 것은, 인간의 언어가 현대 사회에서 우리도 매일 일상적으로 목격하는 서로 다른 엄청나게 다양한 용도로 사용된다는 점이다. 긴 목이나 무언가를 집는 코로 할 수 있는 것에는 한계가 있기 때문에, 우리는 이를 바탕으로 본래의 기능을 추측할 수 있다. 하지만 언어는 잠재적인 짝에게 구애하고, 우세함을 과시하며, 팀을 조직하고, 학생을 가르치며, 경쟁자를 속이며, 법을 제정하고, 노래를 부르는 것처럼 수없는 목적들을 위해 사용된다. 일단 복잡한 언어가 진화한 다음에는, 원래의 기능과는 아무 관련 없는 모든 종류의 용도에 재빠르게 사용되었을 것이다. 실제의 자연선택 시나리오와 인간의 가장 유연한 특징들 가운데 하나인 선택 후의 활용, 이 둘을 서로 구분하는 것은 극도로 어려운 작업이다.

이는 언어가 처음에 어떻게 진화하게 되었는지를 영원히 알 수 없다는 것을 의미하지 않는다. 사실, 여러 가설들을 일정한 기준으로 선별하는 방법이 있고, 언어의 본래 기능에 대한 여러 대안적인 역사적 서술이 지닌 상대적인 장점을 판단하는 기준을 만들 수도 있다. 하지만 내가 아는 한 그러한 기준들은 충분히 수집된 적이 없으며, 따라서 한꺼번에 적용된 적도 없다. 언어가 어떻게 그리고 왜 진화했는지 살펴보기 위해서는 우리 조상들이 다른 동물들(그중에서도 영장류)의 의사소통 체계로부터 어떻게 첫 발자국을 내딛게 되었는지를 물어야 한다.

내가 따르는 접근법은 서볼치 서마도Szabolcs Szamado와 외르스 서트마리Eors Szathmary,[26] 그리고 데릭 비커턴이 제시한 것이다.[27] 그들은 언어 진화 이론의 유효성을 검증하기 위한 여섯 가지 기준들을 제시했다. 여기에는 나의 기준도 하나 더할 것이다.[28] 그러면 언어의 초기 형태가 제공한 원래의 적응적인 이점이 무엇이었는지를 설명하는 여러 대안들을 평가할 일곱 가지 기준들이 생긴다. 기준들 하나하나를 만족하기는 어렵지 않지만, 이 기준들이 모이면 지금까지 제시된 대부분의 설명들을 기각시킬 정도로 강력한 척도가 된다. 사실 내가 아는 한, 언어의 기원에 대한 단 하나의 기능적 가설만이 이 모든 척도를 만족시키는데, 그 가설은 이 책에서 제시된 논의에서 자연스레 그리고 직접적으로 파생되는 가설이다. 지금부터는 일곱 가지 제약 기준들을 하나씩 살펴보자.

첫째, 이론은 초기 언어의 정직성을 설명할 수 있어야 한다. 동물의 의사소통에 대한 연구에 따르면, 정직하고 신뢰할 만한 신호를 만들어 내는 데는 상당한 비용이 든다. 그렇지 않으면 언어를 쉽게 날조할 수 있다.[29] 자연에서는 많은 형태의 의사소통이 개체들 간의 비싼 신호 전달을 포함하는 것으로 보인다. 신호를 생산하는 데 드는 비용으로 인해 그 신호의 정확성이 보장되고, 수신자는 전달되는 정보가 평균적으로 신뢰할 만하다면 그 신호에 반응하는 것으로 보인다.[30] 비용이 들지 않는 정확하고도 정직한 신호 체계가 진화할 수도 있겠지만, 이는 대체로 참가자들의 이해가 상충하지 않을 때만 그렇다.[31] 인간은 재산이나 사냥 같은 위험한 행동으로 과시하며 자신의 지위를 광고하지만,[32] 그러한 발화나 몸짓을 생산하는 데 드는 비용은 비교적 크지 않다. 인간의 언어는 독특하게 경제적이고 유연한 도구이며, 인간은 이를 사용해 극도로 다양한 상황에서도 '잡담'을 나눌 수 있다. 하지만 말하는 것이 매우 쉽고 비용도 들지 않는다면, 사람들이 왜 다른 사람들이 말하는 것을 믿어야 할까? 다른 사람들이 정확한 메시지를 전달하는지 확신할 수 없는데도 수천 단어를 학습하는 이유는 무엇일까? 이러한 제약에 따르면, 연구자들은 초기 언어가 진화한 시기에 송신자와 수신자의 이해가 상충하지 않거나 신호의 신뢰성을 쉽게 확인

할 수 있는 상황을 가정하는 이론을 선호해야 한다.[33]

둘째, 이론은 초기 언어의 협동성을 설명할 수 있어야 한다. 많은 언어적 의사소통들의 경우, 송신자가 전하는 정보는 수신자에게 이익이 되며, 그 결과로 수신자는 송신자와 함께 정보를 활용한다. 심지어 수신자는 송신자와 직접적으로 경쟁하기도 할 텐데, 그에 따라 송신자에게 보답할 것인지 확신할 수 없다. 이는 이러한 정보 전달에서 송신자의 이익이 무엇인지 묻게 한다. 정직성 기준도 고려하면, 협동성 기준은 더욱 중요해진다. 언어가 속이거나 조작하기 위해 진화했다면, 지식을 다른 이에게 전달하는 것이 지닌 이점을 상상하기는 어렵지 않을 것이다. 한편, 초기 언어가 정직했고 전달된 정보가 수신자에게 이익이 되었다면, 언어는 사실상 협동의 한 형태였을 것이다. 신호를 생산하는 비용이 크지 않더라도, 시간 비용과 경쟁으로 인해 송신자가 부담해야 하는 비용은 종종 무시할 수 없는 수준에 이른다. 성공적인 이론은 언어가 기원한 시기에 왜 사람들이 정확한 정보를 전달함으로써 애써 다른 이들을 돕고자 했는지를 설명해야 한다.

셋째, 이론은 초기 언어가 어떻게 처음부터 적응적일 수 있었는지 설명해야 한다. 비커턴은 이러한 제약 기준을 '10개의 단어 실험'이라고 명명한다. 비커턴에 따르면, 초기 상태의 언어가 고안되었을 때는 인간이 10개 또는 그보다 적은 수의 단어나 신호만 갖고 있었을 것이기에,[34] 언어의 진화에 대한 어떠한 설명이든 이토록 적은 수의 단어를 어떻게 그토록 유용하게 사용할 수 있었는지를 설명해야 한다. 단어의 정확한 수는 중요하지 않다. 요점은 아주 초기부터 언어가 적응적이어야 했다는 것이다. 그렇지 않았다면, 자연선택이 어떻게 언어를 선호하게 되었는지를 예상하기 어렵다. 이상적이고 성공적인 이론은 실험을 통해 초기 언어부터 선택압이 형성되었고 그 선택압이 더욱 복잡한 형태의 의사소통을 선호했다는 사실을 보여주는 것이다.

넷째, 이론에서 제시되는 개념이 현실에 바탕을 두어야 한다. 성공적인 가설이라면, 고안된 단어와 상징이 어떻게 현실 세계와 연결된 의미를 획득하게 되었는지(이를 '기호 근거 문제symbol grounding problem'라고 한다)를 설명할 수 있어야 한다.[35] 초기의 단어가 그 의미를 획득하게 된 몇 가지 경로가 분명 존재했을 것이다. 예를 들어, 손가락으로 가리키기, 모방, 어떤 형태의 재현을 통해 그 의미를 획득했을 수 있다. 어떤 상징이든, 그 상징이 표상하는 현실 세계의 어떤 것과 연결 짓는 무엇 없이는 기능할 수 없다. 하지만 어떤 이가 '새'라고 하면서 새를 가리키고, 모래에 새 그림을 그리고, 새를 흉내 내기까지 할 수 있다면, 어쩌면 상징에 의미를 부여하는 것도 가능할 것이다. 세 번째와 네 번째 제약 기준은 언어의 기원에 대한 모든 이론에 심각한 문제를 제기한다. 서마도와 서트마리는 "대부분의 이론이 근거성을 고려하지 않고 초기 단어가 무엇이었는지 제시하지 않으며," 초기 단어를 제시하는 이론들조차도 그럴듯하지 않은 추상적인 단어를 제시하는 경향이 있다고 지적한다.[36]

다섯째, 이론은 언어의 일반성을 설명해야 한다. 언어의 특징 가운데 하나는 일반화의 힘과 그 범위다. 대화의 주제는 관찰 가능한 시점에 한정되지 않는다. 인간은 과거와 미래에 대한 정보뿐만 아니라 멀리 떨어진 사건이나 물건에 대한 정보를 전달 할 수 있다. 자연선택이 이러한 일반화 능력을 선호했다면, 성공적인 이론은 일반화가 이루어지는 상황을 명시해야 한다. 서마도와 서트마리에 따르면, 언어가 털 고르기를 대체하기 위해 진화했다는 가설, 집단이나 짝 또는 부모와 자식 간의 유대를 촉진하기 위해 진화했다는 가설, 노래하기 위해 진화했다는 가설은 이러한 기준을 만족하지 못한다.

여섯째, 이론은 인간 언어의 고유성을 설명해야 한다. 언어의 진화에 대한 강력한 이론은 인간이 어떻게 언어를 획득했는지를 설명할 뿐만 아니라, 인간으로 하여금 언어를 선호하게 만든 상황이 왜 다른 종에서는 일어나지 않았는지 또는 언어의 진화를 선호하지 않았는지를 설명해야 한다. 에든버러대학교의 언어학자 제임스 허포드James Hurford는 이를 명쾌하게 표현했다. "어떠한 개별적인 상황이나 여러 상황들의 집합이 언어의 진화에 대한 필요조건이나 충분조건이라면, 그러한 상황들이 인간에게는 적용되지만 다른 동물에게 적용되지 않는다는 것을 보여주어야 한다."[37] 서마도와 서트마리에 따르면, 이 한 가지 기준만으로도 언어의 기원에 대해 제시된 대다수 이론들을 배제할 수 있다.[38] 언어의 진화를 설명하기 위해 제시된 대부분의 정황(예를 들어, 짝선택, 암수 관계의 형성, 부모와 자식 간의 의사소통)이 다른 동물들에게서도 발견되었지만, 이들 가운데 인간의 언어와 조금이라도 비슷한 의사소통 체계를 진화시킨 동물은 없었다.

일곱째, 이론은 왜 의사소통을 학습해야 하는지를 설명해야 한다. 언어 습득에서의 진화된 구조가 지닌 역할은 차치하더라도, 인간의 언어는 학습되며 사회적으로 학습된다. 게다가 인간의 언어는 다른 종의 의사소통 체계에 비해 빠르게 변한다. 특히 그것은 유전자의 빈도에서 나타나는 변화가 아니라, 문화나 언어처럼 완전히 다른 층위에서 이루어지는 변화다.[39] 찰스 다윈은 『인간의 유래』를 통해 언어가 자연선택과 닮은 "선호되는 특정 단어들이 생존하고 보존되는" 차등적인 과정에 의해 진화한다는 것을 지적한 첫 번째 인물이다. 다른 영장류의 의사소통이 일반적으로 학습된 것이 아니며,[40] 생물학적으로 진화한 다른 형질들과 다른 속도로 변한다는 것을 고려한다면, 다음과 같은 질문이 생긴다. 사회적으로 학습될 뿐만 아니라 빠르게 변하기까지 하는 언어가 도대체 왜 필요했을까?

수학적 이론이 이에 대한 실마리를 준다.[41] 이론적 분석에 따르면, 문화적 전달은 변화무쌍하고 가변적인 환경에서 선호된다. 거의 변하지 않고 천천히 변하는 환경에 노출되었을 때, 개체군은 자연선택을 통해 적절한 행동을 진화시킬 수 있으며 이때 학습은 별다른 가치가 없다. 반면 빠르게 변하거나 크게 가변적인 환경에서는, 환경이 어느 정도 예측 가능하기만 하다면 비사회적 학습이 수지가 맞는다. (변하는 환경에서도 사회적 학습이 유리하다고 주장하는 이론도 있다.[42]) 일반적으로는 중간 정도로 빠르게 변하는 환경에서 사회적 학습이 선호된다. 그 이유는 개체들이 비사회적 학습의 비용을 치르지 않고도 적절한 정보를 얻을 수 있는 한편, 학습되지 않은 행동에 비해서는 더 큰 유연성을 가질 수 있기 때문이다. 이 정도의 환경 변화에서는 정보의 수직적 전달(부모로부터의 사회적 학습)이 수평적인 전달(혈연이 아닌, 비슷한 나이대에서 이루어지는 개인들 간의 사회적 학습)보다 느린 속도의 변화에 대한 적응으로 나타난다. 대각선 전달(부모가 아닌 어른으로부터의 사회적 학습)은 중간 속도의 변화에 대한 적응이며, 수직적 전달과 수평적 전달 사이 어디쯤에 위치한다.

이 이론이 함축하는 것은, 다른 유인원들의 신호가 대체로 학습된 것이 아니라면 그들이 나누는 내용은 비교적 고정적일 것이라는 점이다. 반대로, 인간은 사회적으로 학습된 의사소통 체계를 갖고 있다. 이는 우리의 대화 내용이 매우 빠르게 변할 뿐만 아니라, 그 어떤 진화된 의사소통 체계도 따라잡을 수 없는 속도로 변한다는 것을 의미한다. 이는 다음과 같은 질문을 제기한다. 우리 조상은 무엇에 대해, 다시 말해 생물학적 진화가 따라잡을 수 없을 정도로 빠르게 변하는 어떤 것에 대해 이야기해야 했던 것일까? 그리고 왜 이처럼 역동적인 환경이 다른 종의 의사소통에는 어떠한 영향도 미치지 못했을까?

내가 아는 한, 일곱 가지 기준들을 모두 만족하는 언어의 진화에 대한 잘 확립된 가설은 존재하지 않는다. 이는 환영할 만한 일인데, 이 일곱 가지 기준들이 언어의 진화에 대한 자연선택 시나리오가 극복해야 하는 넘기 힘든 장애물이라는 것을 암시하기 때문이다. 하지만 나는 이 모든 테스트를 통과하는 설득력 있는 후보가 분명 존재한다고 믿는다.[43] 그 설명은 이전 장들에서 제시된 자료들과 이론적 연구들로부터 자연스럽게 따라 나온다. 그 내용을 다시 한번 짚어보자.

우리는 실험 연구로부터 모방이 자연에 널리 퍼져 있으며 동물들이 다른 개체로부터 습득한 정보를 매우 전략적으로 사용한다는 것을 배웠다. 사회적 학습 전략 토너먼트는 모방이 정확하고 효율적으로 이루어지는 한 모방에 선택적인 이점이 있다는 것을 보여주었다. 그에 따라 우리는 자연선택이 더 효과적이고 보다 정확한 형태의 사회적 학습을 선호할 것이라고 예상할 수 있고, 이것이 두뇌의 진화에도 영향을 줄 것이라고 예측할 수 있다. 영장류들 간의 비교연구 데이터는 이러한 예측을 지지하는데, 영장류에게서 사회적 학습, 혁신성, 두뇌 크기 간의 강한 상관관계가 발견되며, 사회적 학습이 지능과 관련 있는 것으로 여겨지는 몇몇 형질들과 실험실 인지 테스트에서의 수행도와 상관관계에 있기 때문이다. 이러한 발견들은 '문화적 추동' 과정이 일부 영장류 계통에 작용했음을 암시한다. 이는 다시, 복잡성이 단계적으로 축적되는 문화를 왜 인간만 가지고 있는지 질문을 제기한다. 이론적 연구는 높은 충실도의 정보 전달이 누적적 문화의 필요조건이라는 점을 보여주지만, 이는 우리 조상들이 높은 충실도의 정보 전달을 어떻게 성취했는지에 대한 질문으로 이어진다. 그에 대한 한 가지 뻔한 대답은 가르침이다. 내가 말하는 가르침은 명시적인 지도뿐만 아니라 보다 미묘한 여러 과정들을 포함한다. 예를 들어, 시선 마주치기, 함께 주의하기(다른 사람과 어떤 대상에 대한 주의를 조정하기), 학생들에게 도움을 주기 위해 무엇에 주목해야 하는지 또는 어떤 기호가 무엇을 뜻하는지를 말해주는 것이 포함된다. 이렇게 정의하면, 가르침은 자연에는 흔하지 않지만 인간 사회에는 보편적으로 존재하는 것이다. 수학적 분석들에 따르면, 가르침이 진화하기 위해 반드시 만족되어야 하는 까다로운 조건들이 있지만 누적적 문화가 바로 그러한 조건들을 완화한다. 이는 가르침과 누적적 문화가 우리의 조상에게서 공진화했다는 것을 뜻하며, 인류가 방대한 상황에서 자신의 혈족을 가르치는 최초의 종이 되었다는 것을 의미한다.

가르침이 진화할 가능성을 높이는 요인에는 누적적 문화만 있지 않다. 가르침의 비용이 낮거나 돌봄 비용을 상쇄할 수 있을 때, 가르침이 매우 정확하고 효과적일 때, 선생과 학생 간의 관계도가 높을 때도 가르침이 나타날 가능성이 높아진다. 동물도 가르친다는 것을 고려했을 때, 효율성을 감소시키지 않으면서도 가르침의 비용을 줄이는 적응, 또는 비용을 증가시키지 않으면서도 효율성을 향상시키는 적응은 자연선택에 의해 선호될 것이다. 가르침의 효율성을 높이면서도 비용을 줄이는 형질이 나타난다면 강한 양성 선택의 영향을 받을 테지만, 이는 결정적으로 오직 선생들의 집단에서만 그렇다. 그러한 형질은 더 많은 가르침에 적용될수록 적응적 이점도 많아질 것이다.

언어가 바로 그러한 형질이다. 첫째, 언어는 가르치는 데 매우 적은 비용을 필요로 하는 방법이다. 어떤 이에게 어디서 먹이를 찾았는지 알려주는 것이 그들을 그곳으로 데리고 가는 것보다 훨씬 더 쉽다. 아이에게 빨간 딸기에 독성이 있다고 알려주는 것은 다른 방법으로 이를 이해시키는 것보다 훨씬 더 확실한 방법이다. 선생이 단순히 '맞아' 또는 '아니야' 또는 '그 방법이 아니라 이 방법으로'라고 말하는 것만으로도, 매우 적은 비용으로 학생에게 새로운 기술을 가르치는 데 유용한 지침을 제공할 수 있다. 둘째, 언어는 아주 정확하게 가르칠 수 있는 수단이다. 다른 수단으로 언어가 지닌 정보 전달의 정확성을 달성하는 것은 사실상 불가능하다. 선생이 학생에게 어떤 사건에 주의를 집중시키거나 기술 학습이 이루어지는 동안 유익한 지침을 제공할 수 있다는 효율성과 더불어, 언어가 지닌 이러한 정확성은 언어를 통한 가르침이 지식의 전달을 크게 향상시킨다는 것을 의미한다. '집중해', '여기 주목', '이렇게', '더 빨리', '이런 식으로'와 같은 메시지를 담은 단순한 발언들은 귀중한 단서들을 제공하며, 학습자에게 어떤 행동을 모방할 필요가 있고 새로운 기술이 어디에 적용되어야 하는지 주의하도록 돕는다. 헌신적인 가르침에는 언어가 단연코 가장 효율적인 수단이다. 이것이 바로 우리 사회의 거의 모든 가르침이 언어를 통해 이루어지는 이유다.[44] 그뿐만 아니라, 언어는 가르칠 수 있는 현상의 범위를 넘어서며 추상적인 개념들을 담을 수도 있다. 이러한 추상적인 개념을 이해하는 것은 학생의 수행도도 상당히 향상시킬 것이다. 언어는 과거와 미래에 대해, 그리고 멀리 떨어진 곳의 사건이나 대상에 대해 설명할 수 있게 한다. 언어로 인해 가르침은 새로운 영역을 열어젖힌다.

이러한 사실들에 덧붙여, 환경도 잘 들어맞는다. 이전 장에서 논의한 이론적 작업에 따르면, 가르침은 이방인들보다 가까운 혈족 사이에서 훨씬 더 이로운데, 200만 년 전 우리 조상들은 실제로 혈족 중심의 작은 집단에서 살았다.[45] 인간은 아마도 협동 양육자로 진화했을 것이다.[46] 캘리포니아대학교 데이비스의 저명한 인류학자 세라 허디Sarah Hrdy가 제시한 증거에 따르면, 과거 수렵 채집 사회의 여성들은 아이를 혼자서 기르기 힘든 상황이었으며 그에 따라 양육 도우미allomother에게 상당 부분 의존했다.[47] 어머니가 아닌 친척들, 예를 들어 아버지, 할머니, 할아버지, 손위 형제, 남매가 아기와 함께 시간을 보내는 덕분에 어머니는 음식을 채집할 시간을 얻을 수 있었다. 우리 종의 이례적으로 긴 아동기 및 청소년기 덕분에 삶의 기술을 더욱 경제적으로 가르칠 수 있는데, 가르치는 비용이 오랜 기간의 식량 공급과 돌봄으로 상쇄되기 때문이다. 다시 말해, 아이들이 독립하는 법을 빨리 배울수록 육아의 짐은 가벼워진다.

초기 호모 속의 진화에 대한 최근의 입장은, 두뇌 크기의 증가가 도구 제작의 증가, 석기 재료의 운송, 먹거리의 확장, 발달 가소성의 증가(환경 조건에 따른, 발달 과정의 유연한 조정)와 함께 진행되었다는 것이다.[48] 이는 가르칠 거리가 많다는 것을 의미하는데, 호미닌 조상이 다양한 잡식성의 식이 그리고 다양한 추출 식량 획득 기술과 도구 사용 기술에 의존했기 때문이다.[49] 인류의 진화에서 이 시기는 누적적 문화가 막 등장한 시기이며, 우리 조상들은 이때 처음으로 사냥한 동물을 해체하고 그 밖의 다른 용도로 사용하기 위해 석기를 만들기 시작했다. 다시 말해, 이 시기는 (가르침의 진화에 대한 우리의 분석에 따르면) 누적적 문화에 의해 가르침이 광범위한 적응성을 띠기 시작한 시기였다. 또한, 바로 이 시기의 환경이 가까운 혈족들 간의 가르침이 다양한 상황에서 유리한 조건이다.

언어는 본래 가르침의 효율성을 높이고 그 범위를 넓히기 위해 진화했는지도 모른다. 우리 조상의 초기 언어가 가르침을 훨씬 더 경제적이고 효율적으로 만들었기 때문에 자연선택은 이를 선호했을 것이다. 이 가설이 충분히 그럴듯하게 들리기는 하지만, 조금 더 들여다보면, 언어에 대한 선호로 이어지는 겉보기에 그럴듯한 다른 자연선택 시나리오가 너무나 많다. 핵심적인 질문은 가설들이 앞서 제시한 일곱 가지 기준들을 모두 만족하는가 하는 것이다. 이제 하나씩 고려해 보자.

먼저, 언어가 혈족을 가르치기 위해 진화했다면,[50] 언어가 정직했을 것이라고 기대할 수 있다. 가르침이 이루어질 때, 송신자와 수신자의 이해가 상충할 여지가 없다. 가르침의 유일한 기능은 정확한 지식을 전달하는 것이어서, 혈족들은 적합도를 높이는 기술과 정보를 습득할 수 있으며, 이 경우 학생의 생존율과 번식률이 상승하면 선생의 포괄적 적합도도 상승한다. 선생이 학생을 속이거나 학생에게 부정확한 정보를 전달하면 보통 그러한 이득이 생기지 않는다. 따라서 첫 번째 과제를 극복하는 데는 아무런 문제가 없다. 부모와 자식 또는 가까운 혈족들 간의 갈등이 다른 상황에서는 발생할 수 있지만, 초기 의사소통의 기능이 가르침에 한정된다고 가정하면, 개체들 간의 이해는 대체로 일치한다. 물론, 부모가 후손들에게 자원이 공평하게 분배되기를 원하지만 각각의 자식들이 공평한 분배 이상의 것을 원한다면 부모와 자식 간에도 분쟁이 발생할 수 있다.[51] 욕심 많은 자식이 부모의 주의를 독점하고자 할 때 가르침에도 동일한 논리가 적용된다. 하지만 가르침이 이루어지기 위해 이러한 갈등에 대한 해결 방법도 어느 정도 진화했을 것이며, 더욱 저렴하고 효과적인 수단인 언어가 등장하고 나서는 더 이상의 갈등이 발생하지 않았을 것이다. 부모와 자식은 필요한 지도의 양에 대해 서로 의견이 다를 수도 있지만, 부정확한 지도는 부모의 시간과 노력을 낭비할 뿐이기에, 가르치는 내용은 정직할 것으로 여겨진다. 초기 언어가 더 나은 가르침을 위해 진화했다면, 그 언어는 정직했을 것이라고 기대할 수 있다.

마찬가지로, 초기 언어의 협동성도 쉽게 이해할 수 있다. 언어가 가르침을 위해 진화했다면, 언어는 이미 협력하는 시기에 등장한 것이다. 선생이 친척들에게 살아가는 데 필요한 기술들을 가르침으로써 궁극적으로 선생 자신의 포괄적 적합도를 높인다면, 선생이 가치 있는 정보를 가르치는 것이 왜 선생에게도 이득인지를 설명하는 데 어려움이 없다.

언어가 가르치는 맥락에서 어떻게 나타날 수 있었는지, 그리고 기호가 어떻게 그 의미를 획득하게 되었는지(세 번째, 네 번째 기준) 그 이유를 예상하는 것도 어렵지 않다. 단순한 주의를 끄는 명령어만으로는 대다수 메시지를 전달하기 어렵지만, 그러한 명령어가 사회적 학습을 촉진시킨다는 것이 증명되었다. 모방할 때 한 가지 어려움은 시범자의 행동이 연속적으로 이어진다는 것인데, 이는 초보적인 관찰자가 무엇을 모방해야 하는지가 항상 명백하지는 않다는 뜻이다. 관련 행동이 언제 시작되고 끝나는지도 종종 불명확하다. 이때는 단순한 언어적 단서(또는 비언어적 단서)도 큰 도움이 될 수 있다. 이는 발달심리학 실험에서 입증되었는데, 여러 실험에 따르면 아기와 어린아이들이 배울 때 어른들은 단순한 발성으로 그들의 학습을 유도한다. 단서들은 아이들에게 관련된 무언가를 가리킬 것이라는 기대를 일으키며, 아이들로 하여금 어른의 시선을 따라가도록 한다. 한 가지 예가 어른이 상호작용 하고자 하는 특정 대상으로 시선을 옮길 때 함께 주의하기가 촉진되는 것이다.[52] 아이는 익숙하지 않은 대상에 반응하는 어른의 표정이 어떠한지를 관찰하며, 이를 바탕으로 대상에 접근할 것인지 회피할 것인지를 결정한다.[53] 이러한 언어적 단서의 사용과 그에 따른 응시, 함께 주의하기는 모두 대상의 속성들, 그 대상을 어떻게 다루어야 하는지, 단어의 뜻이 무엇인지에 대한 아이들의 학습을 촉진한다.[54] 손으로 가리키기, 다른 몸짓 그리고 움직임은 익숙하지 않은 용어의 뜻을 전달하는 발화에 근거를 제공할 수 있다. 선생은 돌의 어느 부분을 치면 되는지를 손가락으로 가리키며 '여기'라고 말할 수 있다. 또는 막대로 땅을 파는 척하며 '여기를 파'라고 말할 수도 있다. 학생의 동작을 손으로 바로 잡아 주며 '아니, 이렇게'라고 말할 수도 있다. 실험에 따르면, 이는 개연적일 뿐만 아니라 아이들이 새로운 기술을 배울 때면 어김없이 일어나는 일이다.[55] 따라서 가르침이 이루어지는 상황에서 언어에 현실적인 근거를 제공하는 것, 소수의 단어로 이루어진 언어가 가치를 가지는 것, 그리고 그 언어가 점진적으로 확장되는 것을 상상하기는 어렵지 않다.

그리고 언어의 진화에 대한 이론은 언어의 일반성을 설명해야 한다는 조건을 만족해야 한다. 이것 또한 가르치는 맥락에서 자연스럽게 설명된다. 언어를 통한 가르침은 일단 시작되기만 하면, 다양한 추출 식량 획득 방법, 식량 가공 방법, 사냥 기술과 같은 온갖 배우기 어려운 기술들에 적용될 수 있다. 고생물학자들의 연구를 통해서 우리 조상들이 무엇을 먹었는지를 짐작할 수 있다. 고생물학자들은 화석화된 호미닌 이빨에 미세하게 긁힌 자국들(미세 마모microwear)을 관찰하며, 화석화된 뼈와 치아에 남아 있는 화학적 잔여물을 분석한다(안정동위원소 분석stable isotope analysis). 이러한 연구에 따르면, 호모 하빌리스와 후기 호미닌들의 먹거리는 매우 다양했으며, 여기에는 과일, 목질의 식물처럼 거친 재료, 다양한 동물 조직이 포함된다.[56] 석기로 자르거나 내려친 흔적이 남은 가장 오래된 동물 뼈는 260만 년 전의 커다란 동물을 도살한 뼈인데, 이는 오스트랄로피테쿠스 갈히*Australopithecus garhi*, 오스트랄로피테쿠스 아파렌시스*Australopithecus afarensis*, 호모 하빌리스와 같은 종들이 고기와 골수를 먹었다는 직접적인 증거다. 약 190만 년 전의 화석 기록에는 호모 에렉투스가 등장한다. 에렉투스는 주먹도끼나 가로날도끼cleaver같이 자르는 데 쓰이는 커다란 도구뿐만 아니라, 음식을 요리하거나 큰 포식자로부터 방어하기 위한 화로를 만들었다. 호미닌의 먹거리가 다양해지면서 획득하기는 어렵지만 영양분이 풍부한 재료에 의존하는 정도도 상승했다. 이 먹거리들은 추출과 가공을 거쳐야 먹을 수 있었다. 이러한 가공은 때때로 단순히 도구를 사용하는 것을 넘어서, 사전에 도구를 기술적으로 제작하는 것을 요구했다. 그 결과로 개인이 습득해야 하는 기술들이 쌓여갔고, 따라서 서로 도움을 주는 가르침의 기회도 증가했다. 식량 획득, 사냥, 다른 동물이 사냥한 고기 빼앗아 먹는 방법, 도구 제작, 먹거리 준비와 가공 기술, 불씨 관리, 함께 방어하기(어느 때는 수많은 사람들이 협력해야 했다)를 가르칠 때, 구두로 가르치는 능력은 크게 유리했을 것이다. 눈앞에 보이는 식량을 획득하기 위해 어떻게 협력할지를 가르치는 것과 앞으로 있을 사냥 활동에서의 협력을 계획하는 것은 한 끗 차이다. 이런 방식으로 단순했던 초기 언어는 점점 더 복잡해지고, 여러 차원으로 일반화되었을 것이다.

여섯 번째 기준, 즉 인간 언어의 고유성을 설명해야 한다는 기준은 이미 만족했다. 잠재적으로 인간과 가까운 호미닌 조상을 제외하고는, 그 어떤 동물도 언어를 진화시키지 못했다. 인간만이 광범위하게 가르침을 행하기 때문이다. 호미닌도 비교적 최근에서야 방대하게 가르치기 시작했는데, 이는 오직 그들만 (우리의 이론적 분석에 따르면) 가르침의 진화를 촉진하는 누적적 문화를 가지고 있었기 때문이다. 누적적 문화를 가지지 않은 다른 동물들은 가르침의 진화가 일어나기 위한 매우 까다로운, 만족하기 힘든 조건들을 마주해야 했다. 광범위하게 퍼진 가르침이 없었기에, 다른 동물들에게는 가르침의 비용을 줄이면서도 그 효율성을 높이는 언어와 같은 형질들이 선택될 수 없었다. 전략적이고 높은 충실도를 지닌 사회적 학습에 대한 자연선택에 따라, 오직 호미닌 계통에서만 언어, 가르침, 누적적 문화가 줄달음 과정 및 자가촉매작용을 통해 공진화했다.

이제 남은 문제는 왜 초기 언어가 학습되어야 했는지를 설명하는 것이다. 여기서 침팬지와 오랑우탄이 집단 간의 상당한 변이를 보이는 방대한 도구 사용 목록과 행동 전통을 가지고 있다는 것을 지적해야겠다.[57] 현존하는 유인원 문화의 풍요로움을 고려할 때, 올도완과 어슐리언 석기 전통이 오랜 시간 불변했다는 생각은 아마도 잘못된 믿음일 것이다.[58] 호모 속의 조상들은 현대 유인원들보다 더 풍요롭고 지리적으로도 더 다양한 문화적 목록을 구성했을 가능성이 크다. 여기에는 석기뿐만 아니라 돌이 아닌 도구를 사용하는 전통도 포함되며, 지역적이고, 집단에 특화되어 있으며, 학습되고, 사회적으로 전달된 식량 획득 목록들이 포함된다. 최근의 고고학적 증거들은 이를 강력하게 지지한다.[59]

인간은 그 어떤 동물보다도 막대한 양의 학습된 지식을 여러 세대에 걸쳐 전달한다.[60] 이전 장들에서 기술한 것처럼, 단순한 형태의 사회적 학습에 기반하고 있는 대다수 동물들의 전통은 대부분 오래 유지되지 못한다.[61] 따라서 비교동물학적 관점에 따르면, 호모 속은 이전 세대로부터 습득한 정보에 더욱 의존하는 방향으로 진화했다. 앞서 이야기한 문화의 진화에 대한 이론적 분석에 따르면, 세대를 가로질러 문화가 전달되는 정도가 증가했다는 것은 우리 조상의 환경이 거의 변하지 않았다는 뜻이다. 하지만 역설적이게도, 지난 몇백만 년간 환경의 변화가 줄었다는 증거는 없다. 오히려 그 반대다. 게다가 환경이 거의 변하지 않았다면, 다른 동물들도 지금보다 세대를 넘어서 문화를 더 많이 전달했을 것이다.

더 설득력 있는 가설은 우리 조상들이 그들의 자식들에게 더 많은 정보를 전달하는 것이 유리한 어떤 적소들을 구축해,[62] 문화에의 의존을 선호하는 환경적 조건을 구축했다는 것이다.[63] 이는 언뜻 억지스러운 주장처럼 보이지만, 결코 그렇지 않다. 사실 모든 유기체는 그들의 활동을 통해 거주 환경의 중요한 부분들을 구축하는데, 이를 '적소 구축'이라고 한다.[64] 예를 들어, 수많은 동물들이 굴을 파고, 둥지나 흙더미를 만들며, 거미줄을 치고, 알 주머니, 번데기 집, 고치를 만든다.[65] 물론 인간은 적소를 구축하는 데 단연 탁월하다고 여겨지며, 그 어떤 동물보다 뛰어난 이러한 인간의 적소 구축 능력은 대체로 우리의 문화적 능력에 따른 것이다.[66] 인간의 활동, 그중에서도 농업, 산림 벌채, 도시화, 교통 시스템의 건설이 우리의 환경에 극적인 변화를 불러왔고, 그 과정에서 우리 종과 수없이 많은 다른 종들에게 작용하는 자연선택까지 바뀌었다는 것은 잘 알려져 있다.[67] 이러한 환경 변화는 구축하는 종의 문화 의존도에도 영향을 준다. 어떤 유기체가 자신과 자손들의 환경을 더욱더 통제하고 관리할수록, 세대를 가로질러 문화적 정보를 전달하는 것이 더 유리해진다.[68] 예를 들어, 우리 조상들은 이주하거나 흩어지는 먹이 동물의 움직임을 추적함으로써 그들의 환경에서 특정한 식량들을 더 자주 구할 수 있었으며, 사냥에 사용되는 도구들을 더 자주 다른 목적으로 사용하고, 먹이 동물들의 가죽, 뼈, 뿔 등으로 새로운 도구들을 더 자주 제조할 수 있었다. 이러한 활동들은 어떤 형태의 안정적인 환경을 만들어 냈고, 음식을 준비하거나 동물의 가죽, 뼈, 뿔을 가공하는 기술들은 그러한 환경에서 세대가 지날수록 더 유익해졌으며, 그에 따라 이러한 방법들이 세대를 가로질러 반복적으로 전달될 가능성도 높아졌다. 환경에 대한 더욱더 커지는 문화의 규제가 나이 든 사람들과 젊은 사람들이 경험하는 사회적 환경을 보다 동질적으로 만들고, 이것이 다시 부모와 다른 어른들에게 학습하는 것을 더 선호하게 만들면서, 문화적 적소 구축은 자가촉매적으로 작동하기 시작했을 것이다.[69]

언어의 발생도 비슷한 방식으로 이해할 수 있다. 음식 앞에서 끙끙대는 소리food grunt를 침팬지가 학습한 것이 최근에 보고되었으며,[70] 유인원의 몇몇 몸짓들도 유연하게 사용되며 학습된다는 것이 밝혀졌다.[71] 그럼에도 비인간 유인원들의 발성은 대부분 학습된 것이 아니다.[72] 학습되지 않은 발화로부터 학습된 발화로의 전환은 영장류의 의사소통을 선호하는 환경적 요소들이 많아졌다는 것을 의미한다. 하지만 기후의 변동과 같은 독립적으로 변하는 외부 조건에 근거한 설명은 여러 이유에서 설득력이 없다. 첫째, 그러한 설명은 언어의 고유성 기준을 위반한다. 선택의 원인이 외부에 있었다면, 다른 유인원들뿐만 아니라 다른 영장류들도 방대한 양의 학습된 의사소통을 선호했어야 한다. 둘째, 언어를 위해 외부의 환경이 빠르게 변해야 한다는 조건은 문화를 위해 외부의 환경이 점점 안정되어야 한다는 조건과 모순된다. 셋째, 기후변화는 아주 느리게 일어났을 것이다. 하지만 언어가 스스로 구성된 환경적 요소들에 대처하기 위한 적응으로 진화한 것이라면, 이러한 문제들이 완화된다. 스스로 구성된 유인원의 환경들 가운데 과연 어떤 특징들이, 그것들을 추적하는 데 학습이 필요할 정도로 충분히 빠르게 변하며 다양해진 것일까? 여러 가지 비교했을 때, 이를 만족할 만한 것은 문화적 관습들, 특히 도구 사용, 추출 식량 획득, 물질 문화다. 문화적 관습들은 일반적으로 가까운 혈족들 사이에서 전달되며,

접근이 어렵지만 영양이 풍부한 식량을 획득하기 위해 사용되며, 학습하기 어렵다. 이러한 특성들로 인해, 문화적 관습은 가르침으로부터 이익을 얻을 수 있는 행동 형질이 된다.

인간의 문화는 시간에 따라 극적으로 끊임없이 복잡해지며 다양해지지만,[73] 인간이 아닌 유인원의 문화에서는 그러한 복잡성과 다양성의 증가가 관찰되지 않는다.[74] 따라서 우리 조상들은 지난 200만 년 가운데 어느 시점에, 의사소통을 위한 신호와 의미를 끊임없이 업데이트하거나 정성 들여 만들지 않으면 더 이상 그들의 세계에 대해 의미 있는 의사소통을 나눌 수 없을 정도로 빠르게 문화적 변형들(예를 들어, 도구, 식량 획득 기술, 사회적 신호, 구애 의식, 약물 치료법, 몸짓 등)을 만들어 내기 시작했다. 새로운 도구, 식량 획득 기술, 과시 방법, 치료법을 학습해야 한다면, 그리고 비교동물학적 증거가 보여주는 것처럼 어린 유인원이 도구 사용 같은 문화적 변형을 보통 그들의 어미나 나이 많은 형제로부터 학습한다면,[75] 언어는 어린 호미닌들이 사회적으로 전달되는 기술들을 빠르고 정확하게 학습하는 수단으로서 문화적 복잡성과 함께 공진화했을 것이다.[76]

언어는 본래 가르치기 위해 진화했으며, 특히 가까운 혈족을 가르치기 위해 진화했다. 이것이 나의 주장이다. 언어를 선호하는 자연선택 시나리오에 대해 완전히 확신하기는 어렵지만, 이 설명에는 분명 많은 장점이 있다. 이 설명은 언어의 정직성, 협동성, 고유성, 기호에 근거함과 같은 특징뿐만 아니라, 언어가 어떻게 시작되었고 왜 학습되는지, 그리고 그것이 지닌 일반화의 힘을 설명한다. 내가 아는 한, 이것은 언어의 기원에 대한 성공적인 설명에 요구되는 일곱 가지 기준들을 모두 만족하는 유일한 설명이다.[77] 오직 우리 종만 유일하게 이야기를 통해서만 전달되는 충분히 다양하고 생산적이며 변덕스러운 문화적 세계를 구축했기에, (현존하는 종의 의사소통 체계 가운데) 인간의 언어만이 고유하다.[78]

언어의 진화에 대한 논쟁에서 흥미로운 것 가운데 하나는, 언어가 과연 적응인지에 대해 의구심이 남아 있다는 것이다.[79] 언어가 눈에 띌 정도로 복잡하고 기능적이며 다른 적응들처럼 마치 '설계된 듯한' 속성이 있다는 것을 감안하면, 언어를 가능하게 만든 신경 메커니즘이 의사소통을 위해 자연선택에 의해 선호되었을 것이라는 가설도 언뜻 매력적으로 느껴진다. 하지만 언어를 스팬드럴spandrel*로 여기는 오랜 전통이 있다. 여기서 '스팬드럴'은 진화생물학에서 쓰이는 용어로, 다른 능력에 대한 선택의 부산물로 진화한 형질을 말한다. 촘스키도 이와 같은 입장이었는데,[80] 그는 언어가 크고 복잡한 뇌, 그리고 그 뇌가 제공하는 생각하는 능력의 향상에 따른 부산물이라고 주장한다. 반면 진화심리학자 스티븐 핑커Steven Pinker는 이 입장에 대한 가장 유명한 비판자다.[81] 앞서 설명한 것처럼, 물론 나는 언어가 적응이라고 생각한다. 보다 구체적으로 말해, 언어는 가르침의 정확성을 높이고, 비용을 줄이며, 그 범위를 확장시키는 기능을 지닌 적응이다.

물론 자연선택 시나리오는 여기서 시작되어, 여러 다른 기능들을 수행하기 위해 다양한 방식으로 전용되고 확장되었을 것이다. 빈대학교의 언어 진화 전문가인 테쿰세 피치Tecumseh Fitch는 언어가 가까운 혈족 간의 의사소통을 용이하게 하기 위해 진화했다고 주장하며,[82] 나도 이에 동의한다. 우리 조상들의 혈족 중심적인 집단에서 초기 언어는 아마도 부모나 나이 많은 형제들이 가르칠 때 사용하는 보조 수단으로 선택되었을 것이다. 하지만 그 시점부터 초기 언어는 보다 먼 친척들을 가르치기 위해 확산되

* 스티븐 제이 굴드Stephen Jay Gould는 1970년대 후반에 생물의 모든 형질이 자연선택의 결과라는 당시 생물학자들의 주장에 반대하면서 일부 형질은 자연선택의 결과가 아니라 그 부산물로 진화했다고 주장했다. 그때 비유로 든 것이 바로 돔과 아치 사이의 홀쭉한 삼각형 모양으로 휘어진 면인 스팬드럴이다. 아치와 돔이 건축가의 의도대로 설계된 모양이라면, 스팬드럴은 아치와 돔 사이에 어쩔 수 없이 끼어 있게 된다. 자연선택에 비유하자면, 아치와 돔이 환경에 대한 유기체의 적응이라면, 스팬드럴은 그러한 환경에의 적응과는 관련 없는 부산물이다.

었을 것이다. 특히 언어는 함께 먹이를 구하기, 사냥, 다른 동물이 먹던 고기를 훔치는 활동에 적합했을 텐데, 이러한 활동에는 모두 다수의 조율이 필요하기 때문이다. 지난 장에서 소개한 가르침의 진화 모델에 따르면, 가르침이 선호되기 위해서는 가르침으로 얻은 기술이 적합도에서의 이득으로 이어지는 것뿐만 아니라 선생과 학생 간의 높은 관계도가 요구된다. 따라서 혈족들이 적절한 기술과 지식을 보유함에 따라 먹이 획득량이 확실히 증가하게 되면, 그로 인한 직접적인 이득은 보다 먼 혈족 사이의 낮은 관계도를 벌충할 것이다. 구체적인 역할이 무엇인지 말하거나 가르치는 수단이 없다면, 복잡하고 조율이 필요한 행동도 이루어질 수 없다. 그런 점에서 언어는 매우 강력한 조율 도구였을 것이다.[83]

이어서 가르침은 언어로 인해 상호 교환, 간접 호혜성, 집단 선택과 같은 기존의 다른 협력 과정을 지원하는 데까지 확장되었을 것이다. 다른 동물들의 경우, 혈족 바깥에서는 호혜적 이타주의나 상리공생적 거래(적어도 선명하게 구분되고 누구나 원하는 물건의 거래)가 놀라울 정도로 드물게 나타난다.[84] 이는 거래가 서로 교환율에 동의할 수 있는 어떤 능력, 적어도 원시언어와 같은 것을 필요로 하기 때문으로 보인다.[85] 마찬가지로, 간접 호혜성이 효율적으로 작동하기 위해서는 뒷담화가 필요할 것이다.[86] 언어를 통해 학습된 사회적 규범은 단속이나 규제 또는 사회적으로 허용되는 보복 등을 통해 비협조적인 개인들에 대한 처벌을 제도화하며, 이러한 제도화는 협력을 더욱 강화한다.[87] 나는 진화생물학자 마크 페이글Mark Pagel을 따라 "언어는 협력을 강화하기 위한 형질로 진화했다"라는 주장에 동의하는 한편,[88] 언어의 기원이 보다 특정한 형태의 협력, 즉 가르침과 함께 시작되었다고 주장한다. 다른 협력적인 과정은 분명 기존의 언어능력을 활용했을 것이며, 그에 따라 더 발달된 언어능력에 대한 선택이 발생했을 것이다. 이러한 선택적 되먹임은 이로 인해 발생한 인간의 협력 규모와 언어의 효력에 커다란 차이를 만들었을 것이며,[89] 또한 선택적 되먹임은 언어가 정직함을 담보할 수 없고 악의와 무능에 대한 경계가 요구되는 영역까지 확장되는 현상을 설명할 수 있다. 하지만 이는 앞서 제시한, 언어가 처음부터 정직하고 적응적이어야 한다는 기준을 다른 협력적인 과정은 만족하지 못하므로 언어가 어떻게 시작되었는지에 대한 충분한 답은 되지 못한다.

언어가 의미를 담은 신호를 만들고 사용하는 것에서 시작되었다고 처음 제안한 사람은 내가 아니다. 수많은 학자들이 이를 지지하는데, 그중에서도 가장 두드러진 지지자는 캘리포니아대학교 버클리의 인류학자 테렌스 디컨이다.[90] 비교동물학적 관점에서 이 주장은 합리적인데, 구문론이 아닌 기호의 사용은 동물들의 의사소통이 지닌 한 가지 특징이기 때문이다.[91] 앞서 말한 것처럼, 여러 동물들의 자연적인 의사소통 체계에는 상징적인 표현이 포함된다. 유인원들이 단어에 대응되는 의미를 지닌 기호(몸짓이나 어휘)를 인지하고 사용하도록 그들을 가르치고, 이 기호들을 단순한 조합으로 엮는 것도 가르칠 수 있었다. 하지만 유인원이 구문론을 이해한다는 설득력 있는 증거는 거의 없다.[92]

사회적으로 전달되는 식량의 유형, 추출 식량 획득 기술, 그 식량을 요리하는 방법, 몸짓, 조율의 패턴, 위협의 종류가 늘어갈수록, 그와 관련된 기호를 학습하는 것은 점점 어려워질 것이며, 이는 우리 조상들에게 주요한 자연선택으로 작용했을 것이다. 다른 학자들처럼,[93] 나는 우리의 조상들이 상징적으로 충분히 풍부한 세계를 구성함에 따라 발생한 선택압이, 기호들을 효과적으로 조작하고 사용할 수 있는 마음의 구조들을 선호하는 형태로 진화적 되먹임을 일으켰다고 생각한다.[94] 물론 볼드윈 효과 Baldwin effect나 적소 구축의 현현이라고도 불리는,[95, 96] 이러한 되먹임은 단지 이 책의 지난 두 장들에서 설명한 보다 일반적인 '문화적 추동'의 특수한 사례일 뿐이다. 즉, 더 효과적이고 더 충실하게 전달되는 사회적 학습에 대한 자연선택은 뇌에서 특정한 구조나 기능적인 능력의 진화를 선호했을 것이며, 이 과정에서 뇌와 지능의 진화가 추동되었다는 것이다. 오늘날의 언어에서 관찰되는 구문론은 원시언어에서의 지난 200만 년 동안의 기호 조작 덕분에 존재하는 셈인데, 이 조작이 결과적으로 호미닌의 뇌에서 주요한 변화를 일으키는 선택압을 생성한 것이다.[97]

우리 조상들이 의미를 학습하고 명확한 메시지를 만들기 위해 조합해야 하는 기호의 양이 증가함에 따라, 사용 패턴을 명시하는 규칙과 관습이 요구되었다(이는 구문론의 중요한 속성이다). 단어들이 구문론과 무관하게 묶인다면, 그것들의 조합이 지닌 의미는 급격히 모호해지며 메시지의 수신자는 그것이 무슨 뜻인지 알 수 없어서 쩔쩔매게 된다. 예를 들어, '곰 사람 먹다'라는 표현은 사람을 먹는 곰, 곰을 먹는 사람, 음식을 먹는 곰과 사람이라는 뜻으로 해석될 수 있다. 구문론은 위계적이고 재귀적인 메시지를 의미 있고 금방 이해할 수 있는, 뇌가 쉽고 빠르게 처리할 수 있는 덩어리, 구, 절의 형태로 분해함으로써 이러한 혼란을 완화한다. 구문론은 모호함을 제거하는 규칙을 도입한다. 구문론으로 인해 무한할 정도로 유연하며 성숙한 언어가 가능해진 것이다. 단어는 함께 엮이기 전에는 매우 한정적인 의미만 가질 뿐이다. 하지만 모두가 이해하는 규칙들에 따라 조합되면, 매우 복잡한 메시지로도 의사소통하는 것이 가능하다.

언어가 본래 복잡한 식량 획득 방법을 가르치는 비용을 줄이는 수단으로 시작했을지라도, 어느 시점부터는 언어적 기호를 가르치는 데도 사용되었을 것이다. 일단 초기 언어가 자주 가르침의 대상이 되자(가르침이 본격적인 감독 아래 이루어지지 않고 때때로 암묵적으로 이루어지더라도), 이는 곧 아이들에게 언어를 효율적으로 가르치기 위한 수단에 대한 자연선택을 형성했을 것이다(이런 언어에는 옹알이라고 알려진 '유아가 주도하는 발화'나

'모성어'도 포함된다).[98] 어린아이들은 일부 언어 구조를 선택적으로 듣고 다른 것들은 무시하는 것으로 알려져 있는데, 이러한 현상으로 인해 '어린아이에게 친근한' 언어 구조가 선택되었을 수도 있다.[99] 유아가 주도하는 발화는 보통 일반적인 발화보다 느리며, 음높이가 높고, 짧고 단순한 단어를 사용한다. 여러 연구에 따르면, 유아들은 표준적인 발화에 비해 이런 종류의 발화를 듣는 것을 좋아하며, 이는 유아의 관심을 얻고 지속시키는 데 더욱 효과적이고 그들이 단어를 더 빠르게 학습하도록 돕는다.[100] 아이의 언어 학습이 자연 발생적이라거나 '본능적'이라는 주장은 흔하다.[101] 이는 어른이 아이의 언어 학습에 별다른 역할을 하지 못한다는 뜻이기도 하다. 하지만 이런 주장은 어른이 아이의 학습을 촉진하는 주요 방법들을 과소평가하는 것이다. 실험에 따르면, 언어를 가장 빨리 학습하는 아이는 자신이 말하는 것을 가장 크게 인정받고 칭찬받은 어린이였다. 아이가 말할 때 어른은 잘 기다려 주고 아이에게 주목했으며, 아이에게 친근한 방식으로 교정하고, 묻고, 말하며, 적절한 시기에 구문론적으로 복잡한 발화를 접하게 해주었다.[102] 유아가 주도하는 발화는, 모든 사회에서는 아니더라도, 대다수 사회에서 발견된다.[103] 이는 이러한 발화가 널리 퍼져 있는, 사회적으로 학습된 전통이라는 것을 암시한다. 하지만 이는 언어적 요소들에 대한 아이들의 민감성, 또는 보상적 반응(예를 들어, 미소)을 유도하는 어른들의 성향과 같은 유아 주도 발화의 주요 요소들이 생물학적인 진화 과정에서 선호되었을 가능성을 배제하지 못한다.

원시언어가 초기의 기반에서 벗어나 복잡성이 증가함에 따라 언어 학습과 정보 전달을 향상시키는 인지 적응에 대한 강력한 자연선택이 형성되었을 것이다. 예를 들어, 다른 영장류에 비해 인간은 다른 이들이 말하는 것의 의미를 짐작하는 데 특히 능하다.[104] 이러한 능력은 부분적으로는 앞서 언급한 정보 전달자의 교육 활동 때문이겠지만, 정보 수신자가 다른 이들을 관찰하고 의미를 추출하는 능력이 개선되었기 때문일 수도 있다. 게다가 언어 기호를 사용하고 조작하는 것에서 비롯된 선택적 되먹임이 인간의 마음에 미치는 효과의 범위는 의미를 추출하고 구문론을 이해하는 능력을 훨씬 넘어선다. 촘스키는 언어를 생각의 주된 동력이라고 주장했는데, 인간의 마음이 유일하게 언어를 통해 정보를 습득하고 처리하도록 설계되었다는 촘스키의 주장에 대해서는 의심의 여지가 없게 되었다. 물론 언어는 우리의 생각을 가능하게 할 뿐만 아니라 다른 이들이 생각하는 것을 이해하는 수단(메타인지metacognition)을 제공한다. 이러한 메타인지는 인간의 가르치는 능력을 더욱더 향상시킨다. 예를 들어, 선생은 언어를 사용해 학생에게 '이해하고 있니?' 하고 물어봄으로써 학생의 마음 상태에 대한 주요한 통찰을 얻을 수 있다. 사실, 나는 가르치는 환경에서 언어를 통해 마음 이론(다른 이들의 믿음, 욕망, 지식을 읽는 능력)이 진화했다고 생각한다. 이 모든 면에서 언어는 적소 구축의 강력한 사례다.[105] 언어는 우리 조상들이 그들의 (개념적인) 세계에 가져온 극적인 변화이며, 우리를 인간으로 만든 전환이다.

언어 구조의 관습이 원시언어 또는 언어마다 다르고, 또 그것들이 시간에 따라 변하기 때문에, 우리 조상들은 구문론의 규칙들을 학습해야 했다. 그런 구문론이 촘스키가 예상한 언어에 특화된 습득 도구로 학습되었는지,[106] 베이즈주의 학습과 같은 보다 일반적인 메커니즘을 통해 학습되었는지는 논란의 여지가 있다.[107] 어떤 도구로 학습되었든지 간에, 나는 우리 조상들이 구축한 기호로 가득한 문화 세계가 언어 학습을 향상시키는 선택의 가장 주요한 원천이었다고 믿는다. 그러한 선택적 되먹임은 두 가지 수준에서 작동했을 것이다. 그중 하나는 인간의 문화적 활동이 향상된 언어 학습과 전달 능력에 대한 자연선택을 발생시키는 유전자-문화 공진화의 동역학이다. 하지만 문화적 진화의 동역학은 인간의 문화적 활동이 학습된 언어의 속성에 영향을 미치는 되먹임의 기능도 한다.

언어의 특성들이 문화적 전달로 가다듬어진다는 개념은 우리 조상들의 마음이 자연선택에 의해 형성되었다는 개념보다 덜 직관적이다. 하지만 언어의 구조가 오랜 시간 지속되기 위해서는 그 구조들이 학습되고, 표현되며, 채택되는 과정에서 살아남아야 한다. 학습하거나 말하기 어려운 발성은 직관적인 발성에 비해 살아남기가 힘들다. 따라서 언어는 시간이 지남에 따라 적응할 것이다. 에든버러대학교의 언어학자 사이먼 커비Simon Kirby와 그의 동료들은 이러한 과정을 '학습성에 대한 문화적 선택cultural selection for learnability'이라고 한다.[108] 수많은 학자들이 아이들의 언어 습득 능력에 감탄하며, 이것이 인간의 뇌가 언어 학습에 전문화되어 있다는 것을 의미한다고 추론했다.[109] 하지만 언어가 규칙을 학습하기 쉽도록 진화했기 때문에 아이들이 구문론의 규칙을 쉽게 이해하도록 전적응된 것처럼 보이는 것일 수도 있다.[110] 언어의 문화적 진화에 대한 수학적 모델은 언어의 핵심적인 특성들이 이러한 방식으로 진화할 수 있다는 것을 보여주었다.[111] 예를 들어, 합성성compositionality(복잡한 신호의 의미가 그 부분들의 의미의 함수라는 개념)은 문화적 진화의 과정을 통해 발생할 수 있는데, 이때 일반적으로 생물학적 진화를 통하는 것보다 낮은 비용을 치르고도 더 빠른 속도로 발생한다.[112] 마찬가지로 연쇄적 전달 실험과 수학적 모델은 언어가 어떻게 언어의 전달률transmissibility을 최대화하는 방향으로 문화적으로 진화하는지를 보여주는데, 그 과정에서 언어는 학습하기 더 쉬워지고 보다 구조화된다.[113] 이 연구는 중요한데, 언어에 특화된 인지적 적응에 대한 자연선택이 있었다는 논의에서 벗어나 언어의 기원이라는 어려운 주제를 보다 다루기 쉽게 만들었기 때문이다. 일단 우리 조상들이 상징적인 의사소통을 하는 사회적 전달 시스템을 만들자, 언어의 다른 특성들도 자연스럽게 나타났을 것이다.[114]

이 장에서 나는 대체로 기능적인 부분에 초점을 맞추었다. 다시 말해, 지금까지는 '언어의 최초 기능은 무엇이었을까?'에 대한 대답을 제시했다. 하지만 진화에 관해 우리가 물을 수 있는 다른 질문, 즉 메커니즘의 진화에 대한 질문이 있다. '호미닌이 어떻게 언어 학습을 처리할 수 있었을까?' 구문론의 발명과 함께 언어를 학습하는 것은 점점 어려워졌다. 기호의 의미만 학습하면 되는 것이 아니라, 구문론에 따라 그 단어를 적절하게 배열해야 했기 때문이다. 이때 순서는 매우 중요하며, 그 배열로부터 의미의 상위 패턴을 이해해야 한다. 인간이 이것을 어떻게 할 수 있었을까?

몇 문단 앞에서 공진화에 관한 설명을 제시했는데, 나는 그것이 이야기의 전부라고 생각하지는 않는다. 나는 인간이 여러 요소들의 조합을 조작하는 데 타고났다고 믿는다. 조상들로부터 전해진 도구 제작법, 도구 사용법, 추출 식량 획득법, 조리 기술을 제대로 수행하기 위해서라도 정확한 순서를 따라야 하기 때문이다.[115] 이러한 기술들은 행동의 단위들이 정확한 순서에 따라 이행되어야 비로소 완수된다. 많은 음식물은 적절한 절차를 따라 요리할 때 비로소 영양분의 흡수율을 높이고 독성을 낮추는데,[116] 수많은 야생 또는 재배종 식물들, 특히 쌀과 밀 같은 콩류와 곡물들은 날것으로 소화되지 않는다. 콩류들도 마찬가지로 풍부한 영양분을 함유하고 있지만, 물에 담그거나 요리해 없애지 않고서는 소화하기 어려운 약한 독성의 물질을 포함하고 있다. 뿌리나 씨앗에 포함된 전분과 같은 탄수화물은 빻거나 자르거나 짓이기거나 열을 가해서 보다 쉽게 씹거나 소화할 수 있는 형태로 바꾸어야 한다. 이렇게 음식을 채집하고 요리하는 것은 때때로 연속적으로 수행되는 여러 행동들을 포함하는데, 이러한 연속적인 행동에는 위계적이거나 반복적인 요소가 있다. 이는 현대사회를 살아가는 사람들뿐만 아니라 쐐기풀을 먹는 고릴라의 먹이 획득 방법에도 적용되는 특징이다.[117] 따라서 인간이 이러한 계산 기술을 최근에서야 획득한 것은 아닐 것이다.

세인트앤드루스대학교 우리 실험실의 대학원생인 앤드루 웨일런Andrew Whalen과 박사후 연구원 대니얼 카운든Daniel Cownden이 수행한 이론 연구는 연속적인 행동에 대한 학습을 조사했다.[118] 앤드루와 대니얼은 긴 연속적 행동이 시행착오를 통해 학습되기 어렵지만, 사회적 학습을 통해서는 더 높은 가능성으로 올바른 순서가 습득된다는 것을 발견했다. 긴 연속적 행동이 모두 끝난 다음에야 보상을 얻을 수 있거나, 길게 연속되는 행동을 하면서도 보람이 느껴지지 않거나 부정적인 감정이 느껴진다면, 다른 사람의 도움 없이는 이를 배우기가 더더욱 어려울 것이다. 이러한 과제를 습득하는 데 사회적 학습은 필수적이다. 물론 연속적인 행동을 모방을 통해 학습하는 것도 가능할 텐데, 실제로도 행동의 순서를 관찰하며 학습하는 것을 뜻하는 '생산 모방production imitation'이라는 용어도 있다.[119] 한편, 바구니 짜기나 항아리 만들기와 같은 과제는 '연속적인 행동의 흉내sequence emulation'를 통해 더 짧은 시간 만에 학습할 수 있을 것이다. 이때 연속적인 흉내란 관찰자가 시범자의 동작 패턴에 주목하기보다, 시범자의 행동에 의해 움직이는 대상이 어떤 순서에 따라 움직이는지를 주목하는 것이다.[120] 그 메커니즘이 무엇이든, 인류가 오랜 시간의 진화를 거치며 사회적 학습을 통해 긴 연속적 행동을 습득하고, 위계적이며 반복적인 행동의 구성 단위들을 처리하는 데 필요한 계산 능력을 진화시켰기에, 인류는 상징들의 긴 배열을 학습하고 처리하도록 인지적으로 준비되어 있다. 많은 언어학자들도 언어의 핵심적이고 독특한 특징이 다름 아닌 위계적인 구문론 구조라고 믿는다.[121] 나는 여러 구성 요소들을 위계적으로 조직된 집합으로 처리하는 우리의 능력이 복잡한 음식을 요리하는 데 반드시 필요한, 수만 년 동안의 자연선택으로 인해 진화한 계산 기술을 통해 발생했다고 추측한다. 언어는 대단히 숙련된 사회적 학습자들의 집단에서만 진화할 수 있었을 것이다. 이는 앞서 이야기한 언어의 고유성이라는 기준과 도 잘 맞아떨어진다.

나는 도구 만들기, 가르침, 언어가 공진화했다는 주장을 지지하며 언어의 등장에 대한 자연선택 시나리오를 보여주는 실험을 소개하는 것으로 이 장을 끝맺고자 한다.[122] 그 실험에서 우리의 논의와 관련된 부분이, 우리 조상들 대다수가 사용했던 것으로 보이는 어떤 학습된 기술이 조금 더 발전된 형태의 가르침과 언어에 대한 선택압을 발생시켰다는 것을 보여주기 때문이다. 그 기술은 다름 아닌 석기를 만드는 것이다.

200만 년 이상의 시간 동안 호미닌들은 부싯돌, 규질암, 흑요석 같은 돌로 자르거나 망치질할 수 있는 도구를 매우 능숙하게 만들었다. (이런 과정을 '돌 다듬기knapping'라고 한다.) 능숙한 석기 제작자는 하나의 돌덩이를 망치돌로 쳐서 날카로운 석편들과 다양한 도구들을 만들었다. 발굴된 석편을 분석해 보면, 날카로운 모서리를 만들기 위해 돌을 거칠게 깬 것이 아니라 체계적으로 석편을 떼냈다는 것이 드러난다. 이를 위해 제작자는 정확한 타격 각도를 유지했을 뿐만 아니라, 실패했을 경우 몸돌을 수선하기도 했다.[123] 최근의 석기 제작 실험과 더불어 이러한 복잡성을 고려해 보건대,[124] '올도완'으로 알려진 가장 오래된 석기 기술조차도 학습되어야 했고 상당한 시간의 연습을 필요로 했던 것으로 보인다.[125] 더군다나 이 기술이 오랜 시간 지속되었고, 지리적으로 넓게 퍼졌으며, 이 기술에 대한 지역적 전통들이 존재했다는 징후들을 고려해 보건대,[126] 석기 제작 방법은 사회적으로 학습되었을 것이다. 하지만 이를 가능하게 하는 심리적 메커니즘이 무엇이었는지는 아직 정확하지 않다.[127]

내가 옳고, 되먹임 메커니즘이 인간의 마음, 언어, 지능의 진화를 형성시키는 데 중요하게 작용했다면, 석기 제작은 흥미로운 시험 사례일 것이다. 호모 속이 진화한 250만 년 전에 이 기술이 등장해 이후 수백만 년 동안 반복적으로 사용되었다는 점은 석기의 제작과 사용이 인간 인지의 진화에 선택압을 가했을 가능성이 매우 높다는 것을 의미한다. 초기의 호미닌이 차지한 생태적 적소는 매우 도전적인 환경이었고,[128] 석기를 만드는 기술은 습득하기 쉽지 않았을 것으로 여겨진다.[129] 고고학자들은 효과적인 절단 도구를 만들고 사용하는 능력, 그 기술들을 빠르게 전달하는 능력이 적합도와 상관관계에 있었을 것이라는 증거를 제시했다.[130] 따라서 도구 만들기와 인지(가르침과 초기 형태의 언어도 포함된다) 사이에 공진화적 관계가 존재했을 것이다.

앞서 설명한 것처럼, 올도완 석기 생산은 습득하기가 쉽지 않은 기술이었고, 그에 따라 언어를 포함한 더욱 복잡하고 정확한 형태의 지식 전달에 대한 자연선택을 발생시켰을 것이다. 정보 전달의 충실도가 높아지자, 어슐리언과 같은 복잡한 석기를 만드는 기술을 습득하고 확산시키기도 쉬워졌을 것이다. 그러자 사회적 전달의 복잡성이 상승하는 선택압이 발생했을 것이며, 이런 식으로 되먹임은 계속되었을 것이다. 이 가설을 지지하는 사실들 가운데 하나는 고생물학 유적과 고고학적 유적으로서, 그에 따르면 호미닌의 두뇌가 전반적으로 커지고 그들의 몸이 진화한 것이 올도완 석기의 출현 이후라는 것이다.[131]

현대인을 대상으로 진행하는 실험들은 이러한 가설을 연구하는 또 다른 방법인데, 이 실험들은 석기 기술을 가능하게 하는 인지와 운동에 관한 주요한 통찰을 제공한다.[132] 하지만 최근까지도 석기 제작의 사회적 학습에 관한 연구는 사실상 전무했다.[133] 그러한 연구는 전달 메커니즘으로 인해 쉽게 확산되는 기술이 무엇인지를 알려주기에 유익할 것이다. 하지만 연구자들은 도구 제작의 사회적 전달에 필요한 메커니즘이 무엇인지에 대해 아직 합의에 이르지 못했는데,[134] 돌 다듬기를 전달하는 데는 침팬지들의 흉내나 모방 정도로도 충분하다는 가설부터,[135] 상당히 발전한 호미

닌의 인지(예를 들어, 언어)가 필요하다는 가설까지 다양하다.[136, 137]

올도완 석기 제작 기술을 연달아 전달하는 다섯 가지 사회적 학습 메커니즘을 시험해 보기 위해 우리는 큰 규모의 실험 연구를 진행해 보기로 했다.[138] 서로 다른 메커니즘의 전달률을 측정함으로써, 석기 사용에 의존하기 시작한 이후로 어떤 종류의 의사소통이 선택되었는지를 살펴보기로 했다. 이 프로젝트에는 우리 연구 팀에서 10명 이상이 참가했는데, 리버풀 대학교의 고고학자 나탈리 우오미니Natalie Uomini의 지도를 받아 대학원생 톰 모건이 주도했다.

우리의 실험에서, 성인 참가자들은 먼저 화강암 망치돌을 사용해 부싯돌 몸돌에서 석편을 떼내는 것을 배우고 그에 대한 테스트를 받았다. 그다음 그들은 다른 사람들이 이 기술을 배우는 데 도움을 주었다. 석기를 만드는 지식이 과연 참가자들 사이에서 연쇄적으로 전달되는지, 그리고 어떻게 전달되는지 알아보기 위해 이 과정이 반복적으로 진행되었다. '선생'이 '학생'에게 전달할 수 있는 정보의 형태에 따라 참가자들은 서로 다른 다섯 가지 조건에 배정되었다.[139]

1. 역설계: 참가자들에게는 연습에 필요한 몸돌과 망치돌이 제공된다. 참가자들은 선생이 제작한 석편만 볼 수 있으며, 선생을 만날 수도 석편이 만들어지는 과정을 볼 수도 없다.

2. 모방/흉내: 몸돌과 망치돌이 제공된다. 학생은 선생이 석편을 제작하는 것을 관찰할 수 있지만, 선생과 상호작용 할 수는 없다.

3. 초보적인 가르침: 선생은 도구 제작 시범을 보인다. 선생은 망치돌과 몸돌을 잡는 학생의 자세를 손으로 바로잡아 주거나, 시범의 속도를 늦추거나, 학생이 더 잘 볼 수 있게 몸의 방향을 틀 수 있다.

4. 몸짓으로 가르침: 선생과 학생은 몸짓을 통해 의사소통할 수 있지만, 말할 수는 없다.

5. 음성언어로 가르침: 선생과 학생 모두 말할 수 있다.

우리는 하나의 조건마다, 4개의 짧은 연쇄 전달을 하며 학습하는 5명의 참가자로 이루어진 조와 2개의 긴 연쇄 전달을 하는 10명의 참가자로 이루어진 조를 두었다. 석기 제작을 훈련받은 실험자들이 첫 참가자의 선생 역할을 했다. 거의 200여 명의 참가자들이 실험에 참여해, 6,000개 이상의 부싯돌이 만들어졌다. 우리는 이렇게 만들어진 부싯돌들의 무게와 크기를 쟀고, 우리가 개발하고 검증한 새로운 방법을 사용해 품질도 평가했다.[140] 한마디로 거대한 연구 프로젝트였다(아마도 실험고고학 역사상 가장 거대한 프로젝트일 것이다). 노력은 배신하지 않았고, 우리는 놀랍도록 유익한 결과를 얻었다.

여러 방법으로 측정했을 때, 톰과 나탈리는 가르침과 언어의 조건에서 역설계 조건에서보다 석기 제작 기술의 습득률이 향상되고, 모방 또는 흉내의 조건에서는 그렇지 않다는 것을 일관되게 발견했다. 예를 들어, 생성된 석편의 품질은 몸짓이나 음성언어로 가르칠 때 분명하게 향상되었고, 수행도는 역설계 조건보다 언어가 허용되는 조건에서 거의 2배나 되었지만,[141] 모방 또는 흉내의 조건에서는 거의 향상되지 않았다. 사용 가능한 석편의 개수를 측정해도 비슷한 패턴이 관찰되었는데, 몸짓이나 음성언어의 가르침이 있을 때만 수행도에서 현격한 향상이 관찰되었다.[142] 모방 또는 흉내 조건에서는 사용 가능한 석편의 수가 유의미하게 증가하지 않았고, 오직 음성언어의 가르침이 있을 때만 증가했으며, 몸돌의 부피 감소분도 음성언어의 조건에서만 증가했다.[143] 마지막으로, 모방 또는 흉내의 조건에서는 타격당 사용 가능한 석편의 생산율이 증가하지 않았지만, 몸짓으로 가르칠 때는 2배로 증가했고 음성언어로 가르칠 때는 4배로 증가했다. 여섯 가지 측정 방법을 두루 고려하면, 음성언어의 가르침이 몸짓 가르침에 비해 수행도를 향상시켰다는 것이 분명하다.

따라서 가르침, 그중에서도 언어를 사용한 가르침이 석기 제작의 빠른 전달을 촉진했다. 반면 모방이나 흉내가 이를 촉진했다는 증거는 없다. 모든 조건에서 수행도는 연쇄적으로 전달될수록 줄어들었는데, 전달 과정에서 석기 제작 정보가 점진적으로 누락되었기 때문이다. 하지만 가르침의 조건에서는 전달 효율이 충분히 개선되어 수행도가 연쇄적인 전달 과정에서 점진적으로 줄어들었지만,[144] 가르침이 없는 조건에서는 수행도가 너무 급격하게 하락해서 즉각 초기 수준으로 떨어졌다. 학생이 중간중간 개인적으로 연습하며 선생과 긴밀하게 상호작용 하는 보다 자연스러운 상황에서 가르침은 확실히 안정적인 전달을 가능하게 한다.[145]

톰과 나탈리의 연구는 올도완 기술의 전달이 가르침, 특히 언어에 의해 향상된다는 것을 보여준다.[146] 이 연구는 올도완 석기 제작 기술이 점진적으로 복잡한 가르침과 언어를 선호하는 자연선택을 형성했을 것이라는 주장을 지지한다. 결정적으로, 우리는 의사소통의 형태가 복잡할수록 석기 제작의 전달률이 향상된다는 것을 발견했다.[147] 이러한 결과는 관찰 학습에서 시작해 성숙한 언어가 등장하기까지, 석기 제작 기술이 더욱 향상된 의사소통에 대한 자연선택을 형성했음을 시사한다. 이러한 과정은 아마도 올도완 시기에 이미 진행되어 그 이후로도 지속되었을 것이다. 또한, 더 복잡한 석기 기술은 보다 복잡한 형태의 의사소통 수단으로 더 잘 확산되었을 것이다. 진화적 되먹임은 수백만 년 동안 지속되며, 그에 따라 더욱 다채로운 기술들이 더욱 복잡한 의사소통 수단을 통해 안정적으로 빠르게 확산되었을 것이다. 이는 다시 더욱더 복잡한 의사소통과 인지에 대한 자연선택으로 이어지며, 이와 같은 과정이 계속 되풀이되었을 것이다.

두 번째 중요한 발견은 올도완 석기 제작의 전달률이 모방이나 흉내로는 기껏해야 아주 조금 향상되었다는 것이다.[148] 물론, 학습 시간이 더 길게 주어질 경우 관찰 학습의 이익이 드러날 가능성을 완전히 배제할 수는 없다. 하지만 그러한 이익은 같은 시간을 가르칠 때보다는 분명히 적을 것이다. 모방으로는 석기 제작 기술이 전달될 수 없다고 완전한 확신을 가지고 말할 수는 없지만, 관찰만으로 석기 제작 기술을 습득하는 것은 비효율적이라는 다른 연구 결과들을 고려하면 석기 제작 기술이 모방만을 통해 전달되었을 가능성은 낮다.[149] 물론, 모방으로도 정보를 어느 정도 습득할 수는 있을 것이다. 예를 들어, 망치돌로 어떤 돌을 쳐야 하는지, 힘을 얼마나 가해야 하는지를 배울 수 있을 것이다. 하지만 석기를 만들 때는 빠르게 내리치기 때문에, 석기를 제작하는 데 결정적이지만 잘 드러나지 않는 정보가 모방으로는 잘 전달되지 않는다. 예를 들어, 몸돌의 정확히 어디를 어떤 각도로 때려야 하는지, 몸돌의 방향을 어떻게 잡아야 하는지는 모방만으로 학습하기가 어렵다. 그러나 이때 내리치는 행동을 천천히 보여주거나, 어디를 타격하는지 손가락으로 가리키거나, 몸돌을 어떻게 회전시켜야 하는지 보여주거나, 학생의 손을 바로잡아 주며 가르치면, 학생의 성취도는 즉각 상승한다(음성언어의 가르침이 더해지면 더욱더 상승한다). 우리 실험의 음성언어적 조건에서 얻은 녹취본에 따르면, 타격 표면platform 각도와 같은 추상적인 석기 제작 개념은,[150, 151] 음성언어로 가르치는 조건에서 사람들 간에 효과적으로 전달되었다. 음성언어의 가르침에서 '타격 표면 각도'와 같은 임의적인 명칭은 전달에 유리할 것이다. 그러한 명칭은 한 과제를 그것의 구성 요소들로 나누어 중요한 요소를 식별하는 데 사용할 수 있고, 학생들이 다른 이들을 가르칠 때도 명확한 틀을 제공할 수 있다. 다시 말해, 언어는 기술을 습득하는 능력뿐만 아니라 학습자가 다른 이들에게 그 기술을 전달하는 능력까지 향상시킨다.

톰과 나탈리의 연구가 정말 흥미진진한 이유는 그것이 인류 진화의 가장 오래된 수수께끼 가운데 하나를 해명하기 때문이다. 그 수수께끼는 바로 올도완 기술이 오랫동안 정체된 이유다.[152] 약 70만 년이라는 긴 시간 동안, 지금으로부터 약 170만 년 전에 어슐리언 기술이 등장하기 전까지, 올도완의 석기 양식은 거의 바뀌지 않았다.[153] 우리의 연구에 따르면, 사회적 전달의 충실도가 올도완 기술의 변화를 제한했을 가능성이 있다. 사실, 아프리카 대륙에서 올도완 기술이 느리게 전파된 것도 낮은 충실도 때문일 수 있다.[154] 우리는 올도완을 전달하는 방식이 무엇이었는지 확실하게 말할 수 없지만, 우리의 연구에 따르면 모방이나 흉내였을 가능성이 높다. 모방이나 흉내는 단순한 형태의 사회적 학습보다는 높은 충실도의 정보 전달을 가능하게 하지만,[155] 실험에서 관찰되는 비교적 낮은 충실도의 전달 수단은 실제 상황에서 혁신을 옮기기에는 너무나 느리고 부정확했을 것이다. 그렇다면 더 효과적인 의사소통 수단이 진화하기 전까지 기술이 복잡해지지 못했을 것이다.[156]

우리의 연구에 따르면, 보다 규칙적인 형태를 지닌 어슐리언 석기가 확산되기 위해서는 적어도 우리 실험에서의 '초보적인 가르침' 조건에 상응하는 가르침 능력이 필요하다. 올도완 시기에도 초기 형태의 언어가 존재했을 수 있지만, 현대적인 언어가 진화했을 가능성은 낮다. 그 시기 이후로 석기 제작 기술이 얼마나 느리게 진화했는지를 고려하면 특히 그렇다. 오히려 어슐리언 기술은 몸짓 언어나 음성 원시언어에 의존하고 있었을 가능성이 크다.[157] 어슐리언 시기의 호미닌들이 복잡한 문법을 사용할 수는 없었겠지만, 적은 수의 기호를 학습하고 그 기호들을 엮을 수 있었을 것이다. 우리의 연구에 따르면, 실제로 몸짓으로 가르칠 때 흔하게 나타나는 것처럼 단순한 형태의 긍정 강화나 부정 강화를 사용하거나 몸돌의 특정 지점에 대해 학습자의 주의를 집중시킬 수 있을 때는, 관찰만 가능할 때보다 훨씬 더 성공적으로 석기 제작 기술을 전달할 수 있었다. (우리의 실험은 초기 언어가 가르침을 위해 진화했다는 가설이 어떻게 비커턴의 '10개의 단어

규칙'을 만족하는지를 잘 보여준다.)

우리의 연구는 도구 사용과 사회적 학습 간의 유전자-문화 동역학이 적어도 250만 년 전에 시작되어 지금까지도 지속되고 있다는 가설을 지지한다. 올도완 기술이 단순하고 오랜 시간 정체되어 있었다는 사실은 (석기 제작 기술에 대한 매우 개괄적인 개념들만 전달할 수 있는) 관찰 학습과 같은 제한된 형태의 정보 전달만 있었다는 것을 암시한다. 이 전달 메커니즘은 오랜 시간 서로 교류한 개인들 간에 한정된 지식을 전달하기에는 충분했지만, 혁신을 그것이 소실되는 속도보다 빠르게 확산시키기에는 부족했고, 따라서 올도완 기술을 정체하게 만들었을 것이다. 하지만 호미닌들이 석기 기술에 계속 의존하자, 석기 제작 기술을 더욱 효과적으로 확산시키는 보다 복잡한 형태의 의사소통 수단에 대한 선택압이 형성되었을 것이다. 이처럼 자연선택이 지속되며, 가르침과 상징적 의사소통, 결국에는 언어가 선호되며 추상적인 석편 제조 개념이 전달되었을 것이다. 우리의 연구에 따르면, 호미닌은 가르치는 능력과 원시언어를 빠르면 170만 년 전부터 가지게 된 것으로 보인다.

다시 한번 강조하지만, 언어에 대한 자연선택은 단순히 도구 제작으로 인해 발생한 것이 아니라 가르침이 필요한 도구 제작 및 사용에 관한 몇 가지 측면들로 인해 발생한 것이다. 더 정확히 말해, 원래 언어는 가까운 혈족을 가르치기 위해 진화했고, 도구 제작은 우리 조상들이 그들의 혈족에게 가르친 수많은 생존 기술들 가운데 하나였다. 하지만 석기 도구를 제작하는 방법이 우리 조상들이 가르친 유일한 기술은 아니었어도 분명 중요한 기술이었는데, 호미닌의 생존이 수백만 년 동안 오롯이 이 기술에 달려 있었기 때문이다. 적어도 석기 도구의 제작은 가르침이 필요한 기술의 좋은 예이며, 적은 비용으로 더 정확하게 가르치는 것에 대한 자연선택을 형성했을 것이다. 연구는 또한 초기 언어가 어떻게 명사, 전치사, 몸짓으로부터 추상적인 개념으로 일반화되었는지를 멋지게 보여준다.

데릭 비커턴은 우리 조상들이 집단을 이루어 다른 육식동물들과 경쟁하며 그 동물들이 먹다 남긴 큰 먹이 동물들을 훔치는 데 도움을 주기 위해 언어가 진화했다고 주장했다.[158] 이 주장도 설득력 있는데, 비커턴의 말처럼 행동을 효율적으로 조정하는 데 가르침이 필요했을 것이기 때문이다. 다시 말해, 개인들에게 역할을 알려주고, 먹이의 행방에 대해 말하며, 다른 구성원들에게 어떤 먹이가 발견되었는지 전달하고, 공동 방어 방법을 지도하며, 집단 구성원들의 행동을 조율하는 것이 필요했을 것이다. 이 가설은 언어가 어떻게 공간상으로 멀리 떨어진 사건을 가리키도록 일반화될 수 있는지를 보여주기에 적잖이 매력적이다. 하지만 언어의 진화에서 핵심적인 역할을 한 것은 고기를 훔치는 것이 아니라 가르침이다. 마이클 토마셀로도 협력적인 수렵 채집을 조율하기 위해 언어가 진화했다고 주장했다.[159] 나는 이 주장에도 공감한다. 가르침이 없는 협력적이며 조율된 호미닌의 수렵 채집을 상상하기는 어렵기 때문이다. 하지만 다시 한 번 강조하지만, 결정적인 요소는 식량 획득이 아니라 가르침이었을 것이다. 가르침은 식량 획득을 넘어서는 영역으로까지 확장되었을 것이다. 우리 조상들은 분명 다양한 특징, 기술, 지식을 가르쳤을 텐데, 이것들은 서로 다른 언어능력을 요구했을 것이다.

물론 언어 전문가들은 나의 가설이 옳다고 하더라도 언어의 진화에 대한 많은 것들이 여전히 미스터리로 남아 있을 것이라고 지적할 것이다. 나는 단지 언어의 기초를 이루는 생성적인 사고가 어떻게 진화했는지, 의미론적 표현 체계가 어떻게 발달했는지, 음운 체계의 표현이 어떻게 등장했는지, 이들이 어떻게 공진화했는지, 이 모든 내부적인 장치들이 청각적이거나 시각적인 언어적 의사소통으로 어떻게 외재화되었는지를 암시할 뿐이다. 특히, 나는 발성 학습의 진화에 대해서는 설명하지 않았다. 미스터리는 남겠지만, 그럼에도 나는 나의 설명이 언어의 기원에 대한 몇 가지 수수께끼를 풀었다는 데 그 가치가 있다고 생각한다. 이러한 연구는 인간 인지의 다양한 측면을 진화적으로 이해하는 더 폭넓은 맥락 안에서 언어의 기원을 바라보도록 한다. 자연선택의 공동 발견자인 앨프리드 월리스가 자연선택이 인간의 진화를 설명할 수 없다고 주장한 것은 유명하다. 그 부분적인 이유 가운데 하나는 그가 언어와 같은 형질과 인간 인지의 고유한 특성들이 어떻게 진화하게 되었는지를 생각해 낼 수 없었기 때문이다.[160] 나는 그가 이 장의 내용을 알았더라면 다른 결론에 이르렀을 것이라고 믿는다.

9장 유전자-문화 공진화

Gene-Culture Coevolution

공상과학소설의 고전 『혹성탈출Planet of the Apes』에서 우주 여행자 윌리스 메루는 고릴라, 오랑우탄, 침팬지가 지휘권을 찬탈하고 이전의 주인인 인간을 모방함으로써 언어, 문화, 기술을 습득하게 된 끔찍한 행성에 갇힌다. 고향에서 쫓겨난 인간은 야만적이고 순진한 야수로 급격하게 퇴화한다. 피에르 불Pierre Boulle의 1963년 소설이 지닌 이 불길한 사실주의는 동물행동의 과학적 연구에 대한 저자의 방대한 지식에서 비롯되었다. 물론 지구에서 다른 유인원들이 오직 모방만으로 인간 문화를 습득하는 것은 현실적으로 불가능할 것이다. 그러한 능력은 그 바탕에 놓인 진화된 능력을 요구하기 때문이다. 인간의 경우 이러한 능력은 수백만 년간의 유전자-문화 공진화에 의해 가다듬어졌다.

지난 장에서, 나는 석기를 제작하고 사용하는 것이 문화적인 관행과 유전자 간의 공진화적 되먹임을 형성시킴으로써 언어의 등장에 기여했기에 인류의 진화에서 중요한 역할을 했다고 주장했다. 석기 제작에 대한 우리의 연구는 도구 사용과 사회적 전달 사이의 유전자-문화 공진화적 동역학이 인류의 진화에서 적어도 250만 년 전에 시작되어 지금까지도 지속되고 있다는 가설을 지지한다.[1] 물론 이 책 전체는 정확하고 효율적인 모방을 선호하는 자연선택에 의해 시작된 문화적 추동 메커니즘을 포함하는 진화적 되먹임의 중요성에 대한 긴 논증이다. 그러한 자연선택적 되먹임은 일부 영장류 계통에서 인지의 진화를 추동했으며, 궁극적으로 인간 두뇌의 뛰어난 계산 능력을 빚어냈다.

하지만 이 설명이 제대로 작동하려면 유전자-문화 공진화가 설득력 있어야 한다. 논증이 과연 설득력 있는지 알아보기 위해, 이 시점에서 이러한 진화적 상호작용에 대한 증거들을 평가하는 것은 유익할 것이다. 아마도 유전자-문화 공진화, 또는 인간의 게놈이나 뇌에 남겨진 공진화에 대한 역사적 흔적을 감지하는 수단이 있을 것이다. 이 장에서는 문화적 활동이 생물학적 진화에 영향을 미쳤다는 증거들을 평가할 것이며, 이론적인 연구와 경험적인 연구를 골고루 들여다볼 것이다. 먼저 살펴볼 연구는 수학적 모델을 통한 이론 연구인데, 이 연구는 유전자-문화 공진화가 적어도 원칙적으로는 일어났을 가능성이 높다는 점을 보여준다. 그다음에는 유전자-문화 공진화에 대한 인류학적 증거들을 훑어볼 것이다. 그중에서 특히 설득력 있고 엄밀하게 연구된 사례들은 유전자-문화 공진화가 생물학적 사실이라는 논쟁의 여지가 없는 증거를 제공한다. 마지막으로는 유전적 증거들을 제시할 것이다. 구체적으로, 뇌에서 발현되는 유전자와 최근에 자연선택된 인간의 유전자를 밝혀낸 연구들을 제시할 것이다. 이러한 유전자들(엄밀히 말해, 대립형질allele 또는 유전자 변형genetic variant)은 지난 몇천 년 동안 그 빈도가 급격하게 늘어났으며, '선택적 스위프selective sweep' 또는 '선택적 싹쓸이'로 불리는 이처럼 유난히 빠른 확산은 그 유전자가 자연선택에 의해 선호되었다는 표지로 여겨진다.[2] 그 연구를 수행한 유전학자들도 선택적 스위프가 인간의 문화적 활동에 대한 응답일 가능성이 크다고 결론 내리는 것을 볼 때, 이러한 증거는 적절하다. 종합적으로, 이 세 가지 증거들은 문화가 단지 인류의 진화에 따른 부산물이 아니라 그것을 이끈 하나의 추동자라는 것을 설득력 있게 보여준다.

유전자와 문화가 공진화한다는 주장은 30년 전 수리진화유전학의 한 분야인 '유전자-문화 공진화'의 선구자들이 처음 제시했다.[3] 연구자들은 유전자와 문화를 상호작용 하는 두 가지 형태의 유산으로 취급했고, 자손이 조상으로부터 이러한 유전적, 문화적 유산을 습득한다고 보았다. 세대를 가로질러 전달된 지식의 이러한 두 가지 흐름은 결코 서로 독립적이지 않다. 발달 과정에서 발현되는 유전적 경향은 학습되는 문화적 형질에 영향을 주는 한편, 행동과 인공물로 표현되는 문화적 지식은 개체군에서 확산되며 반복적이고 풍부하게 얽힌 상호작용 속에서 인간 집단에 대한 자연선택의 영향을 조정한다.

유전자-문화 공진화 모델은 전통적인 진화 모델에 기반한다. 전통적인 진화 모델이 유전적 변이의 빈도가 자연선택과 무작위적인 유전적 부동genetic drift을 포함한 진화적 과정에 반응하면서 어떻게 변하는지를 추적한다면, 공진화 모델은 여기에 문화적 전달도 포함시켜 분석한다. 이를 통해 학습된 행동이나 지식이 대립형질과 어떻게 공진화하는지를 탐구할 수 있는데, 이를테면 대립형질이 행동의 표현이나 습득에 어떤 영향을 주고 그 대립형질의 적합도가 문화적 환경에 어떤 영향을 받는지를 분석할 수 있다. 이러한 접근법은 학습과 문화에 의존하는 것이 가져다주는 적응적 이득,[4] 행동 또는 성격 형질의 유전,[5] 언어의 진화나 협력의 진화와 같은 인류의 진화에 대한 특정 주제들을 다루기 위해 사용되었다.[6] 1991년, 버클리대학교의 앨런 윌슨과 공동 연구를 꿈꾸던 나의 계획이 비참하게 어그러졌을 때, 나는 스탠퍼드대학교의 유전학자이자 유전자-문화 공진화에 관한 대표적인 권위자인 마크 펠드먼과 협업하기 시작했다. 나는 최고의 전문가로부터 유전자-문화 공진화 방법론을 학습하는 기회를 얻을 수 있어 기뻤다.

펠드먼, 그의 학생 요헨 쿰Jochen Kumm 그리고 심리학자 잭 밴 혼Jack van Horn과 처음으로 진행한 프로젝트는 오른손잡이와 왼손잡이에 대한 진화 모델이었다. 지금부터 이 연구를 자세히 소개할 텐데, 이 연구가 유전자-문화 공진화의 분석을 잘 보여줄 뿐만 아니라 이전 장의 주제와도 밀접하기 때문이다.

우리를 연구로 이끈 수수께끼는 왜 모든 사람이 오른손잡이인 것은 아닌가 하는 의문이었다. 실험 연구들에 따르면, 전 세계 사람들 가운데 약 90퍼센트가 오른손잡이다.[7] 약간의 차이가 있기는 하지만, 이 추정치는 전 세계 여러 지역에서 대략 비슷하게 나타난다.[8] 하지만 세계 어디에서도 왼손잡이가 다수인 사회는 없다. 이를 고려하면, 최근의 인류 진화에서 자연선택에 의해 오른손잡이가 선호되었다고 결론 내릴 수 있다. 하지만 오른손잡이가 정말 유리하다면, 왜 모든 사람이 오른손잡이가 되지는 않았을까? 인간 집단에 왼손잡이가 유지되는 이유는 무엇일까? 이 질문들에 대해 가장 흔한 대답은 오른손잡이와 왼손잡이의 변이가 유전적 변이에 따라 발생한다는 것이다. 오른손잡이와 왼손잡이가 서로 다른 유전자형genotype을 갖고 있고 자연선택에 의해 이러한 유전적 변이가 인간 개체군에서 유지된다는 것이다.[9] 하지만 유전자가 사람들을 왼손잡이나 오른손잡이로 만들며 유전자가 다른 방식으로 조합되었을 때 손의 사용 패턴도 그에 따라 달라진다면, 두 사람이 유전적으로 가까울수록 손의 사용 패턴도 비슷해야 한다. 하지만 실제로는 그렇지 않다. 이 주제에 관한 두 권위자의 말을 인용하자면 "어떤 사람이 왼손잡이인지 오른손잡이인지 알고 있어도 그 사람의 쌍둥이나 형제가 왼손잡이인지 오른손잡이인지 알 수 없다".[10] 유전자 모델에 따르면 서로 동일한 유전자를 지닌 일란성 쌍둥이는 서로 50퍼센트의 유전자만 공유하는 이란성 쌍둥이보다 손의 사용 패턴이 더 비슷해야 하지만, 두 종류의 쌍둥이는 서로 손의 사용 패턴에서 일치율을 보인다. 일란성 쌍둥이 1,000쌍의 손 사용 패턴을 측정해 보면 평균적으로 772쌍이 동일한 손 사용 패턴을 보이는데, 이란성 쌍둥이 1,000쌍을 비교해도 평균적으로 771쌍이 동일한 손 사용 패턴을 보인다.[11] 손의 사용 패턴은 강한 유전성heritability을 보이지 않으며, 따라서 유전자로만 설명할 수 없다.[12]

더군다나, 손의 사용 패턴에 대한 유전자 단독 모델은 손의 사용 패턴에 관한 이미 잘 확립된 문화적 영향을 설명하지 못한다. 왼손잡이는 중동과 동북아시아, 일부 동유럽 등 세계 여러 곳에서 오랫동안 차별받아 왔다.[13] 이런 사회에서는 왼손잡이의 비율이 낮으며, 왼손잡이를 서투름, 악, 더러움, 정신병과 관련짓는다.[14] 예상하다시피, 사회적 태도는 손의 사용 패턴에 영향을 준다. 역사적으로 왼손잡이를 못마땅하게 여겼던 중국에서 초등학생을 대상으로 연구가 진행되었는데, 단지 3.5퍼센트의 학생들만이 왼손으로 필기를 하는 것으로 드러났다(대만은 더 심해서 0.7%만이 왼손잡이다). 하지만 같은 지역에서 태어났지만 오른손을 써야 한다는 압박이 덜한 미국에서 자란 학생들은 6.5퍼센트만이 왼손잡이었다.[15] 전 세계적으로 오른손잡이가 더 많다는 것은 유전자의 역할을 암시하지만 비교문화적 변이는 문화적 영향을 드러내기 때문에, 손의 사용 패턴은 유전자-문화 공진화 분석을 진행하기에 적절한 주제로 보인다. 나와 동료들은 관찰되는 손의 사용 패턴을 이해하기 위해 손 사용 패턴의 진화를 탐구하기로 했다.

우리는 한 가지 수학적 모델을 만들었는데, 이 모델은 왼손잡이나 오른손잡이가 될 가능성이 하나의 유전자 좌위genetic locus에서 발견되는 대립형질의 조합에 영향을 받는다고 가정한다.[16] 이 좌위에서 가능한 두 가지 유전적 변형은 그 운반자를 오른손잡이 성향을 갖게 하는 '오른손잡이 dextralizing'(또는 '오른쪽 전환right-shift') 대립형질과 손의 사용 패턴을 우연에 맡기는 중립적인 대립형질이었다.[17] 모델을 이렇게 구축한 이유는 손의 사용 패턴에 영향을 주는 유전자가 하나뿐이라고 믿기 때문이 아니라, 유전적 변이가 자연선택에 어떻게 반응하는지를 탐구하기 위한 방편으로 하나의 가설적인 유전자에 집중하기 위해서였다. (사실 우리의 모델에 따르면, 인류가 진화하는 동안 오른손잡이 유전자의 선택적 스위프가 여러 번 발생했으며, 그 스위프가 발생할 때마다 오른손잡이의 비율이 증가했다.) 문화적 요소들도 손의 사용 패턴에 영향을 미친다고 가정했고, 특히 부모의 영향이 크다고 가정했다. 이러한 가정은 적절한데, 어느 손을 주로 쓸 것인지는 보통 두 살에서 세 살 사이에 완전히 결정되기 때문이다.[18] 따라서 우리의 모델에서 손의 사용 패턴은 유전자(즉, 개체가 오른손잡이 대립형질을 갖고 있는가, 또는 하나나 둘을 갖고 있는가)와 부모의 손 사용 패턴에 달려 있었다. 우리는 개체군에 작용하는 여러 형태의 자연선택도 고려했다. 예를 들어, 오른손잡이를 직접적으로 선호하는 자연선택을 통해, 또는 뇌의 편재화lateralization(예를 들어, 언어에 대한 좌뇌의 우세함)에 대한 자연선택을 통해 간접적으로 손의 사용 패턴에 영향을 줄 수 있었다.

분석 결과는 아주 간단했다. 오른손잡이 유전자의 최초 빈도, 오른손잡이의 선택적 이점, 두 대립형질의 우열과 관련 없이, 유전적 빈도가 다양한 개체군들은 모두 하나의 진화적 궤적으로 수렴했으며, 오른손잡이 대립형질이 완전히 고정될 때까지 진화했다(이때 중립 대립형질은 제거되었다). 손의 사용 패턴에 대한 유전적 변형이 사라진 것인데, 이는 표면적으로 유전적 차이가 손 사용 패턴의 변이를 설명한다는 주장을 훼손시킨다.[19] 인류가 아직도 이 균형 상태를 향해 진화하고 있을 가능성도 없다. 이것이 사실이라면 시간에 따라 오른손잡이의 비율이 늘어나야 하지만, 실제로는 그렇지 않기 때문이다.[20] 왼손잡이의 존재는 어떻게 설명할 수 있을까? 우리의 모델에 따르면 또 다른 가능성이 있다. 인류가 모델이 예측하는 마지막 균형 상태에 도달하더라도, 오른손잡이 대립형질의 영향이 충분이 약하면 왼손잡이도 개체군에 상존할 수 있다.

우리는 가족들의 손 사용 패턴에 대한 데이터를 정렬하고 오른손잡이 대립형질의 영향을 비롯한 모델의 매개변수 값을 추정함으로써, 이 가능성을 탐구해 보기로 했다. 우리는 부모들을 세 집단으로 분류하고 그 부모들에게서 태어난 오른손잡이 또는 왼손잡이의 비율을 제시하는 17가지 연구들로부터 데이터를 모았다. 이때 부모들을 분류한 세 집단은 각각 둘 다 오른손잡이인 경우, 한 부모는 오른손잡이 다른 부모는 왼손잡이인 경우, 둘 다 왼손잡이인 경우였다. 왼손잡이 부모의 수가 늘어날수록 이 세 집단에서 왼손잡이 아이의 비율은 증가했다. 그러고 나서 우리는 가족들의 손 사용 패턴에 대한 데이터 세트를 이용해 우리 모델에서 최적의 매개변수 값을 추정했다.[21] 이 최적값을 사용한 17개의 모델 가운데 16개에서 기댓값이 실제 데이터와 가까웠으며,[22] 모든 연구를 조합한 데이터에 대해서도 기댓값은 실제 데이터와 가까웠다. 동일한 데이터에 대표적인 유전학적 모델을 적용해 비슷한 분석을 진행하자, 적합도가 상당히 낮게 나왔다. 우리의 모델은 그 어떤 모델보다도 많은 연구에서 높은 적합도를 보인 한편, 낮은 적합도를 보인 연구는 거의 없었다.

분석에 따르면, 모든 사람은 오른손잡이 성향을 타고난다. 다른 모든 요소가 동일할 때, 78퍼센트의 사람들이 오른손잡이다(또는 아이가 자라서 오른손잡이가 될 가능성은 78퍼센트다). 하지만 다른 모든 요소가 동일할 수는 없으며, 부모는 아이의 손 사용 패턴에 중요한 영향을 미친다. 부모가 둘 다 오른손잡이일 때 아이도 오른손잡이일 확률은 평균적으로 14퍼센트 정도 높아진다. 종합적으로, 오른손잡이 부모 밑에서 아이가 오른손잡이로 자랄 확률은 92퍼센트다. 마찬가지로, 부모가 둘 다 왼손잡이일 때는 비슷한 정도로 그 확률이 줄어들었다. 왼손잡이 부모 아래에서 아이가 오른손잡이로 자랄 확률은 64퍼센트다. 부모 가운데 한 명이 오른손잡이, 다른 한 명이 왼손잡이 일 때는 그 둘의 영향이 상쇄되었다.

우리는 우리 모델에 대한 여러 테스트를 진행했다. 테스트 가운데 하나는 전체 오른손잡이의 기대 비율을 유도하는 것이었다. 그 결과, 다행히도 관찰된 값에 가까운 88퍼센트가 나왔다. 보다 강력한 테스트도 진행했는데, 오른손잡이-오른손잡이, 오른손잡이-왼손잡이, 왼손잡이-왼손잡이인 일란성 또는 이란성 쌍둥이들의 빈도를 제시하는 연구들을 정렬해, 각각의 범주에 대한 우리 모델의 기대 비율을 관찰된 데이터와 비교해 보는 것이었다. 가족 데이터 세트에서 얻은 동일한 매개변수 값을 사용해 만든 우리 모델은 쌍둥이 데이터 세트 28개 가운데 27개에서 실제 데이터와 비슷한 기댓값을 산출했고, 모든 연구를 종합한 데이터에 대해서도 비슷한 기댓값을 산출했다. 다시 한번, 우리의 모델은 기존의 다른 모든 모델을 능가했다.

이 연구는 손의 사용 변이와 유전적 패턴이 유전자-문화 공진화의 결과임을 강력하게 시사한다. 손의 사용 패턴에 대한 오랜 시간의 자연선택은 오른손잡이에 대한 보편적인 유전적 성향을 형성했다. 즉, 우리의 유전자는 오른손잡이를 선호하는 틀을 형성했지만, 그 틀이 강력하지는 않아 오른손잡이가 강제되지는 않는다. 하지만 손의 사용 패턴은 부모의 영향도 보여준다. 특히, 부모가 자식의 손 사용 패턴을 형성하는 의식적, 무의식적 경향을 보여준다. 이러한 부모의 영향은 아마도 직접적인 훈육(예를 들어, 아이에게 오른손을 사용하라고 말하는 것), 아이가 부모를 모방하는 것, 부모가 의도치 않게 아이의 손 사용 패턴에 영향을 주는 것(예를 들어, 숟가락이나 크레용을 특정한 손 가까이에 반복적으로 놓는 행위)을 포함할 것이다.

물론 후생유전학적 효과도 포함될 가능성이 있다.[23]

이 연구와 이전 장에서 소개한 석기 제작 과정에 대한 실험적 분석 사이에는 흥미로운 연결 고리가 있다. 우리 조상들이 석편 도구를 만들 때 석편을 떼내며 몸돌을 돌리고는 했는데, 이때 회전 방향은 석기 제작자가 주로 쓰는 손을 가리키는 지표인 것으로 밝혀졌다.[24] 고고학자들은 때때로 한 유적지에서 같은 몸돌에서 떨어져 나간 석편들을 발견하고 이를 사용해 석기 제작 과정을 재구성했다. 고고학자들은 석편 제거 패턴을 이용하고 골격 데이터를 참고하면서, 오래전의 호미닌 집단에서 손의 사용 패턴을 추정할 수 있었다. 분석에 따르면, 시간에 따라 손의 사용 패턴에서 점진적으로 강력한 편향이 발생했다. 가장 초기의 석기 제작자들(250만-80만 년 전) 가운데 57퍼센트, 중기 홍적세 호미닌들(80만-10만 년 전)의 61퍼센트, 네안데르탈인들(30만-4만 년 전)의 80-90퍼센트가 오른손잡이다.[25] 침팬지와 같은 다른 영장류에게도 손 사용의 편향이 있는지는 논쟁적인 주제이며 서로 상반되는 연구 결과도 있지만, 유인원의 경우에는 개체군 수준에서 손의 사용 편향은 매우 약할 것이다.[26] 개체마다 강하게 선호하는 손이 있을 수 있지만, 전체 개체군에서 똑같은 손을 선호하는 경향은 기껏해야 미미할 것이다. 종합하면, 고고학적 증거와 비교동물학적 증거에 따르면, 오른손 편향은 분명 오른손잡이 왜곡 유전자에 대한 자연선택을 통해 시간에 따라 증가했으며, 그 유전자는 지난 수십만 년 동안, 심지어는 수백만 년 동안 반복적으로 선호되어 왔다.

석기 제작 기술은 숙달하는 데 충분한 시간과 힘, 정확성을 요구한다. 이러한 특성은 손의 전문화로 이어지고는 한다. 석기 제작 기술이 사회적으로 전달되며 학생들도 선생과 똑같은 손의 사용 패턴을 익히는 것을 상상할 수 있을 것이다. 예를 들어, 몸돌과 망치돌을 똑같은 손으로 들게 되면서, 손의 사용 패턴에 편향이 발생할 것이다. 아마도 오른손잡이는 오른쪽에 대한 기존의 편향으로 인해, 또는 그저 우연적으로 우세한 손이 되었을 것이다. 어떻게 그렇게 되었든, 오른손잡이 대립형질을 선호하는 선택적 스위프가 일어날 때마다 오른손잡이의 비율이 올라갔을 것이다. 오른손잡이의 비율은 대립형질로부터의 직접적인 영향뿐만 아니라, 오른손잡이 부모가 많아지면서 오른손잡이를 선호하는 부모의 편향에 노출된 아이들의 비율이 높아짐에 따라 증가했을 것이다. 호미닌의 문화적 과정은 처음에는 간접적으로(손의 전문화를 유리하게 만드는 새로운 행동의 등장), 그 뒤로는 지금까지 직접적으로(다수의 오른손잡이에게 적합한 환경 구축) 오른손잡이에 대한 자연선택을 지금 이 시점까지 점진적으로 강화해 왔다.

이 같은 연구로 유전자-문화 공진화가 일어났음을 증명할 수는 없지만, 이전 장에서 기술한 되먹임 메커니즘이 논리적으로 견고하며 매우 개연적이라는 것을 보여준다. 우리 조상의 문화적 관행이 오른손잡이 대립형질에 대한 자연선택을 일으킬 수 있었다면, 큰 뇌나 뛰어난 인지 기능으로 발현되는 유전적 변형에 대한 자연선택도 일으킬 수 있었을 것이다. 손의 사용 패턴에 대한 나의 이론이 틀린 것으로 드러나더라도, 이러한 결론은 옳을 것이다. 지금까지 진행된 수많은 유전자-문화 공진화적 분석들은 인류의 진화에 대한 다수의 주요한 통찰을 전해준다. 특히, 유전자와 문화는 공진화할 수 있으며, 이러한 상호작용이 존재할 때 문화가 진화적 사건의 강력한 요인으로 작용한다는 것을 설득력 있게 보여준다. 유전자-문화 공진화에서 문화적 작용은 유전적 작용과 동일한 영향력을 발휘하며, 때로는 문화적 전달이 자연선택을 압도하거나 방향을 되돌리기도 하고, 자연선택의 패턴이 문화적 전달의 세세한 부분과 긴밀하게 엮이기도 한다.[27]

이러한 모델들에서 일관되게 관찰되는 결과는 문화적 과정이 자연선택에 반응하는 유전자의 빈도에 커다란 영향을 미칠 수 있으며, 때로는 유전적 진화의 속도를 촉진하거나 늦춘다는 것이다. 문화적으로 변형된 조건들에 노출된 인간 유전자의 진화적 반응에 대한 최근의 추정에 따르면, 이례적으로 강력한 자연선택이 발생했음을 알 수 있다. 가장 잘 연구된 사례는 낙농업(그리고 이와 연관된 유제품의 소비)과 락토오스(우유의 당분) 소화를 가능하게 하는 대립형질의 진화다. 대부분의 경우 락토오스를 분해하는 능력이 어릴 때 사라지지만, 일부 집단에서는 락타아제의 활동이 어른까지 지속되기도 한다. 이 같은 '락토오스 내성'은 어느 유전자 좌위에서의 돌연변이에 의한 것이다. 여러 비교분석들 그리고 7,000년 전의 인류에게서 추출한 고DNA ancient DNA에 따르면, 낙농업은 락토오스 내성 대립형질이 확산되기 전에 나타났으며 이는 인간이 성장한 다음에도 락타아제를 생산하는 것이 유리하도록 만들었다.[28] 성인의 락토오스 내성을 가능하게 하는 유전적 변형은 그다음에야 확산되었다. 이러한 진화적 반응은 적어도 6개의 서로 다른 낙농업 집단들에서 독립적으로 발생했는데, 이때 각 집단에서는 서로 다른 종류의 돌연변이가 선호되었다.[29] 락토오스 내성 대립형질은 낙농업과 우유 소비가 시작된 이후로 9,000년도 되지 않는 짧은 시간 동안 낮은 빈도에서 높은 빈도로 확산되었다. 어느 스칸디나비아 집단에서의 자연선택 계수는 0.09에서 0.19 사이로 추정되는데,[30] 이는 지금까지 발견된 자연선택에 대한 가장 강력한 반응 중 하나다. 인간의 많은 유전자가 최근 자연선택의 영향을 받았다는 사실과 함께,[31] 이 발견들은 인간의 문화적 활동에서 비롯된 자연선택이 대단히 강력했음을 암시한다. 여기에는 두 가지 이유가 있다. 첫째, 인류가 개입할 수 없는 변덕스러운 날씨나 기후, 또는 예측이 불가능하고 일관적이지 않은 선택압을 형성하는 다른 과정들과 달리, 인간의 활동은 의도적이며 목적 지향적이다. 문화적 지식이 확산되면 집단에 속한 수많은 개인들은 일관적으로, 어떤 방향을 갖고 환경에 개입한다. 여러 세대에 걸쳐 동일한 도구를 만들고, 동일한 음식을 먹고, 동일한 작물을 심는다. 그 결과, 이러한 활동이 만들어 내는 자연선택에는 어떤 일관된 패턴이 나타난다. 형질에 따라 지속성에는 차이가 있지만, 문화적으로 변형된 환경들이 매우 강력한 자연선택을 만들어 낸다는 증거가 있다.[32] 이러한 조건들이 오랜 시간 매우 일관되게 유지되기 때문일 것이다. 둘째, (다른 종의 진화적 변화로 촉발된 포식자-먹이 또는 숙주-기생체 상호작용과 같은) 공진화적 사건들의 결과로 많은 유전적 변형들이 선호되기 때문이다. 어떤 유전적 형질의 변화가 다른 유전적 형질에 대한 자연선택의 원인이 될 때, 후자의 반응률은 (대체로 그리 빠르지 않은) 전자의 변화율에 일정 부분 의존하게 된다. 이와 대조적으로 문화적 관행이 인간의 유전적 변형에 작용하는 자연선택을 변형시킬 때는, 개체군에서 그러한 문화적 관행을 드러내는 개인들의 비율이 커질수록 유전자에 가해지는 선택도 강해진다. 결과적으로, 급속하게 확산되는 문화적 변형은 때때로 이로운 유전적 변형에 대한 가장 강력한 자연선택으로 이어지며, 이러한 유전적 변형의 빈도를 급격히 증가시킨다. 문화적 관행은 일반적으로 유전적 돌연변이보다 빠르게 확산되는데, 문화적 학습이 보통 생물학적 진화보다 빠르게 작동하기 때문이다.[33] 그러면 문화적 변형이 확산되는 속도는 무엇에 달려 있을까? 바로 문화적 전달의 충실도다. 누적적 문화가 등장하는 데 필요한 핵심 요인이 그 문화에 대한 진화적 반응을 결정하는 핵심 요소인 것이다.

예를 들기 위해, 스탠퍼드대학교의 유전학자 마크 펠드먼과 루카 카발리스포르차Lucca Cavalli-Sforza가 진행한, 낙농업과 락토오스 내성의 공진화에 대한 수학적 분석을 고려해 보자.[34] 그들의 모델에서 성인의 락토오스 내성은 하나의 유전자에 의해 결정되며, 두 대립형질 가운데 하나는 성인의 락토오스 내성을 촉진하고 다른 하나는 불내성을 촉진한다. 모델에 따르면, 개체군에서 락토오스 내성 대립형질이 높은 빈도에 이를지 그렇지 않을지는 결정적으로 우유를 즐기는 사람들의 자식들이 우유를 즐길 확률에 달려 있다. 즉, 문화적 전달의 충실도에 달려 있다는 뜻이다. 이 확률이 높다면 락토오스 내성을 가진 개인들은 적합도 면에서 상당한 이점을 누리며, 그 결과로 수백 세대 만에 락토오스 내성 대립형질이 확산될 수 있다. 하지만 우유를 즐기는 사람들의 자식의 상당수가 유제품을 먹지 않는다면, 락토오스 내성을 선호하는 비현실적으로 강력한 자연선택이 없는 한 그 대립형질은 확산되지 않는다.

유전자-문화 공진화 모델은 기존의 유전자 모델에 비해 흔히 자연선택에 대한 빠른 반응을 보여주는데, 이는 문화적 관행이 유전적 돌연변이보다 더 일관적이고 더 빠르게 확산되기 때문이다.[35] 이것이 바로 많은 유전학자들이 문화가 최근 인류의 진화를 '가속'했다고 주장하는 이유다.[36] 높은 충실도의 정보 전달이 누적적 문화를 가능하게 하고 유전자-문화 공진화도 촉진하지만, 선택적 되먹임은 여기서 끝나지 않는다. 낙농업이라는 적소를 구축함으로써 인류는 거주할 수 없었던 지역까지 이주할 수 있었으며, 유제품을 다루는 데 필요한 다양한 기술을 위한 원재료들을 제공받을 수 있었다. 이로 인해 낙농업이라는 적소가 유럽과 아프리카의 새로운 지역으로 확산되는 기회가 생겼다. 아프리카로부터 호미닌이 뻗어나갈 때와 마찬가지로, 이러한 확산은 문화의 역할에 결정적으로 의존하며 이후의 유전자-문화 공진화에 대한 촉진제가 되었다.

거의 200만 년 전, 또는 그보다 더 이른 시기에 호모 에렉투스를 비롯한 호미닌 종은 열대를 벗어나 세계의 다른 지역으로 진출하기 시작했다. 유럽이나 아시아에서 초기 인류의 생존은 큰 동물을 도살하는 데 적합한 석기를 제작하고, 불을 다루며, 옷과 집을 만들고, 집단 사냥을 조율하고, 그 밖의 다른 기술들을 사용하는 능력에 달려 있었다. 이러한 진출로 우리 조상들은 자신들에게 작용하는 자연선택을 여러 방식으로 바꾸게 되었다. 예를 들어, 새로운 환경은 저마다 기후가 달라 피부 색소, 더위에 대한 내성, 염분의 보존에 관여하는 유전자를 선택했는데, 이 모든 유전자에서 최근에 자연선택되었다는 단서를 발견할 수 있다.[37] 인간은 영양분을 운반하고 신경을 자극하며 근육을 수축하기 위해 소금을 필요로 한다. 인간이 처음 등장한 아프리카에서는 온도가 높고 소금을 구하기가 어려웠으며, 몸 안의 소금도 순식간에 땀으로 빠져나갔다. 따라서 열에 대한 스트레스에 잘 대처하고 소금을 잘 보존하는 사람들이 생존에 대한 상당한 이점을 지니고 있었다. 하지만 더 차가운 기후로 이주한 사람들에게는 이는 더 이상 이점이 아니었다. 그러한 기후에서는 소금을 잘 보존하는 능력이 오히려 병으로 이어질 수 있었기에, 열에 대한 내성과 소금의 보존 능력을 낮추는 대립형질에 대한 선택이 발생했다.

또 다른 사례는 초기 폴리네시아인들의 이동이다. 기원전 1800년경부터 2,000년에 걸쳐 태평양에 정착하는 동안, 폴리네시아인들은 긴 항해를 해야 했고 그로 인해 추위와 굶주림에 허덕였다. 분명 개척자들에게서 에너지의 효율성을 높이고 지방을 더 저장해 굶주림으로부터 생존할 수 있게 하는 유전자가 자연선택에 의해 선호되었다. 불행하게도, 음식이 풍부한 오늘날의 환경에서 동일한 유전자는 비만과 당뇨병과 같은 건강 문제를 일으킨다.[38] 이는 왜 '절약적인', 즉 지방을 저장하는 신진대사를 발생시킨다고 여겨지는 2형 당뇨와 관련된 대립형질들이 오늘날의 폴리네시아인들에게서 높은 빈도로 존재하는지를 설명해 준다.[39]

문화적 활동에서 비롯된 되먹임이 매우 다양하다는 것을 보여주는 가장 설득력 있는 사례는 아마도 서아프리카의 크와족Kwa 집단의 농경법일 것이다.[40] 수백 년, 아니 아마도 수천 년간 이 집단은 숲의 나무를 벌채하고 태우는 기술을 사용해 얌과 같은 작물을 심는 밭을 만들어 왔다.[41] 하지만 나무를 제거하는 것은 의도치 않은 놀라운 결과로 이어졌는데, 빗물을 흡수하는 나무의 뿌리들이 사라지면서 괴어 있는 물이 늘어난 것이다.

이 물웅덩이는 아프리카얼룩날개모기*Anopheles gambiae*와 같은, 말라리아를 옮기는 모기들의 완벽한 번식 장소가 되었다. 번식을 위해 볕이 드는 물웅덩이를 필요로 하는 이 모기들은 새로운 조건에서 번성하는 데 성공했다.[42] 이 모기들은 말라리아를 일으키는 원생 기생충인 열대열말라리아원충*Plasmodium falciparum*의 매개 곤충이다. 모기에 물리면 원충이 인간의 혈류로 들어오고 간이나 적혈구에 침투하며, 72시간 안에 파열이 발생하고 혈액에는 더 많은 새로운 원충이 생겨난다.[43] 오늘날 세계적으로 매년 수억 명의 말라리아 임상 환자와 80만 명의 사망자가 발생하는데,[44] 그중 대다수는 사하라사막 이남의 아프리카에서 발생한다.

여담으로, 현대 후기 산업사회에서 살아가는 사람들이 이런 방식으로 병원균이 가득한 환경을 구축할 정도로 멍청하지 않다고 생각한다면 알아야 할 것이 있다. 현대의 자동차 타이어 제조도 병원균 매개 생물을 확산시킨다는 것 말이다. 모기는 타이어에 모이는 빗물에서도 번식하며, 타이어는 보통 실외에 보관된다. 그래서 타이어 수출은 말라리아와 뎅기열을 세계 전역으로 확산시킨다.[45] 사실, 도시로의 이동과 그에 따른 인구밀도의 증가, 원거리 교역을 통한 병원균의 확산, 축산업과 배수로를 통한 병원균의 이동은 오랫동안 전염병의 확산을 촉진한 것으로 여겨졌다.[46] 역사적으로, 이러한 인과관계는 증명하기 어려웠다. 대부분의 감염이 오래된 표본에서 발견할 수 있는 골격 손상을 일으키지 않았고, 일반적으로 도시화가 문자 기록보다 빨리 시작되었기 때문이다.[47] 하지만 최근의 한 유전학 연구는 혁신적인 접근을 고안해 냈다. 논리는 이렇다. 도시화의 역사와 질병 간에 상관관계가 존재한다면, 도시화가 오래된 지역에 사는 사람들은 그렇지 않은 사람들보다 질병에 대한 저항도가 더 클 것이라는 예측이었다.[48] SLC11A1 유전자의 변형들은 인간 결핵의 감수성과 관련 있는 것으로 알려졌으며,[49] 나병, 리슈마니아증, 가와사키병을 비롯한 다른 전염병과도 관련 있다.[50] 예상대로, 병에 대한 저항을 제공하는 대립형질의 빈도와 도시에 거주한 기간 사이에는 상당한 수준의 상관관계가 있었다. 도시에 오래 살았던 집단은 도시 환경에서 더 흔한 전염병을 더 잘 견딘다.[51]

크와족에서도 비슷한 사례가 있다. 의도치 않게 말라리아가 확산되었지만, 그에 따라 말라리아에 저항하는 대립형질도 자연선택으로 그 빈도가 증가하게 되었다. 이러한 대립형질 가운데 하나는 헤모글로빈 S 대립형질(HbS)로, 일반적으로 겸상적혈구 대립형질로 알려져 있다(이는 이것이 적혈구를 경직시켜 낫 모양으로 만들기 때문이다). 겸상적혈구 대립형질을 2개 보유한 사람은 겸상적혈구 빈혈증으로 고생하며 생명도 위협받는다. 겸상적혈구는 뻣뻣해서 작은 혈관을 막을 수도 있다. 2개의 HbS 대립형질을 지닌 사람에게는 이 문제가 더욱 심각하며, 이는 심각한 겸상적혈구 빈혈증으로 이어진다.[52] 겸상적혈구병을 앓는 대다수 아이들은 다섯 살이 되기 전에 죽는다.[53] 하지만 대립형질을 하나만 지닌 사람들('이형접합체 heterozygote')은 비교적 가벼운 빈혈증을 경험할 뿐이다. 그럼에도 말라리아에 대해 어느 정도 방어력을 가지는데, 비장을 통과하는 동안 겸상적혈구가 탐지되어 제거되고 이때 기생충도 같이 제거되기 때문이다. 학교에서 배운 것처럼, 이는 HbS 대립형질을 하나 가진 사람이 둘을 가진 사람이나 가지지 않은 사람보다 더 잘 생존하는 '이형접합 우세heterozygote advantage'의 고전적인 사례다. 오랜 기간의 작물 경작은 HbS 대립형질에 대한 자연선택을 심화했고, 그 결과로 대립형질의 빈도가 늘어났다. 식량을 다른 방식으로 얻는 크와족의 이웃 부족에서는 HbS 대립형질의 증가를 관찰할 수 없으므로, 문화적 관습(얌을 경작하기 위해 숲을 제거하는 것)이 유전자의 진화를 촉발했다고 말할 수 있다.[54]

1550년과 1820년 사이, 약 1,200만 명의 사람들이 서아프리카에서 서인도제도로, 그리고 아메리카 대륙으로 노예로 이송되었다.[55] 이들은 HbS

대립형질을 갖고 '신세계'로 이주했는데, 그곳에서도 형질을 가진 사람들은 말라리아로부터 보호받았다. 20세기 중반에 이르러 서구의 일부 지역에서 말라리아가 종식되고 나서는(이것도 문화적 관행으로 가능했는데, 모기를 죽이는 살충제의 사용, 그리고 말라리아에 대한 의학적 치료법의 발견으로 인해 종식되었기 때문이다), HbS 대립형질의 빈도가 줄어들었을 것이라고 예측할 수 있다. 실제로 오늘날 북아메리카에서, 아프리카 출신들은 그들의 아프리카 조상들에 비해 HbS 대립형질의 빈도가 낮다.[56] 하지만 아프리카 출신인 사람들 가운데 다른 아프리카 지역에서 온 사람들도 있기 때문에 합리적인 추론이 쉽지만은 않다. 서인도제도(지금으로부터 3세기 전, 네덜란드 정착자들이 서아프리카에서 큐라소Curacao와 이웃한 남아메리카 본토로 노예를 수입한 곳)에서 비교가 이루어지면 보다 깔끔한 결론이 나온다. 습지가 많고 해충이 들끓는 본토와는 달리, 큐라소섬에서는 말라리아가 박멸되었기 때문이다. 아니나 다를까, 1960년대 중반 큐라소섬에서는 HbS 대립형질의 빈도가 6.5퍼센트였던 반면 인접한 본토에서는 18.5퍼센트였다.[57] 이는 HbS 대립형질에 대한 완화된 자연선택이 발생했다는 명백한 증거다.

그러나 공진화 역학은 지금까지 설명한 것보다 더 복잡하다. 이 사례를 연구하며 공동 연구자인 고고학자 마이크 오브라이언Mike O'Brien과 나는 얌이 겸상적혈구 빈혈증의 증상을 완화한다는 것을 발견하고 놀랐다![58] 서양고추냉이, 카사바, 옥수수, 고구마, 얌을 비롯한 음식에는 시안화물을 만드는 글루코시드가 함유되어 있다. 이 글루코시드는 대장에서 박테리아와 상호작용 하며 신체가 산소를 효과적으로 운반하는 헤모글로빈을 생성하도록 도우며, 그로 인해 고통을 줄어들게 하는 자연적인 식물 화합물이다.[59] 크와족 사람들이 자신들의 농업 방식이 우발적으로 (다른 병을 통해 간접적으로) 촉진시킨 병의 증상을 완화하는 작물을 그저 우연히 재배하게 되었다는 설명은 너무나 많은 우연을 가정한다. 오히려 이 농부들은

처음에는 다른 작물을 심었다가 얌의 의학적 속성이 발견되자 얌을 심기 시작한 것으로 보인다.[60]

이 사례에서 영감을 받아, 세인트앤드루스대학교의 박사후 연구원 루크 렌델과 대학원생 로럴 포가티는 변형된 환경 조건에서 선호되는 유전자와 농업적 관행의 공진화에 대한 이론적 연구를 진행했다. 이 연구에 따르면, 농업에 종사하는 것이 비용이 많이 들고 배우기 어렵더라도, 농업 관행(작물을 심기 위해 나무를 벌채하고 태우는 관행)은 특정한 유전적 변형(예를 들어, HbS 대립형질)이 선호되는 조건을 구성하면서 급속도로 확산된다. 이는 그런 유전자를 지닌 사람들이 그렇지 않은 사람들보다 농업에 종사할 가능성이 훨씬 더 크기 때문이다.[61] 다시 말해, 문화적 관행은 그 관행이 발생시키는 자연선택 덕분에 유전자-문화 공진화를 통해 유행에 편승할 수 있다. 벌채하고 태우는 농업은 주변 지역에 말라리아 발생률을 높임으로써 농업을 확산시켰으며, 농부들은 자신들이 발생시킨 질병이 흔한 조건에서도 더 잘 살아남을 수 있었기에 이웃 지역으로도 진출할 수 있었던 것이다.[62]

이제 우리는 하나의 문화 활동에서 비롯되는 되먹임의 전체 그림을 볼 수 있다.[63] 초기의 작물 재배는 앞서 설명한 복잡한 경로를 통해 HbS 대립형질에 대한 자연선택을 발생시켰고, 마침내 농부들로 하여금 얌을 재배하고 소비하도록 만들었다. 작물 재배는 HbS 대립형질에 대한 자연선택을 변화시켰을 뿐만 아니라 궁극적으로 말라리아 치료법, 모기 살충제, 겸상적혈구 빈혈증 치료법을 개발하게 만들었으며, 심지어는 벌채하고 태우는 농업이 주변 지역으로 확산되도록 만들었을 것이다. 이러한 문화적 활동은 다시 모기가 살충제에 내성을 갖게 하는 대립형질을 선호하는 자연선택을 발생시키고, 이는 HbS 대립형질에 대한 자연선택에도 영향을 준다. 이 생태계에서는 문화적 관행에서 진화적 반응으로, 다시 변형된 문화적 관행으로, 그리고 한 종에서 다른 종으로 인과관계가 끊임없이 순환하며 이어진다.

인류학은 유전자-문화 공진화가 인류의 진화에서 실제로 일어난 일이라는 가장 명백한 증거를 제공한다. 의심의 여지 없이, 인간이 진화하는 과정에서 유전자와 문화는 여러 방식으로 서로의 특성에 영향을 미쳤다. 하지만 이런 사례들에서 명확하지 않은 점은 유전자-문화 공진화가 어느 정도로 발생했는가 하는 것이다. 되먹임의 정확한 규모는 유전자-문화 공진화에 대한 유전적 증거를 고려했을 때 비로소 명확해진다. 유전학자들도 인류의 진화에서 문화가 핵심적인 역할을 한다는 것에 최근에서야 주목하기 시작했다. 한 가지 이유는 인간의 게놈에서 최근 발생한 양성 선택을 통계적인 '식별 기호'로 변별하는 방법론이 개발되었기 때문이다.[64] 이 방법으로는 지난 5만 년 동안 자연선택에 의해 선호된 유전자를 식별할 수 있다.[65] 지금까지, 인간 게놈에서 수백 또는 2,000개 정도의 영역이 최근 자연선택으로부터 영향을 받은 것으로 드러났다. 최근의 양성 선택의 징후를 보이는 유전적 변형들은 락토오스 내성의 사례와 같이 인간 게놈의 단백질 부호화 영역에서의 단순한 돌연변이에 그치지 않고, 염색체 재배열, 유전자 복제수 변이copy-number variant, 조절 유전자의 돌연변이도 포함한다.[66] 특히 흥미로운 점은, 유전학자들이 발견한 최근의 자연선택에서 영향을 받은 것으로 보이는 변이들 대다수가 인간의 문화적 행위에 의해 선호된 것처럼 보인다는 것이다.[67]

최근에 옥스포드대학교의 진화생물학자 존 오들링스미John Odling-Smee와 캐나다 아르카디아대학교의 인간유전학자 숀 마일스Sean Myles와 나는 유전자-문화 공진화에 대한 유전적 증거들을 모았다. 우리는 최근에 자연선택의 영향을 받았으며, 선택의 원인이 인간의 문화적 행동일 가능성이 높은 유전자를 수집했다.[68] 대부분의 사례에서 유전적 반응을 촉발한 것이 문화적 행동이라는 결정적인 증거가 있는 것은 아니다. 유전자부터 인간의 몸에 미치는 효과, 그리고 게놈 전체에 대한 면밀한 검사에서 발견되는 최근의 자연선택에 노출된 것으로 나타나는 인간 유전자의 긴 목록에 이르는 연결 고리를 완성하기 위해서는 많은 연구가 필요하다. 그럼에도 이런 데이터는 상당히 많은 것들을 암시하고 있으며, 많은 경우 문화가 진화적 사건에서 결정적인 역할을 하지 않았다고 상상하는 것이 더 어렵다.

가장 매력적인 사례 가운데 하나는 인간 식이의 변화에 따른 유전적 반응이다. 전분을 함유한 음식을 먹는 능력의 진화를 생각해 보자.[69] 전분 소비는 농업 사회의 특징이며, 대부분의 수렵 채집 사회와 몇몇 목축 사회는 전분을 훨씬 적게 소비한다. 이러한 행동의 변이는 다양한 식습관을 갖는 집단 간 아밀라아제(식량에 포함된 전분을 분해시키는 효소)에 대한 선택압의 변이를 발생시킬 가능성을 높인다. 아니나 다를까, 집단마다 침샘 아밀라아제 유전자(AMY1) 복제본의 수가 달랐으며, 복제본의 수는 침에 포함된 아밀라아제 효소의 양과 양의 상관관계에 있었다. 평균적으로, 어떤 집단의 식단에서 전분 함량이 높을 때 그 집단 출신의 개인은 전통적으로 전분 함량이 낮은 음식을 먹는 집단의 개인보다 AMY1 복제본의 수가 더 많다. 여러 AMY1 복제본과 높은 수준의 단백질은 전분 함량이 높은 음식을 잘 소화시키고 장에서 발생하는 병으로부터 보호하는 것으로 여겨진다.

인간은 문화적 활동을 통해 새로운 식량에 노출되었다. 예를 들어, 다른 식물상과 동물군이 있는 새로운 서식지에 진출하거나, 새로운 식물이나 동물을 길들이거나, 전면적인 농업을 시작해 새로운 식량에 노출되었다. 이런 활동들이 인간 게놈에서 일어나는 자연선택의 주요 원인이었다는 것은 강력한 유전학적 증거에 의해 뒷받침된다.[70] 단백질, 탄수화물, 지질, 인산염, 알코올의 신진대사와 관련 있는 여러 유전자들이 최근에 자연선택된 것으로 보이며, 만노오스mannose*, 수크로스sucrose**, 콜레스테롤, 지방산을 비롯한,[71] 여러 영양분의 섭취와 관련된 유전자에서도 그러한 흔적이 발견된다.[72] AMY1 유전자의 사례처럼, 식이와 유전적 변형 사이의 관계가 밝혀진 사례도 여럿 있다.[73] 식습관과 관련된 자연선택으로 인간 치아의 에나멜의 두께,[74] 혓바닥의 쓴맛 수용체가 형성되었다는 증거도 논문으로 곧 발표될 예정이다.[75] 인간의 식단에 새로운 음식이 추가되는 것은 대개 문화에 의한 것으로, 유전자-문화 공진화 과정이 인간 소화의 생물학을 형성했다는 개념은 피해 갈 수 없다.[76]

지난 장에서, 우리 조상들이 문화적인 정보를 바탕으로 영양분이 풍부한 음식에 접근할 수 있었기에 두뇌 성장의 에너지 비용을 감당할 수 있었다는 것을 보여주었다. 이와 일관되게, 두뇌 크기의 증가는 기술의 발전과 함께 일어났다.[77] 게다가 잘게 썰기, 빻기, 익히기와 같은 문화적으로 전달되는 음식 조리법 덕분에 몸 바깥에서도 '소화'가 이루어졌으며, 다른 방법으로는 접근할 수 없었던 영양분을 섭취할 수 있었다. 또한, 이는 내장의 크기가 줄어들게 만들었다. 요컨대, 불 다루기, 요리, 그 밖의 음식 조리 기술들은 '소화를 돕는predigested' 음식을 만들어 냈다.[78] 이와 동시에 두뇌 크기의 증가, 대장 크기의 감소, 소장 크기의 증가로 인해, 인간은 더 많은 영양분을 지닌 음식을 먹게 되었다.[79] 인간 같은 잡식성 동물들은 다양한 음식을 먹기 위해 새로운 식량을 찾고 소비해야 하지만, 독을 지닌 새로운 식품들도 피해야 한다. 인간은 아마도 이러한 딜레마를 입맛의 피로감을 일으키는 선천적인 기제의 진화로 해결했던 것으로 보인다. 여기서 '입맛의 피로감'이란 특정한 감각에 대해 싫증을 느끼는 것으로, 이로 인해 똑같은 것을 반복적으로 먹는 것을 회피하기 때문에 다양한 음식을 소비하

* 탄수화물의 헥소스 계열의 설탕 단량체다.

** 포도당과 과당이 결합된 이당류. 수크로스는 식물에서 자연적으로 생산되며, 수크로스를 정제해 설탕을 만들 수 있다.

게 된다.[80] 문화적 전통이 자연에서 발견되는 어떤 것을 먹을 수 있고 어떤 식량을 피해야 하는지(때로는 문제없이 먹을 수 있음에도 금기시하는데, 이러한 문화적인 이유로 '음식 공포증'이 생기기도 한다) 알려주는 덕분에, 인간은 영양분을 다양하게 섭취할 수 있다(영양의 다양성은 반드시 필요하다).[81] 생산물이 어떻게 음식으로 변환되고, 음식을 맛있게 먹으려면 어떤 향신료가 추가되어야 하는지가 사회적으로 전달된다. 심지어 식사 에티켓 또한 사회적으로 학습되는 전통인데, 이런 에티켓도 사회마다 차이가 있다.[82]

최근의 양성 선택에 노출된 대립형질의 목록에는, 다른 범주들의 인간 유전자도 꽤 많이 포함되어 있다. 연구에 따르면, 적어도 한 집단에서 열충격 유전자(스트레스를 받는 온도에서 활성화되는 유전자) 56개 가운데 28개가 최근의 선택적 스위프에 대한 증거를 보여주는데, 이는 문화로 인한 이주와 새 지역에 대한 적응 때문인 것으로 보인다.[83] 병에 대처하기 위한 진화적 반응은 또 다른 범주이며, 최근의 자연선택 사건들 가운데 거의 10퍼센트를 차지한다.[84] 겸상적혈구 사례가 보여주는 것처럼, 유목 생활을 하는 수렵 채집인의 생활양식에서 정착 생활을 하는 농업인의 생활양식으로 전환되면서, 전염병의 매개체와 다른 질병이 확산되었을 가능성이 높다. 이때 질병으로부터 보호해 주는 대립형질의 빈도가 급격히 증가했는데, 이는 가장 재빠르게 이루어진 유전적 반응 가운데 하나였다.[85] 인간의 면역반응과 관련된 유전자들은 최근 자연선택에 노출된 유전자들 가운데 다수를 차지한다.[86] 이러한 데이터는 인간의 질병 대처 방식이 진화하는 데 문화적 활동이 중요한 역할을 했다는 것을 입증한다. 문화는 의도치 않게 질병과 그 질병에 대한 저항성이 확산되는 조건을 형성하지만, (보통 한참 뒤에) 치료법과 그 질병을 누그러지게 하는 방법을 고안해 내기도 한다.

우리의 겉모습과 관련된 유전자는 최근 현지에의 적응에 대한 강력한 증거 가운데 하나다. 예를 들어, 아프리카에서 거주하지 않는 인구 집단의 밝은 피부색은 몇몇 피부 착색 유전자에 대한 자연선택의 결과다.[87] 스페인에서 발견된 7,000년 전의 뼈에서 DNA를 추출해 분석한 결과, 그 개체가 수많은 피부 착색 유전자의 원시적 변형을 지니고 있었던 것으로 드러났다. 이는 현대 유럽인의 밝은 피부색이 꽤나 최근에, 지난 수천 년에 걸쳐 진화했다는 것을 의미한다.[88] 골격의 발달에 관여하는 여러 유전자들도 최근에 지역적으로 진화했다는 증거가 있다.[89] 모낭, 눈, 머리카락의 색깔, 주근깨에 관여하는 유전자에서도 최근의 자연선택에 대한 증거가 발견된다.[90] 이러한 대립형질의 빈도는 대개 사회마다 다르다. 이런 변이들 가운데 일부는 자연선택에 의한 것이겠지만, 일부는 잠재적으로 일종의 성선택에도 영향을 받았다고 설명할 수 있다.[91] 여기서 '일종의 성선택'이라는 것은 문화적으로 학습된, 지역별로 다른 짝에 대한 선호에 따라 반대성의 생물학적 형질을 선호하는 것을 말한다.

몇 년 전, 나는 이러한 상호작용을 연구하기 위해 성선택과 유전자-문화 공진화 이론을 조합한 수학적 모델을 개발했다.[92] 나는 인간의 짝 선호가 학습되고 사회적으로 전달되며 문화 특이적이라고 하더라도, 성선택이 발생한다는 것을 발견했다. 물론, 문화적으로 형성된 성선택은 유전자에 의한 성선택보다 더 빠르고 더 강력했다. 유전적, 심리학적 연구들은 이 가설을 지지한다. 최근의 한 연구에서는 피부, 몸의 형태, 면역, 행동과 관련된, 인간의 짝 형성과 상관관계에 있는 수많은 유전자를 발견했다.[93] 그 연구에 따르면, 우리가 짝으로 선택할 만한 사람들의 부분집합은 공유하고 있는 유전자를 고려함으로써 상당 부분 예측할 수 있다. (물론, 우리가 공유하는 학습된 짝 선호가 더 중요하게 작용할 가능성이 크다.) 아프리카계, 유럽계, 멕시코계 사이에는 중첩되는 유전자가 별로 없으므로, 그 연구는 짝 선택이 지역별로 다르며 사회적으로 학습되는 것이라고 결론 내린다. 실험 연구에 따르면, 인간은 정말로 다른 이들의 짝선택을 모방하며, 짝이 지닌 특정한 특성에 대한 선호를 사회적으로 전달한다.[94] 문화적 영향이 인간의 짝 선호에 광범위하게 작용하는 것을 고려하면, 사회적 학습은 이차성징 그리고 다른 신체적, 성격적 형질에 대한 자연선택에 강력한 영향력을 행사할 것이다.[95]

보다 이전에 자연선택된 유전자 중에서는 고정에 이를 정도로 확산된 유전자들이 있는데, 지금은 모든 사람이 다 가지고 있다. 근섬유분절 마이오신 유전자 MYH16의 사례가 흥미롭다. 이 유전자는 인간의 턱뼈에서 주로 발현되는데, 우리 호미닌 조상에게서 그 빈도가 줄어들었고 유전자의 상당 부분이 사라졌다.[96] 이 때문에 턱 근육이 상당히 줄어든 것으로 보이는데, 이렇게 줄어든 시점은 200만 년 전 요리가 등장한 시점과 일치한다. 다른 유인원들과 초기 호미닌과는 달리, 현대인과 호모 속에 속한 대다수 종에게는 강력한 씹기 근육이 없다. 문화적 과정(요리)이 제약(생고기를 씹어야 하는 턱 근육의 필요)을 제거함에 따라 유전적 변화가 일어난 것으로 보이는데, 이러한 변화는 문화가 등장하지 않았더라면 무척이나 해로웠을 것이다.

지난 장에서, 커다란 뇌, 향상된 학습 능력, 그리고 언어를 비롯한 많은 인지적 형질들이 진화하는 데 유전자-문화 공진화가 중요하게 작용했을 것이라고 주장했다. 이러한 특징들과 관련된 유전적 변화에 대한 증거는 조만간 나올 것이다. 뇌의 성장과 발전에 관여하거나,[97] 신경계에서 발현되거나,[98] 학습과 인지에 관여하는 수많은 유전자에서 최근에 자연선택이 발생했다는 징후가 발견된다.[99] 뇌의 팽창에 관여한 유전자 중에는 더 오래된 유전자도 있는데, 이는 네안데르탈인과 멸종한 다른 호미닌들과 공유하는 유전자다.[100] 뉴런의 신호와 에너지 생산에 관여하는 유전자는 인간의 신피질에서 과발현되었고(즉, 유전자가 단백질이나 RNA와 같은 세포의 구성 요소들을 더 많이 생산했고),[101] 두뇌 발달 초기의 가소성적인 특성은 다른 유인원들에 비해 연장되었다.[102] 지난 몇백만 년 동안 인간의 뇌는 침팬지의 뇌보다 훨씬 더 많은 진화적 변화를 경험했으며, 특히 의사 결정, 계획, 문제 해결에서 중요한 역할을 하는 것으로 여겨지는 전전두피질에 많은 변화가 있었다.[103]

진화하는 동안 뇌가 구조적으로 재조직되는 것은 뇌의 부피가 증가하는 것만큼이나 중요하다.[104] 물론, 앞서 보았다시피 그 둘은 함께 이루어진다. 커진 뇌는 더 많은 뉴런을 지닐 뿐만 아니라 구조적으로도 더 복잡하기 때문이다.[105] 이러한 재조직에는 여러 두뇌 영역의 비율이 달라지는 것뿐만 아니라, 백질과 회백질의 양, 신피질과 소뇌에 나타나는 주름의 크기와 패턴, 반구의 비대칭 정도, 모듈성, 신경전달물질의 활동,[106] 그리고 그밖의 다른 요소들의 변화도 포함된다.[107] 이러한 변화의 바탕이 되는 게놈의 위치들이 대다수 발견되었으며, 최근 자연선택에 노출되었거나 침팬지 게놈에서의 상동 위치와 차이가 있는 것으로 드러났다.[108]

언어 사용이 인간 뇌의 조직화에 작용하는 선택적 되먹임을 형성했다는 가설은 상당한 주목을 받았다.[109] 이와 일관되게, 언어 학습과 생산에 관여하는 유전자는 최근의 자연선택에 노출된 유전자들 가운데 하나다.[110] 가장 잘 알려진 사례는 FOXP2 유전자인데, 이 유전자에 돌연변이가 발생하면 언어 능력에 결함이 생긴다.[111] 쥐, 일본원숭이, 오랑우탄, 고릴라, 침팬지, 인간으로 이루어진 진화 나무에서 오직 네 차례의 FOXP2 돌연변이가 발생했으며, 그중 2개가 인간으로 이어지는 계통에서 발생했다. 이는 인간의 계통에서 양성 선택이 발생했다는 의미다.[112] 이에 대한 가장 흔한 해석은 이러한 양성 선택이 발화 능력의 발달에 필요한 FOXP2 유전자의 변화를 일으켰다는 것이지만, 그 유전자는 음성 학습이나 폐의 발달과 같은 다른 이유로 선호되었을 수도 있다.[113]

이전 장에서, 대형 유인원을 포함한 일부 영장류의 수명이 생존에 필요한 지식과 기술을 제공하는 문화적 행동을 통해 연장되었다고 주장했다. 여기서도 이를 지지하는 유전적 증거가 있다. 바로 액포 단백질 유전자vacuole-protein인데, 이 유전자는 세포에 서서히 축적되는 위험한 독소를 제거하기에 인간에게 필수적이지만 쥐와 같은 다른 동물들에게는 그다지 필수적이지 않다. 그들에게는 돌연변이가 별다른 문제가 되지 않기 때문이다. 인간의 수명은 최근 들어 늘어났고 그에 따라 이 유전자의 중요성도 증가했는데, 이는 액포 단백질 유전자에 의해 오랜 시간 독소가 제거되지 않으면 독소가 치명적인 수준으로 축적되기 때문이다.[114] 따라서 문화는 돌연변이가 발생할 경우 치명적인 이러한 '살림살이' 유전자의 역할을 결정적인 것으로 만들었다.

유전자와 문화의 상호작용이 인간의 진화에 영향을 미치는 또 한 가지 경우는 언어와 문화의 차이가 인간 집단들 사이의 유전자 흐름gene flow에 영향을 줄 때다. 예를 들어, 부계 거주 사회에서는 결혼한 부부가 남편의 부모와 같이 살고 남성이 대개 다른 사회의 여성과 결혼하는 데 비해, 모계 거주 사회에서는 이와 반대되는 패턴을 보인다. 이러한 사회적 차이는 유전자의 확산에 영향을 미치며, 여성이 지닌 미토콘드리아 DNA와 같은 유전적 변형들은 주변 사회에서 부계 거주 사회로 흘러들어 간다. 대표적으로 이란의 남부 지역인 길라키나 마잔다라니 지역에서 이런 일이 일어난다.[115] 반면 남성이 지닌 Y 염색체와 같은 유전적 변형은 모계 거주 사회로 흘러들어 가는데, 폴리네시아가 대표적이다.[116] 문화적 형질이 인간의 유전적 변이에 간접적으로 영향을 미치는 또 다른 사례는 사회 체계의 차이에서 비롯된 것이다.[117] 최근의 한 연구에 따르면, 남아메리카 인디언 집단에서 사회구조와 문화적 차이로 인해 생물학적 진화의 속도가 극적으로 달라졌다. 예를 들어, 샤반테Xavánte 부족은 자매 관계에 있는 카야포Kayapó 부족보다 상당히 빠른 진화를 겪었다.[118]

흔히 하는 오해 가운데 하나는 현대의 위생, 의학, 산아제한으로 인간 집단에 대한 자연선택이 작동을 멈추었다는 생각이다. 하지만 자연선택은 끊임없이 작용하며, 모든 사람의 번식 성공률이 정확히 같지 않은 한 (이런 일은 불가능하다), 이를 멈추게 할 수 없다.[119] 심지어 현대사회에서도 인간이 진화한다는 방대한 증거가 있다. 예를 들어, 적어도 일부 집단에서는 남성과 여성의 첫아이 출산 연령을 앞당기는 것에 대한 자연선택이 존재한다. 마찬가지로, 여성이 늦은 나이에 아이를 낳는 것과 폐경이 늦어지는 것에 대한 자연선택의 증거도 있다.[120] 진화생물학자 스티븐 스턴스 Stephen Stearns와 그의 동료들에 따르면,[121] 개발도상국과 선진국을 비교할 때 선택적 환경을 형성시키는 데 문화가 중요한 기능을 한다는 것이 잘 드러난다. "선진국에서 생애 번식 성공률의 차이를 낳는 결정적인 요소는 사망률보다는 출산율의 변화인 반면, 개발도상국에서는 출산율보다 사망률이 자연선택에 더 많은 기여를 한다. 특히, 전염병과 영양 결핍과 관련 있는 유아와 아동 사망률의 차이가 주요한 변수다."[122]

지금까지 소개한 연구들은 여러 학문 분야에서 유전자와 문화가 공진화할 수 있고 공진화하고 있다는 것을 보여주는 방대한 데이터 가운데 극히 일부일 뿐이다. 손의 사용 패턴, 성선택, 락토오스 내성에 대한 연구를 포함한 이론적인 모델들은 공진화 메커니즘을 보여주며, 유전적, 인류학적, 고고학적 증거는 이러한 되먹임이 단순한 가설이 아니라 인간의 진화에 대한 사실임을 보여준다. 크와족의 겸상적혈구 유전자 진화는 다른 수많은 사례들처럼 유전자와 문화의 변화가 비슷한 시간 척도에서 발생할 수 있음을 보여주며, 인간 게놈을 분석한 바에 따르면 유전자-문화 공진화적 상호작용이 매우 광범위하다는 것을 강력하게 암시한다.

하버드대학교의 저명한 곤충학자이자 동물 행동 연구의 현대적 접근법인 '사회생물학' 의 창시자 가운데 한 사람으로 유명한 에드워드 윌슨은,[123] "문화는 유전자라는 끈에 묶여 있다"라는 논쟁적인 주장을 제기했다.[124] 윌슨이 의미한 것은 유전적 경향이 행동과 문화적 지식의 습득을 결정한다는 뜻이었다. 이 주장에는 일말의 진실이 있다. 예를 들어, 어떤 음식을 소화하게 하는 유전적 변형을 지닌 사람들은 그 음식을 먹을 가능성이 높다. 하지만 윌슨의 주장은 논란의 여지가 있는데, 인간의 문화가 적응적이기 위해 그것이 우리의 유전자에 의해 제한된다는 주장으로 해석되기 때문이다.[125] 윌슨의 의도와는 관계없이, 이러한 해석은 방어하기 어렵다. 인간의 다른 발달과 행동의 모든 면면이 그렇듯이, 인간의 문화가 유연하고, 열려 있으며, 거대한 발명들을 생산하며, 우리의 유전자에 자연선택을 부여하는 새로운 환경을 만들어 내기 때문이다. 윌슨이 강조하지 않은 것은 유전자와 문화의 끈이 양쪽에서 당긴다는 것이다. 인간의 행동, 문화, 기술은 어느 정도 유전자에 의해 영향을 받지만, 앞서 언급한 유전자 연구들이 확인해 주는 것처럼, 인간 게놈의 설계 또한 우리의 문화에 막대한 영향을 받는다.

인간의 행동, 도구, 기술로 표현되는 문화적 지식은 우리 삶의 환경을 변화시키는 우리 종의 이례적으로 강력한 능력에서 충분히 드러난다.[126] 우리 조상들은 단지 그들의 세계에 적합하도록 진화하지만은 않았다. 오히려 그들은 그들의 세계를 만들었다. 인류 진화의 풍경은 우리 이전에 존재하지 않았으며, 오히려 우리 스스로 그 풍경을 만들었다. 우리는 우리의 적소를 구축했다. 모든 유기체가 적소를 구축하지만,[127] 환경을 제어하고, 조절하며, 변화시키는 우리 종의 능력은 유례없이 강력하며, 그렇게 할 수 있는 가장 중요한 이유는 문화를 다루는 우리의 이례적인 능력 덕분이다. 환경을 제어하는 능력은 지금까지 줄곧 강조한 줄달음 과정에 묶여 있다.[128] 이론적 연구는 문화적 과정이 만들어 낸 자연선택에 문화적 과정이 스스로 편승함으로써 빠르게 확산되는, 공진화적 역학을 잘 보여준다.[129] 문화에 가장 의존적인 인간 종이 적소 구축이라는 가장 강력한 능력을 지닌 것은 우연이 아닐 것이다. 줄달음치는 자가촉매적인 효과가 우리 계통에서 더욱 효과적인 모방, 커다란 뇌, 보다 세련된 의사소통을 추동했듯이, 더욱 강력한 적소 구축 또한 추동했을 것이다.

문화적 적소 구축은 신체적 외모, 피부색, 병에 취약한 정도, 음식을 소화하는 능력을 형성하며 우리 신체에 자연선택을 가했을 뿐만 아니라, 인간의 마음까지도 바꾸었다. 다시 말해, 우리의 인지를 문화적 삶에 적합하도록 변화시켰다.[130] 최근에 자연선택된 대부분의 유전자가 인간의 뇌나 신경계에서 발현되는데, 여기에는 우리의 학습, 협력, 언어와 관련 있는 유전자들도 포함된다.[131] 이는 지난 장에서 기술한 비교신경해부학의 교훈을 다시 한번 강조한다. 그 교훈에 따르면, 인간의 진화는 혁신, 모방, 도구 사용, 언어와 관련된 두뇌 영역의 확장과 함께 진행되었다.[132]

이 책의 초반부에서 살펴본 것처럼, 사회적 학습은 동물들 사이에 널리 퍼져 있으며, 일부 종은 비교적 안정적인 행동 전통을 갖고 있다. 아마도 이러한 전통은 다른 동물에게서도 유전자-문화 공진화를 여러 차례 일으켰을 것이다. 물론, 공진화가 발생했다는 단서는 존재한다. 예를 들어, 해면동물을 이용해 사냥하는 돌고래나 도구를 사용하는 뉴칼레도니아 까마귀는 아마도 사회적으로 전달되는 것으로 보이는 혁신적인 먹이 획득 기술 덕분에 다른 돌고래나 까마귀와 달리 색다른 먹이를 섭취할 수 있다.[133] 마찬가지로, 향유고래와 범고래의 경우에도 문화적 분기가 일어난 다음에 유전적 분화가 일어났다.[134] 유전자-문화 공진화가 호미닌 말고도 얼마나 널리 퍼져 있는지는 더 연구해야겠지만, 공진화의 여파가 상당하다는 것은 알 수 있다. 유전자-문화 공진화가 지배적일지도 모르는 인간의 진화에서는 상황이 훨씬 더 분명하다. 대부분의 이론적 연구에 따르면, 유전자-문화 공진화는 대개 일반적인 진화의 역학보다 더 빠르고, 더 강력하며, 더욱 폭넓은 조건에서 작동한다. 문화적 과정은 선택압을 조정하고 선택의 강도를 증가시켜 진화를 더욱 가속할 수 있다. 물론, 다른 상황에서는 문화적 과정이 (예를 들어) 생태학적, 사회적 문제에 대응하는 대안적인 수단을 제공함으로써 진화적 반응의 필요성 자체를 제거할 수도 있다. 하지만 연구 결과에 따르면, 인간의 문화적 활동은 평균적으로 생물학적 진화의 속도를 가속했으며 아마도 급격하게 증가시켰을 것이다. 수십 년 전에 앨런 윌슨이 예측한 것처럼, 자가촉매적인 작용은 우리 계통에서 인지의 진화를 촉진했다. 우리의 강력한 문화와 그 문화가 발생시키는 되먹임은 진화의 재연소 장치의 스위치를 켰고 우리의 인지가 다른 종의 인지보다 앞서 나아가도록 했다. 그로 인해 인간과 다른 동물의 지적 능력에 막대한 차이가 발생했다.

인간 마음의 진화에 대한 이러한 그림은 진화심리학자나 수많은 대중과학 저술가들이 제시한 그림과 근본적으로 다르다. 이런 저자들은 오늘날의 도시를 거니는 사람들이 영장류 조상이나 석기시대에 적합한 뇌를 지닌 채로 현대 세계에 대처하기 위해 애쓴다고 주장한다.[135] 이는 현대인들이 그들의 본능에 근본적으로 맞지 않는 환경 조건을 가공했다는 것을 의미한다. 앞서 소개한 설탕, 소금, 지방에 대한 진화된 선호가 보여주는 것처럼 그러한 '불일치'가 일어나기는 하지만, 이러한 부조화는 이 저자들이 상상하는 것보다 훨씬 드물다. 인간은 무작위적으로 아무렇게나 그들의 환경을 변화시키지 않는다. 오히려 다른 동물들이 자신과 자식의 생존을 위해 둥지나 둔덕, 거미줄이나 둑을 만들듯이 인간도 구조물을 건설하고 자신들의 세계에 영향을 미치는데, 이러한 행동은 일반적으로 그들의 진화적 적합도를 향상시킨다.[136] 동물들도 자원을 고갈시키고 환경을 오염시키지만, 이 또한 이러한 활동을 고려한 생애 전반의 전략과 관련 있으며 단기적으로 적합도를 향상시킨다. 예를 들어, 자원을 구할 수 없거나 주어진 환경에 거주할 수 없게 되면, 동물들은 흩어지거나 이주하는 전략을 취한다. 인간의 경우도 마찬가지다. 어떤 작물을 심고 이것이 부정적인 결과로 이어지는 경우(예를 들어, 농업이 질병을 유발하는 경우)에도 그들의 단기적인 적합도는 높아진다. 그 이유는 비용을 상쇄할 만큼 대개 작물의 영양이 지닌 이점이 크기 때문이다. 적소 구축은 적합도에 국지적이고 예상치 못한 부정적인 결과를 미치기도 하지만, 그럼에도 구축자의 적합도를 적어도 단기적으로 상승시키는 것이 일반적이다.[137] 이는 이론의 여지가 없는데, 동물이 만든 가공품이 적합도를 상승시켰다는 연구가 많기 때문이다.[138] 이런 맥락에서, 인간은 다른 동물과 다르지 않다. 우리도 우리에게 적합하도록 세계를 건설하기 때문에, 환경의 급격한 변환에도 불구하고 우리의 행동은 대체로 적응적이다.[139]

우리가 우리의 세계에 가하는 변화는 필연적으로 다른 종에게도 영향을 미친다. 때로는 그 변화가 부정적이지만, 긍정적인 경우도 있다. 예를 들어, 호주 원주민들이 식물을 제거하기 위해 불을 사용한 결과, 도마뱀들은 굴속에 사는 작은 포유류들을 더 쉽게 찾아냈고, 그에 따라 먹이가 모자이크처럼 펼쳐진 환경에서 번성하게 되었다.[140] 이와 마찬가지로, 많은 공생 동식물들이 인간이 구축한 환경에서 번성한다. 그러나 마침내, 인간의 서식지는 파괴되었고(가장 유력한 이유는 인류가 자초한 기후변화다) 인간의 적합도에 악영향을 미치고 있다. 당분간 다른 종들이 우리의 활동에 따른 피해를 고스란히 떠안게 될 텐데, 이들에게 미칠 영향이 긍정적인 경우는 거의 없다. 시베리아호랑이, 황금사자타마린, 체커스폿나비checkerspot butterfly를 비롯한 수많은 동물들이 우리의 서식지 파괴, 산림 파괴, 도시 개발, 농업으로 인해 멸종 위기에 처했다. 그동안 인간은 번성했고, 인구는 끊임없이 증가했다. 이는 단기적으로 인간이 자신의 적소 구축으로 이득을 얻었다는 뜻이다. 환경을 착취한 끝에 문화도 붕괴하게 될 것이라는 흔

한 이야기와는 달리, 최근의 연구는 농업과 문화가 인간의 환경 수용력을 높였다는 것을 보여준다.[141]

인간은 구시대적인 생물학적 유산에 갇히지 않는, 놀라울 정도로 유연한 존재다. 우리의 적응력은 문화적 진화와 유전적 진화 모두에 의해 강화된다.[142] 생물학적 적응과 우리가 살아가는 세계 사이의 불일치에 대해, 우리는 많은 경우 문화를 통해 대항한다. 예를 들어, 옷, 불, 냉방을 사용해 극단적인 온도를 누그러뜨리며, 새로운 농법과 혁신으로 식량난을 해결한다. 다른 동물들도 새로운 조건에 대응하며 유연성을 발휘하지만, 문화에서 비롯되는 놀라운 유연성과 문제 해결 능력을 지닌 동물은 오직 인간뿐이다. 인간이 문화적 활동으로 새로운 조건에 대응하지 못할 때는 자연선택이 발생하며, 앞서 이야기한 것처럼 문화적으로 유도된 자연선택은 빠르게 진행되고는 한다. 크와족의 거주지들 가운데 말라리아에 취약한 지역에서는 겸상적혈구 대립형질에 대해 이형접합체인 것이 적응적이다. 마찬가지로, 낙농업 사회에서 락타아제의 활동을 활발하게 하는 유전자는 적합도의 이득을 제공한다. 인간의 문화적 활동으로 유발된 이러한 유전적 변화는 인간의 적응력을 복원했다.

그러므로 해부학적, 생리학적, 인지적 변화와 같은 인간 자신의 변화뿐만 아니라 환경의 변화(우리는 대부분 아프리카의 숲이나 사바나에서 살고 있지 않다)를 포함하는 광범위한 변화에도 불구하고, 우리는 우리를 둘러싼 환경에 아주 잘 적응하고 있다. 그 이유는 다름 아닌 우리가 그 환경을 우리에게 이롭게 만들며 그 환경에서의 삶에 적응해 왔기 때문이다. 인간의 마음과 인간의 환경은 적소 구축과 자연선택의 상호작용을 통해 오랜 시간 서로 밀접하게 정보를 교환해 왔으며, 그 결과로 서로의 모습을 서로에게 어울리게 빚어낸 것이다.

10장

문명의 새벽

The Dawn of Civilization

우리의 진화적 계통 구성원들이 경험하는 변화의 속도는 최근 들어 가속화되었고, 계속 가속화되고 있다.[1] 지구상의 다른 모든 종처럼, 인류는 생명이 시작한 36억 년 전까지 거슬러 올라가는 오랜 진화의 역사를 가지고 있다. 현존하는 수백만 종들 가운데 대다수 종의 적응은 생물학적 진화로만 쓰여왔으며, 인간 진화의 역사 또한 적어도 99퍼센트의 기간이 생물학적 진화로만 쓰였다. 하지만 지난 200만 년 또는 400만 년 동안(또는 그보다 오랜 시간), 우리의 역사는 유전자-문화 공진화를 통해서도 형성되었다. 처음에는 유전자-문화 동역학이 인류의 적응에 그다지 큰 기여를 하지 않았지만, 우리의 문화적 능력이 향상되고 환경에 대한 통제력이 커지면서 그 영향력도 증가한 것이다. 마침내 문화는 모든 것을 넘겨받았고, 우리를 완전히 새로운 영역으로 이끌고 있다.

우리는 이 행성에 거주하는 종들 가운데 세 가지 시대의 적응적 진화를 모두 경험한 유일한 종일 것이다. 먼저 생물학적 진화가 지배적인 시대가 있었다. 이 시기에 우리는 다른 모든 생명체와 동일한 방식으로 환경에 적응했다. 그다음은 유전자-문화 공진화가 지배적인 시대였다. 우리 조상들은 문화적 활동을 통해 그들이 나중에 생물학적으로 적응할 문제들을 설정했다. 그에 따라 다른 종들은 비교적 느린 속도의 환경 변화를 겪는 반면, 인류가 경험하는 환경 변화는 가속화되었다. 그 결과로 인간 계통에서 다른 포유류에 비해 높은 비율의 형태학적 진화가 발생했으며,[2] 인류의 유전적 진화는 지난 4만 년간 100배 이상 가속화되었다.[3] 오늘날 우리는 문화의 진화가 지배하는 세 번째 시대에 살고 있다. 문화는 인류에게 적응적 문제들을 제기하지만, 이들은 생물학적 진화가 작동하기도 전에 더 많은 문화적 활동을 통해 해결된다. 우리의 문화가 생물학적 진화를 멈추게 한 것은 아니지만(이는 불가능할 것이다), 생물학적 진화는 문화적 진화의 자취를 따라가게 되었다.

우리 종은 문화의 진화를 통해 행성을 완전히 변모시켰으며, 그것도 맹렬한 속도로 변모시키고 있다. 호미닌이 침팬지와 같은 생물에서 호모 사피엔스로 진화하는 데는 약 600만 년이 걸렸지만, 문화가 진화한 지난 1만 년에서 1만 2,000년 동안 인간은 달에 다녀오고, 원자를 쪼개며, 도시를 건설하고, 백과사전과 같은 지식을 쌓고, 교향곡을 작곡했다. 대부분의 다른 종들은 인간이 가져온 급행열차처럼 빠른 환경 변화에 대처할 수 없다. 결국 자연선택을 통해 적응하기도 전에 그 대부분이 멸종하고 말 것이다. 오늘날 우리가 이 행성에 미치는 영향이 너무나 압도적이라서 과학자들은 지금 시대를 '인류세Anthropocene'라는 새로운 지질학적 시대로 구분했다.[4] 반면, 우리는 인류세를 가능하게 만드는 문화를 지닌 덕분에 아무런 문제 없이 이 시대에 적응하고 있다.

문화는 우리 조상들에게 식량 획득과 생존 비결을 제공했다. 예를 들어, 우리 조상들은 영양이 풍부한 식량에 접근하고, 불을 사용하고, 절단 도구를 만들 수 있게 되었다. 새로운 발명품들이 등장하자, 호미닌 집단은 그들의 환경을 보다 효율적으로 활용할 수 있었다. 우리 조상들은 식량의 범위를 넓혀 많은 양의 고기를 먹기 시작했는데, 고기에는 식물보다 더 많은 양의 단백질, 비타민, 미네랄, 지방산이 포함되어 있었다. 이후 우리 조상들은 요리를 시작했고, 그로 인해 소화의 부담이 줄어들었으며, 더 많은 시간과 에너지를 얻을 수 있었다. 궁극적으로, 에너지를 더 많이 확보하게 되자 커다란 뇌를 기르고 운영하는 데 드는 상당한 크기의 에너지를 지불할 수 있게 되었다. 인간의 뇌는 그 어떤 기관보다도 더 많은 양의 에너지를 사용한다. 몸무게의 2퍼센트를 차지할 뿐이지만, 에너지의 20퍼센트를 소비하기 때문이다. 그 밖의 에너지는 다른 곳에서 얻어야 했기에, 호미닌 종은 칼로리의 광맥을 얻을 수 있는 식량 획득 방법을 찾아야 했다. 그렇지 않으면 멸종할 수밖에 없었다. 우리의 지능은 비용보다 더 많은 에너지를 조달해 비용을 상쇄해야만 양성 선택의 직접적인 표적이 될 수 있었다.[5] 이렇게 성장한 우리의 뇌는 혁신과 사회적 학습 능력을 더욱 강화했다.[6]

환경을 보다 효율적으로 활용할 수 있게 되자, 뇌가 더욱 커졌을 뿐만 아니라 인구도 증가했다. 농업의 발견 이후로 인구는 정말로 급격하게 증가했고, 인간은 빠른 속도로 지구 생태계의 지배자로 군림하게 되었다.[7] 새로운 발명(식물과 동물의 재배와 가축화, 관개 기술, 식물과 동물의 품종 개량, 잡종 곡물, 비료, 살충제, 생물공학)이 이루어질 때마다, 식량 생산량이 증가했고 인구도 더 증가했다. 세계 인구는 약 다섯 자릿수로 증가했으며, 이렇게 증가한 인구는 우리 종의 유전적, 문화적 수준에서의 적응적 진화를 부채질했다. 인구가 증가하면 새로운 돌연변이가 증가하고 유전적 부동에 비해 자연선택의 효과가 강력해지기에, 인구의 증가는 대체로 더 빠른 속도의 생물학적 진화를 의미한다.[8] 또한, 새로운 발명품을 고안하는 사람도 증가하고, 혁신과 지식이 우연한 사건에 의해 소실될 가능성이 낮아지면

서 문화의 진화도 더욱 번성했다.[9]

기술이 발달할수록 인류는 생존에 필요한 기술을 습득하기 위해 사회적으로 전달되는 지식에 더욱더 의존하게 되었다. 사회적 학습 전략 토너먼트가 보여준 것처럼, 사회적 학습에 의존하는 정도가 높아지자 현대 문화의 전형적인 특징들도 자연스레 등장했다. 이를테면, 늘어난 문화적 레퍼토리, 오랜 시간 보존되는 지식, 어느 정도 유사한 행동들, 유행, 그리고 급격한 기술적 변화가 나타났다.[10] 우리 종의 괄목할 만한 성공, 향상된 적응 능력, 놀라운 다양성, 당혹스러울 정도로 많은 새로운 정보는 사회적 학습에 대한 우리 종의 막대한 의존에 따른 것이다.[11] 이는 7장에서 설명한, 사회적 전달의 충실도가 미치는 영향을 탐구하는 수학적 분석에서 얻은 통찰과도 관련 있다. 그 연구에 따르면, 보다 정확한 전달 메커니즘(가르침이나 언어능력과 같은 우리의 생물학적 유산, 또는 쓰기나 기록 보관과 같은 문화적 진화의 산물)이 진화하면, 더 많은 문화적 지식이 보존되고 더욱 방대한 문화적 레퍼토리가 축적된다.[12] 전달의 충실도가 높아질 때마다 지식은 더 효율적으로 보다 오랜 기간 보존되며, 따라서 개념적인 계통들 간의 교류가 일어나 문화적 축적을 더욱 촉진하게 된다. 따라서 확립된 경험적, 이론적 연구 결과들만을 바탕으로 (하나가 아닌) 여러 개의 서로 맞물린 되먹임 메커니즘들을 상상할 수 있는데, 이러한 메커니즘들은 서로가 서로를 강화하며 오직 우리 계통에서만 줄달음치는 적소 구축과 적응을 생성했을 것이다.

하지만 이 되먹임이 그처럼 끊임없이 작동했다면, 왜 우리 속genus의 구성원들은 오랜 시간 수렵 채집인으로 머물렀을까? 그리고 양자역학이나 유전자 편집 기술은 차치하더라도, 왜 지구상에는 아직까지도 바퀴, 아치, 금속 추출을 개발하지 못한 산업화 이전의 소규모 사회가 그토록 많은 것일까? 이 질문들에 대한 답은 수렵 채집인의 삶이 문화적 지식의 성장에 강력한 제약을 가하기 때문이라는 것이다.

수렵 채집 사회는 산업화 이전의 사회들 못지않게 사회적으로 전달되는 지식에 의존한다. 이를 설명하는 데는 간단한 사례로도 충분하다. 겉으로는 그다지 복잡해 보이지 않는 벌꿀 수확을 고려해 보자. 벌꿀 수확은 대부분의 현대 수렵 채집 사회에서 관찰할 수 있다(그림 8).[13] 꿀은 자연에서 에너지가 가장 풍부한 식량 가운데 하나이며, 우리 속의 초기 구성원들에게 중요한 식량 자원이었다.[14] 탄자니아의 해드자Hadza 부족의 식단에서 꿀은 거의 15퍼센트를 차지하며,[15] 이 귀중한 자원은 가족 바깥으로 널리 공유될 뿐만 아니라 이유식으로도 자주 쓰인다.[16] 당신은 다른 사람들의 도움 없이도 복잡해 보이지 않는 꿀 채집 기술을 습득할 수 있다고 생각할 것이다. 당신은 분명 꿀에 영양분이 풍부하고, 벌들이 꿀을 생산하며, 벌들의 보금자리에서 꿀을 찾을 수 있다는 기존의 지식을 갖고 채집에 나설 것이다. 하지만 이는 당신이 사회적으로 습득한 지식이다. 이를 알고 있더라도, 풋내기 벌꿀 수확자가 성공하는 데 필요한 지식은 그 밖에도 더 있다. 예를 들어, 수많은 꿀벌 종이 있기 때문에 어떤 꿀벌을 타깃으로 삼아야 하는지 알아야 한다. 어떤 벌들은 침이 없지만, 인간을 잔인하게 공격하는 아프리카살인벌African killer bees 같은 벌에게 반복적으로 물리면 죽음에 이를 수도 있다. 게다가 표적으로 삼은 꿀벌의 둥지가 어떻게 생겼는지, 벌이 보통 어디에 있는지, 어떤 나무에 있는지도 알아야 한다. 벌꿀 채집인은 나무를 안전하게 타는 법도 알아야 한다. 예를 들어, 해드자 부족처럼 날카로운 막대를 나무 몸통에 박아 넣어서 사다리를 만들 수도 있다. 채집인들은 나무를 쪼개 벌집을 드러나게 하는 법, 연기로 꿀벌을 비활동적으로 만드는 법, 연기를 만들기 위해 불을 피우는 법을 알아야 한다. 벌에게 쏘이지 않고 나무에서 벌집 또는 벌집의 일부를 제거하는 법, 꿀을 추출하는 법도 알아야 한다. 마지막으로, 해드자 부족의 일원이라면 꿀잡

그림 8. 꿀은 자연에서 에너지 함량이 가장 높은 식량 가운데 하나로, 오늘날의 수렵 채집 집단에게도 주요한 식량 자원이다. 이는 우리 조상에게도 마찬가지였을 것이다. 놀랍게도, 꿀을 안전하게 수확하려면 상당한 양의 문화적 지식이 필요하다. 서바이벌재단의 조애나 이드의 사용 허락을 받은 사진.

이새의 노래도 부를 줄 알아야 한다.[17] 인간과 꿀잡이새는 놀라울 정도로 호혜적인 관계다. 밀랍과 꿀벌 유충을 얻기 위해 꿀잡이새는 사람들을 야생 꿀벌들의 보금자리로 안내한다. 꿀잡이새가 채집인들을 벌집으로 인도할 때까지, 해드자 부족은 재잘거림과 휘파람으로 꿀잡이새와 '대화'를 나눈다.[18]

주목할 점은 벌꿀 채집과 관련된 이 모든 지식이 사회적으로 습득된 것이라는 점이다. 해드자족, 파라과이의 아체족Aché, 페루의 마치구엔가족Machiguenga과 같은 공동체는 아주 오랜 시간 축적된 적응 노하우에 의지한 덕분에 살아남을 수 있었다.[19] 벌꿀 채집은 동물을 올가미로 잡는 것, 사슴 가죽을 벗기고 도살하는 것, 불을 지피고 불씨를 지키는 것, 어떤 과일과 버섯이 먹어도 안전한지 아는 것, 창과 활 또는 화살을 만드는 것, 독소를 제거하기 위해 채식을 요리하는 것, 그리고 그 밖의 수많은 필수적인 기술들과 다르지 않다. 이런 작업들을 어떻게 수행하는지 아는 것은 이러한 사회 안에서 살아가는 데 필수적이며, 생존을 담보하기 위해서라도 세대를 가로질러 전달되어야 한다.[20]

오늘날의 수렵 채집 사회에서는 대부분의 칼로리를 식물에서 얻으며 단백질은 대부분 물고기와 육류로부터 얻는다.[21] 하지만 우리에게는 많은 식물들로부터 영양분을 추출하는 생물학적 적응이 없기에(반추동물들과 달리 우리는 셀룰로오스를 소화하지 못하며, 식물이 방어 수단으로 만들어 내는 여러 화합물을 해독하지 못한다), 우리가 채집해 먹는 음식조차도 대부분 과일, 씨앗, 덩이줄기 식물에 한정된다.[22] 인간 집단은 식품 가공법으로 식단을 어느 정도 넓힐 수 있었지만, 그러한 가공법은 상당한 양의 문화적 지식을 필요로 한다.[23]

예를 들어, 도토리는 말린 다음 껍질을 제거하고, 으깬 다음 물에 담그고, 반복적으로 물에 헹구어 타닌을 제거해야 섭취할 수 있다. 그렇게 만들어진 곤죽은 빵에 사용되는 밀가루 같은 것으로 만들기 위해 다시 말릴 수 있는데, 이는 몇몇 북미 수렵 채집 공동체들이 쓰던 방법이다. 타닌을 걸러내는 것은 매우 중요한데, 이것이 음식의 쓴맛을 내며 단백질과 결합해 소화를 방해하기 때문이다. 조리하지 않은 도토리를 먹으면 아플 수 있다.[24] 기술은 수확량을 늘리고 식단을 넓히지만, 이렇게 복잡한 가공법은 인류의 진화에서 비교적 최근에 발전한 것이다. 역사적으로, 대부분의 수렵 채집인들은 적은 수확량에 의존해 어렵게 살아갔다.

결과적으로, 일반적인 수렵 채집 무리는 주변에서 쉽게 얻을 수 있는 것들을 빠른 속도로 소진했기에 더 많은 식량을 얻기 위해 다른 곳으로 끊임없이 이동해야 했다.[25] 심지어 그들은 며칠마다 이동하기도 했다. 이동의 주기는 두 가지 결정적인 요소에 달려 있는데, 환경에서 자원을 추출하는 방법에 대한 축적된 문화적 지식의 깊이와 그 지역에서의 평균적인 생산력이 바로 그것이다. 그들은 자신의 본거지home base로부터 어느 정도 떨어진 곳에서도 수렵 채집을 하지만, 본거지를 옮기는 것이 먼 거리에서 수렵 채집을 하고 돌아오는 것보다 더 쉬워지는 시점이 있다.

초기 호모에게는 아마도 본거지조차 없었을 것이다. 계절에 따라 야생식물과 야생동물을 찾아다니는 유목성의 사냥과 채집은 일반적으로 인류의 가장 오래된 생존 방법으로 여겨진다. 식량 획득 기술의 레퍼토리가 제한적이며 부족한 자원을 얻기 위해서는 효율적인 전략이 필요한, 생산성 낮은 지역에 거주하는 인간 집단에게는 이와 같은 유목민적인 생활양식이 잘 맞는다. 심지어 소나 염소 떼를 관리하는 여러 현대 목축 사회에서도 목초지가 회복되지 않을 정도로 황폐화되지 않도록 끊임없이 가축을 몰고 다닌다.[26]

끊임없는 이동은 한 사회가 가진 기술적 도구 모음의 크기와 정교함에 상당한 제한을 가한다.[27] 모든 구성원의 소유물을 며칠마다 다른 장소로 옮겨야 한다면, 수렵 채집 집단에게는 방대한 도구를 소유할 여력이 없을 것이다. 집단이 소유한 모든 것은 가벼울 뿐만 아니라 짐으로 꾸리기도 쉬워야 한다. 몇 주간 사용되지 않거나 특정 계절에만 사용되는 장비는 유목민의 생활방식에 적합하지 않다. 그 장비를 운송해야 하기 때문이다. 집단이 항상 이동해야 한다면, 장기 식품 보관소 또한 실질적으로 불가능하다.

더군다나, 걸어서 이동하는 여성들은 여러 아이들을 안은 채로 식량을 채집할 수 없기에 동시에 부양할 수 있는 어린아이의 수가 1명으로 제한된다. 수렵 채집 공동체들은 한 번에 한 아이만 업거나 안기 위해 의도적으로 아이들의 터울을 크게 둔다. 예를 들어, 칼라하리사막에 사는 !쿵족!Kung San 사람들의 경우에는 대개 네 살의 터울을 둔다.[28] 이는 인구의 증가를 엄격하게 제한한다.

성별에 따른 분업을 제외하면, 수렵 채집 사회에서 모든 사람은 기본적으로 수렵 채집이라는 동일한 직업을 갖는다.[29] 그 결과, 누구도 더 많은 부나 자원을 축적하거나 높은 지위를 가질 수 없으며 사회구조라고 할 만한 것도 생길 수 없다. 전문화되고 영구적인 역할은 일반적으로 존재하지 않는다.[30] 몇몇 사람들이 샤먼이나 다양한 유형의 도구 제작자로 여겨지지만, 그 누구도 그 방식으로는 먹고살 수 없다. 오히려 모든 건장한 사람은 사냥을 하거나 채집을 해야 한다. 오직 매우 부유한 수렵 채집 사회에만 추장, 카누 제작자, 화살 제작자와 같은 뚜렷한 직업들이 있다.[31]

이를 생각해 보면, 수렵 채집 사회의 기술이 왜 그토록 오랫동안 느리게 변했는지, 심지어 왜 오늘날에도 여러 소규모 사회들이 제한된 기술만을 가지고 있는지를 이해할 수 있다.[32] 수렵 채집자들은 사실상 문화의 진화를 심각하게 제한하는 잔인한 순환 고리에 갇혀 있다. 집단이 환경을 보다 효율적으로 활용할 수 있는 수단을 개발하거나, 우연히 극도로 풍요로운 지역에 살게 되지 않는 한, 순전히 살아남는 데 필요한 자원을 모으기 위해 끊임없이 이동해야 한다. 어떠한 혁신이라도 이러한 제약은 만족되어야 한다. 새로운 도구나 기기가 아무리 환상적이더라도, 운반하기가 어렵다면 별다른 가치가 없다. 어떠한 경우에도 새로운 발명을 개발할 사람이 거의 없고 혁신을 할 만한 시간도 거의 없기에, 새로운 혁신은 거의 일어나지 않는다.[33] 작은 사회에서 제한적인 기술로 살아갈 수밖에 없기 때문에, 서로 다른 문화적 요소를 조합해 보다 복잡한 새로운 발명품으로 만드는 경우는 거의 없다. 부나 자원이 축적되지 않고 모든 사람이(심지어 어린아이들도) 사냥하거나 채집할 수밖에 없기에, 수렵 채집 사회는 자연적으로 평등하며 거의 어떠한 사회구조도 형성하지 못한다. 이런 요소들이 농업 이후의 사회들에 비해 사회의 문화적 목록을 더디게 변하도록 만든다.[34]

하지만 이는 반대로, 일단 새로운 기술이 확산되며 주변 환경을 충분히 효율적으로 활용하게 되면서 인구가 결정적인 역치를 넘어서게 되면,

다음과 같은 수많은 결과들이 즉각적으로 이어진다는 뜻이기도 하다. 첫째, 집단은 끊임없이 이동할 필요가 없어진다. 둘째, 집단이 안정적인 본거지를 가지거나 심지어는 완전한 정착 생활이 가능해진다. 셋째, 그들은 이제 음식과 기기를 저장할 수 있으며 그에 따라 기술을 축적할 수 있게 된다. 넷째, 도구의 모음이 확장되면서 개념들이 서로 조합되고 특정 영역의 요소들이 다른 영역에 적용되는 기회도 더 많아진다. 다섯째, 더 오래 머물러 살게 되면서 아이들의 터울이 줄어들고,[35] 수렵 채집의 효율성이 높아지며 환경 수용력도 증가하며, 결과적으로 인구가 증가한다. 여섯째, 인구가 증가하며 잠재적인 혁신자도 더 많아지고, 더 많은 시간과 자원을 가지고 개발된 혁신들을 더 많이 사용할 수 있게 된다. 일곱째, 혁신이 증가함에 따라 주변 환경의 새로운 자원을 활용하게 되거나 기존의 자원을 보다 효율적으로 활용하게 되면서, 환경 수용력이 더욱 증가하고 인구도 더 증가하게 된다. 마지막으로, 부가 축적되기 시작하면서 사회구조와 분업이 가능해지고, 전문화가 발생하며 효율성이 개선된다. 유목민의 생활양식에서 벗어나면서, 문화와 기술은 진정으로 진화할 수 있게 되었다. 이것이 바로 농업의 출현과 그에 따른 동식물의 가축화 및 재배와 함께, 또는 그 이후로 문화의 진화가 가속화되는 것처럼 보이는 이유다. 인류의 역사에서, 대부분의 집단들이 오직 농업을 통해서만 문화의 변화를 지체시키는 끊임없는 이동의 부담에서 벗어날 수 있었다.

고고학 분야에는 농업의 기원에 대한 수많은 연구들이 있는데, 특히 어떤 종을 언제 어디서 길들였는지에 대한 연구들이 많다.[36] 농업은 오직 한 차례만 나타난 것이 아니다. 여덟 곳, 또는 그보다 많은 장소에서 초기의 식물 길들이기가 시작되었다.[37] 이는 자연스레 농업이 무엇 때문에 시작되었는가 하는 질문으로 이어진다. 고전적인 연구들은 주로 환경의 변화가 그 계기라고 강조한다.[38] 물론, 빙하기에는 농업이 경제적이지 않았을 것이다. 따라서 가장 마지막 빙하기 직후인 약 1만 1,500년 전에 농업이 처음 등장한 것도 그리 놀랍지 않다.[39] 하지만 일부 연구자들에 따르면, 야생에서 자원을 쉽게 구할 수 없었을 때는 농업에 의존하는 것이 보다 경제적이다.[40] 하지만 이 분야의 최고 권위자 중 한 명인 스미소니언연구소의 브루스 스미스Bruce Smith는 전 세계적으로 식물이나 동물을 길들이기에 적합한 풍부한 자원 지대가 제법 있었을 것이라고 주장했다.[41]

이처럼 언뜻 상충되는 것처럼 보이는 결론들은, 동식물을 길들이는 최초의 시험적인 단계로 나아가게 하고 농업에의 완전한 의존을 경제적으로 만든 원인이 어떤 외부 조건이나 상황이라는 흔한 가정을 반영한다.[42] 몇 년 전 나는 고고학 공동 연구자인 미주리대학교의 마이클 오브라이언과 함께, 연구자들이 길들이기와 농업의 기원에 대해 연구하며 외부에 존재하는 '원동자prime mover'를 찾기보다는(또는 그와 함께), 인간과 길들여진 동식물들 간의 공진화적 상호작용과 이를 가능하게 하는 문화적 적소 구축 활동에 더 많은 초점을 맞추어야 한다는 결론에 이르렀다.[43] 농업의 기원에 대한 원인으로 외부의 환경 요인을 강조한 것은 틀리지 않았다. 마지막 빙하기 동안, 기후는 차가울 뿐만 아니라 매우 심하게 변했으며 동식물 군집은 그들의 영역을 자주 옮겨야만 했다.[44] 호미닌 집단은 적합한 식량과 사냥감이 있는 지역을 찾을 수밖에 없었고, 지형을 따라 그들의 식량을 쫓으며 반복적으로 거주지를 옮겼을 것이다.[45] 이러한 안정적이지 못한 조건은 정착 생활을 방해한다. 반대로 마지막 빙하가 끝난 이후 홀로세에는 기후가 따뜻해지고, 더 습하고 보다 안정적으로 변했으며, 대기 중 이산화탄소의 농도도 더 높아졌다. 이는 식물 자원에 훨씬 더 의존하기에 좋은 조건들이다.[46] 호모 속이 지구를 돌아다니던 지난 200만 년 가운데 아마도 지난 1만여 년간이 농업을 하기에 가장 적합한 시기였을 것이다.

분명 농업이 발생하기 이전에도 식물을 길들이기에 적합한 기후가 있었겠지만, 나는 이러한 외부적인 요인이 농업의 직접적인 원인이라기보다는 필요조건일 뿐이라고 생각한다. 기후의 변화는 기껏해야 전체 인과관계의 일부일 뿐이다. 지구가 오랜 기간의 따뜻하고 습한 시기를 과거에 여러 차례 경험했지만, 그 어떤 종도 농업을 고안해 내지 못했기 때문이다.[47] 나는 지금의 간빙기가 예를 들어 50만 년 전에 발생했다고 하더라도 당시의 호미닌들이 농업을 고안하지는 못했을 것이라고 예상한다. 농업은 꼭 맞는 종이, 꼭 필요한 지식과 능력을 갖추고 꼭 맞는 장소와 꼭 맞는 시간, 그리고 무엇보다도 꼭 맞는 방식으로 행동해야 비로소 가능하다. 농업의 기원을 이해하려면, 우리는 인간이 식물과 동물을 길들이는 것이 경제적이었던 적소를 어떻게 구축했는지를 고려해야 한다.

동물과 식물은 공진화하는데, 이는 서로가 서로의 진화적 적합도에 영향을 미치는 형질을 자연선택이 선호하기 때문이다. 이 경우에는 동물 개체군이 인간 집단이기에, 유전자와 문화의 진화가 모두 개입된다.[48] 농업은 문화적 적소 구축의 한 사례이며, 따라서 지난 장에서 설명한 것처럼 길들여진 동식물뿐만 아니라 인간 집단에게도 선택적 되먹임을 통해 진화적 사건을 유발할 수 있었다.[49] 식물의 재배에 기여하는 문화적 적소 구축 과정에는 씨앗을 선택적으로 모으고 옮기며 보관하는 것, (의도적이든 우연적이든) 초원과 숲에 불을 지르는 것, 나무를 베어 쓰러뜨리는 것, 경작, 잡초 제거와 경쟁 종을 선택적으로 골라내는 것, 관개, 유기물이 풍부한 퇴비 더미를 만드는 것이 포함된다.[50] 이러한 활동들의 근간이 되는 기술과 정보는 가르침, 모방, 이야기, 신화, 의례 등의 조합을 통해 한 세대에서 다음 세대로 전수되며,[51] 그동안 지식의 기반은 주기적으로 축적되고 갱신된다. 이러한 농업 활동은 오랜 시간 식물에 영향을 미쳤으며, 이 시간 동안 식물의 크기 또는 그 씨앗의 크기가 확연히 커지고, 씨앗의 발아 시기가 빨라졌으며, 씨앗과 작물이 동시에 여물게 되었고, 그 밖의 극적인 변화들이 이루어졌다. 이런 변화들은 두 종에게 모두 이득이 되었는데, 식물 공동체의 적합도가 상승했을 뿐만 아니라 수확량도 증가했기 때문이다. 예를 들어, 준비된 배양기에 씨앗을 뿌리는 것은 우연적인 인위적 선택을 통해 발아와 분산 메커니즘에 변화를 유도하는데, 이는 그 식물의 씨앗이 다음 해의 재고에 포함될 가능성을 높인다.[52] 이렇게 증가한 수확량은 인간으로 하여금 식물의 생산량을 유지하거나 증가시키는 행동을 지속하게 하며, 이는 다시 인간의 소화 효소를 변화시키는 자연선택을 유발한다. 하지만 선택적으로 씨앗을 뿌리고 식물을 수확하는 방법은 의도치 않게 작물에 선택압을 가했고, 결국에는 많은 종이 야생종과의 경쟁에서 살아남을 수 없게 되어 인간에게 완전히 의존하게 되었다.[53]

동일한 논리가 동물에게도 적용된다. 가축화는 우유와 같은 동물 생산물의 증가뿐만 아니라 환경의 자극에 대한 낮은 반응성, 생존과 번식을 위한 인간에의 의존 등 다양한 형질들의 선택을 낳았다.[54] 우리나 울타리가 제공하는 보호, 다루기 쉬운 개체에 대한 선택은 다시 동물의 품종에 대한 자연선택에 영향을 미친다. 이러한 자연선택은 인간이 제공하는 환경이 사라졌을 때 그 동물을 포식자의 공격에 취약하게 만드는 방식으로 작동한다.[55] 따라서 인간이 돌보는 동식물은 주인에게 점점 더 의존하게 된다. 이렇게 인간과 길들여진 동식물들 간의 호혜적인 관계가 강화되면서, 상호 의존과 상호 적응이 진화했다.

사실, 동식물을 최초로 길들인 시점은 대개 본격적인 농업이 등장하기 훨씬 더 이전이다.[56] 여기서 '본격적인 농업'은 인간 사회가 길들여진 동식물들에 거의 전적으로 의존하는 상황이라고 생각할 수 있다.[57] 일부 지역에서는 가축화와 재배가 시작되고 나서 본격적인 농업이 발생하기까지 수천 년이 걸리기도 했다.[58] 이러한 과도기의 소규모 사회들은 길들여진 동식물을 포함하는 낮은 수준의 식량 생산 경제에 의존했을 뿐만 아니라,

야생동물과 야생식물에도 크게 의존했다.[59] 길들이기가 시작되고 안정적인 농업 사회로 전환할 것인지를 결정하는 주된 요소는 적절한 식물 종이 주변에 있는가 하는 것이었다.[60] 처음 길들여진 작물은 대개 커다란 씨앗이나 과일이 있는 1년생 식물이었다. 완두콩 같은 콩류나, 호밀, 보리, 옥수수 같은 곡물이 이에 해당한다.[61] 주요한 진전 가운데 하나는 기원전 9600년경 동부 지중해를 둘러싼 지역에서 새로운 형태의 밀(씨앗의 머리가 더 큰 종)이 출현한 것이었다.[62] 이전의 밀은 오늘날의 밀과는 상당히 다르며 오히려 야생 풀과 닮았다. 야생 밀은 자연적으로든 인위적으로든 다른 형태의 풀과 교배하며 번식력이 뛰어난 배수성 잡종이 되었다.[63] 이 잡종의 염색체 수는 기존의 4배에 달하기 때문에, 지방을 함유할 뿐만 아니라 이삭도 쉽게 수확할 수 있었다. 하지만 이 밀은 팽창된 씨앗을 바람에 날려 번식하는 능력을 잃어버렸기에, 이삭을 모으고 다음 해 수확하기 위해 씨앗을 뿌리는 인간의 활동에 의존하게 되었다.[64] 보리 또한 비옥한 초승달 지대Fertile Crescent에서 비슷한 시기에 나타났다.[65] 옥수수는 약 9,000년 전에 멕시코 남부에서 처음 재배되었으며, 호박, 콩, 카사바처럼 이후 아메리카 대륙 전체로 확산되었다.[66] 기원전 1만 년 전에는 그릇으로도 사용되는 호리병박이 길들여지기 시작한 것으로 보인다.[67] 호리병박은 기원전 8,000년에 이르러 아시아에서 아메리카 대륙으로 전달되었는데, 사람들이 이주하며 같이 이동한 것으로 보인다.[68] 아시아에서 최초로 길들인 작물 가운데 하나인 수수는 중국에서 1만 300년에서 8,700년 전부터 경작되었으며, 가뭄에 아주 강하기 때문에 번성한 것으로 보인다.[69] 쌀은 9,000년 전에 중국에서 길들여지기 시작해, 약 5,000년 전에 인도로 확산되었다.[70]

식물 길들이기가 기아의 위험을 감소시키며 개체군의 건강에 긍정적인 영향을 미쳤을 것이라고 생각할 수 있지만, 진실은 그렇지 않다.[71] 농업은 분명 건강에 상당한 영향을 미치며 적어도 일부 지역에서는 긍정적인 영향을 주었지만,[72] 일반적으로 그 영향은 긍정적이지 않았다. 수렵 채집에서 농업과 정착 생활로 바뀌고 나서 얼마간은 음식의 다양성이 줄어들며 식단이 극단적으로 제한되었다. 따라서 집약적인 농경으로의 전환은 영양 섭취의 감소로 이어졌으며, 인간의 건강에도 영향을 미쳤다.[73] 약 3,000년 전, 유럽에서 농업이 널리 보급되며 고대 그리스와 로마 사회가 부상하는 동안, 유럽인들의 건강은 현저하게 악화되었다.[74] 지난 장에서 설명한 것처럼, 면역과 병에 대한 저항과 관련된 유전자들이 최근 선택적 스위프의 대상이 된 것은 농업이 널리 보급되며, 인구의 밀도가 증가하고 동물의 질병에 노출된 것에 따른 부산물이다.[75] 마찬가지로, 연구자들은 이 시기부터 나병과 결핵에서 비롯된 뼈의 손상들을 발견한다. 나병과 결핵은 인수공통감염병으로 가축, 또는 쓰레기가 축적된 지역에 거주하는 사람들과 가까이 거주했기에 발생했다.[76] 사람들이 곡물 위주로 부족한 영양분의 식사를 하고 당을 더 많이 섭취하자, 충치와 치아 에나멜이 상하는 빈도 또한 증가했다.[77] 결과적으로 한동안 유럽인들의 키가 줄어들었으며, 남성의 키는 2,300년 전부터 400년 전까지 평균적으로 7센티미터가 줄어들었다. 이는 권력 집단에 속하지 않는 가족 출신의 아이들이 양질의 음식을 먹지 못하거나 병을 앓았음을 뜻한다.[78] 농업의 반복적인 혁신으로 수확량이 증가했지만, 그럴 때마다 인구도 곧 뒤따라 증가해 인간의 궁핍은 혁신 이전과 변함이 없었다.

하지만 인류학자들은 집약 농경만이 제공할 수 있는 방대한 식량 기반이 없었다면 큰 규모의 광범위한 분업이 이루어지는 구조화된 사회가 불가능했을 것이라고 주장해 왔다.[79] 이러한 추론은 농업과 진화적 적합도 사이의 양의 상관관계를 시사하는데, 이러한 상관관계가 우리 조상들의 농업혁명을 자극했을 수 있다. 짐작하건대, 우리 조상들은 식량 생산을 통제하면 식량의 총량이 증가하고 가용량의 변동을 줄일 수 있다고 믿었기에 농업을 매력적으로 받아들였을 것이다.

동물들이 가혹한 시기를 견디기 위해 식량을 저장하는 것처럼, 인간도 사냥하거나 채집할 수 있는 식량을 야생에서 쉽게 구할 수 없을 때 잠재적으로 집약적인 형태의 식량 생산에 종사하게 될 것이라고 예측할 수 있다. 이러한 논리에 비추어 보면, 야생 자원의 가용성이나 생산성이 낮을 때 농업이 진화할 것이라고 기대할 수 있다. 하지만 이러한 추론은 몇 가지 다른 요소들을 간과한다. 예를 들어, 열악한 환경에서는 작물을 기르기에 좋은 조건이 형성되지 않으며,[80] 그런 환경에서 살아가는 사람들에게는 혁신에 투자할 만한 시간이 없을 것이다. 게다가 농업이 가져다주는 이익에도 불구하고, 농업으로 인해 자원 고갈이나 굶주림의 위험이 크게 줄었다는 증거는 거의 없다.[81] 농민들은 수렵 채집민보다 식량을 저장하고 운송하는 더 발전된 지식을 갖추었거나, 비농업 집단이 겪었던 천연자원의 심각한 변동을 겪지 않았을 수 있다. 하지만 정착 집단이 식량의 위기를 줄이거나 제거하려고 사용하는 전략들은 이익뿐만 아니라 비용도 발생시킨다.[82] 사실, 길들인 작물은 기후의 변동이나 다른 종류의 자연적 위험에 취약하기에 이익보다 손해가 더 클 수도 있다. 특히, 많은 농업 체계가 전문화되거나 적은 수의 작물들에만 집중하기에 취약성은 더욱 악화될 수 있다.[83] 이러한 직관적이지 않은 관찰 결과는 다음과 같은 질문을 제기한다. 농업은 노동 비용이 크고, 실패할 확률이 높으며, 때때로 경제적인 혜택이 분명하지도 않은데, 왜 수많은 사회에서 조직적인 농업을 채택했을까? 어떤 상황이 농업의 등장에 유리하게 작용했으며, 농업의 여러 문제에도 불구하고 어떻게 이를 번성시킬 수 있었을까?

거의 확실히, 열악한 환경보다는 풍요로운 환경에서 농업이 선호되었다. 물론 농업과 관련된 기술은 종종 열악한 지역으로도 확산되었다.[84] 풍족한 환경에서 사람들은 정착 생활을 하기가 더 쉬웠고, 따라서 기술의 레퍼토리도 더욱 커질 수 있었다. 그러한 환경에서 인구는 더 증가했는데, 일반적으로 인구가 증가하고 나서는 과도한 개발로 자원 부족에 시달리게 되며 선호하는 식량의 가용성도 떨어지게 되었다. 결과적으로, 인간 집단이 자연을 더욱 효율적으로 활용하게 되면서 식량을 보관하는 것이 유리해졌고 농업에 투자하는 것이 경제적으로 더 유리해졌다.

인류는 농업이라는 적소를 구축했다. 환경은 늘 풍족하거나 열악하지는 않다. 환경은 역동적인 변수이며, 인간의 활동처럼 강력한 적소 구축으로 변할 수 있다.[85] 특정 지역이 제공하는 자원의 양은 그곳에서 사는 집단의 문화적 복잡도, 지식 기반의 깊이, 궁극적으로는 그들이 환경에 무엇을 하는지에 달려 있다. 우리는 적소 구축의 챔피언이며, 이는 환경을 다루는 우리의 방식이 문화적으로 습득되고 전달된 정보의 오랜 유산에 기대고 있기 때문이다. 우리는 그 유산으로 우리의 세계를 변화시키고 환경 수용력을 증가시킨다.[86]

나는 모든 부정적인 결과에도 불구하고 농업 사회가 번성한 이유에 두 가지 주요한 요인이 있다고 짐작한다. 첫째는 무엇보다도 자연선택 때문이다. 단순하게 말해, 농업 사회에는 수렵 채집 사회보다 인구가 많았다. 농업은 초기에 인간의 건강에 부정적인 영향을 주기도 했지만, 적어도 몇몇 사회에서 환경 수용력을 크게 증가시켰다.[87] 농업은 지역 환경의 생산성을 수백, 수천 배 증가시켰으며, 따라서 훨씬 큰 공동체도 부양할 수 있었다. 농업 사회에서는 생존율이 약간 줄어들어 생존 선택(즉, 생존 능력에 가해지는 자연선택)의 타격을 받았지만, 생존하는 아이들을 더 많이 낳으면서 번식력 선택(번식 능력에 가해지는 자연선택)으로 그 이상의 보상을 얻었다.

농업이 등장하기 전 약 100만 명 정도에서 안정화되었던 세계 인구는 로마 제국 시대에 이르러서는 6,000만 명을 넘어섰다.[88] 유전학적 데이터도 이를 지지한다. 미토콘드리아 DNA에 대한 최근 분석에 따르면 근래 들어 뚜렷한 인구 증가가 일어난 것이 확실한데, 이 시기는 고고학적 증거들로 추정되는 농업의 기원 시기와 맞아떨어진다.[89] 농업혁명 이후에 그랬던 것처럼 산업혁명 이후에도 기대 수명이 급격하게 늘어났으며, 이는 인구 증가가 사회적인 발전과 관련 있다는 주장을 뒷받침한다.[90] 노동력을 줄여주는 농기계로 인해, 다수의 노동 인구가 다른 곳에 고용되어 노동력을 줄여주는 다른 도구, 의학적인 혁신, 위생과 생활 조건을 향상시키는 물건들을 비롯한 여러 상품들을 생산했다. 유전학적 데이터는 기술의 발전과 확산이 어떻게 인간의 번식률을 증가시키는지를 잘 보여준다.[91]

농업은 다른 생계 형태보다 더 높은 출생률을 불러왔는데, 그 주된 원인은 농업으로 인한 안정적인 정착 생활 때문이었다. 농업은 출생률의 주요한 제약 조건, 즉 끊임없는 이동이라는 제약 조건을 제거했다.[92] 출산 간격은 더 이상 엄격하게 지켜질 필요가 없었다. 출생률은 처음에는 천천히 높아지다가 어느 시기 이후로는 더욱 빠르게 높아졌다. 인구가 증가함에 따라, 약 6,000년 전에 최초의 도시가 등장했다.[93] 농업 적소가 확장되면서, 여러 농업 사회들은 도심지와 계급 불평등이 특징인 보다 크고 복잡한 사회체제로 진화했다. 농업이 새로운 영토로 끊임없이 확산된 것은 집단이 확산되고, 농업과 관련된 혁신들이 전파되었기 때문이다.[94] 기술이 더욱 발전하자, 이전에는 비생산적이던 지역에서도 농업이 새로운 생산 형태로 자리 잡았다.

농업이 정복이나 교역과 같은 메커니즘을 통해 기원 지역을 넘어 확장되면서, 농업의 적소는 가차 없이 증가했다. 실제로 이러한 인구 증가와 함께, 농업으로 살아간다는 개념 자체가 집단에 작용하는 자연선택 과정을 통해 확산되었으며, 문화적 집단 선택을 통해 농업의 중심지는 동일한 생활 방식으로 살아가는 자손 공동체를 낳았다.[95]

게다가 농업은 그 시작부터 인간 사회를 극적으로 변화시키는 다수의 혁신들을 낳았다. 바로 이것이 농업사회의 놀라운 성공을 설명하는 두 번째 핵심적인 요소다. 어떤 혁신은 너무나 결정적이어서 다수의 부산물과 부차적인 행동들을 낳았고, 이러한 혁신이 발생할 때마다 문화적 진화의 속도 또한 더욱 빨라졌다. 이러한 발견은 때때로 '핵심 혁신key innovation'이라고 불리는데,[96] 농업도 분명 이에 해당된다. 농업은 삽, 낫, 쟁기, 짐수레를 끄는 동물, 마구, 베틀, 저장 용기, 관개 기술, 건축 재료 등 셀 수 없는 혁신들이 그 가치를 인정받는 세계를 창조했다. 농업은 사회구조에도 엄청난 영향을 미쳤으며, 조직화된 노동력, 분업, 부의 불평등, 높은 수준의 계층화가 두드러지는 환경을 만들어 냈다.[97] 농업과 도시 생활은 고양이, 개, 쥐, 생쥐, 집파리, 비둘기, 빈대, 진달래, 잡초, 미생물 등으로 구성된 기이한 조합을 위한 적소들을 형성했으며, 그 후의 문화적인 관행을 형성하는 되먹임도 발생시켰다.

효율성과 생산성은 분업으로 크게 향상되었다. 경제학자 애덤 스미스Adam Smith는 『국부론The Wealth of Nations』에서 이를 설명하기 위해 핀을 예로 들었다. "한 사람이 철사를 끌어당기면, 다른 사람이 그 철사를 펴고, 세 번째 사람은 그 철사를 자르며, 네 번째 사람이 날카롭게 만든다."[98] 17명이나 되는 사람들이 서로 협동하며 하나의 핀을 만들면 매일 4,800개의 핀을 만들 수 있는 반면, 분업이 없다면 한 노동자는 20개보다 적은 핀만을 생산할 수 있을 뿐이다. (산업혁명은 생산성을 더욱 향상시켰는데, 최초의 핀 생산 기계는 하루에 7만 2,000개의 핀을 만들어 냈다.[99])

농업이 핵심 혁신으로 간주되는 이유는, 그것이 더 많은 혁신이 발명되고 확산될 수 있는 여러 기회들을 창출했기 때문이다. 쟁기가 좋은 예다.[100] 농업이 나일강 삼각주나 비옥한 초승달 지대를 비롯한 풍족한 지대에서 처음 등장했을 때는, 손에 쥐는 단순한 형태의 막대기를 사용해 씨앗을 심을 구멍을 팠다. 역사적으로 '문명의 요람'으로 알려진 비옥한 초승달 지대는 농업이 (처음) 태어난 곳일 뿐만 아니라 도시화, 문자, 조직화된 종교가 처음 태어난 곳으로 여겨진다. 그 이름은 나일강, 유프라테스강, 티그리스강 주변 땅의 비옥함에서 유래한 것으로, 매년 범람하는 강물이 주기적으로 토양을 재생시키며 식물의 활발한 성장을 돕기 때문에 이 지역은 작물을 재배하는 데 뛰어난 조건을 갖추고 있다. 자연적인 생물다양성biodiversity이 풍부한 비옥한 지역에서 농업이 처음 발달했다는 것은 그다지 놀라운 일이 아닌데, 주기적인 범람으로 흙을 갈아엎지 않고도 지속적으로 농사를 지을 수 있었기 때문이다.[101] 최초의 농부들은 괭이로 흙을 긁어서 씨를 뿌릴 경작지를 만들었다. 이러한 전통적인 경작법은 오늘날에도 일부 열대 지역 또는 아열대 지역에서 쓰인다. 하지만 사회의 생존이 농작물의 성공과 밀접해지자, 급격하게 성장하는 공동체를 부양하는 데 필요한 땅을 경작하기 위해서라도 보다 효율적인 농법이 필요해졌다. 땅을 더 많이 경작할수록 씨앗은 더 잘 발아하고 작물의 질도 더 높아진다. 보다 효율적인 도구를 개발하다 보니, 손에 쥐는 괭이는 결국 더 단순한 쟁기로 진화했다.

이르면 기원전 6,000년부터 메소포타미아와 인더스강 문명에서 소를 가축화한 덕분에, 인류는 동물이 견인하는 더 큰 천경 쟁기scratch plough를 개발하는 데 필요한 동력을 얻을 수 있었다. 이집트인들은 이를 4,000년 전에 사용했는데, 당시의 많은 그림과 도자기, 석각에서 황소가 끄는 원시적인 쟁기를 볼 수 있다(그림 9). 동물을 이용하자 땅을 더 쉽고 빠르게 경작할 수 있게 되었고, 그에 따라 식량의 생산량도 늘어났다. 고대 이집트에서는 농지를 개간해 작물의 씨앗뿐만 아니라 리넨 천과 다른 생산품에 필요한 아마flax 씨앗을 뿌렸다. 이집트인은 쟁기의 디자인에서 상당한 발전을 이루었다. 날을 안정화하거나 흙을 들어 올려 뒤집는 혁신도 나타났

그림 9. 고대 이집트에서의 농업. 뉴욕의 메트로폴리탄박물관에 전시된 찰스 윌킨슨이 그린 이 그림은, 기원전 1299년에서 1213년 사이에 완성된 것으로 추정되는 무덤 벽화를 1922년에 복제한 것이다.

다. 이러한 발전과 더불어 복잡한 관개 시스템의 발명으로 이집트인들은 건조한 기후에서도 다양한 작물을 기를 수 있었다.[102] 그리스인들은 쟁기에 바퀴를 달아 더 뛰어난 제어력과 조작성을 갖추었으며, 철제 칼날을 달아 이집트의 쟁기를 더욱 개선했다.[103] 바퀴 달린 탈것에 대한 증거는 약 5,500년 전부터 사실상 메소포타미아, 러시아, 중부 유럽에서 동시에 등장했는데, 따라서 어떤 문화가 바퀴를 처음 발명했는지는 미해결 문제로 남아 있다.[104] 분명 고대 그리스가 이 혁신이 처음 등장한 곳은 아닐 텐데, 아마도 쟁기를 다른 곳에서 도입한 것처럼 바퀴도 다른 곳에서 도입했을 것이다. 그럼에도 그리스인들은 바퀴와 쟁기를 결합해 새롭고도 강력한 조합을 만들어 내는 눈에 띄는 창의성을 보여주었다.

계단식 대지와 관개시설 또한 농업의 주요한 결과다. 페루 안데스산맥 해발 2,500미터에는 화려한 도시 마추픽추가 자리 잡고 있다. 잉카제국이 권력의 정점에 있을 때 건설된 마추픽추는 스페인 정복기 동안 방치

되었고 사실상 잊혔다. 1911년에 예일대학교의 고고학자 하이럼 빙엄Hiram Bingham에 의해 재발굴되고 나서야 유명해진 것이다. 마추픽추가 인상적인 이유는 그것이 높은 고도에 위치할 뿐만 아니라, 산의 경사면을 따라 거대하게 깎아놓은 방대한 계단식 논이 그 주위를 감싸고 있기 때문이다. 잉카의 광대한 영역에 걸쳐 있는 계단식 논은 오늘날에도 안데스산맥의 경관을 형성한다. 다른 도시들과 마찬가지로 마추픽추도 강력한 농업 기반을 필요로 했지만, 산에서 작물을 기르기에 적합한 땅을 찾는 것은 쉬운 일이 아니었다. 잉카제국이 채택한 계단식 논은 그에 대한 창의적인 해결책이었다. 계단식 논은 빗물을 배출하거나 흡수하기 쉽고 흙을 안정시키기 때문에 옥수수와 감자를 재배하기에 좋다. 계단식 논의 흙은 다층으로 구성되며, 각각 표토, 심토, 모래층, 암석 조각층으로 이루어진다(그림 10). 따라서 잉카인들은 빗물을 흘려 버리지 않고 모아서 작물에 물을 주는 데 사용

그림 10. 페루의 계단식 논은 광대한 영역에 걸쳐 있으며, 수천 년 전에 건설된 것으로 알려져 있다. 가파른 산의 경사면에 작물을 기르는 문제에 대해 잉카인과 그 이전 사람들이 채택한 해결책이 바로 계단식 논이었다. 로스 오들링스미의 사용 허락을 받은 사진.

하며, 물길과 운하로 완성된 복잡한 수로 시스템으로 인공적인 논에 물을 공급할 수 있었다.

이집트 사회나 세계의 다른 주요한 대규모 복합 사회들처럼, 잉카 사회도 자연적인 공급원에서 끌어온 물을 인공적인 수로를 통해 작물에 공급해 주는 관개 기술에 크게 의지했다. 이러한 관개 시스템을 구축하는 데는 엄청난 자원과 노동이 투여되었다. 초기 도시들은 이 기술 위에서 건설되었다. 예를 들어, 메소포타미아에서는 강수량이 적었기에 티그리스강이나 유프라테스강에서 물을 끌어오지 않으면 작물을 기르는 것이 불가능했다. 메소포타미아의 초기 도시국가들은 물이 가장 풍부한 저지대에 자리 잡았고, 저마다 독자적인 관개 시스템을 갖추고 있었다. 사실, 도시는 본질적으로 그 주변으로 행정, 시장, 방위 중심지가 성장한 독자적인 관개 시스템이었다.[105] 고대 그리스, 로마를 비롯한 덥고 건조한 지중해 지역에서도 관개시설은 필수적이었다.[106]

마추픽추 중심지의 건물들은 모두 회반죽을 쓰지 않고 벽돌을 끼워 맞추어 지은 것이지만, 이 돌들은 매우 정확하게 재단되어 아주 안정적인 자연석 벽을 이루었다.[107] 마추픽추의 건물 200개는 거대한 중앙 광장 주변으로 배열되었는데, 그 건물들의 벽에는 수많은 돌계단이 연결되어 있어서 다른 층으로 오르내릴 수 있었다.[108] 곡물 창고, 창고, 군용 막사, 거주지 등 다양한 건물들이 있다. 길과 다리는 중앙 광장으로부터 뻗어 있는데, 그 길을 따라 상품과 물자뿐만 아니라, '최고의 잉카supreme Inca'라고 알려진 최고 권위자의 명령 또한 전달되었다. 고대의 숫자 기록은 퀴푸quipus라는 줄에 복잡하게 매듭을 묶어서 수확량을 기록한 것이었다.[109]

잉카족이 태양을 숭배했으며 '인티Inti'라고 불리던 태양신이 농업의 신이기도 했다는 사실은 농업이 잉카 사회에서 중요했다는 것을 보여준다. 잉카인들은 햇빛이 감자, 옥수수, 기타 곡물 등 작물을 생산하는 데 필요하다는 것을 잘 알고 있었다.[110] 고대 이집트 사회에서도 농업이 중요했다는 것은 명백하며, 그들은 수확과 음식의 신인 레네누테트Renenutet에게 많은 제물을 바쳤다. 피라미드 내부의 상형문자에 의하면 레네누테트는 풍요와 행운의 여신이었는데, 그녀는 코브라 뱀의 머리를 가진 여인으로도 묘사되었다. 뱀은 추수 시기에 논밭에 자주 등장하며 곡물을 위협하는 설치류를 잡아먹었다. 레네누테트는 수확을 보호하는 신으로 여겨졌으며, 따라서 '비옥한 들판의 여인'이나 '곡창지대의 여인'이라는 별명으로도 불렸다.[111] 메소포타미아에서도 비슷한 양상이 나타나는데, 곡물의 여신인 애슈난Ashnan과 그녀의 수메르인 남형제인 소의 신 라하르Lahar가 사람들에게 음식을 준다고 여겨졌다.[112]

고대 그리스에서 데메테르Demeter는 올림포스의 열두 신들 가운데 한 명이자 곡물을 관장하는 추수의 여신으로서 지구의 생산력을 담당했다.[113] 그리스의 전승에 따르면, 데메테르가 인류에게 준 가장 큰 선물이 바로 농업이었다. 로마에는 버백터Vervactor(쟁기의 신), 서브런시네이토르Subruncinator(잡초 제거의 신), 메소르Messor(수확의 신)를 비롯한 30명이 넘는 농업 신들이 있었다. 그중 가장 중요한 신이 케레스Ceres였는데, 그녀는 그리스의 데메테르와 동일한 역할을 했고, 그리스의 올림포스 신들에 해당하는 로마의 콘센테스 가운데 한 명이었다.[114] 케레스는 밀을 발견하고 쟁기를 발명했으며, 소에 멍에를 씌우고, 씨앗을 뿌리고 보호하며 씨앗에 영양분을 공급하는 신이다. 데메테르처럼 케레스도 인류에게 농업이라는 선물을 준 것으로 여겨진다. 케레스가 농업을 선물로 주기 전까지는 인류가 도토리를 주식으로 삼고 정착지와 법 없이 배회했다고 전해진다.[115] 이 두 집단에서 수많은 제사, 의식, 춤, 음악, 연극 등이, 사람들의 삶을 좌지우지하는 것으로 여겨지는 신을 기쁘게 하기 위한 노력의 일환으로 성장했다.[116]

농업과 함께 다른 수많은 것들이 등장했다. 일단 농업이라는 루비콘강을 건너자, 계단식 논밭, 수로, 벽돌, 복잡한 건물, 도로망, 교량, 계단, 창고, 식품 저장고, 군대, 기록 보관, 계층적 사회구조, 도시, 국가원수, 그리고 심지어 신들까지 등장했다. 하나의 혁신으로 다른 수많은 혁신들이 잇따라 발생했으며, 그 혁신들은 또 다른 창의성의 원천이 되었다. 이것이 문화적 진화의 본성이다. 새로운 혁신이 발생할 때마다, 문화적 삶의 다양성이 증가하고 생각을 교류할 기회는 기하급수적으로 증가한다. 혁신은 더 낫고, 더 빠르고, 더 저렴한 변형을 낳을 뿐만 아니라, 완전히 다른 종류의 기능을 제공하는 새로운 가능성을 끊임없이 발생시킨다.[117]

농업이 유일한 핵심 혁신이었던 것은 아니다. 그리스인들이 쟁기와 결합한 바퀴는 원래 썰매 같은 구조물로 무거운 짐을 끌기 위해 개발되었다. 바퀴는 이렇게 단순하게 시작해서 도자기용 물레(메소포타미아), 수레(이 또한 메소포타미아), 전차(그리스), 밀을 제분하는 도구(다양한 지역에서 동물, 바람, 물을 그 동력원으로 사용했다), 물을 끌어오는 도르래 메커니즘(수메르와 아시리아), 실 잣는 물레(아시아)를 비롯한 다양한 용도로 전환되었다.[118] 축을 중심으로 돌아가는 물체라는, 언뜻 단순해 보이는 이 발명품이 없었다면 기계화된 도구들이 어떻게 가능했을지 지금으로서는 상상조차 하기 어렵다. 그런 도구들에는 톱니바퀴, 자전거, 자동차, 제트엔진, 컴퓨터 드라이브도 포함된다.

그리스의 전차는 말로 움직였지만, 그리스인이 말을 처음 가축화한 것은 아니다. 말을 처음 가축화한 이들은 중앙아시아의 스키타이인들이다. 그리스인들이 말을 타는 스키타이인을 처음 보았을 때는 말과 기수를 하나의 동물이라고 믿었다고 한다. 전해지는 바에 따르면, 켄타우로스의 전설이 여기서 비롯되었다.[119] 카자흐스탄 북부의 보타이족Botai이 말을 최초로 가축화했다는 증거가 있는데, 이들은 기원전 3500년에서 3000년경에

야생마를 사냥하기 위해 말의 등에 올라타기 시작한 수렵 채집 집단이었다.[120] 말타기로 기동력을 갖춘 무리들이 빠른 속도로 전장을 휩쓸게 되면서 전쟁의 양상이 변했으며, 훈족의 아틸라부터 칭기즈칸에 이르는 수많은 군대는 이를 잘 보여준다.[121] 하지만 말은 농장, 공장, 광산에서 일할 뿐만 아니라 음식을 생산하는 데 쓰이기도 했다. 고대 그리스인이나 로마인이 전차에 말을 이용한 것으로 유명하지만, 그들은 그저 다른 사회로부터 이러한 발명을 채택했을 뿐이다. 그리스와 로마를 유명하게 만든, 말이 끄는 가벼운 전차를 가능하게 한 핵심 혁신은 바큇살이다. 바큇살은 시베리아 서부에서 기원전 2000년경에 개발된 것으로 보인다.[122] 전차는 전쟁을 위해 고안되었지만, 오랜 시간이 지나며 전쟁보다는 여행, 사냥, 게임, 경주, 행진에 사용되었다.

이처럼 문화의 진화는 서로 복잡하게 얽히며 진행된다. 새로운 발견이 처음에는 사회 안에서 복제되며 모방되다가, 나중에는 전파, 점령, 무역을 거치며 다른 공동체들에게 채택된다. 그러고 나서 이 혁신들은 다른 목적에도 쓰이는데, 종종 기존의 요소들과 결합되어 새롭고도 강력한 복합체가 만들어진다. 따라서 제조업, 공업 기술, 건축, 과학, 예술에서의 위대한 시대적 발명들은 혁신과 사회적 전달에 끊임없이 빚지며 인간의 노력들이 서로 뒤엉킨 역사를 보여준다.

농업은 사회의 변화를 촉진했다. 삽, 낫, 쟁기와 같이 직접적으로 관련된 기술들을 발전시켰을 뿐만 아니라, 그에 따라 동물의 가축화, 사람과 상품을 운송하는 새로운 수단, 도시국가 등이 등장했기 때문이다. 분명 초기 농부들 가운데 어느 누구도 이러한 엄청난 파장을 꿈에도 예상하지 못했을 것이다. 바퀴, 아치, 돈, 문자, 인쇄기, 내연기관, 컴퓨터, 인터넷도 마찬가지다. 성공적인 혁신들은 반복적인 사회적 학습과 개선을 통해 확산되며, 그로 인해 문화의 변화 속도가 끝없이 가속화되며 일련의 새로운 아이디어와 장치들이 더욱 다양해지고 서로 끊임없이 뒤섞인다.[123] 이 과정에서 문화적 요소들은 서로 정교하게 응집하고 동시에 작동하며, 경이로울 정도로 다양한 하위 구성 요소들의 놀라운 복잡성을 축적한다.

농업이 등장하기 전에는 한 집단이 기껏해야 수백 가지의 인공물을 소유할 수 있었을 뿐이지만, 오늘날 뉴욕의 주민들은 바코드가 찍힌 수천억 개의 품목들 중에서 선택할 수 있다.[124] 지금은 혁신이 전문가들의 손에 달려 있다. 새로운 상품을 고안하고 홍보하는 데 전념하는 새로운 기업들도 끊임없이 등장해 왔다. 혁신은 산업계의 똑똑하고 적합한 전문가들과 국가에서 후원하는 연구개발 연구소들의 전유물이지만, 주요 대학들은 모두 과학적, 공학적 지식들을 새로운 특허나 스핀오프 회사로 바꾸려고 혈안이 되어 있는 신흥 연구 단지에 둘러싸여 있다. 다른 동물들의 혁신은 부분적으로 필요 때문에 발생하지만, 인간의 혁신은 필요보다는 욕구에 기인한다.[125] 현대 의학은 분명 생존율과 삶의 질을 높였지만, 비교적 적은 수의 기술적 혁신만이 우리의 생물학적 적합도에 영향을 미친다. 이제 우리는 '확산성virality'과 페이스북에서 유행하는 것이 '적합도'를 대체하는 세계에 살고 있다(페이스북에서 광고 회사들은 최신 기기가 소비자의 정체성이나 사회적 지위에 반드시 필요하다고 확신시키기 위해 엄청난 돈을 바친다).[126]

물론 모든 발명이 성공한 것은 아니다. 성공한 모든 혁신 뒤에는 화려한 실패부터 재미있는 실패까지 수없는 실패들이 있었다. 우리 모두 이런 사례들을 알고 있다. 예를 들어, 뉴코카콜라는 상업적으로 크게 실패했다. 나이 든 독자라면, 비디오카세트의 VHS 버전인 소니 사의 베타맥스를 기억할 것이다. 베타맥스는 좋은 제품도 다른 이유로 실패할 수 있다는 것을 보여준다. 베타맥스는 우세한 제품이 궁극적으로 승리하는 순응적인 시장에서 도태되었을 뿐이다. 보다 최근에는 HD DVD(데이터를 저장하고 영상을 재생하기 위한 디지털 광학 디스크)가 블루레이에 패배하면서 동일한 길을 걸게 되었다. 또 다른 엄청난 재앙은 영국의 컴퓨터 제조업체가 개발하고 1985년에 화려하게 데뷔한, 최초의 상업 전기차 싱클레어 C5였다. 차량의 한계(짧은 주행거리, 시속 24킬로미터밖에 되지 않는 최대 속력, 빠르게 소모되는 배터리, 오픈형)와 심각한 안전 문제로 인해 판매량은 처참했으며, 회사는 법정관리에 들어갔다. 더욱 끔찍한 사례로는 석면, DDT, 탈리도마이드가 있다. 특히 탈리도마이드는 초기의 상업적 성공에도 불구하고 몇 년 뒤 숨겨진 결함들이 드러나며 비극적인 결말을 맞았다.

어떻게 발명품이 성공할 수 있을 것이라고 생각했는지 도통 알 수 없는 경우도 있다. 화염방사기 악기나 치즈맛 담배에 대한 시장이 대체 어디 있겠는가?[127] 19세기에 어느 자전거 제조사는 빅토리아 여성들이 곁안장에 앉아서 페달 하나로 움직이는 자전거를 생산하기도 했다. 말할 것도 없이, 그 자전거는 상업적으로 실패했다.[128] 살짝 우스꽝스러운 보다 최근의 실패 중에는 식칼과 젓가락을 기이하게 통합한 '식칼가락cutlerick'과 스마트폰이 지문으로 뒤덮이지 않도록 검지에 씌우는 라텍스 장갑인 '전화기손가락phone finger'도 있다.[129]

이러한 사례들을 살펴보면, 혁신을 받아들이는 데 필연적인 것은 없다. 품질이 좋아도 마찬가지다. 모든 새로운 아이디어와 장치는 가혹한 시장을 이겨내야 한다. 성공에는 제품의 장점뿐만 아니라, 상품의 매력, 학습 전략, 경쟁의 특성, 노출 정도, 홍보 범위, 타깃층의 규모, 엄청난 운, 그리고 그 밖의 수많은 요소들이 작용한다. 때로는 새로운 발명의 진가를 곧바로 알아채지 못하는 경우도 있다. 1943년 IBM의 회장 토머스 왓슨Thomas Watson은 "전 세계에는 컴퓨터가 5대 정도 팔릴 만한 시장이 있는 것 같다"라고 주장한 것으로 유명하다.[130] 하지만 이로운 변형의 품질은 확률적으로 그리고 시간이 지남에 따라 통계적인 이점을 가져다주기 때문에, 반드시 성공하지는 않더라도 그러한 변형은 제법 팔릴 것이다. 생물학적 진화처럼 문화적 변이, 차등적인 '적합도'(즉, 확산되는 정도의 차이), 유전이 존재하는 곳에서는 문화적 진화가 발생할 것이고, 문화는 적응하고 다양해지며 더욱 복잡해질 것이다.

농업은 인간의 적응을 다른 방식으로도 변화시켰는데, 그것은 인구 증가에 따른 여파였다. 앞서 보았듯이, 농업은 인구를 증가시켰고 많은 인구는 문화 진화의 속도에 막대한 영향을 주었다. 진화생물학에 따르면, 작은 집단에서는 우연적인 요소가 지배하며, 진화하는 개체군의 동역학은 유전적 부동에 의해 좌우된다. 그러나 개체군이 커지면, 자연선택은 더욱 중요해지며 유리한 돌연변이가 확산될 가능성도 높아진다.[131] 동일한 원리가 문화의 진화에도 적용된다. 개체군의 규모가 커질수록 선택 과정은 점진적으로 중요해진다.[132] 이는 농업 수확량이 풍부한 대규모 사회일수록 이로운 혁신들이 더 잘 확산되고 보존된다는 뜻이다.[133]

아마도 문화는 공동체에 지식 기반을 제공하는 집단적인 기억으로 구성될 것이다.[134] 이러한 정보 저장소의 효율성은 인구의 규모와 구조에 의해 결정되는데, 이는 인구학적인 요소들이 문화적 기억의 보존과 축적을 도울 수도, 방해할 수도 있다는 것을 뜻한다.[135] 공식적인 이론에 따르면, 특정한 인구밀도의 역치 아래에서는 새로운 혁신이 축적되기 어려울 뿐만 아니라 적응적인 문화적 지식이 사실상 사라질 수도 있다.[136] 왜 그런지는 쉽게 이해할 수 있다. 만약 당신에게 사회적 학습으로 공유되지 않은 좋은 아이디어가 있다면, 당신이 죽을 때 그 아이디어도 사라진다. 반대로 당신의 아이디어를 받아들일 사람들이 주변에 충분히 많다면, 당신의 아이디어는 당신보다 더 오래 살아남을 것이다. 혼자보다 여러 명이 모였을 때 복잡한 문제를 더 잘 해결한다는 증거들이 있다. 또한, 집단이 더 크고 서로 더 잘 연결될수록 보다 복잡한 혁신들이 나타난다는 실험 증거들이 있다.[137] 진정으로 어려운 문제는 한 명의 천재가 아니라 서로 협업하는 집단에 의해 해결된다.[138] 집단이 클수록 그리고 더 잘 연결될수록 더 많은 혁신, 더 복합적인 혁신이 생겨날 뿐만 아니라 그러한 혁신들이 더 오래 보존된다. 그러면 문화 저장고도 더 커진다.[139] 이러한 문화 저장고와 집단 크기의 관계는 하버드대학교 인류학자 조지프 헨릭Joseph Henrich의 태즈메이니아 문화를 이용한 이론적 분석에서 잘 드러난다.[140] 1만 년 전에 해수면이 상승하면서 태즈메이니아섬이 오스트레일리아 본토로부터 분리된 것은 문화적 기억의 소실에 관한 가장 유명한 사례다. 본토 원주민들과 접촉이 차단되자 작은 태즈메이니아 공동체는 추운 계절의 옷, 어망, 창 발사기, 부메랑 등을 만드는 수많은 능력과 기술들을 모두 잊어버렸다.[141] 더 일반적으로, 인류학자들과 고고학자들은 집단의 크기와 도구 모음(즉, 그들의 기술)의 다양성 사이에서 양의 상관관계를 발견했다. 유럽인들과의 초기 접촉 당시 오세아니아의 집단들에서도, 인구가 큰 집단일수록 도구 모음은 더 다채로웠다.[142]

높은 충실도의 모방 메커니즘에 대한 오랜 자연선택은 한 가지 부정적인 결과를 낳았는데, 바로 인간이 때때로 부적절하거나 시대에 뒤떨어진 지식을 갖게 되는 것이었다.[143] 한 가지 유명한 사례는 노르웨이가 서기 1000년경부터 그린란드를 정복하고자 한 것이다. 그린란드의 정복은 결국 실패했는데, 이주자들이 식량을 위해 소 키우기를 고집했기 때문이다. 이는 그들의 고향인 스칸디나비아에서는 사회적으로 전달되는 적응적인 규범이지만, 그린란드의 보다 가혹한 환경에서는 극단적으로 비효율적이었다. 이주자들은 그들의 오래된 문화적 지식을 떨쳐버리지 못했고 굶주리게 되었다. 하지만 이런 사례는 법칙이라기보다는 예외에 가깝다. 문화적 지식은 대체로 적응적이다.[144] 전 지구적 인구 성장이 발생하는 이유 중 하나는 인류가 다른 종보다 사망하는 빈도가 훨씬 낮기 때문이다. 우리가 혹독한 환경에서도 생존하는 이유는 우리의 문화가 대체적으로 경직성보다는 적응적 유연성을 가져다주기 때문이다.[145] 이러한 유연성은 (드물게 등장하는 아이디어를 포함해) 과거의 문제들에 대한 좋은 아이디어와 효과적인 해결책을 오랜 시간 보존하는 거대한 문화적 지식 기반에 의존한다.

언어는 인간 사회가 지식을 공유하고 보존하는 데 핵심적인 역할을 한다. 많은 전통 사회들은 역사에 관한 정보를 놀라울 정도로 정확하게 보존하는 구두 전통과 의식을 지니고 있다. 구두 전통의 강력함을 잘 보여주는 사례는 마오리족Māori의 역사에 대한 설명이다.[146] 이들의 구술 역사는 와카라는 커다란 해양 운송 카누를 타고 그들의 고향 하와이키에서 이동해 뉴질랜드에 도착하는 이야기를 묘사한다. 전설에 따르면, 서기 1290년에 최초의 정착자가 플렌티만에 도착했으며, 그때 타키티무Takitimu가 바다를 건너 북섬의 만가누이산에 그의 카누를 상륙시켰다. 고고학자들은 서기 1250년에서 1300년 사이에 마오리인들이 이 지역에 처음 정착했다는 설명과 일치하는 증거를 찾아냈다. 영국의 탐험가 제임스 쿡James Cook 선장은 그로부터 400년 넘게 지나고 나서야 이 공동체를 발견했다. 1769년, 쿡은 뉴질랜드 주변을 항해하다가 플렌티만에 들러 지역 주민들과 의사소통을 시도했다. 그가 남긴 항해 기록에 따르면, 투피아Tupia라는 폴리네시아인 승무원은 뉴질랜드에서 북동쪽으로 약 4,000킬로미터 떨어진 타히티섬에서 평생을 살았지만, 마오리족과 완벽하게 의사소통할 수 있었다고 한다.[147] 타히티에서 투피아는 성직자였고, 따라서 그 공동체의 구두 전통의 한가운데에 있었다. 쿡의 승무원들은 그를 타히티섬 사람들의 역사를 어떠한 오류나 누락 없이 읊을 수 있는 세련된 연설자로 묘사했다(그 연설을 마치는 데는 몇 주가 걸리고는 했다). 심지어 그는 지난 100세대 동안의 조상들 이름을 모두 열거할 수 있었다고 한다.[148]

쿡의 항해 기록에서는 마오리 언어와 프랑스령 폴리네시아의 타히티 언어 사이의 놀라운 유사성에 대해 언급하고 있으며, 많은 수의 동일한 단어들을 나열했다. 그 기록은 구두 역사의 유사성도 언급하고 있다. 예를 들어, 마오리인과 타히티인 모두 북동쪽의 고향에서 왔다고 주장한다. 고고학, 언어학, 생물인류학의 증거들도 이 주장들을 완벽하게 지지한다. 이 증거들에 따르면, 뉴질랜드의 최초 정착자들은 동부 폴리네시아에서 이주해 마오리족이 되었다. 언어 진화에 대한 연구와 미토콘드리아 DNA 증거에 따르면, 대부분의 태평양 집단들은 약 5,200년 전의 타이완 원주민에서 기원했으며, 그 원주민들은 동남아시아와 인도네시아를 거쳐 이동했다.[149] 육지에서 북서쪽으로 이동했다는 것인데, 이는 두 구두 전통이 공통적으로 상술하는 내용과 일치한다.

이러한 사례가 인상적이기는 하지만, 구두 전통은 충실도와 안정성 면에서 한계가 있다. 호주 원주민들이 지리적 지식을 보존하고 전달하기 위해 노래를 사용하는 것처럼 독창적인 발명을 동원하더라도 한계가 있다. 하지만 인간의 지식 기반은 문화적 수단을 동원해 우리의 머리 바깥에 있는 기억 시스템을 만들었을 때 더욱더 향상되었다. 문서 기록, 건축물, 그림, 잉카인의 결승문자 같은 것들이 이에 해당한다. 물질문화의 모든 면을 전부 포함하는 이러한 외부 저장고는 지난 1만 년 동안 누적적 문화가 폭발적으로 증가하는 데 결정적으로 작용했다. 그로 인해 가용한 지식의 풀, 과거 사람들의 기억들까지 포함하는 지식의 풀이 크게 증가했기 때문이다.[150] 약간이라도 문화적 전달이 가능한 다른 종의 경우에도 대부분의 기억은 두뇌 안의 정보로 제한된다. 하지만 이런 방식은 생존하는 개체군이 저장할 수 있는 정보의 양과 지속 기간을 늘리는 데 확실히 한계가 있다. 인간이 아닌 다른 동물들에게는 영속적이며 외재화된 사회적 정보가 매우 드문 것으로 보인다. 예를 들어, 어떤 개미들은 먹이로 가는 길에 페로몬 흔적을 남기지만, 이런 흔적은 매우 짧게 지속될 뿐이며 보통 24시간도 지속되지 않는다.[151] 반면, 현대 인간 사회는 집단적이고, 외재화된, 영속적인 기억에 엄청나게 의존하는데, 여기에는 이제 책, 기록 문서, 도서관, 데이터뱅크, 인터넷도 포함된다. 이러한 자료들은 한 개인이 아닌 전체 사회의 특징이며, 심지어는 전 지구적 지식의 특징이다.[152] 세계에서 가장 큰 도서관은 런던의 영국도서관인데, 여기에만 약 1억 7,000만 권의 책이 있다. 책은 보통 1메가바이트 정도의 정보를 담고 있으며, 이를 바탕으로 계산해 보면 전 세계에서 가장 큰 도서관은 약 170테라바이트(17만 기가바이트)의 정보를 담고 있다. 인터넷에 대한 최근 추정치에 따르면, 인터넷에는 120만 테라바이트의 정보가 담겨 있다.[153] 외재화된 문화적 기억 저장고는 어느 한 개인이 정보를 기억하는 능력, 더 나아가 어느 한 집단의 집단적 지식을 능가한다. 지식이 점점 소실되기 어려워지고 문화의 진화가 한 방향으로만 가속화되면서, 지식의 습득 과정과 소실 과정이 모두 발생하던 상황에서 습득 과정에 편중되는 상황으로 바뀌었다. 현재의 가장 큰 문제는 정보가 지나치게 많다 보니 수많은 정보들 가운데 필요한 정보만을 즉각적으로 찾아내기가 힘들다는 것이다.

농업과 함께 혁신뿐만 아니라 인구가 급격하게 증가했고, 정보량도 급격히 늘어났다. 농업이 자리 잡는 데는 농업에 유리한 기후와 흙 그리고 길들이기에 적합한 동식물이 살아 있는, 생물다양성이 높은 지역이 필요했다. 하지만 농업은 적절한 기후의 지역에서 우연히 발생한 것이 아니다. 무엇보다도, 농업은 집단으로 하여금 잔꾀와 창의력을 발휘하도록 요구하며, 농업이 수지에 맞는 환경을 적극적으로 만들기를 요구한다.[154] 수많은 긍정적인 여파가 있었지만, 그럼에도 농업혁명은 양날의 검이었다. 오늘날 비옥한 초승달 지대를 방문해 보면, 풍부한 식물 자원을 제공한 것으로 유명한 지역이 자연 서식지의 파괴, 경작지에서의 과도한 경작, 경작지의 지나친 확장, 자연적인 목초지와 방목 지역의 과도한 개발 등으로 피폐해진 것을 발견할 수 있다.[155] 점점 더 커지는 심각한 위험은 이 지역을 농업의 탄생지로 만들었던 생물다양성이 이제는 농업의 끊임없는 여파로 지속적으로 파괴되고 있다는 점이다. 세계 곳곳에서 동일한 현상이 발생하고 있다. 지속 가능한 농업과 발전에 기반한 신뢰할 만한 생태계 관리가 전 지구적으로 이루어지지 않는다면, 생물다양성이 풍부한 지대는 우리 행성에 더 이상 남아 있지 않을 것이다.

인간은 그들의 진화 과정에서 당혹스러울 정도로 오랫동안 생물다양성을 파괴해 왔다.[156] 지난 5만 년 전부터 1만 년 전까지, 지구의 거대 동물군 150가지 속들 가운데 적어도 101개의 속이 멸종했으며(멸종한 속에는 털복숭이매머드, 거대나무늘보, 검치호 등이 있다), 고고학자들은 이러한 멸종이 많은 부분 인간에서 기인한다고 점점 더 확신하고 있다.[157] 1만 2,000년 전에 우리 종은 아프리카에서 유라시아, 호주, 아메리카 대륙의 먼 구석까지 확산했는데, 그와 동시에 일어난 인구 증가는 분명 생물 종의 멸종과 서식지 변화와 관련 있다.[158] 뉴기니와 보르네오섬, 호주, 아메리카 대륙의 초기 정착자들은 유용한 식물의 성장을 촉진하며 더 많은 사냥 기회를 얻기 위해 기존의 숲을 불태우고 훼손했다. 적은 수의 길들이기 중심지로부터 이 행성의 다른 넓은 영역으로까지 농업이 무차별적으로 확산되면서, 길들여진 작물과 동물, 공생동물, 잡초, (인간이 옮기는) 병원균 또한 가차 없이 번식하며 종의 분포에 이례적인 충격을 가했다. 예를 들어, 폴리네시아인들이 태평양을 가로질러 퍼져나갔을 때, 타로, 얌, 바나나, 돼지, 닭, 개뿐만 아니라 쥐와 같은 수많은 종들도 의도치 않게 그들과 함께 퍼져나갔다. 참새목이 아닌 조류의 3분의 2, 그리고 수천 가지의 고유 종들이 이러한 침략으로 인해 멸종한 것으로 알려져 있다.[159] 인류세는 후기 산업사회의 산물이 아니다. 그것은 수만 년 전부터 시작되어 보다 집약적인 문화적 적소 구축을 통해 서서히 강력해진 것이다. 이제 '원시 상태'의 자연환경은 사실상 거의 남아 있지 않다.

농업은 많은 이들에게 풍부한 식량을 가져다주었고, 식량 생산의 전지구적인 산업화는 많은 후기 산업사회에 전례 없이 다채로운 식단을 가져다주었다. 하지만 오늘날에는 설탕과 지방으로 가득한, 고밀도의 저렴한 고칼로리 음식을 약간의 힘만을 들이고도(예를 들어, 슈퍼마켓까지 운전해) 구할 수 있게 되었고, 그에 따라 비만율이 상승하고 심장병, 당뇨병, 고혈압, 암이 급증하게 되었다.

농업은 복잡한 사회를 형성했지만, 농업으로 전환되며 거대한 불평등도 나타났다. 오늘날 지구상에서 가장 부유한 80명의 재산은 하위 50퍼센트의 재산과 같다.[160] 부자들의 사업은 많은 이들을 고용하며 높은 가구소득에 기여한다. 하지만 이러한 부의 낙수 효과만으로 가난한 국가들의 기본적인 기반 시설 부족을 막기에는 역부족인데, 전 세계적으로 빈부 격차는 더욱더 커져만 가고 있다.[161]

복잡한 사회는 인류가 토지 생산성을 높이기 위한 사회적으로 전달되는 지혜들을 충분히 축적하고, 유목 생활을 끝내고 정착하게 되었을 때 비로소 등장하기 시작했다. 강력한 혁신성, 높은 충실도의 사회적 학습에 필요한 향상된 능력 덕분에, 우리 종은 환경을 대단히 효율적으로 이용하는 수단들을 고안해 낼 수 있었다. 우리는 환경의 수용력을 수십 배, 수백 배 증가시켰고, 인구는 폭발적으로 증가했다. 문화적 적소 구축을 통해 우리는 자연에서 유례없는 수준으로 우리 삶의 환경을 뒤바꾸고 조정해 왔으며, 이는 식물을 재배하는 시도들의 여파로 가속화되었다. 농업이야말로 현 시대의 시발점이다. 농업은 새로운 상품과 아이디어를 폭포수처럼 쏟아내게 하는 첫 번째 핵심 혁신이었고, 오늘날의 선진국들이 '혁신 사회'로까지 발전하도록 이끌었다. 이런 혁신 사회들의 이데올로기는 혁신이 문제들을 해결할 것이라고 주장하지만, 이는 전체 이야기의 일부일 뿐이다. 유기체가 새로운 적소를 구축하듯이 혁신도 새로운 적소를 구축하기에, 모든 '해결 방법'에는 다른 더 많은 '문제들'을 야기할 가능성이 있다.[162] 우리 조상들이 농업을 처음 고안하며 인류세라는 재앙이 담긴 판도라의 상자를 열어버린 것처럼 말이다.

11장

협력의 기초

Foundations of Cooperation

당신이 뉴욕에서 런던으로 가는 비행기를 탄다고 가정해 보자. 비행사, 기내 승무원, 항공 교통 관제사, 공항 직원, 수하물 관리인, 여행사 직원, 은행 직원을 포함한 수천, 아니 수백만 명의 사람들이 당신을 런던으로 데려다주기 위해 협력한다. 아무도 당신의 짐을 훔치지 않고, 기내식을 먹지 않으며, 당신의 자리를 차지하지 않는다. 사실, 비행기에 탑승한 수백 명의 사람들은 대부분 서로에게 이방인이지만 비행하는 동안 완전히 교양 있고 훌륭하게 행동한다. 혈족이 아닌 수많은 사람들이 이처럼 다양한 역할을 분담해 조화롭게 협력하는 것은 자연에서는 이례적인 것이다.

지난 장에서 복잡한 인간 사회의 등장을 다루었지만, 분명 초기 농업 공동체의 가장 놀랄 만한 특징은 대규모 협력만으로 이룰 수 있는 것들이 빠르게 등장했다는 점이다. 공동체 구성원들 간의 이례적인 수준의 협력 없이는 산에서 계단식 논을 개척할 수도, 방대한 농작물을 수확할 수도, 곡창지대를 형성할 수도 없었을 것이며, 도시국가가 효율적으로 기능할 수도 없었을 것이다. 수렵 채집민들도 집단 사냥, 채집, 식량 공유, 일, 아이

돌보기와 같은 협력적인 활동을 하며 그들의 행동을 조정한다. 그뿐만 아니라 다른 사회와 적대 관계에 놓이거나 분쟁이 발생할 때는 공동체로 뭉치기도 한다. 이 정도 규모의 협력은 어떻게 설명할 수 있을까?

사람들이 그들의 혈족을 도울 때 발생하는 혈족 선택으로 인간 사회에서 관찰되는 협력의 몇몇 측면들을 설명할 수는 있지만, 이방인들이나 관계도가 낮은 사람들 사이에서의 대규모 협력을 설명할 수는 없다. 우리의 호미닌 조상들은 흔히 혈족을 바탕으로 구성된 작은 무리로 모여 살았을 것으로 여겨진다. 하지만 오늘날의 수렵 채집 사회들은 (심지어 수백 명으로 구성된 사회들에서도) 혈족이 아닌 이들과도 자주 상호작용 하는 것으로 알려져 있다.[1] 그러한 협력적인 활동은 규범과 제도에 의해 조절된다. 농경 사회에서도 대부분이 이방인으로 구성된 수천 명의 사람들 사이에서 협력적인 조정안이 협상되고 유지되어야 한다.

때로는 강제도 분명 발생했는데, 강력한 지도자나 집단이 약자에게 힘든 일을 강제한 경우가 그렇다. 기원전 4000년경, 수메르인들은 구릉지대에서 생포한 노예들을 이용해 1만 명 이상이 거주하는 도시를 건설했다.[2] 구약성경의 출애굽기에 따르면, "이집트인들이 이스라엘의 아이들을 노예로 만들어 지독하게 힘든 일을 시켰다"라고 한다. 하지만 이것이 이야기의 전부는 아니다. 어떤 사회가 노예를 얻기 위해서는 인상적인 집단 협력(예를 들어, 조직된 방식으로 작동하는 기능적인 군대를 구성하는 것)이 이루어져야 한다. 그뿐만 아니라 역사 연구에 따르면, 고대의 주요 건축물들 가운데 일부는 강요에 의해 건설되지 않았다. 예를 들어, 피라미드는 이제 고용된 노동자들에 의해 건설된 것으로 받아들여진다.[3] 노동자들은 이집트 북부와 남부의 가난한 집안 출신이었으며, 그들은 노동에 대해 존중받았다. 건설 중 사망한 이들은 파라오의 신성한 피라미드 근처에 묻히는 영광을 누리기도 했다. 현대사회나 오늘날의 수렵 채집 사회들처럼, 고대 사회들도 대다수 구성원들이 완전히 자발적으로 참여하는 거대한 크기의 협력에 그 바탕을 두고 있다. 그러한 협력은 어떻게 가능한 것일까? 유전자에 기반한 기존의 진화적 설명만으로는 인간 협력의 모든 측면을 설명하지 못한다.[4] 그 답은 다면적이며, 협력과 사회적 학습 사이의 놀랍고도 잘 알려지지 않은 관계로부터 도출된다.

대규모 협력이 이루어지기 위한 중요한 단계들 중 하나는 광범위한 가르침의 진화였다. 가르침을 협력 행위로 생각하는 이들은 거의 없겠지만, 사실 가르침은 협력이다. 협력은 다른 개체('수혜자')에게 이득을 제공하는 행동으로 정의되며, 이러한 긍정적인 효과로 인해 자연선택에 의해 선호된다.[5] 가르침의 경우 제공되는 '이득'은 '유용한 지식'이다. 7장에서 소개한 이론적 연구에 따르면, 일반화된 형태의 가르침은 인간에게서 누적적 문화와 공진화했다. 분석에 따르면, 인간들 사이에서 가르침이 광범위하게 나타나는 이유는 누적적인 문화적 지식이 시간에 따라 쌓이며, 그에 따라 배우기는 어렵지만 선생들이 학생들에게 전달할 수 있는 매우 유익한 정보들(어떻게 실용적인 석기를 만드는지, 어떻게 꿀을 채집하는지 등)이 개체군에서 축적되기 때문이다.[6] 인간의 협력이 고유하다는 주장은 흔하지만,[7] 어떤 면에서 고유한지, 또는 이 주장 자체가 옳은지에 관해서는 아직 논란이 있다.[8] 가르침의 진화에 대한 우리의 분석은 이 수수께끼에 대한 하나의 답을 제시한다. 분명 "계약, 법, 사법제도, 거래, 사회적 규범과 같이 협력을 강제하는 복잡하고 독특한 메커니즘은 인간에게서 등장했으며,"[9] 이 모든 메커니즘이 작동하기 위해서는 가르침이 필요하다는 것이다. 인간 협력의 많은 부분은 분명 언어능력을 필요로 하며, 8장에서 보았다시피, 언어의 기원은 확실히 가르침과 누적적 문화와 관련 있다. 언어는 가르침의 효율성과 정확성을 향상시키기 위해 진화했을 것이며, 심지어 다른 이유로 언어가 진화했다고 하더라도 분명 그러한 맥락에서 사용되었을 것이다. 따라서 인간의 협력은 누적적 문화의 결과이며, 대단히 광범위하지만 다른 종에게는 드물거나 완전히 부재하는 중요한 메커니즘인 가르침과 언어에 의존한다.[10]

가르침의 진화에 대한 우리의 연구는 보다 직관적인 사실들도 발견했는데, 하나는 선생과 학생 사이의 관계도가 증가할수록 가르칠 가능성도 증가한다는 것이었고, 다른 하나는 가르침의 비용이 증가할수록 가르칠 가능성은 감소한다는 것이었다.[11] 인간 사회에서의 경험적 연구는 이를 지지한다.[12] 따라서 인간 사회에서 발견되는 광범위하고 일반화된 형태의 가르침은 가까운 혈족 사이에서 처음 등장했을 것이라고 예측할 수 있다. 예를 들어, 부모가 자식에게 먹이를 구하는 기술을 가르치거나, 형제들이 서로에게 도구 만드는 법을 가르쳐 주는 상황을 생각해 볼 수 있다. 하지만 기초적인 형태의 언어조차 없었다면, 먼 혈족을 가르치는 것은 전혀 경제적이지 않았을 것이다. 그러한 상황에서의 가르침은 포괄적 적합도의 이득이 낮기 때문이다. 언어의 등장으로 가르침의 비용이 줄고 정확성이 증가하자, 가르침은 (작은 혈족 집단들을 포함하는 호미닌의 수렵 채집 무리들과 같은 집단에서도) 더 먼 혈족들에게도 확장되었을 것이다. 이러한 가르침 덕분에 작은 집단의 구성원들은 영양을 사냥하거나 포식자를 쫓아내는 일처럼 협력이 필요한 문제들 앞에서 서로에게 특정한 역할들을 가르칠 수 있었을 것이며, 그에 따라 혈족에 기반한 협력의 범위도 확장할 수 있었을 것이다.

이 책의 초반부에서 언급했다시피, 사회적 학습에 능숙한 수많은 동물들(영장류나 고래목)은 저마다 행동 전통들을 지니고 있는데, 사실 그러한 전통들은 지역 특유의 노래를 부르거나 먹이를 사냥하는 것과 같은 집단 특유의 관습들이다. 호미닌 조상들도 사회적 관습으로 유지되는 집단 특유의 습관들을 지니고 있었을 것이다. 전통적인 행동 가운데 일부는 관찰 학습을 통해 전달되었을 것이며, 보다 도전적인 관습들은 혈족 간의 가르침으로 확산되었을 것이다. 동물 사회에서 일어나는 대부분의 가르침은 단순히 학생의 학습 기회를 증가시킬 뿐인데,[13] 미어캣이 새끼에게 침이 없는 전갈을 제공하는 것이 그 예다.[14] 하지만 동물 사회에서 지도coaching가 이루어지는 경우는 거의 없다. 여기서 '지도'는 선생이 학생의 행동을 격려하거나 그만두도록 하는 것을 말한다.[15] 드문 사례 중 하나가 어미 암탉이 새끼가 맛없는 먹이를 먹으려고 할 때 땅을 격하게 쪼고 긁어서 새끼의 주의를 분산시키는 것이다.[16] 물론 이러한 오류 수정은 현대사회에서 인간이 가르칠 때 나타나는 특징들 가운데 하나이기도 한데, 이는 역사의 어느 시점부터 우리 조상들이 가르치고자 하는 이들의 행동을 체계적으로 바로잡고자 했다는 것을 의미한다. 이 과정에서 사회는 단순한 관습보다는 규범에 더욱 의존하게 되었다.[17] 그저 한 가지 행동 방식을 예로 드는 것이 아니라, 특정한 행동 방식을 주장하기 시작한 것이다. 마침내, 사회들은 저마다 그 구성원들이 어떻게 행동해야 하는지(예를 들어, 불을 어떻게 피워야 하는지, 거북을 어떻게 사냥해야 하는지, 땅을 어떻게 경작해야 하는지)를 알려주는 규범들의 집합으로 특징지어졌고, 각각의 규범들은 구두로 확산되었다. 규범들은 사회적 상호작용의 규칙들을 명기했으며, 규범을 어겼을 때 어떻게 대처해야 하는지도 명기했다.[18] 규범의 출현과 함께 호미닌의 사회생활은 그저 집단을 이루고 거주하는 것이 아니라, 집단과 동일시하고, 집단의 규칙을 따르며, 자기 집단의 구성원들에게 특권을 주는 것으로 전환되었다.[19] 규범은 집단의 협력을 촉진하며, 그로 인해 사회의 협력 능력을 대폭 향상시켰다. 갈등을 해결하고 발생 가능한 사회적 문제를 방지하기 위해, 때로는 사회의 모든 구성원이 지켜야 하는 '법규rule of law'로 규범을 명시적으로 제도화하고 위반자에 대한 처벌을 합의하는 것이 필요했을 것이다.[20]

그 시점부터 우리 조상들은 어떻게 행동해야 하는지에 대한, 협력을 통해 만들어지고 강제되는 관습과 규범으로 구조화된 사회에 살게 되었다. 또한 이러한 관습과 규범 가운데 대다수는 규칙에 의해 관리되는 사회제도로 진화하게 되었다.[21] 이러한 규범들은 결코 명백하지 않기에, 일반적으로 공동체의 젊은 구성원들은 규범의 성격과 그 규범을 따라야 하는 필요성에 대해 배워야 했다. 이는 현대 인간 사회를 살펴보면 바로 이해할 수 있는데, 예를 들어, 수표나 계좌 이체가 어떻게 작동하는지, 시민들이 언제 어떻게 그리고 왜 세금을 내야 하는지는 결코 명백하지 않기 때문이다. 모든 인간 사회에는 이러한 규범과 법규가 있고, 어른들이 규범과 법규를 적극적으로 가르치거나 그를 위해 체계적인 학습 환경을 고안하기 때문에 아이들은 규범과 법규를 곧잘 학습한다.[22] 인간의 협력은 단지 자신의 혈족을 돕거나 자신을 도운 사람들에게 보답하는 것에 그치지 않는다. 인간 협력의 규모가 유례없이 큰 이유는 사회적으로 학습되고 전달되는 규범에 바탕을 두고 있기 때문이다. 선도적인 경제학자 에른스트 페르Ernst Fehr의 유명한 실험이 보여주는 것처럼,[23] 규범은 어떻게 행동해야 하는지 알려줄 뿐만 아니라 좋은 행동에 보답하고 나쁜 행동을 처벌하는 지침을 규정한다.

인간의 사회생활은 그 어떤 영장류의 사회생활보다 훨씬 더 협력적으로 조직되어 있는데,[24] 이는 부분적으로 우리의 규범 덕분이다. 대규모 협력은 대개 수많은 이들의 행동을 조정한 결과다. 둘 사이에서 또는 집단적으로 조직된 행동이 이루어지기 위해서는 일반적으로 의도와 목적의 공유, 함께 주의하기, 관점 수용perspective-taking, 실행에 따르는 노력이 필요하다.[25] 이 경우에도 가르침이 필요하다. 다른 사람에게 음식을 준비하고, 불을 피우며, 도구를 만드는 방법을 가르치려면, 함께 집중하고 노력할 뿐만 아니라 의도와 목적도 공유해야 한다. 선생이 학생의 관점을 수용하는 것은 효율적으로 가르치는 데도 유리하다. 행동을 조정하는 데 필요한 인지 능력은 먼저 가르침을 통해 진화한 다음, 이후 다양한 대규모 협력들을 촉진하는 데 적용되었을 것이다. 이런 방식으로 언어, 가르침, 순응은 다른 동물들에게 없는 고유한 형태로 인간 행동의 핵심 요소가 되었다.

협력의 진화에 대한 연구는 협력적인 사회들이 어떻게 부정행위를 막는지에 주로 초점을 맞추어 왔다. 하지만 이는 조정에 관한, 똑같이 해결하기 어려운 두 번째 문제를 무시한 것이다. 그 문제는 바로 이익을 얻기 위해 어떻게 다른 이들의 협력을 유도할 수 있는가 하는 것이다.[26] 사회적 학습, 언어, 가르침 없이 여러 사람들 사이에서 복잡한 행동 조정이 나타나기는 매우 어렵다.[27] 다른 동물들도 서로 협력하며 먹이를 구하고, 사냥하며, 방어하는 것이 관찰되고는 하지만(사자들의 사냥, 또는 늑대를 둘러싸는 사향소들의 방어 작전이 그러한 예다), 그러한 동물 사회에서조차 개체들이 서로 긴밀하게 연결되고 조직화된 여러 가지 서로 다른 역할들을 수행하는 경우는 드물다. 그렇게 하기 위해서는 공동체의 행동을 조정하는 수단이 필요한데, 그러한 수단은 대개 동물 사회에 존재하지 않는다. 하지만 인간은 언어와 가르침, 그리고 다른 이들을 위한 무의식적인 학습 환경의 구축을 통해 조정에 관한 문제를 해결한다. 다시 말해, 구성원들에게 서로 다른 역할을 할당하고 이들을 훈련시킬 수 있다.[28] 실제로 실험 연구에 따르면, 인간이 서로 행동을 조정하는 데 언어가 중요한 역할을 한다.[29]

도제식 훈련 또한 집단의 협력을 조직하는 데 중요한 역할을 했을 것이다.[30] 초기 농업 사회에서는 급증하는 인구를 부양하기 위해 식량을 충분히 생산해야 한다는 압박으로 인해 분업과 직업의 전문화가 발생했다. 사회가 효율적으로 기능하려면 혈족이 아닌 사람들 사이에서도 기술과 전문성이 전달되어야 하는데, 일반적으로 이러한 기술은 단순한 모방으로 습득하기에는 지나치게 복잡했다. 이를 위해서는 학생을 가르치고자 하는 자의 협력이 필요했다. 도구나 상품을 제조하는 데 필요한 복잡한 지식, 또는 특정 직업과 관련된 광범위한 지식은 오랜 기간의 도제식 훈련을 통해서만 확실하게 전달될 수 있었다. 이러한 도제식 교육은 선생과 학생 간의 오랜 시간 지속되는 협력 관계가 구축되었기에 가능했다.[31] 여기서 다양한 분야의 전문가들이 등장하면서 대규모 협력은 한 단계 진전되었다. 혈족을 가르치며 그에 따른 이득을 간접적으로만 얻었던 조상들과는 달리, 이 전문가들은 이방인들을 가르치며 식량, 옷, 보호와 같은 직접적인 자원을 대가로 받았다. 다양한 종류의 전문 선생들이 등장했는데, 가장 흔한 경우는 성직자가 부유한 집안의 아이들에게 앞으로의 역할에 대한 기술과 지식을 가르치는 것이었다. 하지만 초기 농업 사회에는 전투법, 농법, 심지어 춤을 가르치는 선생까지 존재했다.[32]

문화적 학습, 가르침, 언어에 대한 인간 고유의 능력이 협력의 범위를 크게 넓혔다고 생각할 만한 이유는 더 있다.[33] 가르침은 본래 가까운 혈족 사이에서 협력을 통해 진화했지만, 언어의 등장과 함께 호혜적인 교환, 간접 호혜성, 집단 선택과 같은 잘 확립된 다른 협력 과정들에 도움을 주며 확장되었다.[34]

인간 사회에서 관찰되는 이방인들 간의 협력, 또는 집단 간의 협력 가운데 일부는 상호주의로 이해할 수 있다. 침팬지, 오랑우탄, 일본원숭이, 흰목꼬리감기원숭이는 모두 행동 레퍼토리 면에서 개체군 수준의 차이를 보여주지만, 이주와 확산을 제외하면 이들 공동체가 서로 값진 자원을 교환한다는 증거는 없다. 반면, 초기 언어를 사용하던 호미닌 조상들 사이에서 이러한 집단 수준의 다양한 물질문화는 추출되고 제작된 자원들의 거래로 이어졌다. 동물들 사이에서 두 유기체가 서로에게 도움 되는 자원을 제공하는 상리공생의 관계는 흔하다. 예를 들어, 소딱따구리새는 코뿔소, 얼룩말, 소의 등에 타고 다니다가 그 동물의 피부에 사는 진드기나 다른 기생충을 잡아먹는다.[35] 이는 두 동물에게 모두 이익인데, 새는 먹이를 얻고 포유류는 해충을 효과적으로 막을 수 있기 때문이다. 새가 원하는 기생충을 포유류는 원하지 않기 때문에(오히려 박멸하고 싶어 할 것이다), 이러한 교환의 진화는 비교적 이해하기 어렵지 않다. 동물들이 서로 똑같은 봉사를 해주는 경우도 흔한데, 말이나 개코원숭이가 서로에게 털 고르기를 해주는 경우가 그렇다. 이러한 행동의 진화도 수수께끼와는 거리가 있는데, 이때 두 봉사는 서로 등가이기 때문에 그 거래를 공평한 교환으로 이해할 수 있다. 반면, 인간 사회에서 흔히 관찰되는 거래나 교환(예를 들어, 식량과 도구를 교환하는 경우)은 이해하기가 쉽지 않다. 교환하는 두 사람은 두 공산품의 가치를 매겨야 하는데, 서로 다른 공산품들의 교환가치를 정하려면 협상이 필요하기 때문이다. 이러한 형태의 상호주의는 다른 동물들에게는 거의 없거나 존재하지 않는 것으로 보인다.[36] 내가 아는 한, 유일하게 기록된 것이 붉은콜로부스원숭이를 사냥한 침팬지가 고기로 교미 기회를 얻은 것으로 추정되는 사례인데,[37] 이에 대해서는 논란이 있다.[38] 따라서 합리적인 결론을 내리자면, 다른 동물들이 서로 다른 재화를 교환하는 일은 매우 드물다.[39] 이런 현상이 인간에게만 고유하다는 것은 그다지 놀랍지 않을 것이다. 이는 교환율에 대한 합의를 필요로 하는데, 이를 위해서는 적어도 원시언어(또는 서로 공유하는 몸짓을 융통성 있게 사용하는 것)가 존재해야 하기 때문이다. 언어가 진화함에 따라 거래가 가능해졌으며, 거래는 협상과 더 발달된 형태의 의사소통에 대한 자연선택을 형성했다. 특히 지역마다 편차가 큰 환경에서는 지역 특유의 문화적으로 전달되는 재화를 가진, 언어를 사용하는 호미닌들 사이에서 상호 교환이 발생했다.

거래는 (어떤 개인이나 사회는 얻을 수 있지만 다른 이들은 얻을 수 없는) 유용한 상품이나 서비스가 교환되는 분업을 활용하는데, 이러한 사용 가능한 자원의 변이는 계약을 경제적인 것으로 만든다.[40] 교환 없이 분업이 발생할 수 없지만, 반대로 계층적인 대규모 사회가 등장하고 그와 관련된 직업군이 발달하자 더욱 광범위한 교환의 기회가 발생했을 것이다. 한 사회 안에서 분업이 잘 이루어질수록, 그리고 사회 간의 분업이 잘 이루어질수록 교환의 기회도 증가했다. 어떤 역치에 이르러 공통적인 지불수단으로 교환하는 것이 더 편리해지자, 마침내 돈이라는 제도가 등장했다. 기원전 9000년경에는 곡물과 소가 돈이나 물물교환재로 쓰였다.[41] 히브리의 세켈 은화는 보리 180알의 무게에서 유래한 것으로 보이는데, 이러한 합의는 언어 없이 등장할 수 없었을 것이다. 이처럼 규범, 제도, 법은 비혈족 간의 대규모 협력을 안정화했으며,[42] 언어는 이러한 규칙이나 합의를 자세히 명시하고 널리 알리는 데 큰 역할을 했다.[43]

나는 언어를 통한 가르침의 등장이 우리 종에게 전환점이 되었다고 생각하는데, 그로 인해 협력의 규모와 메커니즘이 엄청나게 향상되었기 때문이다.[44] 예를 들어, 개체들이 도움에 보답하는 개체를 돕는 경향이 있다는 점에는 이견이 없지만,[45] 다른 개체를 돕는 개체를 돕는 경향도 있는지,[46] 또는 이러한 경향('간접 호혜성indirect reciprocity')이 자연에 얼마나 흔한지에 관해서는 논란의 여지가 있다. 이론적 모델에 따르면, 간접 호혜성으로도 협력에 이를 수 있으며 이를 통해 명성을 쌓는 것이 어떻게 개체에게 이득이 되는지를 설명할 수 있다.[47] 하지만 이 메커니즘에 대한 선구적인 연구를 진행한 하버드대학교의 진화생물학자 마틴 노바크Martin Nowak는 이렇게 말했다. "언어와 협력은 서로 밀접한 관계에 있다. 간접 호혜성이 효율적으로 작동하기 위해서는 이름, 행위, 시간, 장소에 대한 뒷담화가 필요하다."[48] 그뿐만 아니라 인간 사회에서는 구두로 가르치는 사회적 규범 덕분에 비협력적인 사람들에 대한 처벌(예를 들어, 규제나 사회적으로 허용되는 복수)도 제도화할 수 있었다. 이론과 실험에 따르면, 개인이 복수하는 것보다 제도화된 처벌이 이루어질 때 협력은 보다 효율적으로 유지된다.[49] 그럼에도 이러한 협동 과정에서는 속임수가 발생할 수 있다. 적어도 인간 사회에서는 자신이나 자기 집단의 이익을 최대화하기 위해 의사소통을 조작하는 교묘한 속임수가 나타날 수 있다. 이런 형태의 속임수는 의사소통에 더욱 능숙한 개체들에 대한 자연선택으로 이어졌을 것이다. 언어가 처음 등장한 시기에, 집단마다 고유한 기호들의 목록이 확대됨에 따라 다른 사회의 초기 언어를 이해하기는 점점 더 어려워졌을 것이며, 그에 따라 자기 집단에 편향된 학습이 보다 유리해졌을 것이다. 시간이 지나며, 점점 방언을 닮아가는 지역별 초기 언어의 변형들은 한 공동체를 정의하고 의미하기 시작했을 것이다.

집단 간의 문화적 다양성은 다른 집단의 외부인보다는 지역에 관한 유용한 지식을 가진 자기 집단의 구성원을 알아보고 그 구성원에게 배우는 것을 우선시하도록 했을 것이다. 이론적 분석에 따르면 이러한 환경에서는 지역의 전통에 순응하는 것이 선호되며, 그에 따라 어느 집단 소속인지를 드러내는 '민족적 표지ethnic marker'가 진화하고, 집단 내 협력이 증진되며, 다른 집단과의 갈등이 증가한다.[50] 언어와 방언은 민족적 표지로 효과적으로 기능하며 지역적 학습과 내집단 선호 성향을 부추길 수 있다.[51] 결국 모방, 가르침, 언어, 지역적 관습은 모두 개인들이 이주하는 상황에서도 집단 간의 행동 차이를 유지시킨다. 이로 인해 '문화적 집단 선택cultural group selection'이라고 불리는 매우 안정적인 형태의 집단 선택이 인간의 역사를 형성하게 되었다.[52]

인류학자 로버트 보이드와 피터 리처슨은 문화적 형질(예를 들어, 농업에 의존하는 사회)에 대한 자연선택을 통해 문화적인 수준에서 집단 선택이 작동한다는 가설을 처음 제시했다.[53] 더 효과적이거나 효율적인 전통과 규범, 제도를 지닌 집단이 다른 집단과의 경쟁에서 승리한다는 것이다. 예를 들어, (1) 조직된 군대를 가진 사회는 그렇지 않은 사회와 충돌했을 때 이

길 가능성이 높으며, (2) 분업과 직업의 전문화가 이루어진 도시국가는 그러한 혁신이 이루어지지 않은 도시국가를 앞설 가능성이 높고, (3) 관개 시스템을 고안한 농업 공동체가 그렇지 않은 공동체보다 더 번성할 것이며, (4) 집단 내의 협력적인 행동을 안정화하는 종교적 교리를 가진 사회가 사람들을 따르게 만드는 신들이 없는 사회보다 더욱 번성할 것이다. 결과적으로, 군사기술, 분업, 관개시설, 종교적 교리, 그리고 협력을 북돋우는 그 밖의 기제들이 확산되며, 사회는 이를 통해 수많은 집단 행동의 문제들collective action problem를 해결할 수 있다.[54]

독자들은 내가 왜 여기서 더 전통적인 개체 수준에서의 자연선택이 아니라 집단 수준에서의 자연선택이 작동할 것이라고 예측하는지 궁금할 것이다. 물론, 농업 사회의 사람들이 다른 사회의 사람들보다 더 많은 자식을 낳고 그 자식들이 부모의 생계 수단을 이어갈 가능성이 크다면 농업의 빈도는 증가할 것이다. 그러나 이 추론에는 한 가지 빠진 것이 있는데, 농업과 관련 있는 적합도의 이득은 대부분 집단 수준의 행동에서 비롯된다는 점이다. 자기 힘만으로 근근이 살아가는 외로운 농부는 수렵 채집인보다 특별히 더 많은 식량을 생산하지도, 더 많은 자식을 낳지도 않을 것이다. 농업은 공동체에게 이득을 가져다주는 자원(즉, '공공재public good')을 생산하기 위해 일군의 사람들이 공동으로 작업할 때만 비로소 매우 생산적일 수 있다. 쓸 만한 관개시설을 건설하는 데만 보통 수백 명이 필요하며, 영양이나 말을 잡는 울타리 덫을 건설하는 데도 비슷한 수의 사람들이 필요하다. 돌, 그물, 나무 울타리로 만드는 물고기 덫인 어살fish weir도 그 길이만 수백 미터에 달하기에, 이를 만드는 데 많은 사람들이 필요하다. 땅에 불을 지르고, 씨를 뿌리며, 작물을 수확하는 활동들은 전통적으로 공동체의 모든 구성원이 참여했던 활동들이다. 이런 활동들을 농부 혼자서 하기는 불가능하지만 한 무리의 농부들이 함께 일하면 상당한 양을 수확할 수 있으며, 일반적으로 협력하는 집단은 그렇지 않은 집단과의 경쟁에서 승리한다. 결과적으로, 협력적인 관습은 확산된다.

집단 수준의 협력은 농업에만 한정되지 않는다. 누에르족Nuer과 딩카족Dinka은 아프리카 수단에서 소를 목축하는 사회들로, 두 집단 사이의 갈등은 그 역사가 길다. 19세기 동안 누에르족은 딩카족의 영토를 차지하며 영토를 급격하게 넓혀왔다. 누에르족의 승리는 그들의 사회구조 때문인 것으로 여겨지는데, 그 구조 덕분에 누에르족은 딩카족보다 더 큰 군대를 전장에 투입할 수 있었고, 그 결과로 누에르족의 믿음과 관습도 확산되었다.[55] 더 일반적으로 말해, 많은 소규모 사회들은 협력적인 수렵과 식량 수집 활동에 참여하며 분쟁이 발생하면 군대를 조직하는데,[56] 이때 문화적 집단 선택은 경쟁력 있는 집단의 문화적 전통을 확산시킨다.[57]

보이드와 리처슨은 정확한 사회적 학습, 즉 개인이 다수의 행동을 따르는 "로마에서는 로마법을 따르라"라는 순응과, 사회적 행동을 제약하는 규범과 제도를 강조한다.[58] 후자의 경우에는 협력하지 않는 자에 대한 제도화되거나 사회적으로 허용되는 처벌이 포함된다.[59] 순응적인 전달이 중요한 이유는 그것이 집단 안에서는 행동의 차이를 줄여주지만 집단 간의 행동 차이는 유지시키기 때문이다. 더군다나 어떠한 행동 전략이든 그 보상은 그 지역에서 전략이 사용되는 빈도에 달려 있기 때문에, 동일한 환경에 놓인 하위 집단들조차 서로 상당히 다르게 행동할 수 있다.[60] 다시 말해, 문화적 과정은 자연선택이 작용할 수 있는 수많은 집단 간 변이를 만들어 낸다. 방대한 데이터는 사회들 간의 차이가 유전적 변이보다는 문화적 변이에서 비롯된다는 것을 여실히 보여준다.[61]

보이드와 리처슨의 생각이 옳다고 생각할 만한 몇 가지 요소들이 있다. 첫째, 유전자의 대물림과는 달리 문화의 대물림의 경우에는 후손이 자신의 생물학적 부모가 아닌 이들로부터도 학습하며 그들의 사회에서 가장 흔한 문화적 형질들에 민감해지고 주변의 지배적인 행동에 순응하게 된다. 이는 문화적 차이를 유지시킨다. 둘째, 위협받거나 실패한 이들은 자의로든 타의로든 새로운 지배적인 문화 형질로 전환할 수 있기 때문에, 이주로 인해 집단 간의 문화적 차이가 줄어들지는 않는다. (반면, 유전적 집단 선택에서 유전자 흐름은 집단 간의 유전적 차이를 감소시킨다). 따라서 집단 사이에서 사람들의 이동이 발생하더라도 집단 수준에서의 변이는 대개 감소하지 않는다. 셋째, 의례, 춤, 노래, 언어, 복장, 깃발과 같은 상징적인 집단 표지 체계로 인해, 지역의 유전자 풀이 유전자 흐름에 저항하며 사신의 정체성을 지키는 것보다는 저마다의 문화가 정체성을 유지하며 이주자들에 의해 유입된 문화적 형질들에 저항하는 것이 더 쉽다. 넷째, 이론과 데이터가 강력하게 시사하는 것처럼, 제도화된 처벌(예를 들어, 경찰력에 의한 처벌)이나 사회적으로 허용되는 복수(예를 들어, 전쟁 중에 탈영병을 구타하는 것)는 사회 안에서 협력적인 규범을 안정화할 수 있다.[62] 종합하면, 이 요소들로 문화적 집단 선택은 유전적 집단 선택보다 작동할 가능성이 훨씬 커진다. 실제로도 문화적 집단 선택에 대한 경험적인 증거들은 방대하게 쌓여 있다.[63]

문화적 집단 선택을 포함한 문화적 과정은 유전자-문화 공진화의 동역학을 통해 되먹임되며 유전자의 진화에 영향을 미칠 수 있고, 그에 따라 우리의 진화된 인지에도 영향을 미칠 수 있다. 이러한 상호작용은 문화적 생활을 위한 진화된 심리적 성향을 선호할 것이다. 인류학자 마치에이 츄데크Maciej Chudek와 조지프 헨릭은 이를 '규범 심리norm psychology'라고 명명했다.[64] 규범 심리는 "자기 공동체에서 공유되는 행동의 표준을 추정하고, 기억에 부호화하며, 지키고, 위반한 경우에는 교정하는 일련의 심리적 적응"을 말한다.[65] 일단 어떤 종이 사회적 학습과 문화에 크게 의존하게 되면 적합한 규범 심리를 갖게 된다는 상당한 이론적 증거가 있다.[66] 이론적 분석에 따르면, 인간은 그들 사회의 지역적 규범을 인지하고, 표현하며, 채택하는 것뿐만 아니라 그에 대한 위반을 알아채고, 비난하며, 처벌하는 데도 특히 능숙해야 한다.[67]

예를 들어, 도덕적 규범은 인간 유전자에 대한 자연선택을 형성해 협력적인 성향을 선호하게 할 수 있다. 규범에 잘 순응하는 자들은 그렇지 않은 자들보다 규범을 지켜야 하는 더 큰 사회 안에서 살아가며 규칙을 지킬 수 있다. 이렇게 '유순한' 이들은 사회의 기술로부터 더 많은 이익을 얻는 한편, 덜 추방되고 덜 처벌된다는 점에서 유리하다.[68] 결과적으로, 더 유순한 개인들이 모인 집단은 더 정교하고 효과적인 규범이 문화적으로 진화하도록 하며, 보다 단단한 협력이 집단 안에서 유지될 수 있었다. 비슷한 메커니즘으로, 사회적 규범을 어겼을 때 부끄러움이나 죄책감을 느끼는 성향도 선호되었을 것이다.[69] 이런 논의가 사변적이기는 하지만, 규범에 따라 협력적으로 살아가는 영장류를 상상하기가 어렵다는 점, 그리고 길들여진 많은 동물들에게 인위적인 선택을 가했을 때 유순함이 선호된다는 관찰 결과를 고려하면, 인간에게도 그러한 성향에 대한 자연선택이 작용했다는 주장은 충분히 설득력 있다.[70]

사회적 학습, 가르침, 언어를 통해 집단 행동을 조정하고 집단 행동의 문제를 해결해 온 인류의 오랜 역사와 이로부터 발생한 되먹임으로 인해, 다른 이들의 목적과 의도를 이해하고 공유할 수 있는 인간의 독특한 심리가 형성되었다.[71] 인간은 함께 주의하기, 협력적인 의사소통, 가르침으로 다른 이들과 경험을 공유할 수 있고, 공유하고 싶어 한다.[72] 인간은 개개인의 높은 인지 수준뿐만 아니라, 공유되는 인지(사람들과의 대화를 통해 지식이 구성되는 경우)를 위한 방대한 기술과 의지도 진화시켰다. 8장에서 소개한 누적적 문화의 문제 해결 과제에서 보았듯이,[73] 다른 영장류의 사회적 먹이 획득에서 나타나는 전형적인 패턴은 먹이에 대한 격렬한 경쟁, 먹이를 공유하는 것에 대한 낮은 관용, 극도로 드문 먹이 제공이 그 특징이다.[74] 우리 조상들은 이러한 패턴에서 어느 정도 벗어나 협력적인 채집자가 되었다.[75] 6장에서 소개한 문화적 추동 과정의 한 가지 파생 효과는 틀림없이, 보다 효율적이고 정확한 정보 전달이 추구되는 과정에서 사회적으로 더욱 관대한 기질이 (가르침을 위한 일반화된 능력과 함께) 선택되었다는 점이다.[76] 문화적 집단 선택이나 다른 유전자-문화 공진화 작용 역시 사회적 관용을 선호했을 것이다.

유전자-문화 공진화는 인간의 향상된 모방 능력뿐만 아니라, 모방으로 인해 발생하는 사회적 애착, 어린이에게서 모방을 이끌어 내는 어른의 돌봄 활동에도 관여했을 것이다. 첫째, 아이가 모방하는 어른은 여러 이유들에서 매력적이거나 유리할 수 있다. 모방되는 것은 자신, 자신의 가치, 선택들이 주목받거나 선택되었다는 것을 의미하기에 모방을 당하는 당사자에게는 기쁜 일이다. 둘째, 모방되는 이는 아이가 생존 기술을 학습하도록 부추기는데, 이는 아이가 발달하고 성숙하기를 진심으로 바라기 때문일 수도 있지만, 아이를 돌보는 책임으로부터 가급적 빨리 해방되기를 바라기 때문일 수도 있다. 셋째, 유사한 행동에 참여함으로써 모방하는 아이들은 그렇지 않은 아이들보다 피해를 덜 주거나 심지어 도움을 줄 수 있다 (식량 획득을 돕는 아이들을 생각해 보라). 이는 부모와 도우미가 그들이 돌보는 아이들에게 모방을 격려하는 이유를 설명할 수 있다. 이때 부모와 도우미는 아이들에게 칭찬이나 긍정적인 강화를 자주 해주며 때로는 아이들의 행동과 소리를 모방하기도 한다. 이론과 데이터에 따르면, 이러한 반응들은 아이들의 모방 능력을 강화하며 더 잦은 모방을 이끌어 낸다.[77] 자연선택은 이런 관계에 작용함으로써, 아이의 모방에 긍정적으로 반응하거나 아이의 모방을 격려하는 성향을 선호할 수 있다. 또한, 자연선택은 아이가 자신을 돌보는 어른들을 자발적으로 모방할 뿐만 아니라 어른이 칭찬할 때는 더욱더 모방하고자 하는 경향을 선호할 수 있다. 모방하고 나서 어른과 아이가 경험하는 긍정적인 감정과 그에 따라 개선되는 사회적 관계는 그 둘에게 유리하도록 모방을 부추길 것이다. 유아가 주도하는 발화 역시 이러한 일반적인 작용의 특수한 사례일 수 있다. 어른이 유아 주도의 발화를 이끌어 내고 아이들이 그에 반응하는 경향은 자연선택에 의해 선호되었을 것이다. 이 과정에서 언어 학습이 가속화되기 때문이다.[78] 심지어 미소나 눈살 찌푸림과 같은 일상적인 현상들도 우리의 규범 심리가 되었다. 이런 신호들은 만들어 내기는 쉽지만 허용이나 못마땅함을 나타내는 데 매우 효과적이기에, 다른 사람들이 무엇을 해야 하고 하지 말아야 하는지를 가르치는 데도 쉽게 사용할 수 있다.

유전자-문화 공진화는 모방과 협력 사이의 유별난 관계도 설명한다. 다른 동물들처럼 사람들은 서로의 자세, 버릇, 얼굴 표정을 (종종 무의식적으로) 모방한다. 이런 형태의 사회적 학습은 '단순 모방simple imitation',[79] '반응 촉진response facilitation',[80] '흉내mimicry',[81] '카멜레온 효과' 등으로 불린다.[82] 실험에 따르면, 동물들로 하여금 중요한 생존 기술을 습득하도록 돕는 이러한 모방은 인간에게서도 사회적 상호작용을 향상시킨다. 또한 실험에 따르면, 단순 모방은 협력적인 태도의 출현과도 인과관계에 있다. 모방과 협력은 서로가 서로에게 영향을 미치는 관계다. 다시 말해, 모방을 당하면 보다 협력적인 성향을 가지게 되며, 협력적인 성향을 가지면 다른 이들을 더 자주 모방하게 된다.[83] 여러 실험들에 따르면, 인간은 누군가로부터 모방을 당하면 보통 그들을 더 좋아하게 된다.[84] 또한, 그들을 더 설득력 있는 사람으로 여기게 되며,[85] 모방되지 않는 경우보다 함께 보내는 시간을 더 즐겁게 여기게 된다.[86] 어른이 18개월 된 아이를 모방했을 때는 그렇지 않았을 때보다 아이가 어른을 도와줄 가능성이 높았다(예를 들어, 아이는 어른이 떨어뜨린 물건을 집어주었다).[87] 어른들도 마찬가지로 누군가가 자신을 모

방하면 다른 이들의 단순한 과제를 더 자주 돕고, 자선단체에도 더 많은 돈을 기부한다.[88]

이 관계는 양방향인 듯하다. 사람들은 자신이 싫어하는 것보다는 좋아하는 것을, 외집단보다는 자기 집단의 구성원을 더 자주 모방한다.[89] 이러한 경향은 종교 집단과 민족 집단에서 모두 관찰된다.[90]

옥스퍼드대학교의 심리학자 세실리아 헤이스에 따르면, 모방과 협력 간의 양방향 인과관계는 무의식적인 모방과 친사회적인 태도의 '선순환'을 통해 사회적 집단의 구성원들 간의 협력, 집단 행동, 정보 공유를 유지시키는 기능을 한다.[91] 이러한 선순환이 집단의 경계를 유지한다는 사실은 이 성향들이 문화적 집단 선택의 메커니즘을 통해 진화한다는 점과 맞아떨어진다. 방언과 마찬가지로, 지역적인 신체 버릇은 모방을 통해 확산되어 집단의 구성원임을 무의식적으로 드러내는 민족적 표지로 기능할 수 있다.[92] 자신과 비슷하게 행동하고 심지어 자신과 비슷한 버릇을 지닌 이들에게 잘 대해주는 성향은 진화된 심리의 한 부분으로 선호되었을 것이다. 이것이 집단 구성원들 간의 협력을 북돋기 때문이다. 반대로, 수학적 모델에 따르면 변화가 극심한 환경에서는 같은 지역의 사람들을 모방하는 것이 더 이로운데, 그들이 그 지역에서 최적화된 행동을 알고 있을 가능성이 더 크기 때문이다.[93] 따라서 협력적인 이들을 모방하는 경향 또한 자연선택에 의해 선호되었을 것이다. 그들이 그 지역 사람일 가능성이 높기 때문이다. 이러한 성향은 사회적으로 학습되고 전달되었을 수 있다.

문화적 집단 선택은 또한 모방 능력을 발달시키는 사회적 관습을 선호했을 것이다.[94] 많은 사회에서 같은 동작으로 춤을 추고, 대규모로 행진하거나 모의 전투로 군대를 훈련시킨다. 이런 집단들은 그렇지 않은 집단들보다 더 성공적인데, 이는 부분적으로 이러한 동시적 집단행동이 개인들의 신경 회로를 모방에 능숙하도록 훈련시키며, 개인들로 하여금 다른 이들의 행동에 대한 지각과 자신의 행동을 연결 짓게 함으로써,[95] 집단 내의 유대를 촉진하기 때문일 수 있다.[96] 동시적 집단행동(예를 들어, 함께 운동하는 것)은 엔도르핀 분비를 유발함으로써 동시적 행동을 긍정적인 보상과 연결 짓고, 결국 동시성 자체를 만족스럽게 여기도록 한다.[97] 그렇지 않고 함께 사냥하는 것처럼 동시적 행동이 끝나고 나서 보상을 얻게 되더라도, 학습된 연상은 발생할 수 있다. 동시성에 보상이 주어진다면, 동시적 행동을 촉진하는 사회적 행동도 더 자주 일어날 것이다. 이런 이유에서 많은 이들의 행동을 조정하고 사회적 유대를 강화하는 데 리듬(예를 들어, 북소리)이나 음악이 동원되는 것일 수 있다.[98] 노래를 부르거나 구호를 외치면서 달리는 부대는 더 멀리, 더 빨리, 더 고통 없이 달릴 수 있는데, 그 과정에서 이들의 유대도 더 강화된다.

6장에서 앨런 윌슨의 문화적 추동 가설을 구체화하면서, 나는 보다 정확하고 효율적인 형태의 사회적 학습에 대한 자연선택이 결국 향상된 모방 능력과 인지의 여러 측면에 대한 자연선택으로 이어졌을 것이라고 주장했다. 그러한 모방 능력의 바탕에는 인간의 뇌를 전담하는 구조나 네트워크가 포함되는데, 이러한 구조나 네트워크는 대응 문제(자신에 대한 지각, 동일한 행동을 하는 다른 이에 대한 지각, 그 둘이 서로 상당히 다른 경우에도 모방해야 하는 문제)를 해결하거나 적어도 적절한 경험을 통해 그 문제를 해결하는 신경 가소성을 부여했을 것이다. 나는 우리의 강력한 모방 능력이 그 자체로 문화적 생활에 대한 적응이라고 믿는다.

하지만 이 문제에 대해서는 아직 이론의 여지가 있다. 예를 들어, 세실리아 헤이스는 인간의 모방 능력이 오래된 연합 학습 능력에 기반하고, 모방에 의존하는 정도와 모방에 능숙한 정도가 사회적으로 구성되는 것이라고 믿는다.[99] 나는 인간이 경험을 통해 모방 능력을 발달시킬 수 있는 기회가 유난히 풍부한, 거울상으로 가득하고 동시적 행동으로 충만한 세계를 구축했다고 본다. 수년 전, 나는 케임브리지대학교의 동물행동학자 패트릭 베이트슨Patrick Bateson과 함께 이러한 주장을 발표했다.[100] 실험 증거에 따르면, 모방 성향은 긍정 강화를 통해 증가할 수 있다. 예를 들어, 유아가 부모를 모방할 때 부모는 보통 미소나 격려로 반응한다.[101] 하지만 나는 다른 동물들에게 동일한 긍정 강화를 주더라도 그들이 인간처럼 모방을 잘하게 될 것이라고 생각하지 않는다. 유인원에게 말하기를 가르치는 실험들도 이를 어느 정도 지지한다. 이전 장에서 소개한 것처럼, 인간과 침팬지의 공통 조상 이후로 인간의 뇌에는 광범위한 자연선택이 작용해 왔으며, 이 과정에서 인간의 학습 능력이 크게 상향 발현upregulated되었다는 증거들이 있다. 인간의 거의 모든 학습은 사회적으로 유도되며 사회적 맥락에서 설정된다. 적어도 지난 200만 년 동안 우리의 호미닌 조상들도 마찬가지였을 것이다. 따라서 인간의 뛰어난 비사회적 학습 능력을 능숙한 모방 능력에 대한 자연선택의 부수적인 결과로 보는 것이 더 적절하다.[102]

어떤 형질이 적응이라는 것을 보여주는 일은 진화생물학자에게 놀랍도록 어려운 일이다.[103] 따라서 인간이 지닌 특정한 인지적 형질들이 사회적 학습을 촉진하기 위한 적응이라는 것을 입증하는 일도 결코 단순하지 않다. 물론, 나는 인간의 사회적 학습 적응이 정확히 무엇인지를 규명하는 문제가 우리 분야에서 해결되지 않은 위대한 문제들 가운데 하나라고 생각한다. 그럼에도 인간이 문화적 학습에 필요한 인지적 적응을 지니고 있다는 것을 보여주는 강력한 후보 증거들이 있다.

가르치고 가르침을 받고자 하는 의지, 학생의 지식 상태를 이해하는 능력, 일반화된 가르침 능력이 그러한 후보 증거들 가운데 일부다. 언어의 본래 기능이 가르침을 촉진하기 위한 것이라는 나의 가설이 옳다면, 언어 또한 사회적 학습을 위한 적응이다. 유아 주도 발화가 나타나고 그에 주목하는 성향도 사회적 전달을 촉진하기 위해 진화한 형질일 것이며, 다른 형태의 교육적인 단서 주기도 마찬가지일 것이다.[104] 모방하고자 하는 엄청난 사회적 욕구(아이가 있는 어른이라면 이 욕구가 얼마나 강력하고 광범위한지 알 것이다), 그리고 이를 발생시키는 사람들 간의 사회적 유대는 또 다른 강력한 증거다.[105] 어린아이들이 다른 이들의 시선에 집중하는 성향, 그리고 함께 주의하기를 통해 다른 이들과 경험을 공유하고자 하는 욕구 또한 강력한 후보 증거들이다.[106] 심지어 우리 눈의 흰자위도 가까이 의사소통할 때 다른 이의 시선을 따라가기 쉽도록 진화했을 수 있다.[107] 다수에 순응하는 성향 역시 사회적 학습 적응의 강력한 후보다.[108] 문화적 진화 모델은 왜 사람들이 한 사람이 어떤 행동을 세 번 하는 것보다 세 사람이 같은 행동을 한 번 할 때 그 행동을 모방할 가능성이 더 커지는지를 연합 학습 이론보다 더 정확하게 설명한다.[109] 마음 이론, 관점 수용, 다른 이들의 의도를 읽는 능력도 이 이야기의 일부다.[110]

마지막으로, 나는 인간이 감각 입력과 운동 출력 간의 교차 감각 신경망cross-modal neural network을 가능하게 하는 뛰어난 가소성을 지니고 있다는 신경학적, 유전학적 증거들을 제시했다. 이러한 가소성은 모방과 흉내를 촉진한다.[111] 세대 간의 지식 전달을 촉진하기 위해 부모에게 의존하는 기간이 길어지면서, 인간의 초기 두뇌 발달의 특징인 시냅스 가소성의 기간도 연장되었다.[112] 심지어 사건들 간의 관계를 파악하는 능력, 행동의 결과를 식별하는 능력, 행동을 유연하게 조정하는 능력을 비롯한 우리의 기본적인 오래된 학습 능력도 상당히 개선되었다.[113] 이는 아마도 향상된 사회적 학습 능력에 대한 자연선택을 통해 개선되었을 것이다. 이러한 일반적인 학습과 가소성 향상은 인간의 인지 발달에 결정적으로 작용했을 것이다. 나는 사회적 학습을 위한 인간의 수많은 심리적 적응이 결국에는 밝혀질 것이라고 기대한다. 하지만 그러한 인지의 아직 알려지지 않은 뿌리들을 파악하기는 결코 쉽지 않을 것이다. 사회적 학습 적응은 진화된 동기,

감각, 인지적 편향에 기반해, 문화적으로 구성되고 상징으로 부호화된 환경에 대해 민감하게 반응하는 매우 일반적인 학습 과정을 통해 발달한 복합적인 산물이다.[114]

종합해 보자. 강력한 증거에 따르면, 오직 인간 사회에서만 발견되는 대규모 협력은 우리에게만 고유한 강력한 사회적 학습, 모방, 가르침 능력 그리고 이러한 능력들이 인간의 마음에서 발생시키는 공진화적인 되먹임으로 인해 발생했다. 문화는 간접 호혜성과 상리공생과 같은 기존의 협력 메커니즘을 촉진하는 조건들을 만들거나, 문화적 집단 선택처럼 다른 분류군에서는 관찰되지 않은 새로운 협력 메커니즘을 생성시킴으로써, 인류를 문화적이지 않은 다른 종에게는 가능하지 않은 진화의 경로로 인도했다. 이 과정에서 유전자-문화 공진화는 진화된 심리를 형성했다. 이 진화된 심리에는 학습하고, 가르치며, 언어로 의사소통하고, 모방하며, 흉내 내는 능력과 그렇게 하려는 욕구뿐만 아니라 유순하고, 사회적으로 관용적이며, 목적과 의도나 주의를 공유하는 성향이 포함된다. 이 진화된 심리는 다른 동물에게서 관찰되는 심리나 유전자만으로 진화할 수 있는 심리와는 완전히 다르다.[115]

세상에는 엄청나게 다양한 외모, 패션, 언어, 식단, 생존 방법, 관습이 존재하지만, 인간 집단 간의 유전적 변이는 다른 유인원 집단 간의 유전적 변이에 비해서는 매우 작다. 인간 사회를 서로 구분 짓는 것은 유전자가 아니라 수천 년간 진행된 문화적 진화의 산물이다. 현대 인간의 적응과 다양성을 이해하는 데 생물학이 불필요하다는 것은 아니다. 우리는 문화를 통해 우리의 세계를 쌓아 올렸지만, 이는 문화를 위해 우리의 마음이 다듬어졌기에 가능했던 것이다.

12장
예술

The Arts

우리는 모두 살면서 기술적인 혁신을 경험했다. 세대에 따라 2001년에 아이팟, 1990년대에 월드와이드웹, 1970년대에 휴대폰, 1960년대에 컬러텔레비전이 처음 등장한 것을 기억할 것이다. 커다란 영향력을 발휘한 이러한 혁신들은 당시 최첨단 기술로 여겨지며 사회를 휩쓸었으며, 잇따르는 기술로 더욱 개선되고 정교해졌다. 세부 사항은 다르더라도, 문화 진화의 논리는 생물 진화의 논리와 동일하다.[1] 새로운 아이디어, 행동, 상품은 창의적인 여러 과정들을 거치며 고안된다. 이들은 주목도, 매력, 유용성 면에서 서로 다르며, 그 결과 최신 유행은 구식을 대체하며 선택적으로 채택된다. 기술은 기존의 기술을 개선함으로써 진보하고, 다양성을 더하며, 그럼으로써 과거의 혁신을 조상들의 유물로 박제한다. 끊임없는 혁신과 모방의 물결을 타며, 문화는 시간에 따라 변한다. 이는 핀과 종이 클립과 같은 단순하기 그지 없는 제조업 생산품부터 눈부시게 복잡한 우주정거장이나 크리스퍼CRISPR 유전자 편집 기술까지 폭넓게 적용된다. 심지어는 시간을 가로질러 호미닌 조상들의 석기 제작이나, 먼 과거 동물들의 혁신에도 적용된다. 생물학적 진화와 정확히 동일한 이유로, 기술의 진화는 끝없이 이어진다. 기능 면에서의 유용성과 유전의 다양성을 포함해, 일단 다양성이 존재하는 곳에서는 자연선택이 필연적으로 발생한다.

희한하게도, 많은 이들이 기술의 진화는 인정하면서도 예술의 진화는 받아들이지 않는다.[2] 하지만 예술 작품의 생산, 그리고 예술이 시간에 따라 변하는 방식은 모방에 엄청나게 빚지고 있는데, 이는 양식, 기법, 소재에 대한 모방에 제한되지 않는다. 영화 산업과 연극 산업은 건축, 그림, 조각을 통해 무엇을 확인할 수 있는지를 보여준다. 그것은 바로, 자연선택이 최적의 사회적 학습에 필요한 마음을 빚어내지 않았더라면 예술도 없었을 것이라는 점이다.

우리는 예술이 우리의 생물학적 유산에 빚지고 있다는 잘 알려지지 않은 사실을 살펴보고, 춤의 진화도 살펴볼 것이다. 춤의 역사에 대해서는 기록이 특히 잘되어 있는데, 이는 인간의 문화가 어떻게 진화하는지를 보여주는 뛰어난 예시다. 우리는 문화의 진화가 19세기의 인류학자들이 상상했던 것처럼 선형적이지 않으며(즉, 시간에 따라 그저 단순함에서 복잡함으로 끝없이 진보하는 것이 아니며),[3] 생물학적 진화에 대한 다윈의 묘사처럼 독립적인 계통들이 서로 지속적으로 가지를 뻗어나가는 나무의 형태로 진행되지도 않는다는 것을 알아볼 것이다.[4] 오히려 문화의 진화는 용광로에 가깝다. 혁신은 종종 다른 영역으로부터의 차용에서 발생하며, 그에 따라 문화적 계통들은 서로 합류하기도 하고 분기하기도 한다. 이는 그 역사가 서로 긴밀하게 얽힌 춤, 음악, 패션, 예술, 기술의 풍부한 공진화에서 살펴볼 수 있다.

영화에서 시작해 보자. 베네딕트 컴버배치는 비평가들의 호평을 받은 〈이미테이션 게임The Imitation Game〉에서 앨런 튜링Alan Turing을 뛰어나게 연기해 찬사를 받았다. 튜링은 2차 세계대전 때 나치가 무선 신호를 보내는 데 사용한 에니그마Enigma라는 기계의 암호를 해독한 괴짜 천재다. 그 과정에서 그는 세계 최초로 컴퓨터를 만들었다. 튜링은 인간의 마음(아마도 그의 어린 시절 친구이자 첫사랑이었던 크리스토퍼 모컴의 마음)을 모방해 기계를 만들었고, 그 암호해독 기계에 첫사랑의 이름을 붙였다. 그는 블레츨리파크*에서 근무하며 2년에서 4년 정도 종전을 앞당겼다는 평가를 받으며 조지 6세로부터 대영제국 훈장을 받았다. 하지만 튜링의 삶은 비극으로 끝났다. 1952년 당시 영국에서는 동성애가 범죄였고, 튜링은 동성애로 기소당해 호르몬 '치료'를 2년 동안 공격적으로 받았다. 그는 마흔두번째 생일을 얼마 앞두고 청산가리가 든 사과를 먹고 자살했다.[5] 2013년이 되어서야 엘리자베스 2세가 그를 사면했고, 고든 브라운 총리는 훌륭한 과학자이자 전쟁 영웅이 고통받았던 국가의 소름 끼치는 치료에 대해 사과했다.

튜링은 현대 컴퓨터의 아버지로 널리 여겨진다. 인공지능 분야의 전설인 MIT의 마빈 민스키Marvin Minsky에 따르면, 1937년에 쓰인 튜링의 대표적인 논문에는 "본질적으로 현대 컴퓨터의 발명과 그 컴퓨터에서 사용 가능한 프로그래밍 기술에 대한 아이디어가 담겨 있다".[6] 인간의 마음이라는 비유는 반백 년 가까이 인공지능 연구에 영감을 불러일으켰으며, 수없이 많은 컴퓨터 기술의 진보를 이끌어 냈다. 1996년에는 딥블루Deep Blue라는 슈퍼컴퓨터가 아마도 역사상 가장 위대한 체스 선수일 가리 카스파로프를 이겼는데, 이는 기계의 마음이 마침내 유기체의 마음을 넘어섰다고 해석되며 인간의 자만심에 굴욕을 가했다. 오늘날 세계에서 가장 강력한 컴퓨터는 중국 국방과학기술대학의 텐허 2호Tianhe-2라는 슈퍼컴퓨터로, 블레츨리파크의 헛 8Hut 8를 오랜 시간 지속적으로 개선한 최신형 컴퓨터다. 언젠가는 양자컴퓨터가 오늘날의 디지털컴퓨터를 대체할 것이다. 세계에

* 블레츨리파크는 제2차 세계대전 당시 연합군의 암호 해독의 주요 중심지가 된 버킹엄셔주 밀턴케인스 소재의 주택들과 부동산을 말한다.

서 가장 정확한 시계는 이미 미국 국립표준기술연구소가 만든 양자 논리 시계Quantum Logic Clock다. 알루미늄 원자 하나의 진동을 이용하는 이 시계는 10억 년간 1초의 오차도 발생하지 않을 정도로 시간을 정확하게 기록한다. 하지만 미약한 시작에 대한 경의의 의미로, 이러한 기술은 '양자 튜링 기계'로 불린다.

생각하는 기계로 마음의 계산 능력을 모방하고자 하는 튜링의 시도를 이해하기 어렵지 않은 것처럼, 기술의 진화에서 모방이 하는 역할을 이해하는 것도 그리 어렵지 않다. 하지만 모든 배우가 인물들을 모방해 소득을 올리는 것과 마찬가지로, 모든 영화 역시 모방 게임이라는 것은 자주 간과된다. 영화 산업 전체는 등장인물의 행동, 발화, 몸짓의 세세한 부분들을 연구하고 이를 충분히 정확하게 복제해 그 인물이 실제 같아 보이고 줄거리가 그럴듯하게 보이도록 하는 배우들의 능력에 달려 있다. 〈대부The Godfather〉에서 말론 브란도가 자신이 비토 코를레오네이고, 〈철의 여인The Iron Lady〉에서 메릴 스트립이 그녀가 마거릿 대처라는 것을 우리에게 설득시킨 것처럼, 베네딕트 컴버배치는 그가 앨런 튜링이라는 것을 우리에게 확신시킨다. 만약 이러한 속임수가 무너진다면, 영화의 마법도 하루아침에 사라져 버릴 것이다. 아카데미 시상식과 골든글로브는 세상에서 가장 재능 있는 모방자에게 경의를 표하기 위해 수여하는 최고의 포상이다. 보다 정확한 사회적 학습을 위한 수천만 년의 자연선택이 현대 세계의 브란도와 스트립에서 정점에 다다른 것이다. 그러나 자연선택이 직접적으로 그러한 뛰어난 연기 재능을 직접적으로 선호한 것은 분명 아니다. 홍적세에 아마추어 연극은 상연되지도 않았으며 능숙한 배우가 적합도의 이득을 누렸던 것도 아니다. 연기는 적응이 아니며 오히려 굴절적응exaptation이다. 여기서 '굴절적응'은 원래는 완전히 다른 기능을 위해 선택된 형질을 말한다.[7] 능숙한 연기는 모방에 대한 선택의 부산물인 셈이다.

물론, 우리의 먼 조상들 가운데 효과적으로 모방했던 이들은 적합도의 이득을 누렸을 것이다. 그들의 모방은 어려운 생존 기술을 학습하는 데 사용되었지만, 예술을 수행하는 데 사용되지는 않았다. 우리는 모두 상습적인 모방자들의 자손이다. 우리 조상들은 모방을 통해 뒤지개, 창, 작살, 낚시미늘, 송곳, 창, 바늘을 만드는 방법, 짐승의 사체를 도살하고 고기를 떼내는 방법, 불을 피우고 불씨를 살리는 방법, 식물을 빻거나 갈고 물에 적시는 방법, 영양을 사냥하고 동물을 덫에 가두는 방법, 물고기를 잡는 방법, 거북을 요리하고 거북의 등딱지로 도구를 만드는 방법, 사나운 포식자에 대비해 집단적으로 방어하는 방법, 그들의 사회 안에서 기호나 소리 그리고 몸짓이 무엇을 의미하는지를 학습했다. 이를 비롯한 수백 개의 기술들 덕분에, 우리 계통에서 탁월한 모방 능력이 형성되었다. 아프리카의 평원, 레반트의 사막, 지중해의 해안에서 생존을 위해 냉혹하게 고투했던 왜소하고 무방비한 우리 조상들에게 이러한 기술들의 숙달은 삶과 죽음의 문제였다.

유능한 모방에 대한 수십만 년, 아니 수백만 년간의 자연선택이 인간의 뇌를 형성했다. 이로 인해 다른 이들의 움직임에 대한 시각적 정보를 자신의 근육, 힘줄, 관절의 움직임으로 옮기는 데 탁월한 적응력을 갖추게 되었다. 그로부터 오랜 시간이 지난 지금, 모방 능력이 의미하는 뛰어난 적응이 무엇인지도 지각하지 못한 채로, 우리는 이 재능을 이용해 우리 조상들이 상상조차 할 수 없었던 목표를 손쉽게 성취하고 있다. 모방은 하찮은 일이 아니다. 동작을 모방할 수 있는 동물은 거의 없으며, 동작을 모방할 수 있는 동물조차도 우리 종처럼 정확하고 정밀하게 모방하지는 못한다.[8] 한 세기 동안, 심리학자들은 모방이 어떻게 가능한지를 이해하는 데 어려움을 겪었다.[9] 학습은 목표를 달성하거나 고통을 경험하는 것처럼 대부분 자신의 행동에 대해 '보상'을 받거나 '처벌'을 받을 때 이루어진다.[10] 이러한 강화는 우리로 하여금 기쁨을 가져다주는 행동을 반복하고, 고통이나 스트레스를 가져오는 행동을 피하게 만든다. 이러한 과정을 '조작적 조건형성operant conditioning'이라고 한다. 이처럼 뇌에서 부정적이거나 긍정적인 감정을 일으키는 보상 체계는 자연선택이 적응적인 목표를 달성하도록 동물의 행동을 가다듬는 과정에서 발생한 오래된 구조다.[11] 하지만 다른 사람에 대한 관찰을 통해 젓가락을 사용하거나 자전거를 타게 되었을 때는 직접적인 강화가 이루어지지 않는 듯 보이는데, 이 같은 행동들은 왜 하게 되었을까? 더 이해하기 어려운 것은 다른 이가 젓가락을 사용하거나 자전거 타는 광경을 보고, 이를 어떻게 우리가 직접 그렇게 할 때 마주하게 되는 완전히 다른 감각 경험과 연결 짓는가 하는 것이다. 이러한 대응 문제는 모방을 연구하는 이들을 수십 년간 괴롭혔다. 심지어 오늘날에도 이것이 어떻게 이루어지는지에 대해서 완전한 합의가 이루어지지 않았다.[12] 하지만 한 가지 결론은 명확하다. 대응 문제를 해결하기 위해서는 뇌의 감각 영역과 동작 영역 사이에 신경망 형태의 연결이 필요하다는 것이다. 수년 전 케임브리지대학교의 저명한 비교행동학자 패트릭 베이트슨의 연구실에서 박사후 연구원으로 있을 때, 나는 인공적인 신경망 모델을 이용해 모방의 진화와 발달을 탐구했다. 우리는 지각 입력과 동작 출력이 서로 연결되도록 인공 신경망을 사전 훈련시키면 모방뿐만 아니라 다른 형태의 사회적 학습을 할 수 있음을 발견했다.[13] 흥미롭게도, 모방을 수행했던 우리의 신경망은 '거울 뉴런mirror neurons'과 정확히 동일한 속성을 지니고 있었다.

거울 뉴런은 자신이 어떤 행동을 할 때나 그와 동일한 행동을 다른 이들이 하는 것을 볼 때 발화되는 뇌세포인데,[14] 이는 모방을 촉진하는 것으로 알려져 있다.[15] 인류가 진화하는 동안 뇌가 확장하면서, 측두엽과 두정엽과 같이 모방에 관여하는 영역들도 더 커졌다.[16] 두정엽은 원숭이에게서 거울 뉴런이 처음 발견된 영장류의 뇌 영역이다. 뇌 영상 연구에 따르면, 인간 두뇌의 동일한 영역에서도 이러한 거울 속성이 발견된다.[17] 따라서 거울 뉴런 시스템은 우리 계통에서 이루어진 향상된 모방에 대한 자연선택의 직접적 결과일 것이다. 이러한 인지능력은 오늘날에도 새로운 기술을 학습하도록 돕는다. 예를 들어, 우리는 이 능력 덕분에 운전하는 법, 망치 쓰는 법, 요리하는 법을 배울 수 있다. 크리스마스 때마다 〈멋진 인생It's a Wonderful Life〉에서 조지 베일리 역을 연기하는 지미 스튜어트에게 감동받는 이유 또한 동일한 인지능력 때문이다.

비교적 덜 분명하지만 자주 간과되는 것 가운데 하나는, 영화, 연극, 오페라, 컴퓨터게임이 관객의 능력, 즉 관객이 스스로 직접 활동하고 있다고 여기며, 두려움과 긴장감을 경험하고, 등장인물의 감정에 이입하는 능력에도 크게 의존하고 있다는 점이다. 이러한 능력도 아프리카 정글의 후터분한 열기 속에서 가다듬어졌을 것이다. 조망 수용 능력을 가지고 있고 중요한 행동을 하는 이들의 목적과 의도를 이해할 수 있을 때, 관찰자는 관련 기술을 보다 쉽게 습득했을 것이다. 다른 사람이 공포를 느낄 때 본인도 긴장하거나 아이가 웃을 때 똑같이 기쁨을 느끼듯이, 동일한 사회적 상황에서 감정을 공유하는 이러한 오래된 감수성은 영화를 보면서도 공감과 감정적 전이가 발생하도록 만들며, 감동을 일으킨다. 이러한 감수성은 (포식자의 정체가 무엇인지, 위험을 피하는 방법이 무엇인지를 배우는 것과 같은) 적응적 기능을 갖춘 여러 사회적 학습에도 의존한다.[18] 이 같은 사회적 학습 능력이 없다면, 우리는 등장인물의 정신적 충격에도 완전히 무심하고, 히치콕이 감독한 〈싸이코Psycho〉에서의 샤워 장면이나 〈바람과 함께 사라지다Gone with the Wind〉의 레트 버틀러와 스칼렛 오하라의 키스 장면을 보고도 그저 소시오패스처럼 무감각할 것이다. 2015년 기준으로 전 세계 박스오피스의 수익은 400억 달러로 추산된다. 인간의 모방 능력이 없다면 영화 산업뿐만 아니라 연극과 오페라도 존재하지 않을 것이다.

생각해 보면, 인간 두뇌의 진화를 추동한 모방 능력과 혁신 능력은 엄청나게 많은 예술들과 깊은 관련이 있다. 조각을 예로 들어보자. 1504년, 미켈란젤로는 다비드상을 완성하기 위해 자신의 대응 문제를 풀어야만 했다. 그는 다비드의 자세처럼 포즈를 취하는 대신, 자신의 손과 팔을 움직여 망치와 끌을 능숙하게 사용함으로써 대리석 덩어리를 정확한 복제품으로 만들어 냈다. 이 과정에서 미켈란젤로는 남성의 모습에 해당하는 시각적 정보를, 돌덩이에서 그 모습을 구현해 내는 동작 출력으로 전환해야 했다. 그가 이러한 전환에 뛰어났을 뿐만 아니라 르네상스 시기의 가장 탁월한 걸작들을 만들 수 있었던 이유는 단순히 그의 재능이 뛰어났기 때문이 아니라 수년간의 세공 연습이 뒷받침되었기 때문이다. 미켈란젤로는 13세 때부터 예술가로 훈련받았으며, 카라라에서 채석공으로 지내며 망치 쓰는 법을 배웠다. 이러한 수년간의 경험은 석조의 움직임과 돌에 새겨지는 물리적인 결과 사이의 대응 관계에 민감해지도록 미켈란젤로의 신경 회로를 (우리가 인공 신경망을 훈련시킨 것과 같이) 훈련시켰다. 하지만 이러한 훈련이 효과적일 수 있었던 이유는 적절한 경험이 주어졌을 때 감각 피질과 운동 피질 간의 풍부한 교차 감각 매핑을 생성시키는 뇌가 있었기 때문이다. 그리고 이는 모방 능력을 위한 오랜 시간의 자연선택에 따른 유산이다.

다비드나 밀로의 비너스처럼 경이로운 조각상을 보는 것은 놀라운 감각 경험인데, 특히 우리가 마주하는 것이 돌덩이라는 것을 생각해 보면 더욱 그렇다. 사람들은 때때로 아름다운 조형물을 보고 손을 뻗어 만져보고 싶다는 은밀한 욕망을 갖는다. 이누이트 같은 일부 문화권에서는 눈으로 감상하기보다 손으로 만지는 작은 조각품을 만들기도 한다.[19] 우리가 그러한 감각을 경험해 보아야 하는 것도 교차 감각 신경망 때문이다. 이는 우리의 마음속에 있는 대상의 물리적 표상을 그 대상과 연결하고, 기존의 연결망이나 친근한 기억과 연결 짓는다.

오직 뇌가 아주 큰 종만이 그토록 정밀한 조각품을 만들 수 있다. 그런 작품들을 만들기 위해서는 세심하게 제어되는 손동작과, 뇌의 크기와 함께 진화한 손재주가 필요하다. 포유류의 뇌는 커지면서 그 내부 구조가 변했는데, 6장에서 설명한 것처럼 불가피하게 모듈식으로 그리고 비대칭적으로 구조화되었다.[20] 뇌의 전반적인 크기가 커지자, 일반적으로 조금 더 큰 영역이 다른 영역들과 더 잘 연결되었고 뇌의 다른 영역들을 제어하기 시작했다.[21] 이런 현상이 일어나는 이유는 뉴런들이 표적 영역에 연결되기 위해 서로 경쟁하기 때문인데, 이때 표적 세포에 집단적으로 신호를 보내는 뉴런들이 이기기 때문에 경쟁은 더 큰 뇌 영역에 유리하다. 그에 따라 뇌의 더 큰 영역이 다른 영역들에 영향을 미치는 정도가 증가하는 것이다. 인간의 뇌에서 지배적인 영역은 신피질이다. 두뇌 부피의 약 80퍼센트를 차지하며, 그 어떤 동물의 신피질보다 크다. 인간에 이르는 영장류 계통에서 신피질(뇌에서 생각, 학습, 계획을 담당한다)은 점점 더 커졌으며, 척수와 뇌간의 동작 뉴런에 대한 신피질의 제어력도 증가했다. 뛰어난 손재주와 팔다리의 정확한 제어가 가능한 이유가 바로 이 때문이다.[22] 인간의 뇌에서 두 번째로 큰 소뇌 역시 동작을 제어하는 데 중요한 역할을 하는데, 이 또한 최근의 인류 진화 과정에서 그 부피가 증가했다.[23] 인간이 정밀하게 조율된 동작에 뛰어난 것은 이러한 동작 제어 덕분이다. 내가 옳고, 그래서 혁신과 사회적 학습이 진화 과정에서 신피질과 소뇌가 더 커지도록 추동했다면, 이러한 자연선택은 회화와 조각상뿐만 아니라 연기와 오페라, 그리고 무용으로 표현되는 인간의 탁월한 손재주를 그와 함께 빚어냈을 것이다.

예술 작품이나 공연을 즉흥적으로 수행할 수 있는 인간의 운동 조절 능력은 다른 어떤 동물에게도 없다. 인터넷에는 예술적인 동물들에 대한 사례와 유튜브 영상들이 넘쳐나지만, 이는 동물 행동 전문가의 면밀한 검토를 거친 것이 아니다. 반려묘나 반려견에게 그림 도구를 건네면, 그 동물들에게는 즐거운 경험이겠지만 예술적인 작품이 만들어지지는 않는다. 붓을 쥐어준 다른 동물들처럼, 개와 고양이에게는 재현 예술을 생산할 정도의 의향과 운동 조절 능력이 없다. 색색의 그림에서 나타나는 어떤 추상적인 아름다움은 오직 애완동물의 주인에게만 보일 것이다.

흥미롭게도, 미국의 동물애호협회는 최근 침팬지 예술 대회를 개최했다. 침팬지 여섯 마리가 '대표작'을 출품했는데, 루이지애나주의 침프헤븐ChimpHaven에서 온 37세 수컷 침팬지 브렌트Brent가 승리하며 제인 구달로부터 직접 1만 달러의 상금을 받았다. 듣기로는, 브렌트가 붓이 아니라 혀를 사용해 그림을 그렸다고 한다. 원본은 이베이에서 경매로 처분되었고, 수천 달러의 수익금은 영장류 보호구역에 기부되었다.[24] 하지만 매력적이며, 영리한, 좋은 의도를 가진 기부 계획에 사람들이 아무리 감탄하더라도, 이 침팬지가 예술가라는 주장에 대해서는 동물행동학자나 미술학자 모두 회의적으로 바라볼 것이다. 이 동물들이 예술가인 척하는 것은 아무리 좋게 해석해도 그들이 색채로 가득한 작품을 만드는 것에 대해 기쁨을 느낀다는 것을 인정하는 정도일 것이다.

코끼리는 이보다 훨씬 더 흥미롭다. 태국의 수많은 보호구역에서, 코끼리들은 사람들 앞에서 정기적으로 나무, 꽃, 심지어 다른 코끼리를 사실적으로 그려 잘 속아 넘어가는 수천 명의 여행자들을 놀라게 만든다(그림 11). 코끼리가 자기 이름으로 서명한 예술품들은 때때로 대량으로 판매된다. 하지만 보이는 게 전부는 아니다. 조련사가 코끼리 코에 붓을 물리고 귀를 부드럽게 당겨 코끼리 코의 움직임을 몰래 조종하기 때문이다. 코끼리는 붓을 물고 종이에 대고 있을 때 귀가 당겨지는 방향으로 움직이도록 훈련받았을 뿐이다.[25] 이러한 동물 훈련이 인상적이라는 점은 인정하지 않을 수 없으며,[26] 그림 그리는 코끼리의 코가 보여주는 정확도와 제어력에도 감탄할 수밖에 없다. 하지만 여기에는 속임수가 있고, 조련사는 영리하게도 코끼리 뒤에 숨어서 속임수를 숨긴다. 그럼에도 대부분의 관광객들은 기쁜 마음으로 집에 돌아가는데, 속임수를 알아차려도 그렇다. 누구도 코끼리가 그 "귀중한" 미술품을 그리지 않았다고 말할 수는 없기 때문이다![27]

재현 예술은 인간의 고유 영역이다. 그럼에도 코끼리가 조련사의 도움을 얻어 그림을 그릴 수 있다는 것은 매혹적인데, 훈련을 받으면 촉각으로 감각을 입력받아 그에 대응되는 동작으로 출력하는 교차 감각 신경망을 구축할 수 있음을 뜻하기 때문이다. 그림 그리는 코끼리는 자신의 대응 문제를 해결했다. '코식이'라고 불리는 한국의 아시아코끼리는 최근 인간의 말을 포함한 목소리를 흉내 냈으며,[28] 뉴욕 브롱크스동물원의 또 다른 아시아코끼리 해피Happy도 거울 속 자신의 모습을 인지했는데, 이는 우연이

그림 11. 그림 그리는 코끼리는 태국에서 주요한 볼거리다. 코끼리는 정기적으로 사람들 앞에서 나무, 꽃, 다른 코끼리들을 사실적으로 그린다. 하지만 보이는 게 전부는 아니며, 관광객들은 조련사에게 속는다. 필립 위겐의 사용 허락을 받은 사진.

아닐 것이다.[29] 이러한 능력들은 분명 서로 관련이 있다. 조각과 마찬가지로, 그림을 그리는 것(그리고 거울 속의 자기 모습을 인식하는 것)은 모방에 관여하는 두뇌 회로를 필요로 한다.[30]

우리의 큰 뇌 덕분에, 우리는 팔, 다리, 손, 발을 정확하게 통제할 뿐만 아니라 입, 혀, 성대도 정확하게 제어할 수 있다. 이는 우리 종이 말하고 노래 부르는 데 능숙하도록 돕는다.[31] 그에 해당하는 피질이 확장되지 않았다면, 우리 종은 예술 작품을 만들지도 그 작품에 감탄하는 목소리를 내지도 못했을 것이다. 언어의 진화는 분명 예술의 기원에서 핵심적인 역할을 수행했을 것이다. 예술이야말로 상징으로 가득 차 있기 때문이다. 8장에서 소개한 것처럼, 상징적 사고와 추상적 사고는 인간 인지의 가장 중요한 특징으로 널리 여겨진다. 인간은 임의의 상징을 사용해 광범위한 생각과 개념을 다양한 매체로 표현하고 의사소통할 수 있다. 우리는 상징을 조작하고 음성언어를 통해 추상적으로 생각할 수 있는, 자연선택에 의해 가다듬어진 마음을 지니고 있을 뿐만 아니라, 수많은 예술 활동으로 이러한 상징적 성향을 드러낸다.

건축도 그러한 활동 가운데 하나다. 빅토르 위고의 1831년 걸작, 〈파리의 노트르담Notre Dame de Paris〉에는 '이것이 저것을 파괴할 것이다'라는 제목이 붙은 특이한 장이 있다. 이는 사악한 부주교 프롤로가 인쇄기의 발명에 반대하면서 내뱉은 수수께끼 같은 말이다. 프롤로는 교회를 대체할 새로운 권력, 인쇄의 등장 앞에서 교회가 느끼는 두려움을 표현했다. 그는 사람들이 교회의 지식과 조언을 얻기 위해 성직자보다 책을 찾게 될 것을 걱정했을 뿐만 아니라, 이미 제법 낡은 고딕풍의 대성당이 그 권위와 상징마저 잃게 될까 우려했다.

그것은 인간의 생각을 바깥으로 표현하는 양식이 바뀔 것이라는 징후였다.

미래에는 당대의 지배적인 관념이 새로운 소재와 양식으로 구체화될 것이다. 그토록 견고한 돌로 만들어진 책이 종이로 만들어진 책에 그 자리를 내주었다.[32]

현대 독자들에게 이러한 두려움은 비이성적인 것으로 보인다. 하지만 문자 이전의 세계에서 강력한 기관들은 문자 그대로 자신의 권위를 돌에 새겼다. 피라미드부터 로마의 성베드로 성당, 베르사유 궁전까지, 그 웅장함, 규모, 부, 아름다움에는 신이 내린 명령과 확신에 대한 상징이 스며들어 있다.

인간의 예술에는 10만 년에 달하는 긴 역사가 있다.[33] 그 역사는 문화적 진화의 모든 특징을 보여준다.[34] 회화는 다양하게 분기되는 스타일을 보여주지만, 오래된 개념적인 계통은 시각적 경험을 정확하게 표현하기 위해 시작되었다. 예를 들어, 〈이미지의 배반The Treachery of Images〉이라는 르네 마그리트의 유명한 그림은 마치 담배 광고처럼 파이프를 내세우고 있다. 수백만 명의 감상자들에게는 당황스럽게도, 그 파이프 아래에는 '이것은 파이프가 아니다'라는 뜻의 'Ceci n'est pas une pipe'라는 문구가 쓰여 있다. 처음에는 이것이 완전히 농담으로 느껴질 것이다. 그러나 우리가 잠시 잊고 있는 것은, 그림은 원래 파이프가 아니라 파이프에 대한 이미지라는 점이다. 그림에 대해 설명해 달라는 요청을 받자, 마그리트는 "당연히 그것은 파이프가 아닙니다. 담배를 채워보세요!"라고 분명하게 대답했다. 우리는 조망을 완벽하게 포착하고 놀라울 정도로 정교하게 묘사된 훌륭한 예술 작품들을 얼마든지 즐길 수 있는 시대에 살고 있기에, 어떤 이들에게는 마그리트의 대답이 진부해 보일 것이다. 현대 예술 사조인 극사실주의의 예술가들, 디에고 파지오, 제이슨 드 그라프, 모건 데이비드슨이 아크릴, 연필, 크레용을 사용해 놀라울 정도로 정확하게 그린 그림들은 거의 언제나 사진처럼 보인다. 그들의 작품은 경치와 사물의 실제 모습을 정확하고 세밀하게 묘사하고자 하는 오랜 전통의 일부다. 이러한 사조는 다양한 시기에 유행했으며 '현실주의', '자연주의', '모사' 등으로 알려져 있다. 극사실주의 작품들은 표상하고자 하는 대상을 정확하게 모방함으로써 관찰자로 하여금 대응 문제를 겪지 않도록 한다. 하지만 예술가에게는 대응 문제를 피할 수 있는 탈출구가 없으며, 예술가로 성공하기 위해서는 그 과제를 해결해야 한다.

예술 가운데 무용만큼 대응 문제가 두드러지는 분야도 없다. 무용 역시 감각 입력과 출력을 통합하는 데 필요한 인지능력을 이용한다. 케임브리지의 술집에서 흥미진진한 대화를 나눈 2014년 이후로, 나는 무용의 진화를 연구하기 위해 최근 니키 클레이턴Nicky Clayton과 클라이브 윌킨스Clive Wilkins와 공동 연구를 시작했다. 니키는 케임브리지대학교의 심리학 교수이며, 동물의 인지에 관한 전문가다. 그녀는 열정적인 무용가이기도 한데, 최고의 현대무용 회사인 램버트 사의 과학 감독으로서 그녀는 이러한 전문성을 그녀의 연구와도 융합한다.[35] 클리브 또한 성공적인 화가, 작가, 마술사, 열정적인 무용 팬으로서 인상적인 경력을 지니고 있다. 무용에는 모방에 사용되는 신경 회로가 필요하다는 가설에 대해 우리의 의견은 빠르게 수렴되었다.[36]

무용은 음악에 행동을 맞추거나 리듬에 맞추기 위해 움직임을 조절하는 능력을 필요로 한다. 리듬은 심지어 심장박동처럼 몸 안에서 일어나는 경우도 있다. 이는 무용수가 듣는 청각적 입력과 그들이 만드는 동작 출력 간의 대응을 필요로 한다. 마찬가지로, 유능한 커플 무용수나 집단 무용수들은 그들의 행동을 조정해야 하며, 그 과정에서 상대에 맞추어 움직이고, 그 반대로도 움직이며, 서로를 보완해야 한다. 이 또한 시각적 입력과 동작 출력 간의 대응을 필요로 한다. 이를 얼마나 쉽고 우아하게 해결할 수 있는지는 사람마다 다르겠지만, 사람들이 이러한 과제를 해결할 수 있다는 것은 능숙한 모방에 대한 자연선택의 결과물이자 인간에게 고유한 신경 기관에 대한 증거다. 혼자 무용하는 경우도 동일한 논리를 따른다.

현대 이론에 따르면, 인간은 모방에 대한 잠재력을 타고나기는 하지만, 탁월한 모방을 위해서는 생애 동안 적절한 경험이 주어져야 한다.[37] 어른이 아이를 흔들며 노래를 불러주는 것과 같은 아이의 초기 경험들은 소리, 움직임, 리듬을 서로 연관 짓는 신경이 형성되는 데 도움을 주며, 악기를 연주하는 것처럼 나이 들고 나서 이루어지는 수많은 경험들은 이 네트워크를 강화한다. 피아노를 배우는 것이 더 나은 무용수로 만든다는 주장은 기이해 보일지는 몰라도 신경심리학의 연구로부터 도출할 수 있는 논리적인 결론이다.

어린아이가 부모나 나이 든 형제의 행동을 모방하고자 하는 끝없는 욕구는 사회적 유대를 강화하는 것 같은 사회적 기능을 수행할 것이다. 하지만 어린 시기의 모방은 마음의 '거울' 신경 회로를 훈련시키기도 하며, 이를 통해 서로 다른 감각 양상들을 더 잘 통합시키도록 돕는다.[38] 이론적 분석에 따르면, 동시적인 행동을 경험하는 것은 자신에 대한 지각 그리고 동일한 움직임을 행하는 다른 이들 사이에 연결을 만들어 낸다.[39] 자연선택으로 인간의 뇌가 모방에 적합해졌기 때문이든, 능숙한 모방을 촉진하는 발달 환경이 구축되었기 때문이든, 또는 그 둘 다이든, 인간이 다른 동물들에 비해 뛰어난 모방자라는 점에는 이론의 여지가 없다. 무용이 기반하는 신경 회로를 뇌 스캔으로 분석한 결과, 음악의 박자에 맞추는 발 운동은 모방에 관련된 뇌 영역을 흥분시켰는데,[40] 이는 우연이 아닐 것이다. 무용은 본질적으로 대응 문제를 해결할 수 있는 뇌를 요구하는 듯하다.

놀랍게도, 동물 비교연구도 이 가설을 지지한다. 뱀, 벌, 새, 곰, 코끼리, 침팬지를 비롯해 춤을 추는 동물들이 여러 차례 관찰되었다. 특히, 침팬지는 뇌우가 내릴 때 비 춤rain dance을 춘다('비 춤'은 리드미컬하게 흔들거리는 움직임을 말한다). 하지만 동물들이 정말로 춤을 추는지에 관해서는 아직 논쟁 중인데,[41] 이는 부분적으로 춤을 어떻게 정의하는지에 달려 있다. 한편, 동물들이 과연 음악이나 리듬에 맞추어 몸을 움직일 수 있는지에 관한 보다 구체적인 문제는 널리 연구되었다. 이 질문에 대한 답은 분명 긍정적이며, 놀랍게도 테스트를 통과하는 모든 동물은 목소리나 동작을 모방하는 데 뛰어난, 사실상 매우 능숙한 모방자들이다.

고개를 끄덕이거나 발을 가볍게 두드리는 식으로 음악의 박자에 맞추어 리듬을 타는 능력은 인간의 보편적인 특징이지만,[42] 다른 종에게서는 거의 관찰된 적이 없다.[43] 이에 대한 가장 뛰어난 설명인 '음성 학습과 리듬 동기화' 가설은 우리의 논의와 대체로 일치한다.[44, 45] 이 가설에 따르면, 리듬에 맞추어 움직이는 것('동조화entrainment')에는 복합적인 목소리 학습을 위한 신경 회로가 필요하다. 다시 말해, 이 능력은 청각 회로와 동작 회로가 서로 밀접하게 연결되어야 가능하다.[46] 가설에 따르면, 인간, 앵무새, 명금류, 고래목, 기각류(바다표범, 바다코끼리 등)를 비롯한, 목소리를 모방할 수 있는 종에게만 동조화 능력이 있다. 따라서 인간이 아닌 영장류나 노래를 학습하지 않는 조류들은 제외된다.

음악에 따라 움직이는 새(대부분 앵무새)에 대한 수많은 영상들은 이 가설에 부합하지만, 동일한 행동을 보이는 다른 동물들에 대한 그럴듯한 영상은 비교적 드물다. 이 '춤추는' 새들 중 일부는 스타가 되었는데, 큰유황앵무 스노볼Snowball은 유튜브 영상이 널리 알려지며 유명해졌다.[47] 스노볼은 영국 록밴드 퀸의 〈어나더 원 바이트스 더 더스트Another One Bites The Dust〉나 백스트리트 보이스의 노래에 맞추어 격정적으로 머리를 움직이거나 발을 차며 놀라운 리듬감을 뽐낸다.[48] 가정에서 찍힌 영상에는 속임수가 있을 수 있고, 앵무새는 인간의 움직임을 흉내 내기 때문에,[49] 그 영상만으

그림 12. 큰유황앵무 스노볼의 춤은 유튜브 시청자 수백만 명을 흥분시켰다. 주의 깊은 실험에 따르면, 스노볼은 음악의 박자에 맞추어 율동을 조정할 수 있었다. 아이리나 슐츠의 사용 허락을 받은 사진.

로 스노볼이 혼자서 음악에 직접 박자를 맞출 수 있다고 판단할 수는 없다. 이 때문에 샌디에이고 신경과학연구소의 아니루드 파텔Aniruddh Patel이 이끄는 연구 팀은 스노볼을 실험실로 데려가 철저한 실험을 진행했다.[50] 연구자들은 발췌곡의 템포를 광범위하게 조절함으로써 스노볼이 스스로 음악의 박자에 동조화할 수 있음을 보여주었다.

음악에 대한 자발적인 동조화가 가능한 종은 지금까지 적어도 아홉 종이 보고되었다. 여기에는 모두 목소리 모방자이기도 한 아시아코끼리,[51] 여러 종류의 앵무새를 비롯한 조류가 포함되는데, 이들 중 다수가 동작을 모방할 수 있다.[52] 침팬지도 동조화가 가능하며,[53] 동작 모방으로도 유명하다.[54] 유일한 예외는 캘리포니아바다사자로,[55] 목소리 학습을 하지 않는 것으로 알려져 있다. 하지만 수많은 바다표범과 바다코끼리를 포함하는 친척 종들이 목소리 학습을 하기에,[56] 목소리 학습 능력이나 그와 관련된 선행 능력이 아직 관찰되지 않은 것일 수도 있다. 아직 동조화 실험의 대상이 되지는 않았지만, 수컷 금조는 개가 짖는 소리, 전기톱 소리, 자동차 경적 소리뿐만 아니라 사실상 어떤 소리라도 모방하는 것으로 유명하다. 그들에게 노래를 들려주면, 그들은 자신만의 '안무'를 고안하기 위해 방대한 목소리 레퍼토리, 꼬리, 날개, 다리의 움직임을 이용한다.[57] 분명 춤에는, 적어도 사회적이거나 집단적인 춤에서는 음악에 동조화하는 것 이상이 존재한다. 그런 형태의 춤에는 다른 이들의 움직임과 조화를 이루는 것이 필요한데, 이를 위해서는 목소리 모방보다는 동작 모방을 가능하게 하는 신경 회로가 필요하다.[58] 하지만 조류의 뇌를 분석한 최근의 한 연구에 따르면, 목소리 학습은 기존의 동작 학습 경로를 사용해 진화했다.[59] 이는 목소리와 동작 모방이 서로 비슷한 신경 회로에 의존한다는 것을 뜻한다. 동물 연구는 모방 능력과 춤 사이의 인과관계를 강력하게 지지한다. 하지만 이것이 모방이 동조화에 필요하기 때문인지, 아니면 모방이 단지 관련 신경 회로를 강화해 동조화를 촉진하기 때문인지는 아직 밝혀지지 않았다.

춤은 때때로 이야기를 전달하는데, 이러한 재현적 특징은 모방과 또 다른 관련이 있다. 예를 들어, 고대 이집트의 '천문 춤'에서 사제와 여사제는 하프나 피리를 연주하며 신에 관한 이야기의 주요 사건들을 흉내 내거나, 밤낮의 주기와 같은 우주의 패턴을 흉내 냈다.[60] 호주 원주민들은 자연세계와 보이지 않는 세계의 모든 부분을 그와 관련된 신령과 관념을 춤을 통해 묘사했다.[61] 여성은 동물 춤을 추었는데, 이 춤은 떠나간 연인을 돌아오게 만들거나 임신을 유도하는 것처럼 사랑의 묘약이나 불임 치료제 같은 역할을 한다고 여겨졌다. 한편, 남성의 춤은 대부분 낚시나 사냥, 싸움과 관련된 것이었다. 아프리카, 아시아, 오스트랄라시아, 유럽에는 모두 가면 쓰고 춤을 추는 오랜 전통이 있는데, 여기서 공연자는 가면에 그려진 인물로 가장하며 종종 화려한 복장을 입고 종교적인 이야기를 재현한다.[62] 아메리카 원주민들은 전쟁 춤으로 유명했지만, 미국 정부는 그 춤이 너무 강력하고 전쟁을 환기하기 때문에 법으로 금지시켰다(그 법은 1934년이 되어서야 폐지되었다).[63] 아메리카 원주민들은 다양한 종류의 동물 춤도 추는데, 그중에는 버펄로 떼를 마을로 유도하기 위한 버펄로 춤과 존경하는 독수리에 대한 찬사를 담은 독수리 춤도 있다.[64] 이 전통은 지금까지도 전해진다. 예를 들어, 2009년에 램버트무용단은 다윈 탄생 200주년을 기념하기 위해 니키 클레이턴과 협업해 〈변화의 희극The Comedy of Change〉을 제작했고, 이 작품으로 동물의 행동을 매혹적일 만큼 정확하게 재현해 냈다(그림 13). 이 모든 사례에서, 춤을 창작하거나 상연하는 데 특정한 사람, 동물, 사건의 움직임과 소리를 흉내 내는 무용수의 능력이 필요하다. 이러한 재현은 한 공동체 안에서 춤의 의미에 중요한 기여를 하며, 유대를 강화하거나 경험을 공유하도록 돕는다. 이러한 춤은 대응 문제를 다시 발생시키는데, 무용수, 안무가, 관객이 표현 대상이 되는 현상과 무용수의 움직임을 서로 연관 지어야 하기 때문이다.

하지만 무용 교습을 받았거나 관찰한 적이 있다면, 춤과 모방의 관계가 명백하다고 생각할 것이다. 무용의 순서는 대개 모방을 통해 학습되기 때문이다. 유아를 위한 기초 발레 강습부터 전문적인 무용단까지, 일반적인 무용 학습은 언제나 강사나 안무가가 스텝 밟는 법을 보여주는 것으로 시작해 무용 학습자가 이를 따라 하는 것으로 이루어진다. 전 세계의 거의

그림 13. 〈변화의 희극〉을 공연하는 램버트무용단의 무용수들. 춤추는 능력과 모방 간의 관계를 지지하는 증거는 많다. 위고 글렌디닝의 사용 허락을 받은 사진.

모든 무용 연습실의 한쪽 벽면에 큰 거울이 붙어 있는 것은 우연이 아니다. 학습자는 거울 덕분에 강사나 안무가의 움직임과 자신의 행동을 빠르게 번갈아 가며 관찰할 수 있다. 이때 학습자는 달성하고자 하는 움직임과 자신의 움직임 간의 대응 정도를 확인할 수 있을 뿐만 아니라, 자신의 근육과 관절에서 오는 피드백과 자기 행동의 시각적 피드백을 서로 연결 지을 수 있으며, 이를 통해 오류를 수정하거나 학습 과정을 가속화할 수 있다.[65]

전문 무용단의 예비 단원은 무용수로서의 핵심적인 기술인 새로운 무용을 민첩하게 배우는지 그렇지 않은지를 시험받는다. 무용은 단지 몸의 제어, 우아함, 힘이 전부가 아니라 그 특유의 지능을 필요로 한다.[66] 무용수의 성공을 결정하는 핵심 요소는 그들의 모방 능력이다. 램버트무용단의 전문 무용수는 니키와 나에게, 얼마전 자신이 요트 강습을 받았는데 그녀가 관련된 기술을 순식간에 익히자 요트 강사가 소스라치게 놀랐다고 했다. 요트 강사가 잘 인지하지 못했던 사실은 무용수들이 모방으로 먹고산다는 것이었다.

무용을 배우는 데 필요한 인지능력에 모방 능력만 있는 것이 아니며, 순서 학습도 중요하다. 특히, 안무 무용의 경우에는 더 그러한데, 이를 위해서는 길고 종종 복잡한 행동의 순서를 학습해야 하기 때문이다. 심지어 아르헨티나 탱고와 같은 즉흥적인 춤조차도 리드 무용수가 자신과 자신을 따르는 무용수들 간의 정교한 대화의 발판을 제공하는 동작 순서를 계획해야 한다. 우리가 이미 배운 것처럼, 일련의 긴 행동은 비사회적으로 학습하기는 매우 어렵지만, 사회적으로 학습하는 경우에는 적절한 순서를 습득할 확률이 상당히 올라간다.[67] 우리 조상들은 매우 뛰어난 순서 학습자였을 것이다. 도구 제작 기술과 도구 사용 기술, 요리 기술을 수행하기 위해 행동의 정확한 순서를 따라야 했기 때문이다. 무용에서 이러한 순서 학습 능력이 활용된다는 분명한 사실은 모방과 춤이 서로 얼마나 밀접하게 연결되어 있는지를 보여준다.

무용의 역사를 한번 살펴보고, 무용이라는 형태의 예술이 엄밀한 의미에서 과연 진화한다고 말할 수 있는지를 생각해 보자. 원칙적으로 변이, 차등적인 적합도, 유전이 존재하는 어떤 시스템이든 선택적인 작용을 통해 시간에 따라 변한다.[68] 이러한 필요조건들은 자연선택에 의해 종이 진화하는 생물의 진화에서 잘 알려져 있지만, 이는 생명의 다른 영역에서도 관찰된다. 예를 들어, 척추동물의 면역 체계는 먼저 다양한 항체들을 생성해 병원체에 대응한 다음, 어떤 항체가 이에 대응하는 데 가장 효과적인지 결정하며, 마지막으로 가장 효과적으로 싸우는 분자들을 대량 생산한다. 따라서 변이, 차등적인 적합도, 유전이 생애 동안의 '적응'으로 이어진다.[69] 중추신경계, 혈관계, 근육계도 모두 비슷한 방식으로 작동하는데, 각각 축색돌기, 혈관, 근세포를 만들고 유용한 것으로 증명된 연결을 강화하고,

유용하지 않은 연결은 사라지게 만든다.[70] 찰스 다윈은 문화의 한 부분, 즉 언어가 진화한다고 언급했으며 이는 방대한 연구에 의해 확증되었다.[71] 그렇다면 춤도 마찬가지일까?

중앙아프리카의 반투Bantu 부족에서는 한 부족의 사람이 다른 부족의 사람을 만나면 '당신 어떤 춤을 춥니까?'라고 묻는다고 한다.[72] 공동체들은 오랜 시간에 걸쳐 탄생, 성년, 결혼, 죽음 등 개인의 삶에서 중요한 사건들, 그리고 농작물의 주기와 같은 계절의 중대한 지점들과 종교적 행사를 기념하는 춤 의식으로 자신들의 정체성을 형성해 왔다.[73] 아프리카의 부족, 스페인의 집시들, 스코틀랜드의 씨족을 비롯한 많은 공동체들의 사회적 구조는 춤이라는 집단 행동을 통해 결속을 다졌다. 역사적으로, 춤은 공동체의 생활에 결속력을 높이거나 강력한 영향력을 행사했으며, 집단의 사회적 정체성을 표현하는 수단이었다. 개인이 어떤 춤을 추는 것은 집단의 일원임을 보여주는 것이었다. 결과적으로, 전 세계 수많은 지역에서 서로 다른 정체성을 지닌 공동체들의 수만큼이나 서로 다른 유형의 춤들이 존재한다.

춤에는 분명 변이가 존재하는데, 이는 많은 부분 춤이 문화적 정체성의 중요한 요소이기 때문이다. 예를 들어, 유럽의 민속무용을 집대성하는 일은 학자들과 아마추어 애호가들이 몇십 년간 매달린 기념비적인 작업이다.[74] 그 결과물은 말 그대로 수천 개의 서로 다른 춤 또는 춤의 변형들을 포함한다. 그중 많은 춤이 오늘날 잊혔지만, 그 가운데 지금까지도 대중적인 춤들도 있다. 이 거대한 몸통을 이루는 일부가 유럽의 다양한 칼춤으로, 이 칼춤의 변형들은 15개국에서 기록되었다.[75] 오늘날 공연되는 춤에서 무기는 완전히 상징이 되었다. 예를 들어, 내가 살고 있는 스코틀랜드에서는 두 검이 땅 위에 십자 모양으로 놓여 사분면을 표시하고, 킬트를 입은 춤꾼은 그 검들 사이를 가볍게 뛰어넘는다. 하지만 이 춤은 고대 그리스에서 비롯된 것으로 데인 사람들과 바이킹들이 침략했을 때 영국에 전해진 것이다. 데인인과 바이킹은 현란한 검술로 싸우기 전 그 칼춤을 추었다.[76] 아시아에서도 비슷한 수준의 다양성이 존재하는데, 인도의 카타칼리 무용부터 일본의 가부키 가무극까지 수백 종의 서로 다른 가면 춤이 존재한다.[77] 다른 사례로는 스페인의 토속 민속춤을 들 수 있다. 그중 집시의 플라멩코가 가장 잘 알려져 있고, 스페인의 북쪽에는 호타, 중부 지역에는 세기디야, 동부에는 사르다나, 안달루시아 지방에는 판당고, 남부에는 사파테아도라는 민속무용이 있다. 춤은 규모에 따라서도 다양하다. 서로 이웃하는 공동체들은 춤도 서로 비슷하지만, 전 세계의 지역들 간에는 보다 큰 차이들이 발견된다. 예를 들어, 발레로 대변되는 서구의 춤은 대개 무용수가 동작의 가벼움을 보여주는 것을 추구하는데, 발레리나는 운동선수같이 도약하고, 몸을 길게 뻗으며, 토 팁 기술을 쓰며 거의 중력을 거슬러 날아갈 것처럼 춤을 춘다. 반면, 동양의 춤은 대개 중력을 강조하며 발로 땅을 짓밟거나 구르며, 땅에서 발을 떼지 않는다.[78]

춤의 혁신은 서로 다른 공동체의 문화적 요소들이 결합해 발생하기도 한다.[79] 스페인 남부에 대한 무어인의 침략은 몸통을 꼬고 손과 손가락을 쓰도록 현지 춤에 영향을 미쳤다. 마찬가지로, 러시아가 발레를 주도했을 때는 발레에 높은 도약과 남성 엘리트 체육의 극단적인 특성들이 도입되었는데, 이는 젊은 남성들이 남성다움을 뽐내며 도약하는 코카서스 민속춤의 전통적인 몸짓들과 조화를 이루었다. 때로는 의도적으로 다른 공동체로부터 춤의 요소를 빌려 오기도 했다. 르네상스 시대에 로마의 춤을 재현한 것, 아메리카 원주민의 테마를 빌린 마사 그레이엄의 유명한 〈원시의 신비Primitive Mysteries〉가 그 예다.[80] 때때로 변화를 제도화하기도 하는데, 발레에서 다섯 가지 자세를 공식화하거나, 20세기 초반 영국의 무용교사협회에서 사교춤을 체계화한 것이 그런 경우들이다. 또한, 인상주의 화가

들은 19세기 유럽의 예술을 지배하던 사실주의에 대한 반기로 초점이 불명료한 그림을 그렸으며, 드뷔시와 스트라빈스키는 같은 시기 클래식 음악계의 지배적인 음조에서 벗어났으며, 이사도라 덩컨이나 마사 그레이엄과 같은 현대무용의 개척자들은 발레에서 흔히 보이는 양식화된 무용과 대비되는 구성을 시도했다. 비록 모방이 무용에서 핵심적이지만, 무용의 수많은 혁신들은 '단순한 모방'에 대한 반작용에서 그 영감을 얻었다.

이러한 혁신들의 빠른 확산은 적응적인 문화적 진화에 필요한 두 번째 조건, 즉 '차등적인 적합도'를 보여준다(여기서는 문화적 변형들이 채택되는 정도가 서로 다르다는 것을 뜻한다). 무용에서 왈츠만큼 커다란 영향을 미친 혁신도 없을 것이다. 18세기 말 파리에서 왈츠는 수백 개의 무도장을 사로잡았다. '왈츠waltz'라는 단어는 회전을 뜻하며, 독일의 빈자들 사이에서 크게 유행했던 랜더ländler와 같은 기존의 회전 춤을 세련되게 만든 것이다. 무도장에서 다듬어지고 수정되면서 빈의 왈츠와 그보다 느린 독일식 왈츠는 급속도로 유럽에 퍼졌고, 춤을 좋아하지만 케케묵고 귀족적인 미뉴에트 춤에 싫증 난 중산층 사람들을 쉽게 매혹했다. 왈츠가 이들을 매혹할 수 있었던 주된 이유는 왈츠의 소용돌이가 춤추는 이들의 마음을 들뜨게 만들고, 왈츠를 통해 이성과 위험할 정도로 가까이 접촉할 수 있기 때문이었다. 오늘날에는 왈츠를 방탕한 춤이라고 생각하기 어렵지만 당시에는 엄청난 논란거리였고, 많은 유명 인사들이 이러한 "저속한 최신 유행"에 반대했다. 그럼에도 연애 중인 젊은이들에게 호소하는 매력과 왈츠 음악이 지닌 매력이 확산되는 것을 막을 수는 없었다. 19세기 후반에 이르러 왈츠의 인기는 정점을 찍었으며, 그 시기 요한 슈트라우스 2세가 〈푸른 도나우The Blue Danube〉와 같은 작품을 남기기도 했다. 왈츠의 매력은 사라지지 않은 채 지금도 무도장의 주요 장르로 남아 있다.

18세기 후반의 다른 춤들에 비해 왈츠가 높은 '문화적 적합도'를 지니고 있다고 말할 수 있다. 다시 말해, 왈츠는 다른 춤보다 더 매력적이기에 그 빈도가 더 빠르게 늘어난 것이다. 물론, 왈츠가 대중을 휩쓴 유일한 춤은 아니다. 얼마 지나지 않아 폴란드 춤인 마주르카가 무도장을 정복했고, 이후 폴카는 1840년대에 체코에서 파리와 런던으로 들불처럼 번지며 수많은 마니아들을 양산해 냈다. 19세기에는 이민자들의 유입으로 유럽의 사교춤이 북미에 소개되었고, 왈츠와 폴카를 비롯한 많은 춤들이 급속히 퍼져나갔다. 몇십 년 후에 미국인들은 반 댄스, 이른바 '헛간 춤'과 '투스텝'을 유럽에 유행시켜 그 빚을 갚았고, 그 뒤로도 미국의 춤 수출은 계속되었다. 20세기에도 찰스턴, 지르박, 록앤드롤, 디스코, 브레이크댄싱이 대서양을 건너 이전 춤들을 압도했다.

춤 또한 분명히 유전되며, 개인들 또는 세대를 가로질러 놀라울 정도로 상당히 안정적으로 전달된다. 예를 들어, 원무에는 사실상 수천 년의 역사가 있다.[81] 출애굽기에는 다윗과 이스라엘인들이 금송아지를 둥글게 둘러싸고 춤추는 장면이 묘사되어 있다. 학자들은 이 원무의 기원을 고대 이집트의 아피스Apis*에 대한 제식에서 찾으며, 중세에 이르러 유럽 등지에서 종교적인 원무로 이어졌다고 본다. 신성한 힘(예를 들어, 제물로 바치는 돌, 제단, 나무, 불)을 상징하는 물건을 중심에 두고 원을 그리는 것은 유럽의 수많은 민속춤에서 반복적으로 등장하는 주제로, 12세기부터 지금까지 이어져 오고 있다. 원은 종종 삶의 순환, 계절, 매일매일의 리듬을 상징한다. 이러한 원무는 지금도 유럽 전역에서 추는 캐럴carole**, 그리고 유럽의 남북으로 퍼진 다양한 오월제 기둥 춤, 심지어는 스페인의 정복으로 인해 멕시코에도 영향을 주었다. 여기서 기둥의 토템적인 특징은 앞서 언급

* 고대 이집트 멤피스에서 숭배한 성스러운 소다.

** 14세기까지 유럽 곳곳에서 추던 원무. 여러 사람이 손을 잡고 둥글게 원을 그리고 추었으며, 중간에 발을 구르거나 박수를 치는 동작이 포함되기도 했다.

한 신성한 상징과 많은 열매를 맺고 보호를 제공하는 나무의 상징을 결합한 것이며, 나무의 가지를 상징하는 리본은 춤추는 이들을 다산의 핵심적인 원천과 연결한다.

고대 그리스인들은 춤의 기원이 제우스 신의 탄생과 관련 있다고 믿었다. 그 춤에서 춤추는 사람은 아버지인 크로노스 신에게 잡아먹힐 뻔한 위기로부터 아이를 구해준 신화상의 인물을 구현한다.[82] 사실, 이 춤의 기원은 그보다 더 오래된 다산 의식에서 비롯된 것인데, 이는 소리를 지르고 무기를 두드리며 춤추는 이들이 작물의 번성이나 나쁜 기운의 추방을 기원하는 의식이었다. 오늘날 일부 아프리카 부족의 춤에서도 관찰되는 이러한 전통은 중세 내내 반복적으로 나타났으며, 16세기부터 18세기까지 유럽의 수많은 기독교 춤에서도 관찰되었다.[83]

다리에 종을 달고, 높이 뛰며, 막대를 서로 부딪치며 추는 다소 별난 영국의 모리스 춤도 고대의 다산 의식에서 기원한 것으로 여겨지는데, 십자군 운동 이후로 완전히 새로운 정체성을 갖게 되었다.[84] 땅을 짓밟고 뛰는 것은 풍요로운 수확에 신이 개입하기를 기원하는 오랜 종교의식에서 비롯된 것인데, 이때 춤추는 이는 작물이 그만큼 자라기를 바라는 마음으로 높이 뛰어올랐고, 악령을 내쫓고자 종을 울렸다. 하지만 '모리스morris'라는 이름은 '무어인Moorish'이 변형된 것으로, 막대를 부딪치는 것은 원래 기독교 군대가 이슬람 적군을 무찌르고 이슬람의 지배로부터 성지를 해방시키고자 하는 공격을 상징한다. 모리스 춤이 무엇을 상징하는지 아는 관객은 거의 없지만, 오늘날에도 잉글랜드에서는 많은 이들이 모리스 춤을 춘다.

역사에서 놀랍도록 자주 나타나는 '열광'에 가까운 전통도 있다.[85] 그 전통은 포도를 수확한 마을 사람들이 술의 신 디오니소스에게 경의를 표하며 흥청망청 놀고 마시며 수확을 축하하던 고대 그리스의 열광적인 디오니소스 춤에서 시작되었다. 그리스인의 열정적인 발 구르기는 그리스의 화병에 자주 등장한다. 술에 취해 춤을 추는 소녀들은 에우리피데스의 비극 〈바쿠스의 신도들Bacchae〉로 불멸의 존재가 되었는데, 그 비극에서 이들은 광란에 사로잡혀 살인을 저지른다. 그 후로 수많은 사회에서 쿵쿵거리는 리듬과 풍부한 술로 고조되는 분위기 가운데 광란의 춤을 추는 비슷한 전통이 행해졌다. 이러한 전통은 고대 로마, 아메리카 원주민, 서인도제도(부두 춤), 튀르키예(소용돌이치는 수도승 춤)부터, 1990년대에 서유럽과 북미에서 히트 친 테크노와 애시드 하우스 신scene에 이르기까지, 다양한 시간과 공간에서 나타난다.

풍부한 변이, 차등적인 적합도, 유전이 춤에 존재한다는 것을 깨닫는 순간, 가장 풍부하고 가장 어려운 춤의 형태가 어떻게 진화하게 되었는지를 이해할 수 있다. 수메르, 아시리아, 바빌론, 이집트, 그리고 지중해의 문명을 비롯한 근동과 중동에서 등장한 초기 농업 사회에서는 춤을 진심으로 받아들였다. 춤과 희곡의 의식은 각 사회의 믿음을 표현했으며, 때로는 축하의 행동으로, 때로는 숭배의 행동으로, 때로는 성공적인 수확을 기원하는 행동으로 표현되었다. 고대 그리스와 로마의 경우에는 춤이 숭배와 사회생활에 핵심적이었기에, 젊은이들의 필수 교양으로 여겨졌다. 〈오디세이아Odyssey〉에서 호메로스는 페넬로페의 구혼자가 식사를 마치며 '음악과 춤 없이는 그 어떤 연회도 완전하지 않다'고 생각하는 장면을 묘사한다.[86] 기원전 8세기의 올림피아 경기처럼, 신성한 행사는 순결한 여성의 춤으로 시작되었다. 동양에서는 기원전 2세기에서 서기 3세기 사이에 저술된 것으로 여겨지는, 춤에 관한 가장 오래된 힌두교 책 『바라티의 나트야 샤스트라Natya Shastra of Bharati』가 경전으로 여겨진다. 기록을 거슬러 올라가면, 아프리카의 부족부터 아메리카 원주민, 호주 원주민에 이르는 수많은 공동체에서 개인 삶의 주요 사건이나 연례 행사를 춤으로 기념했다.

춤은 종교의식에 맞게 안무된, 부족의 정체성을 드러내는 응집력 있는 상징으로 시작되었다. 하지만 적어도 고대 이집트부터, 여러 대규모 계층 사회에서 춤은 사제나 전문 무용수가 민중의 대표가 되어 신과 직접적으로 의사소통하는 전문화된 표현으로 진화했다. 이 시점부터 춤은 종교적인 헌신을 고무하는 것부터 전설과 역사를 보존하도록 하는 것에 이르기까지, 관객들에게 영향을 미치는 데 관심을 기울이기 시작했다. 춤이 중요해지면서 이 초기 단계에서 무용 강사라는 전문적인 신분이 생겨났는데, 이들의 업무는 학생들이 적절한 교육을 받도록 하는 것이었다. 무용수가 전문직이 되자 춤은 보여주기와 유사한 영역으로 옮겨 갔다. 이때 춤은 관객과의 의사소통을 추구하지만, 관객이 직접 춤을 추도록 유도하지는 않았다. 이 영역에서 인상적인 공연에 대한 갈망은 점차 고된 훈련과 뛰어난 신체적 능력의 개발로 이어졌으며, 이를 통해 아름다움과 운동 능력이라는 두 가지 이상을 표현할 수 있게 되었다.

춤에는 처음부터 종교적 상징이 짙게 배어 있었겠지만, 그럼에도 춤은 권력자들과의 굴곡진 오랜 시간을 견뎌냈다. 종교 지도자들은 언제나 춤을 통제하고 규제하려고 했고, 교리나 신앙의 경건한 표현 또는 악마를 추방하는 상징적인 행위로 제한하고자 했다. 하지만 관객 참여형 춤은 언제나 긍정적인 감정을 불러일으키는 것처럼 보였다. 특히, 춤추는 몇몇 이들이 쿵쿵거리는 리듬과 중독성 있는 약물로 무아지경에 이르기도 했다. 서기 554년 프랑크왕국의 왕 킬데베르트는 타락에 빠지게 하는 경향이 있다는 이유로 춤을 금지했고, 이후 기독교 교회는 1,500년간 춤을 통제하고 방탕한 경향을 없애기 위해 반복적으로 노력했다. 이러한 노력은 진화하는 매체에 영향을 주었고, 허용 가능한 스텝과 남녀 간의 적절한 접촉 형태를 규정하는 식으로 춤에 대한 형식주의와 하향식 구조를 강제했다. 권력 기관의 규제를 통한 변화는 교회의 구속부터, 발레 자세에 대한 17세기의 체계화, 근래의 무용 교본 제작에 이르기까지, 춤의 역사에서 반복되는 특징이었다.

춤은 때때로 해방감, 각성, 기쁨, 흥분을 일으킨다. 여담으로, 춤이 왜 그렇게 즐거운 것인지 잠시 생각해 보자. 춤으로 발생하는 긍정적인 감정은 부분적으로 운동으로 인해 분비되는 엔도르핀과, 흥분을 느끼거나 사회적 행동을 할 때 분비되는 옥시토신과 같은 호르몬 때문일 수 있다.[87] 또는 매력적인 사람과 춤을 출 때 느끼는 구애의 흥분 때문일 수도 있고, 유연하고 혈기 왕성하며 매력적인 젊은 몸이 우아하고 아름답게 움직이는 것을 엿볼 수 있기 때문인지도 모른다. 하지만 여러 문화권에서 동성들도 함께 춤을 추며, 성적으로 끌리지 않는 이들과도 즐겁게 경험을 공유한다. 더군다나 사람들은 몸이 엔도르핀을 크게 필요로 하지도 않는 상황에서도 춤을 즐긴다. 그중에서도 사교춤(파트너와 함께 또는 무리를 지어 춤을 추는 경우), 특히 (스코틀랜드나 아일랜드의) '노래와 춤이 있는 밤ceilidh'이나 탭댄스처럼 춤이 조직화되고 동조화될 때가 흥미롭다. 이런 춤은 종종 유대감, 적어도 즐거움의 공유로 이어지며, 관객에게 긍정적인 감정을 유발할 수 있다.[88] 사람들이 사회적으로 친밀감을 느끼도록 하는 춤의 속성들 가운데 일부는 주의나 목적을 다른 사람과 공유하는 것처럼 매우 일반적일 수 있지만,[89] 예측 가능한 리듬의 음악을 통해 동작의 동조화를 돕는 외적인 표현처럼 춤마다 다를 수도 있다.[90] 실제로, 동조화된 활동은 오랫동안 사회적 유대와 연관되었다.[91]

이는 이전 장에서 설명한 모방과 협력 간의 흥미로운 관계와 관련 있을 수 있다. 모방되는 사람이 모방된다는 사실을 모르고 모방하는 사람이 의도하지 않게 모방하는 경우에도, 우리는 모방이 사회적 상호작용을 강화하고 긍정적인 기분을 느끼도록 한다는 것을 보았다. 모방과 협력의 관계가 양방향적이라는 것도 기억할 것이다. 모방을 받으면 개인은 더 협력적으로 행동하며, 더 협력적인 마음가짐을 가지면 다른 이를 모방할 가능성도 더 높아진다.[92] 집단 구성원들 간의 협력, 집단 행동, 정보 공유도 이러한 양방향적인 인과관계로 인해 유지될 것이다.[93] 협력을 촉진하기 위해 동조화된 행동에 대한 긍정적인 보상이 자연선택에 의해 선호되었다면, 동조화된 춤이 따뜻한 감정을 일으켰을 것이라고 기대할 수 있다.[94] 소리와 리듬을 연결해 음악에 맞추어 춤추게 하는 우리 뇌의 모방 신경망은, 음악에 맞추어 두드리거나 박수 치는 성향 그리고 그러한 경험이 주는 즐거움까지도 분명 설명한다.

생물학자들과 고생물학자들이 화석 기록을 통해 생물 종의 역사를 재구성하고,[95] 역사적 유산과 지역적 적응의 혼합을 통해 관찰되는 다양성의 패턴을 이해하는 것처럼, 춤 연구자들 또한 역사적 자료를 바탕으로 개별적인 춤의 경로를 수집하고, 관찰되는 형태의 다양성을 이해하며, 복잡한 춤의 형식이 지닌 그 구조와 복잡성이 시간에 따라 어떻게 등장하게 되었는지를 이해할 수 있다. 초기 민속춤에서 유래한 무도장 춤만 하더라도, 대부분 춤의 명인들에 의해 각색되거나 체계화되고 무도장의 유행으로 다른 국가들에 수출된 것이다. 조금 더 이국적이기는 하지만, 라틴 댄스 역시 비슷한 역사를 갖고 있다. 탱고는 쿠바의 노예 춤에서 기원하는데, 그곳에서 라플라타강 쪽으로 전해지며 20세기에 접어들어 아르헨티나의 고전으로 변형된 것이다. 브라질의 춤으로 알려진 삼바도 원래 아프리카의 노예들이 브라질에 전한 것으로, 브라질에서 카니발 시즌 동안 리오의 거리를 가득 메우는 국민 춤으로 변모했다. 그 후 삼바는 영화나 텔레비전을 통해 세계로 수출되었고, 춤의 대가들에 의해 무도장의 부수적인 춤으로 체계화되었다. 투우를 흉내 내며 스텝을 밟는 파소도블레는 스페인에서 기원해 남부 프랑스에서 무도장 춤으로 개량되었다. 오늘날 매우 인기 있는 살사 댄스는 차차차와 계보를 공유하는 쿠바 맘보의 후손이다.[96]

발레의 역사 또한 연구가 잘 진행된 분야인데, 15세기 이탈리아에서 점진적으로 발전되어 17세기 프랑스에서 형식화되고 전문화되었고, 19세기와 20세기 러시아에서 세련되게 다듬어졌다. 발레는 귀족과 여성 들이 호화스러운 행사로 대접받았던 이탈리아 르네상스의 궁정에서 시작되었다. 특히 결혼 축하 행사에서, 발레와 무용은 공들인 장관을 연출했다.[97] 무용 리듬의 생성, 동작의 체계화, 전문 무용가와 안무가의 출현, 우화적이거나 신화적인 이야기에 의상과 설정을 갖춘 무용수가 등장하는 것과 같은 현대 발레의 핵심적인 혁신들이 이 시기에 고안되었다.[98] 무용 전문가는 귀족에게 스텝을 가르쳤고 궁정은 공연에 참여했다.

16세기에는 프랑스의 왕 앙리 2세의 아내이자 유명한 예술 후원자였던 이탈리아의 귀족, 카트린 드 메디치가 프랑스에서 발레를 장려하기 시작했다. 그녀는 춤과 의상, 노래, 음악이 결합된 정교한 축제를 고안했다. 이 축제는 프랑스 궁전에서 공연되었기에 궁정 발레ballet de cour로 알려졌다. 1583년과 1610년 사이에 프랑스에서만 발레가 800번 이상 공연되었다는 기록이 있다.[99] 이후 그 자신이 열정적인 무용수이기도 했던 루이 14세는 발레의 대중화와 표준화에 일조했고, 왕립무용학교와 왕립음악학교를 설립함으로써 전문 발레의 첫발을 내딛었다. 1680년대에는 프랑스의 오페라가 공연에서 발레의 요소를 도입했고, 오페라-발레 전통을 만들었다. 여성은 연극의 무용수로 참여했지만 남성에 비해 부차적인 역할을 맡았는데, 그 이유 중 하나는 여성이 의상 때문에 민첩하게 움직일 수 없었기 때문이다.[100]

1700년대 중반에 이르러 발레는 독립적인 예술 형태가 되었으며, 이야기를 전달할 수 있는 보다 표현적이고 극적인 동작을 포함하기 시작했다. 〈지젤Giselle〉과 〈라 실피드La Sylphide〉와 같은 초기의 고전 발레 작품들은 19세기 초 낭만주의 운동 때 만들어졌으며, 정령과 동화로 초자연적인 세계를 강조했다. 발레리나 마리 탈리오니는 발레리나의 이미지를 우아함, 얌전한 매력, 섬세함을 보여주는 것으로 변모시켰으며, 이는 여성을 수동적이고 나약한 존재로 묘사한 낭만주의 시대와 잘 어울렸다. 탈리오니는 발끝으로 추는 푸앵트 워크pointe work를 도입했는데, 이는 이후 발레리나의 필수 기술이 되었다. 이때 발레리나의 정교한 발놀림을 드러내기 위해 종아리 길이의 발레리나용 스커트도 도입되었다. 서서히 발레리나가 무대의 중심인물이 되었고, 남성 무용수는 보조적인 역할을 맡게 되었다.[101]

19세기에 발레는 프랑스에서 쇠퇴하는 예술이 되었지만, 그 바통이 러시아에 넘겨지며 러시아에서 큰 인기를 누렸다. 러시아의 안무가들과 작곡가들은 발레를 새로운 차원으로 끌어올렸으며, 〈호두까기 인형The Nutcracker〉, 〈잠자는 숲속의 미녀Sleeping Beauty〉, 〈백조의 호수Swan Lake〉 등 가장 사랑받는 발레 고전들을 제작했다. 러시아인들은 고난도의 스텝, 도약, 회전이 포함된 복잡한 시퀀스를 통합함으로써 그들만의 곡예 스타일을 만들었다. 그로 인해 바츨라프 니진스키와 루돌프 누레예프와 같은 재능 있고 운동신경이 뛰어난 남성 무용수들이 다시 무대 중심으로 귀환할 수 있었다. 발레리나가 더 폭넓게 움직일 수 있도록, 더 짧고 더 뻣뻣한 고전적인 스커트가 이 시기에 도입되었다. 이야기의 줄거리도 구소련의 이데올로기에 어울리도록 변경되었다. 그 후 고전적인 형식, 전통적인 이야기, 안무 혁신이 결합되며 발레는 전 세계 여러 국가에서 흥행했다.

현대무용의 역사도 꼼꼼하게 연구되었다. 훌륭하지만 가슴 아픈 사연을 가진 이사도라 덩컨은 오늘날 현대무용의 어머니로 널리 여겨진다. 덩컨은 1878년 샌프란시스코에서 태어났지만, 파리에서 무용의 개척자로 자리 잡고 이후 러시아혁명의 사상에 경도되어 모스크바로 이주했다. 덩컨은 전통적인 무용을 거부하며, 구속되기 싫어하는 자신의 열정을 더 잘 표현할 수 있는 현대적인 복장을 입고 흐르는 듯한 움직임을 선보였다. 그녀는 고대 그리스에서 끌어온 자유와 학문에 대한 이상에 감동했고, 베토벤, 바그너, 브람스와 같은 클래식 음악에 맞추어 춤을 추었다. 그녀의 초기 무용은 가벼운 느낌이었지만, 그녀의 예술은 그녀의 두 아이가 비극적으로 익사한 1913년부터 어둡게 변해갔다. 덩컨의 짧은 생은 알코올중독과 결혼의 실패로 망가졌고, 비참하게도 너무 이르게 막을 내렸다. 고작 49세 때, 그녀는 그녀의 스카프가 그녀의 차 뒷바퀴에 걸리며 목이 졸려 죽었다. 그럼에도 덩컨의 유산은 무용에 진정한 혁명을 일으켰다. 그녀는 다른 이들을 흥분시키고 영감을 주는 엄청난 힘을 지니고 있었으며 수많은 추종자들을 만들었다.

루스 세인트 데니스는 이 시기의 또 다른 선구적인 미국의 무용수였다. 그녀도 발레의 제약에서 벗어나고자 했지만, 덩컨과는 달리 아시아의 춤에서 영감을 얻었다. 1914년, 그녀는 동료 무용수인 테드 숀과 결혼했다. 부부는 유럽과 동양 춤의 형식들과 발레를 통합한 영향력 있는 데니숀학교를 설립했다. 데니숀에서 가장 유명했던 학생이 마사 그레이엄으로, 그녀는 학교의 오리엔탈리즘에 반발하며 20세기의 미국에 어울리는 새로운 표현주의 스타일의 현대적 무용을 도입했다. 그레이엄의 핵심 혁신은 특유의 기교였는데, 이 기교에서는 허리와 골반에서 모든 움직임을 이끌어 내고, 무용수의 몸무게가 균형에서 섬세하게 벗어나 공간으로 몸을 뻗어나간다.[102] 그레이엄은 현대무용의 언어를 효과적으로 고안하고 체계화했다. 그녀의 다음 세대들은 이를 활용했고, 이는 지금도 마찬가지다. 미국의 현대무용이 확산되는 데 그녀의 영향력은 절대적이었다. 실제로 100개의 저명한 현대무용단을 대상으로 진행된 설문조사에 따르면, 뿌리에 해당하는 극단으로까지 거슬러 올라가는 '부모와 같은' 영향력을 확인할 수 있는데, 그중 가장 두드러진 것이 바로 마사 그레이엄의 무용단이었다.[103]

지금까지 나는 춤이 마치 시야가 좁은 고립된 문화의 한 영역인 것처럼 다루었지만, 이러한 인상은 오해의 소지가 있다. 무용 전통은 처음부터 음악, 패션, 예술, 기술, 그리고 문화의 다른 여러 부분들과 엄청나게 창의적으로 상호작용 하며 풍부해졌다. 춤은 음악과 함께 시작되었으며, 종종 종교의식에 쓰이는 악기와 함께했다. 아프리카, 아시아, 아메리카 원주민의 전통 춤에서 북은 의식의 심장박동이라고 할 만한 기본 박자를 제공한다. 유럽의 민속무용수들은 때때로 음악인들이나 가수들과 함께한다. 예를 들어, 플라멩코 춤에는 기타 연주자, 가수, 박수 치는 사람, 발 구르는 사람들로 구성되는 보조 연주단이 필요하다. 사실 음악과 춤은 항상 함께 했으며, 어느 한쪽에서 나타난 예술 형식의 혁신이 다른 한쪽의 변화를 고무했다. 적어도 16세기부터 대중 무용에 대한 수요는, 악보의 출판과 수세기 후의 음반 발매에서도 볼 수 있듯이, 무용 음악 산업을 창출했다. 왈츠의 인기는 요한 슈트라우스, 프레데리크 쇼팽, 프란츠 슈베르트 등을 자극해 가장 감동적이고도 낭만적인 클래식 음악을 작곡하게 만들었으며, 그 음악들은 이후 댄스 열풍을 일으켰다. 음악과 춤의 친밀한 관계는 원스텝과 래그타임 음악, 지터버그와 스윙 음악의 공진화에서도 확인할 수 있지만, 록앤드롤, 디스코, 힙합, 살사처럼 음악과 그 이름을 공유하는 춤에서 가장 명백하게 나타난다. 실제로 어떤 경우에는 그 관계가 너무 밀접해서, 그루브나 싱코페이션 같은 몇몇 음악의 리듬은 춤의 맥락에서만 오롯이 이해할 수 있다.[104] 클래식 음악과 춤도 밀접하게 연결되어 있다. 차이콥스키, 스트라빈스키, 프로코피예프는 각각 발레의 고전인 〈백조의 호수〉, 〈페트루슈카Petrushka〉, 〈로미오와 줄리엣Romeo and Juliet〉의 악보를 작곡했다. 게다가 거의 한 세기 동안, 선구적인 현대무용수들은 그들의 공연에 필요한 독창적인 음악을 의뢰해 왔다.

마찬가지로, 의복이나 다른 형태의 장신구들 역시 춤의 시각적, 상징적, 연극적 힘을 강화하는 데 기여해 왔다.[105] 초창기부터 무용수들은 공연을 위해 몸에 물감을 칠하거나 표시하고, 장식하며, 화려한 의상과 가면을 착용해 춤을 추었을 뿐만 아니라 심지어는 신체를 훼손하기까지 했다.[106] 어떤 옷을 입을지는 수 세기 동안 사교춤의 중요한 문제였다. 마찬가지로, 의상 또는 패션 디자이너들도 오랫동안 무용수들의 모습에서 영감을 받아왔다.[107] 마리 탈리오니나 그녀의 동시대 무용수들은 발끝으로 춤추는 것을 배우며, 앞이 뭉툭한 푸앵트 슈즈에 대한 시장을 열었다. 이후 푸앵트 기술의 발전은 토슈즈의 물성과 무용수의 훈련 방법 간의 상호작용에 크게 의존하면서, 이러한 요소들과 공진화했다.[108] 물론, 이제는 발레 슬리퍼부터 탭슈즈까지 수많은 형태의 신발들이 폭넓게 제조되고 있고, 현대무용에서는 머스 커닝햄 같은 현대무용 안무가의 영향으로 레오타드와 타이츠로 이루어진 단순한 유니폼이 각광받고 있다.

의류 패션 또한 춤에 영향을 주었다. 예를 들어, 18세기 말의 신고전주의 스타일은 가벼운 드레스와 플랫 슈즈를 유행시키며 패션계를 강타했는데, 이 유행으로 움직임의 속도가 빨라지고 운동 범위가 더 넓어지면서 안무의 혁신에 간접적으로 영향을 미쳤다.[109] 관계는 상호적이어서, 이사도라 덩컨과 마고 폰테인을 비롯한 여러 유명한 무용수들은 의류 산업에 커다란 영향을 미치는 패션 아이콘이 되었다.[110] 패션에 대한 무용수들의 영향은 지금도 지속되고 있다.[111] 예를 들어, 크리스티앙 디오르는 분명 발레리나의 스커트나 푸앵트 슈즈에서 영감을 받았으며, 이브 생로랑은 발레뤼스 발레단의 오리엔탈리즘으로부터 영향을 받았다.[112] 전문 무용단은 뛰어난 작곡자들에게 음악을 의뢰한 것처럼 패션 디자이너들과도 협력했다. 1924년 코코 샤넬은 러시아의 발레 〈파란 기차Le Train Blue〉를 위해 의상을 디자인했으며, 1965년 이브 생로랑은 〈파리의 노트르담〉를 위해 디자인했다. 최근 몇 년간 발렌티노와 비비언 웨스트우드를 비롯해 사실상 패션계의 모든 디자이너가 무용 의상을 디자인하고 있는 듯하다.[113] 퍼포먼스에 대한 요구와 사회적 예절 사이의 긴장으로, 패션계의 유명한 전쟁이 일어나기도 했다. 1885년에는 19세기의 위대한 발레리나 버지니아 주치가 짧은 발레용 스커트를 입고 공연을 하고 싶다고 주장해 스캔들을 일으켰으며, 1910년에 바츨라프 니진스키는 타이츠를 가리지 않아 해고되기까지 했다![114]

예술과 무용의 관계는 그 역사가 길다. 에드가 드가는 그의 커리어 대부분을 무용수를 그리고 조각하는 데 바쳤으며, 툴루즈 로트레크는 물랭루주 극장을 위해 포스터를 그려달라는 의뢰를 받았다. 파블로 피카소와 앙리 마티스는 각각 다양한 발레와 무용 작품을 위한 세트를 디자인했으며, 마사 그레이엄은 일본계 미국인 조각가 이사무 노구치와 협력했는데, 그의 무대장치는 무용의 시각적 힘을 향상시킨다고 여겨졌다.[115] 춤은 연극, 오페라, 희극의 역사와도 얽혀 있다. 영화 역시 무도장과 탭댄스 시대의 프레드 아스테어, 진저 로저스, 진 켈리가 〈톱 햇Top Hat〉, 〈사랑은 비를 타고Singin' in the Rain〉와 같은 고전 영화로 춤을 대중화하는 데 중요한 역할을 했다. 〈오클라호마Oklahoma〉, 〈아가씨와 건달들Guys and Dolls〉, 〈웨스트 사이드 스토리West Side Story〉부터 록앤드롤과 디스코 시대의 〈록 어라운드 더 클록Rock Around the Clock〉, 〈토요일 밤의 열기Saturday Night Fever〉, 〈그리스Grease〉 같은 댄스 뮤지컬의 세련된 영화 각색이 유행하기도 했다.

기술의 진화는 20세기 초의 축음기와 음반을 시작으로, 오늘날의 아이팟에 이르기까지 음반과 재생 장치의 제조를 통해 매체에도 영향을 미쳤다. 이러한 발전으로 이를 소유한 이들은 어디서나 음악을 만들거나 춤을 출 수 있게 되었다. 라디오, 영화, 텔레비전의 발명으로 춤과 음악이 전파되면서, 지역이나 국가에 머물던 춤이 세계 수출품으로 바뀌었다. 인쇄술을 통해 악보와 스텝이 공식화되어 널리 배포되었으며, 탈리오니와 덩컨 같은 우상들뿐만 아니라 옷을 거의 입지 않은 무용수들이 담긴 불명예

스러운 사진들도 널리 퍼지게 되었다. 다양한 무용 산업도 있다. 여기에는 전문 무용단뿐만 아니라 무용 지도, 안무, 상업적인 안무, 세트 디자인, 의상 제작, 무도장, 나이트클럽 산업, 그리고 춤에 관한 교본이나 설명서, 댄스 음악의 작곡과 판매, 댄스 운동, 댄스 치료 사업도 포함된다. 춤은 확실히 진공상태에서 진화하지 않았으며, 끊임없는 자극에 노출되며 수많은 영역들과 상호 교배해 왔다.

수천 년 동안 춤이 어떻게 변해왔는지에 대한 이 짧은 요약은 역사적 분석으로서는 부적절하지만, 두 가지 중요한 점을 보여준다. 첫째, 춤의 형태는 당혹스러울 정도로 다양한 변이를 보이지만, 겉으로 드러나는 이러한 다양성은 계통들이 서로 얽힌 역사를 추적하고, 혁신을 가져다준 갖가지 내부 또는 외부 영향의 여파와, 춤이 적응한 사회적 맥락을 알아냄으로써 이해할 수 있다. 이 연대기는 매혹적이며, 소실되거나 불분명한 역사의 세부 사항이 존재하지만, 적어도 거시적인 관점에서 보았을 때 이러한 방대한 춤들이 생겨날 수 있었던 과정은 전혀 신비롭지 않다. 엄청난 다양성에도 불구하고, 그토록 많은 춤이 어떻게 발생했는지를 이해하는 데는 아무런 문제가 없다. 이는 매우 중요한데, 적어도 원칙적으로 우리가 춤의 다양성을 일으키는 과정을 이해할 수 있다면, 음식, 의료적 치료, 모터가 달린 탈것, 언어의 다양성에 대해서도 당황할 필요가 없기 때문이다. 문화의 각 분야는 그 분야만의 세부 사항으로 인해 변화하겠지만, 변이, 차등적 적합도, 유전이라는 세 가지 전제 조건들을 폭넓게 생각한다면, 다양성 자체는 어떤 분야의 실상을 이해하는 데 결코 장애물이 되지 않는다.

둘째, 우리는 시간에 따라 어떻게 서로 보완적인 아이디어들의 복합체가 한데 모여 매우 복잡하고, 정돈되고, 정교한 춤의 형식이 만들어지는지를 보았다. 이들은 종종 문화의 다른 측면, 그중에서도 음악, 기술, 의상, 공연과 깊이 연관되어 있다. 예를 들어, 발레의 진화는 하나의 발레 '밈

meme'의 전파로만 설명할 수 없으며, 몇 세기에 걸친 수많은 혁신들(그 하나하나가 핵심적인 문화적인 요소들에 연쇄적인 반향을 불러일으켰다)의 고된 축적으로 비로소 가능했다. 많은 면에서, 복합적이고 통합된 문화 형태의 출현은 복합적인 생물학적 적응의 진화와 유사하다. 눈과 같은 복합적인 생물학적 적응의 경우, 적응성과 설계가 겉으로 드러나기 위해서는 보통 수많은 개별 돌연변이의 고정을 필요로 한다. 무대 위에서의 뛰어난 재능에도 불구하고, 우리가 〈백조의 호수〉와 같은 마법이 어떻게 존재하게 되었는지를 이해할 수 있다면, 인공위성, 금융시장, 천주교의 복잡성까지도 이해할 수 있을 것이다.

문화는 두 가지 의미에서 진화한다. 하나는 문화적 현상이 시간에 따라 변하는 것이고, 다른 하나는 문화를 위한 능력이 진화하는 것이다. 진화생물학은 문화에 필요한 심리적, 신경적, 생리적 속성이 어떻게 등장하게 되었는지를 설명함으로써 이러한 문제들에 실마리를 던져줄 수 있다. 춤의 경우, 인간이 어떻게 음악에 맞추어 움직일 수 있는지, 우리의 행동을 어떻게 다른 이들의 행동과 동조화할 수 있는지, 또는 어떻게 서로 보완적인 방식으로 움직일 수 있는지, 동작의 길고 복잡한 순서는 어떻게 배울 수 있는지, 우리의 팔다리를 어떻게 이처럼 정확하게 제어할 수 있는지, 다른 이들이 춤을 출 때 왜 우리도 춤추고 싶은지, 춤을 추거나 춤추는 것을 보는 것은 왜 즐거운지, 이 모든 것을 진화론으로 설명할 수 있다. 이러한 지식을 갖추었을 때, 우리는 춤의 속성과 춤이 변하는 방식을 더 잘 이해할 수 있다. 춤과 마찬가지로, 이는 조각, 연기, 음악, 컴퓨터게임을 비롯한 문화의 거의 모든 면에 적용된다. 생물학이 종합적인 역사적 분석의 대체제는 아니다. 하지만 그 기저를 이루는 생물학에 대한 이해는 역사적 분석을 더욱 풍부하고 이해하기 쉽게 만든다.

결론

신비 없는 경이로움

Awe without Wonder

이 책은 창밖을 무심히 흘긋 바라보다 인간의 문화라는 얼기설기 얽힌 언덕에 대해 생각하는 것으로 시작했다. 이 분야의 다른 학자들과 마찬가지로, 나는 자연 세계를 설명하는 강력한 원천인 진화론이 자동차와 집, 병원과 공장, 도로 네트워크와 전력망, 연극의 연출과 교향악단의 존재도 설명할 수 있는지 궁금했다. 동물 행동의 영역으로 뿌리를 거슬러 올라가면서 기술, 공학, 예술, 과학 그 자체의 기원을 설명하는 과학적 이론이 있었던가?

거의 30년 전, 런던대학교의 대학원생이었던 나는 이 질문을 처음 떠올리고는 그에 대답하기가 무척 어렵다는 점에 당황했다. 단순히 건축업자가 구조물을 세웠다고 말하는 것(기계적인 얄팍한 설명)은 부적절했다. 나는 엄청난 건물들을 쌓아 올리는 것을 가능하게 만드는, 건축하고, 계획하며, 서로의 일을 조율하고, 팀을 이루어 함께 일하는 능력이 어떻게 진화했는지를 알고 싶었다. 인간의 성공이 단순히 우리의 문화, 언어, 지능, 협력 덕분이라는 설명도 만족스럽지 않았는데, 이것들 자체가 자연 세계에 일찍이 존재하지 않았던 불가사의한 속성들이기 때문이다.

이 문제를 숙고할수록, 인간의 문화가 지닌 온갖 풍부함, 복잡성, 다양성을 과학으로 분석하는 것이 불가능해 보였다. 인간 존재의 거의 모든 면을 진화론이 설명할 수 있게 되었다고 만족하기는커녕, 더욱 대답하기 곤란한 질문들이 양파 껍질처럼 계속 이어졌다. 생물학이 가져다줄 것으로 기대한 확신을 얻기는커녕, 나는 경이로움과 놀라움에 압도당했다. 도대체 인간 문화의 장엄함은 어떻게 설명할 수 있을까? 우리 종을 특별한 존재로 만들며 우리의 엄청난 생태적, 인구학적 성공을 설명하는 그러한 형질은 우리를 자연의 나머지로부터 분리시키는 듯했다. 문화의 기원에 대해 설명하는 것이 어려웠을 뿐만 아니라, 인간과 다른 동물의 인지능력에도 엄청난 격차가 존재했다. 지난 몇십 년간 새로운 연구가 등장할 때마다, 그 격차는 줄어들지 않고 오히려 굳어졌다. 인간과 나머지 동물들 사이에 벌어진 그 격차에 과학은 어떻게 다리를 놓을 수 있을까?

이 질문을 해결하기 위해 모든 경력을 바쳤고, 그동안 우리 연구 팀과 수많은 동료 전문가들의 지원을 받았기에, 마침내 나는 그 답에 가까운 것을 얻었다고 느낀다. 분명 그 답이 이야기의 전부는 아닐 것이다. 어쩌면 틀린 부분도 있을 것이다. 의심의 여지 없이, 다른 동료들의 기여를 정당하게 다루지 않은 부분이 있을 것이다. 하지만 나에게 중요한 것은 과학적 방법이 문화의 기원이라는 수수께끼가 완전히 해소될 만큼 충분한 통찰을 주었는가 하는 것이다. 연구자들은 문화를 형성하는 우리 능력의 기저를 이루는 심리적 능력이 정확히 어떻게 진화했는지 모를 수도 있다. 그렇게 진화한 마음이 어떻게 풍부한 사회적 환경과 결합해 무수한 관념과 행동, 인공물을 낳을 수 있었는지를 이해하기 위해 이를 완벽하게 재구성하는 것도 완수되지 않았을 수 있다. 그럼에도 과학이 이제는 인간 마음, 지능, 문화의 핵심적인 면면들의 발생에 관한 설득력 있는 설명을 제시할 수 있다는 사실에 크나큰 만족감을 느끼는데, 아직까지도 많은 사람들이 인간이 진화했는지를 두고 논쟁하는 세상에서 이러한 설명은 매우 가치 있다. 여기 나의 설명이 있다.

우리는 행동과학자들의 방대한 실험을 통해 동물들 사이에서 모방과 혁신이 광범위하게 이루어지며, 동물들이 학습된 정보를 상당히 전략적으로 사용할 수 있다는 것을 배웠다. 사회적 학습 전략 토너먼트는 정확하고 효율적인 모방에 선택적인 이점이 있다는 것을 보여줌으로써, 사회적 학습에 관한 많은 것을 설명했다. 전략적이며 높은 충실도를 지닌 모방은 적합도에서 이점이 있다. 이러한 이론적인 통찰에 따르면, 자연선택이 보다 효율적이며 높은 충실도를 지닌 사회적 학습의 형태를 선호할 뿐만 아니라, 영장류의 뇌에서 이를 가능하게 하는 신경 구조와 기능적인 능력을 선호했을 것이라고 추론할 수 있다. 이 과정에서 자연선택은 영장류의 뇌와 지능을 빚어냈을 것이다.

영장류에 대한 비교연구는 이 가설을 지지하며, 영장류에서 사회적 학습, 혁신, 두뇌 크기 사이에 강력한 상관관계가 존재한다는 것을 보여준다. 또한, 사회적 학습은 다양한 지능 측정값과 상관관계에 있는데, 여기에는 도구 사용 정도와 같은 자연적인 측정값뿐만 아니라 학습과 인지에 대한 실험실 테스트에서의 수행도가 포함된다. 분석 결과에 따르면, 이는 효율적인 모방이 선택되는 '문화적 추동' 과정이 수많은 영장류 계통에서 작동했음을 암시한다. 영장류의 높은 지능에 대한 선택은 분명 다양한 원인에서 비롯되었을 것이다. 하지만 비교분석에 따르면, 원숭이와 유인원에서의 사회적 지능에 대한 광범위한 자연선택에 이어서 대형 유인원, 흰목꼬리감기원숭이, 일본원숭이에서의 문화적 지능에 대한 보다 제한적인 자연선택이 일어났는데, 여기에는 수명의 증가와 먹이 질의 상승이 개입되었다. 이러한 자연선택에 따라 인지의 여러 측면이 향상되었는데, 그중에서도 학습, 조망 수용, 계산, 도구 사용, 특히 협력적인 사회적 상호작용이 향상된 것으로 보인다.

이러한 비교분석은 왜 인간만이 복잡성이 단계적으로 축적되는 문화를 지니게 되었는가 하는 질문을 제기한다. 이론적 연구에서 도출된 답은, 복잡한 문화가 높은 충실도의 정보 전달을 요구하기 때문이라는 것이다. 이러한 분석은 사회적 전달의 정확성이 조금만 증가하더라도 문화의 양과 수명이 크게 증가하며, 누적적 문화에는 높은 충실도의 지식 전달이 필요하다는 것을 보여준다. 더군다나 토너먼트에 따르면, 사회적 학습에 크게 의존하면 자동적으로 문화적 지식의 수명이 극단적으로 증가한다. 인류는 사회적 학습에 대한 의존도에서 임계 수준을 넘어섰고, 그에 따라 극도로 안정되고 거의 영구적으로 지속되는 문화적 지식을 갖게 된 것으로 보인다. 비사회적 학습에 비해 사회적 학습이 크게 증가하면서, 우리 조상들은 순응적 학습을 더 자주 하게 되었으며 오늘날의 사회에서도 흔히 보이는 유행이 등장하기 시작했다. 이러한 이론적 연구 결과들을 종합해 보면, 일단 우리 조상들이 충분히 전략적이고 정확한 형태의 모방을 진화시키고 나자 현대사회에서도 관찰되는 문화적 능력의 많은 특성들이 등장했다는 것이다.

우리 조상들은 높은 충실도의 정보 전달을 어떻게 성취할 수 있었을까? 그에 대한 분명한 답은 가르침에 있다. 가르침은 자연에 드물지만 인간 사회에서는 여러 가지 미묘한 형태까지 포함했을 때 보편적으로 관찰된다. 수학적 분석에 따르면, 가르침이 진화하기 위해서는 까다로운 조건들이 만족되어야 하지만 누적적 문화가 존재할 경우 그 조건들은 완화된다. 이는 우리 조상들에게서 가르침과 누적적 문화가 공진화했고, 그로써 생명의 역사상 처음으로 광범위한 상황에서 혈족을 가르치는 종이 등장했음을 의미한다. 인간은 방대하게 가르친다는 점에서 독특한데, 그 주된 이유는 누적적 문화로 인해 다른 방식으로는 습득하기 어려운 지식들이 개체군에 존재하기 때문이다.

가르침은 (1) 그 비용이 낮거나 그 비용이 식량 공급 비용으로 상쇄될 때, (2) 매우 정확하고 효과적으로 전달될 수 있을 때, (3) 선생과 학생의 관계도가 높을 때 진화할 것으로 기대된다. 가르침의 효율성을 심각하게 줄어들게 하지 않는 이상, 자연선택은 가르침의 비용을 줄이는 그 어떠한 적응도 선호할 것이다. 우리의 호미닌 조상들이 광범위하게 가르치는 상황에서 언어가 가르침의 보조 수단으로 처음 진화한 것도 바로 이 시점이다. 언어는 자연선택에 의해 가르침의 비용을 줄이고, 그 정확성을 높이며, 그 영역을 확장하도록 가다듬어진 적응이다. 이러한 설명은 언어의 정직성, 협동성, 고유성, 일반화 능력을 설명할 뿐만 아니라, 언어적 기호가 어떻게 근거를 가지게 되었는지, 언어를 왜 배워야 했는지를 설명한다는 이점이 있다. 현존하는 종들의 의사소통 방법 가운데 인간의 언어는 단연 독특한데, 이는 오직 인간만이 이야기를 나누어야 할 만큼 충분이 다양하고, 생산적이며, 변화무쌍한 문화 세계를 구축했기 때문이다. 일단 우리의 조상들이 사회적으로 전달되는 상징적 의사소통 체계를 진화시키자, 합성성과 같은 언어의 다른 특성들도 자연스럽게 등장했다.

실험적 연구들은 도구 사용과 같은 사회적으로 전달되는 기술들 그리고 인간의 몸과 인지, 이 둘 사이에서 유전자-문화 공진화의 동역학이 발생했다는 가설을 지지한다. 이러한 상호작용은 인류의 진화에서 적어도 250만 년 전부터 시작되었으며, 지금까지도 계속되고 있다. 이론, 인류학, 유전학 연구에 따르면, 유전자-문화 공진화 되먹임은 최근의 인간 진화에 중요하게 작용했으며, 우리의 몸과 인지를 형성했을 뿐만 아니라 그것들을 더욱 빠르게 변화시켰다. 예상대로, 최근 호미닌의 진화 과정에서 모방, 혁신, 도구 사용과 관련된 두뇌 영역은 더 비대해졌다. 생물학적 진화가 유전자-문화 공진화에 자리를 내주자 문화의 진화가 인간의 적응에 관한 통제권을 접수했으며, 그로 인해 인류가 경험하는 변화의 속도도 더욱 가속화되었다. 우리 조상들은 문화 덕분에 식량 조달과 생존 요령을 습득할 수 있었고, 새로운 발명이 등장할 때마다 환경을 더욱 효율적으로 이용할 수 있었다. 그에 따라 뇌가 확장되었을 뿐만 아니라 인구 또한 증가했다.

식물과 동물을 길들이고 농업이 시작되고 나서는, 인구와 사회적 복잡성이 모두 증가했다. 이로 인해 수렵 채집 사회의 끊임없는 이동이라는 제약으로부터 벗어날 수 있었다. 농업 사회가 번성한 이유는 농업이 환경 수용 능력을 증가시킴으로써 수렵 채집 사회보다 농업 사회의 인구가 많아지고, 농업이 인간 사회를 극적으로 변화시키는 여러 혁신들을 촉발했기 때문이다. 농업 생산량으로 뒷받침되는 큰 인구 집단에서는 유익한 혁신이 확산되고 유지될 가능성이 더 높다. 농업은 관련 기술의 발명을 촉진했을 뿐만 아니라, 바퀴, 도시국가, 종교와 같은 완전히 뜻밖의 발명품을 산출하며 변혁을 일으켰다. 구전 전통, 춤, 의식을 통해, 그리고 문서와 책, 오늘날의 컴퓨터 저장 장치와 같은 문화적 기억 창고의 도움을 받아, 역사적, 문화적 기록은 보존되고 보완되었다. 이로 인해 문화적 지식을 소실하기는 점점 더 어려워진다.

인간 협력의 규모나 복잡성은 전례 없는 것이다. 이론적, 실험적 데이터에 따르면, 인간 사회의 대규모 협력은 우리에게 고유하고 강력한 사회적 학습, 모방, 가르침 덕분에 가능했다. 문화는 간접 호혜성과 상호주의 같은 기존의 협력 메커니즘을 촉진하는 조건을 만들어 냈을 뿐만 아니라, 문화적 집단 선택과 같이 다른 동물들에게서는 관찰되지 않는 새로운 협력 메커니즘을 만들어 냄으로써 인간의 진화를 새로운 진화적 경로로 이끌었다. 이 과정에서 유전자-문화 공진화는 다른 동물에게서 관찰되지 않는 진화한 마음도 빚어냈다. 이렇게 진화한 마음에는 가르치고, 말하고, 모방하고, 흉내 내며, 다른 이들의 목표와 의도를 공유하고자 하는 의지뿐만 아니라, 크게 향상된 학습과 계산 능력이 포함된다. 이론 및 실험 연구에 따르면, 인간의 인지와 문화는 다른 유인원들의 그것들과 다른데, 이는 오직 우리 종만이 가르침, 언어, 탁월한 모방 능력, 개선된 친사회성을 포함하는, 인간 문화의 기저를 이루는 한 꾸러미의 사회인지적 능력들을 지니고 있기 때문이다. 이러한 능력들은 정보 전달의 충실도를 높이기 때문에 누적적 문화와 공진화해 왔다.

진화생물학은 오늘날의 문화 현상이 변하는 방식뿐만 아니라 문화가 존재하는 데 필요한 심리적, 신경적, 생리적 속성들의 기원에 대한 통찰을 준다. 그에 대한 한 가지 사례로서 춤의 진화는 인간이 어떻게 음악에 맞추어 움직이며, 우리의 행동을 다른 이들의 행동과 동기화하고, 여러 동작들의 순서를 따라 배울 수 있는지를 보여준다. 춤의 형태는 당혹스러울 만큼 다양하지만, 계통을 조사하고, 춤의 혁신을 가능하도록 만드는 갖가지 영향들과 춤이 적응한 사회적 환경들을 인지하고 나면 이러한 다양성은 해명된다. 마치 시간에 따라 복합적인 생물학적 적응이 진화하는 것처럼, 서로 보완적인 아이디어들이 서서히 함께 모여 매우 복잡한 춤의 형태로 발전하는 것도 볼 수 있다. 춤과 마찬가지로, 예술, 과학, 기술 등 문화의 다른 모든 분야에서도 새로운 형태는 기존의 형태로부터 개선이나 조합을 거쳐 발생한다. 다양성과 복잡성은, 그것이 아무리 크더라도, 과학적 탐구를 가로막지 못한다. 문화를 과학으로 이해하는 것은 문화를 파괴하지 않을뿐더러 역사에 대한 분석을 더욱 풍부하게 만들며 그 신비를 벗겨 낸다. 인간의 문화는 진화적으로 이해할 수 있다.

돌이켜 보면, 인간의 인지와 지능의 기원을 밝히는 것이 왜 그토록 어려웠는지, 다윈과 역사의 다른 위대한 과학자들이 왜 이 문제 앞에서 좌절했는지 이해가 된다. 이 작업을 몹시 어렵게 만든 세 가지 요인들이 있었기 때문이다. 첫째, 인간의 인지에서 핵심적인 요소들(문화적 학습, 지능, 언어, 협력, 계산 능력) 가운데 어떠한 것도 그 기원을 따로 떼어내 온전히 이해할 수 없다는 것이다. 이는 이러한 요소들이 여러 복잡한 공진화적 되먹임 안에서 서로를 형성했기 때문이다. 둘째, 인간의 마음은 윤곽이 뚜렷하게 선형적으로 진화하지 않았다는 것이다. 다시 말해, 특정한 인지적 적응에 대한 자연선택을 발생시키는 외부 환경의 변화에 따라 진화한 것이 아니다. 오히려 우리의 정신적 능력은 우리 조상들이 그들의 물리적 환경과 사회적 환경을 끊임없이 구축하며 그들 자신의 몸과 마음에 자연선택을 반복적으로 일으키는 과정에서 서로 뒤얽히고 서로가 서로의 원인이 되는 방식으로 진화했다. 셋째, 인간의 마음이 진화한 복잡하고 역동적인 과정을 이해하려면, 현대 유전체학, 집단유전학, 유전자-문화 공진화 이론, 해부학, 고고학, 인류학, 심리학의 도구를 사용하는 다학제적인 협동과 노력이 필요하다. 최근까지도 다윈이나 그 후계자들 가운데 이러한 도구들의 모음에 접근할 수 있는 사람은 없었다. 생각하고, 학습하며, 이해하고, 의사소통하는 능력은 인간을 다른 동물들과 완전히 다르게 만든다. 이제 과학자들은 이러한 분기가 호미닌 계통에서 작동한 일련의 방대한 되먹임 메커니즘을 반영하며, 이를 통해 인간의 인지와 문화의 핵심적인 요소들이 줄달음 과정, 자가촉매적인 과정을 통해 함께 가속화되었다고 이해한다.

뒤돌아보면, 문화의 진화를 이해하기 위해 우리 연구 팀이 고전한 이유는 다른 수많은 과학 공동체가 인간 마음의 기원을 이해하기 어려웠던 이유와 정확히 같다. 인간의 문화적 능력은 고립된 채로 진화하지 않았으며, 우리의 언어, 가르침, 지능, 조망 수용, 계산 능력, 협력적 성향, 도구 사용, 기억, 환경의 통제와 같은 인지와 행동의 핵심적인 측면들과 복잡하게 공진화하며 형성되었다. 문화의 진화를 이해하고자 분투하는 과정에서 인간의 마음, 언어, 지능의 기원을 밝힐 수 있었던 것은 우리의 노력에 대한 뜻밖의 행운이었다.

인간 문화의 눈부신 복잡성이 나에게 안긴 당혹스러움은 나의 노력, 그리고 이 여정을 함께한 재능 있는 수많은 과학자들의 노력으로 점점 해소되었다고 믿는다. 하지만 인간 마음의 창조적이고 분석적인 힘, 문화의 진화가 우리의 문화적 삶을 더욱더 풍요롭게 만드는 끝없는 힘은 여전히 인상적이다. 진화의 렌즈로 문화의 기원을 깊이 비추어 보더라도 모차르트, 셰익스피어, 다빈치의 마법은 매 순간 강렬하게 각인된다. 앨런 튜링, 마리 퀴리, 이사도라 덩컨의 천재성은 끊임없는 영감의 원천이다. 신비로움은 조금 사라지더라도, 경이로움은 사라지지 않는다.

옮긴이 후기

이 책은 캐빈 랠런드의 『Darwin's Unfinished Symphony: How Culture Made the Human Mind』를 옮긴 책이며, 유전자-문화 공진화론이라는 분야의 최신 성과를 종합한 책이다. 최근 출간된 공진화론을 개괄한 책으로는 『유전자만이 아니다Not by genes alone』, 『호모 사피엔스, 그 성공의 비밀The Secret of Our Success』, 『다른 종류의 동물A Different Kind of Animal』이 있으며, 이 중 마지막 책을 제외하고는 한국어로 번역되었다. 이 책을 제외한 나머지 세 책은 공진화론의 아버지라고 할 수 있는 인류학자 로버트 보이드와 피터 리처슨, 그리고 그들의 제자인 조지프 헨릭이 쓴 저서인 반면, 케빈 랠런드는 생물학자이자 그들과 다른 학풍에서 훈련받은 학자다. 그 때문에 랠런드는 집단유전학이나 인간 사회의 다양성을 중심으로 공진화론을 바라보는 것이 아니라, 비교동물학적 관점에서 다양한 실험과 시뮬레이션을 토대로 인간의 고유성을 설명한다. 옮긴이는 이미 2009년에 『유전자만이 아니다』를 번역해 보이드-리처슨 학풍의 뼈대를 소개했기 때문에, 다른 접근 방법의 공진화론을 국내 독자들에게 소개하고 싶었다.

이 책의 핵심 메시지는 문화는 단순히 진화의 산물이 아니라 문화가 인간의 진화를 만들었다는 것이다. 보이드-리처슨은 인류의 진화를 이해하는 데 문화를 빼놓고서는 정확한 이해가 불가능하다고 할 뿐, 현대사회에서 문화가 유전자보다 더 강력하다는 주장까지는 잘 나아가지 않는다. 다시 말해서 그들은 본성과 양육을 양손에 들고 있다. 한편 랠런드는 인간은 인류 진화사 후기부터 유전자와 문화가 공진화하는 시기를 넘어서 문화의 진화가 주도하는 시대에 살고 있다고 주장하며, 인간의 고유성을 강조한다. 양육이 본성을 끌고 가는 모양새다. 저자가 흠모했던 학자 앨런 윌슨의 언어로 말하면 현대는 인간의 문화가 유전자를 추동하는 시대다.

여기서 이 책에서 강조하는 메시지를 다시 강조하거나 요약을 제공하기보다는 진화사회과학(진화론을 통해서 인간의 마음과 행동을 이해하고자 하는 분야)의 역사와 국내에서의 이해에 대해서 간단히 언급하고자 한다. 진화사회과학은 1970년대에 이전 세대 동물행동학자들의 이론적 발견을 인간에 그대로 적용했던 에드워드 윌슨의 사회생물학으로부터 시작되었다. 하지만 동물에 적용하던 이론을 인간에 가감 없이 그대로 적용했다는 점, 현장 연구를 해서 자료를 구하고 그 자료에 대한 엄밀한 통계분석을 제시하지 않고 일화 중심의 사례를 제시했다는 점에서 많은 비판을 받았다. 이후 이러한 단점을 보완한 진화심리학, 인간행동생태학, 유전자-문화 공진화론이 1980년대 후반에 등장해 지금까지 이어지고 있다.

국내에는 이 분야의 학자가 소수일 뿐만 아니라, 옮긴이를 제외한 국내 진화사회과학자들이 진화심리학적인 접근을 추구하고, 번역된 진화사회과학 서적들의 대부분이 진화심리학 서적이어서, 대부분 대중들은 진화심리학을 진화사회과학과 동의어로 생각하는 듯하다. 하지만 해외 학계에서는 1990년대 많은 각광을 받았던 진화심리학은 점점 지지자들을 잃고 있다. 그 이유는 진화심리학자들의 주요 가정에 강점도 있지만, 약점 또한 존재하기 때문이다. 진화심리학자들은 유전자 진화 중심의 본성주의자들이며, 인류 진화사의 99퍼센트가 넘는 기간 동안 수렵 채집자로 살아왔기 때문에 농업과 도시의 등장 이후의 현대인들이 석기시대의 본성을 가지고 현대 문명에 적응하는 데 어려움을 겪는다고 주장한다. 이러한 적응 지체adaptive lag(인간의 마음에 작용하는 느린 자연선택이 급격한 환경 변화를 따라잡지 못한다는 개념)라는 개념이 전혀 일리가 없는 것은 아니며, 인간의 행동 중에서 본성의 영향이 강한 분야인 양육과 짝짓기에는 강력한 설명을 제공하기도 했지만, 그렇지 않은 부분도 있다. 그 이유는 이 책에서 여러 실험과 수학적 모델로 증명하다시피 인간은 다른 동물처럼 특수화된 사회적 학습자가 아니라 매우 효율적으로 가르치고 모방하는 일반적인 사회적 학습을 하기 때문이다. 그뿐만 아니라, 그러한 사회적 학습을 통해 인류는 다른 동물에는 존재하지 않는 거대한 집단 지성을 누적해 왔기 때문이다. 일반적인 사회적 학습자가 오랜 시간 축적한 누적적 문화라는 이론적 모델이 현대사회를 살아가는 우리들의 마음과 행동을 얼마나 잘 설명하는지는 본문을 통해서 독자가 직접 판단하기 바란다.

이 책의 번역은 강의 및 논문 쓰기와 병행하느라 만만치 않은 작업이었다. 그 오랜 작업 동안 꿋꿋이 기다려 준 동아시아 출판사와 든든한 버팀목이 되어준 사랑하는 가족들, 아내 수연과 아들 민준에게 고맙다는 말을 남기고 싶다. 의례적으로 말하는 것이 아니라, 이 책에 혹시 오역이 있다면 온전히 옮긴이의 몫이다.

샛바람이 부는 봄날 포항에서,

김준홍

주

1장 다윈의 미완성 교향곡

1. Darwin 1859, p.459.
2. 문화의 진화는 인간의 문화적 신념, 지식, 관습, 기술, 언어의 변화를 진화적 과정으로 이해할 수 있다는 생각이다. 최근의 개요에 대해서는 Mesoudi 2011과 Richerson and Boyd 2005를 참고하기를 바라며, 보다 선구적이고 중요한 형식적 접근에 대해서는 Cavalli-Sforza and Feldman 1981과 Boyd and Richerson 1985를 참고하라.
3. 리처드 도킨스는 『이기적 유전자The Selfish Gene』에서 유전자와 같은 속성을 지닌 문화적 복제자인 '밈'의 개념을 소개한다. 하지만 문화의 진화에 대한 현대 과학은 밈학memetics과 큰 관련이 없다. 이 분야에 대한 광범위한 실험 및 이론 연구에 대한 개론은 Mesoudi 2011 및 Richerson and Boyd 2005, Henrich 2015를 참고하기를 바란다. 이 분야에 대한 비판에 대해서는 Lewens 2015를 참고하라.
4. 인간 협력의 고유성은 Boyd and Richerson 1985, Richerson and Boyd 2005, Henrich and Henrich 2007, Henrich 2015에서 논의된다.
5. 동물의 가르침에 대한 논문은 Caro and Hauser 1992, Hoppitt et al. 2008, Thornton and Raihani 2008을 참조할 것. Thornton and McAuliffe 2006은 동물이 가르친다는 가장 설득력 있는 사례 중 하나인 미어캣의 가르침을 소개한다.
6. 동물에서의 협력은 혈족 선택에 한정되지 않으며, 다양한 메커니즘을 통해 일어날 수 있다. 최근의 개요로는 Nowak and Highfield 2011을 참고하라.
7. Darwin 1871, p.160.

8. Currie and Fritz 1993.
9. Winterhalder and Smith 2000, Brown et al. 2011.
10. Gagneux et al. 1999.
11. Klein 1999, Boyd and Silk 2015.
12. Sterelny 2012a는 이를 보다 자세하게 논의한다.
13. Boyd and Richerson 1985, Tomasello 1994, Richerson and Boyd 2005, Boyd et al. 2011, Henrich 2015.
14. Pinker 2010.
15. Boyd and Richerson 1985, Tomasello 1994, Richerson and Boyd 2005; Boyd et al. 2011, Henrich 2015.
16. Basalla 1988, Petroski 1992.
17. Petroski 1992.
18. Ibid.
19. Petroski 1992에서 자세한 내용을 다룬다.
20. 누적적 문화는 또한 "한쪽으로 돌아가는 톱니바퀴처럼 단계적으로 축적하기"로 불린다. Tomasello 1994를 참고하라.
21. Boyd and Richerson 1985, 2005; Tomasello 1999; Whiten and Van Schaik 2007; Pagel 2012.
22. Zentall and Galef Jr. 1988, Avital and Jablonka 2000, Leadbeater and Chittka 2007, Hoppitt and Laland 2013.
23. 이 책 전체에서 '모방'이라는 용어는 여러 가지 형태의 '사회적 학습'을 가리킨다. 여기서 '여러 가지 형태'라고 말한 것은 한 동물이 학습하게 된 경로가 관찰의 결과일 수도 있고 다른 동물 또는 그 동물의 생산물과 상호작용 했을 수도 있기 때문이다.
24. Warner 1988, Whiten et al. 1999, Van Schaik et al. 2003, Perry et al. 2003, Rendell and Whitehead 2001, Fragaszy and Perry 2003.
25. Fragaszy and Perry 2003, Hoppitt and Laland 2013.
26. 고래에 관해서는 Rendell and Whitehead 2001과 Whitehead and Rendell 2015를 참고하라. 조류에 관해서는 Mundinger 1980 및 Avital and Jablonka 2000, Emery and Clayton 2004, Emery 2004를 참조하라.
27. 침팬지에 관해서는 Whiten et al. 1999, 2009를 참조하라. 오랑우탄에 관해서는 Van Schaik et al. 2003을 참조하라. 흰목꼬리감기원숭이에 관해서는 Perry et al. 2003을 참조하라.
28. Whiten 1998, Whiten et al. 2009.
29. Tomasello and Call 1997.
30. 동물 사회에서 누적적 문화가 존재한다는 주장은 드물며 대개 논쟁적이다(Tennie et al. 2009, Dean et al. 2012, 2014). 누적적 문화일 가능성이 있는 것 중 하나는 침팬지의 복

잡한 흰개미 낚시 도구이며(Sanz et al. 2009), 다른 하나는 뉴칼레도니아까마귀의 계단 모양 판다누스 잎으로 만든 도구다(Hunt and Gray 2003).

31. Boesch 2003.
32. Tennie et al. 2009.
33. 체외 기생충 다루기, 우물 파기, 순서를 정해 도구 사용하기 등이 누적적 문화의 후보로 제시되었다. Boesch 2003과 Sanz et al. 2009를 참고하라.
34. Hunt and Gray 2003.
35. 최근의 연구에서 이 새들이 문제 해결법을 관찰해 학습한다는 증거를 찾는 데 실패했다(Logan et al. 2015). 하지만 보다 자연적인 환경에서 먹이 습득 기술 및 식이 선호를 갖는 데 사회적 학습이 중요한 역할을 할 가능성이 있는데, 무엇보다도 이 새들이 도구 사용을 통해 영양분이 풍부한 먹이들을 습득하기 때문이다(Rutz et al. 2010).
36. Basalla 1988, Ziman 2000.
37. McBrearty and Brooks 2000, D'Errico and Stringer 2011.
38. McPherron et al. 2010.
39. Stringer and Andrews 2005.
40. Ibid., Klein 2000.
41. Stringer and Andrews 2005.
42. Thieme 1997.
43. James 1989.
44. Movius 1950, Stringer and Andrews 2005.
45. Mellars 1996.
46. McBrearty and Brooks 2000.
47. 도구에 자루를 다는 것에 관해서는 Boeda et al. 1996을 참조하라. 송곳에 관해서는 Hayden 1993을 참조하라.
48. 이 연대는 대개 유럽에서 측정한 연대이며, 세계의 다른 지역에서도 조금 더 이른 시기에 이러한 '후기 구석기Upper Paleolithic' 기술에 대한 증거가 발굴되고 있다. McBrearty and Brooks 2000을 참조하라.
49. Stringer and Andrews 2005.
50. Ibid.
51. Bronowski 1973, Diamond 1997.
52. Ibid.
53. Laland and Galef Jr. 2009, Whiten et al. 2011.
54. Boyd and Richerson 1985, 1996; Galef Jr. 1992; Heyes 1993; Boesch and Tomasello 1998.
55. 인류 진화사에 대한 읽기 쉬운 개요에 대해서는 Lewin 1987을 참고하라. 보다 최근의 요약에 대해서는 Boyd and Silk 2015를 참조하라.
56. Darwin 1859, p.458.

57. Darwin 1871, p.327.
58. 스탠퍼드철학백과사전에서 르네 데카르트를 찾아보라(Hatfield 2016).
59. Darwin 1872.
60. Wallace 1869; 알프레드 러셀 월러스 홈페이지(http://people.wku.edu/charles.smith/wallace/S165.htm)에서 다음을 참조하라. "The Limits of Natural Selection as Applied to Man (S165:1869/1870)".
61. 하지만 이에 대해서는 다양한 해석이 존재한다. 다음을 참조하라. http://wallacefund.info/wallace-biographies.
62. Darwin 1871, p.158.
63. 다윈의 성선택을 중심으로 지능의 진화를 설명하는 것에 대해서는 제프리 밀러의 『연애The Mating Mind』를 참조하라.
64. Tomasello and Call 1997.
65. Shettleworth 2010은 이에 대한 뛰어난 개요를 제시한다.
66. 예를 들어, 인간과 다른 동물의 지적 능력의 간극에 대해서 Kappeler and Silk 2009를 보라. Suddendorf 2013도 참고하기 바란다.
67. Linden 1975; Wallman 1992; Radick 2007; Byrne and Whiten 1988; Whiten and Byrne 1997; de Waal 1990, 1996, 2007, 2010.
68. 예를 들어, 철학자 피터 싱어나 영장류학자 프란츠 드 발, 제인 구달의 글을 보라.
69. Morris 1967.
70. Lorenz 1966, Ardrey 1966.
71. Diamond 1991.
72. Lewin and Foley 2004, Stringer and Andrews 2005.
73. Glazko et al. 2005에 따르면 침팬지와 인간의 단백질은 80퍼센트가 다르다.
74. Frazer et al. 2002.
75. Haygood et al. 2007.
76. Fortna et al. 2004.
77. Hahn et al. 2007.
78. Calarco et al. 2007.
79. King and Wilson 1975.
80. Carroll 2005, Müller 2007.
81. Birney 2012.
82. 다른 사소한 차이도 존재한다. 예를 들어, 독일어에만 존재하는 'ß'라는 글자가 있다.
83. Carroll 2005.
84. Voight et al. 2006, Wang et al. 2006. 리뷰로는 Laland et al. 2010을 참고하라.
85. Caceres et al. 2003.
86. Enard, Khaitovich, et al. 2002.

87. Taylor 2009.
88. Striedter 2005.
89. 최근에 발견된 다른 호모 속의 구성원으로는 호모 나델리*Homo naledi*와 호모 플로레시엔시스*Homo floresiensis*가 있다.
90. Henrich et al. 2001.
91. 인간 협력에 대한 개요는 Henrich and Henrich 2007 혹은 Henrich 2015를 참조하라.
92. Jensen et al. 2007.
93. Fehr and Fischbacher 2003, Richerson and Boyd 2005, Henrich and Henrich 2007.
94. Tomasello and Call 1997.
95. Povinelli et al. 1992, Tomasello and Call 1997, Tomasello 2009.
96. Premack and Woodruff 1978.
97. Call and Tomasello 2008.
98. Call et al. 2004, Call and Tomasello 1998.
99. Heyes 1998, Seyfarth and Cheney 2000.
100. Call and Tomasello 2008.
101. Onishi and Baillargeon 2005.
102. Dennett 1983.
103. 예를 들어, Call and Tomasello 2008, Herrmann et al. 2007, Whiten and Custance 1996을 참조하라.
104. Herrmann et al. 2007.
105. Whiten 1998, Whiten et al. 2009, Tomasello and Call 1997.
106. Horner and Whiten 2005, Dean et al. 2012.
107. Byrne and Whiten 1988, Whiten and Byrne 1997, Dunbar 1995, Tomasello 1999.
108. Hauser 1996.
109. Seyfarth et al. 1980.
110. Caesar et al. 2013.
111. Janik and Slater 1997; Wheeler and Fischer 2012, 2015.
112. Bickerton 2009.
113. Ibid.
114. 유인원에게 말하기를 가르치고자 한 다른 시도에 대해서는 Gardner and Gardner 1969, Terrace 1979, Radick 2008을 참조하라.
115. Radick 2008, Bickerton 2009, Fitch 2010.
116. 허버트 테라스가 유인원에게 언어가 있다는 입장에 대해 "마음을 바꾼 것"은 유명하다. 님 침스키와 여러 해 연구하고 나서, 님의 행동이 언어능력을 암시하기보다 확립된 학습 과정의 산물로 이해할 수밖에 없다고 결론 내렸다. Terrace 1979를 참조하라.
117. de Waal 1990, 1996, 2007, 2010.

118. Dawkins 2012.
119. Silk 2002.
120. 이를 '대리 자극vicarious instigation'이라고도 한다(Galef Jr. 1988). 감정 전염에 대해서는 Berger 1962, Curio et al. 1978, Kavaliers et al. 2003, Olsson and Phelps 2007, Hoppitt and Laland 2013에서 논의를 찾을 수 있다.
121. de Waal 1990, 1996, 1999, 2007, 2010.
122. 다음을 보라. Bshary et al. 2002, Bshary 2011, Abbott 2015.
123. de Waal 1990, 1996, 2007, 2010.
124. Lewin and Foley 2004, Stringer and Andrews 2005.
125. Ibid.
126. Caceres et al. 2003.
127. Enquist et al. 2008, 2011.
128. Barrett et al. 2001.
129. 세계지식재산기구의 2013년 보고서에 따르면, 2012년 한 해 동안 세계에서 신청된 특허가 235만 건이다. 같은 보고서에 따르면, 전 세계에 2,400만 개의 상표가 있다. 다음을 참고하라. http://www.wipo.int/edocs/pubdocs/en/intproperty/941/wipo_pub_941_2013.pdf.

2장 아주 흔한 모방

1. Galef Jr. 2003, p.165.
2. Galef Jr. 2003; Barnett 1975.
3. Darwin 1871.
4. Hoppitt and Laland 2013.
5. Darwin 1871, p.50.
6. Twigg 1975; Barnett 1975.
7. Steiniger 1950.
8. Hepper 1988.
9. Galef Jr. and Henderson 1972.
10. Galef Jr. and Clark 1971b.
11. Ibid.
12. Galef Jr. and Clark 1971a.
13. Galef Jr. and Buckley 1996.
14. Galef Jr. and Heiber 1976, Laland and Plotkin 1991, Galef Jr. and Beck 1985.
15. Laland 1990, Laland and Plotkin 1991.

16. Laland and Plotkin 1993.
17. Galef Jr. and Wigmore 1983, Posadas-Andrews and Roper 1983, Galef Jr. et al. 1988.
18. Galef Jr. et al. 1984.
19. Laland and Plotkin 1993.
20. Galef Jr. and Allen 1995.
21. Valsecchi and Galef Jr. 1989, Galef Jr. et al. 1998, Lupfer et al. 2003, McFayden-Ketchum and Porter 1989, Lupfer-Johnson and Ross 2007, Ratcliffe and Ter Hofstede 2005.
22. Atton 2013.
23. Dornhaus and Chittka 1999, Leadbeater and Chittka 2007.
24. Jablonka and Lamb 2005, Hoppitt and Laland 2013.
25. Fisher and Hinde 1949, Hinde and Fisher 1951.
26. Marler 1952.
27. Marler and Tamura 1964; Catchpole and Slater 1995, 2008.
28. Von Frisch 1967.
29. Kawai 1965.
30. Kawai 1965.
31. Wilson 1975, Bonner 1980.
32. Kummer and Goodall 1985.
33. Huffman and Hirata 2003, Reader et al. 2011.
34. McGrew and Tutin 1978, McGrew 1992.
35. de Waal 2001, Galef and Laland 2009.
36. Whiten et al. 1999, 2001.
37. Ibid.
38. Ibid.
39. Hoppitt and Laland 2013, 7장.
40. Lonsdorf 2006.
41. Lonsdorf et al. 2004.
42. *Pongo* spp.
43. Van Schaik et al. 2003, Van Schaik 2009.
44. Ibid.
45. Ibid.
46. *Cebus capuchinus*.
47. Perry et al. 2003, Perry 2011.
48. Huffman 1996, Huffman and Hirata 2003, Leca et al. 2007.
49. Darwin 1841.
50. Leadbeater and Chittka 2007에 따르면, 꿀벌이 이러한 행동을 습득하는 경로에는 여러

개가 있으며, 그중 일부에서만 사회적 학습이 개입된다.

51. 푸른박새*Cyanistes caeruleus*. 박새*Parus major*.
52. Slagsvold and Weibe 2007, 2011.
53. Ibid.
54. Slagsvold et al. 2013.
55. Slagsvold et al. 2002, Hansen et al. 2008.
56. Johannessen et al. 2006.
57. Slagsvold and Hansen 2001.
58. Sargeant and Mann 2009.
59. Rendell and Whitehead 2001, Baird 2000.
60. Schuster et al. 2006.
61. Thornton et al. 2010, Kirschner 1987.
62. Cloutier et al. 2002.
63. Elgar and Crespi 1992.
64. Mery et al. 2009.
65. Dugatkin 1992, Witte and Massmann 2003, Godin et al. 2005.
66. White and Galef Jr. 2000, White 2004, Swaddle et al. 2005.
67. Galef 2009.
68. Little et al. 2008, and Jones et al. 2007.
69. 초파리*Drosophila melanogaster*. Mery et al. 2009.
70 예를 들어, 다음을 참고하라. Goldsmidt et al. 1993, Kraak and Weissing 1996, and Forsgren et al. 1996.
71. Largiader et al. 2001.
72. *Poecilia reticulate*.
73. Dugatkin 1992.
74. Dugatkin and Godin 1992.
75. Poecilia mexicana.
76. Witte and Ryan 2002.
77. Plath et al. 2008.
78. Catchpole and Slater 1995, 2008.
79. Caldwell and Caldwell 1972, Janik and Slater 1997.
80. *Tursiops* spp.
81. Orca orca.
82. *Megaptera novaeangliae*. 이 종에 관한 대부분의 연구에 관해서는 Janik and Slater 1997을 참조하라.
83. Payne and Payne 1985.

84. Noad et al. 2000.

85. Garland et al. 2011.

86. 이 책 전체에서 물고기 여러 종을 가리킬 때는 과학의 관례에 따라 '여러 종의 물고기 fishes'라는 용어를 썼으며, 같은 종의 다수 개체를 가리킬 때는 '물고기들fish'이라는 용어를 사용했다.

87. Brown and Laland 2003, 2006.

88. Thalassoma bifascatum.

89. Warner 1988.

90. Warner 1990.

91. Boyd and Richerson 1985.

92. Diamond 2006.

93. Laland and Williams 1997, 1998.

94. Couzin et al. 2005에 따르면, 물고기 떼와 같은 동물 집단에서 정보를 가진 개체의 수가 많을수록 이러한 지식을 가진 개체들이 음식의 위치와 같은 희망 장소로 집단을 이끌 수 있는 능력이 증가한다. 그럼에도 이 저자들은 지식을 가진 개체들의 비율이 놀랍도록 작을 경우에도 집단을 효과적으로 이끌 수 있다는 것을 발견했다. 극단적으로는 5퍼센트보다 적은 개체들만이 정보를 가지고 있더라도, 이들이 다른 개체들을 모이게 하고 함께 움직이는 것과 같은 간단한 규칙을 적절히 사용하면, 집단은 목적지에 다다를 수 있다. 개코원숭이에 대한 최근 연구도 이러한 연구 결과를 지지하는데, 어디로 향할지 갈등이 발생할 때는 지위가 높은 개체가 자신의 결정을 다른 개체에게 강요하는 방식이 아니라, 특정한 방향으로 나아가는 적은 수의 개체들에 의해 방향이 결정되었다 (Strandberg-Peshkin et al. 2015).

95. Laland & Williams 1997, 1998.

96. Stanley et al. 2008.

97. Warner 1988, 1990; Helfman and Schultz 1984.

98. Lachlan et al. 1998, Laland and Williams 1998.

99. Lachlan et al. 1998, Day et al. 2001, Pike and Laland 2010.

100. Laland and Williams 1998.

101. Warner 1988.

102. Mueller et al. 2013.

103. Biesmeijer and Seeley 2005.

104. *Macaca mulatta*.

105. Mineka and Cook 1988, Mineka et al. 1984.

106. Mineka and Cook 1988.

107. Ibid., Mineka et al. 1984.

108. Mineka and Cook 1988.

109. *Turdus merula*.
110. Curio 1988.
111. Hoppitt and Laland 2013, Olsson and Phelps 2007, Leadbeater and Chittka 2007.
112. Brown and Laland 2001, Hirvonen et al. 2003, Brown and Day 2002.
113. Brown, Markula, et al. 2003; Brown, Davidson, et al. 2003; Brown and Laland 2002.
114. 나는 '본능'과 '본성적인'에 따옴표를 치고 이 용어가 문제가 있다는 사실을 강조했다. 이 용어들은 의미가 불분명할 뿐만 아니라(학습되지 않은, 종 특이적인, 진화된, 변화하지 않는 등의 여러 의미로 해석될 수 있다), 이러한 의미들이 보통 함께 쓰이지 않기 때문이다. 이와 관련된 논의에 대해서는 Bateson and Martin 2000을 참조하라.
115. Gerull and Rapee 2002.
116. Bandura and Menlove 1968, Mineka and Zinbarg 2006, Olsson and Phelps 2007.
117. Rogers 1988.

3장 왜 모방하는가

1. Pennisi 2010, p.167; Rendell et al. 2010.
2. Hoppitt and Laland 2013.
3. Bandura et al. 1961.
4. Carpenter 2006.
5. Boyd and Richerson 1985, Tomasello 1999.
6. Anderson and Bushman 2001.
7. Halgin and Whitbourne 2006.
8. Horner and Whiten 2005.
9. Whiten et al. 2009.
10. Lyons et al. 2007.
11. Over and Carpenter 2012.
12. Evans 2016.
13. Flynn 2008.
14. Boyd and Richerson 1985, Rogers 1988, Feldman et al. 1996, Henrich and McElreath 2003, Enquist et al. 2007.
15. Barnard and Sibly 1981, Giraldeau and Caraco 2000.
16. 또는 적어도 일반적으로 이렇게 될 것이라고 가정한다. 사랑앵무(작은 앵무새)의 사회적 먹이 획득에 대한 앨리스 코위의 연구에서는 시종일관 생산자 새가 먹이 탈취자 새보다 먹이를 더 먹었다(Cowie 2014). 이는 사랑앵무가 작은 성과에도 만족하는 성향 때문일 수도 있다. 즉, 합당한 수확을 얻으면 정착하는 것이다. 또는, 새들에게 다른 전략

으로 얻을 수 있는 수확에 대한 이해가 부족할 수도 있고, 능력이나 성격 차이 등의 제약으로 일부 개체들이 전략을 변경하는 데 어려움을 겪을 수도 있다.

17. Kameda and Nakanishi 2002.
18. 사실 보다 최근의 이론 연구에 따르면, 항상 이 결론이 옳은 것은 아니다. 평형상태에서 사회적 학습과 비사회적 학습의 적합도가 달라지는 다양한 상황이 존재한다(Boyd and Richerson 1985; van der Post and Hogeweg 2009; Rendell et al. 2010; Rendell, Boyd, et al. 2011).
19. Rogers 1988.
20. 개체군 전체가 어떤 전략을 선택했을 때, 초기 빈도가 낮은 그 어떠한 전략도 침투할 수 없다면 그 전략을 '진화적으로 안정된 전략ESS'이라고 부른다.
21. Giraldeau et al. 2002, Henrich and McElreath 2003.
22. Boyd and Richerson 1985.
23. Tellier 2009.
24. Caselli et al. 2005.
25. 보다 전략적인 모방 행동(예를 들어, 비사회적 학습이 실패할 때만 모방하거나, 피모방자의 보수에 비례해 모방하는 경우)을 허용하는 이론적 모델 연구도 이 결론을 지지하는데, 이는 비사회적 학습에 비해 모방이 적합도에 이득이 된다는 것을 보여준다(Boyd and Richerson 1995 및 Laland 2004, Enquist et al. 2007을 참조하라).
26. Boyd and Richerson 1985, Rogers 1988, Feldman et al. 1996, Giraldeau et al. 2002.
27. Boyd and Richerson 1985, Henrich and McElreath 2003, Laland 2004.
28. Laland 2004.
29. Ibid.
30. Ibid.
31. Henrich and McElreath 2003; Laland 2004; Kendal et al. 2005; Kendal et al. 2009; Rendell, Fogarty, Hoppitt, et al. 2011; Hoppitt and Laland 2013.
32. 상상할 수 있는 학습 전략과 일치하는 정황적인 증거도 존재하지만, 연구 결과(실험 및 관찰 연구의 조합)만으로는 충분한 세부 사항을 얻을 수 없기에, 지지되는 고유한 전략을 특정하기가 쉽지 않다. 오히려 연구 결과와 일치하는 다양한 대안 전략이 존재하는 경우가 많다(Rendell, Fogarty, Hoppitt et al. 2011; Hoppitt and Laland 2013).
33. 예를 들어, Kendal et al. 2009를 참조하라.
34. 여기서 '최적'에 따옴표를 친 이유는 주어진 환경에서 진화할 것으로 기대되는 형질과 최적의 형질 사이에는 미묘한 차이가 존재한다는 것을 알리기 위해서다. 사실 이런 식의 이론적 분석(예를 들어, 진화적 게임이론)은 진화적으로 안정된 전략을 찾고자 한다. ESS는 전 구역에서 최적이라기보다 '침투당하지 않는' 전략이라고 묘사하는 것이 적절하다(Maynard-Smith 1982).
35. Axelrod 1984.

36. 유럽 집행위원회 연구개발비 FP6-2004-NESTPATH-043434.
37. 보수는 지수분포에서 가져왔다.
38. 손잡이가 여러 개 달린 슬롯머신의 보상이 시간에 따라 변할 때, 슬롯머신이 '가만히 있지 않는다'고 말한다. 가만히 있지 않는 여러 손잡이 슬롯머신은 어려운 문제로 널리 여겨지며, 만족스러운 분석적 해법이 알려져 있지 않다(Papadimitriou and Tsitsiklis 1999).
39. 무작위적으로 새로운 행동이 선택되었다.
40. 이는 탐구-활용 트레이드오프로 알려져 있다.
41. 규칙들은 '가짜 코드'를 사용해 구두나 컴퓨터 언어(Matlab)로 명시되었다.
42. 이를 위해 우리는 집단의 모든 행위자가 처음에는 하나의 전략을 사용한 다음 대안적인 전략을 사용하는 소수의 행위자들이 도입되는 식으로 일대일 대결을 설계했다. 이어서 도입된 전략이 침투해 경쟁에서 터줏대감을 이기고 집단을 차지하는지를 지켜보았다. 높은 보상을 가져오는 행동을 하는 데 더 효과적인 전략이 평균적으로 다른 전략들보다 더 빈번하게 번식하며 결국 지배적으로 자리 잡을 것이다. 각각의 일대일 대결이 모여 전략들끼리의 반복적인 대결이 1만 번 진행되는데, 이때 터줏대감과 침략자의 역할을 서로 번갈아 가며 맡는다. 우리는 각 시뮬레이션의 마지막 2,500회를 바탕으로 각 전략의 집단 내에서의 평균 빈도를 기록했으며, 그 전략이 참여한 시뮬레이션에서의 평균 빈도를 계산해 해당 전략에 점수를 부여했다.
43. 토너먼트 이후 환율이 바뀌었지만, 주어진 값은 대회 당시의 금액을 나타낸다.
44. 전체 연구 분야의 목록은 인류학, 생물학, 컴퓨터과학, 공학, 환경과학, 비교행동학, 학제간 연구, 경영학, 수학, 철학, 물리학, 영장류학, 심리학, 사회학, 통계학이다.
45. 액설로드의 토너먼트에서도 수행도가 가장 높은 전략은 캐나다에서 제출되었다.
46. 난투전에서 〈차감기계〉가 경쟁의 35퍼센트에서 승리했으며, 24퍼센트의 승률로 2등을 한 전략인 〈세대사이〉보다 승률이 확연히 높았다.
47. 물론 최고의 전략들 가운데 많은 전략이 최근에 습득한 정보에 더 많이 의존했다.
48. 여기서 〈차감기계〉는 결선 진출자 중에서 유일하게 기하학적 차감과 유사한 방법론을 사용했다.
49. Hoppitt and Laland 2013.
50. Asch 1955, Latane 1981, Boyd and Richerson 1985, Henrich and Boyd 1998, Morgan et al. 2012, Morgan and Laland 2012.
51. Rogers 1988.
52. Rogers 1988, Feldman et al. 1996, Wakano et al. 2004.
53. Rendell et al. 2010.
54. 게다가 동일한 조건에서 모든 전략이 다 같이 경쟁할 때 집단에서의 일평생 평균 보상은 낮은 지위의 전략이 유일한 참여자일 때의 보상 수준보다 낮았다.
55. Tilman 1982.
56. Kendal et al. 2009.

57. 토너먼트에서 행위자들의 평균 수명은 50라운드였다. 인간의 기대 수명은 현재 전 세계적으로 약 67세이며, 이는 청동기나 철기 이후로 26년 증가한 것이다(Encyclopaedia Britannica, 1961). 이를 통해 토너먼트 라운드와 그에 대응하는 인간의 수명을 대략적으로 비교해 볼 수 있다.

58. Rendell, Boyd, et al. 2011; Laland and Rendell 2013.

59 내 생각에 토너먼트가 성공한 이유 가운데 하나는 손잡이가 여러 개 달린 슬롯머신 때문이다. 여러 손잡이 슬롯머신은 생물학, 경제학, 인공지능, 컴퓨터과학을 비롯한 여러 학문 분야에서 학습을 연구하기 위해 널리 사용된다. 그 슬롯머신이 보상을 최대화하기 위해 시간을 어떻게 분배할지를 결정해야 하는 개인들의 문제와 닮았기 때문이다(Schlag 1998, Koulouriotis and Xanthopoulos 2008, Gross et al. 2008, Bergemann and Valimaki 1996, Niño-Mora 2007, Auer et al. 2002). 그 슬롯머신은 실제 세계의 여러 어려운 문제들의 핵심을 보여준다. 예를 들어, 가능한 행동이 여러 가지인데 오직 그 행동 중 일부만이 높은 보상을 가져다주는 경우, 비사회적으로 학습할지 다른 이들을 관찰하며 학습할지를 결정해야 하는 경우, 모방할 때 오류가 발생할 경우, 환경이 변하는 경우가 그렇다. 물론, 시뮬레이션은 실제 세계를 단순화한 것이다. 예를 들어, 실제 세계에서는 개인들이 특정한 특징을 지닌 시범자를 고르고, 개인들 간에 직접적인 상호작용이 이루어진다(Apesteguia et al. 2007, Boyd and Richerson 1985, and Laland 2004). 미래의 토너먼트에 이러한 특징들이 도입이 될 경우, 우리의 결론이 변하지 않을지는 미지수다. 우리의 토너먼트에서 성공적이었던 전략들이 미래의 토너먼트에서는 그렇지 않을 수 있다. (이 글을 쓰는 지금, 나와 공동 연구자들은 두 번째 사회적 학습 전략 토너먼트의 결과를 분석 중이다. 두 번째 토너먼트는 본래의 버전을 바탕으로 모델에 기반한 편향적 학습, 공간적으로 다양한 환경, 누적적인 문화적 학습이라는 세 가지 조건을 추가했다.) 그럼에도 우리의 토너먼트는 기존의 분석적인 이론보다 현실에 더 가깝기에, 그 연구 결과를 여기서 특별히 강조한다. 우리가 제시한 여러 손잡이 슬롯머신의 문제가 지닌 보편성 덕분에 토너먼트에서 얻은 통찰은 신뢰할 만하며 이를 일반화할 수도 있을 것이다.

60. 토너먼트에서 개별적인 전략은 모방의 오류 비율을 제어할 수 없었다. 하지만 모방 오류를 줄일 수 있는 돌연변이 전략이 발생한다면, 어떻게 그 전략이 성공할지 쉽게 예측할 수 있다. 다시 말해, 모방이 성공할 수 있었던 것과 동일한 이유로 성공할 것이다. 즉, 모방 오류가 발생할 때마다 전략은 무작위로 선택된 행동을 물려받지만(우리의 일부 시뮬레이션에서는 새로운 행동을 물려받지 않는 경우도 있었다), 정확한 모방이 일어날 때는 전략이 시범자의 수행도에 따라 선택된 고수익의 행동을 습득할 수 있다.

61. Lyons et al. 2011.

62. Van Bergen et al. 2004.

63. 이에 대한 가장 강력한 사례는 미국 어치의 저장 행동이다(Clayton and Dickinson 1998, 2010; Suddendorf and Corballis(2007)).

64. Fisher 1930.

65. Boyd and Richerson 1985, Cavalli-Sforza and Feldman 1981.

4장 두 물고기 이야기

1. 사실, '유전적 프로그램'이라는 전체 개념에 대한 과학적 논쟁이 시작되었다. 발달생물학자들은 유전형을 '프로그램'이나 '청사진'으로 비유하는 것이 그들의 연구에서 드러나는 발달과 유전의 역동적이고 상호적인 모습과 모순된다고 본다(예를 들어, Gottlieb 1992, Keller 2010, and Pigliucci and Müller 2010). 유기체는 발달 과정에서 유전자의 발현을 조절할 뿐만 아니라 발달 환경을 변화시키며, 대부분의 진화생물학자들이 '유전적으로 결정된다'고 보는 종 특유의 불변하는 표현형의 원인이 되는 유기체-환경의 관계와, 유전자를 경유하지 않는 유전을 발생시킴으로써 개체 발생의 과정에서 되먹임을 발생시킨다(Oyama 1985, Gottlieb 1992, Oyama et al. 2001, Gilbert 2003, Jablonka and Lamb 2005, Keller 2010, Bateson and Gluckman 2011, and Uller 2012).
2. Brown and Laland (2003), (2006)를 참조하라. 어류의 사회적 학습에 대한 리뷰는 Laland et al. (2011)을 참조하라.
3. 다음을 참조하라. http://www.fishbase.org/home.htm.
4. 우리의 영장류 연구는 동물원이나 야생에서 수행된 관찰 연구다. 영장류들을 결코 실험실로 데려오지 않았다.
5. 우리 실험실의 어류 연구로 얻은 혁신에 대한 통찰에 대해서는 Laland and Reader 1999a, 1999b를 참고하라. 어류 연구를 통해 얻은 사회적 학습에 대한 통찰에 대해서는 Day et al. 2001, Brown and Laland 2002, Reader et al. 2003, Brown et al. 2003, Kendal et al. 2004 Kendal, Coolen et al. 2005, Croft et al. 2005, Webster, Adams, and Laland 2008, Webster and Laland 2008, 2011, 2012, 2013, Duffy et al. 2009를 참고하라. 어류 혁신의 확산에 대한 연구에 대해서는 Reader and Laland 2000, Swaney et al. 2001, Morell et al. 2008, Atton et al. 2012, Webster et al. 2013을 참고하라. 어류의 전통에 대한 연구에 대해서는 Laland and Williams 1997, 1998, Stanley et al. 2008을 참고하라.
6. 특정한 동물의 특정한 형태의 사회적 학습을 모델 시스템으로 삼아 사회적 학습에 관한 보다 일반적인 쟁점을 연구하는 널리 쓰이는 접근법은 캐나다 심리학자 제프 갈레프가 개척한 것이다. 그가 쥐를 대상으로 연구한 것은 2장에 기술되어 있다. 갈레프는 쥐들 사이에서 그들의 날숨에 담긴 단서를 통해 먹이에 대한 선호가 전달된다는 것을 30년간 연구했으며, 100여 개의 출판 논문으로 셀 수 없는 귀중한 통찰들을 던져주었다.
7. Templeton and Giraldeau 1996.
8. *Gasterosteus aculeatus.*
9. *Pungitius pungitius.*
10. 마이크 웹스터가 수행한 보다 최근의 공공 정보 사용에 관한 실험에서는, 남아 있는 후

각 단서가 결과에 영향을 미치는 것을 완전히 제거하기 위해 시범자와 먹이 영역의 물탱크를 시험 물탱크 옆으로 완전히 분리시켰다. 이처럼 실험 장치를 개선한 뒤에도 실험 결과는 바뀌지 않았다. 즉, 아홉가시큰가시고기만 공공 정보를 사용했다.

11. Milinski et al. 1990, Frommen et al. 2007, Atton et al. 2012, Webster et al. 2013.
12. Boyd and Richerson 1985.
13. 아홉가시큰가시고기의 등에 달린 가시의 수는 사실 7개에서 12개로 상당히 다양하지만, 대부분은 9개 또는 10개를 갖고 있다. 지역에 따라 '열가시큰가시고기'라고 부르기도 한다.
14. Hoogland et al. 1957.
15 그러한 현상을 연구하기 위한 이론적 틀은 경제학에서 기원했다. 그 시나리오에 따르면, 개인들은 다른 이들의 개인적인 정보에는 관심을 두지 않고서 그들의 선택을 모방하는데, 이로 인해 정보의 연쇄효과가 발생하며 모두가 최선의 행동과 관련 없는 동일한 행동을 하게 된다(Bikhchandani et al. 1992, 1998; Giraldeau et al. 2002).
16. Giraldeau et al. 2002.
17. Coolen et al. 2005.
18. 여기서 제시된 주장은 시범자가 더 이상 그 장소에 없더라도, 또는 그 장소에 있지만 먹이를 먹고 있지 않더라도, 실험 물고기가 먹이를 찾기 위해 물고기들이 많은 영역으로 헤엄친다는 것이다. 이는 그럴듯한 해석인데, 물고기들이 다른 물고기들이 모여 있는 상태를 먹을 기회와 연관 짓도록 학습한다는 것이 밝혀졌기 때문이다(Brown and Laland 2003).
19. Van Bergen et al. 2004.
20. 우리는 이런 일이 단순히 망각 때문이라고 보지 않는데, 큰가시고기들이 일주일 넘게 영역에 대한 선호를 유지한 사례가 있기 때문이다(Milinski 1994).
21. Schlag 1998.
22. Kendal et al. 2009.
23. Pike et al. 2010.
24. Schlag 1998.
25. Schlag 1998은 이러한 규칙을 '비례적인 관찰'이라고 명명했으며, 이 규칙이 최적의 사회적 학습 전략이라는 것을 보여주었다. 이 규칙으로 인해 집단은 적합도가 최대화되는 행동에 이를 수 있다.
26. 이러한 큰가시고기가 언덕 오르기 알고리즘을 사용해 이루는 "한쪽으로만 돌아가는 톱니바퀴 같은" 축적은 한계가 존재한다는 점에서 인간의 누적적 문화와는 다르다. 큰가시고기는 잠재적으로 알고리즘을 통해 어떤 환경에서 최적의 행동에 접근할 수 있지만, 바로 그 지점에서 누적적 지식의 획득은 끝난다. 그에 비해 인간의 누적적 문화에서는 새로운 행동이나 제품이 혁신을 위한 새로운 가능성을 끝없이 열어젖힌다.
27. Webster and Laland 2011.

28. Krause and Ruxton 2002.
29. Wingfield et al. 2001, Kambo and Galea 2006.
30. Kavaliers et al. 2001.
31. 비번식기 물고기들의 성별에 차이가 없다는 것, 두 성별 모두 중간 수준의 모방을 하는 것을 고려할 때, 성별이 아닌 번식기에 따라 성별에 특화된 적응적인 사회적 학습 전략을 선호하는 것이다(Webster and Laland 2011).
32. *Culaea inconstans*.
33. *Apeltes quadracus* 그리고 *Spinachia spinachia*.
34. 예를 들어 다음을 보라. Emery and Clayton 2004.
35. Laland 2004.
36. 이 생각의 주된 출처는 보이드와 리처슨의 1985년 저서 『문화와 진화적 과정Culture and the Evolutionary Process』이다. 이 책에는 사회적 지식을 활용할 가능성에 영향을 미치는 '전달 편향'에 대한 논의가 들어 있다.
37. 예를 들어, 다음 논문을 참고하라. Boyd and Richerson 1985, Giraldeau and Caraco 2000, and Schlag 1998.
38. Coolen et al. 2003.
39. Van Bergen et al. 2004.
40. Pike and Laland 2010.
41. Hoppitt and Laland 2013.
42. Grüter et al. 2010, Grüter and Ratnieks 2011.
43. Webster and Laland 2008.
44. Mason 1988.
45. Horner et al. 2010.
46. 이러한 모방 행동의 개괄에 대해서는 Hoppitt and Laland 2013을 참조하라.
47. Morgan et al. 2012.
48. Wood et al. 2012는 아이들에 대한 연구로 비슷한 결론에 이르렀다.
49. 예를 들어, 큰가시고기가 무작위적으로 모방하는 전략을 취하거나 불만족스러울 때 모방한다는 증거를 찾지 못했다(Pike et al. 2010).
50. Laland 2004, Rendell, Fogarty, Hoppitt, et al. 2011; Hoppitt and Laland 2013.
51. Boyd and Richerson 1985, Henrich and McElreath 2003, Hoppitt and Laland 2013.
52. Coolen et al. 2003, Van Bergen et al. 2004.
53. Coolen et al. 2005.
54. Ibid.
55. Pike and Laland 2010.
56. Henrich and Boyd 1998.
57. Laland 2004. 행동이 위계적으로 조직되었다고 예상되는 충분한 진화적 이유가 있으며

(Dawkins 1976), 인간과 동물의 많은 행동이 위계적으로 제어된다는 증거가 있다(Byrne et al. 1998).

58. 두 관점 모두 문헌에서 발견할 수 있다(예를 들어, Boyd and Richerson 1985, Heyes 2012, Henrich 2015).
59. 이러한 입장은 행동생태학자의 표현형적 첫수phenotypic gambit와 정확히 일치한다(Grafen 1984). 동물이 그러한 전략을 진화된 심리적 메커니즘으로 습득하든, 학습이나 문화, 또는 이러한 작용들의 혼합으로 습득하든 중요하지 않다. 아주 단순한 유전적 시스템이 그 전략을 제어한다고 가정한 상황에서도 그 전략을 충실히 연구할 수 있다(Laland 2004). 현장 연구에서 이러한 실용적 자세는 매우 생산적인 것으로 드러났지만, 그 기저에 있는 학습 메커니즘에 대한 실험 연구 또한 현상을 철저하게 이해하는 데 중요하다.
60. Shettleworth 2001.
61. Mineka and Cook 1988.
62. Marler and Peters 1989.
63. Sealey 2010.
64. Thornton and McAuliffe 2006.
65. Rutz et al. 2010.
66. 예를 들어, 카나리아 새의 경우 수컷들 사이에서 나타나는 공격성이 사회적 전달을 방해한다(Cadieu et al. 2010).

5장 창의성의 기원

1. Fisher and Hinde 1949, Hinde and Fisher 1951, Martinez del Rio 1993.
2. Hinde and Fisher 1972.
3. Sherry and Galef Jr. 1984, 1990; Kothbauer-Hellman 1990.
4. Lefebvre 1995.
5. Lefebvre 1995.
6. Byrne 2003, Reader and Laland 2003a, Lefebvre et al. 2004, Casanova et al. 2008.
7. Russon 2003.
8. Young 1987.
9. Eaton 1976.
10. J. M. Brown 1985.
11. Goodall 1986.
12. Hosey et al. 1997.
13. Schönholzer 1958.
14. Morand-Ferron et al. 2004. 이 저자들에 따르면, 물에 빠뜨려 먹는 습관을 습득한 조류

가 꽤 많아졌다고 한다.

15. Reader and Laland 2003a.
16. Kummer and Goodall 1985; Lefebvre et al. 1997; Reader and Laland 2001, 2002, 2003b; Biro et al. 2003.
17. Sol 2003.
18. Sol and Lefebvre 2000, Sol et al. 2002.
19. Greenberg and Mettke-Hofman 2001.
20. Laland and Reader 2009.
21. Boinski 1988.
22. Kummer and Goodall 1985.
23. 손다이크는 이를 다음과 같이 설명했다. "효과의 법칙이란, 다른 조건이 같을 때, 특정한 상황에 대한 반응 또는 그에 따라 발생하는 상태에 대한 만족감이 높을수록, 미래에 그러한 상황에 대해 그 반응이 나올 가능성도 높아진다는 것이다(Thorndike 1898, p.103)." 이를 현대적인 언어로 간단히 표현하면, 긍적적인 결과가 따르는 행동은 반복되고 부정적인 결과가 따르는 행동은 사라질 것이라고 말할 수 있다.
24. 지금은 이런 학습 과정을 '조작적' 또는 '도구적 조건형성'라고 한다.
25. Morgan 1912.
26. Thorpe 1956, Cambefort 1981, Lefebvre et al. 2004.
27. Zentall and Galef Jr. 1988, Heyes and Galef Jr. 1996, Box and Gibson 1999, Galef Jr. and Giraldeau 2001, Shettleworth 2001, Fragaszy and Perry 2003.
28. Kummer and Goodall 1985.
29. Kummer & Goodall 1985, p.213.
30. 망토개코원숭이*Papio hamadryas*. Kummer and Kurt 1965를 참조하라.
31. Laland and Reader 1999a, 1999b; Laland 2004; Sol, Lefebvre, et al. 2005; Gajdon et al. 2006.
32. Kummer and Goodall 1985, p.213. 이 논문은 Reader and Laland 2003a에도 실려 있으며, 인용된 문장은 234쪽에서 볼 수 있다.
33. Reader and Laland 2003a.
34. Reader and Laland 2003b.
35. 이와 관련된 논의에 대해서는 Reader and Laland 2003b를 참조하라.
36. Nihei 1995.
37. 다음 홈페이지를 참조하라. http://www.snopes.com/photos/animals/carwash.asp.
38. Reader and Laland 2003b.
39. 이러한 시각은 인간 사회에서 어떤 경로로든 새로운 행동을 습득하는 것을 '혁신'으로, 새롭게 개시하는 것을 '발명'이라고 하는 일부 정의와는 다르다(Rogers 1995).
40. Reader and Laland 2003b.

41. 사이먼과 나는 의식적으로 동물의 혁신에 대해 넓은 정의를 채택했다(Reader and Laland 2003b). 예를 들어, 우리는 새소리의 학습을 연구하는 기존 연구자들이 그랬던 것처럼, 완전히 새로운 행동과 기존의 행동을 수정한 행동을 구분하지 않았다(Slater and Lachlan 2003). 일부 연구자들은 질적으로 새롭거나 많은 인지를 요구하는 과제나 과정에만 '혁신'이라는 용어를 써야 한다고 주장했다. 하지만 우리는 혁신가가 이전까지 관찰된 적 없는 동작 패턴을 표현하거나, 특별한 인지능력을 보여주거나, 복잡한 생산물을 고안할 때만 '혁신'이라고 부를 만하다고 주장하는 것은 실수라고 생각한다. 그럴 경우 데이터의 수집이 어려워질 수 있다. 더군다나 이러한 기준이 객관적으로 적용될 수 있는지에 대해서도 의문이 제기된다. 사실상 모든 혁신 동물이 자신의 레퍼토리에 이미 포함된 행동을 사용했을 가능성이 크지만(Hinde and Fisher 1951), 인지능력이나 복잡성에 대한 주관적인 판단은 인간 중심적인 편견에 지독히 취약하다. 2장에서 기술한 것처럼 일본원숭이 이모가 고구가 씻기를 처음 발명했을 때, 연구자들은 큰 감명을 받았고 그녀는 천부적인 재능을 지닌 천재 원숭이로 알려졌다. 하지만 후속 연구에 따르면, 먹이를 씻는 것은 수많은 일본원숭이들이 흔히 하는 행동이다. 이러한 배경 지식이 있는 상황에서도, 이모의 발명은 나의 정의에 따르면 여전히 혁신이지만, 일정 수준의 복잡한 인지가 필요하다는 정의를 따를 경우에는 잘못 기술될 수 있다. 동물 혁신의 핵심적인 특성은 새로운 행동 패턴을 집단의 레퍼토리에 도입하는 것이다. 이에 대한 다른 시각에 대해서는 Ramsey et al. 2007을 참조하라.
42. Née Rachel Day.
43. Bateson and Martin 2013.
44. Day 2003, Kendal et al. 2005.
45. 이러한 패턴은 다른 연구에서도 관찰되었다(Reader and Laland 2001, 2009; Laland and Reader 2010).
46. 이에 대한 최근 사례는 큰가시고기에서의 먹이 획득 정보의 확산이다(Atton et al. 2012).
47. Laland and Janik 2006, Laland and Galef 2009.
48. Day 2003, Kendal et al. 2009.
49. 최근의 한 연구에 따르면, 놀랍게도 인간 또한 나이가 들어가고 경험이 축적됨에 따라 혁신이 증가하고 그에 따라 모방이 줄어드는 경향을 보인다(Carr et al. 2015).
50. 다른 영장류를 대상으로 한 연구에 의하면 성체가 어린 개체들에 비해서 정보를 보다 효과적으로 습득했고 대상을 보다 빠르게 알아보고 분류할 수 있었다(Menzel and Menzel 1979, and Kendal et al. 2015).
51. *Leontopithecus*(사자타마린), *Saguinus*(타마린), *Callithrix*(마모셋). Day et al. 2003.
52. Gibson 1986.
53. King 1986.
54. Rowe 1996.
55. Ibid.

56. Dunbar 1995.
57. Gibson 1986, King 1986.
58. *Sturnus vulgaris*(찌르레기).
59. Boogert et al. 2008.
60. 혁신의 확산에 사회적 학습이 기여한다면, 확산 후기에 그 행동을 습득하는 개체들은 학습 시간이 짧을 것이라고 기대할 수 있다. 그 행동을 더 빠른 시기에 습득하는 개체들에 비해 더 많은 시범자들을 만날 것이기 때문이다. 이는 사실로 판명되었다. 접촉 후 잠복 기간과 해결하기까지의 시간은 음의 상관관계에 있었으며, 이는 해결 방식의 확산 기저에 있는 사회적 학습의 원리와도 일치한다.
61. Aplin et al. 2012, Aplin et al. 2014.
62. 네트워크에 기반한 확산 분석은 Franz and Nunn 2009에서 처음 제시되었지만, Hoppitt et al. 2010a, 2010b, Hoppitt and Laland 2011, Nightingale et al. 2015에서 더 확장되었다. 이 방법론을 실행할 수 있는 통계 패키지가 다음 홈페이지에 있다. http://lalandlab.st-andrews.ac.uk/freeware.html.
63. Webster et al. 2013, Allen et al. 2013, Claidiere et al. 2013, Aplin et al. 2014.
64. *Poecilia reticulate*.
65. 미로는 각 구획에서 물고기들이 먹이 냄새로부터 벗어나는 방향으로 헤엄쳐야만 먹이에 닿을 수 있도록 설계되었다. 단순히 냄새가 진해지는 방향으로 헤엄치면 문제가 해결되지 않는다는 점에서 이는 설계의 중요한 부분이었다.
66. Reader and Laland 2000은 구피가 처음으로 미로를 빠져나오는 데 걸리는 시간과, 일정한 성취도에 이르기까지 미로를 학습하는 데 필요한 시도의 수(예를 들어, 주어진 시간 안에 미로에서 빠져나올 것, 잘못된 길목에 들어서지 않을 것, 세 번 연속해서 성공할 것) 사이에 상당한 양의 상관관계가 있다는 것을 발견했다. 이는 미로를 처음 해결한 것을 혁신에 대한 대안적인 측정값으로 사용해도 괜찮다는 것을 뜻한다.
67. Laland and Reader 1999a.
68. 이뿐만 아니라, 미로를 처음 해결하는 물고기의 이러한 패턴이 먹이를 찾고자 하는 탐색 과정에서 발생했다는 것을 보여주기 위해 물탱크에 먹이를 넣지 않고 실험을 반복했다. 그 실험에서는 모든 차이가 사라졌는데, 따라서 원래의 패턴이 먹이 찾기와 관련 있다는 것이 확실해졌다.
69. Oikawa and Itazawa 1992, Pedersen 1997.
70. Reader and Laland 2000.
71. Laland and Reader 1999b.
72. 모든 물고기가 어느 정도의 먹이를 공급받았으며, 이러한 먹이 공급 방식으로 건강에 문제가 생긴 물고기는 없었다. 또한 대학교 수의사가 모든 실험 과정을 참관하며 동물 복지에 관한 문제가 발생하지 않도록 했다.
73. Bateman 1948, Trivers 1972.

74. Kokko and Monaghan 2001, Kokko and Jennions 2008.
75. Brown et al. 2009.
76. Bateman 1948, Trivers 1972, Davies 1991.
77. Reznick and Yang 1993, Sargent and Gross 1993.
78. Ibid.
79. Farr and Herrnkind 1974.
80. Magurran and Seghers 1994.
81. Lefebvre et al. 1997.
82. Wilson 1985. 윌슨은 이 가설을 '행동적 추동behavioral drive'이라고도 불렀지만, 나는 '문화적 추동'이라는 용어를 선호한다. 후자가 윌슨이 제안한 메커니즘을 더 잘 드러내기 때문이다.
83. 다음을 보라. Wyles et al. 1983.
84. 조류 소목parvorder(상과superfamily 바로 위 그리고 하목infraorder 바로 아래의 분류군)당 보고되는 수치.
85. 다양한 요소들로 인해 어떤 종에서 발견되는 혁신의 수가 실제와 다를 수 있다. 예를 들어, 이론적으로, 연구자들이 특정 종을 더 많이 연구할 수도 있으며, 어떤 새들이 행동 관찰이 더 잘 이루어지는 곳에 살 수도 있고, 학술지가 특정 종에 대한 논문을 선호할 수도 있다. 비교분석에서는 결론에 왜곡이 생기지 않도록 이러한 요소들을 제어하는 것이 중요하다.
86. Lefebvre et al. 2004.
87. Sol and Lefebvre 2000; Sol et al. 2002; Sol, Duncan, et al. 2005; Sol 2003.
88. Ibid.
89. Sol, Lefebvre, et al. 2005.
90. 다시 윌슨의 예측한 것처럼 혁신 속도와 두뇌 크기 모두 조류 종(그리고 아종)의 풍부함과 상관관계에 있다는 것이 밝혀졌는데, 이는 행동의 추동 가설이 예측하는 것처럼 뇌가 크고 혁신적인 분류군에서 진화의 속도가 가속화되었다는 것을 의미한다(Nicolakakis et al. 2003; Sol 2003; and Sol, Stirling, et al. 2005). Lefebvre et al. 2016은 다른 새 분류군인 다윈의 핀치에서도 동일한 결론에 이르렀다.
91. Reader and Laland 2001, 2002. 거의 절반 정도의 사례가 먹이 획득 방법에 관한 혁신들이었지만, 공격적인 과시나 의사소통을 위한 과시, 털 고르기, 교미 또는 놀이 행동, 그 밖의 다른 맥락에서도 혁신이 발견되었다.
92. Reader and Laland 2001.
93. Jolly 1966, Humphrey 1976, Byrne and Whiten 1988.
94. Reader and Laland 2001, Van Bergen 2004.
95. *Daubentonia madagascariensis*(아이아이), *Galagos*(갈라고원숭이).
96. Reader and Laland 2002.

97. 혁신 또는 사회적 학습의 속도와 두뇌 크기 사이의 이러한 관계는 다양한 방법론과 두뇌 측정치를 사용해 지금까지 여러 차례 발견되었으며 확고한 것으로 드러났다. 조금 더 자세한 내용에 대해서는 Reader et al. 2011과 Navarette et al. 2016을 참조하라.
98. DeVoogd et al. 1993.
99. Krebs et al. 1989, Hampton et al. 1995, Jacobs and Spencer 1994.
100. Barton 1999, Joffe and Dunbar 1997, Harvey and Krebs 1990, De Winter and Oxnard 2001.
101. 같은 연구에 따르면 도구 사용 또한 이러한 패턴에 들어맞는다(Reader and Laland 2002).
102. Lefebvre et al. 1997, Reader and Laland 2002.
103. 우리는 도구 사용의 빈도가 두뇌 크기, 혁신, 사회적 학습과 상관관계에 있다는 것을 발견했다. 이는 혁신적인 영장류가 자신들의 문제를 해결하기 위해 도구를 사용할 것이라고 생각한다면 예측할 수 있는 것이다(Reader and Laland 2002). 그로부터 2년 뒤의 케임브리지대학교 박사과정 학생 이프케 밴 버건의 연구에 따르면, 영장류의 추출 식량(예를 들어, 견과류나 꿀을 먹는 것처럼 껍질 속이나 내장된 식량을 추출하는 것) 획득의 비율 또한 두뇌 크기 및 혁신과 상관관계에 있었다(Van Bergen 2004).
104. Leadbeater and Chittka 2007b.
105. Wisenden et al. 1997.
106. Dunbar and Shultz 2007a, 2007b.

6장 지능의 진화

1. 다세포 유기체의 세포에는 미토콘드리아가 있으며, 미토콘드리아는 음식의 화학적 에너지를 세포가 사용할 수 있는 에너지의 형태로 전환시키는 세포 기관이다. 미토콘드리아에는 소량의 DNA가 있다. 미토콘드리아 DNA는 모계로 유전되며, 재조합이 일어나지 않는다. 따라서 비교적 일정한 속도로 돌연변이를 축적한다고 가정한다면, 개체 간 유전자가 다른 정도는 공통 조상으로부터의 시간에 비례할 것이다. 돌연변이가 축적되는 속도를 안다면, 그 공통 조상이 존재했던 시기를 알 수 있다. Cann et al. 1987을 참고하라. 여기서 미토콘드리아 이브가 모든 인간의 공통 조상이 아니라 모든 인간의 미토콘드리아 DNA의 조상이라는 점에 유의하라. 칸과 그 동료들은 세계 각지의 186명의 미토콘드리아 DNA를 추출해 계보도를 구성했다. 계보도의 가장 오래된 가지들은 모두 현대 아프리카인의 미토콘드리아 DNA이었는데, 아프리카인의 가지들은 더 높은 변이를 보여주었다. 어떠한 집단의 미토콘드리아든 과거의 한 여성의 자손이기 때문에, 이 여성에게 '이브'라는 이름이 주어졌다. 하지만 그녀는 분명 당시에 살았던 유일한 여성이 아니며 최초의 여성도 아니다. 분석 결과에 따르면, 이브는 20만 년 전의 아프리카인이었다

(CI=10만-40만 년 전). 윌슨의 실험실 출신인 비질런트와 그 동료들(Vigilant et al. 1991)은 16.6만에서 24.9만 년 전이라는 개선된 추정치를 제시했다.

2. 아프리카 기원 모델에 따르면, 10만에서 20만 년 전에 해부학적으로 현대적인 호모 사피엔스가 아프리카에서 나타나 세계로 뻗어나가며 유전자 흐름이 전혀 또는 거의 없이 다른 고대 집단들을 대체했다.
3. 그 연구 장학금은 휴먼프론티어 과학 프로그램의 장학금이었다.
4. 윌슨의 문화적 추동 가설에 관한 논문은 1983년에 처음 출간되었으며(Wyles et al. 1983), Wilson 1985에서 보다 구체적으로 설명되었다. 하지만 Wilson 1991에서 가장 명쾌한 설명을 찾을 수 있다.
5. Wyles et al. 1983; Wilson 1985, 1991.
6. Wilson 1991, p.335.
7. 대개 큰 동물은 큰 기관을, 작은 동물은 작은 기관을 갖고 있다. 예를 들어, 인간보다 훨씬 큰 고래는 우리보다 더 큰 두뇌를 갖고 있으며, 소는 대부분의 원숭이보다 뇌가 크다. 좌표평면에서 신체 크기와 두뇌 크기를 비교해 보면, 양의 상관관계가 관찰된다. 뇌의 진화를 연구하는 많은 연구자들은 몸의 크기를 통해 예상되는 두뇌 크기와 실제 두뇌 크기의 비율이 절대적인 두뇌 크기보다 동물의 지능을 예측하는 데 더 뛰어나다고 주장한다. 하지만 이는 논쟁적인 사안이다. 논쟁의 이유 가운데 하나는 뉴런의 밀도에 차이가 있기 때문인데, 영장류는 상대적 두뇌 크기가 클 뿐만 아니라 뉴런의 밀도 또한 대단히 높다.
8. Wyles et al. 1983.
9. Wilson 1985, p.157.
10. Odling-Smee et al. 2003.
11. Lynch 1990은 포유류에서 두개골 형질의 변화 속도를 검토하고 나서, 대형 유인원을 포함하는 거의 모든 계통에서 형태적인 분기의 속도가 중립 진화 모델의 기댓값과 일치한다는 결론을 내린다(즉, 자연선택이 진화적인 속도에 영향을 미친다는 증거가 거의 없다는 것이다). 오랫동안 빠른 속도로 진화한 것으로 관찰된 유일한 종은 인간이다. 린치는 시간 척도를 조정하며 나타난 착각일 수 있다고 했지만, 이는 최근 인간 종에서 분자적 진화의 속도가 급격하게 증가했음을 보여주는 방대한 유전적 자료에 의해 반박되었다(예를 들어, Hawks et al. 2007, Cochran and Harpending 2009). 이 글을 쓰는 시점까지 '행동적 추동' 또는 '문화적 추동'이 호미닌을 제외한 다른 포유류나 조류에게서 진화의 속도를 가속화했다는 아이디어를 지지하는 확고한 증거는 없다. 윌슨이 예상했던 메커니즘은 호미닌 또는 그저 인간의 진화적 속도에만 영향을 미쳤을 수도 있다. 진화의 속도에 미치는 영향과는 대조적으로, 행동적 추동 또는 문화적 추동이 커다란 뇌와 복합적인 인지의 진화에 영향을 미쳤다는 가설을 지지하는 데이터는 이제 방대하다(Reader and Laland 2002, Reader et al. 2011, and Navarette et al. 2016). 이 책 전체에서 문화적 추동에 대한 나의 언급은 이 후자의 효과를 말한다.

12. Deary 2001.
13. MacPhail 1982.
14. Lefebvre et al. 1997.
15. Reader and Laland 2002.
16. 이 주제에 관련된 최근의 리뷰로는 Kaufman and Kaufman 2015가 있다. Reader et al. 2016과 여기 인용된 논문들도 참고하기를 바란다.
17. Chittka and Niven 2009.
18. Rendell et al. 2010.
19. Brass and Heyes 2005, Heyes 2009.
20. Kohler 1925, Tomasello 1999.
21. 동물이 그 행동을 계산할 수 없다면 다수의 행동을 따를 수 없다는 주장은 결코 사실이 아니다. 예를 들어, 단순한 규칙을 따름으로써 동물 집단은 정확하고 빠르게 합의에 도달하며 다수의 선호를 따를 수 있다. 이 상황에서 개체들은 자신들이 다수에 속하는지 소수에 속하는지 알지 못할 수도 있으며, 심지어 정보를 가진 개체가 주변에 있다는 것도 모를 수 있다(Couzin et al. 2005, Couzin 2009).
22. 진화적 모델에 따르면, 다수가 하는 행동을 하는 것은 거의 항상 적응적이다. 이러한 '순응 전달'이 그 지역에서 최적의 행동을 획득할 수 있는 효과적인 수단이기 때문이다(Boyd and Richerson 1985, and Henrich and Boyd 1998).
23. 여기서 주의할 점은 행동 수행의 빈도가 그 행동을 표출하는 개체들의 빈도와 양의 상관관계를 갖는다면 전자가 후자를 대신하는 유용한 척도가 될 수 있다는 것이다. 특히 동물들의 경우에는 전자가 계산하기 더 쉽기 때문이다. 물론, 박새에 대한 최근 연구에서 이 두 변수들은 상관관계에 있었다(Aplin et al. 2015).
24. Whiten and Van Schaik 2007, Van Schaik and Burkart 2011.
25. Van Schaik et al. 1999.
26. 이러한 이득은 그들의 혈족이 번식할 가능성을 증가시킴으로써 발생한다(즉, 포괄적 적합도를 상승시킴으로써 발생한다). Hamilton 1964를 참조하라.
27. Fragaszy and Perry 2003, Lonsdorf 2006, Biro et al. 2006, Fragaszy 2012, Schuppli et al. 2016.
28. Goodall 1986, Lonsdorf 2006, Biro et al. 2006.
29. Reader 2000.
30. 이전 장을 보라.
31. Goodall 1986, Lonsdorf 2006, Biro et al. 2006.
32. Boyd and Richerson 1985.
33. Kaplan et al. 2000, Kaplan and Robson 2002.
34. 나중에 논의하겠지만, 고래, 앵무새, 까마귀와 같은 다른 동물 분류군에서도 문화적 추동이 발생했다고 볼 만한 근거가 있다.

35. Cheney and Seyfarth 1988, Reader and Lefebvre 2001.

36. Cosmides and Tooby 1987, Carruthers 2006, Roberts 2007.

37. MacPhail and Bolhuis 2001, Byrne 1995.

38. Dunbar and Shultz 2007a, 2007b.

39. Tomasello and Call 1997, Herrmann et al. 2007.

40. 예를 들어, 영장류 속은 실험실 인지 테스트의 수행도가 달랐으며, 대형 유인원은 대개 다른 영장류보다 수행도가 더 높았다(Tomasello and Call 1997, Deaner et al. 2006). 더군다나 두 영장류 종, 즉 솜털머리타마린cotton-top tamarins과 침팬지에게서 다양한 실험 과제들에 대한 개체의 수행도 간에 양의 상관관계가 발견되었다(Banerjee et al. 2009, Herrmann et al. 2010). 이 실험 결과, 그리고 이와 관련된 다른 포유류와 조류에 관한 연구들(Emery and Clayton 2004, Matzel et al. 2003, Kolata et al. 2008)은 하나의 일반적인 인지 요소가 실험실에서의 수행도를 가능하게 한다는 가설을 지지하는 것으로 해석될 수 있다.

41. Reader and Laland 2002, Deaner et al. 2000, Byrne 1992.

42. Lefebvre et al. 1997.

43. Lefebvre et al. 1997, 2004; Lefebvre 2010.

44. Byrne and Whiten 1988, Whiten and Byrne 1997.

45. Byrne and Whiten 1990.

46. Byrne and Corp 2004.

47. Byrne and Whiten 1988, Whiten and Byrne 1997.

48. Kudo and Dunbar 2001, Nunn and Van Schaik 2002, Kappeler and Heyman 1996.

49. Dunbar 1992.

50. Ibid.

51. 먹이의 폭에 관한 데이터는 13가지 범주의 먹이를 배분해 수집했다. 그 범주는 (1) 무척추동물, (2) 척추동물, (3) 과일, 버섯, 꿀, (4) 씨앗, 견과류, (5) 삼출물, (6) 꽃, (7) 화밀 또는 꽃가루, (8) 뿌리, 덩이줄기, 구근, 송로, (9) 나뭇잎, 새싹, 줄기, 풀, 싹, (10) 나무, 대나무, (11) 나무껍질, (12) 나무 또는 식물의 속, (13) 지의류로 나누었으며, 이를 바탕으로 각각의 종에게 1부터 13까지 먹이의 폭에 관한 점수를 부여했다.

52. Dunbar 1995; Dunbar and Shultz 2007a, 2007b.

53. 또한, 우리는 구성 요소 분석factor analysis을 수행했다. 그 결과는 주성분 분석과 유사했다(Reader et al. 2011의 온라인 보충 자료 표 S1을 참조하라).

54. 이들은 모두 연구 노력을 보정했다(어떤 종은 다른 종에 비해 더 많이 연구되며, 따라서 보고되는 빈도도 더 높다).

55. Reader et al. 2011은 이 하나의 우세한 구성 요소를 '영장류 g_{s1}'라고 명명했다. 아래 첨자 's'는 영장류 g가 전체 종을 비교한 구성물이라는 것을, 아래 첨자 '1'은 서로 다른 방식으로 계산한 다수의 영장류 g 가운데 첫 번째라는 것을 의미한다.

56. Reader et al. 2011의 표 1을 참고하라.

57. 다섯 가지 인지 측정값들 간의 상관관계 10쌍은 모두 통계적으로 매우 유의했다 ($p<0.001$). Reader et al. 2011의 표 3을 참조하라.

58. 우리는 이 주요 구성 요소를 영장류 g_{s2}라고 불렀다. 지배적인 고윳값eigenvalue은 3.77이었고, 다른 모든 구성 요소보다 유의하게 더 컸다. 8개 변수 주성분 분석은 또한 두 번째 구성 요소를 추출했는데, 여기에는 먹이의 폭, 먹이에서 과일의 비율, 집단 크기가 고유벡터 행렬에 포함되었다. Reader et al. 2011의 표 2를 참고하라. 영장류 g_{s2}는 영장류 g_{s1}과 강력한 상관관계에 있었다.

59. 영장류의 인지능력에 대한 서로 다른 측정치들 간의 관계가 공진화의 역사를 반영한다면, 각 측정치에 대한 독립적인 대조를 사용해 계통발생도를 고려할 경우 영장류 g_s의 구성 요소는 그대로 유지되어야 한다. CAIC를 기준으로 다섯 변수 주성분 분석을 반복적으로 수행했을 때(Purvis and Rambaut 1995), 모든 인지 측정치가 고유벡터 행렬에 포함된 하나의 구성 요소가 드러났다($n=57$, d.f.=14, $x^2=70.20$, $p<0.0001$, 분산에 기여하는 정도=0.53, 추출 식량 획득 및 사회적 학습, 도구 사용의 선형결합 계수=0.76-0.84, 혁신과 전략적인 속임수의 선형결합 계수=각각 0.66, 0.55). 추가 분석은 Reader et al. 2011을 참고하라.

60. 이 결과는 일부러 만든 것이 아니다. 우리는 잠재적인 교란 변수를 해결하기 위해 여러 가지 접근을 취했다. 관찰된 상관관계는 1개 이상의 측정값을 동시에 대변하는 자료 값들로 발생한 것이 아니다. 그런 자료 값들은 모두 제거되었기 때문이다. 또한, 이러한 상관관계는 개별적인 측정값과 두뇌 부피, 체질량, 또는 연구 노력에서 상관관계에 있는 오차 변이와의 공분산으로 인해 발생한 것이 아니다. (1) 상대적인 두뇌 부피, (2) 체질량, (3) 연구 노력에 대해 수정하지 않은 것, 또는 (4) 5개의 독립적인 연구 노력 측정값을 포함한 다변량 회귀분석에서 나온 각각의 인지 측정값의 오차를 사용해 분석하더라도 결과는 동일했다(Reader et al. 2011의 온라인 보충 자료를 참조할 것). 관찰자들이 다른 영장류에 비해 대형 유인원을 행동적으로 더 유연하다고 묘사할 가능성을 고려해 유인원을 제거해 분석을 반복하더라도 결과는 동일했다(Reader et al. 2011의 온라인 보충 자료를 참조할 것). 개별 종의 자료들에 오류가 있을 수 있다는 우려(특히, 많이 연구되지 않은 종의 경우)를 해결하기 위해 우리는 동일한 절차를 이용한 주성분 분석을 속의 수준에서도 반복했다. 다시 한번, 우리는 단 하나의 우세한 구성 요소를 발견했다($x^2=116.28$, $p<0.0001$, 분산에 기여하는 정도=75퍼센트). Deaner et al. 2006에서 제시된 속 수준에서의 실험실 인지 테스트 수행도에 대한 복합 지표를 동원한 분석에서도 동일한 패턴의 결과가 나타났다($x^2=131.12$, $p<0.0001$, 분산에 기여하는 정도=73퍼센트). Deaner et al. 2006의 축소된 모델 측정값(역수이기에 높은 점수는 높은 수행도라는 뜻이다)은 g에 많은 부하를 가한다(분산에 기여하는 정도=0.73). 이는 실험실에서의 수행도가 일반 지능에 의존한다는 주장을 뒷받침하며, 현존하는 영장류 속에 대한 인지 측정값 6개의 공변성을 보여준다.

61. Deary 2001, p.17.

62. Reader et al. 2011이 발견한 영장류의 인지 수행도 측정값들 간의 강력한 상관관계는 인간의 다양한 IQ 테스트에서의 수행도 간의 상관관계와 놀랍도록 닮았다. 이러한 닮음 관계를 가장 그럴듯하게 설명하면, 인간의 g 요소는 그 기저를 이루는 우리의 공통 조상에서 진화한 일반적인 작용을 반영하며, 따라서 우리 영장류 친척들과도 공유되는 것이다. 당연히 이러한 발견을 해석할 때는 주의가 요구된다. 종 안에서의 상관관계가 아니라 종간 상관관계이기 때문이다.

63. 이는 주성분의 분산에 각 종이 기여하는 정도에 해당한다.

64. *Cacajao calvus*.

65. 주성분 분석은 각 주성분에 대해 그것이 추출하는 요소 점수를 계산하는 데 사용될 수 있으며, 주성분에 적재되는 변수들에 대한 종합 점수를 제공한다. Reader et al. 2011은 g_{s1} 요소 점수를 계산해 각 종에 대한 복합적인 g_s 측정값을 제공했는데, 이는 비교 일반 지능의 측정값으로 해석될 수 있다. 평균적으로, 인간을 제외한 대형 유인원의 g_{s1}은 다른 분류군을 능가했지만 구세계원숭이, 신세계원숭이, 원원류의 g_{s1} 평균 점수 사이에서는 유의미한 차이가 발견되지 않았다.

66. 예를 들어, 신피질의 비율(뇌의 나머지 부분의 크기에 대한 신피질의 크기)이나 실행 영역의 비율(뇌간에 대한 신피질과 줄무늬체의 크기)로 계산하더라도 비슷한 결과과 나온다.

67. g_{s1}과 다양한 두뇌 크기의 측정값들 간의 상관관계는 Reader et al. 2011의 표 4를 참조하라. 이 분석 이후로 우리는 두뇌 자료를 더 수집했으며, 이 자료를 사용해 보다 강력한 통계 방법으로 이를 다시 분석했다. 분석 결과는 매우 확고한 것으로 드러났다(Street 2014, Navarette et al. 2016).

68. Gray and Thompson 2004, Van der Maas et al. 2006, Deary 2000, Schoenemann 2006.

69. Deaner et al. 2006.

70. 동물은 위계적으로 분류된다. 예를 들어, 관계가 가까운 종들이 모여 속이 되고, 가까운 속들이 모여 과가 되고, 가까운 과들이 모여 목이 되는 식이다. 영장류는 분류상 목의 지위를 차지하며, (대형 유인원, 구세계원숭이, 흰목꼬리감기원숭이, 다람쥐원숭이 등) 다수의 과가 여기에 포함된다. 각각의 영장류 속이 이러한 영장류 과의 주요한 하위 분류이며, 여기에는 보통 한 종 이상이 포함된다.

71. Deaner et al. 2006.

72. Riddell and Corl 1977.

73. Lefebvre 2010, Healy and Rowe 2007, Dechmann and Safi 2009.

74. Reader and Laland 2002; Van Schaik and Burkart 2011; Dunbar 1995; Byrne and Whiten 1988; Whiten and Byrne 1997; Harvey and Krebs 1990; Barton 2006; Deaner et al. 2000; Dunbar and Shultz 2007a, 2007b; Clutton-Brock and Harvey 1980.

75. Reader et al. 2011.

76. 이 분석에는 MACCLADE v. 4.08이 사용되었다.
77. *Cebus*.
78. *Papio*.
79. *Macaca*.
80. 사람상과Hominoidea(인간과 대형 유인원). 인간은 영장류 g 점수가 가장 높은 상과에 속하지만, 이 분석 결과는 자연의 사다리Scala naturae라는 개념과 충돌하며, 오히려 더 먼 영장류 계통에서 수렴 선택이 지능을 반복적으로 선호했다는 것을 의미한다. 이러한 해석은 더 적은 진화적 사건만을 포함하므로, 이는 (높은 일반적 지능이 유인원과 구세계원숭이의 공통 조상에서 한 번 진화하고 나서 반복적으로 없어졌을 것이라는 설명과 같은) 다른 모든 대안적인 시나리오보다 더 간결하다. 속 사이의 작은 변이는 측정 오류에 기인한 것으로 보이며, 오류의 변이는 가장 연구되지 않은 분류군에서 가장 높을 것으로 예상된다.
81. 연구가 덜 수행된 종에 대한 데이터를 신뢰할 수 없다는 우려를 해결하기 위해, Reader et al. 2011은 연구가 덜 수행된 종들을 제거해 계통발생도를 다시 구성해 보았지만 역시 비슷한 결론에 이르렀다. Reader et al. 2011에 따르면, 대형 유인원의 사회적 학습 능력은 다른 영장류에 비해 뛰어나다(Van Schaik and Burkart 2011, Whiten 2011). 이는 영장류 분류군별 인지 차이에 대한 Van Schaik and Burkart 2011의 메타 분석과도 대체로 일치한다. 하지만 Reader et al. 2011에 따르면, 원원류와 원숭이 간의 차이에 대한 증거는 발견되지 않았다.
82. Cosmides and Tooby 1987, Carruthers 2006.
83. Fernandes et al. 2014.
84. *Cheirogaleus medius*.
85. Striedter 2005, Montgomery et al. 2010.
86. Finlay and Darlington 1995, Rilling and Insel 1999, Striedter 2005.
87. Barton and Venditti 2013.
88. Striedter 2005.
89. Ibid.
90. Finlay and Darlington 1995, Shultz and Dunbar 2006.
91. 뇌의 진화를 크기의 차원에서 하나의 변이로 설명하든, 구성 요소들의 독립적인 진화로 설명하든, 이러한 진술은 유효하다(Finlay and Darlington 1995, Barton and Harvey 2000, Deaner et al. 2000, and Dunbar and Shultz 2007b).
92. Stephan et al. 1981.
93. Healy and Rowe 2007.
94. 샐리 스트리트의 지도교수 가운데 한 사람이 질리언 브라운이다.
95. 이 연구는 템플턴 재단과 유럽연구위원회 경력연구자로부터 연구 보조금을 받아 수행되었다.

96. 이 표본들은 최근 동물원에서 특별한 이유 없이 죽은 동물들에게서 얻은 것이다. 이 연구를 위해 희생된 동물은 없다.

97. 이 분석을 위해서는 계통발생의 요소를 통제한 다중 회귀 모형, 다변량 베이지언 계통발생 푸아송 모형, 계통발생의 요소를 통제한 인과 그래프 분석Causal-graph analyses을 모두 종합해야 한다.

98. 엄밀히 말해, 이러한 분석이 성취할 수 있는 것은 인과관계에 관여하지 않는 변수를 지목하고, 대안적인 가설을 기각할 수 있다는 것이다. 예를 들어, 이 분석은 길고 느린 생애사에 대한 자연선택이 영장류의 큰 뇌와 높은 지능의 진화에 대한 주요 원인이라는 점을 증명하지 않는다. 하지만 긴 생애사가 지능의 진화에 관여했다는 가설들의 설득력은 사라지지 않는 반면, 다른 요소가 자연선택에 관여했다고 강조하는 대안적인 가설들은 데이터와 일치하지 않기에 기각될 수 있다.

99. Street 2014, Navarette et al. 2016. 책을 쓰는 동안 이 연구는 진행 중이었다.

100. Kaplan et al. 2000.

101. Whiten et al. 1999, Van Schaik et al. 2003, Perry et al. 2003, Hoppitt and Laland 2013.

102. Kaplan et al. 2000.

103. 인과 그래프 분석은 이러한 결론을 지지한다. 계통발생 탐사 경로 분석에서 가장 유력한 그래프는 기술적인 혁신을 두뇌 크기 및 사회적 학습과 직접적으로 연결하고, 먹이와 생애사의 측정값을 경유해 비기술적인 혁신을 두뇌 크기와 연결하는 그래프다 (Navarette et al. 2016).

104. Kaplan et al. 2000. 수학적 모델에 따르면, 몸의 크기가 커질 때 생산성의 중대한 증가가 발생하면 자연선택은 긴 성장기를 선호할 수 있다. 예를 들어, 성장기 동안 어른으로부터 사회적 학습을 할 수 있다(Kaplan and Robson 2002).

105. Dunbar 1995; Dunbar and Schultz 2007a, 2007b.

106. Reader et al. 2011.

107. 집단 크기는 이러한 사회적 지능에 대한 표지 또는 지침 변수로 볼 수 있다. 영장류에게서 큰 두뇌가 선호되는 이유는 크고 복잡한 사회에서 살아가는 데 필요한 계산의 수요 때문이다. 최근 던바와 슐츠는 자신의 주장을 살짝 바꾸어 큰 뇌를 선호하게 만든 것은 강력한 형태의 암수 관계의 형성에 필요한 인지 기술에 대한 자연선택이었다고 주장했다. 또한, 다른 분류군에서는 강력한 관계가 일부일처 종에서만 발견되며, 영장류 사회가 강력한 암수의 결속 관계에 바탕을 두고 있다고 주장했다(Dunbar and Schultz 2007b).

108. 여기서 느린 생애사의 다양한 측정값들(그중에서도 최대 수명과 부모에게 의존하는 시간의 길이)은 이러한 문화적 지능에 대한 표지 또는 지침 변수로 볼 수 있다. 특정한 영장류 계통에서 큰 뇌와 긴 생애사가 선호되는 이유는 복합적인 기술(예를 들어, 도구 사용)을 사회적 학습을 통해 습득하는 데 필요한 계산 능력에 대한 수요 때문이다.

109. Henrich 2004a; Powell et al. 2009.

110. Striedter 2005.

111. Ibid.

112. 미덥지 않다고 말한 이유는 영장류, 고래, 코끼리 사이에는 그 밖에도 수많은 차이가 있기 때문이다. 해부학과 환경(예를 들어, 땅 위나 물속)이 다르기에, 그러한 비교를 해석하기는 어렵다. 따라서 뇌의 진화에 대한 비교분석은 대부분 포유류 목처럼 작은 분류군에서 이루어진다.

113. 전전두피질 또는 전두엽의 크기가 중요하다고 강조하는 많은 연구자들이 있다(Deaner et al. 2006, Dunbar 2011).

114. Byrne 1995, Dunbar 2011, Striedter 2005, MacLean et al. 2014.

115. Striedter 2005.

116. Ibid.

117. Deacon 1990.

118. Rakic 1986, Purves 1988.

119. 동일한 논리로, 불균형적으로 큰 두뇌 영역은 더 많은 입력을 받아들이며, 불균형적으로 작은 영역은 오래된 입력 가운데 일부를 잃을 것이다.

120. Heffner and Masterton 1975, 1983.

121. Deacon 1990.

122. Finlay and Darlington 1995, Barton and Venditti 2013.

123. Fernandes et al. 2014.

124. Barton 2012.

125. Navarette et al. 2016.

126. Barton and Capellini 2011. 포유류의 두뇌 크기와 수명 사이의 상관관계는 잘 확립되어 있지만, 영장류를 포함해 이는 일반적으로 두뇌 진화의 원인보다는 제약 인자로 해석되었다(Dunbar and Shultz 2007a). 이 문제에 대한 우리의 연구는 진행 중인데, 아주 명백한 것은 아니다. 따라서 영장류에서의 두뇌 크기와 수명의 관계가 문화적 추동이 아니라 발달상의 제약으로 인해 발생했다는 가설은 가장 잘 뒷받침되는 설명은 아니더라도 기각될 수 없다.

127. Glickstein and Doron 2008, Wolpert et al. 1998.

128. 침팬지의 견과류 깨기에 대해서는 Marshall-Pescini and Whiten 2008을 참고하라. 고릴라의 쐐기풀 가공에 대해서는 Byrne et al. 2011을 참고하라.

129. Byrne 1997.

130. Hunt and Gray 2003, Rendell and Whitehead 2001, Emery and Clayton 2004, Bugnyar and Kortschal 2002.

131. 흥미롭게도 삽화와 같은 기억은 최근 쥐와 침팬지에게서도 입증되었는데(Corballis 2013, Clayton and Dickinson 2010), 이들은 먹이 은닉으로는 유명하지 않지만 사회적 학습으로 유명한 종들이다. 이는 앨런 윌슨의 주장과 일맥상통한다.

132. Emery and Clayton 2004.
133. Ibid. 멀리 떨어진 종들 간의 비교는 미덥지 않다는 것에 주의하라(112번 주를 참고하라).
134. Emery and Clayton 2004.
135. Heyes and Saggerson 2002, Pepperberg 1988, Moore 1996.
136. Rendell and Whitehead 2001, 2015; Krutzen et al. 2005; Allen et al. 2013.
137. Wilson 1985.
138. 모아새moas: *Dinornithiformes*. 에피오르니스elephant birds: *Aepyornithidae*.
139. 이에 관한 흥미로운 사례 연구는 놀라운 도구 능력을 보여주지만 멸종 위기에 처한 하와이까마귀*Corvus hawaiiensis*다(Rutz et al. 2016). 이 까마귀는 무척추동물 먹이를 찾기 위한 도구 사용에 매우 능숙하지만, 변화하는 환경조건에 적응할 수 있는 행동적 유연성을 가진 것 같지는 않다.
140. Wilson 1985, Boyd and Richerson 1985, Pagel 2012.

7장 높은 충실도

1. 조지프 헨릭은 최근 이 주제에 대해 주목할 만한 책을 썼다(『호모 사피엔스, 그 성공의 비밀The Secret of Our Success』). 그 책이 이 질문에 대답하는 방식은 여기 제시된 논의와 일관되지만, 헨릭의 논의는 대부분 인간에 초점을 둔다.
2. Henrich 2004a, Powell et al. 2009.
3. Enquist et al. 2010.
4. 문화적 부모는 그 용어가 암시하는 것처럼 문화적으로 생물학적 부모에 해당하는 사람들이다. 그들은 정보의 전달자들이다. 예를 들어, 어떤 이가 문화적 지식을 생물학적 부모 2명과 학교 교사 1명으로부터 획득한다면, 그에게는 모두 3명의 문화적 부모가 있는 셈이다.
5. 예를 들어, 엔퀴스트의 연구(Enquist et al. 2010)는 일대일 전달이 불가능하다고 암시하는 듯하다. 하지만 사회적 학습에 대한 연구에서는 그에 반대되는 주장이 더 흔하며, 여기에는 딸이 어머니로부터, 또는 아들이 아버지로부터 학습하는 것에 대한 사례가 포함된다.
6. Tomasello 1994.
7. Laland and Hoppitt 2003, Laland et al. 2009.
8. Hoppitt and Laland 2008, 2013.
9. Laland et al. 1993.
10. Whiten and Custance 1996, Whiten 1998.
11. Whiten et al. 1999.

12. Darwin 1871.
13. Whiten et al. 1999.
14. 이로 인해 다른 동물 집단에 비해 인간 집단에서는 더 많은 문화적 변형이 존재한다. 인간 집단이 보통 인구밀도도 더 높기 때문이다. 이 연구 결과는 인구가 얼마나 크고 서로 얼마나 잘 연결되었는지와 같은 인구학적인 요소들이 그 집단이 보유한 문화에 커다란 차이를 만들어 낸다는 초기의 이론적 연구를 지지한다(Henrich 2004a, Powell et al. 2009).
15. 침팬지는 Boesch 2003. 뉴칼레도니아까마귀는 Hunt and Gray 2003.
16. Tomasello 1994, Tennie et al. 2009, Galef Jr. 1992, Heyes 1993.
17. Galef Jr. 1992, Galef 2009, Heyes 1993, Whiten and Erdal 2012, Dawkins 1976. 도킨스는 효과적인 복제자가 되기 위해서는 충실도가 중요하다는 점을 강조한다.
18. Lewis and Laland 2012.
19. 행동생물학이나 진화생물학에서 흔히 사용되는 도구인 이러한 분석 방법은 다양한 조건에서 시스템이 어떻게 진화하는지를 알아보기 위해 컴퓨터 프로그램을 사용해 재귀적인 방식이나 작용을 반복한다.
20. Lewis and Laland 2012.
21. Lehmann et al. 2011에 따르면, 새로운 발명이 증가하면 개체나 개체군이 지니고 있는 독립적인 문화적 형질의 수도 증가한다.
22. Enquist et al. 2011; Boyd and Richerson 1985; Reader and Laland 2003a, 2003b.
23. Lehmann et al. 2011, Enquist et al. 2011, Eriksson et al. 2007, Strimling et al. 2009, Van der Post and Hogeweg 2009.
24. Enquist et al. 2011.
25. Lewis and Laland 2012.
26. 우리의 연구는 Enquist et al. 2011에서 개발된 모델의 뼈대에 기반했다. Enquist et al. 2011에서는 개체 또는 개체 수준의 작용이 보유한 특정한 형질을 고려하기보다는 개체군에 존재하는 문화적 형질에 초점을 맞추었다. 그로 인해 우리는 일반적인 문화적 비율에 기반해 개체군의 문화적 발전을 볼 수 있었고, 문화적 작용 간의 복잡한 의존성을 탐구할 수 있었다. 우리는 이를 통해 하나의 1차원적인 개선이나 다수의 정제되지 않은 형질이 단순히 축적되는 것을 넘어설 수 있었다.
27. Enquist et al. 2011과 동일한 용어를 사용했다. 단순성을 위해 우리는 한 개체군에 최대 10개의 종자 형질이 있다고 가정했다. 처음에는 각각의 문화적 집단이 무작위로 선택된 2개의 문화적 종자 형질을 갖는 것으로 시작했다.
28. 우리는 두 가지 형태의 시뮬레이션을 수행했다. 첫째는 4개의 사건이 일어날 확률의 합이 1이 되는 경우다(즉, $\rho 1 + \rho 2 + \rho 3 + \rho 4 = 1$). 이 경우, 이 네 사건들 중 하나가 다음 단계에서 반드시 발생하는데, 이는 사건들 사이의 시간이 가변적이라는 가정에도 들어맞는다. 이러한 분석을 통해 우리는 그 기저에 있는 인구통계학적 비율(출생률, 사망률,

이주율)을 가정하지 않고도 시간에 대해 결과를 다양한 방식으로 해석할 수 있었다. 더군다나 이러한 접근법은 컴퓨터 자원을 많이 요구하지 않으며, 따라서 다양한 매개변수 세트를 탐구할 수 있었다. 소실 비율은 0.2부터 0.7까지 0.1씩 증가하거나 감소하도록 적용했으며, 나머지 매개변수도 0.1씩 바꾸었고 그 어떠한 매개변수도 0이 되지 않도록 했다(우리는 각각의 작용들이 서로 어떻게 상호작용 하는지에 관심이 있었을 뿐, 그 작용들을 발생시키는 주요한 진화적 변화의 효과에 대해서는 관심이 없었기 때문이다). 각각의 매개변수 세트에 대해 서로 독립적인 10개의 반복되는 문화적 집단이 시뮬레이션되었다. 시뮬레이션의 두 번째 세트에서는 확률이 독립적으로 변했기에 이를 통해 매개변수의 상호작용에 대해 추가적으로 분석할 수는 있지만, 이러한 방식은 컴퓨터 자원을 많이 요구했으며 그에 따라 경로 매개변수 공간을 탐구하는 데 한정되었다. 두 가지 접근 방법의 결과는 대체로 비슷했다.

29. 우리는 또한 각각의 문화적 종자에 '효용성'이 있다고 가정했다. 이때 효용성은 사용자에게 유용한 정도에 대한 정량적인 측정값이었으며, 평균적으로 덜 유용한 형질은 보다 유용한 형질에 비해 소실될 가능성이 높았다. 기존 형질의 수정이나 재조합으로 생성된 형질에는 본래의 형질과 동일한 효용성이 할당되었으며, 특정한 형질이 소실될 가능성은 형질의 효용성과 반비례하도록 했다. 후자는 인간과 다른 동물들이 가장 성공적인 개체를 모방하고 시범자의 보상에 비례해 모방한다는 수많은 사회적 학습 실험(Morgan et al. 2012, Mesoudi 2008, Kendal et al. 2009, and Pike et al. 2010)의 결과와 부합한다. 우리는 개체군 내부의 '형질의 수', '형질의 복잡성에 대한 평균'(한 형질을 구성하는 성분의 수), '계통의 수', '계통의 복잡성에 대한 평균', '최대 효용성'을 비롯해 누적적 문화에 대한 측정값을 여러 개 고안했다. 이러한 복잡성과 효용성에 대한 측정값으로 우리는 시뮬레이션된 개체군마다 누적적 문화의 질을 표현할 수 있었다. 방법론적인 세부 사항에 대해서는 Lewis and Laland 2012를 참조하라.

30. 우리의 연구에서 문화가 누적되기 위해서는 소실률이 대체로 0.5 미만이어야 했다. Lewis and Laland 2012의 그림 1을 참조하라.

31. Lewis and Laland 2012의 그림 2를 참조하라.

32. 우리는 또한 다양한 문화적 비율을 누적적 문화의 측정값(그 측정값은 PCA에서 추출했다)과 연결하는 개별 회귀분석에서 소실률이 가장 큰 계수라는 점을 발견했다. 개별 회귀분석에서 소실률은 측정값 분산의 75퍼센트를 설명했는데, 독립적인 분석에서 계수들의 조합으로는 30퍼센트밖에 설명할 수 없었으며 다른 과정들은 더 낮은 비율밖에 설명하지 못했다. 우리는 소실률을 다른 창의적인 과정에 비교하는 제약constrained 분석으로부터 이러한 결과를 도출했다. 이 분석에서 3개의 서로 다른 (창의적인) 과정은 $1-\rho 4$의 확률로 발생했으며, 따라서 문화가 누적되는 것은 창의성의 전반적인 향상에 기인한 것일 수도 있다. 하지만 우리는 매개변수가 독립적으로 변하도록 조정해 시뮬레이션을 수행했는데, 이 시뮬레이션에 따르면 소실률은 인위적인 효과가 아니라 진정으로 가장 중요한 비율이었다. 누적적 문화의 측정값에 대한 선형 분석에서 4개의 가장 강력한

효과는 모두 소실률이 포함된 상호작용 변수이거나 소실률 그 자체였다. 따라서 독립적인 매개변수 시뮬레이션은 소실률이 문화의 누적성을 결정짓는 가장 중요한 요소라는 우리의 결론을 지지한다.

33. Tomasello 1994, 1999; Tennie et al. 2009.
34. Hoppitt et al. 2008.
35. Bickerton 2009.
36. Whiten 1998, Dorrance and Zentall 2002, Saggerson et al. 2005.
37. Herrmann et al. 2007, Whiten et al. 2009.
38. Henrich and Boyd 2002.
39. Simonton 1995.
40. Petroski 1992.
41. Basalla 1988.
42. 이 연구는 집단의 큰 규모는 누적적인 지식의 증가를 촉진한다는 주장(예를 들어, Henrich 2004a, Powell et al. 2009)도 지지한다(Lewis and Laland 2012).
43. Fogarty et al. 2011.
44. Csibra and Gergely 2006, Csibra 2007. 인간의 가르침 그 자체가 심리적 적응이라기보다는 그것이 여러 핵심적인 심리적 적응을 이용한다고 기술하는 것이 더 정확할 것이다. 동물의 가르침 사례들은 아마도 적응이라고 보아도 무리가 없겠지만, 인간의 가르침은 영역 일반적인 능력이라고 여겨야 할 것이다(Premack 2007). 물론, 인간의 가르침은 아마도 적응이라고 짐작되는 진화된 능력에 크게 의존할 것이다. 그러한 능력에는 가르치거나 가르침을 받고자 하는 의지, 학생의 지식 정도를 이해하는 능력, 유아가 주도하는 발화를 생산하고 그에 주의하는 능력이 포함될 것이다.
45. Boyd and Richerson 1985, Tomasello 1994, Fehr and Fischbacher 2003, Csibra and Gergely 2006, Csibra 2007.
46. Danchin et al. 2004.
47. Hoppitt and Laland 2013은 '시범자'라는 용어가 모방되는 개체가 적극적인 역할을 하는 것으로 오해를 불러일으킬 수 있다고 주장한다. 그들은 '모델'과 같은 보다 중립적인 용어가 존재하며, 이것이 유일한 고려 사항이라면 선호할 만하다고 주장한다. '관찰자'라는 용어에도 문제가 존재한다. 하지만 이것들을 대체할 만한 용어들은 혼란을 일으킬 여지가 있으며, 모든 점을 고려하면 '시범자'와 '관찰자'보다 명백하게 나은 용어는 존재하지 않는다.
48. Pearson 1989.
49. Caro and Hauser 1992. 현재 팀 카로는 캘리포니아대학교 데이비스에서, 마크 하우저는 유한책임 회사에서 근무 중이다.
50. Caro and Hauser 1992, p.153.
51. Caro 1980a, 1980b, 1995.

52. 치타*Acinonyx jubatus*, 길들여진 고양이*Felis silvestris catus*.
53. Franks and Richardson 2006, Leadbeater et al. 2006, Hoppitt et al. 2008.
54. *Suricata suricatta*.
55. Thornton 2007.
56. Thornton and McAuliffe 2006.
57. 손턴과 메콜리프는 현재 각각 엑서터대학교와 예일대학교에 재직 중이다.
58. 손턴과 메콜리프의 실험에서 전갈의 침은 제거되었다. 따라서 경험 없는 새끼는 다치지 않았다. 연구자들은 새끼가 가짜 침에 쏘이는(침이 없는 꼬리에 쏘이는) 사례들을 수집했다. 죽은 전갈로만 훈련받은 새끼는 모두 먹이의 침에 의해 죽었을 테지만, 살아 있는 먹이로 훈련받은 새끼 중에서는 단 한 마리만 가짜 침에 쏘였다.
59. Clutton-Brock et al. 1999.
60. Moglich and Holldobler 1974, Moglich 1978, Pratt et al. 2005.
61. 이 연구에서의 개미*Temnothorax albipennis*가 아닌 다른 수많은 집단의 개미들 역시 병렬 주행을 하며, 따라서 가르침은 개미들 사이에서 보다 일반적일 수 있다.
62. 그러한 뒤따라가기는 다른 분류군에서도 관찰된다(예를 들어, 어류). Laland and Williams 1997을 참조하라.
63. Franks and Richardson 2006.
64. Leadbeater and Chittka 2007b.
65. 보금자리를 옮기는 다른 개미 종을 관찰한 연구도 이러한 해석을 지지한다(Moglich 1978). 일부 종은 동료 일개미를 새로운 보금자리로 이동시키기 위해 병렬 주행과 운반을 모두 이용한다. 이동의 첫 번째 단계에서 병렬 주행 하는 개체의 수는 일정하지만 운반자의 수는 증가하는데, 이는 경로에 대한 지식을 가진 일개미의 수가 증가한다는 것을 보여준다. 하지만 일단 새로운 보금자리에 모인 수가 역치에 다다르면, 더 이상 병렬 주행 하지 않고 남아 있는 일개미를 운반한다. 이는 병렬 주행이 충분한 수의 일개미들에게 새로운 보금자리의 위치를 알리는 기능을 가지며, 그들이 보금자리로 효과적으로 이주하도록 한다는 것을 의미한다.
66. Franks and Richardson 2006, Leadbeater et al. 2006, Thornton and McAuliffe 2006, Raihani and Ridley 2008, Rapaport and Brown 2008, Colombelli-Negrel et al. 2012. 리뷰로는 Hoppitt et al. 2008, Rapaport and Brown 2008을 참조하라.
67. Csibra and Gergely 2006, Hoppitt et al. 2008.
68. Hoppitt et al. 2008.
69. Leadbeater et al. 2006, Csibra 2007, Premack 2007.
70. Cavalli-Sforza and Feldman 1981, Boyd and Richerson 1985, Feldman and Zhivotovsky 1992, Rendell et al. 2010.
71. Kirby et al. 2007, 2008; Boyd et al. 2010.
72. Boyd and Richerson 1985, Peck and Feldman 1986, Boyd et al. 2003, Fehr and

Fischbacher 2003, Gintis 2003.

73. West et al. 2007.

74. Sachs et al. 2004, Lehmann and Keller 2006, West et al. 2007.

75. Fogarty et al. 2011.

76. 이는 윌리엄 해밀턴에 의해 ‘c<br’로 형식화되었다. 여기서 ‘c’는 돕는 개체가 부담하는 번식 비용을, ‘b’는 수혜자가 얻는 번식적 이득을, ‘r’는 이들 사이의 관계도를 뜻한다. 관계도는 이 두 개체가 이타적 유전자를 공유할 확률로 정의된다.

77. 실제 누적적 문화가 발생하는 시나리오에서는 한 번이 아닌 여러 번의 개선이 이루어지지만, 우리의 모델은 누적적 문화가 갖는 효과의 성격을 규명하기에는 충분하다.

78. 이 연구에 따르면, 가르침의 충실도가 올라갈수록 가르치지 않는 것에 비해 가르침의 적합도 이득이 증가하며, 누적적이지 않은 상황보다 누적적 문화가 가능한 상황에서 더 급격하게 증가한다.

79. 누적적 문화가 발생하지 않는 상황에서(w1≥w1w2일 때), 두 번째 학습 기회는 선생의 적합도를 높이지 않았다. 따라서 누적적 문화가 가능한 모델과 그렇지 않은 모델 간의 차이는 누적적 모델에 두 번의 학습 기회가 있다는 사실로는 설명되지 않는다.

80. 이에 대해서는 Fogarty et al. 2011의 그림 2를 참조하라.

81. Franks and Richardson 2006, Leadbeater et al. 2006, Thornton and McAuliffe 2006, Hoppitt et al. 2008.

82. 가르침의 빈도에 관한 강력한 결론을 내리기는 어려운데, 그 이유는 가르침이 존재한다는 정황 증거가 있는 사례(예를 들어, 고양이)를 실험으로 확증한 경우는 거의 없기 때문이다. Fogarty et al. 2011는 정형 분석formal analysis을 이용해 서로 다른 유전적 체계에서 가르침이 진화하는 조건을 제시했다. 이 분석에 따르면, 다른 조건들이 모두 같을 때 배수체보다는 반배수체일 때 가르침이 진화하기 쉽다. 비교적 일부일처제에 가까운 반배수체 군집에서 일꾼들 사이의 관계도가 더 높을 수 있기 때문이다(Cornwallis et al. 2010).

83. Lukas and Clutton-Brock 2012.

84. Hrdy 1999.

85. Thornton and McAuliffe 2006.

86. Langen 2000.

87. 협동 양육을 하는 종들은 대개 관계도가 높으며(Cornwallis et al. 2010), 이는 그들 사이에 가르침의 진화가 일어날 가능성을 높이는 한 가지 요소일 것이다.

88. Thornton and Raihani 2008.

89. 이에 대한 명백한 반례는 고양잇과다. 고양잇과에서 어미가 자식을 가르치는 이유는 아마도 사냥 기술 또는 그 기술을 습득할 수 있는 기회를 비사회적 학습이나 우연한 사회적 학습으로 얻기는 어렵기 때문인 것으로 보인다(이는 우리의 모델에서 각각 낮은 A와 S, 높은 T에 해당한다).

90. Hoppitt et al. 2008, Thornton and Raihani 2008, Laland and Hoppitt 2003.
91. 로럴과 폰투스의 연구에서 인간 가르침의 충실도는 T의 크기에 해당한다. 인간 가르침의 충실도를 다른 동물 가르침의 충실도와 비교한 연구에 대해서는 Tomasello 1994, Csibra and Gergely 2006, Csibra 2007을 참조하라.
92. Tomasello and Call 1997, Premack 2007.
93. Draper 1976, Whiten et al. 2003, Lewis 2007, McDonald 2007.
94. Csibra and Gergely 2006.
95. Tehrani and Riede 2008, Hewlett et al. 2011, Garfield et al. 2016.
96. 딘의 공동 지도교수는 더럼대학교의 영장류학자 레이철 켄들이다.
97. Dean et al. 2012.
98. Tomasello 1994, Galef Jr. 1992, Heyes 1993, Tennie et al. 2009.
99. Tennie et al. 2009, Tomasello 1999, Laland 2004, Marshall-Pescini and Whiten 2008.
100. 커다란 사회적 네트워크는 아마도 문화적 다양성을 높이고 누적적 문화를 촉진할 것이다(Henrich 2004a, Hill et al. 2011). 하지만 우리는 이 가설을 고려하지 않았는데, 이 가설은 그에 필요한 인지능력을 전제하기 때문이다.
101. Giraldeau and Lefebvre 1987.
102. Coussi-Korbel and Fragaszy 1995.
103. Reader and Laland 2001, Biro et al. 2003.
104. Hrubesch et al. 2008.
105. 적어도 동일한 기구를 이용해 인간과 다른 동물들을 대상으로 모든 후보 가설을 평가한 선행 연구는 없다.
106. 누적적 문화는 역사적 분석(Basalla 1988), 심리학 실험실(Caldwell and Millen 2008), 침팬지를 대상으로 한 실험(Marshall-Pescini and Whiten 2008)을 통해 연구되었다.
107. 첫 번째 실험은 두 가지 조건에서 진행되었다. 하나는 '개방형' 조건으로, 참가자들이 모든 단계에 접근할 수 있는 조건이었으다. 다른 하나는 '비계' 조건으로, 하위 단계에서의 수행도가 일정 기준에 도달하지 않으면 상위 단계에 접근하지 못하는 조건이었다. 침팬지만을 대상으로 진행한 두 번째 실험에서는 추가적인 네 집단에서 각각 한 마리의 암컷 침팬지가 집단으로부터 분리되어 3단계까지의 퍼즐 상자를 사용하도록 훈련받았다. 시범자로 선택되어 훈련받은 암컷 침팬지의 지위가 해결 방법의 확산에 어떠한 영향을 미치는지를 살펴보았다.
108. 텍사스대학교의 비교의학과 연구를 위한 미켈 E. 킬링센터.
109. 스트라스부르의 영장류센터.
110. 침팬지와 흰목꼬리감기원숭이를 선택한 이유는 다른 동물들 못지않게 문화적 전통에 대한 증거가 강력하기 때문인데, 이는 누적적 문화 학습을 관찰할 수 있는 확률을 최대화한다. 더군다나 침팬지는 우리의 가장 가까운 친척이기에 적절한 비교 동물이며, 흰목꼬리감기원숭이의 수행도는 인간과 침팬지의 차이가 발견될 경우 해석을 돕는다. 비교

연구에서는 어린이들이 광범위하게 동원되는데, 그 이유는 사회에 의해 이미 사회화된 어른들과 함께 문화의 효과를 알아낼 수 있기 때문이다.

111. 그보다 더 많은 네 마리의 침팬지가 2단계에 도달했다. 하지만 각각의 집단은 1단계에서 수많은 과제 해결자를 목격했다.

112. Wood et al. 1976.

113. 음의 상관관계가 존재할 것이라는 예상과는 달리, 흰목꼬리감기원숭이, 침팬지, 아이들에서 개체가 먹이 훔치기의 피해자가 되는 정도와 수행도 사이에는 양의 상관관계가 발견되었다. 먹이 훔치기가 수행도를 저해한다는 신호는 발견되지 않았다. 우위에 있는 아이들과 침팬지는 퍼즐 상자를 독점하지 않았다. (2007년에 흰목꼬리감기원숭이를 대상으로 진행한 연구에서 지위와 퍼즐 상자 사용 간의 양의 상관관계가 관찰되었지만, 2008년의 연구에서는 이것이 재현되지 않았다.) 상자를 조작할 때 지위가 낮은 개체와 높은 개체가 서로 주목받는 정도는 다르지 않았으며, 1단계의 해결 방법을 찾은 후 다이얼과 단추를 끊임없이 조작하는 것으로 볼 때 작은 성과에 만족하거나 보수적인 경향에 대한 증거 또한 없었다. 침팬지와 아이들 모두 모든 단계에서 보상을 받을 수 있는 개방형 조건일 때, 비계 조건일 때보다 퍼즐 상자를 조금 더 많이 조작했다. 특히, 아이들은 이전 단계에서 보상을 받을 수 없었는데도 퍼즐 상자를 더 많이 조작했다. 비록 단계마다 침팬지들이 보상 먹이 가운데 훔쳐 먹은 먹이의 비율이 서로 의미 있는 차이를 보이지 않았지만, 사전 테스트에서는 세 가지 먹이에 대한 분명하고도 강력한 선호를 드러냈으며, 문에 있는 후각 구멍으로 그것을 추출하기 전에 먹이가 어떤 것인지도 확인하고자 했다. 게다가 많은 침팬지들이 "흰개미를 사냥하는 식으로"(즉, 후각 구멍으로 막대를 삽입해) 먹이에 접근하려고 했지만 실패했으며, 그 실패한 29가지 사건은 모두 가장 높은 단계의 먹이에 접근하고자 한 시도였다. 어린이와 흰목꼬리감기원숭이의 경우 높은 단계의 보상보다는 낮은 단계의 보상이 더 자주 도난당했는데, 이는 높은 단계의 보상을 빼앗기지 않으려는 욕구를 반영한다.

114. Whiten et al. 1999, Perry et al. 2003.

115. Whiten et al. 2007, Dindo et al. 2008.

116. 이러한 관점에 대해 더 알고 싶다면 Tennie et al. 2009와 Tomasello 1999를 참조하라. 모든 인과적인 대안 가설은 전혀 그럴듯하지 않으며 기각할 수 있다. 과제 해결에서의 성공이 왜 아이들로 하여금 모방하거나 배우도록 만드는지, 다른 아이들로부터 보상을 얻게 만드는지는 불확실하다. 명시하지 않는 제3의 변수가 각각의 종에 대한 실험 결과를 설명할 수 있을지도 불확실하다. 예를 들어, 모방과 수행도 간의 관계가 아이의 인지능력을 반영할 가능성은 있지만, 이러한 설명 방식은 가르침과 친사회성이 수행도와 갖는 관계를 설명할 수 없다. 두 경우 모두 (지식과 보상의) 기증자가 학습자와 다른 개체이기 때문이다.

117. Tomasello 1994, 1999; Tennie et al, 2009.

8장 왜 우리만 언어를 쓰는가

1. 잘 알려진 이 구절은 셰익스피어의 『햄릿Hamlet』에 실린 대화에 나온다(제2막, 제2장). "인간이란 참으로 걸작이 아닌가! 이성은 얼마나 고귀하고, 능력은 얼마나 무한하며, 생김새와 움직임은 얼마나 깔끔하고 놀라우며, 행동은 얼마나 천사 같고, 이해력은 얼마나 신 같은가! 이 지상의 아름다움이요, 동물들의 귀감이다."
2. Vygotsky (1934) 1986.
3. Chomsky 1968.
4. 이에 대한 뛰어난 개요로는 Fitch 2010과 Hurford 2014가 있다.
5. Washburn and Lancaster 1968.
6. Miller 2001.
7. Dunbar 1998.
8. Deacon 2003a.
9. Falk 2004.
10. Power 1998.
11. Greenfield 1991.
12. Burling 1993.
13. Hauser et al. 2014.
14. Fitch 2010, Hurford 2014, Bolhuis et al. 2010.
15. Bickerton 2009, Hurford 2014.
16. Hauser 1996.
17. Wheeler and Fischer 2012, 2015.
18. 하지만 다음을 보라. Watson et al. 2014.
19. Pika et al. 2005.
20. Ibid.
21. Fitch 2010, Hurford 2014.
22. Hauser 1996, Bickerton 2009, Fitch 2010, Hauser et al. 2014, Hurford 2014.
23. Yang 2013, Truswell 2015.
24. Terrace 1979.
25. Bickerton 2009.
26. Szamado and Szathmary 2006.
27. Bickerton 2009.
28. Odling-Smee and Laland 2009.
29. Grafen 1990. 하지만 다음을 보라. Kotiaho 2001.
30. Searcy and Nowicki 2005.
31. Maynard-Smith 1991.

32. 예를 들어, Smith et al. 2003을 참고하라.
33. Szamado and Szathmary 2006.
34. 초기 상태의 언어protolanguage는 이어지는 단어들 간의 구조적인 관계가 없거나, 구문론이 없는 상태를 말한다.
35. 상징은 다른 생각, 믿음, 행동, 물질적 실체를 표현하거나 암시하는 대상이나 개념을 말한다.
36. Szamado and Szathmary 2006.
37. Hurford 1999.
38. Szamado and Szathmary 2006.
39. Gray and Atkinson 2003, Pagel et al. 2007, Smith and Kirby 2008, Kirby et al. 2008.
40. Janik and Slater 1997, Fitch 2010, Hurford 2014.
41. Bergman and Feldman 1995, Boyd and Richerson 1985, Feldman et al. 1996, Stephens 1991.
42. 예를 들어, Rendell et al. 2010을 참고하라.
43. Laland 2016.
44. 민족지 연구(예를 들어, Hewlett et al. 2011, Tehrani and Riede 2008)와 실험 연구(예를 들어, Dean et al. 2012) 모두 이 주장을 지지한다.
45. Stringer and Andrews 2005.
46. Hrdy 1999.
47. 다음도 보라. Isler and Van Schaik 2012.
48. Anton 2014.
49. Stringer and Andrews 2005, Anton 2014.
50. Fitch 2004는 이와 관련된 설득력 있는 논점을 제시한다.
51. Trivers 1974.
52. Tomasello 1999, Gergely and Csibra 2005, Gergely et al. 2007, Csibra 2010.
53. Walden and Ogan 1988.
54. Tomasello 1999, Gergely and Csibra 2005, Gergely et al. 2007, Csibra 2010.
55. Tomasello 1999. 우리의 실험 가운데 일부도 이를 보여준다. 예를 들어, Dean et al. 2012는 가르침에 관한 23개의 관찰된 모든 사례에서 구두 설명(예를 들어, '그 단추를 눌러봐', '그 문을 열어봐')과 몸짓이나 움짓이 함께 나타나며 발화에 효과적인 근거를 제공했다.
56. Stringer and Andrews 2005.
57. Whiten et al. 1999, Van Schaik et al. 2003.
58. 올도완 석기는 그것이 처음 발견된 탄자니아의 올두바이 협곡의 이름을 따서 명명되었으며, 약 250만-120만 년 전에 사용되었다. 올도완 유물은 아프리카 동부, 중부, 남부 여러 지역에서 발견되었는데, 그중 가장 오래된 유적지는 에티오피아의 고나 지역이다. 올

도완 석기의 대표적인 도구는 '석편'과 '찍개'다. 몸돌에 충격을 가해 생산된 석편의 현미경 분석에 따르면, 이 석편은 식물을 자르거나 동물을 도살하는 도구로 사용되었다. 찍개는 몸돌의 표면 일부에서 석편이 제거된 것으로, 모서리가 날카로워 자르거나 베거나 긁어내는 데 쓰였다. 어슐리언 석기는 이 전통에서 만들어진 유물들이 처음 발견된 프랑스의 생 아슐St. Acheul의 유적지 이름을 따서 명명되었으며, 약 170만~20만 년 전에 사용되었고, 올도완 도구에서 기술적으로 진보한 것으로 널리 여겨진다. 이 도구들은 남아프리카부터 북유럽, 서유럽, 인도 아대륙까지 구대륙의 광범위한 지역에서 발견되었다. 어슐리언 기술은 독특한 배pear 모양과 대칭적인 손도끼가 가장 특징적이다.

59. McBrearty and Brooks 2000, D'Errico and Stringer 2011.
60. Laland et al. 2000.
61. Galef Jr. 1988, Laland et al. 1993.
62. Laland et al. 2000.
63. Odling-Smee et al. 2003.
64. Ibid.
65. Ibid.
66. Odling-Smee et al. 1996, 2003; Smith 2007a, 2007b; Kendal et al. 2011.
67. Laland et al. 2010.
68. Laland et al. 2000.
69. Ibid.
70. Watson et al. 2014. 하지만 이 주장은 논쟁적이다(Fischer et al. 2015를 참조하라).
71. Pika et al. 2005, Janik and Slater 1997, Zuberbuhler 2005.
72. Fitch 2010, Hurford 2014.
73. Enquist and Ghirlanda 2007, Enquist et al. 2011.
74. Tomasello 1994.
75. Whiten et al. 1999, Reader 2000.
76. Csibra and Gergely 2011.
77. 이 글을 쓰는 시점에 이 주장은 유효하지만, 다른 기준이나 보다 제한된 기준에 대한 유사한 가설들도 과거에 제시되고는 했다는 점을 인정하는 것이 정직할 것이다(예를 들어, Bickerton 2009). 따라서 특정한 가설이 정해진 모든 기준을 만족한다는 사실만으로는 그것이 옳다고 보장할 수는 없으며, 앞으로 제시되는 새로운 기준에 대해서도 옳을 것이라고 확신할 수는 없다.
78. Odling-Smee and Laland 2009.
79. 여기서 '적응'(자연선택이 선호한, 특정한 역할이나 기능을 가진 형질)과 '적응적 형질'(생물학적 적합도를 높이는 형질)을 구분할 필요가 있다. 내가 알기로 촘스키를 포함해 그 누구도 언어를 통한 의사소통이 적응적 형질이라는 것을 부인하지 않는다. 쟁점은 언어를 가능하게 하는 심리적이고 신경적인 메커니즘의 본래 기능이 의사소통인가

하는 것이다.

80. 노엄 촘스키는 언어능력, 그중에서도 그의 보편 문법 이론에서 중심적인 역할을 하는 불연속적 무한성discrete infinity이나 재귀성recursion의 특징이 부산물로 진화했을 수도 있다고 주장했다. 이러한 관점에서, 촘스키는 언어가 두뇌 크기의 증가, 신경 회로의 복잡성 증가로 인한 사고 능력의 향상에 따른 결과라고 지적했다. 하지만 그는 불연속적 무한성을 초래한 두뇌의 확장과 복잡성의 증가가 어떤 요소로 인해 발생했는지에 대해 결정적인 대답을 제시하지 않는다. 최근의 논의에 대해서는 Hauser et al. 2002를 참조하라.
81. 예를 들어, Pinker and Jackendoff 2005를 참조하라.
82. Fitch 2004; Nowicki and Searcy 2014와 Smit 2014도 참조하라.
83. Sterelny 2012a, 2012b.
84. Fitch 2005, Ridley 2011.
85. Pagel 2012.
86. Nowak and Highfield 2011.
87. Fehr and Gachter 2002, Fehr and Fischbacher 2003, Boyd and Richerson 1985, Henrich 2015.
88. Pagel 2012.
89. Ibid.
90. Deacon 1997. 다음도 보라. Bickerton 2009.
91. Hauser 1996, Bickerton 2009.
92. Hauser 1996, Bickerton 2009, Hauser et al. 2014,
93. 데릭 비커턴과 테렌스 디컨 모두 상징을 지속적으로 사용하고 조작하는 것이 인간의 마음에 자연선택을 부과했으며, 구문론의 학습을 비롯한 언어 학습을 위한 진화된 구조를 선호했을 것이라고 주장했다. Deacon 1997과 Bickerton 2009를 참조하라. 생물학적 진화와 문화적 진화를 모두 강조하는 언어의 진화 이론을 제시한 다른 저자들도 있지만, 이들은 이러한 선택적 되먹임을 크게 강조하지 않는다. 대표적으로 Arbib 2012를 참조하라.
94. Rilling et al. 2008, Schenker et al. 2010.
95. Deacon 1997, 2003b. 볼드윈 효과는 1896년에 적응적인 진화에 대한 특정한 메커니즘을 제안한 심리학자 제임스 마크 볼드윈의 이름을 따서 명명되었다(Baldwin 1896, 1902). 볼드윈은 동물들이 환경의 조건에 표현형을 사용해 적응할 수 있다고 주장했다. 예를 들어, 동물들은 학습을 통해, 그들이 생존하는 데 도움을 줄 뿐만 아니라 동일하게 행동하도록 하는 학습되지 않은 경향을 자연선택이 선호하는 상황도 만들 수 있다고 주장했다. 대부분의 진화생물학자들에게 거의 한 세기 동안 무시당했지만, 이 생각은 오늘날 부흥을 맞이하고 있다. 예를 들어, 볼드윈 효과에 관한 논의는 진화론의 발달 가소성 분야에 영향을 주었다(예를 들어, West-Eberhard 2003).
96. Bickerton 2009.

97. Hauser 1996, Bickerton 2009.
98. Falk 2004; 나는 '유아가 주도하는 발화'라는 용어를 더 선호하는데, 많은 아버지들이 아이를 위해 발화를 조정하기 때문이다.
99. Deacon 1997; Fitch 2004, 2005; Falk 2004.
100. Thiessen et al. 2005, Fitch 2010.
101. Pinker 1995.
102. Waterson 1978, Thiessen et al. 2005, Fitch 2010; Huttenlocher et al. 2002.
103. Falk 2004는 유아가 주도하는 발화가 전 세계에 있다고 주장하지만, 이에 대해서는 반론이 존재한다. 예를 들어, Masataka 2003은 다음과 같이 말한다. "모성어 생산의 비교문화적 보편성에 대한 증거는 그다지 설득력이 없으며 사실 매우 논쟁적이다."
104. Bloom 1997, 2000; Fitch 2010.
105. Bickerton 2009.
106. Chomsky 1965.
107. Fitch 2010.
108. Brighton et al. 2005.
109. 이러한 주장을 제시하는 가장 대표적인 인물이 촘스키(Chomsky 1980)인데, 그는 '자극의 부족', 또는 언어 학습의 바탕이 되는 자료에는 아이들이 반드시 학습해야 하는 문법의 많은 특징들이 포함되어 있지 않다는 점을 강조했다.
110. Deacon 1997.
111. Smith and Kirby 2008, Kirby et al. 2007.
112. Smith and Kirby 2008.
113. Kirby et al. 2008.
114. Smith and Kirby 2008; Kirby et al. 2007, 2008, 2015.
115. Byrne 2016.
116. Wollstonecroft 2011.
117. Byrne and Russon 1998, Byrne 2016.
118. Whalen et al. 2015.
119. Hoppitt and Laland 2013.
120. Heyes 2012.
121. Bolhuis et al. 2014.
122. Morgan et al. 2015.
123. Delagnes and Roche 2005.
124. Toth 1987.
125. Roche et al. 1999, Callahan 1979.
126. Schick and Toth 2006, Braun et al. 2009.
127. Hovers 2012.

128. Blumenschine 1986, Potts 2013.

129. Callahan 1979.

130. Potts 2013.

131. Schick and Toth 2006.

132. Stout et al. 2000, Uomini and Meyer 2013.

133. 어슐리언 도구 만들기에 대한 최근의 재검토 연구에 따르면, 축소 전략(즉, 석편을 떼내는 방식)이 개인들 사이에서 매우 일관적이라는 것을 발견했다(Shipton et al. 2009). 저자들은 사회적 전달의 형태가 적어도 '진정한 모방'(즉, 관찰 학습을 통해 다른 사람의 동작 패턴을 재현하는 것)을 통해야 그러한 일관성을 성취할 수 있다고 주장한다. 더군다나 아직 발표되지 않은 실험 연구에 따르면, 시범자가 몸짓으로 알려주는 것만으로도 함께 암석을 획득하고 처음으로 기반암의 조각을 떼내는 방법을 습득하기에 충분했다(Petraglia et al. 2005). 현대인의 도구 만드는 능력의 차이를 서로 다른 사회적 전달 수단을 사용해 직접적으로 비교한 연구는 2개밖에 없는데, 두 연구 모두 상징적인 몸짓으로 의사소통하는 것과 말하는 것 사이의 효율성을 비교했다. 한 연구는 30만-3만 년 전에 널리 사용된 복잡한 기술인 르발루아 기술의 습득을 조사했는데(Ohnuma et al. 1997), 조건들 사이에서 차이를 발견하지 못했다. 하지만 실험자가 수행도를 '예' 또는 '아니요'로만 측정했기에, 미묘한 차이가 있더라도 파악되지 않았을 것이다. 두 번째 연구는 어슐리언 기술의 양면 도끼 제작을 살펴보았다(Putt et al. 2014). 두 가지 조건에서 제작된 도구들은 형태, 대칭성, 품질이 모두 비슷했지만, 두 집단이 사용한 기술은 서로 다른 기술이었고, 구두로 가르친 참가자들은 강사의 기술을 보다 정확하게 재현하는 것으로 나타났다(하지만 때로는 그 기술을 효과적으로 재현할 만큼 솜씨가 못 미칠 때도 있었다). 구두 의사소통과 몸짓 모두 상징적인 형태의 의사소통이기에, 모방, 흉내, 가르침의 미묘한 형태 등 다양한 사회적 전달 기제들을 고려하면 이들 간의 차이가 더 드러날 수도 있다. 이 논의는 올도완 기술의 제작과 특히 관련 있는데, 올도완 기술의 전달 기제에 대한 논쟁이 첨예하게 벌어지는 중이기 때문이다.

134. 올도완 석기 제작이 인간의 언어와 가르침의 진화에 영향을 주었는지는 뜨거운 논쟁거리다. 예를 들어, Gibson and Ingold 1993과 Ambrose 2001을 참고하라.

135. Wynn et al. 2011.

136. Hovers 2012.

137. Bickerton 2009.

138. Morgan et al. 2015.

139. 참가자들은 특정 조건에 무작위로 배정되었지만, 어떤 조건에 배정되었는지 서로 모르게 하는 것은 불가능했다.

140. 평가 방식은 우리가 개발한 새로운 측정 기준이었다. 그 기준은 석편의 질량, 자를 수 있는 날의 길이, 직경을 고려한 품질이었다. 보다 자세한 내용을 알고 싶다면 Morgan et al. 2015의 '추가 방법론Supplementary Methods'을 참고하라.

141. 언어가 허용되면, 모방 또는 흉내 조건과 초보적인 가르침 조건보다도 수행도가 향상되었다.
142. 향상된 정도는 역설계 조건과 비교한 것이다.
143. 증가분은 430퍼센트였다.
144. 구두로 가르치는 조건에서 참가자들의 발언을 분석해 보면 주제에 따라 감소 비율이 달랐다.
145. Morgan et al. 2015에서는 심지어 가르침과 언어 사용을 허용하는 조건에서조차 수행도가 점차 처음 수준으로 감소하는 것은 단순히 짧은 학습 시간 때문일 것이라고 추정한다. 이전의 연쇄적 전달 연구들은 개인적인 연습 기간이 주어졌을 때 사회적으로 전달되는 지식의 안정성도 높아진다는 것을 보여주었다(이 분야의 리뷰로는 Hoppitt and Laland 2013을 참조하라). 이는 학습 시간이 더 주어지고, 반복적인 가르침과 언어가 개인적인 연습 시간과 결합할 경우, 가르침과 언어의 이점이 보다 오래 지속된다는 것을 의미한다.
146. 우리의 실험에서 주어진 5분 정도의 짧은 학습 시간은 올도완 석기를 만들었던 호미닌들의 실제 학습 시간과 비교하면 분명 비현실적이다. 조개껍질 모양으로 떼내는 작업을 정밀하게 제어하기까지는 수십 년의 시간이 걸리며(Nonaka et al. 2010), 인류학 연구에 따르면 석기 제작 기술을 습득하는 데도 도제식으로 수년간 훈련받아야 하기 때문이다(Stout 2002). 하지만 짧은 학습 시간으로도 상대적인 전달 비율을 살펴보기에는 충분해, 바로 그것이 이 연구가 주목하는 부분이었다. 당연히 조금 더 긴 학습 기간이 주어졌을 때, 모든 조건의 수행도가 수렴할 가능성을 배제할 수는 없다. 하지만 석기 제작 기술을 완전히 습득하는 데 수년이 걸린다는 것을 고려하면, 학습 시간을 늘리면 초기에는 각 조건에서의 수행도 간의 차이가 증가하고 오랜 학습 다음에야 수렴이 발생할 것이다. 그 중요도를 고려하면, 각 조건에서 관찰되는 수행도의 차이는 비교적 단기간에 상당한 적합도의 차이로 이어질 것이다.
147. 예를 들어, 구두로 가르치는 것이 전달에 보탬이 되었고 단순한 형태의 가르침은 그렇지 않았다면, 이러한 단순한 형태의 진화를 공진화 작용으로 설명할 수 없을 것이다. 마찬가지로 단순한 가르침이 도구 만드는 법을 전달하는 데 도움이 되었고, 구두로 가르치는 것에 따르는 부가적인 이익이 없었다면, 공진화 과정은 단순한 형태의 가르침에서 끝났을 것이며 구두로 가르치는 것의 진화를 설명할 수 없을 것이다.
148. 모방/흉내, 역설계 조건에서 연쇄적 전달을 따라 일관되게 낮은 수행도가 나온다는 것(그리고 가르침 및 언어 조건에서 수행도가 결국에는 이 수준까지 감소한다는 것)은 기본 수준의 수행도가 전달된 지식에 거의 의존하지 않는다는 것을 의미한다. 기본 수준은 직관과 개인적인 시행착오 학습만으로도 성취 가능할 수도 있다. 우리는 가르침 및 언어 조건에서 기본 수준으로 수행도가 감소하는 것이 이 연구에서 제한한 짧은 학습 시간을 반영한다고 생각한다. 이전의 연쇄적 전달 연구들은 개인적인 연습 시간이 주어졌을 때 사회적으로 전달되는 지식의 안정성이 높아진다는 것을 보여주었다(Hoppitt

and Laland 2013). 이것은 학습 시간이 더 주어지고, 반복적인 가르침과 언어가 개인적인 연습 시간과 결합할 경우, 가르침과 언어의 이점이 보다 오래 지속된다는 것을 의미한다.

149. Stout et al. 2000, 2010; Uomini 2009.
150. 실험이 끝나고 우리는 참가자들의 지식을 검사하며 그들이 무엇을 배웠는지 질문했다.
151. 타격 표면 각도는 타격한 표면과 그 아래 표면 사이의 각도를 말한다. 석기를 성공적으로 제작하기 위해서는 타격 표면 각도가 90도 이하가 되어야 하며, 이상적으로는 약 70도가 되어야 한다. 각도는 타격 표면을 90도 회전해 생성된 표면에 대해 (1) 타격 지점과 (2) 가장자리에서 가장 가까운 지점을 지나는 축을 중심으로 측정된다.
152. Hovers 2012, Ambrose 2001, De la Torre 2011, Stout et al. 2010.
153. Beyene et al. 2013, Lepre et al. 2011.
154. Schick and Toth 2006.
155. Evans 2016.
156. 이는 또 다른 질문을 제기한다. 선택적인 이점이 있는데, 더 복합적인 의사소통 수단이 진화하는 데 왜 70만 년이라는 시간이나 걸렸을까? 가장 개연성 있는 설명은 올도완 시기에 복합적인 의사소통 수단이 진화했지만, 보다 발달된 도구가 등장하기 위해서는 다른 요소들, 이를테면 기술에 대한 이해도나 체계적인 행동 계획 등 인지적인 측면의 진화뿐만 아니라 인구학적인 요소도 추가로 필요하다는 것이다.
157. Bickerton 2009, Donald 1991, Corballis 1993.
158. Bickerton 2009.
159. Tomasello 2008.
160. Wallace 1869; 알프레드 러셀 월러스 홈페이지(http://people.wku.edu/charles.smith/wallace/S165.htm)에서 다음을 참조하라. "The Limits of Natural Selection as Applied to Man (S165:1869/1870)".

9장 유전자-문화 공진화

1. Morgan et al. 2015.
2. 최근 발생한 자연선택에 대한 다른 단서로는 연관 불균형linkage disequilibrium에서 발견되는 매우 높은 빈도의 대립형질, 그리고 다양성이 낮은 대단히 긴 하플로타입haplotype이 있다.
3. Feldman and Cavalli-Sforza 1976, Cavalli-Sforza and Feldman 1981, Boyd and Richerson 1985, Rogers 1988, Feldman and Laland 1996, Enquist et al. 2007, Richerson and Boyd 2005.
4. Feldman and Cavalli-Sforza 1976, Cavalli-Sforza and Feldman 1981, Boyd and Richerson

1985, Rogers 1988, Feldman and Laland 1996, Enquist et al. 2007, Richerson and Boyd 2005.

5. Laland et al. 1995, Cavalli-Sforza and Feldman 1973, Otto et al. 1995.
6. Feldman and Laland 1996, Richerson and Boyd 2005, Richerson et al. 2010.
7. Corballis 1991.
8. Ibid.
9. 원칙적으로, 이형접합 우세(Annett 1985, McManus 1985)나 빈도 의존적 선택(Faurie and Raymond 2005)과 같은 자연선택의 형태들은 손 사용 패턴의 변이를 유지시킬 수 있다.
10. Morgan and Corballis 1978.
11. 이 데이터는 McManus 1985의 쌍둥이 연구 14개에 대한 메타 분석에서 얻었다.
12. 개별 연구(예를 들어, Warren et al. 2006)에서 손 사용 패턴의 유전성이 양의 값으로 나온 사례가 있지만, 여러 연구를 종합해 보면, 적어도 대다수의 설문지와 수행도 연구에서 측정한 바에 따르면 손 사용 패턴에서 강한 유전성이 발견되지 않았다(McManus 1985, Neale 1988, and Su et al. 2005).
13. Corballis 1991.
14. Harris 1980, Corballis 1991.
15. Hardyck et al. 1976, Hung et al. 1985, Teng et al. 1976.
16. Laland et al. 1995.
17. 지금까지의 연구에 따르면, 손 사용 패턴에 어떤 유전적 영향이 있다면, 오른쪽 편향과 왼쪽 편향의 대립형질보다는 오른손잡이 대립형질 및 우연 대립형질을 통해 작동한다(Annett 1985, McManus 1985).
18. Bishop 1990.
19. 원칙적으로, 손 사용 패턴에 영향을 미치는 유전적 변이는 빈도 의존적 선택이나 이형접합 우세와 같은 자연선택의 형태를 통해 유지될 수 있다. 하지만 이러한 자연선택이 광범위하게 이루어진다는 설득력 있는 증거는 거의 없다(Laland et al. 1995).
20. 오른손잡이 대립형질이 고정되는 평행상태로 인간 개체군이 진화하고 있다는 가설은 지난 한 세기 동안 미국과 호주에서 오른손잡이의 비율이 줄어들고 있다는 자료와 모순된다(Corballis 1991). 일반적으로 이는 오른손잡이로 만들고자 하는 사회적 압력이 완화된 것으로 해석된다.
21. 여기 사용된 방법은 최대 우도법maximum likelihood이다. Laland et al. 1995를 참조하라.
22. 적합도가 낮았던 한 연구는 초기의 연구이며, 그것의 방법론에 대해 비판받았다. 손 사용 패턴에 대한 초기 연구에서, 연구자들은 실험 참가자들에게 손 사용 패턴 연구에 참여해 달라는 광고가 가진 잠재적인 편향을 인지하지 못했다. 왼손잡이들이 해당 주제에 보다 관심을 가지기에 그러한 광고는 참가자 풀을 왜곡한다. 보다 자세한 내용에 대해서는 Laland et al. 1995를 참고하라.

23. Laland et al. 1995.
24. Toth 1985, Uomini 2011.
25. Toth 1985, Uomini 2011.
26. Bradshaw 1991, Hopkins and Cantalupo 2004.
27. Boyd and Richerson 1985, Feldman and Laland 1996, Kumm et al. 1994, Laland et al. 1995.
28. Holden and Mace 1997, Burger et al. 2007.
29. Peng et al. 2012.
30. Bersaglieri et al. 2004.
31. Voight et al. 2006.
32. Bersaglieri et al. 2004.
33. Feldman and Laland 1996; Perreault 2012.
34. Feldman and Cavalli-Sforza 1989.
35. Boyd and Richerson 1985, Feldman and Laland 1996, Feldman and Cavalli-Sforza 1989, Laland 1994, Laland et al. 1995.
36. Hawks et al. 2007. 인류 진화의 속도를 빠르게 만든 다른 요소가 있을 수 있다. 예를 들어, 큰 규모의 인구 집단에서는 농업으로 인해 촉발된 새로운 돌연변이가 진화를 촉진했을 가능성이 있다. Cochran and Harpending 2009를 참고하라.
37. Gleibermann 1973, Williamson et al. 2007.
38. Helgason et al. 2007.
39. Myles, Hradetzky, et al. 2007; Neel 1962.
40. O'Brien and Laland 2012.
41. Posnansky 1969.
42. Livingstone 1958.
43. Evans and Wellems 2002.
44. Kappe et al. 2010.
45. Hawley et al. 1987.
46. Roberts and Buikstra 2003, Barnes 2005.
47. Barnes et al. 2011.
48. Ibid.
49. Bellamy et al. 1998, Li et al. 2006.
50. Govoni and Gros 1998.
51. Barnes et al. 2011.
52. Aidoo et al. 2002.
53. Weatherall et al. 2006.
54. Durham 1991.

55. Lovejoy 1989.
56. Piel et al. 2010.
57. Jonxis 1965.
58. O'Brien and Laland 2012.
59. Agbai 1986, Houston 1973.
60. O'Brien and Laland 2012.
61. Rendell, Fogarty, and Laland 2011.
62. Rendell, Fogarty, and Laland 2011은 이러한 작용을 '줄달음 적소 구축runaway niche construction'이라고 명명했다.
63. O'Brien and Laland 2012.
64. 그에 대한 단서로는 연관 불균형에서 발견되는 매우 높은 빈도의 대립형질, 다양성이 낮은 대단히 긴 하플로타입, 지나치게 많은 흔하지 않은 변형들 등이 있다.
65. Voight et al. 2006; Wang et al. 2006; Sabeti et al. 2006, 2007; Nielsen et al. 2007; Tang et al. 2007.
66. Stefansson et al. 2005, Nguyen et al. 2006, Prabhakar et al. 2008, Quach et al. 2009.
67. Laland et al. 2010.
68. Ibid.
69. Perry et al. 2007. 이는 인간 식량의 변화가 특정 유전자를 선호하는 유전자-문화 공진화의 좋은 사례다.
70. Voight et al. 2006, Richards et al. 2003.
71. Voight et al. 2006, Williamson et al. 2007, Han et al. 2007.
72. Haygood 2007.
73. Hunemeier, Amorim et al. 2012; Acuna-Alonzo et al. 2010; Magalon et al. 2008; Sabbagh et al. 2011.
74. Kelley and Swanson 2008.
75. Soranzo et al. 2005.
76. Armelagos 2014.
77. Striedter 2005, Schick and Toth 2006, Stringer and Andrews 2005.
78. Armelagos 2014.
79. Ibid.
80. Remick et al. 2009, Armelagos 2014.
81. Aunger 1992, 1994a, 1994b; Armelagos 2014.
82. Ibid.
83. Williamson et al. 2007.
84. Wang et al. 2006.
85. Olalde et al. 2014.

86. Williamson et al. 2007, López Herráez et al. 2009.
87. Izagirre et al. 2006; Lao et al. 2007, Myles, Somel, et al. 2007.
88. Olalde et al. 2014.
89. Voight et al. 2006, Myles et al. 2008.
90. Voight et al. 2006, Wang et al. 2006. 모방에 관여하는 유전자로는 EDAR[ectodysplasin A receptor]와 EDA2R가 있다. 눈과 머리카락의 색에 관여하는 유전자로는 SLC24A4[solute carrier family 24, member 4], KITLG[KIT ligand], TYR[tyrosinase], OCA2[oculocutaneous albinism II]가 있다. 주근깨에 관여하는 유전자로는 6p25.3과 MC1R[melanocortin 1 receptor]가 있다.
91. 성선택은 자연선택의 한 형태로, 일부 개체들이 더 많거나 더 높은 질의 짝을 얻는 능력을 통해 개체군의 다른 개체들보다 더 많이 번식하는 현상이다(Darwin 1871). 성선택으로 화려한 깃털이나 큰 뿔처럼 생존 능력을 감소시키는 값비싼 형질들이 진화할 수 있는데, 이러한 형질은 짝을 유혹하거나 짝을 얻기 위한 싸움에서 유리하도록 돕는다.
92. Laland 1994.
93. Laurent et al. 2012.
94. Jones et al. 2007, Little et al. 2008.
95. Laland 1994, Ihara et al. 2003.
96. Stedman et al. 2004.
97. Williamson et al. 2007은 신경계의 발달에 관여하는 몇몇 유전자들이 최근의 선택적 스위프의 증거라고 보았다. 여기에는 ASPM[abnormal spindle, microcephaly associated]과 MCPH1[microcephalin 1] 등이 있다. 신경계의 발달과 시냅스의 형성, 뉴런의 성장 인자, 뉴런과 수상돌기의 돌기 생성에 관여하는 유전자들은 de Magalhaes and Matsuda 2012를 참조하라. Hill and Walsh 2005도 참고하기 바란다.
98. de Magalhaes and Matsuda 2012.
99. Laland et al. 2010. 이에 대한 예시로는 CDK5RAP2[cyclin dependent kinase 5 regulatory subunit-associated protein 2], CENPJ[centromere protein J], GABRA4[γ-aminobutyric acid A receptor, subunit α4]가 있다. 비교유전체학으로 밝혀낸 인간 뇌의 진화에 관여하는 다른 유전자로는 MCPH1[microcephalin 1], ASPM[asp homologue, microcephaly associated], CDK5RAP2[CDK5 regulatory subunit associated protein 2], SLC2A1[solute carrier family 2, member 1], SLC2A4, NBPF[neuroblastoma breakpoint family], GADD45G[genes, growth arrest and DNA-damage-inducible gamma], RFPL1, RFPL2, RFPL3[ret finger protein-like 1, 2, 3], 뉴런의 기능과 관계된 유전자로는 DRD5[dopamine receptor D5], GRIN3A[glutamate receptor, ionotropic], NMDA 3A, GRIN3B, SRGAP2[SLIT-ROBO Rho GTPase activating protein 2]가 있다. 더 자세한 내용에 대해서는 Somel et al. 2013을 참조하라.
100. 여기에는 네안데르탈인과 공유하며 그에 따라 뇌의 크기가 확장된 것으로 추정되는, GADD45G 유전자의 인핸서[enhancer] 1개에 대한 결실이 포함된다. 마찬가지로, 인류에게만 발생하는 SRGAP2 유전자 절단 버전의 복제는 약 240만 년 전에 일어났다. 이 복제

는 피질에서 수상돌기의 돌기 밀도를 증가시키고, 호미닌 두뇌에서 신호 처리를 향상시킨 것으로 보인다. 더 자세한 내용에 대해서는 Somel et al. 2013을 참조하라.

101. Uddin et al. 2004, Caceres et al. 2003.
102. Somel et al. 2014. 많은 신경 유전자의 프로모터 또한 인류가 진화하는 동안 양성 선택을 경험했다(Haygood et al. 2007).
103. Somel et al. 2014.
104. Hill and Walsh 2005, Sakai et al. 2011, Blazek et al. 2011.
105. Striedter 2005, Marino 2006, Sherwood et al. 2006.
106. Blazek et al. 2011.
107. 인간의 뇌는 침팬지의 뇌에 비해 (1) 신경교세포 대 뉴런의 비율이 높고 (2) 뉴런들 사이의 간격이 넓으며 (3) 성상세포가 더 복잡하며, (4) 신경 그물의 밀도가 더 높다. 하지만 이러한 변화 가운데 일부는 인간의 진화적 계통에서 뇌의 크기가 전반적으로 증가한 것에 따른 결과일 수도 있다. Marino 2006, Sherwood et al. 2006, Semendeferi et al. 2011, Oberheim et al. 2009, Spocter et al. 2012를 참조하라.
108. Blazek et al. 2011.
109. Deacon 1997, 2003a; Milbrath 2013.
110. 예를 들어, FOXP2, ASPM, MCPH1, PCDH11X, PCDH11Y와 같은 유전자들은 모두 언어 또는 발화와 관련 있다. Somel et al. 2013.
111. Fisher et al. 1998.
112. Enard, Przeworski, et al. 2002.
113. Enard et al. 2009.
114. Liao and Zhang 2008.
115. Nasidze et al. 2006.
116. Kayser et al. 2006.
117. Oota et al. 2001, Cordaux et al. 2004.
118. Hunemeier, Gómez-Valdés, et al. 2012.
119. Stearns et al. 2010.
120. Ibid.
121. Ibid.
122. Ibid, p.621.
123. Wilson 1975.
124. Wilson 1978. p.167.
125. Laland and Brown 2011.
126. Laland et al. 2000.
127. Odling-Smee et al. 2003.
128. Laland et al. 2000.

129. Laland 1994; Rendell, Fogarty, and Laland 2011.
130. Cavalli-Sforza and Feldman 1981, Boyd and Richerson 1985, Richerson and Boyd 2005, Henrich 2015.
131. Laland et al. 2010.
132. Striedter 2005.
133. Rutz et al. 2010, Kruetzen et al. 2014.
134. Whitehead 1998, Baird & Whitehead 2000.
135. Morris 1967, Buss 1999.
136. 이러한 구조물들은 종종 '확장된 표현형'이다(Dawkins 1982). 둥지, 굴, 거미줄 같은 것들은 구축자의 몸 바깥으로 표현되는 생물학적 적응이다.
137. Odling-Smee et al. 2003.
138. Dawkins 1982, Odling-Smee et al. 2003.
139. Laland and Brown 2006.
140. Bird et al. 2013.
141. Boivin et al. 2016. 환경 착취로 붕괴하게 되었다는 증거에 관해서는 Diamond 2006을 참조하라.
142. Laland and Brown 2006.

10장 문명의 새벽

1. 이러한 주장이 틀릴 수는 없겠지만, 내가 알기로 결정적으로 증명된 적은 없다. 이를 보여주고자 할 때 마주하게 되는 까다로운 문제 중 하나는 연구자들이 오래전 과거에 무엇이 일어났는지를 아는 것보다 짧은 시간 척도에서 최근의 진화에 대해 아는 것이 훨씬 더 많다는 점이다. 짧은 시간 척도에서 일어나는 생물학적 진화는 긴 시간 간격에서 관찰되는 진화보다 빠르기 때문에(Gingerich 1983), 실제로는 진화의 가속화가 발생하지 않았는데도 최근에 가속화가 발생한 것 같은 환영을 만들어 낸다. 퍼로(Perreault 2012)는 문화의 진화에도 똑같은 원리가 적용된다는 것을 보여주었다. 문화의 진화가 생물학적 진화보다 빠르다는 것에는 대부분의 학자들이 동의하며, 속도, 시간 간격, 그 종의 세대 기간generation time 간의 상관관계를 통제했을 때(Perreault 2012), 지식과 기술의 많은 측면들이 극단적으로 기하급수적인 증가 패턴을 보여준다(Enquist et al. 2008, Enquist et al. 2011). 지난 장에서 설명한 것처럼, 일반적으로 유전자-문화 공진화가 일반적인 생물학적 진화보다 빠르다는 것을 보여주는 이론적 연구가 많이 쌓여 있는데, 그 부분적인 이유는 문화적 진화가 생물학적 진화보다 빠르게 일어나기 때문이다. 인류의 진화가 지난 4만 년간 가속화되었다는 유전적 증거도 있다(Hawks et al. 2007). 종합하면, 이러한 연구들에 따르면 나의 주장이 옳을 가능성은 매우 높다.

2. 린치(Lynch 1990)는 이러한 주장에도 불구하고, 여기에는 잠재적으로 통계적 편향이 개입했을 수 있으며, 그러한 결론이 통계적인 가공에 의한 것일 수 있다는 점도 언급한다. 보다 최근의 유전자 자료는 우리 종에게서 관찰되는 진화의 가속화가 실제로 일어난 것이라는 점을 시사한다(예를 들어, Hawks et al. 2007).
3. Hawks et al. 2007, Cochran and Harpending 2009. 인간의 유전적 진화에서 발생한 최근의 가속화에는 전 세계적인 인구 증가도 반영되어 있을 것이다(Cochran and Harpending 2009). 5만 년 전의 인구는 100만 명도 되지 않았는데 현재는 수십억에 다다른다. 이는 수백, 수천 개의 새로운 돌연변이가 개체군에 도입되었다는 것을 의미하는데, 이 돌연변이에는 자연선택이 작용할 수 있다. 하지만 문화로 인해 인구의 증가가 가능했기 때문에, 궁극적으로 그 가속화는 유전자-문화 공진화의 한 가지 사례로 여겨질 수 있다.
4. Vitousek et al. 1997, Waters et al. 2016, Boivin et al. 2016.
5. 인구가 약 5만 년 전까지 그렇게 증가하지 않았다는 증거가 있다(예를 들어, Li and Durbin 2011). 그에 따라 인류가 꽤 최근까지도 뇌의 에너지 비용만큼 이익을 얻지 못했다고 해석할 수 있다.
6. Kaplan et al. 2000; Kaplan and Robson 2002.
7. Vitousek et al. 1997.
8. Cochran and Harpending 2009. 유전형의 우연에 의한 빈도 변화는 보통 작은 개체군에서 진화적 동역학에 영향을 주지만, 개체군이 커지면 자연선택이 주도하기 시작하기 때문에 유리한 대립형질이 우연에 의해 사라질 확률은 점점 낮아진다.
9. Henrich 2004a, Powell et al. 2009, Lewis and Laland 2012.
10. Rendell, Boyd, et al. 2011, Laland and Rendell 2013.
11. Ibid., Boyd and Richerson 1985, Henrich 2015.
12. Enquist et al. 2010; Lewis and Laland 2012.
13. Crittenden 2011.
14. Ibid.
15. Marlowe 2001.
16. Ibid.
17. *Indicatoridae* spp.
18. Crittenden 2011.
19. Boyd and Richerson 1985, Henrich and McElreath 2003, Richerson & Boyd 2005, Henrich and Henrich 2007.
20. Richerson et al. 1996.
21. 예를 들어, !쿵 부시맨 부족에서 식물은 전체 칼로리의 60퍼센트에서 80퍼센트를 제공한다(Lee 1979).
22. Richerson et al. 1996, Hill et al. 2009.

23. Wollstonecroft 2011.
24. Basgall 1987.
25. Richerson et al. 1996.
26. Ibid.
27. Ibid.
28. Blurton Jones 1986, 1987.
29. Lee and Daly 1999.
30. Richerson et al. 1996.
31. Lee and Daly 1999.
32. Collard et al. 2012.
33. Lee and Daly 1999.
34. 고고학적 자료가 축적되면서, 수렵 채집 공동체의 문화적 변화(예를 들어, 식량의 변화)에 대한 증거들이 발견되고 있다(예를 들어, Bettinger et al. 2015를 참고하라). 그럼에도 대부분의 학자들은 수렵 채집 사회에서 기술이 변화한 속도가 농업 사회에서 변화한 속도에 비해 느리다는 데 동의한다.
35. Armelagos et al. 1991.
36. Smith 1998, 2007a, 2007b.
37. Smith 1998, Richerson et al. 2001, Zeder et al. 2006, Bar-Yosef and Price 2011.
38. Winterhalder and Kennett 2006, Childe 1936, Wright 1977, Richerson et al. 2001.
39. Richerson et al. 2001.
40. Barlow 2002.
41. Smith 2007b, p.196.
42. Smith 2007a, 2007b.
43. Laland and O'Brien 2010, O'Brien and Laland 2012.
44. Richerson 2013.
45. Ibid.
46. Ibid.
47. 사실, 이러한 단언은 정확하지 않다. 가위개미[leaf-cutter ant]는 버섯[*Lepiotaceae*]을 수확하는 능력을 진화시켰는데, 이는 농업의 한 형태로 볼 수 있다. 하지만 가위개미의 재배 행위는 분명 다른 종을 길들일 수 있는 유연하고, 학습되며, 사회적으로 전달되는 일반적인 능력보다는 적응적인 전문화에 해당한다. 농업이 인간에게 고유한 것이라는 주장에 대한 또 다른 흥미로운 도전은 점박이바우어새[*Ptilonorhynchus maculates*]다. 점박이바우어새는 그들의 둥지 가까이에 딸기류의 열매가 열리는 식물을 기르며, 짝을 유혹하기 위해 이 식물을 이용해 둥지를 장식한다. 하지만 과연 그 재배가 의도적인 것인지는 아직 논쟁 중이다(Madden et al. 2012).
48. Laland and O'Brien 2010.

49. Laland and O'Brien 2010, O'Brien and Laland 2012.
50. Laland and O'Brien 2010, Zeder 2016.
51. 고고학자들과 인류학자들을 때때로 이를 '전통적 생태 지식'이라고 명명한다.
52. Zeder 2016.
53. Zeder 2012, 2016.
54. Beja-Pereira et al. 2003, Zeder 2016.
55. Zeder 2016.
56. Smith 1998, 2007a, 2007b; Zeder 2016.
57. Winterhalder and Kennett 2006, p.3.
58. Smith 1998, 2007a, 2007b.
59. Smith 2001.
60. Diamond 1997. 예를 들어, 블룸러(Blumler 1992)에 따르면 지중해 지역과는 달리 캘리포니아에는 씨가 큰 1년생 풀이 없기 때문에, 옥수수가 도입될 때까지 농업이 발달할 수 없었다고 한다.
61. Diamond 1997.
62. Feldman and Kislev 2007.
63. 살아 있는 유기체의 DNA는 염색체에서 발견되며, 염색체는 대개 쌍을 이룬다. 배수성 유기체는 염색체가 한 쌍 이상 있는 유기체를 말한다. 잡종은 별개의 두 유기체나 계통이 교잡해 생긴 자식을 말한다.
64. Bronowski 1973.
65. Badr et al. 2000. 비옥한 초승달 지대는 중동의 초승달처럼 생긴 지역으로 이집트 북부로부터 페르시아만까지 굽은 모양을 띠는데, 여기에는 오늘날의 이스라엘, 요르단, 레바논, 시리아, 이라크가 포함된다.
66. Matsuoka et al. 2002.
67. *Lagenaria siceraria*.
68. Erickson et al. 2005.
69. Lu et al. 2009.
70. Fuller 2011. 다음을 보라. http://archaeology.about.com/od/domestications/a/rice.htm.
71. Armelagos et al. 1991, O'Brien and Laland 2012.
72. Cohen and Armelagos 1984, Cohen and Crane-Kramer 2007.
73. O'Brien and Laland 2012.
74. Gibbons 2009.
75. O'Brien and Laland 2012.
76. Armelagos and Harper 2005, Pearce-Duvet 2006.
77. O'Brien and Laland 2012.
78. Gibbons 2009.

79. 마하트마 간디의 반어법은 유명하다. “내가 서구 문명에 대해 어떻게 생각하냐고요? 썩 괜찮은 문명이라고 생각합니다.” 이 말은 ‘문명’이라는 용어를 사용하는 것에서 생기는 껄끄러움을 잘 보여준다. 예를 들어, 이 용어는 서구 사회가 다른 사회들보다 어떤 면에서 더 우월하거나 수준이 높다고 암시한다. 이 장의 제목에서 내가 문명이라고 말한 것은 그러한 함의를 거부하며, 오직 광범위한 분업이 이루어지는 대규모의 구조화된 사회를 의미할 뿐이다. O'Brien and Laland 2012를 참조하라.
80. Smith 1998, 2007a, 2007b.
81. Cohen 1989.
82. Diamond 1997.
83. Cohen 1989, Rowley-Conwy and Layton 2011.
84. Smith 1998, 2007a, 2007b; Laland and O'Brien 2010.
85. Laland and O'Brien 2010.
86. Odling Smee et al. 2003, Smith 2007a.
87. Armelagos et al. 1991.
88. Tellier 2009.
89. Gignoux et al. 2011.
90. Caselli et al. 2005.
91. 물론, 산업혁명이 인구에 미친 가장 중요한 효과는 많은 국가에서 출산율을 인구 대체율보다 떨어지게 만드는 인구학적 전환이었다. 이 인구학적 전환으로 인해 혁신과 인구 증가 사이의 연결 고리가 끊어졌다.
92. Armelagos et al. 1991.
93. 가장 오래된 도시는 메소포타미아의 우루크로 여겨진다. 기원전 약 4500년경, 사람들이 우루크에 정착했다(http://www.ancient.eu/city/).
94. Smith 2009.
95. Boyd and Richerson 1985; Richerson et al. 2014.
96. Reader and Laland 2003b.
97. Bronowski 1973.
98. Smith 1776, p.195.
99. Petroski 1992.
100. Bronowski 1973. 다음도 참조하라. http://www.ploughmen.co.uk/about-us/history-of-the-plough.
101. 천수 농업으로 알려진, 빗물에 의존하는 농법은 아프리카, 라틴아메리카, 동남아시아 개발도상국의 가난한 공동체들에서 소비되는 식량의 대부분을 생산하는 데 쓰인다. 초기의 길들이기 실험이 이 지역들 가운데 일부에서 발생했을 것이다. 하지만 효과적인 관개 시설이 없으면 생산성이 낮다.
102. Bronowski 1973. 다음을 보라. http://www.ploughmen.co.uk/about-us/history-of-the-

plough.

103. Ibid.

104. Anthony 2007.

105. Bronowski 1973.

106. 지중해 일부 지역도 천수 농업에 의존한다.

107. Bronowski 1973.

108. Ibid.

109. Ibid.

110. Bushnell 1957.

111. 다음을 보라. http://www.ancientegyptonline.co.uk/renenutet.html.

112. Kramer 1964.

113. Grant and Hazel 2002. 이 점을 주목하게 해준 토머스 랠런드-브라운에게 감사를 전한다.

114. Grant and Hazel 2002.

115. Ibid.

116. Bronowski 1973, Clarke and Crisp 1983.

117. Lane 2016.

118. Bronowski 1973.

119. Ibid.

120. Anthony and Brown 2000, Anthony 2007.

121. Bronowski 1973.

122. 다음을 보라. https://www.britannica.com/technology/spoked-wheel.

123. 1800년과 1960년 사이에 만들어진 전자레인지, 뇌파 기록기를 포함한 154개의 발명품에 대한 분석(Michel et al. 2011)에 따르면, 문화적 진화의 속도는 점점 더 빨라지고 있다. 보다 최근의 혁신들은 널리 채택되기까지 훨씬 더 적은 시간이 걸렸다.

124. Lane 2016, Beinhocker 2006.

125. Petroski 1992.

126. '확산성virality'은 하나의 정보가 인터넷에서 빠르게 확산되는 경향을 말한다.

127. Bijker 1995.

128. Ibid.

129. 다음을 참고하라. http://content.time.com/time/specials/packages/completelist/0,29569,1991915,00.html. http://thestubble.com/6-weird-inventions-couldve -invented.html.

130. 다음을 참고하라. http://www.farnhamconsulting.com/A31%20Watson.htm.

131. Futuyma 1998.

132. Feldman and Cavalli-Sforza 1981.

133. 다음도 보라. Henrich 2004a and Powell et al. 2009.

134. Laland and Rendell 2013.

135. Derex and Boyd 2015.
136. Henrich 2004a, Powell et al. 2009.
137. Mesoudi and O'Brien 2008, Derex and Boyd 2015.
138. Richerson and Boyd 2005, Derex and Boyd 2015, Henrich 2015.
139. Henrich 2004a, Powell et al. 2009.
140. Henrich 2004a.
141. Ibid.
142. Kline and Boyd 2010.
143. Laland and Rendell 2013.
144. Boyd and Richerson 1985, Laland and Brown 2006.
145. Rendell, Boyd, et al. 2011.
146. Hawkesworth 2014. 다음을 보라. http://nzetc.victoria.ac.nz/tm/scholarly/tei-HawAcco-t1-g1-t1-body-d3-d4.html. http://www.tourism.net.nz/new-zealand/about-new-zealand/regions/bay-of-plenty/history.html.
147. Blunden 2003. 다음을 보라. http://nzetc.victoria.ac.nz/tm/scholarly/tei-HawAcco-t1-g1-t1-body-d3-d4.html.
148. Blunden 2003.
149. 언어의 진화에 대해서는 Gray and Jordan 2000을 참고하라. 미토콘드리아 DNA 증거에 관해서는 Trejaut et al. 2005를 참고하라.
150. Donald 1991.
151. Evison et al. 2008.
152. Laland and Rendell 2013.
153. 다음을 참고하라. https://www.google.co.uk/search?client=safari&rls=en&q=how+many+bytes+in+a+book&ie=UTF-8&oe=UTF-8&gfe_rd=cr&ei=U5uiVpGKLcn5-gb8jLjYDwq=how+much+information+on+the+internet (2013. 1. 23.).
154. 다음을 참고하라. Smith 1998, 2007a, 2007b. 이를 보완하는 논의에 대해서는 Zeder 2012, 2016을 참고하라.
155. Jaradat 2007.
156. Boivin et al. 2016.
157. Ibid.
158. Ibid.
159. Ibid.
160. http://www.bbc.co.uk/news/business-30875633(2015. 1. 19.).
161. 가장 부유한 국가와 가난한 국가의 소득 비율은 1820년 3 대 1에서 2000년의 70 대 1로 확대되었다(http://www.rgs.org/OurWork/Schools/Teaching+resources/Key+Stage+3+resources/Who+wants+to+be+a+billionaire/Is+it+ok+for+the+rich+to+

keep+getting+richer.htm). 이 보고서에 따르면, 세계의 200대 부자가 매년 그들 재산에서 1퍼센트씩만 기부해도 전 세계 모든 아이들이 초등교육을 받을 수 있다.

162. Lane 2016.

11장 협력의 기초

1. Hill et al. 2011.
2. Guillermo 2005.
3. Shaw 2003.
4. Fehr and Fischbacher 2003; Henrich 2015.
5. West et al. 2007.
6. Fogarty et al. 2011.
7. Boyd and Richerson 1985, 1988; Henrich 2004b.
8. West et al. 2011.
9. West et al. 2011, p.255.
10. Fogarty et al. 2011.
11. Fogarty et al. 2011.
12. Kline et al. 2013.
13. Caro and Hauser 1992.
14. Thornton and McAuliffe 2006.
15. Caro and Hauser 1992.
16. Nicol and Pope 1996.
17. 비슷한 논의로는 다음을 보라. Castro and Toro 2004.
18. Fehr and Fischbacher 2003.
19. Sterelny 2012a.
20. Fehr and Fischbacher 2003.
21. Fehr and Fischbacher 2003; Tomasello 2010.
22. Sterelny 2012a.
23. 협력하는 자에게 보상을 주고, 협력하지 않는 자를 처벌하는 이러한 경향을 '강한 호혜성strong reciprocity'이라고 한다. Fehr and Gachter 2002와 Fehr and Fischbacher 2003을 참조하라.
24. Tomasello 2010.
25. Tomasello 1999, 2008, 2010.
26. Sterelny 2012a.
27. Ibid.

28. Ibid.
29. Brosnan et al. 2012.
30. Sterelny 2012a, de Waal 2001.
31. Sterelny 2012a.
32. Bronowski 1973, Clarke and Crisp 1983.
33. Boyd and Richerson 1985; Fehr and Fischbacher 2003; Gintis 2003; Henrich 2004b, 2015; Henrich and Henrich 2007; Richerson and Boyd 2005; Nowak and Highfield 2011.
34. Nowak and Highfield 2011.
35. Oxpecker: Buphagus spp.
36. 논문으로 출판되지는 않았지만, 일군의 긴꼬리일본원숭이long-tailed macaque가 휴대폰이나 선글라스와 같은 여행객의 물건을 훔친다는 보고나 동영상이 있다. 원숭이들은 먹이를 주면 훔친 물건들을 기꺼이 돌려준다. 이러한 '거래'는 문화적 전통으로 보인다. 이에 대해서는 다음을 참조하라. http://jbleca.webs.com/currentresearch.htm.
37. Stanford et al. 1994.
38. Gilby et al. 2010.
39. Ridley 2011.
40. Ibid.
41. Davies and Bank 2002.
42. Richerson and Boyd 2005.
43. 나는 간단한 규칙들 가운데 일부는 언어 없이도 학습할 수 있다고 믿는다.
44. Pagel 2012는 이와 비슷한 주장을 펼친다.
45. Trivers 1971.
46. Alexander 1987.
47. Nowak and Sigmund 1998.
48. Nowak and Highfield 2011.
49. Fehr and Gachter 2002, Fehr and Fischbacher 2003.
50. Boyd and Richerson 1985, Richerson and Boyd 2005, Henrich and Boyd 1998.
51. 이런 면에서 캐런 킨즐러와 그 동료들의 실험은 흥미롭다(Kinzler et al. 2009). 이들은 처음 보는 아이들의 사진과 목소리를 보여주고 들려주었을 때, 5세 아동은 외국어나 외래 억양을 쓰는 화자보다 모국어를 쓰는 화자와 더 친구가 되고 싶어 했다. 그뿐만 아니라 목소리가 없을 때는 같은 인종의 아이들을 친구로 선택했지만, 억양과 인종을 맞붙였을 때는 모국어 억양을 지닌 다른 인종의 아이들을 친구로 선택했다. 이 실험 결과는 아이들이 선사시대의 인간 사회에서 사회 집단을 구분하던 기준을 따라 다른 아이들을 우선적으로 평가한다는 것을 보여준다.
52. Richerson and Boyd 2005, Richerson et al. 2014.
53. Boyd and Richerson 1985.

54. Richerson and Henrich 2012.
55. Richerson et al. 2014, Henrich 2004b.
56. Lee and Daly 1999.
57. Richerson et al. 2014.
58. Tomasello 1999.
59. Fehr and Gachter 2002, Fehr and Fischbacher 2003.
60. 빈도 의존적인 보상과 다수의 안정적인 균형 상태는 아마도 인간의 사회제도에서 매우 흔할 것이다. 예를 들어, Cooper 1999를 참조하라.
61. Bell et al. 2009.
62. Boyd and Richerson 1992, Fehr and Gachter 2002, Fehr and Fischbacher 2003, Richerson et al. 2014, Henrich 2004b.
63. Richerson et al. 2014.
64. 이는 리처슨과 보이드(Richerson and Boyd, 1998)가 주장했다. 이들은 이러한 진화된 심리적 메커니즘을 '부족적 사회 본능tribal social instincts'이라고 명명했다. 하지만 나는 '본능'이라는 용어에 문제가 있다고 보며(2장의 114번 주를 참조하라), 츄데크와 헨릭(Chudek and Henrich, 2011)이 제시한 대안적인 용어인 '규범 심리'를 더 선호한다. 이와 관련된 논의로는 Fehr and Fischbacher 2003과 Richerson and Henrich 2012를 참조하라.
65. Chudek & Henrich 2011, p.218.
66. Chudek & Henrich 2011.
67. Ibid., Fehr and Fischbacher 2003.
68. Richerson and Boyd 1998, Richerson et al. 2014.
69. Richerson and Boyd 1998, Richerson and Henrich 2012.
70. 유순함을 선호하는 자연선택에 인간이 노출되었다는 가설에 대한 또 다른 증거로는 2차 사회적 학습 전략 토너먼트의 결과가 있다. 토너먼트 결과, 누적적 문화의 조건에서 최고의 전략은 '관찰'을 한 번 실행한 다음 그 후에는 계속 '활용'만을 실행하는 것이었다. 누적적 문화가 쌓일수록(즉, 그 환경에서 '개선'이 더 많이 이루어질수록), 사회적 학습이나 비사회적 학습을 더 많이 하는 보다 복잡한 전략보다 이러한 단순한 전략의 이득은 더 증가했다.
71. Tomasello 2010.
72. Tomasello 1999, 2010.
73. Dean et al. 2012.
74. 예를 들어, Melis et al. 2006.
75. Sterelny 2012a, 2012b.
76. Van Schaik and Burkart 2011.
77. Laland and Bateson 2001, Pawlby 1977.
78. 이러한 현상은 문화적 진화 과정을 통해서도 발생할 수 있다. 이에 대한 논의와 참고 문

헌은 8장을 참조하라.

79. Heyes 2012.
80. Byrne 1994, Hoppitt and Laland 2008a.
81. Van Baaren et al. 2009.
82. Chartrand and Van Baaren 2009.
83. Heyes 2012, Chartrand and Van Baaren 2009, Van Baaren et al. 2004.
84. Chartrand and Bargh 1999.
85. Van Swol 2003.
86. 모방되었을 때 같이 보내는 시간이 더 즐겁게 느껴진다는 것에 대해서는 Tanner et al. 2008을 참조하라.
87. Carpenter et al. 2013.
88. Van Baaren et al. 2004.
89. Stel et al. 2010, Heyes 2012.
90. Heyes 2012, Yabar et al. 2006.
91. Heyes 2012.
92. Ibid.
93. Boyd and Richerson 1985.
94. Heyes 2012.
95. Laland and Bateson 2001, Heyes 2005.
96. Heyes 2012, Wen et al. 2016.
97. 이는 '2차 강화'라고 하며, 학습 과정에 대한 연구에서 잘 확립된 연구 결과다.
98. Tarr et al. 2014.
99. Heyes 2012.
100. Laland and Bateson 2001.
101. Pawlby 1977.
102. Van Schaik and Burkart 2011도 비슷한 주장을 한다.
103. Rose and Lauder 1996.
104. Gergely and Csibra 2005, Gergely et al. 2007, Csibra 2010.
105. Tennie et al. 2009.
106. Tomasello 1999, 2010.
107. Tomasello et al. 2007.
108. 순응에 대한 명쾌한 실험 증거나 그 이상의 논의를 보고 싶다면 Morgan et al. 2012와 Morgan and Laland 2012를 참조하라.
109. Haun et al. 2012. 마찬가지로 다음을 보라. Herrman et al. 2013.
110. Call et al. 2004; Call and Tomasello 1998, 2008.
111. 신경계의 증거에 대해서는 Striedter 2005와 Marino 2006을 참조하라. 유전자 증거에 대

해서는 Laland et al. 2010을 참조하라. 후자의 예시로는 CDK5RAP2, CENPJ, GABRA4가 있다. 비교 유전체학으로 판독된 인간 뇌의 진화와 관련된 다른 유전자들로는 MCPH1, ASPM, CDK5RAP2, SLC2A1, SLC2A4, NBPF, GADD45G, RFPL1, RFPL2, RFPL3가 있다. 그리고 뉴런의 기능과 관련된 유전자들인 DRD5, GRIN3A, GRIN3B, SRGAP2가 있다. 더 자세한 내용을 원한다면, Somel et al. 2013을 참고하라.

112. Somel et al. 2014.
113. 이는 우리의 고전적 조건형성classical conditioning, 조작적 조건형성operant conditioning, 반전 학습reversal learning 능력을 말한다.
114. Bolhuis et al. 2011. 어떻게 그러한 인지적 적응이 등장했는지에 대해 알고 싶다면 Carey 2009를 참조하라.
115. Boyd and Richerson 1985, Henrich 2009, Chudek and Henrich 2011.

12장 예술

1. Mesoudi et al. 2004, 2006; Mesoudi 2011.
2. 이건 아마도 예술에서 창조성과 독창성을 높이 평가하기 때문일 것이다. 또는 인문학의 일부 분야에서 진화론의 평판이 높지 않기 때문일 수도 있다(이에 대한 역사적 세부 사항에 대해서는 Laland and Brown 2011을 참조하라).
3. Morgan 1877; Spencer 1857, (1855) 1870; Tylor 1871.
4. Darwin 1859.
5. 아이폰과 매킨토시 컴퓨터의 사과 로고는 청산가리가 들어 있는 사과를 먹고 죽은, 현대 컴퓨터의 아버지 앨런 튜링을 기리기 위한 것이라는 이야기가 널리 알려져 있다. 이에 대한 이견이 상당히 많지만, 안타깝게도 이 이야기는 사실이기보다는 도시 전설일 가능성이 크다.
6. Turing 1937; Minsky 1967, p.104.
7. Gould and Vrba 1982.
8. Hoppitt and Laland 2013.
9. Galef Jr. 1988.
10. 엄밀히 말해, 여기에 언급된 대부분의 '학습'은 대부분 '도구적'(또는 '조작적' 학습)으로 읽어야 한다.
11. Pullium and Dunford 1980.
12. 최근의 리뷰로는 Brass and Heyes 2005가 있다.
13. Laland and Bateson 2001.
14. Rizzolatti and Craighero 2004.
15. Ibid.

16. Striedter 2005.
17. Iacoboni et al. 1999.
18. 이러한 형태의 사회적 학습은 대개 '관찰적 조건형성observational conditioning'이라고 한다.
19. Bronowski 1973.
20. Striedter 2005.
21. Deacon 1997.
22. Striedter 2005; Heffner and Masterton 1975, 1983.
23. Barton 2012.
24. 이 그림의 인쇄본은 약 20달러에 구할 수 있다.(https://secure.donationpay.org/chimphaven/chimpart.php).
25. 코끼리 그림에 대한 동물행동학자의 평가가 궁금하다면, 다음을 참고하라. http://www.dailymail.co.uk/sciencetech/article-1151283/Can-jumbo-elephants-really-paint—Intrigued-stories-naturalist-Desmond-Morris-set-truth.html.
26. '그림 그리는 코끼리'를 자랑하는 태국의 관광 시설들은 동물 보호 운동가들로부터 비판을 받아왔다. 그들은 훈련 방식이 잔인하다고 주장한다. 이에 대해 책임자들은 코끼리들이 정신적으로, 사회적으로 건강하다고 주장한다.
27. 그림 그리는 코끼리와 침팬지 영상은 유튜브에서 쉽게 찾아볼 수 있다.
28. Stoeger et al. 2012.
29. Plotnik et al. 2006.
30. 붉은털원숭이가 시각적 정보와 신체감각적 정보를 연결하는 시각-신체감각 훈련을 받았을 때, (거울을 통한 자기 인식과 유사한) 거울을 통한 자기 주도적 행동을 보인 것은 이 주장과 부합한다(Chang et al. 2015).
31. Striedter 2005.
32. Hugo (1831) 1978, p.189.
33. 구멍 뚫린 조개껍데기를 구슬로 처음 사용한 시기는 10만 년 전으로 거슬러 올라간다(D'Errico and Stringer 2011, McBrearty and Brooks 2000). 조개껍데기에는 종종 기하학적 패턴이 새겨졌고, 안료로도 채색되었다. 붉은 황토를 그림 재료로 사용한 것은 그보다 더 오래되었다. 남아프리카에서 발견된 6만 년 전의 타조알에서 그러한 사용 흔적을 찾은 것이다(Texier et al. 2010). 약 4만 5,000년 전부터 3만 5,000년 전까지, 상아와 조개껍데기에 구멍을 뚫어 엮은 것, 무언가를 새기고 조각한 돌, 뼈나 사슴뿔로 만들어진 도구와 무기의 장식, 다산의 상징으로 여겨지는 동물과 여성을 조각한 예술이 (적어도 서유럽에서는) 널리 퍼져 있었고, 매우 일관된 형태를 띠고 있었다. 하지만 구석기시대의 예술 작품 가운데 가장 인상적인 것은 의심의 여지 없이 유럽의 여러 나라에서 발견된 웅장한 동굴 벽화다(Sieveking 1979). 많은 동굴들이 그 안의 예술 작품으로 유명한데, 그 가운데 가장 오래된 것은 프랑스의 쇼베동굴에서 발견된 3만 년 전의 장엄한 벽화다. 가장 주목할 만한 동굴 벽화 모음들은 프랑스 도르도뉴의 라스코동굴로, 그 동물

에는 말, 사슴, 소, 들소, 인간, 5미터에 달하는 수소 등 1만 8,000년에서 1만 9,000년 전의 것으로 추정되는 2,000여 점의 그림들이 있다. 1879년에 최초로 발견된 동굴 벽화인, 스페인 북부의 알타미라동굴의 아름다운 천장 벽화도 유명하다. 약 1만 9,000년에서 1만 1,000년 전의 것으로 추정되는 알타미라 예술은 들소, 말, 그리고 그 밖의 대형 동물들로 표현되었으며, 깊이를 표현하기 위해 색과 음영이 탁월하게 사용되었다. 낮은 높이에 그려진 그림은 처음에는 고고학자들이 발견하지 못하다가 고고학자의 여덟 살 딸이 발견했다는 기묘한 이야기도 전해지는데, 그 아이는 당시 유일하게 똑바로 선 채로 천장을 올려다볼 수 있을 정도로 키가 작았다.

34. 예술에서는 특정한 기술, 스타일, 재료가 특정 장소에서만 사용되는 지역적 변이가 존재하며, 이는 예술이 공동체의 구성원들에 의해 사회적으로 학습되고 공유되는 특정한 의미를 표현한다는 것을 뜻한다(Zaidel 2013). 그림은 사람들의 마음을 지배했던 것, 살아가며 의지하고 뒤쫓았던 동물들, 그 동물들이 상징했던 힘과 영향력에 대한 후대를 위한 기록이다. 그림으로 그려진 종과, 독립적으로 현재 존재한다고 확인된 종이 서로 상당히 일치하기에, 생태학자들은 구석기시대의 예술을 이용해 종의 분포를 추정한다(Yeakel et al. 2014). 시간에 따른 연속성이 있으며, 동일한 방법과 기술이 1,000년에 걸쳐 반복적으로 사용되기도 한다. 예를 들어, 유럽의 동굴벽화 전통은 수만 년 동안 이어졌으며, 암벽화에서의 붉은 황토와 같은 안료는 오늘날에도 사용된다(McBrearty and Brooks 2000). 이러한 전통은 창조적이고 전위적이며 급진적인 개인들이 수많은 혁신들을 받아들이며 한 세대에서 다음 세대로 이어지며, 우리 종의 기원에서부터 오늘날의 현대 미술관의 전시물까지 이어지는 연속체를 이룬다. 마지막으로, 관찰되는 변화의 패턴은 역사적인 맥락에 달려 있다. 기술처럼 새로운 예술은 창작자의 마음에서만 만들어지고 솟아나는 것이 아니라, 기존의 예술 형태를 창조적으로 재가공한 것이다.
35. 램버트무용단의 이름은 1966년까지는 '발레램버트Ballet Rambert'였다가, 그 뒤부터 2013년까지 '램버트무용단'이었다.
36. Laland et al. 2016.
37. Byrne 1999, Laland and Bateson 2001, Heyes 2002, Brass and Heyes 2005.
38. Carpenter 2006.
39. Heyes and Ray 2000, Laland and Bateson 2001.
40. Brown et al. 2006.
41. 두루미 쌍이 함께 뛰거나 날개를 퍼덕이며 구애하는 것, 또는 꿀벌의 의사소통 체계와 같은 동물의 움직임에도 춤과 같은 요소가 있기는 하지만, 이들은 다른 기능을 수행하기 위해 진화한 종 특이적인 행동 패턴이다.
42. Nettl 2000.
43. Fitch 2011.
44. Patel 2006.
45. 이 가설과는 대조적으로, 나는 동작 모방도 강조한다.

46. Doupe 2005, Jarvis 2004.
47. 유튜브에 "Cacatua galerita eleonora"로 검색해 보라.
48. 유튜브에서 스노볼을 볼 수 있다. https://www.youtube.com/watch?v=cJOZp2ZftCw.
49. Moore 1992.
50. Patel et al. 2009.
51. Schachner et al. 2009, Patel et al. 2009, Dalziell et al. 2013.
52. Hoppitt and Laland 2013.
53. Fitch 2013.
54. Hoppitt and Laland 2013.
55. Cook et al. 2013, Fitch 2013.
56. Ibid.
57. Dalziell et al. 2013.
58. 실제로 운동 모방은 여러 고전 무용과 현대무용에서 핵심적이다. 무용수들은 동작의 산물이 아니라 과정을 모방해야 하며, 그들이 배우는 학교(예를 들어, 마사 그레이엄 대 머스 커닝햄 스타일)의 기술과 스타일에 크게 의존하는 사회적으로 제한된 규칙들을 따라야 한다.
59. Feenders et al. 2008.
60. Clarke and Crisp 1983.
61. Clarke and Crisp 1983, Dudley 1977.
62. Clarke and Crisp 1983.
63. Laubin and Laubin 1977.
64. Clarke and Crisp 1983.
65. 강사가 무용수의 몸을 손으로 바로잡거나, 그보다 빈도는 덜하지만 구두 지시를 통해 교정이 이루어지기도 한다. 퐁뒤, 아라베스크, 샤세, 그랑주떼처럼 각각의 고유한 움직임에 대한 상세한 용어가 있는 발레처럼, 일부 무용에서는 특정한 스텝에 대한 용어가 존재하기도 한다. 하지만 그런 경우를 제외하면, 단어로 몸의 움직임을 묘사하기는 쉽지 않다. 따라서 구두로 춤을 가르칠 때는 보통 이미지를 사용하며, 이 경우에도 자신의 신체 움직임을 다른 대상, 감정, 존재와 연관 짓는 능력이 필요하다.
66. 이 가운데 많은 부분들에 관심을 갖게 해준 니키 클레이턴에게 감사를 전한다.
67. Whalen et al. 2015.
68. Lewontin 1970.
69. Plotkin 1994.
70. Kirschner and Gerhart 2005.
71. Darwin 1871, Pagel et al. 2007, Gray and Atkinson 2003, Gray and Jordan 2000, Kirby et al. 2008.
72. Clarke and Crisp 1983.

73. Ibid., Dudley 1977.
74. Clarke and Crisp 1983.
75. Lawson 1964.
76. Clarke and Crisp 1983.
77. Ibid.
78. Ibid.
79. Lawson 1964, Clarke and Crisp 1983.
80. Clarke and Crisp 1983.
81. Lawson 1964, Clarke and Crisp 1983.
82. Clarke and Crisp 1983.
83. Ibid.
84. Lawson 1964, Clarke and Crisp 1983.
85. Clarke and Crisp 1983.
86. Homer. The Odyssey. Book I, p.29.
87. Tarr et al. 2014.
88. Ibid.
89. Tomasello et al. 2005.
90. Tarr et al. 2014.
91. Ibid.
92. Heyes 2012, Chartrand and Van Baaren 2009, Van Baaren et al. 2009.
93. Heyes 2012.
94. 옥스퍼드대학교의 심리학자이자 모방 전문가인 세실리아 헤이스는 특정한 사회적 춤이 문화적 집단 선택에 의해 확산되었을 가능성을 언급했다. 또한, 그 춤이 긍정적이고 친사회적인 감정을 일으키기에 확산되었을 것이라고 주장했다(Heyes 2012).
95. 화석 증거는 다른 데이터에 의해 보완되며, 그중 가장 많이 쓰이는 것이 분자 증거다.
96. 맘보에도 뜻밖의 흥미로운 역사가 있으며, 아프리카와 유럽 모두에 그 기원을 두고 있다. 쿠바에서 맘보는 반투에 뿌리를 둔 쿠바인들인 콩고인의 신성한 노래이며, 그 이름은 반투어로 종교 의식에 사용되는 악기를 뜻한다. 하지만 맘보는 뜻밖에도 영국의 어느 컨트리댄스에도 그 기원을 두고 있다. 이는 17세기 프랑스 궁정에서 콩트르당스contredanse가 되었다가 이후 스페인에서 콘트라단자contradanza가 되었다. 1세기 후, 콘트라단자는 쿠바에 전해졌으며, 거기서는 단자danza로 알려지게 되었다. 단자는 아이티의 독립 이후 아이티를 탈출한 농장주들과 노예들에 의해 변형되었고, 그들은 신킬로cinquillo라는 당김음을 추가했다. 19세기에 이르러서는 남녀 한 쌍의 보다 자유롭고 즉흥적인 춤이 콩트르당스의 형식성을 대체했고, 단존danzon이라는 새로운 음악이 더해졌다. 이것이 1930년대의 맘보를 낳았다. 더 자세한 내용은 Clarke and Crisp 1983을 참조하라.
97. 다음을 참조하라. http://www.pbt.org/community-engagement/brief-history-ballet.

98. Clarke and Crisp 1983.
99. Ibid., Dudley 1977.
100. Clarke and Crisp 1983.
101. Ibid.
102. Dudley 1977.
103. McDonagh 1976.
104. Fitch 2016.
105. Steele 2013.
106. Clarke and Crisp 1983.
107. Steele 2013.
108. Kant 2007.
109. Steele 2013.
110. Clarke and Crisp 1983.
111. 전근대사회에서의 춤과 장식의 역할은 현대사회에서도 여전히 중요하다. 많은 안무가들이 '고대' 또는 '원시' 문화와 의식 무용의 모습에서 영감을 받았을 뿐만 아니라, 가장 유명한 발레 중 일부가 수천 년 전의 신화에 바탕을 두고 있기 때문이다. 신화는 발레의 줄거리에 영향을 주었으며 의상에도 영향을 주었다(Steele 2013).
112. Steele 2013.
113. Ibid.
114. Clarke and Crisp 1983, Steele 2013.
115. Ibid.

참고 문헌

Abbott, A. 2015. Clever fish. *Nature* 521:412–414.

Acuna-Alonzo, V., T. Flores-Dorantes, J. K. Kruit, T. Villarreal-Molina, O. ArellanoCampos, T. Hunemeier, A. Moreno-Estrada, et al. 2010. A functional ABCA1 gene variant is associated with low HDL-cholesterol levels and shows evidence of positive selection in Native Americans. *Human Molecular Genetics* 19:2877– 2885.

Agbai, O. 1986. Anti-sickling effect of dietary thiocyanate in prophylactic control of sickle cell anemia. *Journal of the National Medical Association* 78:1053–1056.

Aidoo, M., D. J. Terlouw, M. S. Kolczak, P. D. McElroy, F. O. ter Kuile, S. Kariuki,

B. L. Nahlen, et al. 2002. Protective effects of the sickle cell gene against malaria morbidity and mortality. *Lancet* 359:1311–1312.

Alexander, R. D. 1987. *The Biology of Moral Systems*. New York, NY: Aldine de Gruyter.

Allen, J., M. Weinrich, W. Hoppitt, and L. Rendell. 2013. Network-based diffusion analysis reveals cultural transmission of lobtail feeding in humpback whales. *Science* 340:485–488.

Ambrose, S. H. 2001. Paleolithic technology and human evolution. *Science* 291:1748–1753.

Anderson, C. A., and B. J. Bushman. 2001. Effects of violent video games on aggressive behavior, aggressive cognition, aggressive affect, physiological arousal, and prosocial behavior: a meta-analytic review of the scientific literature. *Psychological Science* 12:353–359.

Annett, M. 1985. *Left, Right, Hand and Brain: The Right Shift Theory*. London, UK: Erlbaum.

Anthony, D. W. 2007. *The Horse, the Wheel, and Language: How Bronze-Age Riders from the Eurasian Steppes Shaped the Modern World*. Princeton, NJ: Princeton University Press.

Anthony, D. W., and D. Brown. 2000. Neolithic horse exploitation in the Eurasian steppes: diet, ritual and riding. *Antiquity* 74:75–86.

Anton, S. C. 2014. Evolution of early *Homo*: an integrated biological perspective. *Science* 345:6192, doi:10.1126/science.1236828.

Apesteguia, J., S. Huck, and J. Oechssler. 2007. Imitation-theory and experimental evidence. *Journal of Economic Theory* 136:217–235.

Aplin, L. M., D. R. Farine, J. Morand-Ferron, A. Cockburn, A. Thornton, and B. C. Sheldon. 2014. Experimentally induced innovations lead to persistent culture via conformity in wild birds. *Nature* 518:538–541.

Aplin, L. M., D. R. Farine, J. Morand-Ferron, A. Cockburn, A. Thornton, and B. C. Sheldon. 2015. Counting conformity: evaluating the units of information in frequencydependent social learning. *Animal Behaviour* 110:E5–E8.

Aplin, L. M., D. R. Farine, J. Morand-Ferron, and B. C. Sheldon. 2012. Social networks predict patch discovery in a wild population of songbirds. *Proceedings of the Royal Society of London B* 279:4199–4205.

Arbib, M. A. 2012. *How the Brain Got Language: The Mirror System Hypothesis*. Oxford, UK: Oxford University Press.

Ardrey, R. 1966. *The Territorial Imperative*. London, UK: Collins.

Armelagos, G. J. 2014. Brain evolution, the determinates of food choice, and the omnivore's dilemma. *Critical Reviews in Food Science and Nutrition* 54:1330–1341.

Armelagos, G. J., A. H. Goodman, and K. H. Jacobs. 1991. The origins of agriculture: population growth during a period of declining health. *Population and Environment* 131:9–22.

Armelagos, G. J., and K. S. Harper. 2005. Genomics at the origins of agriculture, part two. *Evolutionary Anthropology* 14:109–121.

Arnold, C., L. J. Matthews, and C. L. Nunn. 2010. The 10k Trees website: A new online resource for primate phylogeny. *Evolutionary Anthropology* 19:114–118.

Asch, S. E. 1955. Opinions and social pressure. *Scientific American* 193(5):31–35.

Atton, N. 2013. Investigations into Stickleback Social Learning. PhD diss., University of St Andrews.

Atton, N., W. Hoppitt, M. M. Webster, B. G. Galef, and K. N. Laland. 2012. Information flow through threespine stickleback networks without social transmission. *Proceedings of the Royal Society of London B* 279:4272–4278.

Auer, P., N. Cesa-Bianchi, and P. Fischer. 2002. Finite-time analysis of the multi-armed bandit problem. *Machine Learning* 47:235–256.

Aunger, R. 1992. The nutritional consequences of rejecting food in the Ituri Forest of Zaire. *Human Ecology* 30:1–29.

———. 1994a. Are food avoidances maladaptive in the Ituri Forest of Zaire? *Journal of Anthropological Research* 50:277–310.

———. 1994b. Sources of variation in ethnographic interview data: food avoidances in the Ituri Forest, Zaire. *Ethnology* 33:65–99.

Avital, E., and E. Jablonka. 2000. *Animal Traditions*. Cambridge, UK: Cambridge University Press.

Axelrod, R. 1984. *The Evolution of Cooperation*. New York, NY: Basic Books.

Badr, A. M., K. Sch, R. Rabey, H. E. Effgen, S. Ibrahim, H. H. Pozzi, C. Rohde, and W. F. Salamini. 2000. On the origin and domestication history of Barley (*Hordeum vulgare*). *Molecular Biology and Evolution* 17(4):499–510.

Baird, R. W. 2000. The killer whale: foraging specializations and group hunting. In: *Cetacean Societies: Field Studies of Dolphins and Whales*, ed. J. Mann, R. C. Connor, P. L. Tyack, and H. Whitehead. Chicago, IL: University of Chicago Press.

Baird, R. W., and H. Whitehead. 2000. Social organization of mammal-eating killer whales: group stability and dispersal patterns. *Canadian Journal of Zoology* 78:2096–2105.

Baldwin, J. M. 1896. A new factor in evolution. *American Naturalist* 30:441–451. Baldwin, J. M. 1902. *Development and Evolution*. New York, NY: Macmillan.

Bandura, A., and F. L. Menlove. 1968. Factors determining vicarious extinction of avoidance behavior through symbolic modeling. *Journal of Personality and Social Psychology* 8:99–108.

Bandura, A., D. Ross, and S. A. Ross. 1961. Transmission of aggression through the imitation of aggressive models. *Journal of Abnormal Social Psychology* 63:575–582. Banerjee, K., C. F. Chabris, V. E. Johnson, J. J. Lee, F. Tsao, and M. D. Hauser. 2009. General intelligence in another primate: individual differences across cognitive task performance in a new world monkey (*Saguinus oedipus*). *PLOS ONE* 4:e5883, doi:org/10.1371/journal.pone.0005883.

Barlow, K. R. 2002. Predicting maize agriculture among the Fremont: an economic comparison of farming and foraging in the American southwest. *American Antiquity* 67:65–88.

Barnard, C. J., and R. M. Sibly. 1981. Producers and scroungers: a general model and its application to captive flocks of house sparrows. *Animal Behaviour* 29:543–550. Barnes, E. 2005. Diseases and human evolution. Albuquerque, NM: University of New Mexico Press.

Barnes, I., A. Duda, O. G. Pybus, and M. G. Thomas. 2011. Ancient urbanization predicts genetic resistance to tuberculosis. *Evolution* 65:842–848.

Barnett, S. A. 1975. The Rat: A Study in Behavior. Chicago, IL: University of Chicago Press.

Barrett, D. B., G. T. Kurian, and T. M. Johnston. 2001. *World Christian Encyclopedia*. Oxford, UK: Oxford University Press.

Barton, R. A. 1999. The evolutionary ecology of the primate brain. In: *Comparative Primate Socioecology*, ed. P. C. Lee. Cambridge, UK: Cambridge University Press, pp. 167–194.

———. 2006. Primate brain evolution: integrating comparative, neurophysiological, and ethological data. *Evolutionary Anthropology* 15:224–236.

———. 2012. Embodied cognitive evolution and the cerebellum. *Philosophical Transactions of the Royal Society of London B* 367:2097–2107.

Barton, R. A., and I. Capellini. 2011. Maternal investment, life histories, and the costs of brain growth in mammals. *Proceedings of the National Academy of Sciences USA* 108:6169–6174.

Barton, R. A., and P. H. Harvey. 2000. Mosaic evolution of brain structure in mammals. *Nature* 405:1055–1058.

Barton, R. A., and C. Venditti. 2013. Human frontal lobes are not relatively large. *Proceedings of the National Academy of Sciences USA* 110:9001–9006.

Bar-Yosef, O., and T. D. Price, eds. 2011. The origins of agriculture: new data, new ideas. *Current Anthropology* 52, special supplement 4.

Basalla, G. 1988. *The Evolution of Technology*. Cambridge, UK: Cambridge University Press.

Basgall, M. E. 1987. Resource intensification among huntergatherers: acorn economies in prehistoric California. *Research in Economic Anthropology* 9:21–52.

Bateman, A. J. 1948. Intra-sexual selection in Drosophila. *Heredity* 2:349–368. Bateson, P., and P. Gluckman. 2011. *Plasticity, Robustness, Development and Evolution*. Cambridge, MA: Cambridge University Press.

Bateson, P., and P. Martin. 2000. *Design for a Life: How Behavior and Personality Develop*. New York, NY: Simon & Schuster.

———. 2013. *Play, Playfulness, Creativity and Innovation*. Cambridge, UK: Cambridge University Press.

Beinhocker, E. 2006. *The Origin of Wealth: Evolution Complexity and the Radical Remaking of Economics*. Boston, MA: Harvard Business School Press.

Beja-Pereira, A., G. Luikart, P. R. England, D. G. Bradley, O. C. Jann, G. Bertorelle, A. T. Chamberlain, et al. 2003. Gene–culture co-evolution between cattle milk protein genes and human lactase genes. *Nature Genetics* 35:311–313.

Bell, A. V., P. J. Richerson, and R. McElreath. 2009. Culture rather than genes provides greater scope for the evolution of large-scale human prosociality. *Proceedings of the National Academy of Sciences USA* 106:17671–17674.

Bellamy, R., C. Ruwende, T. Corrah, K. McAdam, H. Whittle, and A. Hill. 1998. Variations in the *Nramp1* gene and susceptibility to tuberculosis in West Africans. *New England Journal of Medicine* 338:640–644.

Bergemann, D., and J. Valimaki. 1996. Learning and strategic pricing. *Econometrica* 64:1125–1149.

Berger, S. M. 1962. Conditioning through vicarious instigation. *Psychological Review* 69:450–466.

Bergman, A., and M. W. Feldman. 1995. On the evolution of learning: representation of a stochastic environment. *Theoretical Population Biology* 48:251–276.

Bersaglieri, T., P. C. Sabeti, N. Patterson, T. Vanderploeg, S. F. Schaffner, J. A. Drake, M. Rhodes, et al. 2004. Genetic signatures of strong recent positive selection at the lactase gene. *American Journal of Human Genetics* 74:1111–1120.

Bettinger, R. L., R. Garvey, and S. Tushingham. 2015. *Hunter-Gatherers: Archaeological and Evolutionary Theory*. New York, NY: Springer.

Beyene, Y., S. Katoh, G. WoldeGabriel, W. K. Hart, K. Uto, M. Sudo, M Kondo, et al. 2013. The characteristics and chronology of the earliest Acheulean at Konso, Ethiopia. *Proceedings of the National Academy of Sciences USA* 110:1584–1591.

Bickerton, A. 2009. *Adam's Tongue*. New York, NY: Hill and Wang.

Biesmeijer, J. C., and T. D. Seeley. 2005. The use of the waggle dance information by honey bees throughout their foraging careers. *Behavioral Ecology and Sociobiology* 59:133–142.

Bijker, W. 1995. *Of Bicycles, Bakelites, and Bulbs: Toward a Theory of Sociotechnical Change*. Cambridge, MA: MIT Press.

Bikhchandani, S., D. Hirshleifer, and I. Welch. 1992. A theory of fads, fashion, custom, and cultural change as informational cascades. *Journal of Political Economy* 100:992–1026.

———. 1998. Learning from the behavior of others: conformity, fads, and informational cascades. *Journal of Economic Perspectives* 12:151–170.

Bird, R. B., N. Taylor, and F. Codding. 2013. Niche construction and dreaming logic: aboriginal patch mosaic burning and varanid lizards (*Varanus gouldii*) in Australia. *Proceedings of the Royal Society of London B*, doi:10.1098/rspb.2013.2297.

Birney, E. 2012. An integrated encyclopedia of DNA elements in the human genome. The

ENCODE Project consortium. *Nature* 489:57–74.

Biro, D., N. Inoue-Nakamura, R. Tonooka, G. Yamakoshi, C. Sousa, and T. Matsuzawa. 2003. Cultural innovation and transmission of tool use in wild chimpanzees: evidence from field experiments. *Animal Cognition* 6:213–223.

Biro, D., C. Sousa, and T. Matsuzawa. 2006. Ontogeny and cultural propagation of tool use by wild chimpanzees at Bossou, Guinea: case studies in nut cracking and leaf folding. In: *Cognitive Development in Chimpanzees*, ed. T. Matsuzawa, M. Tomonaga, and M. Tanaka. Tokyo, Japan: Springer, pp. 476–508.

Bishop, D.V.M. 1990. *Handedness and Developmental Disorder*. Hove, UK: Erlbaum. Blazek, V., J. Bruzek, and M. F. Casanova. 2011. Plausible mechanisms for brain structural and size changes in human evolution. *Collegium Antropologicum* 35:949– 955.

Bloom, P. 1997. Intentionality and word learning. *Trends in Cognitive Sciences* 1: 9–12.

———. 2000. *How Children Learn the Meaning of Words*. Cambridge, MA: MIT Press. Blumenschine, R. J. 1986. *Early Hominid Scavenging Opportunities: Implications of Carcass Availability in the Serengeti and Ngorongoro Ecosystems*. Oxford, UK: Archaeopress.

Blumler, M. A. 1992. Seed Weight and Environment in Mediterranean-type Grasslands in California and Israel. PhD diss., University of California, Berkeley.

Blunden, G. 2003. *Charco Harbour*. Sydney, Australia: Sydney University Press. Blurton Jones, N. G. 1986. Bushman birth spacing: a test for optimal inter-birth intervals. *Ethology and Sociobiology* 7:91–105.

———. 1987. Bushman birth spacing: direct tests of some simple predictions. *Ethology and Sociobiology* 8:183–204.

Boeda, E., J. Connan, D. Dessort, S. Muhesen, N. Mercier, H. Valladas, and N. Tisnerat. 1996. Bitumen as a hafting material on Middle Paleolithic artefacts. *Nature* 380:336–338.

Boesch, C. 2003. Is culture a golden barrier between human and chimpanzee? *Evolutionary Anthropology* 12:26–32.

Boesch, C., and M. Tomasello. 1998. Chimpanzee and human cultures. *Current Anthropology* 39:591–604.

Boinski, S. 1988. Sex differences in the foraging behavior of squirrel monkeys in a seasonal habitat. *Behavioral Ecology and Sociobiology* 23:177–186.

Boivin, N. L., M. A. Zeder, D. Q. Fuller, A. Crowther, G. Larson, J. M. Erlandson, T. Denham, and M. D. Petraglia. 2016. Ecological consequences of human niche construction: examining long-term anthropogenic shaping of global species distributions. *Proceedings of the National Academy of Sciences USA* 113(23):6388– 6396.

Bolhuis, J. J., G. R. Brown, R. C. Richardson, and K. N. Laland. 2011. Darwin in mind: new opportunities for evolutionary psychology. *PLOS Biology* 9(7):e1001109, doi:org/1371/journal.pbio.1001109.

Bolhuis, J. J., K. Okanoya, and C. Scharff. 2010. Twitter evolution: converging mechanisms in birdsong and human speech. *Nature Reviews Neuroscience* 11:747–759.

Bolhuis, J. J., I. Tattersall, N. Chomsky, and R. C. Berwick. 2014. How could language have evolved? *PLOS Biology* 12(8):e1001934, doi:10.1371/journal.pbio.1001934. Bonner, J. T. 1980. *The Evolution of Culture in Animals*. Princeton, NJ: Princeton University Press.

Boogert, N. J., S. M. Reader, W. Hoppitt, and K. N. Laland. 2008. The origin and spread of innovations in starlings. *Animal Behaviour* 75:1509–1518.

Boulle, P. (1963) 2011. *Planet of the Apes*. New York, NY: Vintage Books.

Box, H. O., and K. R. Gibson, eds. 1999. *Mammalian Social Learning: Comparative and Ecological Perspectives*. Cambridge, UK: Cambridge University Press.

Boyd, R., and P. J. Richerson. 1985. *Culture and the Evolutionary Process*. Chicago, IL: University of Chicago Press.

———. 1988. The evolution of reciprocity in sizable groups. *Journal of Theoretical Biology* 132:337–356.

———. 1992. Punishment allows the evolution of cooperation or anything else in sizable groups. *Ethology and Sociobiology* 133:171–195.

———. 1995. Why does culture increase human adaptability? *Ethology and Sociobiology* 16:125–143.

———. 1996. Why culture is common, but cultural evolution is rare. *Proceedings of the British Academy of Science* 88:77–93.

———. 2005. *The Origin and Evolution of Cultures*. Oxford, UK: Oxford University Press.

Boyd, R., and J. Silk. 2015. *How Humans Evolved*, 7th ed. New York, NY: Norton.

Boyd, R., H. Gintis, and S. Bowles. 2010. Coordinated punishment of defectors sustains cooperation and can proliferate when rare. *Science* 328:617–620.

Boyd, R., H. Gintis, S. Bowles, and P. J. Richerson. 2003. The evolution of altruistic punishment. *Proceedings of the National Academy of Sciences USA* 100:3531–3535.
Boyd, R., P. J. Richerson, and J. Henrich. 2011. The cultural niche: why social learning is essential for human adaptation. *Proceedings of the National Academy of Sciences USA* 108:10918–10925.

Bradshaw, J. L. 1991. Animal asymmetry and human heredity: dextrality, tool use and language in evolution—10 years after Walker (1980). *British Journal of Psychology* 82:39–59.

Brass, M., and C. Heyes. 2005. Imitation: Is cognitive neuroscience solving the correspondence problem? *Trends in Cognitive Sciences* 9:489–495.

Braun, D. R., T. Plummer, P. W. Ditchfield, L. C. Bishop, and J. V. Ferraro. 2009. Oldowan technology and raw material variability at Kanjera South. In: *Interdisciplinary Approaches to Oldowan*, ed. E. Hovers and D. R. Braun. New York, NY: Springer, pp. 99–110.

Brighton, H., S. Kirby, and K. Smith. 2005. Cultural selection for learnability: three principles underlying the view that language adapts to be learnable. In: *Language Origins: Perspectives on Evolution*, ed. M. Tallerman. Oxford, UK: Oxford University Press, pp. 291–309.

Bronowski, J. 1973. *The Ascent of Man*. London, UK: BBC Books.

Brosnan, S. F., B. J. Wilson, and M. J. Beran. 2012. Old world monkeys are more like humans than New World monkeys when playing a coordination game. *Proceedings of the Royal Society of London B*, 279:1522–1530.

Brown, C., and R. L. Day. 2002. The future of stock enhancements: lessons for hatchery practice from conservation biology. *Fish and Fisheries* 3:79–94.

Brown, C., and K. N. Laland. 2001. Social learning and life skills training for hatchery reared fish. *Journal of Fish Biology* 59:471–493.

———. 2002. Social learning of a novel avoidance task in the guppy: conformity and social release. *Animal Behaviour* 64:41–47.

———. 2003. Social learning in fishes: a review. *Fish and Fisheries* 4:280–288.

———. 2006. Social learning in fishes. In: *Fish Cognition and Behaviour*, ed. C. Brown, K. N. Laland, and J. Krause. Oxford, UK: Blackwell, pp. 186–202.

Brown, C., T. Davidson, and K. N. Laland. 2003. Environmental enrichment and prior experience improve foraging behaviour in hatchery-reared Atlantic salmon. *Journal of Fish Biology* 63:187–196.

Brown, G. R., K. N. Laland, and M. Borgerhoff Mulder. 2009. Bateman's principles and human sex roles. *Trends in Ecology & Evolution* 24:297–304.

Brown, G. R., T. Dickins, R. Sear, and K. N. Laland. 2011. Evolutionary accounts of human behavioural diversity. *Philosophical Transactions of the Royal Society of London B* 366:313–324.

Brown, C., A. Markula, and K. N. Laland. 2003. Social learning of prey location in hatchery-reared Atlantic salmon. *Journal of Fish Biology* 63:738–745.

Brown, M. F. 1985. Rooks feeding on human vomit. *British Birds* 78:513.

Brown, R. E. 1985. The rodents II: suborder Myomorpha. In: *Social Odours in Mammals*, ed. R. E. Brown and D. W. Macdonald. Oxford, UK: Clarendon Press, pp. 345–457.

Brown, S., M. J. Martinez, and L. M. Parsons. 2006. The neural basis of human dance. *Cerebral Cortex 16*:1157–1167.

Bshary, R. 2011. Machiavellian intelligence in fishes. In: *Fish Cognition and Behaviour*, ed. C. Brown, K. N. Laland, and J. Krause. Oxford, UK: Blackwell, pp. 277–297.

Bshary, R., W. Wickler, and H. Fricke. 2002. Fish cognition: a primate's eye view. *Animal Cognition* 5:1–13.

Bugnyar, T., and K. Kortschal. 2002. Observational learning and the raiding of food caches in ravens (*Corvus corax*): Is it "tactical deception"? *Animal Behaviour* 64:185–195.

Burger, J., M. Kirchner, B. Bramanti, W. Haak, and M. G. Thomas. 2007. Absence of the lactase-persistence associated allele in early Neolithic Europeans. *Proceedings of the National Academy of Sciences USA* 104:3736–3741.

Burling, R. 1993. Primate calls, human language, and nonverbal communication. *Current Anthropology* 34:25–53.

Bushnell, G.H.S. 1957. *Peru.* London, UK: Thames and Hudson.

Buss, D. M. 1999. *Evolutionary Psychology: The New Science of the Mind.* London, UK: Allyn & Bacon.

Byrne, R. W. 1992. The evolution of intelligence. In: *Behaviour and Evolution*, ed. P.J.B. Slater and T. R. Halliday. Cambridge, UK: Cambridge University Press, pp. 223–265.

———. 1994. The evolution of intelligence. In: *Behaviour and Evolution*, ed. P.J.B. Slater and T. R. Halliday. Cambridge, UK: Cambridge University Press, pp. 223–265.

———. 1995. *The Thinking Ape*. Oxford, UK: Oxford University Press.

———. 1997. The Technical Intelligence hypothesis: An additional evolutionary stimulus to intelligence? In: *Machiavellian Intelligence II: Extensions and Evaluations*, ed. A. Whiten and R. W. Byrne. Cambridge, UK: Cambridge University Press, pp. 289–311.

———. 1999. Imitation without intentionality. Using string parsing to copy the organization of behaviour. *Animal Cognition* 2:63–72.

———. 2003. Novelty in deceit. In: *Animal Innovation*, ed. S. M. Reader and K. N. Laland. Oxford, UK: Oxford University Press.

———. 2016. *Evolving Insight*. Oxford, UK: Oxford University Press.

Byrne, R. W., and N. Corp. 2004. Neocortex size predicts deception rate in primates. *Proceedings of the Royal Society of London B* 271:1693–1699.

Byrne, R. W., and A. E. Russon. 1998. Learning by imitation: a hierarchical approach.

Behavioral and Brain Sciences 21:667–684.

Byrne, R. W., and A. Whiten. 1988. *Machiavellian Intelligence: Social Expertise and the Evolution of Intellect in Monkeys, Apes and Humans*. Oxford, UK: Oxford University Press.

———. 1990. Tactical deception in primates: the 1990 database. *Primate Report* 27 (entire vol.):1–101.

Byrne, R. W., C. Holbaiter, and M. Klailova. 2011. Local traditions in gorilla manual skill: evidence for observational learning of behavioral organization. *Animal Cognition* 14:683–693.

Caceres, M., J. Lachuer, M. A. Zapala, J. C. Redmond, L. Kudo, D. H. Geschwind, D. J. Lockhart, et al. 2003. Elevated gene expression levels distinguish human from non-human primate brains. *Proceedings of the National Academy of Sciences USA* 100:13030–13035.

Cadieu, N., S. Fruchard, and J.-C. Cadieu. 2010. Innovative individuals are not always the best demonstrators: feeding innovation and social transmission in *Serinus canaria*. *PLOS ONE* 5:e8841, doi:org/10.1371/journal.pone.0008841.

Calarco, J. A., Y. Xing, M. Caceres, J. P. Calarco, X. Xiao, Q. Pan, C. Lee, et al. 2007. Global analysis of alternative splicing differences between humans and chimpanzees. *Genes & Development* 21:2963–2975.

Caldwell, C., and A. Millen. 2008. Experimental models for testing hypotheses about cumulative cultural evolution. *Evolution and Human Behavior* 29:165–171.

Caldwell, M. C., and D. K. Caldwell. 1972. Behavior of marine mammals. In: *Mammals of the Sea*, ed. H. Ridgway. Springfield, IL: C. C. Thomas, pp. 419–465.

Call, J., and M. Tomasello. 1998. Distinguishing intentional from accidental actions in orangutans (*Pongo pygmaeus*), chimpanzees (*Pan troglodytes*), and human children (*Homo sapiens*). *Journal of Comparative Psychology* 112:192–206.

———. 2008. Does the chimpanzee have a theory of mind? 30 years later. *Trends in Cognitive Sciences* 12:187–192.

Call, J., B. Hare, M. Carpenter, and M. Tomasello. 2004. Unwilling or unable? Chimpanzees' understanding of intentional actions. *Developmental Science* 7: 488–498.

Callahan, E. 1979. *The Basics of Biface Knapping in the Eastern Fluted Point Tradition: A Manual for Flintknappers and Lithic Analysts*. Bethlehem, CT: Eastern States Archaeological Federation.

Cambefort, J. P. 1981. A comparative study of culturally transmitted patterns of feeding habits in the chacma baboon (*Papio ursinus*) and the vervet monkey (*Cercopithecus aethiops*). *Folia Primatologica* 36:243–263.

Cann, R. L., M. Stoneking, and A. C. Wilson. 1987. Mitochondrial DNA and human evolution. *Nature* 325:31–36.

Carey, S. 2009. *The Origin of Concepts*. New York, NY: Oxford University Press.

Caro, T. M. 1980a. Predatory behaviour in domestic cat mothers. *Behaviour* 74:128–147.

———. 1980b. Effects of the mother, object play and adult experience on predation in cats. *Behavioral and Neural Biology* 29:29–51.

———. 1995. Short-term costs and correlates of play in cheetahs. *Animal Behaviour* 49:333–345.

Caro, T. M., and M. D. Hauser. 1992. Is there teaching in nonhuman animals? *Quarterly Review of Biology* 67:151–174.

Carpenter, M. 2006. Instrumental, social and shared goals and intentions in imitation. In: *Imitation and the Social Mind: Autism and Typical Development*, ed. S. J. Rogers and J.H.G. Williams. New York, NY: Guilford, pp. 48–70.

Carpenter, M., J. Uebel, and M. Tomasello. 2013. Being mimicked increases prosocial behaviour in 18-month-old infants. *Child Development* 84:1511–1518.

Carr, K., R. L. Kendal, and E. G. Flynn. 2015. Imitate or innovate? Children's innovation is influenced by the efficacy of observed behaviour. *Cognition* 142:322–332. Carroll, S. B. 2005. *Endless Forms Most Beautiful: The New Science of Evo Devo*. New York, NY: W. W. Norton.

Carruthers, P. 2006. *The Architecture of the Mind: Massive Modularity and the Flexibility of Thought*. Oxford, UK: Oxford University Press.

Casanova, C., R. Mondragon-Ceballos, and P. C. Lee. 2008. Innovative social behavior in chimpanzees (*Pan troglodytes*). *American Journal of Primatology* 70:54–61.

Casar, C., K. Zuberbuehler, R. J. Young, and R. W. Byrne. 2013. Titi monkey call sequences vary with predator location and type. *Biology Letters* 9, 20130535, doi: 10.1098/rsbl.2013.0535.

Caselli, G., J. Vallen, and G. Wunsch. 2005. *Demography: Analysis & Synthesis*. Cambridge, MA: Academic Press.

Castro, L., and M. A. Toro. 2004. The evolution of culture: from primate social learning to human culture. *Proceedings of the National Academy of Sciences USA* 101:10235–10240.

Catchpole, C. K., and P.J.B. Slater. 1995. *Bird Song: Biological Themes and Variations*.
Cambridge, UK: Cambridge University Press.

———. 2008. *Bird Song: Biological Themes and Variations*, 2nd ed. Cambridge, UK: Cambridge University Press.

Cavalli-Sforza, L. L., and M. W. Feldman. 1973. Models for cultural inheritance I: group mean and within-group variation. *Theoretical Population Biology* 4:42–55.

———. 1981. *Cultural Transmission and Evolution: A Quantitative Approach*. Princeton, NJ: Princeton University Press.

Chang, L., Q. Fang, S. Zang, M. Poo, and N. Gong. 2015. Mirror-induced self-directed behaviors in rhesus monkeys after visual-somatosensory training. *Current Biology* 25(2):212–217.

Chartrand, T. L., and J. Bargh. 1999. The chameleon effect: the perception-behavior link and social interaction. *Journal of Personality and Social Psychology* 766:893–910.

Chartrand, T. L., and R. van Baaren. 2009. Human mimicry. *Advances in Experimental Social Psychology*. 4108:219–274.

Cheney, D. L., and R. M. Seyfarth. 1988. Social and non-social knowledge in vervet monkeys. In: *Machiavellian Intelligence: Social Expertise and the Evolution of Intellect in Monkeys, Apes and Humans*, ed. R. W. Byrne and A. Whiten. Oxford, UK: Oxford University Press, pp. 255–270.

Childe, V. G. 1936. *Man Makes Himself*. London, UK: Watts.

Chittka, L., and J. Niven. 2009. Are bigger brains better? *Current Biology* 19:R995–R1008. Chomsky, N. 1965. *Aspects of the Theory of Syntax*. Cambridge, MA: MIT Press.

———. 1968. *Language and Mind*. Cambridge, UK: Cambridge University Press.

———. 1980. *Rules and Representations*. New York, NY: Columbia University Press.

Chudek, M., and J. Henrich. 2011. Culture-gene coevolution, norm psychology and the emergence of human prosociality. *Trends in Cognitive Sciences* 155:218–226.

Claidiere, N., E.J.E. Messer, W. Hoppitt, and A. Whiten. 2013. Diffusion dynamics of socially learned foraging techniques in squirrel monkeys. *Current Biology* 23:1251–1255.

Clarke, M., and C. Crisp. 1983. *The History of Dance*, 5th ed. New York, NY: Crown.

Clayton, N. S., and A. Dickinson. 1998. Episodic-like memory during cache recovery by scrub jays. *Nature* 395:272–274.

———. 2010. Mental time travel: Can animals recall the past and plan for the future? In: *The New Encyclopedia of Animal Behaviour*, Vol. 2, ed. M. D. Breed ad J. Moore. Oxford, UK: Academic Press, pp. 438–442.

Cloutier, S., R. C. Newberry, K. Honda, and J. R. Alldredge. 2002. Cannibalistic behaviour spread by social learning. *Animal Behaviour* 63:1153–1162.

Clutton-Brock, T. H., and P. H. Harvey. 1980. Primates, brain and ecology. *Journal of Zoology*, London 190:309–323.

Clutton-Brock, T. H., D. Gaynor, G. M. MacIlrath, A.D.C. MacColl, R. Kansky, P. Chadwick, M. Manser, et al. 1999. Predation, group size and mortality in a cooperative mongoose (*Suricata suricatta*). *Journal of Animal Ecology* 68:672–683.

Cochran, G., and H. Harpending. 2009. *The 10,000 Year Explosion: How Civilization Accelerated Human Evolution*. New York, NY: Basic Books.

Cohen, M. N. 1989. *Health and the Rise of Civilizations*. New Haven, CT: Yale University Press.

Cohen, M. N., and G. Armelagos. 1984. *Paleopathology at the Origins of Agriculture*. Orlando, FL: Academic.

Cohen, M. N., and G.M.M. Crane-Kramer. 2007. *Ancient Health: Skeletal Indicators of Agricultural and Economic Intensification*. Gainesville, FL: University of Florida Press.

Collard, M., B. Buchanan, A. Ruttle, and M. J. O'Brien. 2012. Niche construction and the toolkits of hunter–gatherers and food producers. *Biological Theory* 6:251–259. Colombelli-Négrel, D., M. E. Hauber, J. Robertson, F. J. Sulloway, H. Hoi, M. Griggio, and S. Kleindorfer. 2012. Embryonic learning of vocal passwords in superb fairy-wrens reveals intruder cuckoo nestlings. *Current Biology* 22:2155–2160.

Cook, P., A. Rouse, M. Wilson, and C. Reichmuth. 2013. A California sea lion (*Zalophus californianus*) can keep the beat: motor entrainment to rhythmic auditory stimuli in a non-vocal mimic. *Journal of Comparative Psychology* 127(4):412–427.

Coolen, I., R. L. Day, and K. N. Laland. 2003. Species difference in adaptive use of public information in sticklebacks. *Proceedings of the Royal Society of London B* 270:2413–2419.

Coolen, I., A. J. Ward, P.J.B. Hart, and K. N. Laland. 2005. Foraging nine-spined sticklebacks prefer to rely on public information over simpler social cues. *Behavioral Ecology* 16:865–870.

Cooper, R. W. 1999. *Coordination Games: Complementarities and Macroeconomics*.

Cambridge, UK, and New York, NY: Cambridge University Press.

Corballis, M. C. 1991. *The Lopsided Ape: Evolution of the Generative Mind*. Oxford, UK: Oxford University Press.

———. 1993. *The Lopsided Ape: Evolution of the Generative Mind*. Oxford, UK: Oxford University Press.

———. 2013. Mental time travel: a case for evolutionary continuity. *Trends in Cognitive Sciences* 17:5–6, doi:10.1016/j.tics.2012.10.009.

Cordaux, R., R. Aunger, G. Bentley, I. Nasidze, S. M. Sirajuddin, and M. Stoneking. 2004.

Independent origins of Indian caste and tribal paternal lineages. *Current Biology* 14:231–235.

Cornwallis, C., S. West, K. Davis, and A. Griffin. 2010. Promiscuity and the evolutionary transition to complex societies. *Nature* 466:969–972.

Cosmides, L., and J. Tooby. 1987. From evolution to behavior: evolutionary psychology as the missing link. In: *The Latest on the Best: Essays on Evolution and Optimality*, ed. J. Dupre. Cambridge, MA: MIT Press, pp. 277–306.

Coussi-Korbel, S., and D. Fragaszy. 1995. On the relation between social dynamics and social learning. *Animal Behaviour* 50:1441–1453.

Couzin, I. D. 2009. Collective cognition in animal groups. *Trends in Cognitive Sciences* 13(1):36–43.

Couzin, I. D., J. Krause, N. R. Franks, and S. A. Levin. 2005. Effective leadership and decision-making in animal groups on the move. *Nature* 433:513–516.

Cowie, A. 2014. Experimental Studies of Social Foraging in Budgerigars (*Melopsittacus undulates*). PhD diss., University of St Andrews.

Crittenden, A. N. 2011. The importance of honey consumption in human evolution. *Food and Foodways: Explorations in the History and Culture of Human Nourishment* 19:257–273.

Croft, D. P., R. James, A.J.W. Ward, M. S. Botham, D. Mawdsley, and J. Krause. 2005. Assortative interactions and social networks in fish. *Oecologia* 143:211–219.

Csibra, G. 2007. Teachers in the wild. *Trends in Cognitive Sciences* 11:95–96.

———. 2010. Recognizing communicative intentions in infancy. *Mind & Language* 25:141–168.

Csibra, G., and G. Gergely. 2006. Social learning and social cognition: the case for pedagogy. In: *Processes of Change in Brain and Cognitive Development*, ed. Y. Munakata and M. H. Johnson. Oxford, UK: Oxford University Press, pp. 249–274.

———. 2011. Natural pedagogy as evolutionary adaptation. *Philosophical Transactions of the Royal Society B* 366:1149–1157.

Curio, E. 1988. Cultural transmission of enemy recognition by birds. In: *Social Learning: Psychological and Biological Perspectives*, ed. B. G. Galef and T. R. Zentall. Hillsdale, NJ: Erlbaum, pp. 75–97.

Curio, E., U. Ernst, and W. Vieth. 1978. Cultural transmission of enemy recognition: one function of mobbing. *Science* 202:899–901.

Currie D. J., and J. T. Fritz. 1993. Global patterns of animal abundance and species energy use. *Oikos* 67:56–68.

Dalziell, A. H., R. A. Peters, A. Cockburn, A. D. Dorland, A. C. Maisey, and R. D. Magrath. 2013. Dance choreography is coordinated with song repertoire in a complex avian display. *Current Biology* 23:1132–1135.

Danchin, E., L.-A. Giraldeau, T. J. Valone, and R. H. Wagner. 2004. Public information: from nosy neighbours to cultural evolution. *Science* 305:487–491.

Darwin C. R. 1986. Letter from Charles Darwin to the Gardener's Chronicle, [Aug. 16, 1841]. In: *The Correspondence of Charles Darwin*, Vol. 2. Cambridge, UK: Cambridge University Press, pp. 1837–1843. Darwin Correspondence Project, "Letter no. 607," accessed on 12 July 2016, http://www.darwinproject.ac.uk/DCP-LETT-607.

———. (1859) 1968. *On the Origin of Species by Means of Natural Selection, or the Preservation of Favoured Races in the Struggle for Life*. London: John Murray. First edition reprint.

London, UK: Penguin Books, London.
———. (1871) 1981. *The Descent of Man and Selection in Relation to Sex*. London: John Murray. First edition reprint. Princeton, NJ: Princeton University Press.
———. 1872. *The Expression of the Emotions in Man and Animals*. London: John Murray.
Davies, G., and J. H. Bank. 2002. *A History of Money: From Ancient Times to the Present Day*. Cardiff, UK: University of Wales Press.
Davies, N. B. 1991. *Dunnock Behaviour and Social Evolution*. Oxford, UK: Oxford University Press.
Dawkins, R. 1976. *The Selfish Gene*. Oxford, UK: Oxford University Press.
———. 1982. *The Extended Phenotype*. Oxford, UK: Oxford University Press. Dawkins, M. 2012. *Why Animals Matter*. Oxford, UK: Oxford University Press.
Day, R., T. MacDonald, C. Brown, K. N. Laland, and S. M. Reader. 2001. Interactions between shoal size and conformity in guppy social foraging. *Animal Behaviour* 62:917–925.
Day, R. L. 2003. Innovation and Social Learning in Monkeys and Fish: Empirical Findings and Their Application to Reintroduction Techniques. PhD diss., University of Cambridge.
Day, R. L., R. L. Coe, J. R. Kendal, and K. N. Laland. 2003. Neophilia, innovation and social learning: a study of intergeneric differences in callitrichid monkeys. *Animal Behaviour* 65:559–571.
Deacon, T. W. 1990. Fallacies of progression in theories of brain-size evolution. *International Journal of Primatology* 11:193–236.
———. 1997. The *Symbolic Species: The Coevolution of Language and the Brain.* New York, NY: Norton.
———. 2003a. *The Symbolic Species*, 2nd ed. London, UK: Penguin Books.
———. 2003b. Multilevel selection in a complex adaptive system: the problem of language origins. In: *Evolution and Learning: The Baldwin Effect Reconsidered*, ed. B. Weber and D. Depew. Cambridge, MA: MIT Press, pp. 81–106.
Dean, L. G., R. L. Kendal, S. J. Schapiro, B. Thierry, and K. N. Laland. 2012. Identification of the social and cognitive processes underlying human cumulative culture. *Science* 335:1114–1118.
Dean, L. G., G. Vale, K. N. Laland, E. Flynn, and R. L. Kendal. 2014. Human cumulative culture: a comparative perspective. *Biological Reviews* 89:284–301.
Deaner, R. O., C. L. Nunn, and C. P. van Schaik. 2000. Comparative tests of primate cognition: different scaling methods produce different results. *Brain, Behavior and Evolution* 55:44–52.
Deaner, R. O., C. van Schaik, and V. Johnson. 2006. Do some taxa have better domaingeneral cognition than others? A meta-analysis of nonhuman primate studies. *Evolutionary Psychology* 4:149–196.
Deary, I. J. 2000. *Looking Down on Human Intelligence: From Psychometrics to the Brain*. Oxford, UK: Oxford University Press.
———. 2001. *Intelligence: A Very Short Introduction*. Oxford, UK: Oxford University Press.
Dechmann, D.K.N., and K. Safi. 2009. Comparative studies of brain evolution: a critical insight from the chiroptera. *Biological Review* 84:161–172.
Delagnes, A., and H. Roche. 2005. Late Pliocene hominid knapping skills: the case of Lokalalei 2C, West Turkana, Kenya. *Journal of Human Evolution* 48:435–472.
De la Torre, I. 2011. The origins of stone tool technology in Africa: a historical perspective.

Philosophical Transactions of the Royal Society of London B 366:1028– 1037.

de Magalhaes, J. P., and A. Matsuda. 2012. Genome-wide patterns of genetic distances reveal candidate loci contributing to human population-specific traits. *Annals of Human Genetics* 76:142–158.

Dennett, D. C. 1983. Intentional systems in cognitive ethology: the 'Panglossian paradigm' defended. *Behavioral and Brain Sciences* 6:343–355.

Derex, M., and R. Boyd. 2015. The foundations of the human cultural niche. *Nature Communications* 6:8398, doi:10.1038/ncomms9398.

d'Errico, F., and C. Stringer. 2011. Evolution, revolution or saltation scenario for the emergence of modern cultures? *Philosophical Transactions of the Royal Society of London B* 366:1060–1069.

DeVoogd, T. J., J. R. Krebs, S. D. Healy, and A. Purvis. 1993. Relations between song repertoire size and the volume of brain nuclei related to song: comparative evolutionary analysis among oscinc birds. *Proceedings of the Royal Society of London B* 254:75–82.

de Waal, F. 1990. *Peacemaking among Primates*. Cambridge, MA: Harvard University Press.

———. 1996. *Good Natured: The Origins of Right and Wrong in Humans and Other Animals*. Cambridge, MA: Harvard University Press.

———. 2001. *The Ape and the Sushi Master*. London, UK: Penguin Books.

———. 2007. *Chimpanzee Politics: Power and Sex among Apes*. Baltimore, MD: Johns Hopkins University Press.

———. 2010. *The Age of Empathy: Nature's Lessons for a Kinder Society*. London, UK: Souvenir Press.

de Winter, W., and C. E. Oxnard. 2001. Evolutionary radiations and convergences in the structural organization of mammalian brains. *Nature* 409:710–714.

Diamond, J. 1991. *The Rise and Fall of the Third Chimpanzee*. London, UK: Vintage.

———. 1997. *Guns, Germs, and Steel: The Fates of Human Societies*. London, UK: Jonathon Cape.

———. 2006. *Collapse: How Societies Choose to Fail or Succeed*. London, UK: Penguin Books.

Dindo, M., B. Thierry, and A. Whiten. 2008. Social diffusion of novel foraging methods in brown capuchin monkeys (*Cebus apella*). *Proceedings of the Royal Society of London B* 275:187–193.

Donald, M. 1991. *Origins of the Modern Mind: Three Stages in the Evolution of Culture and Cognition*. Cambridge, MA: Harvard University Press.

Dornhaus, A., and L. Chittka. 1999. Evolutionary origins of bee dances. *Nature* 401:38.

Dorrance, B. R., and T. R. Zentall. 2002. Imitation of conditional discriminations in pigeons (*Columba livia*). *Journal of Comparative Psychology* 116:277–285.

Doupe, A. J., D. J. Perkel, A. Reiner, and E. A. Stern. 2005. Birdbrains could teach basal ganglia research a new song. *Trends in Neuroscience* 28:353–363.

Draper, P. 1976. Social and economic constraints on child life among the !Kung. In: *Kalahari Hunter-Gatherers: Studies of the !Kung San and Their Neighbors*, ed. R. B. Lee and I. DeVore. Cambridge, MA: Harvard University Press, pp. 199– 217.

Dudley, J. 1977. The early life of an American modern dancer. In: *The Encyclopedia of Dance and Ballet*, ed. M. Clarke and D. Vaughan. London, UK: Pitman.

Duffy, G. A., T. W. Pike, and K. N. Laland. 2009. Size-dependent directed social learning in nine-spined sticklebacks. *Animal Behaviour* 78:371–375.

Dugatkin, L. A. 1992. Sexual selection and imitation: females copy the mate choice of others. *American Naturalist* 139:1384–1389.

Dugatkin, L. A., and J. Godin. 1992. Reversal of female mate choice by copying in the guppy (*Poecilia reticulata*). *Proceedings of the Royal Society of London B* 249:179–184.

Dunbar, R.I.M. 1992. Neocortex size as a constraint on group size in primates. *Journal of Human Evolution* 20:469–493.

———. 1995. Neocortex size and group size in primates: a test of the hypothesis. *Journal of Human Evolution* 28:287–296.

———. 1998. Theory of mind and the evolution of language. In: *Approaches to the Evolution of Language*, ed. J. R. Hurford, M. Studdert-Kennedy, and C. Knight. Cambridge, UK: Cambridge University Press, pp. 92–110.

———. 2011. Evolutionary basis of the social brain. In: *Oxford Handbook of Social Neuroscience*, ed. J. Decety and J. Cacioppo. Oxford, UK: Oxford University Press, pp. 28–38.

Dunbar, R.I.M., and S. Shultz. 2007a. Understanding primate brain evolution. *Philosophical Transactions of the Royal Society of London B* 362:649–658.

———. 2007b. Evolution in the social brain. *Science* 317:1344–1347.

Durham, W. H. 1991. *Coevolution: Genes, Culture, and Human Diversity*. Stanford, CA: Stanford University Press.

Eaton, G. G. 1976. The social order of Japanese macaques. *Scientific American* 234: 96–106.

Elgar, M. A., and B. J. Crespi. 1992. Ecology and evolution of cannibalism. In: *Cannibalism. Ecology and Evolution among Diverse Taxa*, ed. M. A. Elgar and B. J. Crespi. Oxford, UK: Oxford University Press, pp. 1–12.

Emery, N. J. 2004. Are corvids 'feathered apes'? Cognitive evolution in crows, jays, rooks and jackdaws. In: *Comparative Analysis of Minds*, ed. S. Watanabe. Tokyo, Japan: Keio University Press, pp. 181–213.

Emery, N. J., and N. S. Clayton. 2004. The mentality of crows: convergent evolution of intelligence in corvids and apes. *Science* 306:1903–1907.

Enard, W., S. Gehre, K. Hammerschmidt, S. M. Holter, T. Blass, M. Somel, M. K. Bruckner, et al. 2009. A humanized version of Foxp2 affects cortico-basal ganglia circuits in mice. *Cell* 137:961–971.

Enard, W., P. Khaitovich, J. Klose, S. Zollner, F. Heissiq, P. Giavalisco, K. Nieselt-Struwe, et al. 2002. Intraand interspecific variation in primate gene expression patterns. *Science* 296:340–343.

Enard, W., M. Przeworski, S. E. Fisher, C. Lai, V. Wiebe, T. Kitana, A. P. Monaco, et al. 2002. Molecular evolution of FOXP2, a gene involved in speech and language. *Nature* 418:869–872.

Enquist, M., and S. Ghirlanda. 2007. Evolution of social learning does not explain the origin of human cumulative culture. *Journal of Theoretical Biology* 1479:449–454. Enquist, M., K. Eriksson, and S. Ghirlanda. 2007. Critical social learning: a solution to Rogers' paradox of nonadaptive culture. *American Anthropologist* 109:727–734.

Enquist, M., S. Ghirlanda, and K. Eriksson. 2011. Modelling the evolution and diversity of cumulative culture. *Philosophical Transactions of the Royal Society of London B* 366:412–423.

Enquist, M., S. Ghirlanda, A. Jarrick, and C.-A. Wachtmeister. 2008. Why does human culture increase exponentially? *Theoretical Population Biology* 74:46–55.

Enquist, M., P. Strimling, K. Eriksson, K. N. Laland, and J. Sjostrand. 2010. One cultural parent makes no culture. *Animal Behaviour* 79:1353–1362.

Erickson, D. L., B. D. Smith, A. C. Clarke, D. H. Sandweiss, and N. Tuross. 2005. An Asian origin for a 10,000-year-old domesticated plant in the Americas. *Proceedings of the National Academy of Sciences USA* 102(51):18315–18320.

Eriksson, K., M. Enquist, and S. Ghirlanda. 2007. Critical points in current theory of conformist social learning. *Journal of Evolutionary Psychology* 5:67–87.

Evans, A. G., and T. E. Wellems. 2002. Coevolutionary genetics of *Plasmodium malaria* parasites and their human hosts. *Integrative and Comparative Biology* 42:401–407. Evans, C. 2016. Empirical Investigations of Social Learning, Cooperation, and Their Role in the Evolution of Complex Culture. PhD diss., University of St Andrews.

Evison, S. F., O. Petchey, A. Beckerman, and F. W. Ratnieks. 2008. Combined use of pheromone trails and visual landmarks by the common garden ant (*Lasius niger*). *Behavioral Ecology and Sociobiology* 63:261–267.

Falk, D. 2004. Prelinguistic evolution in early hominins: whence motherese? *Behavioral and Brain Sciences* 27:491–503.

Farr, J. A., and W. F. Herrnkind. 1974. A quantitative analysis of social interaction of the guppy (*Poecilia reticulata*) as a function of population density. *Animal Behaviour* 22:582–591.

Faurie, C., and M. Raymond. 2005. Handedness, homicide and negative frequencydependent selection. *Proceedings of the Royal Society of London B* 272:25–28.

Feenders, G., M. Liedvogel, M. Rivas, M. Zapka, H. Horita, E. Hara, K. Wada, et al. 2008. Molecular mapping of movement-associated areas in the avian brain: a motor theory for vocal learning origin. *PLOS ONE* 3:e1768, doi:org/10.1371/journal.pone.0001768.

Fehr, E., and U. Fischbacher. 2003. The nature of human altruism. *Nature* 425:785–791. Fehr, E., and S. Gachter. 2002. Altruistic punishment in humans. *Nature* 415:137–140. Feldman, M., and M. E. Kislev. 2007. A century of wheat research—from wild emmer discovery to genome analysis. *Israel Journal of Plant Sciences* 55(3–4):207–221.

Feldman, M. W., and L. L. Cavalli-Sforza. 1976. Cultural and biological evolutionary processes, selection for a trait under complex transmission. *Theoretical Population Biology* 9:238–259.

Feldman, M. W., and L. L. Cavalli-Sforza. 1981. *Cultural Evolution: A Quantitative Approach*. Princeton, NJ: Princeton University Press.

———. 1989. On the theory of evolution under genetic and cultural transmission with application to the lactose absorption problem. In: *Mathematical Evolutionary Theory*, ed. M. W. Feldman. Princeton, NJ: Princeton University Press, pp. 145–173.

Feldman, M. W., and K. N. Laland. 1996. Gene-culture co-evolutionary theory. *Trends in Ecology & Evolution* 11:453–457.

Feldman, M. W., and L. A. Zhivotovsky. 1992. Gene-culture coevolution: toward a general theory of vertical transmission. *Proceedings of the National Academy of Sciences USA* 89:935–938.

Feldman, M. W., K. Aoki, and J. Kumm. 1996. Individual versus social learning: evolutionary analysis in a fluctuating environment. *Anthropological Science* 104:209–232.

Fernandes, H.B.F., M. A. Woodley, and J. te Nijenhuis. 2014. Differences in cognitive abilities among primates are concentrated of *G*: Phenotypic and phylogenetic comparisons with two meta-analytical databases. *Intelligence* 46:311–322.

Finlay, B. L., and R. B. Darlington. 1995. Linked regularities in the development and evolution of mammalian brains. *Science* 268:1578–1584.

Fischer, J., B. C. Wheeler, and J. P. Higham. 2015. Is there any evidence for vocal learning in chimpanzee food calls? *Current Biology* 25:1028–1029.

Fisher, J., and R. A. Hinde. 1949. The opening of milk bottles by birds. *British Birds* 42:347–357.

Fisher, R. A. 1930. *The Genetical Theory of Natural Selection*. Oxford, UK: Clarendon Press.

Fisher, S. E., F. Vargha-Khadem, K. E. Watkins, A. P. Monaco, and M. E. Pembrey. 1998. Localisation of a gene implicated in a severe speech and language disorder. *Nature Genetics* 18:168–170.

Fitch, W. T. 2004. Kin selection and "mother tongues": a neglected component in language evolution. In: *Evolution of Communication Systems: A Comparative Approach*, ed. D. Kimbrough Oller and U. Griebel. Cambridge, MA: MIT Press, pp. 275–296.

———. 2005. The evolution of language: a comparative review. *Biology and Philosophy* 20:193–230.

———. 2010. *The Evolution of Language*. Cambridge, UK: Cambridge University Press.

———. 2011. The biology and evolution of rhythm: unraveling a paradox. In: *Language and Music as Cognitive Systems*, ed. P. Rebuschat, M. Rohrmeier, J. Hawkins, and I. Cross. Oxford, UK: Oxford University Press, pp. 73–95.

———. 2013. Rhythmic cognition in humans and animals: distinguishing meter and pulse perception. *Frontiers Systems Neuroscience* 7:1–16.

———. 2016. Dance, music, meter and groove: a forgotten partnership. *Frontiers in Human Neuroscience*, doi:org/10.3389/fn-hum.2016.00064.

Flynn, E. 2008. Investigating children as cultural magnets: do young children transmit redundant information along diffusion chains? *Philosophical Transactions of the Royal Society B* 363(1509):3541–3551.

Fogarty, L., P. Strimling, and K. N. Laland. 2011. The evolution of teaching. *Evolution* 65:2760–2770.

Forsgren, E., A. Karlsson, and C. Kvarnemo. 1996. Female sand gobies gain direct benefits by choosing males with eggs in their nests. *Behavioral Ecology and Sociobiology* 39:91–96.

Fortna, A., Y. Kim, E. MacLaren, K. Marshall, G. Hahn, L. Meltesen, M. Brenton, et al. 2004. Lineage-specific gene duplication and loss in human and great ape evolution. *PLOS Biology* 2(7):e207, doi:10.1371/journal.pbio.0020207.

Fragaszy, D. M. 2012. Community resources for learning: how capuchin monkeys construct technical traditions. *Biological Theory* 6:231–240, doi:10.1007/s13752 –012–0032–8.

Fragaszy, D. M., and S. Perry, eds. 2003. *The Biology of Traditions: Models and Evidence*. Cambridge, UK: Cambridge University Press.

Franks, N. R., and T. Richardson. 2006. Teaching in tandem-running ants. *Nature* 439:153.

Franz, M., and C. L. Nunn. 2009. Network-based diffusion analysis: a new method for detecting social learning. *Proceedings of the Royal Society of London B* 276:1829–1836.

Frazer, K. A., X. Chen, D. A. Hinds, P. V. Pant, N. Patil, and D. R. Cox. 2002. Genomic DNA insertions and deletions occur frequently between humans and nonhuman primates. *Genome Research* 13:341–346.

Frommen, J. G., C. Luz, and T.C.M. Bakker. 2007. Nutritional state influences shoaling preference for familiars. *Zoology* 110:369–376.

Fuller, D. 2011. Pathways to Asian civilizations: tracing the origins and spread of rice and rice cultures. *Rice* 43:78–92.

Futuyma, D. J. 1998. *Evolutionary Biology*, 3rd ed. Sunderland, MA: Sinauer.

Gagneux, P., C. Wills, U. Gerloff, D. Tautz, P. A. Morin, C. Boesch, B. Fruth, et al. 1999. Mitochondrial sequences show diverse evolutionary histories of African hominoids. *Proceedings of the National Academy of Sciences USA* 96:5077–5082.

Gajdon, G. K., N. Fijn, and L. Huber. 2006. Limited spread of innovation in a wild parrot, the Kea (*Nestor notabilis*). *Animal Cognition* 9:173–181.

Galef, B. G., Jr. 1988. Imitation in animals: history, definition and interpretation of the data from the psychological laboratory. In: *Social learning: Psychological and Biological Perspectives*, ed. B. G. Galef Jr. and T. R. Zentall. Hillsdale, NJ: Erlbaum, pp. 3–28.

———. 1992. The question of animal culture. *Human Nature* 3:157–178.

———. 2003. Traditional behaviors of brown and black rats *R. norvegicus* and *R. rattus*. In: *The Biology of Traditions: Models and Evidence*, ed. S. Perry and D. Fragaszy. Chicago, IL: University of Chicago Press, pp. 159–186.

Galef, B. G. 2009. Culture in animals? In: *The Question of Animal Culture*, ed. K. N. Laland and B. G. Galef. Cambridge, MA: Harvard University Press, pp. 222–246.

Galef, B. G., Jr., and C. Allen. 1995. A new model system for studying animal tradition. *Animal Behaviour* 50:705–717.

Galef, B. G., Jr., and M. Beck. 1985. Aversive and attractive marking of toxic and safe foods by Norway rats. *Behavioral and Neural Biology* 43:298–310.

Galef, B. G., Jr., and L. L. Buckley. 1996. Use of foraging trails by Norway rats. *Animal Behaviour* 51:765–771.

Galef, B. G., Jr., and M. M. Clark. 1971a. Social factors in the poison avoidance and feeding behavior of wild and domesticated rat pups. *Journal of Comparative Physiology and Psychology* 78:341–357.

———. 1971b. Parent–offspring interactions determine time and place of first ingestion of solid food by wild rat pups. *Psychonomic Science* 25:15–16.

Galef, B. G., Jr., and L. Giraldeau. 2001. Social influences on foraging in vertebrates: causal mechanisms and adaptive functions. *Animal Behaviour* 61:3–15.

Galef, B. G., Jr., and L. Heiber. 1976. The role of residual olfactory cues in the determination of feeding site selection and exploration patterns of domestic rats. *Journal of Comparative Physiology and Psychology* 90:727–739.

Galef, B. G., Jr., and P. W. Henderson. 1972. Mother's milk: a determinant of the feeding preferences of weaning rat pups. *Journal of Comparative Physiology and Psychology* 78:213–219.

Galef, B. G., and K. N. Laland. 2009. *The Question of Animal Culture*. Cambridge, MA: Harvard University Press.

Galef, B. G., Jr., and S. W. Wigmore. 1983. Transfer of information concerning distant foods: a laboratory investigation of the 'information-centre' hypothesis. *Animal Behaviour* 31:748–758.

Galef, B. G., Jr., D. J. Kennett, and S. W. Wigmore. 1984. Transfer of information concerning distant foods in rats: a robust phenomenon. *Animal Learning and Behavior* 12:292–296.

Galef, B. G., Jr., J. R. Mason, G. Preti, and N. J. Bean. 1988. Carbon disulfide: A semiochemical mediating socially–induced diet choice in rats. *Physiology and Behavior* 42:119–124.

Galef, B. G., Jr., B. Rudolf, E. E. Whiskin, E. Choleris, M. Mainardi, and P. Valsecchi. 1998. Familiarity and relatedness: effects on social learning about foods by Norway rats and Mongolian gerbils. *Animal Learning & Behavior* 26:448–454.

Gagneux, P., C. Wills, U. Gerloff, D. Tautz, P. A. Morin, C. Boesch, B. Fruth, et al. 1999. Mitochondrial sequences show diverse evolutionary histories of African hominoids. *Proceedings of the National Academy of Sciences USA* 96:5077–5082.

Gardner, R. A., and B. T. Gardner. 1969. Teaching sign language to a chimpanzee. *Science* 165:664–672.

Garfield, Z. H., M. J. Garfield, and B.S. Hewlett. 2016. A cross-cultural analysis of hunter-gatherer social learning. In: *Social Learning and Innovation in Contemporary Huntergatherers: Evolutionary and Ethnographic Perspectives*, ed. H. Terashima and B. S. Hewlett. Tokyo, Japan: Springer.

Garland, E. C., A. W. Goldizen, M. L. Rekdahl, R. Constantine, C. Garrigue, N. D. Hauser, M. M. Poole, et al. 2011. Dynamic horizontal cultural transmission of humpback whale song at the Ocean Basin scale. *Current Biology* 21:687–691.

Gergely, G., and G. Csibra. 2005. The social construction of the cultural mind: imitative learning as a mechanism of human pedagogy. *Interaction Studies* 6:463–481.

Gergely, G., K. Egyed, and I. Kiraly. 2007. On pedagogy. *Developmental Science* 10:139–146.

Gerull, F. C., and R. M. Rapee. 2002. Mother knows best: effects of maternal modelling on the acquisition of fear and avoidance behaviour in toddlers. *Behaviour Research and Therapy* 40:279–287.

Gibbons, A. 2009. Civilization's cost: the decline and fall of human health. *Science* 324:588.

Gibson, K. R. 1986. Cognition, brain size and the extraction of embedded food resources. In: *Primate Ontogeny, Cognition and Social Behavior*, ed. J. G. Else and P. C. Lee. Cambridge, UK: Cambridge University Press, pp. 93–103.

Gibson, K. R., and T. Ingold. 1993. *Tools, Language and Cognition in Human Evolution*. Cambridge, UK: Cambridge University Press.

Gignoux, C. R., B. M. Henn, and J. L. Mountain. 2011. Rapid, global demographic expansions after the origins of agriculture. *Proceedings of the National Academy of Sciences USA* 108:6044–6049.

Gilbert, S. F. 2003. The morphogenesis of evolutionary developmental biology. International *Journal of Developmental Biology* 47:467–477.

Gilby, I. C., M. E. Thompson, J. D. Ruane, and R. Wrangham. 2010. No evidence of short-term exchange of meat for sex among chimpanzees. *Journal of Human Evolution* 59:44–53.

Gingerich, P. D. 1983. Rates of evolution: effects of time and temporal scaling. *Science* 222:159–161.

Gintis, H. 2003. The hitchhiker's guide to altruism: gene-culture coevolution, and the internalization of norms. *Journal of Theoretical Biology* 220:407–418.

Giraldeau, L.-A., and T. Caraco. 2000. *Social Foraging Theory*. Princeton, NJ: Princeton University Press.

Giraldeau, L.-A., and L. Lefebvre. 1987. Scrounging prevents cultural transmission of food-finding behaviour in pigeons. *Animal Behaviour* 35:387–394.

Giraldeau, L.-A., T. J. Valone, and J. J. Templeton. 2002. Potential disadvantages of using socially acquired information. *Philosophical Transactions of the Royal Society of London B*

357:1559–1566.

Glazko, G., V. Veeramachaneni, M. Nei, and W. Makalowski. 2005. Eighty percent of proteins are different between humans and chimpanzees. *Gene* 346:215–219.

Gleibermann, L. 1973. Blood pressure and dietary salt in human populations. *Ecology of Food and Nutrition* 2:143–155.

Glickstein, M., and K. Doron. 2008. Cerebellum: connections and functions. *Cerebellum* 7:589–594.

Godin, J., E. Herman, and L. A. Dugatkin. 2005. Social influences on female mate choice in the guppy, *Poecilia reticulata*: generalized and repeatable trait-copying behaviour. *Animal Behaviour* 69:999–1005.

Goldsmidt, T., T.C.M. Bakker, and E. Feuth-de Brujin. 1993. Selective choice in copying of female sticklebacks. *Animal Behaviour* 45:541–547.

Goodall, J. 1986. *The Chimpanzees of Gombe: Patterns of Behavior*. Cambridge MA: Harvard University Press.

Gottlieb, G. 1992. *Individual Development and Evolution: The Genesis of Novel Behavior*. New York, NY: Oxford University Press.

Gould, S. J., and E. Vrba. 1982. Exaptation: a missing term in the science of form. *Paleobiology* 8:4–15.

Govoni, G., and P. Gros. 1998. MacrophageNRAMP1 and its role in resistance to microbial infections. *Inflammation Research*. 47:277–284.

Grafen, A. 1984. Natural selection, kin selection and group selection. In: *Behavioural Ecology: An Evolutionary Approach*, 2nd ed., ed. J. R. Krebs and N. B. Davies. Oxford, UK: Blackwell Scientific, pp. 62–84.

———. 1990. Biological signals as handicaps. *Journal of Theoretical Biology* 144: 517–546.

Grant, M., and J. Hazel. 2002. *Who's Who in Classical Mythology*. London, UK: Routledge.

Gray, J. R., and P. M. Thompson. 2004. Neurobiology of intelligence: science and ethics. *Nature Reviews Neuroscience* 5:471–482.

Gray, R. D., and Q. D. Atkinson. 2003. Language tree divergence times support the Anatolian theory of Indo-European origin. *Nature* 426:435–439.

Gray, R. D., and F. M. Jordan. 2000. Language trees support the express-train sequence of Austronesian expansion. *Nature* 405:1052—1055.

Greenberg, R., and C. Mettke-Hofman. 2001. Ecological aspects of neophobia and exploration in birds. *Current Ornithology* 16:119–178.

Greenfield, P. M. 1991. Language, tools and brain: the ontogeny and phylogeny of hierarchically organized sequential behaviour. *Behavior and Brain Science* 14:531–595. Gross, R., A. I. Houston, E. J. Collins, J. M. McNamara, F. X. Dechaume-Moncharmont, and N. R. Franks. 2008. Simple learning rules to cope with changing environments. *Journal of the Royal Society, Interface* 5:1193–1202.

Grüter, C., and F. L. W. Ratnieks. 2011. Honeybee foragers increase the use of waggle dance information when private information becomes unrewarding. *Animal Behaviour* 81:949–954.

Grüter, C., E. Leadbeater, and *F. L. W.* Ratnieks. 2010. Social learning: the importance of copying others. *Current Biology* 20:R683–R685.

Guillermo, A. 2005. *The Uruk World System: The Dynamics of Expansion of Early Mesopotamian Civilization*, 2nd ed. Chicago, IL: University of Chicago Press.

Hahn, M., J. P. Demuth, and S.-G. Han. 2007. Accelerated rate of gene gain and loss in primates. *Genetics* 177:1941–1949.

Halgin, R. P., and S. Whitbourne. 2006. *Abnormal Psychology with MindMap II. CD-ROM and PowerWeb*. New York, NY: McGraw-Hill.

Hamilton, W. 1964. The genetical evolution of social behaviour: I. *Journal of Theoretical Biology* 7:1–16.

Hampton, R. R., D. F. Sherry, M. Khurgel, and G. Ivy. 1995. *Brain Behavior and Evolution* 45:54–61.

Han, Y., S. Gu, H. Oota, M. V. Osier, A. J. Pakstis, W. C. Speed, J. R. Kidd, et al. 2007. Evidence of positive selection on a class I ADH locus. *American Journal of Human Genetics* 80:441–456.

Hansen, B. T., L. E. Johannessen, and T. Slagsvold. 2008. Imprinted species recognition lasts for life in free-living great tits and blue tits. *Animal Behaviour* 75:921–927.

Hardyck, C., L. Petriovich, and R. Goldman. 1976. Left handedness and cognitive deficit. *Cortex* 12:266–278.

Harris, L. J. 1980. Left handedness: early theories, facts and fancies. In: *Neuropsychology of Left Handedness*, ed. L. J. Herron. London, UK: Academic Press, pp. 3–78.

Harvey, P. H., and J. R. Krebs. 1990. Comparing brains. *Science* 249:140–146.

Harvey, P. H., and M. D. Pagel. 1991. *The Comparative Method in Evolutionary Biology*. Oxford, UK: Oxford University Press.

Hatfield, G. 2016. René Descartes. In: *The Stanford Encyclopedia of Philosophy* (Summer 2016 Edition), ed. E. N. Zalta, http://plato.stanford.edu/archives/sum2016/entries/descartes/.

Haun, D.B.M., Y. Rekers, and M. Tomasello. 2012. Majority-biased transmission in chimpanzees and human children, but not orangutans. *Current Biology* 22: 727–731.

Hauser, M. D. 1996. *The Evolution of Communication*. Cambridge, MA: MIT Press. Hauser, M. D., N. Chomsky, and W. T. Fitch. 2002. The faculty of language: what is it, who has it, and how did it evolve? *Science* 298:1569–1579.

Hauser, M. D., C. Yang, R. C. Berwick, I. Tattersall, M. J. Ryan, J. Watumull, N. Chomsky, et al. 2014. The mystery of language evolution. *Frontiers in Psychology* 5:401– 412.

Hawks, J., E. T. Wang, G. M. Cochran, H. C. Harpending, and R. K. Moyzis. 2007. Recent acceleration of human adaptive evolution. *Proceedings of the National Academy of Sciences USA* 104:20753–20758.

Hawkesworth, J. (1773) 2014. *An Account of the Voyages Undertaken by the Order of His Present Majesty for Making Discoveries in the Southern Hemisphere*. Cambridge, U.K.: Cambridge University Press.

Hawley, W. A., P. Reiter, R. S. Copeland, C. B. Pumpuni, and G. B. Craig Jr. 1987. *Aedes albopictus* in North America: probable introduction in used tires from northern Asia. *Science* 236:1114–1116.

Hayden, B. 1993. The cultural capacities of Neandertals: a review and re-evaluation. *Journal of Human Evolution* 24:113–146.

Haygood, R., O. Fedrigo, B. Hanson, K. D. Yokoyama, and G. A. Wray. 2007. Promoter regions of many neuraland nutrition-related genes have experienced positive selection during human evolution. *Nature Genetics* 39:1140–1144.

Healy, S. D., and C. Rowe. 2007. A critique of comparative studies of brain size. *Proceedings of the Royal Society of London B* 274:453–464.

Heffner, R. S., and R. B. Masterton. 1975. Variation in the form of the pyramidal tract and its relationship to digital dexterity. *Brain, Behavior and Evolution* 12:161–200.

———. 1983. The role of the corticospinal tract in the evolution of human digital dexterity. *Brain, Behavior and Evolution* 23:165–183.

Helfman G. S., and E. T. Schultz. 1984. Social transmission of behavioural traditions in a coral reef fish. *Animal Behaviour* 32:379–384.

Helgason, A., S. Palsson, G. Thorleifsson, S.F.A. Grant, V. Emilsson, S. Gunnarsdottir, Adeyemo, et al. 2007. Refining the impact of TCF7L2 gene variants on type 2 diabetes and adaptive evolution. *Nature Genetics* 39:218–225.

Henrich, J. 2004a. Demography and cultural evolution: why adaptive cultural processes produced maladaptive losses in Tasmania. *American Antiquity* 69:197–221.

———. 2004b. Cultural group selection, coevolutionary processes and large-scale cooperation. *Journal of Economic Behavior and Organization* 53:3–35.

———. 2009. The evolution of costly displays, cooperation and religion: credibility enhancing displays and their implications for cultural evolution. *Evolution of Human Behavior* 30:244–260.

———. 2015. *The Secret of our Success*. Princeton, NJ: Princeton University Press. Henrich, J., and R. Boyd. 1998. The evolution of conformist transmission and between group differences. *Evolution of Human Behavior* 19:215–242.

———. 2002. On modeling cognition and culture: why cultural evolution does not require replication of representations. *Journal of Cognitive Culture* 2:87–112.

Henrich, J., and R. Henrich. 2007. *Why Humans Cooperate: A Cultural and Evolutionary Explanation*. Oxford, UK: Oxford University Press.

Henrich, J., and R. McElreath. 2003. The evolution of cultural evolution. *Evolutionary Anthropology* 12:123–135.

Henrich, J., R. Boyd, S. Bowles, C. Camerer, E. Fehr, H. Gintis, and R. McElreath. 2001. In search of Homo economicus: behavioral experiments in 15 small-scale societies. *American Economic Review* 91:73–7.

Hepper, P. 1988. Adaptive fetal learning: prenatal exposure to garlic affects postnatal preferences. *Animal Behaviour* 36:935–936.

Herrmann, E., J. Call, M. V. Hernandez-Lloreda, B. Hare, and M. Tomasello. 2007. Humans have evolved specialized skills of social cognition: the cultural intelligence hypothesis. *Science* 317:1360–1366.

Herrmann, E., M. V. Hernandez-Lloreda, J. Call, B. Hare, and M. Tomasello. 2010. The structure of individual differences in the cognitive abilities of children and chimpanzees. *Psychological Science* 21:102–110.

Herrman, P. A., C. H. Legare, P. L. Harris, and H. Whitehouse. 2013. Stick to the script: the effect of witnessing multiple actors on children's imitation. *Cognition* 129:536–543. Hewlett, B. S., and C. J. Roulette. 2016. Teaching in hunter-gatherer infancy. *Royal Society Open Science* 3:150403.

Hewlett, B. S., H. N. Fouts, A. H. Boyette, and B. L. Hewlett. 2011. Social learning among Congo Basin hunter-gatherers. *Philosophical Transactions of the Royal Society of London B* 366:1168–1178.

Heyes, C. M. 1993. Imitation, culture and cognition. Animal Behaviour 46:999–1010.

———. 1998. Theory of mind in nonhuman primates. *Behavioral and Brain Sciences* 21:101–

114.
———. 2002. Transformational and associative theories of imitation. In: *Imitation in Animals and Artefacts*, ed. K. Dautenhahn and C. L. Nehaniv. Cambridge, MA: MIT Press, pp. 501–524.
———. 2005. Imitation by association. In: *Perspectives on Imitation: From Mirror Neurons to Memes*, ed. S. Hurley and N. Chater. Cambridge, MA: MIT Press, pp. 157–176.
———. 2009. Evolution, development and intentional control of imitation. *Philosophical Transactions of the Royal Society of London B* 364:2293–2298.
———. 2012. What can imitation do for cooperation? In: *Signalling, Commitment & Cooperation*, ed. B. Calcott, R. Joyce, and K. Sterelny. Cambridge, MA: MIT Press.
Heyes, C. M., and B. G. Galef Jr. 1996. *Social Learning in Animals: The Roots of Culture*. Cambridge, MA: Academic Press.
Heyes, C. M., and Ray, E. D. 2000. What is the significance of imitation in animals? *Advances in the Study of Behavior* 29:215–245.
Heyes, C. M., and A. Saggerson. 2002. Testing for imitative and non-imitative social learning in the budgerigar using a two-object /two-action test. *Animal Behaviour* 64:851–859.
Hill, K., M. Barton, and A. M. Hurtado. 2009. The emergence of human uniqueness: characters underlying behavioral modernity. *Evolutionary Anthropology* 18:174–187.
Hill, K. R., R. S. Walker, M. Bozicevic, J. Eder, T. Headland, B. Hewlett, A. M. Hurtado, et al. 2011. Co-residence patterns in hunter-gatherer societies show unique human social structure. *Science* 331:1286–1289.
Hill, R. S., and C. A. Walsh. 2005. Molecular insights into human brain evolution. *Nature* 437:64–67, doi:10.1038/nature04103.
Hinde, R. A., and J. Fisher. 1951. Further observations on the opening of milk bottles by birds. *British Birds* 44:393–396.
———. 1972. Some comments on the republication of two papers on the opening of milk bottles by birds. In: *Function and Evolution of Behavior: An Historical Sample from the Pen of Ethologists*, ed. P. H. Klopfer and J. P. Hailman. Boston, MA: Addison-Wesley, pp. 377–378.
Hirvonen, H., S. Vilhunen, C. Brown, V. Lintunen, and K. N. Laland. 2003. Improving anti-predator responses of hatchery reared salmonids by social learning. In: Fish Models as Behavior, Conference Proceedings: Fisheries Society of the British Isles Annual Symposium, Norwich, UK, June 30–July 04, 2003. *Journal of Fish Biology* 63:Supplement A. 63(232), 10.1111/j.1095–8649.2003.0216n.x.
Holden, C., and R. Mace. 1997. Phylogenetic analysis of the evolution of lactose digestion in adults. *Human Biology* 69:605–628.
Hoogland, R. D., D. Morris, and N. Tinbergen. 1957. The spines of sticklebacks (*Gasterosteus* and *Pygosteus*) as a means of defence against predators (*Perca* and *Esox*). *Behaviour* 10:205–237.
Hopkins, W. D., and C. Cantalupo. 2004. Handedness in chimpanzees (*Pan troglodytes*) is associated with asymmetries of the primary motor cortex but not with homologous language areas. *Behavioral Neuroscience* 118:1176–1183.
Hoppitt, W.J.E., and K. N. Laland. 2008. Social processes influencing learning in animals: a review of the evidence. *Advances in the Study of Behavior* 38:105– 165.
———. 2011. Detecting social learning using networks: a user's guide. *American Journal of*

Primatology 73:834–844.
———. 2013. *Social Learning: An Introduction to Mechanisms, Methods, and Models*. Princeton, NJ: Princeton University Press.

Hoppitt, W.J.E., N. J. Boogert, and K. N. Laland. 2010a. Detecting social transmission in networks. *Journal of Theoretical Biology* 263:544–555.

Hoppitt, W.J.E., G. Brown, R. L. Kendal, L. Rendell, A. Thornton, M. Webster, and K. N. Laland. 2008. Lessons from animal teaching. *Trends in Ecology and Evolution* 23:486–493.

Hoppitt, W.J.E., A. Kandler, J. R. Kendal, and K. N. Laland. 2010b. The effect of task structure on diffusion dynamics: implications for diffusion curve and network-based analyses. *Learning and Behavior* 38:243–251.

Horner, V., and A. Whiten. 2005. Causal knowledge and imitation/emulation switching in chimpanzees (*Pan troglodytes*) and children (*Homo sapiens*). *Animal Cognition* 8:164–181.

Horner, V., D. Proctor, K. E. Bonnie, A. Whiten, and F.B.M. de Waal. 2010. Prestige affects cultural learning in chimpanzees. *PLOS ONE* 5:e10625, doi:10.1371/journal.pone.0010625.

Hosey, G. R., M. Jacques, and A. Pitts. 1997. Drinking from tails: social learning of a novel behaviour in a group of ring-tailed lemurs (*Lemur catta*). *Primates* 38:415–422.

Houston, R. G. 1973. Sickle cell anemia and dietary precursors of cyanate. *American Journal of Clinical Nutrition* 26:1261–1264.

Hovers, E. 2012. Invention, reinvention and innovation: makings of Oldowan lithic technology. In: *Origins of Human Innovation and Creativity*, ed. S. Elias. Vol. 16 in *Developments in Quaternary Science*, ed. J.J.M. van der Meer. Maryland Heights, MO: Elsevier, pp. 51–68.

Hrdy, S. 1999. *Mother Nature—Maternal Instincts and How They Shape the Human Species*. New York, NY: Ballantine Books.

Hrubesch, C., S. Preuschoft, and C. van Schaik. 2008. Skill mastery inhibits adoption of observed alternative solutions among chimpanzees (*Pan troglodytes*). *Animal Cognition* 12:209–216.

Huffman, M. A. 1996. Acquisition of innovative cultural behaviors in nonhuman primates: a case study of stone handling, a socially transmitted behavior in Japanese macaques. In: *Social Learning in Animals: The Roots of Culture*, ed. C. M. Heyes and G. Galef Jr. Cambridge, MA: Academic, pp. 267–290.

Huffman, M. A., and S. Hirata. 2003. Biological and ecological foundations of primate behavioral tradition. In: *The Biology of Traditions: Models and Evidence*, ed. D. M. Fragaszy and S. Perry. Cambridge, UK: Cambridge University Press, pp. 267–296.

Hugo, V. (1831) 1978. *Notre-Dame of Paris*. London, UK: Penguin Classics. Humphrey, N. K. 1976. The social function of intellect. In: *Growing Points in Ethology*, ed. P.P.G. Bateson and R. A. Hinde. Cambridge, UK: Cambridge University Press, pp. 303–317.

Hunemeier, T., C.E.G. Amorim, S. Azevedo, V. Contini, V. Acuna-Alonzo, F. Rothhammer, J.-M. Dugoujon, et al. 2012. Evolutionary responses to a constructed niche: ancient Mesoamericans as a model of gene-culture coevolution. *PLOS ONE* 7:e38862, doi:org/10.1371/journal.pone.0038862.

Hunemeier, T., J. Gómez-Valdés, M. Ballesteros-Romero, S. de Azevedo, N. Martínez-Abadías, M. Esparza, T. Sjøvold, et al. 2012. Cultural diversification promotes rapid phenotypic evolution in Xavánte Indians. *Proceedings of the National Academy of Sciences USA*

109(1):73–77.

Hung, C. C., Y. K. Tu, S. H. Chen, and R. C. Chen. 1985. A study of handedness and cerebral speech dominance in right-handed Chinese. *Journal of Neurolinguistics* 1:143–163.

Hunt, G. R., and R. D. Gray. 2003. Diversification and cumulative evolution in New Caledonian crow tool manufacture. *Proceedings of the Royal Society of London B* 270:867–874.

Hurford, J. R. 1999. The evolution of language and of languages. In: *The Evolution of Culture*, ed. R. Dunbar, C. Knight, and C. Power. Edinburgh, UK: Edinburgh University Press, pp. 173–193.

———. 2014. *Origins of Language: A Slim Guide*. Oxford, UK: Oxford Linguistics.

Huttenlocher, J., M. Vasilyeva, E. Cymerman, and S. Levine. 2002. Language input and child syntax. *Cognitive Psychology* 45:337–374. Iacoboni, M., R. P. Woods, M. Brass, H. Bekkering, J. C. Mazziotta, and G. Rizzolatti. 1999. Cortical mechanisms of human imitation. *Science* 286(5449):2526–2528.

Ihara, Y., K. Aoki, and M. W. Feldman. 2003. Runaway sexual selection with paternal transmission of the male trait and gene-culture determination of the female preference. *Theoretical Population Biology* 63:53–62.

Ingram, J. 1998. *The Barmaid's Brain*. New York, NY: Viking.

Isler, K., and C. P. van Schaik. 2012. How our ancestors broke through the gray ceiling: comparative evidence for cooperative breeding in early *Homo*. *Current Anthropology* 53(6):453–465.

Izagirre, N., I. Garcia, C. Junquera, C. de la Rua, and S. Alonso. 2006. A scan for signatures of positive selection in candidate loci for skin pigmentation in humans. *Molecular Biology and Evolution* 23:1697–1706.

Jablonka, E., and M. J. Lamb. 2005. *Evolution in Four Dimensions*. Cambridge, MA: MIT Press.

Jacobs, L. F., and W. D. Spencer. 1994. Natural space-use patterns and hippocampal size in kangaroo rats. *Brain, Behavior and Evolution* 44:125–132.

James, S. R. 1989. Hominid use of fire in the lower and middle Pleistocene. *Current Anthropology* 30:1–26.

Janik, J. M., and P.J.B. Slater. 1997. Vocal learning in mammals. *Advances in the Study of Behavior* 26:59–99.

Jaradat, A. A. 2007. Biodiversity and sustainable agriculture in the Fertile Crescent. *Yale Forestry & Environmental Science Bulletin* 103:31–57.

Jarvis, E. D. 2004. Learned birdsong and the neurobiology of human language. *Annals of the New York Academy of Sciences* 1016:749–777.

Jensen, K., J. Call, and M. Tomasello. 2007. Chimpanzees are rational maximizers in an ultimatum game. *Science* 318:107–109.

Joffe, T. H., and R.I.M. Dunbar. 1997. Visual and socio-cognitive information pro-cessing in primate brain evolution. *Proceedings of the Royal Society of London B* 264:1303–1307.

Johannessen, L. E., T. Slagsvold, and B. T. Hansen. 2006. Effects of social rearing conditions on song structure and repertoire size: experimental evidence from the field. *Animal Behaviour* 72:83–95.

Jolly, A. 1966. Lemur social behavior and primate intelligence. *Science* 153:501–506.

Jones, B. C., L. M. DeBruine, A. C. Little, R. P. Burriss, and D. R. Feinberg. 2007. Social transmission of face preferences among humans. *Proceedings of the Royal Society B* 274:899–903.

Jonxis, J.H.P. 1965. Haemoglobinopathies in West Indian groups of African origin. In: *Abnormal Haemoglobins in Africa*, ed. J.H.P. Jonxis. Oxford, UK: Blackwell, pp. 329–338.

Kambo, J. S., and L.A.M. Galea. 2006. Activational levels of androgens influence risk assessment behaviour but do not influence stress-induced suppression in hippocampal cell proliferation in adult male rats. *Behavioural Brain Research* 175:263–270.

Kameda, T., and D. Nakanishi. 2002. Cost-benefit analysis of social/cultural learning in a nonstationary uncertain environment: an evolutionary simulation and an experiment with human subjects. *Evolution and Human Behavior* 23:373–393.

Kant, M. 2007. *The Cambridge Companion to Ballet*. Cambridge, UK: Cambridge University Press.

Kaplan, H. S., and J. A. Robson. 2002. The emergence of humans: the coevolution of intelligence and longevity with intergenerational transfers. *Proceedings of the National Academy of Sciences USA* 99:10221–10226.

Kaplan, H. S., K. Hill, J. Lancaster, and A. M. Hurtado, 2000. A theory of human life history evolution: diet, intelligence, and longevity. *Evolutionary Anthropology* 9:156–185.

Kappe, S.H.I., A. M. Vaughan, J. A. Boddey, and A. F. Cowman. 2010. That was then but this is now: malaria research in the time of an eradication agenda. *Science* 328:862–866.

Kappeler, P. M., and E. W. Heyman. 1996. Nonconvergence in the evolution of primate life history and socio-ecology. *Biological Journal of the Linnean Society* 59:297–326.

Kappeler, P., and J. Silk. 2009. *Mind the Gap: Tracing the Origins of Human Universals*. New York, NY: Springer.

Kaufman, A. B., and J. C. Kaufman. 2015. *Animal Creativity and Innovation*. San Diego, CA: Academic Press.

Kavaliers, M., E. Choleris, and D. D. Colwell. 2001. Brief exposure to female odors 'emboldens' male mice by reducing predator-induced behavioural and hormonal responses. *Hormones and Behavior* 40:497–509.

Kavaliers, M., D. Colwell, and E. Choleris. 2003. Learning to fear and cope with a natural stressor: individually and socially acquired corticosterone and avoidance responses to biting flies. *Hormones and Behavior* 43:99–107.

Kawai, M. 1965. Newly-acquired pre-cultural behavior of the natural troop of Japanese monkeys on Koshima islet. *Primates* 6:1–30.

Kayser, M., S. Brauer, R. Cordaux, A. Castro, O. Lao, L. Zhivotovsky, C. Moyse-Faurie, et al. 2006. Melanesian and Asian origins of Polynesians: mtDNA and Y chromosome gradients across the Pacific. *Molecular Biology and Evolution* 23:2234–2244. Keller, E. 2010. *The Mirage of a Space between Nature and Nurture*. Durham, NC: Duke University Press.

Kelley, J. L., and W. J. Swanson. 2008. Dietary change and adaptive evolution of enamelin in humans and among primates. *Genetics* 178:1595–1603.

Kendal, J. R., J. J. Tehrani, and J. Odling-Smee. 2011. Human niche construction in interdisciplinary focus. *Philosophical Transactions of the Royal Society B* 366(1566):785–792.

Kendal, R. L., R. L. Coe, and K. N. Laland. 2005. Age differences in neophilia, exploration, and innovation in family groups of callitrichid monkeys. *American Journal of Primatology* 66:167–188.

Kendal, R. L., I. Coolen, and K. N. Laland. 2004. The role of conformity in foraging when personal and social information conflict. *Behavioral Ecology* 15:269–277.

Kendal, R. L., I. Coolen, Y. van Bergen, and K. N. Laland. 2005. Tradeoffs in the adaptive use of social and asocial learning. *Advances in the Study of Behaviour* 35:333–379. Kendal, R. L., L. M. Hopper, A. Whiten, S. F. Brosnan, S. P. Lambeth, S. J. Schapiro, and W. Hoppitt. 2015. Chimpanzees copy dominant and knowledgeable individuals: implications for cultural diversity. *Evolution and Human Behavior* 36:65–72.

Kendal, J. R., L. Rendell, T. Pike, and K. N. Laland. 2009. Nine-spined sticklebacks deploy a hill-climbing social learning strategy. *Behavioral Ecology* 20:238–244.

King, B. J. 1986. Extractive foraging and the evolution of primate intelligence. *Human Evolution* 14:361–372.

King, M. C., and A. C. Wilson. 1975. Evolution at two levels in humans and chimpanzees. *Science* 188:107–116.

Kinzler, K. D., K. Shutts, J. DeJesus, and E. S. Spelke. 2009. Accent trumps race in guiding children's social preferences. *Social Cognition* 27(4):623–634.

Kirby, S., H. Cornish, and K. Smith. 2008. Cumulative cultural evolution in the laboratory: an experimental approach to the origins of structure in human language. *Proceedings of the National Academy of Sciences USA* 105:10681–10686.

Kirby, S., M. Dowman, and T. L. Griffiths. 2007. Innateness and culture in the evolution of language. *Proceedings of the National Academy of Sciences USA* 104:5241– 5245.

Kirby, S., M. Tamariz, H. Cornish, and K. Smith. 2015. Compression and communication in the cultural evolution of linguistic structure. *Cognition* 141:87–102.

Kirschner, M., and J. Gerhart. 2005. *The Plausibility of Life: Resolving Darwin's Dilemma*. New Haven, CT: Yale University Press.

Kirschner, W. H. 1987. Tradition im Bienenstaat: Kommunikation Zwichen den Imagines und der Brut der Honigbiene Durch Vibrationssignale. PhD diss., JuliusMaximilians Universität.

Klein, R. G. 1999. *The Human Career*, 2nd ed. Chicago, IL: University of Chicago Press.

———. 2000. Archeology and the evolution of human behavior. *Evolutionary Anthropology* 9:17–36.

Kline, M. A., and R. Boyd. 2010. Population size predicts technological complexity in Oceania. *Proceedings of the Royal Society of London B* 277:2559–2564.

Kline, M. A., R. Boyd, and J. Henrich. 2013. Teaching and the life history of cultural transmission in Fijian villages. *Human Nature* 24(4):351–374. Kohler, W. 1925. The *Mentality of Apes*. Translated from the 2nd revised edition by E. Winter. New York, NY: Harcourt, Brace.

Kokko, H., and M. D. Jennions. 2008. Parental investment, sexual selection and sex ratios. *Journal of Evolutionary Biology* 21:919–948.

Kokko, H., and P. Monaghan. 2001. Predicting the direction of sexual selection. *Ecology Letters* 4:159–165.

Kolata, S., K. Light, and L. D. Matzel. 2008. Domain-specific and domain-general learning factors are expressed in genetically heterogeneous cd-1 mice. *Intelligence* 36:619–629.

Kothbauer-Hellman, R. 1990. On the origin of a tradition: milk bottle opening by tit-mice.

Zoologischer Anzeiger 225:353–361.

Kotiaho, J. S. 2001. Costs of sexual traits: a mismatch between theoretical considerations and empirical evidence. *Biological Reviews* 76:365–376.

Koulouriotis, D. E., and A. Xanthopoulos. 2008. Reinforcement learning and evolutionary algorithms for non-stationary multi-armed bandit problems. *Applied Mathematics and Computation* 196:913–922.

Kraak, S.B.M., and F. J. Weissing. 1996. Female preference for nests with many eggs: a cost-benefit analysis of female choice in fish with paternal care. *Behavioral Ecology* 7:353–361.

Kramer, S. N. 1964. *The Sumerians: Their History, Culture, and Character*. Chicago, IL: University of Chicago Press.

Krause, J., and G. D. Ruxton. 2002. *Living in Groups*. Oxford, UK: Oxford University Press.

Krebs, J. R., D. F. Sherry, S. D. Healy, H. Perry, and A. L. Vaccerino. 1989. Hippocampal specialization of food-storing birds. *Proceedings of the National Academy of Sciences USA* 86:1388–1392.

Kruetzen, M., S. Kreicker, C. D. MacLeod, J. Learmonth, A. Kopps, P. Walsham, and S. Allen. 2014. Cultural transmission of tool use by Indo-Pacific bottlenose dolphins (*Tursiops* sp.) provides access to a novel foraging niche. *Proceedings of the Royal Society of London B* 281(1784):20140374, doi:10.1098/rspb.2014.0374.

Krutzen, M., J. Mann, M. R. Heithaus, R. C. Connor, L. Bejder, and W. B. Sherwin. 2005. Cultural transmission of tool use in bottlenose dolphins. *Proceedings of the National Academy of Sciences USA* 102:8939–8943.

Kudo, H., and R.I.M. Dunbar. 2001. Neocortex size and social network size in primates. *Animal Behaviour* 62:711–722.

Kumm, J., K. N. Laland, and M. W. Feldman. 1994. Gene-culture coevolution and sex ratios: the effects of infanticide, sex-selective abortion, and sex-biased parental investment on the evolution of sex ratios. *Theoretical Population Biology* 46:249–278.

Kummer, H., and J. Goodall. 1985. Conditions of innovative behavior in primates. *Philosophical Transactions of the Royal Society of London B* 308:203–214.

Kummer, H., and F. Kurt. 1965. A comparison of social behaviour in captive and wild hamadryas baboons. In: *The Baboon in Medical Research*, ed. H. Vagtbord. Austin, TX: University of Texas Press, pp. 65–80.

Lachlan, R., L. Crooks, and K. N. Laland. 1998. Who follows whom? Shoaling preferences and social learning of foraging information in guppies. *Animal Behaviour* 56:181–190.

Laland, K. N. 1990. A Theoretical Investigation of the Role of Social Transmission in Evolution. PhD diss., University College London.

———. 1994. Sexual selection with a culturally transmitted mating preference. *Theoretical Population Biology* 45:1–15.

———. 2004. Social learning strategies. *Learning & Behavior* 32:4–14.

———. 2016. The origins of language in teaching. *Psychonomic Bulletin and Review*, doi:10.3758/s13423–016–1077–7.

Laland, K. N., and P.P.G. Bateson. 2001. The mechanisms of imitation. *Cybernetics and Systems* 32:195–224.

Laland, K. N., and G. R. Brown. 2006. Niche construction, human behaviour and the adaptive lag hypothesis. *Evolutionary Anthropology* 15:95–104.

———. 2011. *Sense and Nonsense. Evolutionary Perspectives on Human Behaviour*. Oxford, UK:

Oxford University Press.

Laland, K. N., and B. G. Galef Jr., eds. 2009. *The Question of Animal Culture*. Cambridge, MA: Harvard University Press.

Laland, K. N., and W.J.E. Hoppitt. 2003. Do animals have culture? *Evolutionary Anthropology* 12:150–159.

Laland, K. N., and V. M. Janik. 2006. The animal cultures debate. *Trends in Ecology and Evolution* 21:542–547.

Laland, K. N., and M. J. O'Brien. 2010. Niche construction theory and archaeology. *Journal of Archaeological Method and Theory* 17:303–322.

Laland, K. N., and H. C. Plotkin. 1991. Excretory deposits surrounding food sites facilitate social learning of food preferences in Norway rats. *Animal Behaviour* 41:997–1005.

———. 1993. Social transmission of food preferences amongst Norway rats by marking of food sites, and by gustatory contact. *Animal Learning and Behavior* 21:35–41.

Laland, K. N., and S. M. Reader. 1999a. Foraging innovation in the guppy. *Animal Behaviour* 57:331–340.

———. 1999b. Foraging innovation is inversely related to competitive ability in male but not in female guppies. *Behavioral Ecology* 10:270–274.

———. 2009. Comparative perspectives on human innovation. In: *Innovation in Cultural Systems*, ed. M. J. O'Brien and S. Shennan. Cambridge, MA: MIT Press, pp. 37–51.

———. 2010. Innovation in Animals. In: *Encyclopaedia of Animal Behaviour*, ed. M. D. Breed and J. Moore. Oxford, UK: Academic, pp. 150–154.

Laland, K. N., and L. R. Rendell. 2013. Cultural memory. *Current Biology* 2317: R736–R740.

Laland, K. N., and K. Williams. 1997. Shoaling generates social learning of foraging information in guppies. *Animal Behaviour* 53:1161–1169.

———. 1998. Social transmission of maladaptive information in the guppy. *Behavioral Ecology* 9:493–499.

Laland, K. N., J. R. Kendal, and R. L. Kendal. 2009. Animal culture: problems and solutions. In: *The Question of Animal Culture*, ed. K. N. Laland and B. G. Galef Jr. Cambridge, MA: Harvard University Press, pp. 174–197.

Laland, K. N., J. Kumm, and M. W. Feldman. 1995. Gene-culture coevolutionary theory: a test case. *Current Anthropology* 36:131–156.

Laland, K. N., J. Kumm, J. D. Van Horn, and M. W. Feldman. 1995. A gene-culture model of handedness. *Behavior Genetics* 25:433–445.

Laland, K. N., F. J. Odling-Smee, and M. W. Feldman. 2000. Niche construction, biological evolution and cultural change. *Behavioral and Brain Sciences* 23:131–146.

Laland, K. N., F. J. Odling-Smee, and S. Myles. 2010. How culture shaped the human genome: bringing genetics and the human sciences together. *Nature Reviews Genetics* 11:137–148.

Laland, K. N., P. J. Richerson, and R. Boyd. 1993. Animal social learning: towards a new theoretical approach. In: *Behavior and Evolution*, ed. P. H. Klopfer, P. P. Bateson, and N. S. Thompson, Vol. 10 of *Perspectives in Ethology*. Berlin, Germany: Plenum, pp. 249–277.

Laland, K. N., K. Sterelny, F. J. Odling-Smee, W.J.E. Hoppitt, and T. Uller. 2011. Cause and effect in biology revisited: Is Mayr's proximate-ultimate dichotomy still useful? *Science* 334:1512–1516.

Laland, K. N., C. Wilkins, and N. S. Clayton. 2016. The evolution of dance. *Current Biology*

26:R1–R21.

Lane, D. 2016. Innovation cascades: artefacts, organization, attributions. *Philosophical Transactions of the Royal Society of London B*, doi:10.1098/rstb.2015.0194.

Langen, T. A. 2000. Prolonged offspring dependence and cooperative breeding in birds. *Behavior Ecology* 11:367–377.

Lao, O., J. M. de Gruijter, K. van Duijn, A. Navarro, and M. Kayser. 2007. Signatures of positive selection in genes associated with human skin pigmentation as revealed from analyses of single nucleotide polymorphisms. *Annals of Human Genetics* 71:354–369.

Largiader, C. R., V. Fries, and T.C.M. Bakker. 2001. Genetic analysis of sneaking and egg-thievery in a natural population of the three-spined stickleback (*Gasterosteus aculeatus*) *Heredity* 48:459–468.

Latane, B. 1981. The psychology of social impact. American Psychologist 36:343–356. Laubin, R., and G. Laubin. 1977. *Indian Dances of North America*. Norman, OK: University of Oklahoma Press.

Laurent, R., B. Toupance, and R. Chaix. 2012. Non-random mate choice in humans: insights from a genome scan. *Molecular Ecology* 21:587–596.

Lawson, J. 1964. *European Folk Dance*. London, UK: Pitman and Sons.

Leadbeater, E., and L. Chittka. 2007a. The dynamics of social learning in an insect model: the bumblebee (*Bombus terrestris*). *Behavioral Ecology and Sociobiology* 61:1789–1796.

———. 2007b. Social learning in insects—from miniature brains to consensus building. *Current Biology* 17:R703–R713.

Leadbeater, E., N. E. Raine, and L. Chittka. 2006. Social learning: ants and the meaning of teaching. *Current Biology* 16:R323e–R325.

Leca, J. B., N. Gunst, and M. A. Huffman. 2007. Age-related differences in the performance, diffusion, and maintenance of stone handling, a behavioral tradition in Japanese macaques. *Journal of Human Evolution* 53:691–708.

Lee, R. B. 1979. *The !Kung San: Men, Women, and Work in a Foraging Society*. Cambridge, UK: Cambridge University Press.

Lee, R. B., and R. Daly, eds. 1999. *The Cambridge Encyclopedia of Hunters and Gatherers*. Cambridge, UK: Cambridge University Press.

Lefebvre, L. 1995. The opening of milk-bottles by birds: evidence for accelerating learning rates, but against the wave-of-advance model of cultural transmission. *Behavioral Processes* 34:43–53.

———. 2010. Taxonomic counts of cognition in the wild. *Biology Letters* 7:631–633.

Lefebvre, L., S. Ducatez, and J. N. Audet. 2016. Feeding innovations in a nested phylogeny of Neotropical passerines. *Philosophical Transactions of the Royal Society of London B*, doi:10.1098/rstb.2015.0188.

Lefebvre, L., S. M. Reader, and D. Sol. 2004. Brains, innovations and evolution in birds and primates. *Brain, Behavior and Evolution* 63:233–246.

Lefebvre, L., P. Whittle, E. Lascaris, and A. Finkelstein. 1997. Feeding innovations and forebrain size in birds. *Animal Behaviour* 53:549–560.

Lehmann, L., and L. Keller. 2006. The evolution of cooperation and altruism. *Journal of Evolutionary Biology* 19:1365–1376.

Lehmann, L., K. Aoki, and M. W. Feldman. 2011. On the number of independent cultural traits carried by individuals and populations. *Philosophical Transactions of the Royal Society of London B* 366:424–435.

Lepre, C. J., H. Roche, D. V. Kent, S. Harmand, R. L. Quinn, J.-P. Brugal, P. J. Texier, et al. 2011. An earlier origin for the Acheulian. *Nature* 477:82–85.

Lewens, T. 2015. *Cultural Evolution: Conceptual Challenges*. Oxford, UK: Oxford University Press.

Lewin, R. 1987. *Bones of Contention: Controversies in the Search for Human Origins.*
London, UK: Penguin.

Lewin, R., and R. A. Foley. 2004. *Principles of Human Evolution*, 2nd ed. Cambridge, UK: Blackwell.

Lewis, H. M., and K. N. Laland. 2012. Transmission fidelity is the key to the build-up of cumulative culture. *Philosophical Transactions of the Royal Society of London B* 367:2171–2180.

Lewis, J. 2007. Ekila: blood, bodies, and egalitarian societies. *Journal of the Royal Anthropological Institute* 14:297–335.

Lewontin, R. C. 1970. The units of selection. *Annual Review of Ecology, Evolution, and Systematics* 1:1–18.

Li, H., and R. Durbin. 2011. Inference of human population history from individual whole-genome sequences. *Nature* 475:493–496.

Li, H. T., T. T. Zhang, Y. Q. Zhou, Q. H. Huang, and J. Huang. 2006. SLC11A1 (formerly NRAMP1) gene polymorphisms and tuberculosis susceptibility: a meta-analysis. *International Journal of Tuberculosis and Lung Disease* 10:3–12.

Liao, B. Y., and J. Zhang. 2008. Null mutations in human and mouse orthologs frequently result in different phenotypes. *Proceedings of the National Academy of Sciences USA* 105:6987–6992.

Linden, E. 1975. *Apes, Men and Language*. New York, NY: Bookthrift.

Little, A. C., R. P. Burriss, B. C. Jones, L. M. DeBruine, and C. Caldwell. 2008. Social influence in human face preference: men and women are influenced more for long term than short-term attractiveness decisions. *Evolution and Human Behavior* 29:140–146.

Livingstone, F. B. 1958. Anthropological implications of sickle-cell distribution in west Africa. *American Anthropologist* 60:533–562.

Lloyd Morgan, C. 1912. *Instinct and Experience*. London, UK: Methuen.

Logan, C. J., A. J. Breen, A. H. Taylor, R. D. Gray, and W.J.E. Hoppitt. 2015. How New Caledonian crows solve novel foraging problems and what it means for cumulative culture. *Learning & Behavior* 44:18–28, doi:10.3758/s13420–015–0194-x.

Lonsdorf, E. V. 2006. What is the role of mothers in the acquisition of termite-fishing behaviors in wild chimpanzees (*Pan troglodytes schweinfurthii*)? *Animal Cognition* 9:36–46.

Lonsdorf, E. V., E. A. Pusey, and L. Eberly. 2004. Sex differences in learning in chimpanzees. *Nature* 428:715–716.

López Herráez, D., M. Bauchet, K. Tang, C. Theunert, I. Pugach, J. Li, M. Nandineni, et al. 2009. Genetic variation and recent positive selection in worldwide human populations: evidence from nearly 1 million SNPs. *PLOS ONE* 4:e7888, doi:org/10.1371/journal.pone.0007888.

Lorenz, K. 1966. *On Aggression*. London, UK: Routledge.

Lovejoy, P. E. 1989. The impact of the Atlantic slave trade on Africa: a review of the literature. *Journal of African History* 30:365–394.

Lu, H., J. Zhang, K.-B. Liu, N. Wu, Y. Li, K. Zhou, M. Ye, et al. 2009. Earliest domestication of common millet (*Panicum miliaceum*) in East Asia extended to 10,000 years ago. *Proceedings of the National Academy of Sciences USA* 10618:7367–7372.

Lukas, D., and T. Clutton-Brock. 2012. Life histories and the evolution of cooperative breeding in mammals. *Proceedings of the Royal Society of London B* 279:4065–4070.

Lupfer, G., J. Frieman, and D. L. Coonfield. 2003. Social transmission of flavour preferences in social and non-social hamsters. *Journal of Comparative Psychology* 117:449–455.

Lupfer-Johnson, G., and J. Ross. 2007. Dogs acquire food preferences from interacting with recently fed conspecifics. *Behavioural Processes* 10:104–106.

Lynch, M. 1990. The rate of morphological evolution in mammals from the standpoint of the neutral expectation. *American Naturalist* 136(6):727–741.

Lyons, D. E., D. H. Damrosch, J. K. Lin, D. M. Macris, and F. C. Keil. 2011. The scope and limits of over-imitation in the transmission of artefact culture. *Proceedings of the Royal Society B* 366:1158–1167.

Lyons, D. E., A. G. Young, and F. C. Keil. 2007. The hidden structure of overimitation. *Proceedings of the National Academy of Sciences USA* 104(5):19751–19756.

MacLean, E. L., B. Hare, C. L. Nunn, E. Addessi, F. Amici, R. Anderson, F. Aureli, et al. 2014. The evolution of self-control. *Proceedings of the National Academy of Sciences USA* 111:2140–2148.

Macphail, E. M. 1982. *Brain and Intelligence in Vertebrates*. Oxford, UK: Clarendon Press.

Macphail, E. M., and J. J. Bolhuis. 2001. The evolution of intelligence: adaptive specializations versus general process. *Biological Review of the Cambridge Philosophical Society* 76:341–364.

Madden, J. R., C. Dingle, J. Isden, J. Sarfeld, A. Goldizen, and J. A. Endler. 2012. Male spotted bowerbirds propagate fruit for use in the sexual display. *Current Biology* 22:R264–R265.

Magalon, H., E. Patin, F. Austerlitz, T. Hegay, A. Aldashev, L. Quintana-Murci, and E. Heyer. 2008. Population genetic diversity of the NAT2 gene supports a role of acetylation in human adaptation to farming in Central Asia. *European Journal of Human Genetics* 16:243–251.

Magurran, A. E., and B. H. Seghers. 1994. A cost of sexual harassment in the guppy, *Poecilia reticulata*. *Proceedings of the Royal Society of London B* 258:89–92.

Marino, L. 2006. Absolute brain size: Did we throw the baby out with the bathwater? *Proceedings of the National Academy of Sciences USA* 103:13563–13564.

Marler, P. 1952. Variations in the song of the chaffinch, *Fringilla coelebs*. Ibis 94:458– 472.

Marler, P., and S. S. Peters. 1989. *The Comparative Psychology of Audition: Perceiving Complex Sounds*, ed. S. Hulse and R. Dooling. Hillsdale, NJ: Erlbaum, pp. 243–273.

Marler, P., and M. Tamura. 1964. Culturally transmitted patterns of vocal behaviour in sparrows. *Science* 146:1483–1486.

Marlowe, F. 2001. Male contribution to diet and female reproductive success among foragers. *Current Anthropology* 42:755–760.

Marshall-Pescini, S., and A. Whiten. 2008. Chimpanzees (*Pan troglodytes*) and the question of cumulative culture: an experimental approach. *Animal Cognition* 11:449–456.

Martinez del Rio, C. 1993. Do British tits drink milk or just skim the cream? *British Birds* 86:321–322.

Masataka, N. 2003. *The Onset of Language*. Cambridge, UK: Cambridge University Press.

Mason, J. R. 1988. Direct and observational learning by red-winged blackbirds (*Agelaius phoneniceus*): the importance of complex stimuli. In: *Social Learning: Psychological and Biological Perspectives*, ed. B. G. Galef Jr. and T. R. Zentall. Hillsdale, NJ: Erlbaum, pp. 99–117.

Matsuoka, Y., Y. Vigouroux, M. M. Goodman, G. J. Sanchez, E. Buckler, and J. Doebley. 2002. A single domestication for maize shown by multilocus microsatellite genotyping. *Proceedings of the National Academy of Sciences USA* 99:6080– 6084.

Matzel, L. D., Y. R. Han, H. S. Grossman, M. S. Karnik, D. Patel, N. Scott, S. M. Specht, and C. C. Gandhi. 2003. Individual differences in the expression of a 'general' learning ability in mice. *Journal of Neuroscience* 23:6423–6433.

Maynard-Smith, J. 1982. *Evolution and the Theory of Games*. Cambridge, UK: Cambridge University Press.

Maynard-Smith, J. 1991. Honest signalling: the Phillip Sidney game. *Animal Behaviour* 42:1034–1035.

MacDonald, K. 2007. Cross-cultural comparison of learning in human hunting. *Human Nature* 18:386–402.

McBrearty, S., and A. S. Brooks. 2000. The revolution that wasn't: a new interpretation of the origin of modern human behaviour. *Journal of Human Evolution* 39:453–563. McDonagh, D. 1976. *The Complete Guide to Modern Dance*. New York, NY: Doubleday. McFadyen-Ketchum, S. A., and R. H. Porter. 1989. Transmission of food preferences in spiny mice (*Acomys cahirinus*) via nose–mouth interaction. *Behavioral Ecology and Sociobiology* 24:59–62.

McGrew, W. C. 1992. *Chimpanzee Material Culture: Implications for Human Evolution*. Cambridge, UK: Cambridge University Press.

McGrew, W. C., and C.E.G. Tutin. 1978. Evidence for a social custom in wild chimpanzees? *Man* 13:234–251.

McManus, I. C. 1985. Handedness, language dominance and aphasia. *Psychological Medicine Monograph Supplement* 8:3–40.

McPherron, S. P., Z. Alemseged, C. W. Marean, J. G. Wynn, D. Reed, D. Geraads, R. Bobe, et al. 2010. Evidence for stone-tool-assisted consumption of animal tissues before 3.39 million years ago at Dikika, Ethiopia. *Nature* 466:857–860.

Melis, A., B. Hare, and M. Tomasello. 2006. Engineering cooperation in chimpanzees: tolerance constraints on cooperation. *Animal Behaviour* 72:276–286.

Mellars, P. 1996. *The Neanderthal Legacy*. Princeton, NJ: Princeton University Press. Menzel, E. W., and C. R. Menzel. 1979. Cognitive, developmental and social aspects of responsiveness to novel objects in a family group of marmosets (*Saguinus fusicollis*). *Behaviour* 70:251–279.

Mery, F., S. Varela, E. Danchin, S. Blanchet, D. Parejo, I. Coolen, and R. Wagner. 2009. Public versus personal information for mate copying in an invertebrate. *Current Biology* 19:730–734.

Mesoudi, A. 2008. An experimental simulation of the 'copy-successful-individuals' cultural learning strategy: adaptive landscapes, producer-scrounger dynamics, and informational access costs. *Evolution and Human Behavior* 29:350–363.

———. 2011. *Cultural Evolution: How Darwinian Theory Can Explain Human Culture and Synthesize the Social Sciences*. Chicago, IL: University of Chicago Press.

Mesoudi, A., and M. J. O'Brien. 2008. The cultural transmission of Great Basin projectile point technology II: an agent-based computer simulation. *American Antiquity* 73(4):627–644.

Mesoudi, A., A. Whiten, and K. N. Laland. 2004. Is human cultural evolution Darwinian? Evidence reviewed from the perspective of *The Origin of Species*. *Evolution* 58:1–11.

———. 2006. Towards a unified science of cultural evolution. *Behavioural and Brain Sciences* 29:329–347.

Michel, J. B., Y. K. Shen, A. P. Aiden, A. Veres, M. K. Gray, The Google Books Team, J. P. Pickett, et al. 2011. Quantitative analysis of culture using millions of digitized books. *Science* 331(6014):176–182.

Milbrath, C. 2013. Socio-cultural selection and the sculpting of the human genome: cultures' directional forces on evolution and development. *New Ideas in Psychology* 31:390–406.

Milinski, M. 1994. Long-term memory for food patches and implications for ideal free distributions in sticklebacks. *Ecology* 75:1150–1156.

Milinski, M., D. Kulling, and R. Kettler. 1990. Tit for tat: sticklebacks (*Gasterosteus aculeatus*) 'trusting' a cooperating partner. *Behavioral Ecology* 1:7–11.

Miller, G. 2001. *The Mating Mind: How Sexual Choice Shaped the Evolution of Human Nature*. New York, NY: Anchor Books.

Mineka, S., and M. Cook. 1988. Social learning and the acquisition of snake fear in monkeys. In: *Social Learning: Psychological and Biological Perspectives*, ed. B. G. Galef Jr. and T. R. Zentall. Hillsdale, NJ: Erlbaum, pp. 51–73.

Mineka, S., and R. Zinbarg. 2006. A contemporary learning theory perspective on the etiology of anxiety disorders: it's not what you thought it was. *American Psychologist* 61:10–26.

Mineka, S., M. Davidson, M. Cook, and R. Keir. 1984. Observational conditioning of snake fear in rhesus monkeys. *Journal of Abnormal Psychology* 93:355–372.

Minsky, M. 1967. *Computation: Finite and Infinite Machines*. Upper Saddle River, NJ: Prentice Hall.

Moglich, M. 1978. Social organization of nest emigration in *Leptothorax* (Hym., Form.) *Insectes Sociaux* 25:205–225.

Moglich, M., and B. Holldobler. 1974. Social carrying behavior and division of labor during nest moving in ants. *Psyche: A Journal of Entomology* 81:219– 236.

Montgomery, S. H., I. Capellini, R. A. Barton, and N. I. Mundy. 2010. Reconstructing the ups and downs of primate brain evolution: implications for adaptive hypotheses and *Homo floresiensis*. *BMC Biology* 8:9, doi:10.1186/1741–7007–8-9.

Moore, B. R. 1992. Avian movement imitation and a new form of mimicry: tracing the evolution of a complex form of learning. *Behaviour* 122:231–263.

Moore, B. R. 1996. The Evolution of imitative language. In: *Social Learning in Animals: The Roots of Culture*, ed. C. M. Heyes and B. G. Galef Jr. London, UK: Academic, pp. 245–265.

Morand-Ferron, J., L. Lefebvre, S. M. Reader, D. Sol, and S. Elvin. 2004. Dunking behaviour in Carib grackles. *Animal Behaviour* 68:1267–1274.

Morgan, C. L. 1912. *Instinct and Experience*. London, UK: Methuen.

Morgan, L. H. 1877. *Ancient Society, or Researches in the Lines of Human Progress from Savagery through Barbarism to Civilization*. New York, NY: Holt.

Morgan, M. J., and M. C. Corballis. 1978. The inheritance of laterality. *Behavioral and Brain Science* 2:270–277.

Morgan, T.J.H., and K. N. Laland. 2012. The biological bases of conformity. *Frontiers in Decision Neuroscience*, doi:10.3389/fnins.2012.00087.

Morgan, T.J.H., L. E. Rendell, M. Ehn, W. Hoppitt, and K. N. Laland. 2012. The evolutionary basis of human social learning. *Proceedings of the Royal Society B* 279:653–662.

Morgan, T.J.H., N. Uomini, L. E. Rendell, L. Chouinard-Thuly, S. E. Street, H. M. Lewis, C. P. Cross, et al. 2015. Experimental evidence for the co-evolution of hominin tool-making, teaching and language. *Nature Communications*, doi: 10.1038/ncomms7029.

Morrell, L. J., D. P. Croft, J.R.G. Dyer, B. B. Chapman, J. L. Kelley, K. N. Laland, and J. Krause. 2008. Association patterns and foraging behaviour in natural and artificial guppy shoals. *Animal Behaviour* 76:855–864.

Morris, D. 1967. *The Naked Ape*. London, UK: Vintage.

Movius, H. L., Jr. 1950. A wooden spear of third interglacial age from lower Saxony. *Southwestern Journal of Anthropology* 6:139–142.

Mueller, T., R. O'Hara, S. J. Converse, R. P. Urbanek, and W. F. Fagan. 2013. Social learning of migratory performance. *Science* 341:999–1002.

Müller, G. 2007. Evo-devo: extending the evolutionary synthesis. *Nature Review Ge-netics* 8:943–950.

Mundinger, P. C. 1980. Animal cultures and a general theory of cultural evolution. *Ethology and Sociobiology* 1:83–223.

Myles, S., E. Hradetzky, J. Engelken, O. Lao, P. Nürnberg, R. J. Trent, X. Wang, et al. 2007. Identification of a candidate genetic variant for the high prevalence of type II diabetes in Polynesians. *European Journal of Human Genetics* 15:584–589.

Myles, S., M. Somel, K. Tang, J. Kelso, and M. Stoneking. 2007. Identifying genes underlying skin pigmentation differences among human populations. *Human Genetics* 120:613–621.

Myles, S., K. Tanq, M. Somel, R. E. Green, J. Kelso, and M. Stoneking. 2008. Identification and analysis of high Fst regions from genome-wide SNP data from three human populations. *Annals of Human Genetics* 72:99–110.

Nasidze, I., D. Quinque, M. Rahmani, S. A. Alemohamad, and M. Stoneking. 2006. Concomitant replacement of language and mtDNA in South Caspian populations of Iran. *Current Biology* 16:668–673.

Navarette, A. F., S. M. Reader, S. E. Street, A. Whalen, and K. N. Laland. 2016. The coevolution of innovation and technical intelligence in primates. Philosophical Transactions of the *Royal Society of London B* 371:20150186, http://dx.doi.org/10.1098/rstb.2015.0186.

Neale, M. C. 1988. Handedness in a sample of volunteer twins. *Behavior Genetics* 18:69–79.

Neel, J. V. 1962. Diabetes mellitus: a "thrifty" genotype rendered detrimental by "progress"? *American Journal of Human Genetics* 14:352–362.

Nettl, B. 2000. An ethnomusicologist contemplates universals in musical sound and musical culture. In: *The Origins of Music*, ed. N. L. Wallin, B. Merker, and S. Brown. Cambridge, MA: MIT Press, pp. 463–472.

Nguyen, D.-Q., C. Webber, and C. P. Ponting. 2006. Bias of selection on human copy-number variants. *PLOS Genetics* 2:e20, doi:10.1371/journal.pgen.0020020.

Nicol, C. J., and S. J. Pope. 1996. The maternal feeding display of domestic hens is sensitive to perceived chick error. *Animal Behaviour* 52:767–774.

Nicolakakis, N., D. Sol, and L. Lefebvre. 2003. Behavioral flexibility predicts species richness in birds, but not extinction risk. *Animal Behaviour* 65:445–452.

Nielsen, R., I. Hellmann, M. Hubisz, C. Bustamante, and A. G. Clark. 2007. Recent and ongoing selection in the human genome. *Nature Reviews Genetics* 8:857– 868.

Nightingale, G., N. J. Boogert, K. N. Laland, and W.J.E. Hoppitt. 2015. Quantifying diffusion on social networks: a Bayesian approach. In: *Animal Social Networks: Perspectives and Challenges*, ed. J. Krause, D. Croft, and R. James. Oxford, UK: Oxford University Press, pp. 38–52.

Nihei, Y. 1995. Variations of behaviour of carrion crows (*Corvus corone*) using automobiles as nutcrackers. *Japanese Journal of Ornithology* 44:21–35.

Niño-Mora, J. 2007. Dynamic priority allocation via restless bandit marginal productivity indices. *TOP* 15:161–198.

Noad, M. J., D. H. Cato, M. M. Bryden, M. N. Jenner, and K. C. Jenner. 2000. Cultural revolution in whale songs. *Nature* 408:537.

Nonaka, T., B. Bril, and R. Rein. 2010. How do stone knappers predict and control the outcome of flaking? Implications for understanding early stone tool technology. *Journal of Human Evolution* 59:155–167.

Nowak, M., and R. Highfield. 2011. *Super-cooperators: The Mathematics of Evolution, Altruism and Human Behaviour or Why We Need Each Other to Succeed*. London, UK: Canongate.

Nowak, M. A., and K. Sigmund. 1998. Evolution of indirect reciprocity by image scoring. *Nature* 393(6685):573–577.

Nowicki, S., and W. A. Searcy. 2014. The evolution of vocal learning. *Current Opinion in Neurobiology* 28:48–53.

Nunn, C. L. 2011. *The Comparative Approach in Evolutionary Anthropology and Biology*. Chicago, IL: University of Chicago Press.

Nunn, C. L., and C. P. van Schaik. 2002. Reconstructing the behavioural ecology of extinct primates. In: *Reconstructing Behaviour in the Primate Fossil Record*, ed. J. M. Plavcan, R. F. Kay, W. L. Jungers, and C. P. van Schaik. New York, NY: Ple-num, pp. 159–199.

Oberheim, N. A., T. Takano, X. Han, W. He, J. H. Lin, F. Wang, Q. Xu, et al. 2009. Uniquely hominid features of adult human astrocytes. *Journal of Neuroscience* 29:3276–3287.

O'Brien, M. J., and K. N. Laland. 2012. Genes, culture and agriculture: an example of human niche construction. *Current Anthropology* 53:434–470.

Odling-Smee, F. J., and K. N. Laland. 2009. Cultural niche construction: evolution's cradle of language. In: *The Prehistory of Language*, ed. R. Botha and C. Knight. Oxford, UK: Oxford University Press, pp. 99–121.

Odling-Smee, F. J., K. N. Laland, and M. W. Feldman. 1996. Niche construction. *American Naturalist* 147:641–648.

———. 2003. *Niche Construction: The Neglected Process in Evolution*. Princeton, NJ: Princeton University Press.

Ohnuma, K., K. Aoki, and T. Akazawa. 1997. Transmission of tool-making through verbal and non-verbal communication-preliminary experiments in Levallois flake production. *Anthropological Science* 105:159–168.

Oikawa, S., and Y. Itazawa. 1992. Relationship between metabolic rate in vitro and body mass in a marine teleost, porgy (*Pagrus major*). *Fish Physiology and Biochemistry* 10:177–182.

Olalde, I., M. E. Allentoft, F. Sanchez-Quinto, G. Santpere, C. W. Chiang, M. DiGiorgio, J.

Prado-Marinez, et al. 2014. Derived immune and ancestral pigmentation alleles in a 7,000-year-old Mesolithic European. *Nature* 507:225–228.

Olsson, A., and E. Phelps. 2007. Social learning of fear. *Nature Neuroscience* 10: 1095–1102.

Onishi, K. H., and R. Baillargeon. 2005. Do 15-month-old infants understand false beliefs? *Science* 308:255–258.

Oota, H., W. Settheetham-Ishida, D. Tiwawech, T. Ishida, and M. Stoneking. 2001. Human mtDNA and Y-chromosome variation is correlated with matrilocal versus patrilocal residence. *Nature Genetics* 29:20–21.

Otto, S. P., F. B. Christiansen, and M. W. Feldman. 1995. *Genetic and Cultural Inheritance of Continuous Traits*. Morrison Institute for Population and Resource Studies Paper, no. 0064. Palo Alto, CA: Stanford University Press.

Over, H., and M. Carpenter, M. 2012. Putting the social into social learning: explaining both selectivity and fidelity in children's copying behavior. *Journal of Comparative Psychology* 126(2):182–192.

Oyama, S. 1985. *The Ontogeny of Information: Developmental Systems and Evolution*, 2nd ed. Durham, NC: Duke University Press.

Oyama, S., P. E. Griffiths, and R. D. Gray, eds. 2001. *Cycles of Contingency: Developmental Systems and Evolution*. Cambridge, MA: MIT Press. Pagel, M. 2012. *Wired for Culture: The Natural History of Human Cooperation*. London, UK: Allen Lang.

Pagel, M., Q. D. Atkinson, and A. Meade. 2007. Frequency of word use predicts rates of lexical evolution throughout Indo-European history. *Nature* 449:717–720.

Papadimitriou, C. H., and J. N. Tsitsiklis. 1999. The complexity of optimal queuing network control. *Mathematics of Operations Research* 24:293–305.

Patel, A. D. 2006. Musical rhythm, linguistic rhythm, and human evolution. *Music Perception* 24:99–104.

Patel, A. D., J. R. Iversen, M. R. Bregman, and I. Schulz. 2009. Experimental evidence for synchronization to a musical beat in a nonhuman animal. *Current Biology* 19:827–830.

Pawlby, S. J. 1977. Imitative interaction. In: *Studies in Mother-Infant Interaction*, ed. H. Scaffer. New York, NY: Academic, pp. 203–224.

Payne, K., and R. Payne. 1985. Large scale changes over 19 years in songs of humpback whales in Bermuda. *Zeitschrift fur Tierpsychologie* 68:89–114.

Pearce-Duvet, J. M. 2006. The origin of human pathogens: evaluating the role of agriculture and domestic animals in the evolution of human disease. *Biological Reviews* 81:369–382.

Pearson, A. T. 1989. *The Teacher: Theory and Practice in Teacher Education*. London, UK: Routledge.

Peck, J. R., and M. W. Feldman. 1986. The evolution of helping behavior in large, randomly mixed populations. *American Naturalist* 127:209–221.

Pedersen, B. H. 1997. The cost of growth in young fish larvae, a review of new hypotheses. *Aquaculture* 155:259–269.

Peng, M. S., J. D. He, C. L. Zhu, S. F. Wu, J. Q. Jin, and Y. P. Zhang, et al. 2012. Lactase persistence may have an independent origin in Tibetan populations from Tibet, China. *Journal of Human Genetics* 57:394–397.

Pennisi, E. 2010. Conquering by copying. *Science* 328:165–167.

Pepperberg, I. M. 1988. The importance of social interaction and observation in the acquisition of communicative competence. In: *Social Learning: Psychological and Biological*

Perspectives, ed. T. R. Zentall and B. G. Galef Jr. Hillsdale, NJ: Erlbaum, pp. 279–299.

Perreault, C. 2012. The pace of cultural evolution. *PLOS ONE* 7(9):e45150, doi:10.1371/journal.pone.0045150.

Perry, G. H., N. J. Dominy, K. G. Claw, A. S. Lee, H. Fiegler, R. Redon, J. Werner, et al. 2007. Diet and the evolution of human amylase gene copy number variation. *Nature Genetics* 39:1256–1260.

Perry, S., M. Baker, L. Fedigan, J. Gros-Louis, K. Jack, K. MacKinnon, J. Manson, et al. 2003. Social conventions in wild white-faced capuchin monkeys: evidence for traditions in a neotropical primate. *Current Anthropology* 44:241–268.

Perry, S. 2011. Social traditions and social learning in capuchin monkeys (*Cebus*). *Philosophical Transactions of the Royal Society of London B* 366:988–996.

Petraglia, M., C.B.K. Shipton, and K. Paddayya. 2005. *Hominid Individual Context in Archaeological Investigations of Lower and Middle Palaeolithic Landscapes, Locales and Artefacts*, ed. C. Gamble and M. Porr. London, UK: Routledge. Petroski, K. 1992. *The Evolution of Useful Things*. New York, NY: Vintage Books.

Piel, F. B., A. P. Patil, R. E. Howes, O. A. Nyangiri, P. W. Gething, T. N. Williams, D. J. Weatherall, and S. I. Hay. 2010. Global distribution of the sickle cell gene and geographical confirmation of the malaria hypothesis. *Nature Communications*, doi:10.1038/ncomms1104.

Pigliucci, M., and G. B. Müller. 2010. *Evolution, The Extended Synthesis*. Cambridge, MA: MIT Press.

Pika, S., K. Liebal, J. Call, and M. Tomasello. 2005. The gestural communication of apes. *Gesture* 5(1–2):41–56.

Pike, T., and K. N. Laland. 2010. Conformist learning in nine-spined sticklebacks' foraging decisions. *Biology Letters* 64:466–468.

Pike, T. W., J. R. Kendal, L. Rendell, and K. N. Laland. 2010. Learning by proportional observation in a species of fish. *Behavioral Ecology* 20:238–244.

Pinker, S. 1995. *The Language Instinct*. New York, NY: Penguin.

———. 2010. The cognitive niche: coevolution of intelligence, sociality, and language. *Proceedings of the National Academy of Sciences USA* 107:8993–8999.

Pinker, S., and R. Jackendoff. 2005. The faculty of language: What's special about it? *Cognition* 95:201–236.

Plath, M., D. Blum, R. Tiedemann, and I. Schlupp. 2008. A visual audience effect in a cavefish. *Behaviour* 145:931–947.

PLOS Biology Synopsis. 2005. Mitochondrial DNA provides a link between Polyne-sians and Indigenous Taiwanese. *PLOS Biology* 38:e281, doi:10.1371/journal.pbio.0030281.

Plotkin, H. 1994. *Darwin Machines and the Nature of Knowledge*. London, UK: Penguin.

Plotnik, J. M., F.B.M. de Waal, and D. Reiss. 2006. Self-recognition in an Asian elephant. *Proceedings of the National Academy of Sciences USA* 103:17053–17057.

Posadas-Andrews, A., and T. J. Roper. 1983. Social transmission of food preferences in adult rats. *Animal Behaviour* 31:265–271.

Posnansky, M. 1969. Yams and the origins of West African agriculture. *Odu* 1:101–107.

Potts, R. 2013. Hominin evolution in settings of strong environmental variability. *Quaternary Science Reviews* 73:1–13.

Povinelli, D. J., K. E. Nelson, and S. T. Boysen. 1992. Comprehension of role reversal in chimpanzees: Evidence of empathy? *Animal Behaviour* 43:633–640.

Powell, A., S. Shennan, and M. G. Thomas. 2009. Late Pleistocene demography and the appearance of modern human behavior. *Science* 324:1298–1301.

Power, C. 1998. Old wives' tales: the gossip hypothesis and the reliability of cheap signals. In: *Approaches to the Evolution of Language*, ed. J. R. Hurford, M. StuddertKennedy, and C. Knight. Cambridge, UK: Cambridge University Press, pp. 111–129. Prabhakar, S., A. Visel, J. Akiyama, M. Shoukry, K. Lewis, A. Holt, I. Plajzer-Frick, et al. 2008. Human-specific gain of function in a developmental enhancer. *Science* 321:1346–1350.

Pratt, S. C., D. Sumpter, E. Mallon, and N. Franks. 2005. An agent-based model of collective nest choice by the ant (*Temnothorax albipennis*). *Animal Behaviour* 70:1023–1036.

Premack, D. 2007. Human and animal cognition: continuity and discontinuity. *Proceedings of the National Academy of Sciences USA* 104:13861–13867.

Premack, D., and G. Woodruff. 1978. Does the chimpanzee have a theory of mind? *Behavioral and Brain Science* 1:515–526.

Pullium, H. R., and C. Dunford. 1980. *Programmed to Learn*. New York, NY: Columbia University Press.

Purves, D. 1988. *Body and Brain: A Trophic Theory of Neural Connections*. Cambridge, MA: Harvard University Press.

Purvis, A., and A. Rambaut. 1995. Comparative analysis by independent contrasts CAIC: an Apple Macintosh application for analysing comparative data. *Computer Applications in the Biosciences* 11:247–251.

Putt, S. S., A. D. Woods, and R. G. Franciscus. 2014. The role of verbal interaction during experimental bifacial stone tool manufacture. *Lithic Technology* 39:96– 112. Quach, H., L. B. Barreiro, G. Laval, N. Zidane, E. Patin, K. Kidd, J. Kidd, et al. 2009. Signatures of purifying and local positive selection in human miRNAs. *American Journal of Human Genetics* 84:316–327.

Radick, G. 2008. *The Simian Tongue: The Long Debate about Animal Language*. Chicago, IL: University of Chicago Press.

Raihani, N. J., and A. R. Ridley. 2008. Experimental evidence for teaching in wild pied babblers. *Animal Behaviour* 75:3–11.

Rakic, P. 1986. Mechanisms of ocular dominance segregation in the lateral geniculate nucleus: competitive elimination hypothesis. *Trends in Neuroscience* 9:11–15.

Ramsey, G., M. L. Bastian, and C. van Schaik. 2007. Animal innovation defined and operationalized. *Behavioral and Brain Sciences* 30:393–437.

Rapaport, L. M., and G. R. Brown. 2008. Social influences on foraging behaviour in young non-human primates: learning what, where, and how to eat. *Evolutionary Anthropology* 17:189–201.

Ratcliffe, J. M., and H. M. ter Hofstede. 2005. Roosts as information centres: social learning of food preferences in bats. *Biology Letters* 1:72–74.

Reader, S. M. 2000. Social Learning and Innovation: Individual Differences, Diffusion Dynamics and Evolutionary Issues. PhD diss., University of Cambridge.

Reader, S. M., and K. N. Laland. 2000. Diffusion of foraging innovations in the guppy. *Animal Behaviour* 60:175–180.

———. 2001. Primate innovation: sex, age and social rank differences. *International Journal of Primatology* 22:787–805.

———. 2002. Social intelligence, innovation and enhanced brain size in primates. *Proceedings of the National Academy of Sciences USA* 99:4436–4441.

———eds. 2003a. *Animal Innovation*. Oxford, UK: Oxford University Press.

———. 2003b. Animal innovation: an introduction. In: *Animal Innovation*, ed. S. M. Reader and K. N. Laland. Oxford, UK: Oxford University Press, pp. 3–35. Reader, S. M., and L. Lefebvre. 2001. Social learning and sociality. *Behavioral and Brain Science* 24:353–355.

Reader, S. M., E. Flynn, J. Morand-Ferron, and K. N. Laland. 2016. Innovation in animals and humans: understanding the origins and development of novel and creative behavior. *Philosophical Transactions of the Royal Society B* 371(1690).

Reader, S. M., Y. Hager, and K. N. Laland. 2011. The evolution of primate general and cultural intelligence. *Philosophical Transactions of the Royal Society of London B* 366:1017–1027.

Reader, S. M., J. R. Kendal, and K. N. Laland. 2003. Social learning of foraging sites and escape routes in wild Trinidadian guppies. *Animal Behaviour* 66:729–739.

Remick, A. K., J. Polivy, and P. Pliner. 2009. Internal and external moderators of the effect of variety on food intake. *Psychological Bulletin* 135(3):434–451.

Rendell, L., and H. Whitehead. 2001. Culture in whales and dolphins. *Behavioral and Brain Sciences* 24:309–324.

———. 2015. *The Cultural Lives of Whales and Dolphins*. Chicago, IL: University of Chicago Press.

Rendell, L., R. Boyd, D. Cownden, M. Enquist, K. Eriksson, M. W. Feldman, L. Fogarty, et al. 2010. Why copy others? Insights from the social learning strategies tournament. *Science* 327:208–213.

Rendell, L., R. Boyd, M. Enquist, M. W. Feldman, L. Fogarty, and K. N. Laland. 2011. How copying affects the amount, evenness and persistence of cultural knowledge: insights from the social learning strategies tournament. *Philosophical Transactions of the Royal Society of London B* 366:1118–1128.

Rendell, L., L. Fogarty, W.J.E. Hoppitt, T.J.H. Morgan, M. Webster, and K. N. Laland. 2011. Cognitive culture: theoretical and empirical insights into social learning strategies. *Trends in Cognitive Sciences* 15:68–76.

Rendell, L., L. Fogarty, and K. N. Laland. 2011. Runaway cultural niche construction. *Philosophical Transactions of the Royal Society of London B* 366:823–835.

Reznick, D., and A. P. Yang. 1993. The influence of fluctuating resources on life-history patterns of allocation and plasticity in female guppies. *Ecology* 74:2011–2019.

Richards, M. P., R. J. Schulting, and R.E.M. Hedges. 2003. Archaeology: sharp shift in diet at onset of Neolithic. *Nature* 425:366.

Richerson, P. J. 2013. Rethinking paleoanthropology: a world queerer than we supposed. In: *Evolution of Mind, Brain and Culture*, ed. G. Hatfield and H. Pittman. Philadelphia, PA: University of Pennsylvania Press, pp. 263–302.

Richerson, P. J., and R. Boyd. 1998. The evolution of human ultrasociality. In: *Indoctrinability, Ideology, and Warfare: Evolutionary Perspectives*, ed. I. Eibl-Eibesfeldt and F. K. Salter. New York, NY: Berghahn Books, pp. 71–95.

———. 2005. *Not by Genes Alone: How Culture Transformed Human Evolution*. Chicago, IL: University of Chicago Press.

Richerson, P. J., and J. Henrich. 2012. Tribal social instincts and the cultural evolution of institutions to solve collective action problems. *Cliodynamics* 3:38–80.

Richerson, P. J., R. Baldini, A. Bell, K. Demps, K. Frost, V. Hillis, S. Mathew, et al. 2014. Cultural group selection plays an essential role in explaining human cooperation: a sketch of the evidence. *Behavioural and Brain Science* 28:1–71.

Richerson, P. J., M. Borgerhoff Mulder, and B. J. Vila. 1996. *Principles of Human Ecology*. New York, NY: Simon & Schuster.

Richerson, P., R. Boyd, and R. Bettinger. 2001. Was agriculture impossible during the Pleistocene but mandatory during the Holocene? *American Antiquity* 66: 387–411.

Richerson, P. J., R. Boyd, and J. Henrich. 2010. Gene-culture coevolution in the age of genomics. *Proceedings of the National Academy of Sciences USA* 107:8985–8992. Riddell, W. I., and K. G. Corl. 1977. Comparative investigation of the relationship between cerebral indices and learning abilities. *Brain, Behavior and Evolution* 14:385–398.

Ridley, M. 2011. *The Rational Optimist*. New York, NY: HarperCollins.

Rilling, J. K., and T. R. Insel. 1999. The primate neocortex in comparative perspective using magnetic resonance imaging. *Journal of Human Evolution* 37:191–223.

Rilling, J. K., M. F. Glasser, T. M. Preuss, X. Ma, T. Zhao, X. Hu, and T.E.J. Behrens. 2008. The evolution of the arcuate fasciculus revealed with comparative DTI. *Nature Neuroscience* 11(4):426–428.

Rizzolatti, G., and L. Craighero. 2004. The mirror-neuron system. Annual Review of *Neuroscience* 27(1):169–192.

Roberts, C. A., and J. E. Buikstra. 2003. *The Bioarchaeology of Tuberculosis: A Global View on a Re-emerging Disease*. Gainesville, FL: University Press of Florida.

Roberts, M. J. 2007. *Integrating the Mind*. New York, NY: Psychology Press.

Roche, H., A. Delagnes, J.-P. Brugal, C. Feibel, M. Kibunjia, V. Mourre, and P. J. Texier. 1999. Early hominid stone tool production and technical skill 2.34 myr ago in West Turkana, Kenya. *Nature* 399:57–60.

Rogers, A. 1988. Does biology constrain culture? *American Anthropologist* 90:819–813.

Rogers, E. M. 1995. *Diffusion of Innovations*, 4th ed. New York, NY: Free Press. Rose, M. R., and G. V. Lauder. 1996. *Adaptation*. San Diego, CA: Academic.

Rowe, N. 1996. *The Pictorial Guide to the Living Primates*. New York, NY: Pogonias. Rowley-Conwy, P., and R. Layton. 2011. Foraging and farming as niche construction: stable and unstable adaptations. *Philosophical Transactions of the Royal Society of London B* 366:849–862.

Russon, A. E. 2003. Innovation and creativity in forest-living rehabilitant orangutans. In: *Animal Innovation*, ed. S. M. Reader and K. N. Laland. Oxford, UK: Oxford University Press, pp. 279–306.

Rutz, C., L. A. Bluff, N. Reed, J. Troscianko, J. Newton, R. Inger, A. Kacelnik, and S. Bearhop. 2010. The ecological significance of tool use in New Caledonian crows. *Science* 329:1523–1526.

Rutz, C., B. C. Klump, L. Komarczyk, R. Leighton, J. Kramer, S. Wischnewski, et al. 2016. Discovery of species-wide tool use in the Hawaiian crow. *Nature* 537:403–407.

Sabbagh, A., P. Darlu, B. Crouau-Roy, and E. S. Poloni. 2011. Arylamine Nacetyltransferase 2 NAT2 genetic diversity and traditional subsistence: a worldwide population survey. *PLOS ONE* 6:e18507, doi:10.1371/journal.pone.0018507. Sabeti, P. C., S. F. Schaffner, B. Fry, J. Lohmueller, P. Varilly, O. Shamovsky, A. Palma, et al. 2006. Positive natural selection in the human lineage. *Science* 312:1614–1620.

Sabeti, P. C., P. Varilly, B. Fry, J. Lohmueller, E. Hostetter, C. Cotsapas, X. Xie, et al. 2007. Genome-wide detection and characterization of positive selection in human populations. *Nature* 449:913–918.

Sachs, J. L., U. G. Mueller, T. P. Wilcox, and J. J. Bull. 2004. The evolution of cooperation. *Quarterly Review of Biology* 79:135–160.

Saggerson, A. L., D. N. George, and R. C. Honey. 2005. Imitative learning of stimulus response and response-outcome associations in pigeons. *Journal of Experimental Psychology: Animal Behavior Processes* 31:289–300.

Sakai, T., A. Mikami, M. Tomanaga, M. Matsui, J. Suzuki, Y. Hamada, M. Tanaka, et al. 2011. Differential prefrontal white matter development in chimpanzees and humans. *Current Biology* 21:1397–1402.

Sanz, C. M., J. Call, and D. B. Morgan. 2009. Design complexity in termite-fishing tools of chimpanzees (*Pan troglodytes*). *Biology Letters* 5:293–296.

Sargeant, B. L., and J. Mann. 2009. Developmental evidence for foraging traditions in wild bottlenose dolphins. *Animal Behaviour* 78:715–721.

Sargent, R. C., and M. R. Gross. 1993. Williams' principle: an explanation of parental care in teleost fishes. In: *Behavior of Teleost Fishes*, 2nd ed., ed. T. J. Pitcher. London, UK: Chapman and Hall, pp. 333–361.

Schachner, A., T. F. Brady, I. M. Pepperberg, and M. D. Hauser. 2009. Spontaneous motor entrainment to music in multiple vocal mimicking species. *Current Biology* 19:831–836.

Schenker, N. M., W. D. Hopkins, M. A. Spocter, A. R. Garrison, C. D. Stimpson, J. M. Erwin, P. R. Hof, and C. C. Sherwood. 2010. Broca's area homologue in chimpanzees (*Pan troglodytes*): probabilistic mapping, asymmetry and comparison to humans. *Cerebral Cortex* 20:730–742.

Schick, K., and N. Toth. 2006. *Oldowan Case Studies into Earliest Stone Age*, ed. N. Toth and K. Schick. Gosport, UK: Stone Age Institute.

Schlag, K. H. 1998. Why imitate and if so, how? A boundedly rational approach to multi-armed bandits. *Journal of Economic* Theory 78:130–156.

Schoenemann, P. T. 2006. Evolution of the size and functional areas of the human brain. *Annual Review of Anthropology* 35:379–406.

Schönholzer, L. 1958. Beobachtungen über das Trinkverhalten bei Zootieren. *Der Zoologische Garten* (N. F.) 24:345–431.

Schuppli, C., E.J.M. Meulman, S.I.F. Forss, F. Aprilinayati, M. A. van Noordwijk, and C. P. van Schaik. 2016. Observational social learning and socially induced practice of routine skills in immature wild orang-utans. *Animal Behaviour* 119:87–98.

Schuster, S., S. Wohl, M. Griebsch, and I. Klostermeier. 2006. Animal cognition: how archer fish learn to down rapidly moving targets. *Current Biology* 16:378–383. Sealey, T. D. 2010. *Honeybee Democracy*. Princeton, NJ: Princeton University Press. Searcy, W. A., and S. Nowicki, S. 2005. *The Evolution of Animal Communication*. Prince-ton, NJ: Princeton University Press.

Semendeferi, K., K. Teffer, D. P. Buxoeveden, M. S. Park, S. Bludau, K. Amunts, K. Travis, et al. 2011. Spatial organization of neurons in the frontal pole sets humans apart from great apes. *Cerebral Cortex* 21:1485–1497.

Seyfarth, R. M., and D. L. Cheney. 2000. Social awareness in the monkey. *American Zoologist* 40:902–909.

Seyfarth, R. M., D. L. Cheney, and P. Marler. 1980. Vervet monkey alarm calls: semantic communication in a free-ranging primate. *Animal Behaviour* 28:1070–1094.

Shaw, J. 2003. Who built the pyramids? *Harvard Magazine* 7:42–99.

Sherry, D. F., and B. G. Galef Jr. 1984. Cultural transmission without imitation: milk bottle opening by birds. *Animal Behaviour* 32:937–938.

———. 1990. Social learning without imitation: more about milk bottle opening by birds. *Animal Behaviour* 40:987–989.

Sherwood, C., C. D. Stimpson, M. A. Raghanti, D. E. Wildman, M. Uddin, L. Grossman, M. Goodman, et al. 2006. Evolution of increased glia-neuron ratios in the human frontal cortex. *Proceedings of the National Academy of Sciences USA* 103:13606–13611.

Shettleworth, S. J. 2001. Animal cognition and animal behavior. *Animal Behaviour* 61:277–286.

———. 2010. *Cognition, Evolution, and Behavior*, 2nd ed. New York, NY: Oxford University Press.

Shipton, C.B.K., M. Petraglia, and K. Paddayya. 2009. Stone tool experiments and reduction methods at the Acheulean site of Isampur Quarry, India. *Antiquity* 83:769–785.

Shultz, S., and R.I.M. Dunbar. 2006. Both social and ecological factors predict ungulate brain size. *Proceedings of the Royal Society of London B* 273:207–215.

Sieveking, A. 1979. *The Cave Artists*. London, UK: Thames and Hudson.

Silk, J. B. 2002. The form and function of reconciliation in primates. *Annual Review of Anthropology* 31:21–44.

Simonton, D. K. 1995. Exceptional personal influence: an integrative paradigm. *Creativity Research Journal* 8:371–376.

Slagsvold, T., and B. T. Hansen. 2001. Sexual imprinting and the origin of obligate brood parasitism in birds. *American Naturalist* 158:354–367.

Slagsvold, T., and K. L. Wiebe. 2007. Learning the ecological niche. *Proceedings of the Royal Society B* 274:19–23.

———. 2011. Social learning in birds and its role in shaping a foraging niche. *Philosophical Transactions of the Royal Society of London B* 366:969–977.

Slagsvold, T., B. T. Hansen, L. E. Johannessen, and L. T. Lifjeld. 2002. Mate choice and imprinting in birds studied by cross-fostering in the wild. *Proceedings of the Royal Society of London B* 269:1449–1455.

Slagsvold, T., K. Wigdahl Kleiven, A. Eriksen, and L. E. Johannessen. 2013. Vertical and horizontal transmission of nest site preferences in titmice. *Animal Behaviour* 85:323–328.

Slater, P.J.B., and R. F. Lachlan. 2003. Is innovation in bird song adaptive? In: *Animal Innovation*, ed. S. M. Reader and K. N. Laland. Oxford, UK: Oxford University Press, pp. 117–135.

Smit, H. 2014. *The Social Evolution of Human Nature*. Cambridge, UK: Cambridge University Press.

Smith, A. 1776. *The Wealth of Nations*. London, UK: W. Strahan.

Smith, B. D. 1998. *The Emergence of Agriculture*. New York, NY: Freeman.

———. 2001. Low level food production. *Journal of Archaeological Research* 9: 1–43.

———. 2007a. The ultimate ecosystem engineers. *Science* 315:1797–1798.

———. 2007b. Niche construction and the behavioral context of plant and animal domestication. *Evolutionary Anthropology* 16:188–199.

Smith, E. A., R. Bliege Bird, and D. W. Bird. 2003. The benefits of costly signaling: Meriam turtle hunters. *Behavioral Ecology* 14:116–126.

Smith, K., and S. Kirby. 2008. Cultural evolution: implications for understanding the human language faculty and its evolution. *Philosophical Transactions of the Royal Society B* 363(1509):3591–3603.

Smith, M. E. 2009. V. Gordon Childe and the urban revolution: a historical perspective on a revolution in urban studies. *Town Planning Review* 80:3–29.

Sol, D. 2003. Behavioral flexibility: A neglected issue in the ecological and evolutionary literature? In: *Animal Innovation*, ed. S. M. Reader and K. N. Laland. Oxford, UK: Oxford University Press, pp. 63–82.

Sol, D., and L. Lefebvre. 2000. Behavioral flexibility predicts invasion success in birds introduced to New Zealand. *Oikos* 90:599–605.

Sol, D., R. P. Duncan, T. M. Blackburn, P. Cassey, and L. Lefebvre. 2005. Big brains, enhanced cognition and response of birds to novel environments. *Proceedings of the National Academy of Sciences USA* 102:5460–5465.

Sol, D., L. Lefebvre, and J. D. Rodríguez-Teijeiro. 2005. Brain size, innovative propensity and migratory behavior in temperate Palaearctic birds. *Proceedings of the Royal Society of London B* 272:1433–1441.

Sol, D., L. Lefebvre, and S. Timmermans. 2002. Behavioral flexibility and invasion success in birds. *Animal Behaviour* 63:495–502.

Sol, D., D. G. Stirling, and L. Lefebvre. 2005. Behavioral drive or behavioral inhibition in evolution: subspecific diversification in Holarctic passerines. *Evolution* 59:2669–2677.

Somel, M., X. Liu, and P. Khaitovich. 2013. Human brain evolution: transcripts, metabolites and their regulators. *Nature Reviews Neuroscience* 14:112–127.

Somel, M., R. Rohlfs, and X. Liu. 2014. Transcriptomic insights into human brain evolution: acceleration, neutrality, heterochrony. *Current Opinion in Genetics and Development* 29:110–119.

Soranzo, N., B. Bufe, P. C. Sabeti, J. F. Wilson, M. E. Weale, R. Marquerie, W. Meyerhof, et al. 2005. Positive selection on a high-sensitivity allele of the human bitter-taste receptor TAS2R16. *Current Biology* 15:1257–1265.

Spencer, H. (1855) 1870. *Principles of Psychology*, 2nd ed. London, UK: Longman.

Spocter, M. A., W. D. Hopkins, S. K. Barks, S. Bianchi, A. E. Hehmeyer, S. M. Anderson, C. D. Stimpson, et al. 2012. Neuropil distribution in the cerebral cortex differs between humans and chimpanzees. *Journal of Comparative Neurology* 520:2917–2929.

———. 1857. Progress: Its law and cause. *Westminster Review* 67:445–485.

Stanford Encyclopedia of Philosophy, http://plato.stanford.edu.

Stanford, C. B., J. Wallis, E. Mpongo, and J. Goodall. 1994. Hunting decisions in wild chimpanzees. *Behaviour* 131(1):1–18.

Stanley, E. L., R. L. Kendal, J. R. Kendal, S. Grounds, and K. N. Laland. 2008. The effects of group size, rate of turnover and disruption to demonstration on the stability of foraging traditions in fish. *Animal Behaviour* 75:565–572.

Stearns, S. C., S. G. Byars, D. R. Govindaraju, and D. Ewbank. 2010. Measuring selection in contemporary human populations. *Nature Reviews Genetics* 11:611– 622.

Stedman, H. H., B. W. Kosyak, A. Nelson, D. M. Thesier, L. T. Su, D. W. Low, C. R. Bridges, et al. 2004. Myosin gene mutation correlates with anatomical changes in the human lineage. *Nature* 428:415–418.

Steele, V. 2013. *Dance and Fashion*. New Haven, CT: Yale University Press.

Stefansson, H., A. Helgason, G. Thorliefsson, V. Steinthorsdotti, G. Masson, J. Barnard, Baker, et al. 2005. A common inversion under selection in Europeans. *Nature Genetics* 37:129–137.

Steiniger, von, F. 1950. Beitrage zur Sociologie und sonstigen Biologie der Wanderratte. *Zeitschrift fur Tierpsychologie* 7:356–379.

Stel, M., J. Blascovich, C. McCall, J. Mastop, R. B. van Baaren, and R. Vonk. 2010. Mimicking disliked others: effects of *a priori* liking on the mimicry-liking link. *European Journal of Social Psychology* 40:867–880.

Stephan, H., H. Frahm, and G. Baron. 1981. New and revised data on volume of brain structures in insectivores and primates. *Folia Primatologica* 35:1–29.

Stephens, D. 1991. Change, regularity and value in the evolution of learning. *Behavioral Ecology* 2:77–89.

Sterelny, K. 2012a. *The Evolved Apprentice*. Cambridge, MA: MIT Press.

———. 2012b. Language, gesture, skill: the co-evolutionary foundations of language. *Philosophical Transactions of the Royal Society B* 367:2141–2151.

Stoeger, A. S., D. Mietchen, S. Oh, S. de Silva, C. T. Herbst, S. Kwon, and W. T. Fitch. 2012. An Asian elephant imitates human speech. *Current Biology* 22:2144–2148.

Stout, D. 2002. Skill and cognition in stone tool production: an ethnographic case study from Irian Jaya. *Current Anthropology* 43:693–723.

Stout, D., S. Semaw, S., M. J. Rogers, and D. Cauche. 2010. Technological variation in the earliest Oldowan from Gona, Afar, Ethiopia. *Journal of Human Evolution* 58:474–491.

Stout, D., N. Toth, K. Schick, J. Stout, and G. Hutchins. 2000. Stone tool-making and brain activation: position emission tomography PET studies. *Journal of Archaeological Science* 27:1215–1223.

Strandberg-Peshkin, A., D. R. Farine, I. D. Couzin, and M. C. Crofoot. 2015. Shared decision-making drives collective movement in wild baboons. *Science* 348(6241):1358–1361.

Street, S. 2014. Phylogenetic Comparative Investigations of Sexual Selection and Cognitive Evolution in Primates. PhD diss., University of St Andrews.

Striedter, G. F. 2005. *Principles of Brain Evolution*. Sunderland, MA: Sinauer. Strimling, P., J. Sjostrand, M. Enquist, and K. Eriksson. 2009. Accumulation of independent cultural traits. *Theoretical Population Biology* 76:77–83.

Stringer, C., and P. Andrews. 2005. *The Complete World of Human Evolution*. London, UK: Thames and Hudson.

Su, C. H., P. H. Kuo, C.C.H. Lin, and W. J. Chen. 2005. A school-based twin study of handedness among adolescents in Taiwan. *Behavior Genetics* 35:723–733.

Suddendorf, T. 2013. *The Gap: The Science That Separates Us from Other Animals*. New York, NY: Basic Books.

Suddendorf, T., and M. C. Corballis. 2007. The evolution of foresight: What is mental time travel and is it unique to humans? *Behavioral and Brain Sciences* 30:299–313, and discussion, pp. 313–315.

Swaddle, J. P., M. G. Cathey, M. Correll, and B. P. Hodkinson. 2005. Socially transmitted mate preferences in a monogamous bird: a non-genetic mechanism of sexual selection. *Proceedings of the Royal Society of London B* 272:1053–1058.

Swaney, W., J. R. Kendal, H. Capon, C. Brown, and K. N. Laland. 2001. Familiarity facilitates social learning of foraging behaviour in the guppy. *Animal Behaviour* 62:591–598.

Szamado, S., and E. Szathmary. 2006. Selective scenarios for the emergence of natural language. *Trends in Ecology and Evolution* 21:555–561.

Tang, K., K. R. Thornton, and M. Stoneking. 2007. A new approach for using genome scans to detect recent positive selection in the human genome. *PLOS Biology* 5:e171, doi:10.1371/journal.pbio.0050171.

Tanner, R., R. Ferraro, T. L. Chartrand, J. R. Bettman, and R. van Baaren. 2008. Of chameleons and consumption: the impact of mimicry on choice and preferences. *Journal of Consumer Research* 34:754–766.

Tarr, B., J. Launay, and R.I.M. Dunbar. 2014. Music and social bonding: "self-other" merging and neurohormonal mechanisms. *Frontiers in Psychology* 5:1096, doi:10.3389/fpsyg.2014.01096.

Tattersall, I. 1995. *The Fossil Trail.* Oxford, UK: Oxford University Press.

Taylor, J. 2009. *Not a Chimp: The Hunt to Find the Genes That Make Us Human.* Oxford, UK: Oxford University Press.

Tehrani J. J., and F. Riede. 2008. Towards an archaeology of pedagogy: learning, teaching and the generation of material culture traditions. *World Archaeology* 40:316–331.

Tellier, L. N. 2009. *Urban World History.* Québec City, Québec, Canada: Presses de l'Université du Québec.

Templeton, J. J., and A. Giraldeau. 1996. Vicarious sampling: the use of personal and public information by starlings in a simple patchy environment. *Behavioral Ecology and Sociobiology* 38:105–114.

Teng, E. L., P. Lee, P. C. Yang, and P. C. Chang. 1976. Handedness in a Chinese population: biological, social and pathological factors. *Science* 193:1148–1150.

Tennie, C., J. Call, and M. Tomasello. 2009. Ratcheting up the ratchet: on the evolution of cumulative culture. *Philosophical Transactions of the Royal Society B* 364:2405–2415.

Terrace, H. S. 1979. *How Nim Chimpsky Changed My Mind.* San Francisco, CA: Ziff-Davis.

Texier, P.-J., G. Poraraz, J. E. Parkington, J. P. Rigaud, C. Poggenpoel, C. Miller, C. Tribolo, et al. 2010. A Howiesons Poort tradition of engraving ostrich eggshell containers dated to 60,000 years ago at Diepkloof Rock Shelter, South Africa. *Proceedings of the National Academy of Sciences USA* 107:6180–6185.

Thieme, H. 1997. Lower Palaeolithic hunting spears from Germany. *Nature* 385:807–810.

Thiessen, E. D., E. Hill, and J. R. Saffran. 2005. Infant-directed speech facilitates word segmentation. *Infancy* 7:53–71.

Thorndike, E. L. 1898. Animal intelligence: An experimental study of the associative processes in animals. *The Psychological Review, Series of Monograph Supplements*, Vol. 2, No. 4. New York, NY: Macmillan.

Thornton, A. 2007. Early body condition, time budgets and the acquisition of foraging skills in meerkats. *Animal Behaviour* 75:951–962.

Thornton, A., and K. McAuliffe. 2006. Teaching in wild meerkats. *Science* 313:227–229.

Thornton, A., and N. J. Raihani. 2008. The evolution of teaching. *Animal Behaviour* 75:1823–1836.

Thornton, A., J. Samson, and T. Clutton-Brock. 2010. Multi-generational persistence of traditions in neighbouring meerkat groups. *Proceedings of the Royal Society of London B*

277:3623–3629.

Thorpe, W. H. 1956. *Learning and Instinct in Animals*. London: Methuen.

Tilman, D. 1982. *Resource Competition and Community Structure*. Princeton, NJ: Princeton University Press.

Tomasello, M. 1994. The question of chimpanzee culture. In *Chimpanzee Cultures*, ed. R. Wrangham, W. McGrew, F. de Waal, and P. Heltne. Cambridge, MA: Harvard University Press, pp. 301–317.

———. 1999. *The Cultural Origins of Human Cognition*. Cambridge, MA: Harvard University Press.

———. 2008. *Origins of Human Communication*. Cambridge, MA: MIT Press.

———. 2009. *Why We Cooperate*. Cambridge, MA: MIT Press.

———. 2010. Human culture in evolutionary perspective. In: *Advances in Culture and Psychology*, ed. M. J. Gelfand, C. Chui, and Y. Hong. Oxford, UK: Oxford University Press, pp. 5–51.

Tomasello, M., and J. Call. 1997. *Primate Cognition*. New York, NY: Oxford University Press.

Tomasello, M., M. Carpenter, J. Call, T. Behne, and H. Moll. 2005. Understanding and sharing intentions: the origins of cultural cognition. *Behavioral and Brain Sciences* 28:675–735.

Tomasello, M., B. Hare, H. Lehmann, and J. Call. 2007. Reliance on head versus eyes in the gaze following of great apes and human infants: the cooperative eye hypothesis. *Journal of Human Evolution* 52:314–320.

Toth, N. 1985. Archaeological evidence for preferential right handedness in the Lower and Middle Pleistocene, and its possible implications. *Journal of Human Evolution* 14:607–614.

———. 1987. Behavioral inferences from early stone artifact assemblages: an experimental model. *Journal of Human Evolution* 16:763–787.

Trejaut, J. A., T. Kivisild, J. H. Loo, C. L. Lee, C. L. He, C. J. Hsu, Z. Y. Li, et al. 2005.

Traces of archaic mitochondrial lineages persist in Austronesian-speaking Formosan populations. *PLOS Biology* 38:e247, doi:10.1371/journal.pbio.0030247.

Trivers, R. L. 1971. The evolution of reciprocal altruism. *Quarterly Review of Biology* 46:35–57.

———. 1972. Parent investment and sexual selection. In: *Sexual Selection and the Descent of Man: 1871–1971*, ed. B. Campbell. Chicago, IL: Aldine, pp. 136–179.

———. 1974. Parent-offspring conflict. *American Zoologist* 14:249–264.

Truswell, R. 2015. Dendrophobia in bonobo comprehension of spoken English. Paper presented at the 11th International Conference for The Evolution of Language, New Orleans, LA, March 2016, http://evolang.org/neworleans/papers/87.html.

Turing, A. M. 1937. On computable numbers, with an application to the Entscheidungsproblem. *Proceedings of the London Mathematical Society*, 2nd ser., 42:230–265.

Twigg, G. 1975. *The Brown Rat*. New Pomfret, VT: David and Charles.

Tylor, E. B. 1871. *Primitive Culture: Researches into the Development of Mythology, Philosophy, Religion, Art, and Custom*, 2 vols. London, UK: John Murray.

Uddin, M., D. E. Wildman, G. Liu, W. Xu, R. M. Johnson, P. R. Hof, G. Kapatos, et al. 2004. Sister grouping of chimpanzees and humans as revealed by genome-wide phylogenetic analysis of brain gene expression profiles. *Proceedings of the National Academy of Sciences USA* 101:2957–2962.

Uller, T. 2012. Parental effects in development and evolution. In: *Evolution of Parental Care*, ed. N. J. Royle, P. Smiseth, and M. Kölliker. Oxford, UK: Oxford University Press.

Uomini, N. T. 2009. The prehistory of handedness: archaeological data and comparative ethology. *Journal of Human Evolution* 57:411–419.

Uomini, N. T. 2011. Handedness in Neanderthals. In: *Neanderthal Lifeways, Subsistence and Technology*, ed. N. J. Conard and J. Richter. Heidelberg, Germany: Springer, pp. 139–154.

Uomini, N. T., and G. F. Meyer. 2013. Shared brain lateralization patterns in language and Acheulean stone tool production: a functional transcranial Doppler ultrasound study. *PLOS ONE* 8(8):e72693, doi:10.1371/journal.pone.0072693.

Valsecchi, P., and B. G. Galef. 1989. Social influences on the food preferences of house mice (*Mus musculus*). *International Journal of Comparative Psychology* 2: 245–256.

van Baaren, R. B., R. W. Holland, K. Kawakami, and A. Van Knippenberg. 2004. Mimicry and prosocial behavior. *Psychological Science* 15:71–74.

van Baaren, R. B., L. Janssen, T. L. Chartrand, A. Dijksterhuis, et al. 2009. Where is the love? The social aspects of mimicry. *Philosophical Transactions of the Royal Society of London B* 364:2381–2389.

van Bergen, Y. 2004. An Investigation into the Adaptive Use of Social and Asocial Information. PhD diss., University of Cambridge.

van Bergen, Y., I. Coolen, and K. N. Laland. 2004. Ninespined sticklebacks exploit the most reliable source when public and private information conflict. *Proceedings of the Royal Society of London B* 271:957–962.

van der Maas, H.L.J., C. V. Dolan, R.P.P.P. Grasman, J. M. Wicherts, H. M. Huizenga, and M.E.J. Raijmakers. 2006. A dynamical model of general intelligence: the positive manifold of intelligence by mutualism. *Psychological Review* 113: 842–861.

van der Post, D. J., and P. Hogeweg. 2009. Cultural inheritance and diversification of diet in variable environments. *Animal Behaviour* 78:155–166.

van Schaik, C. P., R. O. Deaner, and M. Y. Merrill. 1999. The conditions for tool use in primates: implications for the evolution of material culture. *Journal of Human Evolution* 36:719–741.

van Schaik, C. P. 2009. Geographic variation in the behavior of wild great apes: Is it really Cultural? In: *The Question of Animal Culture*, ed. K. N. Laland and B. G. Galef. Cambridge, UK: Cambridge University Press, pp. 70–98.

van Schaik, C. P., and J. M. Burkart. 2011. Social learning and evolution: the cultural intelligence hypothesis. *Philosophical Transactions of the Royal Society of London B* 366:1008–1016.

van Schaik, C. P., M. A. van Noordwijk, and S. A. Wich. 2003. Innovation in wild Bornean orangutans (*Pongo pygmaeus wurmbii*). *Behaviour* 143:839–876.

Van Swol, L. M. 2003. The effects of nonverbal mirroring on perceived persuasiveness, agreement with an imitator, and reciprocity in a group discussion. *Communication Research* 304:461–480.

Vigilant, L., M. Stoneking, H. Harpending, K. Hawkes, and A. C. Wilson. 1991. African populations and the evolution of human mitochondrial DNA. *Science* 253:1503–1507.

Vitousek, P. M., H. A. Mooney, J. Lubchenko, and J. M. Mellilo. 1997. Human domination of earth's ecosystems. *Science* 277:494–499.

Voight, B. F., S. Kudaravalli, X. Wen, and J. K. Pritchard. 2006. A map of recent positive selection in the human genome. *PLOS Biology* 4:e72, doi:10.1371/journal.pbio.0040072.

von Frisch, K. 1967. *The Dance Language and Orientation of Bees*. Cambridge, MA: Harvard University Press.

Vygotsky, L. (1934) 1986. *Thought and Language*. Cambridge, MA: MIT Press. Wakano, J. Y., K. Aoki, and M. W. Feldman. 2004. Evolution of social learning: a mathematical analysis. *Theoretical Population Biology* 66:249–258.

Walden, T. A., and T. A. Ogan. 1988. The development of social referencing. *Child Development* 59(5):1230–1240.

Wallace, A. R. 1869. Geological climates and the origin of species. *Quarterly Review* 126:359–394.

Wallman, J. 1992. *Aping Language.* New York, NY: Cambridge University Press.

Wang, E. T., G. Kodama, P. Baldi, and R. K. Moyzis. 2006. Global landscape of recent inferred Darwinian selection for *Homo sapiens*. *Proceedings of the National Academy of Sciences USA* 103:135–140.

Warner, R. R. 1988. Traditionality of mating-site preferences in a coral reef fish. *Nature* 335:719–721.

Warner, R. R. 1990. Male versus female influences on mating-site determination in a coral-reef fish. *Animal Behaviour* 39:540–548.

Warren, D. M., M. Stern, R. Duggirala, T. D. Dyer, and L. Almasy. 2006. Heritability and linkage analysis of hand, foot, and eye preference in Mexican Americans. *Laterality* 11:508–524.

Washburn, S. L., and C. Lancaster. 1968. The evolution of hunting. In: *Man the Hunter*, ed. R. B. Lee and I. DeVore. Venice, Italy: Aldine, pp. 293–303.

Waters, C. N., J. Zalasiewicz, C. Summerhayes, A. D. Barnosky, C. Poirier, A. Gałuszka, A. Cearreta, et al. 2016. The Anthropocene is functionally and stratigraphically distinct from the Holocene. *Science* 351(6269):aad2622, doi:10.1126/science.aad2622.

Waterson, N. 1978. *The Development of Communication*. Chichester, UK: Wiley.

Watson, S. K., S. W. Townsend, A. M. Schel, C. Wilke, E. K. Wallace, L. Cheng, L. West, and K. E. Slocombe. 2014. Vocal learning in the functionally referential food grunts of chimpanzees. *Current Biology* 25:495–499, doi:org/10.1016/j.cub.2014.12.032.

Weatherall, D., O. Akinyanju, S. Fucharoen, N. Olivieri, and P. Musgrove. 2006. In: *Disease Control Priorities in Developing Countries*, ed. D. T. Jamison, J. G. Breman, A. R. Measham, G. Alleyne, M. Claeson, D. B. Evans, P. Jha, et al. Oxford, UK: Oxford University Press, pp. 663–680.

Webster, M. M., and K. N. Laland. 2008. Social learning strategies and predation risk: minnows copy only when using private information would be costly. *Proceedings. of the Royal Society of London B* 275:2869–2876.

———. 2010. Reproductive state affects reliance on public information in sticklebacks. *Proceedings of the Royal Society Series B* 278:619–627, doi:10.1098/rspb.2010.1562.

———. 2012. Social information, conformity and the opportunity costs paid by foraging fish. *Behavioral Ecology and Sociobiology* 66:797–809, doi:10.1007/s00265–012–1328–1.

———. 2013. The learning mechanism underlying public information use in ninespine sticklebacks (*Pungitius pungitius*). *Journal of Comparative Psychology* 127:154–165. Webster, M. M., E. L. Adams, E. L., and K. N. Laland. 2008. Diet-specific chemical cues influence association preferences and patch use in a shoaling fish. *Animal Behaviour* 76:17–23.

Webster, M. M., N. Atton, W. Hoppitt, and K. N. Laland. 2013. Environmental complexity influences association network structure and network-based diffusion of foraging information in fish shoals. *American Naturalist* 181:235–244.

Webster, M. M., A.J.W. Ward, and P.J.B. Hart. 2008. Shoal and prey patch choice by cooccurring fish and prawns: inter-taxa use of socially transmitted cues. *Proceedings of the Royal Society of London B* 275:203–208.

Wen, N., P. A. Herrman, and C. H. Legare. 2016. Ritual increases children's affiliation with in-group members. *Evolution and Human Behavior* 37:54–60.

West, S. A., A. S. Griffin, and A. Gardner. 2007. Social semantics: altruism, cooper-ation, mutualism, strong reciprocity and group selection. *Journal of Evolutionary Biology* 20:415–432.

West, S. A., C. El Mouden, and A. Gardner. 2011. Sixteen common misconceptions about the evolution of cooperation in humans. *Evolution and Human Behavior* 32:231–262.

West-Eberhard, M. J. 2003. *Developmental Plasticity and Evolution*. Oxford, UK: Oxford University Press.

Whalen, A., D. Cownden, and K. N. Laland. 2015. The learning of action sequences through social transmission. *Animal Cognition* 18:1093–1103. doi:10.1007/s10071–015–0877-x.

Wheeler, B. C., and J. Fischer. 2012. Functionally referential signals: a promising paradigm whose time has passed. *Evolutionary Anthropology* 21:195–205.

———. 2015. The blurred boundaries of functional reference: a response to Scarantion & Clay. *Animal Behaviour* 100:e9–e13, doi:10.1016/j.anbehav.2014.11.007. White, D. J. 2004. Influences of social learning on mate-choice decisions. *Learning and Behavior* 32:105–113.

White, D. J., and B. G. Galef. 2000. 'Culture' in quail: social influences on mate choices of female *Coturnix japonica*. *Animal Behaviour* 59:975–979.

Whitehead, H. 1998. Cultural selection and genetic diversity in matrilineal whales. *Science* 282:1708–1711.

Whitehead, H., and L. Rendell. 2015. *The Cultural Lives of Whales and Dolphins*. Chicago, IL: University of Chicago Press.

Whiten, A. 1998. Imitation of the sequential structure of actions by chimpanzees (*Pan troglodytes*). *Journal of Comparative Psychology* 112:270–281.

———. 2011. The scope of culture in chimpanzees, humans and ancestral apes. *Philosophical Transactions of the Royal Society of London B* 366:997–1007.

Whiten, A., and R. W. Byrne. 1997. *Machiavellian Intelligence II. Extensions and Evaluations*. Cambridge, UK: Cambridge University Press.

Whiten, A., and D. Custance. 1996. Studies of imitation in chimpanzees and children. In: *Social Learning in Animals: The Roots of Culture*, ed. C. M. Heyes and B. G. Galef Jr. San Diego, CA: Academic, pp. 291–318.

Whiten, A., and D. Erdal. 2012. The human socio-cognitive niche and its evolutionary origins. *Philosophical Transactions of the Royal Society of London B* 367:2119–2129. Whiten, A., and C. P. van Schaik. 2007. The evolution of animal 'cultures' and social intelligence. *Philosophical Transactions of the Royal Society of London B* 363:603–620.

Whiten, A., J. Goodall, W. C. McGrew, T. Nishida, V. Reynolds, Y. Sugiyama, C.E.G.

Tutin, et al. 1999. Cultures in chimpanzees. *Nature* 399:682–685.

Whiten, A., J. Goodall, W. C. McGrew, T. Nishida, V. Reynolds, Y. Sugiyama, C.E.G. Tutin, et al. 2001. Charting cultural variation in chimpanzees. *Behaviour* 138:1481–1516.

Whiten, A., R. Hinde, K. N. Laland, and C. Stringer. 2011. Introduction. Discussion Meeting issue 'Culture Evolves,' ed. A. Whiten, R. A. Hinde, C. B. Stringer, and K. N. Laland. *Philosophical Transactions of the Royal Society of London B* 366:938–948.

Whiten, A., V. Horne, and S. Marchall-Pescini. 2003. Cultural panthropology. *Evolutionary Anthropology* 12:92–105.

Whiten, A., N. McGuigan, S. Marshall-Pescini, and L. M. Hopper. 2009. Emulation, imitation, over-imitation and the scope of culture for child and chimpanzee. *Philosophical Transactions of the Royal Society B* 364:2417–2428.

Whiten, A., A. Spiteri, V. Horner, K. E. Bonnie, S. P. Lambeth, S. J. Schapiro, and F.B.M. de Waal. 2007. Transmission of multiple traditions within and between chimpanzee groups. *Current Biology* 17:1038–1043.

Williamson, S. H., M. J. Hubisz, A. G. Clark, B. A. Payseur, C. D. Bustamante, and R. Nielsen. 2007. Localizing recent adaptive evolution in the human genome. *PLOS Genetics* 3:e90, doi:10.1371/journal.pgen.0030090.

Wilson, A. C. 1985. The molecular basis of evolution. *Scientific American* 253:148–157.

———. 1991. From molecular evolution to body and brain evolution. In: *Perspectives on Cellular Regulation: From Bacteria to Cancer*, ed. J. Campisi and A. B. Pardee. New York, NY: John Wiley/A. R. Liss, pp. 331–340.

Wilson, E. O. 1975. *Sociobiology: The New Synthesis*. Cambridge, MA: Harvard University Press.

———. 1978. *On Human Nature*. Cambridge, MA: Harvard University Press. Wingfield, J. C., S. E. Lynn, and K. K. Soma. 2001. Avoiding the 'costs' of testosterone: ecological bases of hormone-behaviour interactions. *Brain Behavior and Evolution* 57:239–251.

Winterhalder, B., and D. Kennett. 2006. Behavioral ecology and the transition from hunting and gathering to agriculture. In: *Behavioral Ecology and the Transition to Agriculture*, ed. D. Kennett and B. Winterhalder. Berkeley, CA: University of California Press, pp. 1–21.

Winterhalder, B., and E. A. Smith. 2000. Analysing adaptive strategies: human behavioral ecology at twenty-five. *Evolutionary Anthropology* 9:51–72.

Wisenden, B. D., D. P. Chivers, and R.J.F. Smith. 1997. Learned recognition of predation risk by damselfly larvae on the basis of chemical cues. *Journal of Chemical Ecology* 23:137–151.

Witte, K., and R. Massmann. 2003. Female sailfin mollies, *Poecilia latipinna*, remember males and copy the choice of others after 1 day. *Animal Behaviour* 65:1151–1159.

Witte, K., and M. J. Ryan. 2002. Mate choice in the sailfin molly, *Poecilia latipinna*, in the wild. *Animal Behaviour* 63:94–949.

Wollstonecroft, M. 2011. Investigating the role of food processing in human evolution: a niche construction approach. *Archaeological and Anthropological Sciences* 3:141–150.

Wolpert, D. M., R. C. Miall, and M. Kawato. 1998. Internal models in the cerebellum. *Trends in Cognitive Sciences* 2:338–347.

Wood, D., J. S. Bruner, and G. Ross. 1976. The role of tutoring in problem solving. *Child Psychology and Psychiatry* 17:89–100.

Wood, L., R. L. Kendal, and E. Flynn. 2012. Context dependent model-based biases in cultural transmission: children's imitation is affected by model age over model knowledge state.

Evolution and Human Behavior 104:367–381.

Wright, H. E., Jr. 1977. Environmental change and the origin of agriculture in the Old and New Worlds. In: *Origins of Agriculture*, ed. C. A. Reed. The Hague, Netherlands: Mouton, pp. 281–318.

Wyles, J. S., J. G. Kunkel, and A. C. Wilson. 1983. Birds, behavior, and anatomical evolution. *Proceedings of the National Academy of Sciences USA* 80:4394–4397.

Wynn, T., A. Hernandez-Aguilar, L. F. Marchant, and W. C. McGrew. 2011. "An ape's view of the Oldowan" revisited. *Evolutionary Anthropology* 20:181–197.

Yabar, Y., L. Johnston, L. Miles, and V. Peace. 2006. Implicit behavioral mimicry: investigating the impact of group membership. *Journal of Nonverbal Behavior* 30:97–113.

Yang, C. 2013. Ontogeny and phylogeny of language. *Proceedings of the National Academy of Sciences USA* 110:6323–6327.

Yeakel, J. D., M. M. Pires, L. Rudolf, N. J. Dominy, P. L. Koch, P. R. Guimarães Jr., and T. Gross. 2014. Collapse of an ecological network in ancient Egypt. *Proceedings of the National Academy of Sciences USA* 110:14472–14477.

Young, H. G. 1987. Herring gull preying on rabbits. *British Birds* 80:630.

Zaidel, D. W. 2013. Cognition and art: the current interdisciplinary approach. *WIREs Cognitive Science* 4:431–439.

Zeder, M. A. 2012. The broad spectrum revolution at 40: resource diversity, intensification and an alternative to optimal foraging explanations. *Journal of Anthropological Archaeology* 31(3):241–264.

Zeder, M. A. 2016. Domestication as a model system for niche construction theory. *Evolutionary Ecology* 30:325–348.

Zeder, M. A., D. G. Bradley, E. Emshwiller, and B. D. Smith, eds. 2006. *Documenting Domestication: New Genetic and Archaeological Paradigms*. Berkeley, CA: University of California Press.

Zentall, T. R., and B. G. Galef, eds. 1988. *Social Learning: Psychological and Biological Perspectives*. London, UK: Erlbaum.

Ziman, J. 2000. *Technological Evolution as an Evolutionary Process*. Cambridge, UK: Cambridge University Press.

Zuberbuhler, K. 2005. The phylogenetic roots of language—evidence from primate communication and cognition. *Current Directions in Psychological Science* 14: 126–130.

찾아보기

ㅊ

ㅋ

ㅌ

ㅎ

다윈의 미완성 교향곡

문화는 어떻게 인간의 마음을 만드는가

초판 1쇄 펴낸날 2023년 4월 28일
초판 2쇄 펴낸날 2023년 12월 1일
지은이 케빈 랠런드
옮긴이 김준홍
펴낸이 한성봉
편집 최창문·이종석·오시경·권지연·이동현·김선형·전유경
콘텐츠제작 안상준
디자인 권선우·최세정
마케팅 박신용·오주형·박민지·이예지
경영지원 국지연·송인경
펴낸곳 도서출판 동아시아
등록 1998년 3월 5일 제1998-000243호
주소 서울시 중구 퇴계로30길 15-8 [필동1가 26] 무석빌딩 2층
페이스북 www.facebook.com/dongasiabooks
전자우편 dongasiabook@naver.com
블로그 blog.naver.com/dongasiabook
인스타그램 www.instargram.com/dongasiabook
전화 02) 757-9724, 5
팩스 02) 757-9726

ISBN 978-89-6262-490-8 03400

만든 사람들
책임편집 이종석
디자인 핑구르르
크로스교열 안상준